FANUC－0iD 调试与维修

龚仲华　编著

机 械 工 业 出 版 社

本书包括了FANUC－0iD数控系统调试与维修的全部内容。全书对FS－0iD的硬件性能和连接要求，CNC、伺服、主轴的功能调试和故障诊断、维修维护、故障排除方法进行了全面、深入的阐述。

本书涵盖了FANUC－0iD操作说明书、连接说明书、参数说明书、维修说明书及FANUC－αi/βi驱动维修说明书、PMC编程说明书等多种手册的调试和维修知识。全书选材典型先进、内容全面系统，理论联系实际，面向工程应用，是从事数控机床调试、维修人员和高等学校师生的优秀参考书。

图书在版编目（CIP）数据

FANUC－0iD调试与维修/龚仲华编著．—北京：机械工业出版社，2013.10
ISBN 978-7-111-43851-9

Ⅰ.①F… Ⅱ.①龚… Ⅲ.①数控机床－调试方法②数控机床－维修
Ⅳ.①TG659

中国版本图书馆CIP数据核字（2013）第203697号

机械工业出版社（北京市百万庄大街22号　邮政编码100037）
策划编辑：徐明煜　　责任编辑：徐明煜　吕　潇
版式设计：常天培　　责任校对：丁丽丽
封面设计：赵颖喆　　责任印制：李　洋
北京宝昌彩色印刷有限公司印刷
2013年11月第1版第1次印刷
184mm×260mm · 28印张 · 763千字
0001—3000册
标准书号：ISBN 978-7-111-43851-9
定价：78.00元

凡购本书，如有缺页、倒页、脱页，由本社发行部调换

电话服务	网络服务
社服务中心：（010）88361066	教材网：http：//www.cmpedu.com
销售一部：（010）68326294	机工官网：http：//www.cmpbook.com
销售二部：（010）88379649	机工官博：http：//weibo.com/cmp1952
读者购书热线：（010）88379203	**封面无防伪标均为盗版**

前　言

FANUC 公司是全球最著名的 CNC 生产厂家之一，技术领先世界，产品市场占有率高。FS－0iD 系列 CNC 是该公司的主导产品之一，产品性价比高、可靠性好，是当前国内外数控设备中应用最广泛的系统。

FS－0iD 的技术手册多达数十种，资料丰富、内容全面，但由于手册众多、部分内容相互穿插，少量译文不够贴切，给使用者带来了一些不便。为此，编著者对其进行了系统梳理、综合整编、去芜存菁，并根据数控机床编程操作、调试维修和设计人员的不同需要，将其归并为《FANUC－0iD 编程与操作》、《FANUC－0iD 调试与维修》和《FANUC－0iD 选型与设计》三册，以方便读者使用。

本书是针对数控机床调试、维修人员编写的调试和维修手册，第 1 章简要地介绍了数控机床的基本概念和调试与维修的一般常识，第 2～9 章系统地阐述了 FS－0iD 调试和维修两方面内容。

第 2、3 章为公共部分。本部分对 FS－0iD 的 CNC 单元、操作面板、驱动器、电动机等主要组成部件的性能、电气连接要求进行了系统说明，内容涵盖了 FANUC－0iD 规格说明书和连接说明书、αi/βi 驱动规格说明书和连接说明书等资料中的基础知识，对硬件的技术性能和连接要求说明详尽，希望能为 CNC 的硬件调试和维修提供帮助。

第 4～7 章为调试部分。本部分分别对 FS－0iD 的 CNC 调试、伺服系统调试、主轴系统调试、自动运行与调试功能调试进行了全面阐述，内容涵盖了 FANUC－0iD 连接说明书（功能）、参数说明书以及 αi/βi 驱动使用维修手册、PMC 编程说明书等资料的全部调试知识，希望能为读者顺利完成数控系统的调试提供帮助。

第 8、9 章为维修部分。本部分对 FS－0iD 的 CNC 及驱动器的故障诊断、维修维护、故障排除方法进行全面阐述，内容涵盖了 FANUC－0iD 操作说明书、FS－0iD 维修说明书、αi/βi 驱动维修手册等资料的全部维修知识，希望能为读者更好地完成数控系统的维修工作提供帮助。

本书编写以推广应用新产品、新技术为目的，FANUC 使用手册无疑是产品使用的技术指南，但由于使用习惯、文字翻译、资料来源等原因，使读者在使用时可能存在一定的不便，从这一意义上说，本书也是对 FS－0iD 技术资料的综合整理和重新编排，因此，不可避免地需要较多地引用 FANUC 技术资料，书后不再一一列出。本书的编写也得到了 FANUC 公司技术人员的大力支持与帮助，在此表示衷心的感谢。

由于全书所涉及的技术资料众多，编写工作量较大，书中的缺点错误在所难免，殷切期望得到广大读者与同行专家的帮助指正。

编著者

2013 年 6 月

目　　录

第1章　数控机床调试和维修基础

1.1　机床与数控

1.1.1　机床及控制

1. 机床

数控技术的诞生源自于机床。机床是对金属或其他材料的坯料、工件进行加工，使之获得所要求的几何形状、尺寸精度和表面质量的机器，是机械制造业的主要加工设备。由于加工方法、零件材料的不同，机床可分为金属切削机床、金属成型机床、木材加工机床、塑料成型机床等多种类型。

金属切削机床是利用刀具或其他手段（如电加工、激光加工）去除坯料上的多余金属，从而得到具有一定形状、尺寸精度和表面质量工件的加工设备，它在工业企业中使用最广、数量最多，它是数控技术应用最为广泛的领域。按照我国最新的机床分类标准GB/T15375—2008《金属切削机床　型号编制方法》，利用刀具进行加工的钻镗铣类、车削类、磨削类、齿轮加工类、螺纹加工类、刨插拉锯加工类机床归属于金属切削机床；而利用其他手段加工的电加工类、激光加工类、超声波类、水切割类等归属于特种加工机床。

金属成型机床是利用压力对坯料进行锻造、挤压、冲裁、剪切、弯曲等加工，使坯料获得所要求形状的机床，其生产效率极高，可用于大批量生产，但零件的尺寸精度和表面质量较难保证。木材加工机床、塑料成型机床多用于日常生活用品的生产，它同样具有高效、大批量生产的特点，但其零件的尺寸精度和表面质量一般低于金属切削机床。

2. 机床的控制

数控最初是为解决金属切削机床控制问题而研发的一种技术。在金属切削机床上，为了能够完成零件的加工，机床的控制主要包括以下三方面内容。

1）动作的顺序控制。机床对零件的加工需要一般需要有多个加工动作，加工动作的顺序有规定的要求，称为工序，复杂零件的加工可能需要几十道工序才能完成。因此，机床的加工过程，需要根据工序的要求，按规定的顺序进行。

以图1.1-1a所示的简单攻螺纹机为例，为了完成攻螺纹动作，攻螺纹机需要按照图1.1-1b所示的丝锥向下接近工件→丝锥正转向下加工螺纹→丝锥反转退出→丝锥离开工件4步进行。

机床的动作顺序控制只需要根据机床的动作顺序表，如电磁元件动作表等，按要求依次通断液压、气动、电动机等执行元件便可，因此，它属于开关量控制的范畴，即使是利用传统的继电——接触器控制系统也能实现，而PLC（Programmable Logic Controller，可编程序控制器）的出现，更是使之变得十分容易。

2）切削速度控制。在使用刀具进行加工的金属切削机床上，为了提高加工效率和得到要求的表面加工质量，应根据刀具和零件的材料、表面质量的要求，来确定刀具与工件的相对运动速度（切削速度），即使对于同样材质的刀具和零件，加工时也需要根据刀具的直径，改变其转速，以保证其切削速度的不变。

a)

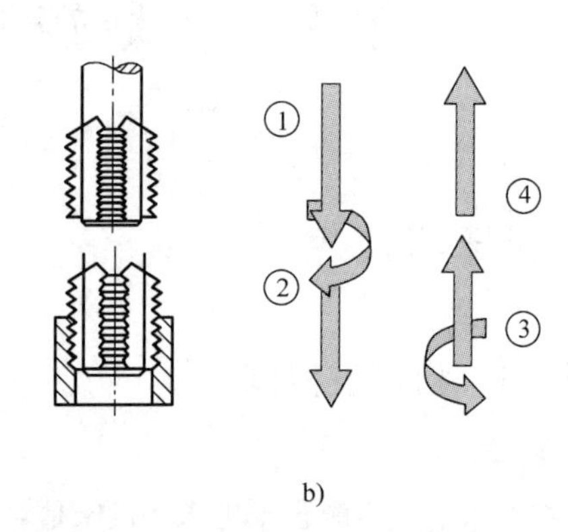

b)

图 1.1-1　动作的顺序控制

a）攻螺纹机　b）动作顺序

改变切削速度既可通过机械变速齿轮箱、带传动等方法实现，也可使用电气传动改变电机的转速实现，早期的直流调速和现代的交流调速都是机床的电气调速方案。

3）运动轨迹控制。为了使得零件的形状（轮廓）符合规定的要求，就必须控制刀具相对于工件的运动轨迹。例如，对于图 1.1-2 所示的叶轮加工，加工时必须同时控制刀具的上下（*Z* 轴）、叶轮的回转（*C* 轴）和叶轮中心线的摆动（*A* 轴），来保证刀具运动轨迹的准确，得到正确的轮廓和形状。

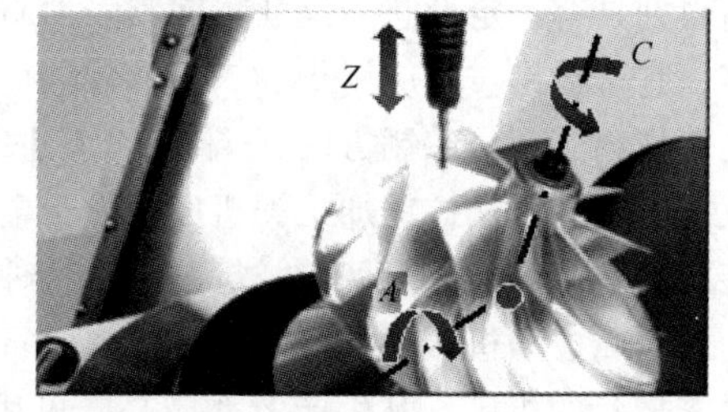

图 1.1-2　运动轨迹的控制

刀具运动轨迹控制不仅包括了刀具的位置、运动速度控制，而且还需要多个方向的运动合成才能实现，这样的控制只有通过数字控制技术（简称数控技术）才能实现。

因此，机床采用数控技术的根本目的是解决运动轨迹控制的问题，使得机床能够任意改变刀具在平面或空间的移动轨迹，从而将工件加工成所需要的轮廓形状，这既是数控机床与其他机床的本质区别，也是数控的起源。

1.1.2　数控技术与机床

1. 数控的概念

数控（Numerical Control，NC）是利用数字化信息对机械运动及加工过程进行控制的一种方法。数控技术的发展和电子技术的发展保持同步，至今已经历了从电子管、晶体管、集成电路、计算机到微处理机的演变，由于现代数控都采用计算机控制，因此，又称计算机数控（Computerized Numerical Control，CNC）。数字化信息控制必须有相应的硬件和软件，这些硬件和软件的整体称为数控系统（Numerical Control System）。数控系统的核心部件是数控装置（Numerical Controller）。

根据使用场合的不同，数控技术、数控系统、数控装置均可采用 NC 或 CNC 的英文缩写，因此，英文的 NC 和 CNC 一词具有三种不同含义：在广义上代表一种控制方法和技术；在狭义上代表一种控制系统的实体；此外还可特指一种具体的控制装置——数控装置。

利用数控技术来解决金属切削机床的轮廓加工——刀具轨迹的自动控制问题的设想，最初由美国 Parsons 公司在20世纪40年代末提出。1952年，Parsons 公司和美国麻省理工学院（Massachusetts Institute of Technology）联合，在一台 Cincinnati Hydrotel 立式铣床上安装了一套试验性的数控系统，并成功地实现了三轴联动加工，这是人们所公认的第一台数控机床。到了1954年，美国 Bendix 公司在 Parsons 专利的基础上，研制出了第一台工业用的数控机床，随后，数控机床取得了快速发展和迅速普及。

2. 数控机床

采用数控技术进行控制的机床称为数控机床，简称 NC 机床。机床控制是数控技术应用最早、最广泛的领域，数控机床的水平代表了当前数控技术的性能、水平和发展方向。数控机床是一种综合应用了计算机技术、自动控制技术、精密测量技术和机床设计等先进技术的典型机电一体化产品，是现代制造技术的基础。在今天，数控机床业已成为衡量一个国家制造技术水平和国家综合实力的重要标志，人们将数控技术与 PLC 技术、工业机器人、CAD/CAM 技术并称为现代工业自动化的四大支持技术。

数控机床是一个广义上的概念，所有机床都可采用数控技术进行控制，即使是用于特定产品加工的专用机床和生产线，为了增加其加工适应能力（柔性），也可采用数控。但是，需要注意的是：在使用 PLC 控制的机床上，某些运动部件的位置虽然也使用了轴控模块、伺服驱动器进行控制，但在通常情况下，这样的控制只能针对某一运动轴的速度、位置所进行的独立控制，它不能实现多个运动轴间的联动，解决刀具运动轨迹的控制问题，因此，这种机床不能称为数控机床。

在一般工业企业中，金属切削机床的车削类、钻镗铣类机床占绝大多数，因此，它是数控技术应用最为广泛的领域。

车削类机床以工件旋转作为切削主运动，适合于回转体零件的加工，与此类似的机床有内外圆磨削类等，这样的机床需要有轴向（Z）和径向（X）两个基本运动轴。根据机床的结构和功能，车削类数控机床分为数控车床、车削中心、车铣复合加工中心、多主轴高效加工机床和车削 FMC 等。

钻镗铣类机床通过刀具的旋转和空间运动实现切削，与此类似的机床有齿轮加工类、螺纹加工类、工具磨削类等，这样的机床至少需要有 $X/Y/Z$ 三个运动轴。根据机床的结构和功能，钻镗铣类数控机床分为数控铣床、数控镗铣床、加工中心、铣车复合加工中心、多主轴高效加工中心和 FMC 等。

为此，作为数控机床的基本控制系统，大多数 CNC 生产厂家习惯上将数控系统分为 M 和 T 两个系列产品，M 系列 CNC 至少具备3轴（$X/Y/Z$）控制功能，用于钻镗铣类机床控制，如 FANUC－0iM、SIEMENS－810M、KND100M 等；T 系列 CNC 至少具备2轴（X/Z）控制功能，用于车削类机床控制，如 FANUC－0iT、SIEMENS－810T、KND100T 等。

但是，随着 CNC 技术的不断进步，车铣复合加工、多主轴高效加工和 FMC 等先进数控机床日益普及，它对数控系统提出了更高的要求。例如，车铣复合加工机床需要有多轴控制、Cs 轴控制功能；多主轴高效机床需要有多通道控制功能等，CNC 的功能正在日益提高。

3. 数控机床的基本特点

数控机床是典型的机电一体化设备，是现代制造技术的基础；数控机床也是数控技术应用最早、最广泛的领域，它代表了目前数控技术的性能、水平和发展方向。数控机床与普通机床比较，具有以下特点。

1）精度高。机床采用 CNC 控制后，由于以下原因，其定位精度和加工精度一般都要高于传统的普通机床。一是脉冲当量小。CNC 的脉冲当量决定了机床理论上可达到的定位精度，当代

CNC 的脉冲当量一般都在 0.001mm 及以下，它能实现比普通机床更精确的定位和加工。二是 CNC 具有误差自动补偿。CNC 一般都具备误差自动补偿功能，机床进给传动系统的反向间隙、丝杠的螺距误差等均可通过 CNC 进行自动补偿，因此，即使在同等条件下，数控机床的定位精度也高于普通机床。三是结构刚性好。数控机床的进给系统普遍采用滚珠丝杠、直线导轨等高效、低摩擦传动部件，传动系统结构简单、传动链短、传动间隙小、部件刚性好，它比普通机床具有更高的刚度、精度和稳定性。四是人为误差小。数控机床可通过一次装夹，完成多工序的加工，减少了零件装夹过程的人为误差，其零件尺寸的一致性好，产品合格率高，加工质量稳定。

2）柔性强。机床采用 CNC 控制后，只需更换加工程序，就能进行不同零件的加工，它为多品种、小批量加工及新产品试制提供了极大的便利。数控机床还可通过多轴联动控制，实现空间曲线、曲面的加工，加工普通机床难以或无法完成的复杂零件加工，因此，其适用范围更广、柔性比普通机床更强。

3）生产效率高。零件加工效率决定于零件的实际加工时间和辅助加工时间。数控机床的加工效率主要体现在以下几个方面：一是数控机床的切削速度和进给量可以任意选择，因此，每一道工序都可选择最佳的切削用量，以提高加工效率；此外，由于数控机床的刚性好，允许进行大切削用量的强力切削，其加工效率高，实际加工时间短。二是数控机床的快速移动速度大大高于普通机床，一般数控机床的快速通常都在 30m/min 以上，在高速加工机床上，更是可达到近 100m/min，其刀具定位的时间非常短，加工辅助时间比普通机床要小得多。三是数控机床一次装夹，可完成多工序加工，更换同类零件不需要重新调整机床；大大节省了零件安装、调整时间。四是数控机床可实现精确、快速定位，因此不必像普通机床那样，需要在加工前对工件进行划线，可节省划线工时。五是加工零件的尺寸一致性好，质量稳定，加工零件通常只需要进行首检与抽检，可节省了工件检验时间。

4）有利于现代化管理。数控机床能准确地计算零件加工工时和费用，有利于生产管理的现代化。先进的数控机床，还可方便地连接到工厂自动化网络或信息管理网络中，它为企业的计算机辅助设计与制造和信息化管理提供了条件。

1.2 数控原理与系统

1.2.1 数控加工原理

1. 数控加工过程

数控技术以运动轨迹控制作为根本目的，为了说明数控系统的工作原理，下面以数控机床这一典型数控设备为例进行说明。

数控机床的一般组成如图 1.2-1 所示，其零件加工分以下步骤进行。

1）程序编制。根据被加工零件的图样与工艺方案，用规定的代码和程序格式，将刀具的移动轨迹、加工工艺过程、工艺参数、切削用量等编写成 CNC 能够识别的指令。并将所编写的加工程序输入到 CNC。

2）自动运行。CNC 自动执行加工程序，对其进行译码、运算处理，并向各坐标轴的伺服驱动或辅助控制装置，发送相应的控制信号，控制机床的各部件运动。在运动过程中，CNC 需要通过反馈装置，随时检测坐标轴的实际速度与位置，保证运动轨迹的正确无误；辅助部件的动作也需要通过行程开关等检测装置进行监控。

3）操作监控。操作者可随时对机床的加工情况、工作状态进行观察、检查，必要时可对加

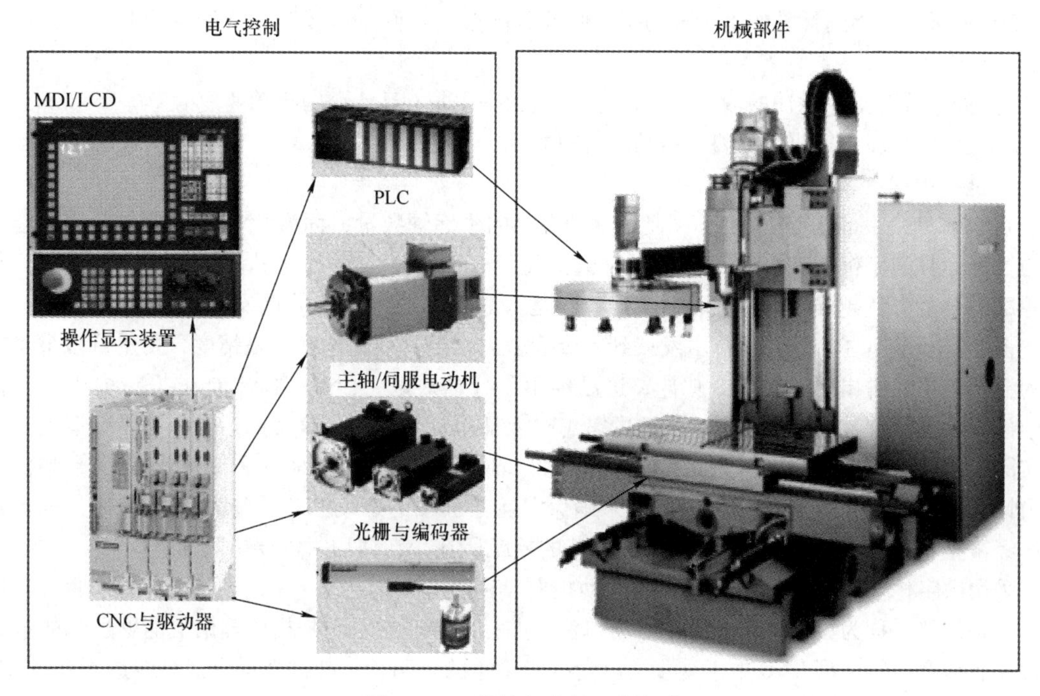

图 1.2-1　数控机床的一般组成

工程序、执行过程和机床动作进行调整，保证机床的安全、可靠运行。

2. 轨迹控制原理

运动轨迹控制是数控系统最为主要的功能，也是机床采用数控的根本原因。

在传统的机床上，加工零件需要操作者根据图样的要求，通过不断改变刀具的运动轨迹和运动速度，对工件进行切削加工，保证零件的位置、轮廓和表面质量达到规定的要求。因此，如果工件的轮廓为曲线或曲面，它需要通过多个坐标轴的运动合成，这样的工件如通过操作者的手动操作来进行加工，是任何操作者都无法做到的。

数控机床的运动轨迹控制，实质上是应用了数学上的微分原理，其工作原理如图 1.2-2 所示。

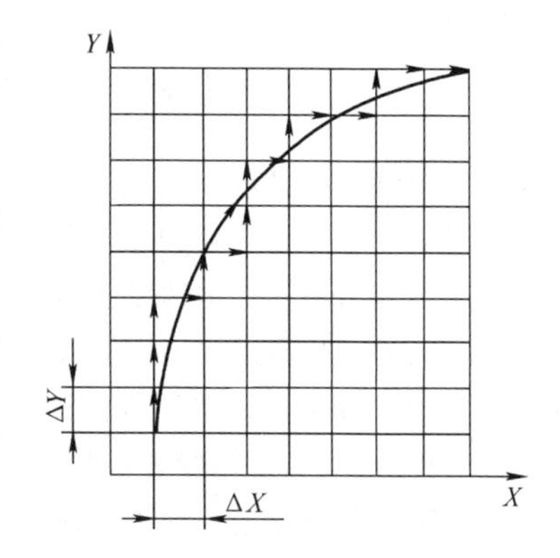

图 1.2-2　轨迹控制原理

1）微分处理。CNC 根据加工程序的要求，将坐标轴的运动量，微分为 ΔX、ΔY 等的微小运动，这一微小运动量称为 CNC 的插补单位。

2）插补运算。CNC 将程序要求的运动轨迹，用微小运动组成的等效折线拟合，并找出最接近理论轨迹的拟合线。

在 CNC 中，这种根据给定的数学函数，在理想轨迹的已知点之间，通过微分确定中间点的方法称为插补运算，插补运算有多种方法，但目前的计算机处理速度和精度，任何插补方法都已足以满足机械加工的需要，故无需深究。

3）指令分配。CNC 按照拟合线的要求，向需要参与插补的坐标轴，连续、有序地输出指令脉冲。指令通过伺服驱动系统的放大，驱动机床坐标轴运动，合成为刀具运动轨迹。

由此可得到以下结论：

1）只要数控系统的插补单位 ΔX、ΔY 足够小，拟合线就可以完全等效代替理论轨迹。

2）如果改变参与插补的坐标轴的指令脉冲分配方式，便可以改变拟合线的形状，从而改变刀具运动轨迹。

3）如果改变指令脉冲的输出频率，即可改变坐标轴（刀具）的运动速度。

因此，可实现数控机床的刀具运动轨迹控制。

3. 多轴联动和精度

在 CNC 上，将能够通过 CNC 控制速度和位移的坐标轴数量，称为 CNC 的控制轴数；将能够参与插补运算的坐标轴数量，称为联动轴数。显然，能够参与插补运算的联动轴数越多，CNC 的轮廓拟合能力就越强，因此，联动轴数曾经是衡量 CNC 性能水平的重要技术指标之一。

但是，如前所述，计算机技术发展到了今天，无论是其处理速度还是精度，要进行多个坐标轴的插补运算、输出相应的指令脉冲，这已经不是什么难题，因此，CNC 能够进行多少个坐标轴的插补处理，这其实并不重要，重要的是怎样保证坐标轴能够完全按照指令脉冲进行运动，确保实际运动轨迹的准确无误。为此，国外先进的 CNC 都需要将伺服驱动和 CNC 作为一个整体进行设计，并通过 CNC 的闭环位置控制，来确保实际坐标轴的运动和指令脉冲完全一致，这正是国产经济型、普及型 CNC 和国外全功能 CNC 的差距所在，在使用时需要引起注意。

采用数字化信息控制后，坐标轴的运动控制信号为脉冲信号。CNC 输出的单位脉冲所对应的坐标轴位移，称为数控机床的最小移动单位，亦称脉冲当量，它是机床理论上能够达到的最高位置控制精度。经济型 CNC 由于受步进电动机步距角的限制，其脉冲当量通常只能达到 0.01mm 左右；国产普及型 CNC 的脉冲当量一般为 0.001mm；进口全功能 CNC 的脉冲当量一般可达到 0.0001mm，甚至更小。

机床的实际运动精度和位置测量装置密切相关，采用电动机内置编码器作为位置检测元件时，可以保证电动机转角的准确；采用光栅或编码器直接检测，可以保证直线轴或回转轴的定位准确。经济型 CNC 的步进电动机无位置检测装置，故存在失步现象。国产普及型 CNC 的电机内置编码器一般为 2500p/r，通过 4 倍频线路，对于导程 10mm 的传动系统，电动机和丝杠 1∶1 连接时，检测精度可以达到 1μm。进口全功能 CNC 的电动机内置编码器、光栅的分辨率已可达 2^{28}（268 435 456p/r）左右，同样对于导程 10mm 的传动系统，电动机和丝杠 1∶1 连接时，检测精度可以达到 0.004μm。

1.2.2 数控系统组成与分类

1. 数控系统组成

数控系统的基本组成如图 1.2-3 所示。数控系统以运动轨迹的控制作为主要控制对象，它需要对设备各运动轴的移动速度和位置等进行联合控制，其控制指令来自数控加工程序。因此，作为数控系统的最基本组成，它必须有数据输入与显示装置、轨迹控制装置（数控装置）、运动轴驱动装置（伺服驱动）等硬件和配套的软件。

1）数据输入与显示装置。数据输入与显示装置用于加工程序、控制参数等的输入和程序、位置、工作状态的显示。键盘和显示器是任何 CNC 都必备的基本数据输入/显示装置。键盘用于数据的手动输入，故称手动数据输入单元，简称 MDI；液晶显示器简称 LCD；两者通常制成一体，这样的单元称为 MDI/LCD 单元。作为数据输入/显示装置的扩展，早期的 CNC 曾经采用光电阅读机、磁带机、软盘驱动器和 CRT 等外部设备，这些设备目前已经淘汰，而计算机则成为了目前最常用的数据输入与显示扩展设备。

2）数控装置。数控装置是数控系统的核心部件，它包括输入/输出接口、控制器、运算器和存储器等。数控装置的作用是将外部输入的加工程序命令转换为控制信号，以控制设备各部分

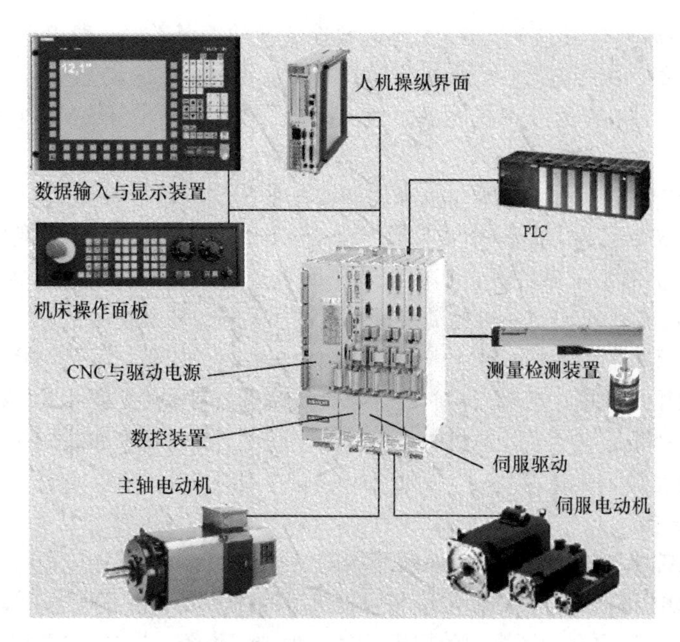

图1.2-3 数控系统的组成

的运动。

坐标轴的运动速度、方向和位移决定了刀具运动轨迹，它是数控装置最为主要的功能。坐标轴的运动控制信号（位置指令脉冲）可通过数控装置的插补运算生成，指令脉冲经伺服驱动系统的放大，驱动坐标轴的运动。

计算机技术发展到今天，数控装置的控制轴数、运算精度、处理速度等已不再是制约数控系统性能的主要问题，因此，衡量数控装置的性能和水平，必须从其位置控制的能力上进行区分。国产普及型CNC目前只具备位置指令脉冲的生成功能，它不能进行位置的实时监控和闭环控制；进口全功能CNC不仅具有位置指令脉冲生成功能，而且其坐标轴的闭环位置控制也通过数控装置实现，因此，其技术先进、结构复杂、价格高，但其位置控制精度、轮廓加工性能大大优于国产普及型CNC。

3）伺服驱动。伺服驱动（Servo Drive）装置由驱动器（又称放大器）和伺服电动机等组成，按日本JIS标准，它是“以物体的位置、方向、状态等作为控制量，追踪目标值的任意变化的控制机构”。伺服驱动装置不仅可和数控装置配套使用，且还可构成独立的位置随动系统，故又称伺服系统。交流伺服驱动是当前最为常用的驱动装置；在先进的高速加工机床上，已开始使用直线电动机；早期的数控机床也有采用直流伺服驱动的情况；简易数控设备有时也可采用步进驱动。

伺服驱动系统的结构与数控装置的性能密切相关，因此，它是区分经济型、普及型与全功能型数控的标准。经济型CNC使用的是步进驱动；国产普及型CNC由于数控装置不能进行闭环位置控制，故需要使用具有位置控制功能的通用型伺服驱动；进口全功能CNC本身具有闭环位置控制功能，故使用的是无位置控制功能的专用型伺服驱动。

4）PLC。PLC是可编程序逻辑控制器（Programmable Logic Controller）的简称，专门用于机床控制的PLC又称PMC（Programmable Machine Controller），它用于数控设备除坐标轴（运动轨迹）外的其他动作控制，例如数控机床的主轴转向和起/停；刀具的自动交换；冷却、润滑的控制；工件的松开、夹紧控制等。

在简单数控系统上，辅助控制命令在经过数控装置的编译后，一般以电平或脉冲信号的形式，直接输出到外部，由强电控制电路或外部PLC进行处理；在全功能CNC上，为了便于用户使用，PLC（PMC）一般作为CNC的基本组件，直接集成在CNC上；或通过网络链接，使两者成为统一的整体。

5）其他。随着数控技术的发展和机床控制要求的提高，数控系统的功能在日益增强。例如，在金属切削机床上，为了控制切削速度，主轴是其必需部件；特别是随着车铣复合等先进CNC机床的出现，主轴不仅需要进行速度控制，而且还需要参与坐标轴的插补运算（Cs轴控制），因此，在全功能CNC上，主轴驱动装置也是数控系统的基本组件之一。

此外，在全闭环控制的数控机床上，用于直接位置测量的光栅、编码器等也是数控系统的基本部件。为了方便用户使用，机床操作面板等也是数控系统常用的配套装置；在先进的数控系统上，还可以直接选择集成有个人计算机的人机界面，进行文件的管理和数据预处理，数控系统的功能更强、性能更完善。

2. 数控系统分类

目前，我国数控机床所使用的数控系统有国产经济型、普及型和进口全功能型之分，它不是单纯就CNC软件功能进行的分类，而是应从数控机床的控制要求和CNC实际具备的控制性能的角度来理解不同CNC所存在的区别。数控机床是一种加工设备，既快又好地完成加工，是人们对它的最大期望，因此，机床实际能够达到的加工精度和效率，是衡量其性能水平最重要的技术指标，而CNC控制轴数、联动轴数等虽代表了CNC的轮廓加工能力，但它们只是CNC软件功能的区别，并不代表机床实际能达到的精度和效率。

伺服驱动的结构和性能，是决定机床定位精度和轮廓加工精度的关键部件，也是判定经济型、普及型和全功能型CNC最简单的方法。使用开环步进驱动的CNC属于经济型数控；配套的通用伺服驱动装置的CNC属于普及型数控；而全功能型CNC则需要配套专用伺服驱动器。目前，国内对于经济型CNC的定义，人们已经形成了普遍的共识，但对于普及型CNC和全功能CNC的区别，目前还存在较大的误区，以致在购买、使用数控机床时出现了这样那样的问题，现说明如下。

1）普及型CNC。普及型CNC的一般结构如图1.2-4所示，它通常由CNC/MDI/LCD集成单元（简称CNC单元）、通用型伺服驱动器、主轴驱动器（一般为变频器）、机床操作面板和I/O设备等硬件组成，CNC对配套的驱动器、变频器的厂家和型号无要求。

普及型CNC的数控装置只能输出指令脉冲，它不具备闭环位置控制功能。因此，它只能配套具有闭环位置控制功能的通用型交流伺服器，这是它和于全功能CNC的最大区别。由于普及型CNC的位置测量信号不能反馈到CNC上，故CNC不能对坐标轴的实际位置、速度进行实时监控，也不能实时修正运动轨迹与速度，从这一意义上说，对CNC而言，它仍属于开环系统的范畴。

国产普及型CNC所使用的伺服驱动器是一种本身带有闭环位置控制功能、通过指令脉冲控制伺服电动机位置和速度的通用控制器，它对上级位置控制器（指令脉冲的提供者）无要求，故也可用于PLC控制。为了进行驱动器和CNC指令脉冲、机床移动量的匹配，驱动器必须带有用于数据设定与显示的操作面板。

由于普及型CNC不具备闭环速度、位置控制功能，这样的CNC实际上只是一个具有插补运算功能的指令脉冲发生器，实际坐标轴的运动都是在各自的驱动器控制下独立进行的。正因为如此，普及型CNC不能实时监控位置误差、速度等重要参数，也不能实际位置来调整指令脉冲输出，因此，刀具运动轨迹精确控制，只存在理论上的可能。从这一意义上说，通用伺服驱动的作

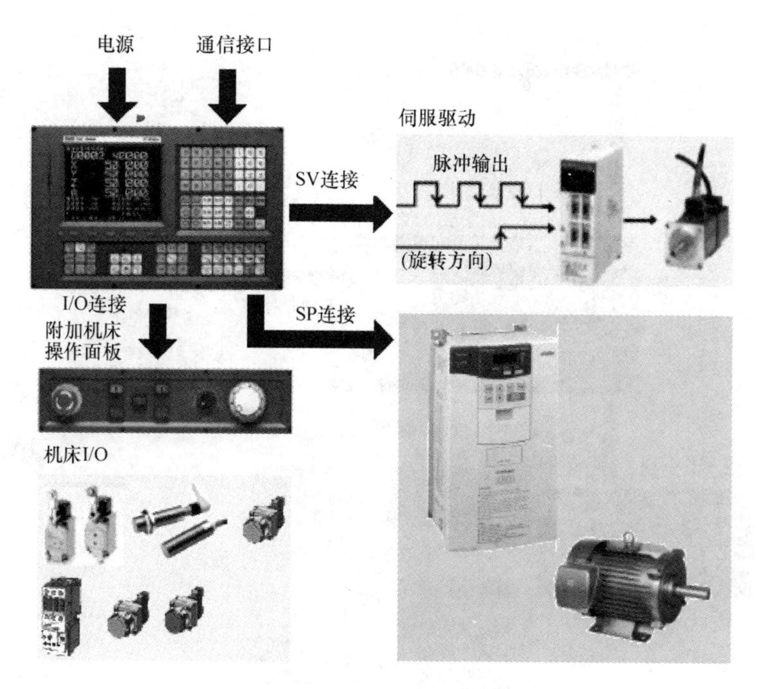

图1.2-4　普及型CNC的结构

用类似于步进驱动，只是它可实现连续、任意位置的定位，也不存在步进电动机的失步而已。

综上所述，尽管国产普及型CNC的价格低、可靠性也较好，部分产品也开发了多轴联动功能，但其结构决定了它的定位精度、轮廓控制性能等都与全功能型CNC存在较大的差距。此外，普及型CNC的PLC性能、主轴控制性能也都无法与全功能CNC相比，它不能实现主轴的位置插补控制（Cs轴控制），因此，也不能够用于车削中心、车铣复合加工机床的控制。

2）全功能CNC。全功能型CNC是一种通过CNC实现闭环位置控制、需要配套专用伺服驱动器，并带有内置PLC或PMC的完整系统，其功能强、结构复杂、组成部件多。全功能型CNC的各组成部件均需要在CNC的统一控制下运行，部件间的联系紧密，伺服驱动器、主轴驱动器、PMC等都不能独立使用，因此，在控制系统设计、连接、调试时必须将其作为一个统一的整体来考虑。全功能型CNC一般都采用了网络控制技术，以FS－0iD为例，其结构如图1.2-5所示。

与早期的CNC比较，采用了网络控制的CNC，以I/O－Link、PROFIBUS、FSSB等现场总线替代了传统的I/O单元、伺服驱动器的连接电缆；以工业以太网替代了传统的通信连接，故CNC的连接简单、扩展性好、可靠性高。

全功能型CNC的闭环位置控制通过CNC实现，故必须配套专用的伺服驱动器，伺服驱动器与CNC之间一般通过总线连接，如FANUC的FSSB总线、SIEMENS的PROFIBUS总线等，总线通信使用专用协议，对外部无开放性，驱动器不能独立使用。驱动器参数设定、状态监控、调试与优化等均可通过CNC的MDI/LCD单元进行，驱动器无操作面板。

通过CNC进行位置控制的全功能型CNC不但能实时监控运动部件的位置误差、速度等，而且所有坐标轴的运动都可以作为整体进行统一控制，它可根据机床的实际运动来调整CNC的指令脉冲输出、确保刀具运动轨迹的准确无误，因此，这是一种真正意义上的闭环位置控制系统。在先进的CNC上，还可通过“插补前加减速”、“AI先行控制（Advanced Preview Control）”等前瞻控制功能，进一步提高轮廓加工精度。这就是配套全功能型CNC的数控机床，其定位精度、轮廓加工精度要远远高于普及型CNC的原因所在。

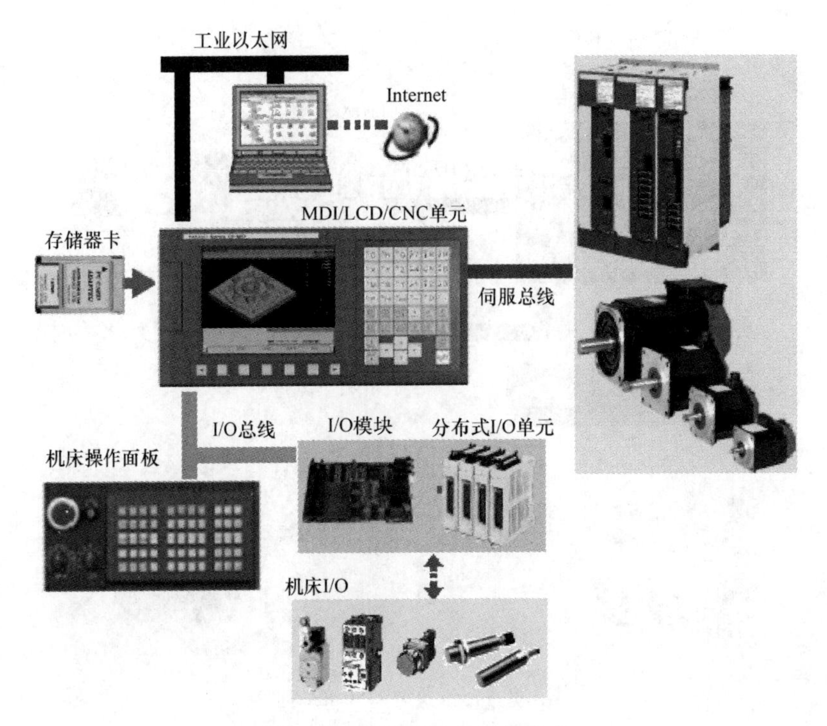

图 1.2-5　FS－0iD 的系统组成

1.2.3　伺服系统结构与分类

1. 伺服系统结构

从结构上说，数控机床的伺服驱动系统有开环、半闭环和全闭环三类。

(1) 开环系统

无位置反馈装置的伺服驱动系统称为开环系统，使用步进电动机（包括电液脉冲马达）作为执行元件是开环系统最明显的特点。开环系统的结构如图 1.2-6 所示。

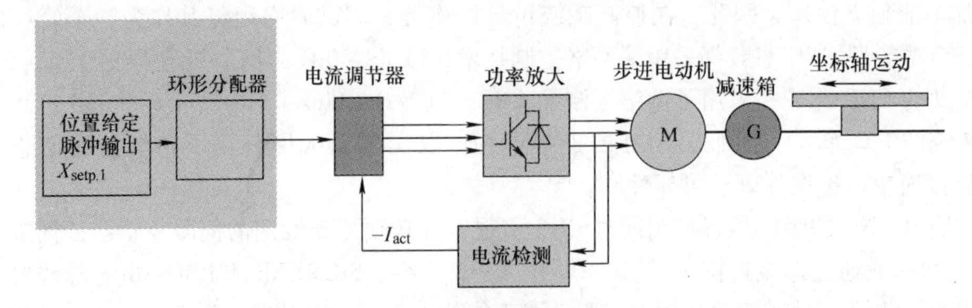

图 1.2-6　开环系统的基本组成

开环系统的输出指令脉冲，经过步进驱动器的环形分配器或脉冲分配软件的处理和电流调节、功率放大后，驱动电动机电枢，控制步进电动机的角位移。因此，CNC 只需要控制环形分配器的输出脉冲数量与频率，就可以控制步进电动机的转角与转速，从而间接控制了移动部件的移动速度与位移量。

为了匹配电动机步距角和脉冲当量，并对转矩进行放大，开环系统一般需要配置机械减速装置。步进电动机经过减速装置带动丝杠旋转，并通过滚珠丝杠螺母副将角位移转换为移动部件的直线位移。

采用开环系统的数控机床结构简单、制造成本低，也不存在闭环系统的稳定性问题。但由于系统不能检测运动部件的实际位移，因而无法通过反馈自动调节和消除误差；此外，步进电动机的步距角误差、齿轮与丝杠等部件的传动误差等，最终也将影响零件的加工精度；特别是在负载转矩超过电动机输出转矩时，将导致步进电动机的失步，使加工无法进行。因此，它只能用于加工精度要求不高、负载轻且变化不大的简易型与经济型数控机床。

（2）半闭环系统

以旋转编码器作为位置检测器件、但不检测最终控制量的伺服驱动系统，称为半闭环系统。直线运动轴的编码器，通常安装在传动丝杠或伺服电动机上；回转轴的编码器，通常安装在蜗杆或伺服电动机上。由于伺服电动机、丝杠、蜗杆和工作台中间为机械刚性连接，因此，通过这样的检测装置，可以间接反映最终运动部件的位移和速度。半闭环系统的基本组成如图1.2-7所示，它需要采用伺服驱动。

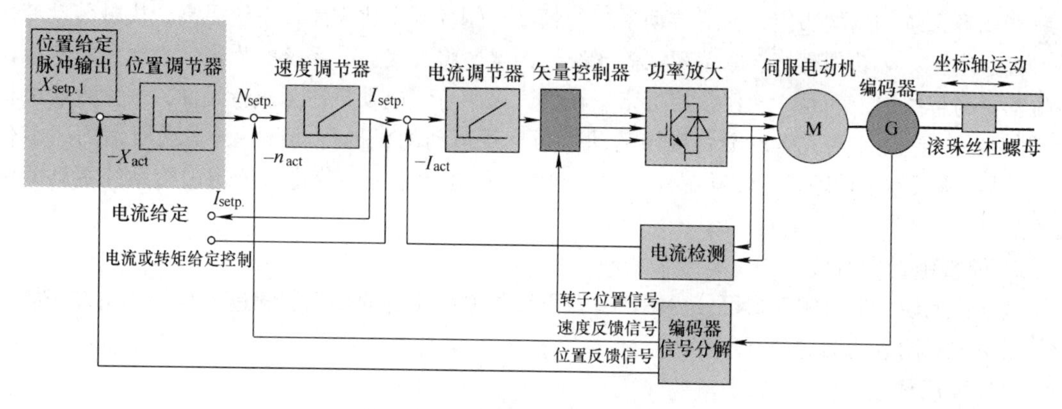

图1.2-7　半闭环系统的基本组成

根据交流伺服的控制需要，编码器的检测信号包含有转子位置检测信号和位置反馈信号，前者用于交流伺服驱动器的坐标变换、矢量计算和逆变管控制；后者需要反馈至CNC，它被分解为闭环速度控制用的速度反馈信号及闭环位置控制用的位置反馈信号。在早期的交流伺服驱动系统中，也有使用霍尔元件检测转子位置、测速发电机检测速度、编码器检测位置的多检测装置结构，如SIEMENS公司的SIMODRIVE 610系列交流伺服驱动等，在这种结构的伺服系统中，编码器只提供位置反馈信号。

为了便于使用和调试，半闭环系统的编码器通常直接安装在伺服电动机内，称为内置编码器。这样的系统结构紧凑、设计简单、使用方便，且电气控制与机械传动部分间有明显的分界，机械传动系统的间隙、摩擦死区、变形等非线性环节都在闭环外，因此，系统调试容易、稳定性好，故在数控机床上得到了广泛使用。

（3）全闭环系统

全闭环系统是直接检测最终控制量的闭环伺服驱动系统。直线运动轴的检测通常采用光栅；回转轴的检测通常采用直接检测编码器。以直线轴为例，全闭环系统的基本组成如图1.2-8所示。

全闭环系统的机床运动部件上安装了检测直线位移的光栅，检测信号是坐标轴真实的位置与速度。因此，从理论上说，这样的系统其控制精度仅取决于检测装置本身的精度，它可对机械传动系统的间隙、摩擦死区、变形等进行自动补偿。

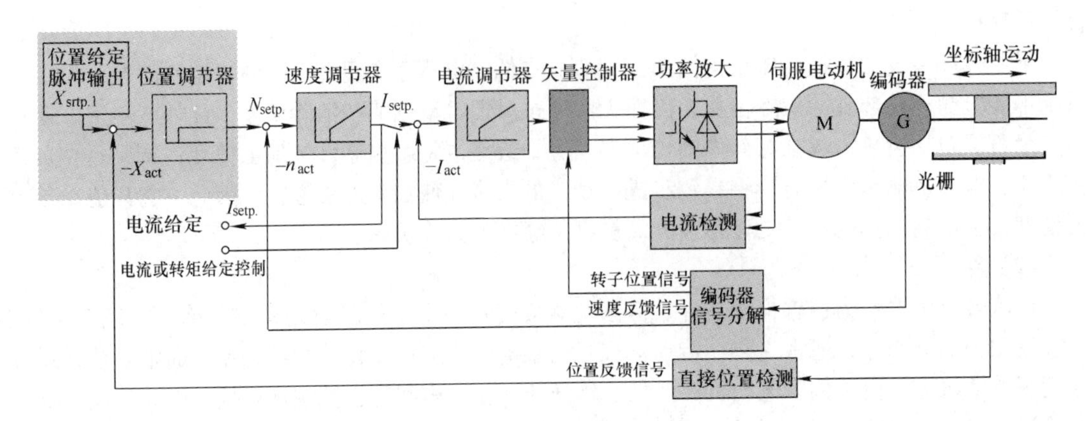

图 1.2-8　全闭环系统的基本组成

全闭环系统的结构决定了它对传动系统的精度、刚性要求比半闭环系统更高，机械传动部件的刚度、间隙和导轨的爬行、摩擦死区等非线性因素，将直接影响系统的稳定性，严重时甚至产生振荡。为解决以上问题，现代数控机床正在尝试采用直线电动机作为执行元件，采用直线电机驱动的系统，理论上可完全取消将旋转运动变为直线运动的机械传动部件，实现所谓的“零传动”，从而从根本上消除机械传动部件精度、刚度、间隙的影响，获得比传统进给系统更高的精度和速度。

2. 伺服驱动器分类

从结构上说，伺服驱动器可分为国产普及型数控系统用的通用伺服和进口全功能系统用的专用伺服两类，两者的结构和原理有所不同。

（1）通用伺服

通用伺服是指驱动器本身具有闭环位置控制功能，可直接通过外部指令控制速度和位置的伺服驱动器及其配套电动机，其驱动系统组成如图 1.2-9 所示。

通用伺服的驱动器具有闭环位置、速度、转矩控制功能，它可以通过伺服电动机内置编码器，组成独立的闭环位置、速度、转矩系统。日本安川、三菱、松下等公司生产的驱动器是目前国内使用较多的通用伺服产品。

驱动器用于闭环位置控制时，位置指令一般以脉冲的形式输入，指令脉冲的频率和数量直接决定电机的转速和转角。驱动器对指令脉冲的来源无要求，它既可与普及型 CNC 配套，也可与 PLC 配套构成 PLC 定位控制系统。脉冲输入接口一般可接收差分输出或集电极开路输出的标准信号，指令脉冲既可是 90°差分脉冲、正/反脉冲，也可以是脉冲＋方向信号。

通用伺服是独立的控制部件，其参数设定、监控等操作，可通过驱动器配套的操作/显示面板实现，因此，它可以和任何普及型 CNC 配套使用。配套通用伺服的普及型 CNC 结构非常简单，CNC 不需要进行闭环位置控制和监控，也不需要进行编码器反馈信号的处理；但出于回参考点等动作的需要，编码器的零位脉冲需要输入到 CNC。配套通用伺服的普及型 CNC，无法通过 CNC 监控实际坐标轴的运动，也不能通过 CNC 进行驱动器的参数设定与优化，因此，机床的定位精度和轮廓加工精度完全决定于驱动器本身，这样的系统很难满足高速、高精度的加工需要。

通用伺服的编码器位置检测信号可以输出到外部，故也可以用于全功能 CNC。这时，驱动器只作速度控制装置使用，其位置检测信号应连接到全功能 CNC 上，通过 CNC 实现坐标轴的闭环位置控制。但是，这样将增加系统成本，故实际较少使用。

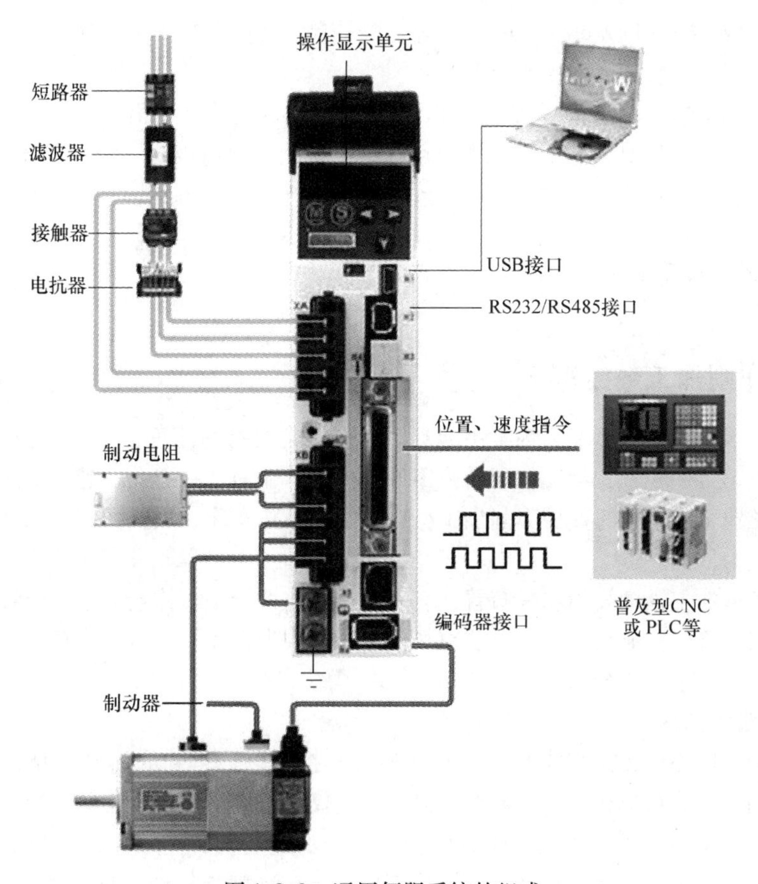

图1.2-9　通用伺服系统的组成

（2）专用伺服

全功能CNC所使用的专用伺服驱动器本身不具备位置控制功能，其闭环位置控制需要通过CNC实现，驱动器实质只起到功率放大的作用，故又称伺服放大器。

使用专用伺服的驱动系统组成如图1.2-10所示，驱动器必须与CNC配套使用。

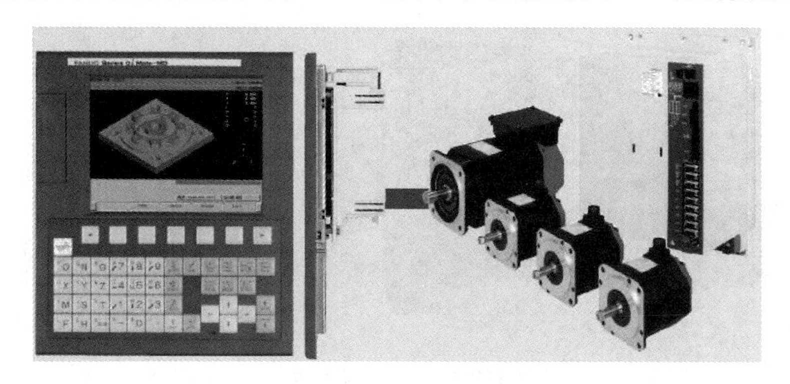

图1.2-10　专用伺服系统的组成

专用伺服的位置控制通过CNC实现，因此，驱动系统的参数设定、状态监控、调试与优化等均可直接在CNC上实现。CNC不但能实时监控运动部件的位置和速度，而且所有坐标轴都进行统一控制，确保刀具运动轨迹的准确无误。在先进的CNC上，还可通过“插补前加减速”、

“AI 先行控制（Advanced Preview Control）”等前瞻控制功能，进一步提高轮廓加工精度，因此，其定位精度、加工精度要远远高于普及型 CNC。

目前，专用伺服的驱动器和 CNC 间一般通过专用总线连接，它需要采用专用的通信协议，对外无开放性，因此，驱动器不能独立使用，也不需要配套参数设定、监控等操作的操作/显示单元。

1.3 常用数控机床

1.3.1 车削加工数控车床

车削加工机床是工业企业的最为常用的加工设备，它具有适用面广、结构简单、操作方便、维修容易等特点，可用于轴、盘类等回转体零件的外圆、端面、中心孔、螺纹等的车削加工。从结构布局上，工业企业常用的数控车削加工机床有卧式数控车床、立式数控车床两大类，以卧式数控车床的用量为最大。

卧式数控车床的主轴轴线为水平布置，它是所有数控机床中结构最简单，产量最大、使用最广泛的机床。根据机床性能和水平，目前市场使用的车削类数控机床可分为普及型、经济型、全功能型、车削中心、车铣复合加工中心和车削 FMC 等，其特点和主要用途如下。

1. 普及型数控车床

国产普及型和经济型数控车床是普通车床通过数控化改造得到的简易产品，其主要部件结构、外形基本相同。普及型和经济型数控机床的区别仅仅是所使用的进给驱动装置有所不同，普及型采用通用伺服驱动，经济型使用步进驱动。由于步进电动机受最高运行频率、最大起动频率、步距角等参数的制约，其脉冲当量、快进速度、定位精度均较低，且还存在“失步”问题，因此，经济型数控车床的使用已越来越少。

常用的普及型数控车床的外形如图 1.3-1a 所示，这种机床只是根据数控机床的基本要求，对普通车床的相关机械部件作了部分改进，其床身、主轴箱、尾座、拖板等基本部件以及液压、冷却、照明、润滑等辅助部件的外形和基本结构与普通车床并无太大的区别。机床的一般特点如下。

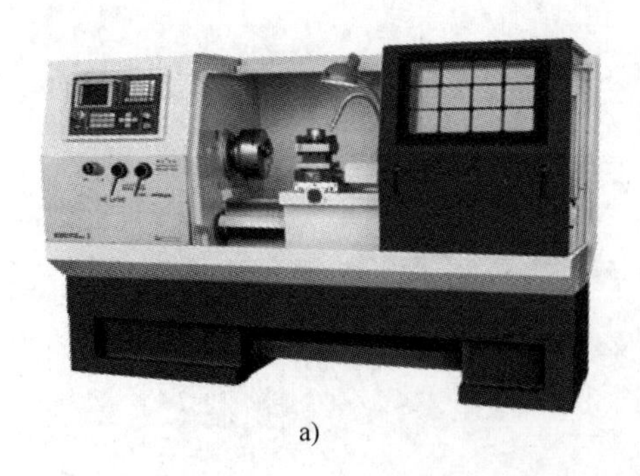

a)

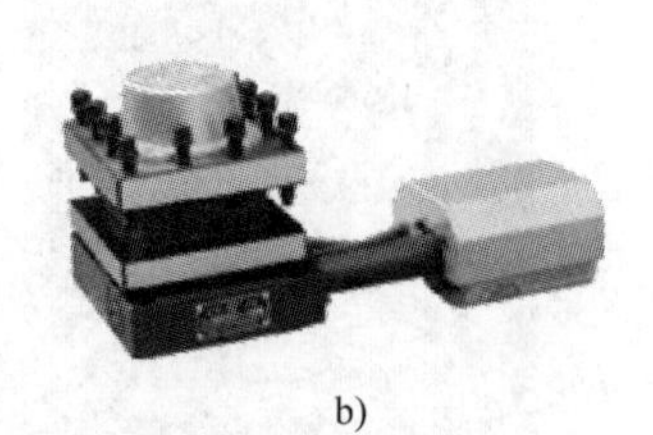

b)

图 1.3-1 普及型数控车床

a）外形 b）电动刀架

（1）主传动系统

普通车床的主轴电动机一般不具备电气调速功能，主轴变速需要通过主轴箱内的齿轮变速装置实现，它只能实现机械有级变速。普及型数控车床的主电动机一般采用变频调速，由于变频器调速的低频输出转矩很小，故仍需要通过机械齿轮变速提高主轴低速转矩，但其变速挡少于普通车床，主轴箱的结构也相对较简单。普及型数控车床的价格低廉，加工效率不高，其卡盘一般使用与普通车床相同的手动卡盘。

（2）进给系统

普通车床一般无独立的进给驱动电动机，其进给动力来源于主电动机，主电动机经主轴箱、进给箱、光杠和丝杠、溜板箱转换为刀具（刀架）的纵向、横向进给运动，其机械传动装置复杂、部件众多。数控车床的刀具纵向、横向进给具有独立的 *Z* 轴、*X* 轴进给驱动系统，驱动电动机直接和进给丝杠连接，无进给箱和光杠、溜板箱等传动部件，其进给传动系统的结构十分简单。*Z* 轴、*X* 轴可在 CNC 的控制下进行定位或插补，刀具位置、速度和运动轨迹可任意控制。

（3）换刀装置

数控机床需要通过 CNC 的加工程序自动控制加工过程，因此，无论经济型、普及型还是全功能型数控车床，自动换刀装置是其基本功能，这点与数控镗铣加工机床不同，即不能以是否具有自动换刀功能来区分数控车床和车削中心。

普及型数控车床的自动换刀装置一般比较简单，图 1.3-1b 所示的电动刀架是最为常用的自动换刀装置。电动刀架的结构简单、控制容易，但可安装的刀具数量少、定位精度低，且只能单向回转选刀、换刀时间长，通常只用于功能简单、精度和效率要求不高的普及型、经济型数控车床。

除以上主要部件外，为了适应自动加工的需要，数控车床的冷却、润滑等辅助部件一般也可通过 CNC 的辅助机能进行自动控制。

普及型数控车床的结构简单、价格低廉、维修容易，可用于简单零件的自动加工，但由于国产 CNC 的功能简单、定位精度低，特别是目前还不能真正做到在 CNC 上实现坐标轴闭环位置控制，加上机床可安装的刀具数量少，因此，无论是加工精度特别是轮廓加工精度、效率都与全功能型数控车床存在很大的差距，它们不能用于高速、高精度加工。

2. 全功能数控车床

典型的全功能数控车床的外形如图 1.3-2a 所示，其结构和布局均按数控机床的要求设计，机床采用斜床身布局，刀架布置于床身后侧，主轴箱固定安装在床身上，机床的主要特点如下。

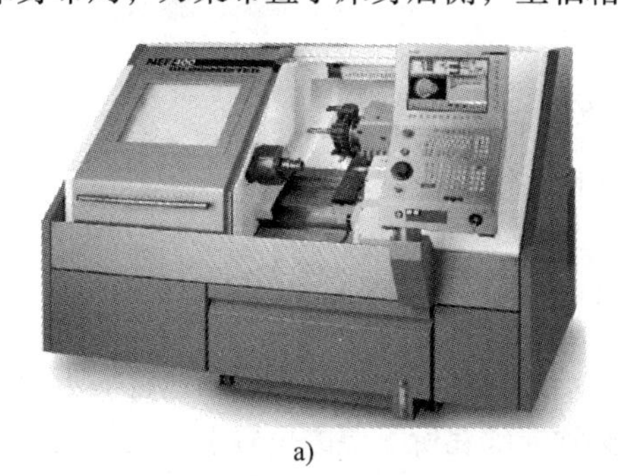

a)

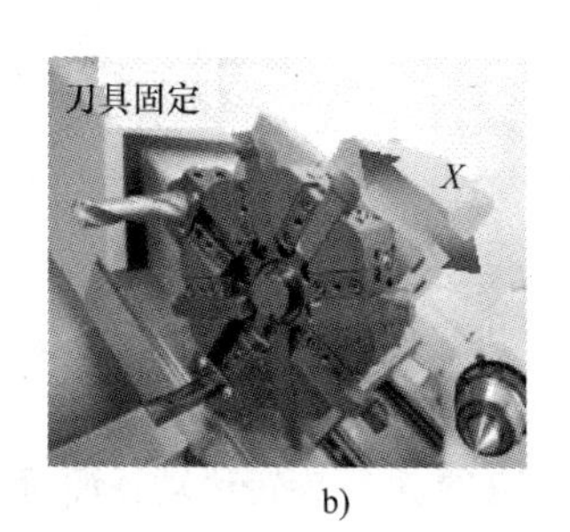

b)

图 1.3-2　全功能数控车床

a）外形　b）液压标准刀架

（1）主传动系统

全功能数控车床的主轴驱动采用专用交流主轴驱动装置，与普及型数控车床的感应电动机变频调速相比，其调速范围宽、低速输出转矩大、最高转速高，且还可实现主轴位置控制。因此，机床的主传动一般只采用一级同步皮带减速就可保证主轴具有良好的性能，其主轴箱的结构非常简单。在现代高速、高精度机床上，还经常使用高速主轴单元或电主轴代替主轴箱，使主轴具有很高的转速和精度。为了提高机床的加工效率和自动化程度，减小装夹误差，全功能数控车床的卡盘和尾座一般采用液压控制，工件松夹、尾座的伸缩均可自动进行。

（2）进给系统

全功能数控车床的进给传动系统结构和普及型数控车床并无区别，但配套的是全功能数控，可通过 CNC 真正实现闭环位置控制，CNC 可以对进给速度、位置、轮廓误差进行实时监控，保证刀具运动轨迹的准确，因此，其轮廓加工精度要远高于普及型数控车床。

（3）刀架

全功能数控车床适用于复杂零件的高速、高精度加工，因此，它对刀具容量、精度和换刀速度提出了较高的要求，机床一般采用图 1.3-2b 所示的液压标准刀架。液压刀架一般采用液压松/夹、齿牙盘定位的结构，刀架可安装的刀具数量多，能双向回转、捷径选刀，分度精度高、定位刚性好，动作迅捷。

3. 车削中心

车削中心是在数控车床的基础上发展起来、可用于回转体零件表面铣削和孔加工的车铣复合加工机床，以卧式为常见。主轴具有 Cs 轴控制功能，刀架上可安装用于钻、镗、铣加工用的旋转刀具（Live Tool，又称动力刀具），刀具能够进行垂直方向运动（Y 轴）是车削中心和数控车床在功能上的主要区别。典型的车削中心外形如图 1.3-3a 所示，其外形和全功能数控车床十分类似，结构组成部件的技术特点如下。

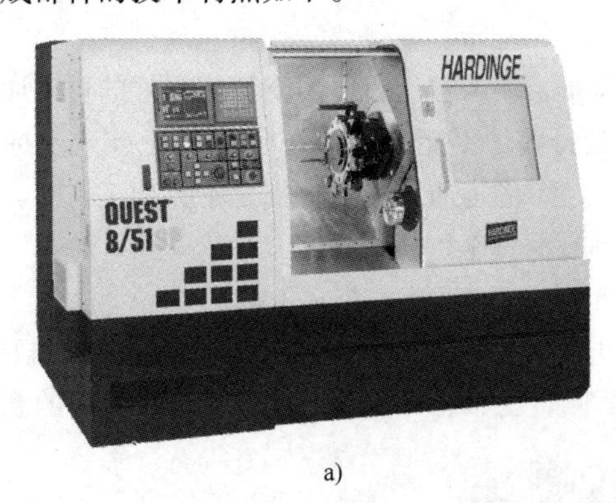

a)

b)

图 1.3-3　车削中心

a）外形　b）刀架

（1）主传动系统

车削加工是以工件旋转为主运动、刀具作进给运动的切削加工方法，而钻、镗、铣加工则是以刀具的旋转为主运动、工件或刀具作进给运动的加工方法，两者的工艺特征不同。因此，车削中心的主轴不但需要进行旋转运动；而且还必须能够在所需要的位置上定位并夹紧、进行铣削等加工，并参与基本坐标轴的插补、实现刀具的进给运动，即车削中心则必须同时具备速度、位置和 Cs 轴控制功能。

（2）进给系统

回转体零件内外圆、端面车削加工，只需要有轴向（Z 轴）和径向（X 轴）进给运动，但其侧面、端面的孔加工和铣削加工，除了需要轴向和径向进给外，还需要有垂直刀具轴线的运动才能实现，因此，车削中心至少需要有 X、Y、Z 三个进给轴。

（3）刀架

车削中心的刀架如图1.3-3b所示，其外形和数控车床液压刀架类似，但内部结构和控制要求有很大的差别。数控车床刀架上的刀具不能旋转，刀架只有回转分度和定位功能。车削中心的刀架不但可安装固定的车刀，而且还可以安装本身能够旋转的钻、镗、铣加工刀具，这样的刀具称为动力刀具（Live Tool），才能进行孔加工或平面、轮廓、槽的铣削加工。因此，车削中心的刀架不但需要有回转分度和定位功能，而且还需要安装动力刀具主传动系统，其结构较为复杂。

4. 车铣复合加工中心

典型的车铣复合加工中心的外形如图1.3-4a所示。从数控车床的基础上发展起来的、以车削加工为主的中小型车铣复合加工中心，通常以卧式斜床身数控车床为基础，其车削主轴的结构和车削中心相同，主轴为卧式布置、具有Cs轴控制功能，机床同样可配备尾架、顶尖等车削加工附件。

a)　　b)

图1.3-4　车铣复合加工中心

a）外形　b）刀架

车铣复合加工中心和车削中心的最大区别在刀架结构上。车削中心的刀架一般采用前述的转塔结构，动力刀具安装在转塔上，刀具交换通过转塔的回转分度实现。这种机床的刀具交换方便，可直接使用传统车刀且刚性好，但作为车铣中心，它存在 *Y* 轴行程小、铣削能力弱、动力刀具传动系统的结构复杂、传动链长、主轴转速低和刚性差等问题，因此，其铣削能力较弱。

车铣复合加工中心的刀架一般采用图1.3-4b所示的加工中心主轴结构和换刀方式。主轴可安装刀柄统一的车削和镗铣加工刀具，并可进行大范围（225°左右）摆动，以调整刀具方向、进行倾斜面加工；自动换刀装置一般布置在床身的内侧，其结构与加工中心类似。

当机床进行内外圆或端面车削加工时，主轴换上车刀后锁紧，然后利用 *B* 轴的回转调整车刀方向（0°～90°范围内的任意方向）并定位夹紧，这样就可通过 *X*、*Z* 轴运动，对安装在车削主轴上的旋转工件进行车削加工。当机床需要进行侧面或端面铣削加工时，车削主轴切换到Cs轴控制方式、成为数控回转轴，机床便可通过铣削主轴对安装在车削主轴上的工件进行钻、铣、镗、攻螺纹等加工，且能通过 *X*、*Y*、*Z*、*B*、*C* 的联动实现五轴加工。

车铣复合加工中心的主轴一般为电动机直联或电主轴，其主轴箱结构紧凑，可安装的刀具规格大、主轴刚性好，主轴转速可达到上万转甚至数万转，故可以用于高速铣削加工。

以上结构较好地解决了车削中心的铣削能力不足的问题，且可用于五轴加工，但自动换刀装置的布置不方便，床身倾斜的布局对 *Y* 轴行程还有一定的限制，为此，大型车铣复合加工中心有时直接采用加工中心的立柱移动结构，这种机床和带 *A* 轴转台、主轴箱摆动的立式五轴加工中心非常类似，只是其 *A* 轴采用的是车床的主轴结构、并具有车床用的尾架、顶尖等基本部件而已，因此，它完全综合了数控车床和加工中心的特点。

5. 多主轴数控车床

数控车床是用于面广量大的回转体零件加工的设备，但只有单个主轴的车削机床存在两方面的问题：第一，加工时，工件必须有一端作为夹持端，如不重新装夹工件，机床无法对夹持端进行加工，即存在二次装夹与加工问题，它不仅增加了加工辅助时间，同时还会带来装夹误差；第二，机床在任意时刻只能进行单工序加工，这对于工序繁多、但每一工序的加工时间短暂的小型零件加工，需要频繁换刀，导致加工辅助时间的增加。

多主轴数控车床就是用来解决以上问题的高效加工设备，其常见形式有两类：一是双主轴机床，它以解决二次装夹与加工为主要目的；二是多主轴同时加工机床，它以提高加工效率为主要目的。多主轴同时加工机床指由两个以上主轴在同一时间对多个相似工件实施加工的机床，它可成倍提高加工效率，但不能解决夹持面的二次装夹与加工问题，因此，多用于小型、大批量零件的专用加工。

双主轴数控车床的外形如图 1.3-5a 所示，这种机床可用于不同规格的零件加工，其通用性强、用途广、生产厂家多，是最常见的多主轴数控车床。

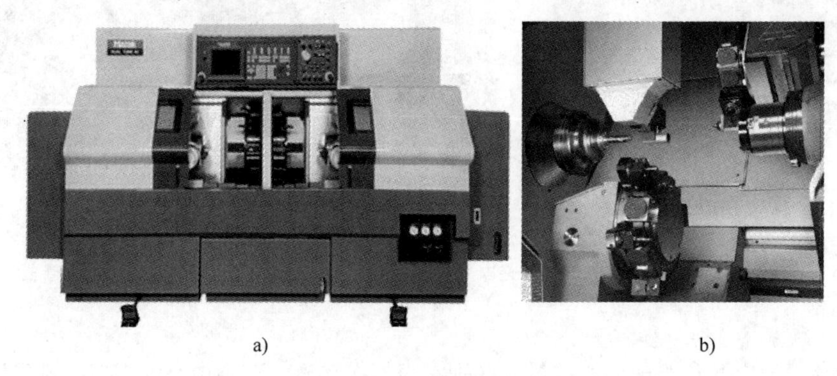

a)　　b)

图 1.3-5　双主轴数控车床

a）机床外形　b）双主轴加工

多主轴数控车床一般以卧式数控车床为基型，结构类似于两台共用床身、对称布置的数控车床，其左右两侧都安装有主轴箱、刀架等部件，并有独立的 *X*、*Z* 轴和主传动系统，两边可同时加工。左右主轴一般采用同轴、对置布置，当一个主轴（主主轴）完成一端加工后，另一主轴（副主轴）可夹持工件的加工完成端，将工件从主主轴转移到副主轴，利用副主轴完成主主轴的夹持端加工；与此同时，主主轴又可进行下一工件的加工端加工。这种机床不仅解决了夹持端的加工问题，而且主副主轴均得到了充分利用，其加工效率相当于两台同时加工的机床。

双主轴数控车床一般共用床身、主副主轴同轴的结构，故它一般不能安装尾架、顶尖等附件。在多数情况下，工件的加工端加工相对复杂，要求也较高，故机床一般采用主主轴固定、副主轴移动式结构，副主轴的主电动机规格、刀架容量、刀具规格略小于主主轴。如果主/副主轴均具有 Cs 轴控制功能、主/副刀架都能安装动力刀具并进行垂直方向（*Y* 轴）的运动，这就是一台双主轴的车削中心。

双主轴数控车床一般有独立的主/副刀架和各自的 *X*/*Y*/*Z* 轴进给驱动系统，它要求 CNC 能同时控制两组进给轴和主轴的同时加工，故需要采用具有双通道控制功能的 CNC。

6. 车削 FMC

车削 FMC 是在车削中心、车铣复合加工中心的基础上，通过增加工件自动输送和交换装置，构成的自动化加工设备。图1.3-6所示为国外著名机床厂家生产的车削FMC外形。

图1.3-6　车削FMC

FMC是柔性加工单元（Flexible Manufacturing Cell）的简称，其最大特点是能够进行工件的自动交换，FMC的主机可以是一台或几台数控车床、车削中心或车铣复合加工中心。FMC不仅实现了工序的集中和工艺的复合，而且通过工件的自动交换，使得无人化加工成为可能，从而进一步提高了设备的加工效率。FMC既是柔性制造系统的基础，又可以作为独立的自动化加工设备使用，因此，其发展速度也较快。

1.3.2　镗铣加工数控机床

镗铣加工机床既具有钻镗类机床的孔加工特性，又具有铣床的铣削加工特性，也是工业企业最常用的设备。镗铣加工机床种类较多，从机床的结构布局上，可分为立式、卧式和龙门式三大类，龙门式镗铣加工机床属于大型设备，其使用相对较少；立式和卧式镗铣加工机床是常用设备。根据机床性能和水平，目前市场使用的镗铣类数控机床可分为数控镗铣床、加工中心、铣车复合加工中心、FMC等，其特点和主要用途如下。

1. 立式数控镗铣床

主轴轴线垂直布置的机床称为立式机床。立式数控镗铣床是从普通立式铣床基础上发展起来的数控机床，根据通常的习惯，人们将图1.3-7a所示的，从普通升降台铣床基础上发展起来的数控镗铣加工机床称为数控铣床；而将图1.3-7b所示的，从普通床身铣床基础上发展起来的数控镗铣加工机床称为数控镗铣床。

数控铣床和数控镗铣床的功能并无本质的区别，相对而言，数控镗铣床的孔加工能力较强、主轴的转速和精度较高，故更适合于高速、高精度加工，但其铣削加工能力一般低于同规格的数控铣床。

数控镗铣床（包括数控铣床，下同）和普通镗铣床的加工区别主要在进给系统上，数控镗铣床的X、Y、Z轴进给系统都有独立的伺服电动机驱动，以实现刀具定位位置、运动速度和轨迹的控制。机床的主电动机一般采用交流主轴驱动装置或变频器调速，主轴可无级变速，其最高转速一般高于普通镗铣床；为了提高主轴低速输出转矩，数控镗铣床的主轴有时需要安装机械变速齿轮，但其变速挡位比普通机床少，变速箱的结构也比较简单。

2. 卧式数控镗铣床

主轴轴线水平布置的机床称为卧式机床。卧式数控镗铣床是从普通卧式镗床基础上发展起来的数控机床，常见的外形如图1.3-8所示。

卧式数控镗铣床以镗孔加工为主要特征，主要用来加工箱体类零件上侧面的孔或孔系。卧式机床的布局合理、工作台面敞开、工件装卸方便、工作行程大，故适合于箱体、机架等大型或结

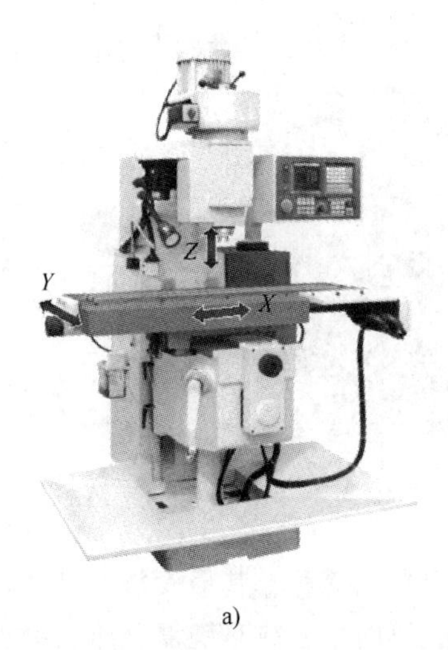

a)

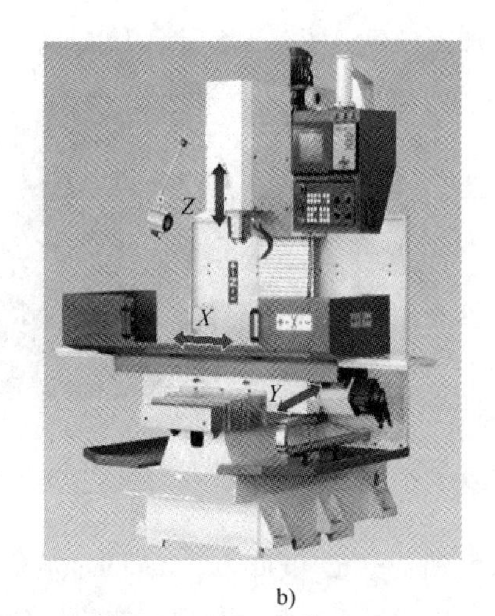

b)

图 1.3-7　立式数控镗铣床

a）数控铣床　b）数控镗铣床

a)

b)

图 1.3-8　卧式数控镗铣床

a）小型机床　b）大中型机床

构复杂零件的孔加工。卧式数控镗铣床通常配备有回转工作台（*B* 轴），可以完成工件的所有侧面加工，因此，相对立式镗铣床而言，其适用范围更广，机床的精度和价格也相对较高。

3. 龙门式数控镗铣床

龙门式数控机床一般用于大型零件的镗铣加工，它由两侧立柱和顶梁组成龙门，主轴箱安装于龙门的顶梁或横梁上，其典型结构如图 1.3-9 所示。

龙门式数控机床的顶梁由两侧立柱对称支撑，滑座可在顶梁上左右移动（*Y* 轴），其 *Y* 轴行程大、工作台完全敞开，它可以解决立式机床的主轴悬伸和工件装卸问题。同时，由于 *Y* 轴位于顶梁（或横梁）上，也不需要考虑切屑、冷却水的防护等问题，工作可靠性高。龙门式机床的 *Z* 轴行程可通过

图 1.3-9　龙门式数控镗铣床

改变顶梁高度调整；在横梁移动的机床上，还可通过横梁的升降扩大 Z 轴行程、提高主轴刚性，它还可以解决卧式机床所存在的主轴或刀具的前端下垂问题，其 Z 轴行程大、加工精度容易保证。

龙门镗铣床的 X 轴运动可通过工作台或龙门的移动实现，其最大行程可以达到数十米；Y 轴行程决定于横梁的长度和刚性，最大可达 10m 以上；Z 轴运动可通过横梁升降和主轴移动实现，一般可达数米；机床的加工范围远远大于立式机床和卧式机床，可用于大型、特大型零件的加工。

4. 加工中心

镗铣加工机床采用数控后，不仅实现了轮廓加工的功能，而且可通过改变加工程序改变零件的加工工艺与工序，增加了机床的柔性。但数控镗铣床由于不能自动换刀，因此，其加工效率相对较低。为此，人们研制了如图 1.3-10 所示、带有自动刀具交换功能（Automatic Tool Changer，ATC）的 NC 机床，并称之为加工中心（Machining Center）。

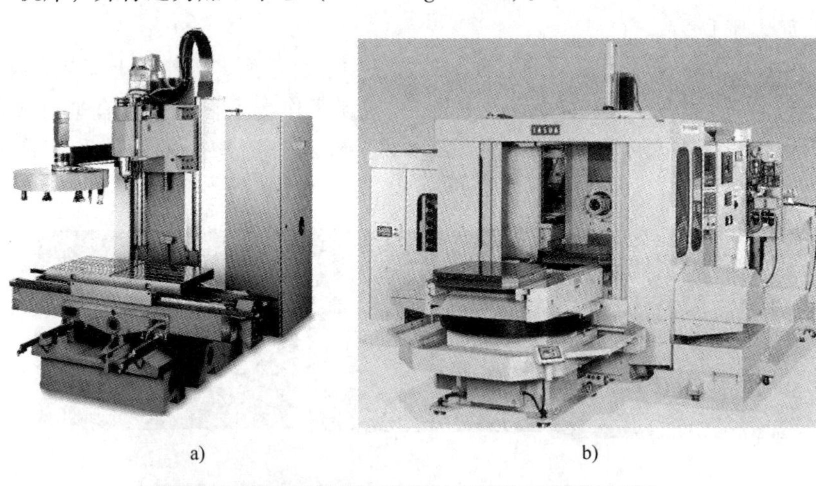

a) b)

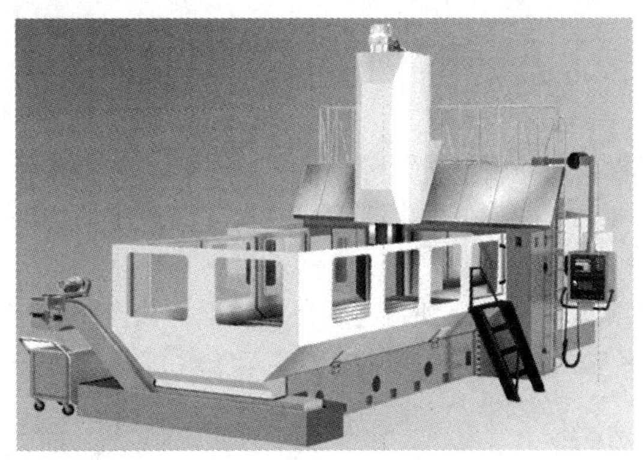

c)

图 1.3-10 加工中心

a）立式 b）卧式 c）龙门式

加工中心通过刀具的自动交换，可一次装、夹完成多工序的加工，实现了工序的集中和工艺的复合，从而缩短了辅助加工时间，提高了机床的效率；减少了零件安装、定位次数，提高了加工精度，它是目前数控机床中产量最大、使用最广的数控机床之一，其种类繁多、结构各异，立式、卧式和龙门式加工中心属于常见的典型结构。

为了提高加工效率、缩短辅助时间，卧式加工中心经常采用图 1.3-10b 所示的双工作台交换装置，这种机床虽能实现工件的自动交换，但增加双工作台交换的主要目的是提高效率、缩短工件装卸辅助时间，且只能进行一个工件的交换，故不能称为 FMC㊀。

5. 铣车复合加工中心

铣车复合加工中心是近年来发展起来的新型机床，它集刀具回转的镗铣加工与工件回转的车削加工于一体，可以满足高效、高精度加工的要求。

立式和龙门式加工中心实现铣车复合加工较为容易，它是铣车复合加工中心的常见形式。立式和龙门式加工中心只需要以车削加工的高速数控转台代替传统的数控回转工作台，就可实现铣车加工的复合。立式铣车复合加工中心的常见结构有两种：一是以 *A* 轴为车削主轴、主轴箱摆动（*B* 轴）的结构；另一种为 *C* 轴为车削主轴、*A* 轴转台摆动的结构，前者适合于长度较长的轴类零件铣车复合加工，故又称棒料加工中心；后者适用于长度较短的法兰、端盖类零件铣车复合加工，并可用于多主轴加工。

（1）棒料加工中心

棒料加工中心一般以主轴箱摆动的五轴立式加工中心为基型，工作台上安装有卧式高速数控转台（*A* 轴）；主轴箱可绕 *Y* 轴左右摆动（*B* 轴）；机床工作台上一般安装有平行 *X* 的辅助运动轴 *U*，用来安装尾架、夹持器等车削加工辅助部件。棒料加工中心的功能和用途如图 1.3-11 所示。

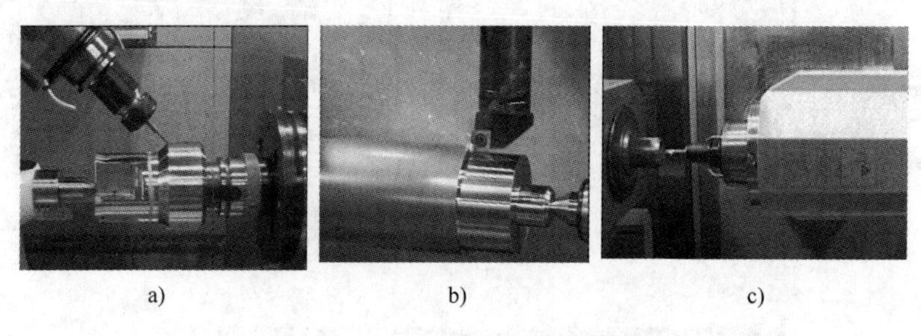

a)　　b)　　c)

图 1.3-11　棒料加工中心的功能

a）五轴铣削　b）外圆端面车削　c）端面孔加工

当机床用于镗铣类加工时，*A* 轴用于回转定位和切削进给，主轴换上镗铣类刀具，机床便可通过 *A* 轴回转和 *B* 轴摆动，对轴类零件的侧面进行图 1.3-11a 所示的五轴孔加工或平面、槽的铣削加工。

当 *B* 轴在 0°位置定位夹紧、*A* 轴切换到高速旋转方式、主轴换上车刀并锁紧时，机床可像卧式数控车床那样，通过 *X*、*Z* 轴的运动，对 *A* 轴上的旋转工件进行图 1.3-11b 所示的轴类零件外圆、端面车削加工。

当 *B* 轴在 90°位置夹紧、*A* 轴定位并夹紧、主轴换上钻头、丝锥或镗铣刀时，机床就可通过 *Y*、*Z* 轴定位和 *X* 轴的进给，对安装在 *A* 轴上的工件进行图 1.3-11c 所示的端面孔加工或槽加工。铣车加工中心在加工端面孔时，即使中心孔，通常也采用工件固定、刀具旋转的加工方式，这点和卧式车床有所不同。

（2）法兰加工复合机床

法兰类零件铣车复合加工中心一般以主轴箱固定的五轴立式加工中心为基型，工作台上安装

㊀ 见本节“7. FMC、FMS 和 CIMS”。

有可绕 X 轴左右摆动（A 轴）的转台；转台上又安装有可用于车削加工的立式高速数控转台（C 轴）。机床的功能和用途如图 1.3-12 所示。

a)

b)

c)

图 1.3-12　法兰类铣车复合加工

a）卧式车削　b）立式车削和端面加工　c）侧面加工

对于镗铣类加工，C 轴用于回转定位和切削进给、主轴换上镗铣类刀具，机床便通过 C 轴的回转和 A 轴的摆动，对叶轮、端盖、法兰等零件进行五轴铣削加工。

当 A 轴在 90°位置定位夹紧、C 轴为水平并切换到高速旋转方式、主轴换上车刀并锁紧时，机床可像卧式数控车床那样，通过 Y、Z 轴的运动，对 C 轴上的旋转工件进行图 1.3-12a 所示的外圆、端面车削加工。

当 A 轴在 0°位置定位夹紧、C 轴为垂直并切换到高速旋转方式、主轴换上车刀并锁紧时，机床可像立式数控车床那样，进行图 1.3-12b 所示的外圆、端面车削加工；如 C 轴定位并夹紧、主轴换上钻头、丝锥或镗铣刀，则可对工件的端面进行孔加工或平面、槽的铣削加工。

当 A、C 轴在其他位置同时定位并夹紧时，只要主轴换上钻头、丝锥或镗铣刀，机床就可对端盖、法兰等回转体零件的侧面进行图 1.3-12c 所示的孔加工或铣削加工。

6. 多主轴加工中心

加工中心实现了工序集中和工艺复合，是多品种、小批量零件加工的首选设备，但只有一个主轴的加工中心通常很难满足汽车、摩托车等大批量生产行业对加工效率的要求，因此，需要利用多主轴、多工件同时加工来提高加工效率。多主轴加工中心是以多主轴、多工件同时加工为主要特征的高效、自动加工设备，一次加工循环可完成多个相同零件的加工，成倍提高了机床效率。

多主轴加工中心需要在一个主轴箱上安装多个主轴，其主轴间距决定了零件的加工范围，由于主轴箱体积受到结构限制，故多主轴加工中心的加工范围通常较小，以中小型零件加工的立式、卧式加工中心为主。多主轴加工中心的主要目的是提高批量加工的效率，它不追求机床的柔性，为了简化结构、降低成本，其 $X/Y/Z$ 等坐标轴一般为公用，因此，多数情况下，只能用完全相同的刀具来加工完全相同的零件。

多主轴加工中心需要有多个主轴传动系统，需要同时装夹多个零件，主轴箱、夹具、自动换刀装置等部件的结构较复杂；如果进行多轴加工，还需要有独立的回转轴，它对 CNC 的功能要求较高，因此，目前以双主轴加工中心居多。

立式多主轴加工中心的典型结构如图 1.3-13 所示，机床的主轴既可采用同步带连接、单电动机驱动的结构；也可用多主电动机独立驱动，主轴间距一般在 260 ~ 600 范围。单电动机驱动的机床主轴箱设计方便、主轴布置灵活，主轴数量和间距的改变容易，同步性好，但 CNC 不能对各主轴进行独立的监控和调整，对使用者要求较高，故可用于 2 ~ 4 主轴同时加工的小型加工中心。独立驱动机床的每一主轴都有独立的主轴驱动器和电动机，主轴调整方便、控制灵活，但由于电动机外形的制约，其主轴间距通常较大，而且要求 CNC 具备多主轴同步控制功能，因此，多用于双主轴大中型加工中心。

卧式多主轴加工中心的主轴传动形式与立式加工中心类似，但由于其主要加工对象为箱体类零件，其主轴的间距大于立式多主轴加工中心；此外，各主轴需要有独立的基本回转轴 B，因此，CNC 也至少需要有五轴控制和一对伺服轴的同步控制功能，故以双主轴的大中型机床为常见。

图 1.3-13　立式多主轴加工中心

7. FMC、FMS 和 CIMS

（1）FMC

如果在加工中心的基础上，进一步增加如图 1.3-14 所示的工作台（托盘）自动交换装置（Automatic Pallet Changer，APC），进行工件的自动交换，这样的加工单元称为柔性加工单元（Flexible Manufacturing Cell，FMC）。

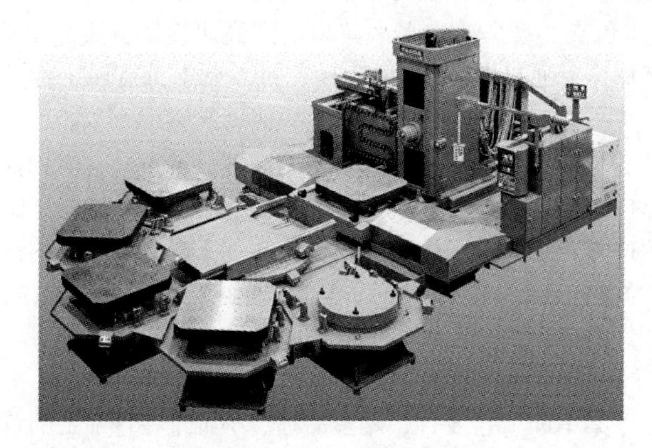

图 1.3-14　卧式 FMC

FMC 不但可完成单个工件的多工序的加工，实现工序的集中和工艺的复合，而且还能够自动交换加工零件，实现较长时间的无人看管加工，它进一步提高了数控机床的利用率和自动化程度，这是一种目前真正能够实用化的无人化加工设备，它在先进的企业中已经得到普及和应用。

（2）FMS 和 CIMS

NC 机床、加工中心、车削中心、FMC 都是独立的加工设备，如果在它们的基础上，再增加刀具中心、工件中心、输送系统、工业机器人及相关的配套设备，并由中央控制系统进行集中、统一的控制和管理，这样的制造系统称为柔性制造系统（Flexible Manufacturing System，FMS）。

FMS 的规模可大可小，中等规模的 FMS 一般由图 1.3-15 所示的若干台 NC 机床、测量机、工业机器人、集中控制台及相关设备组成，这样的 FMS 不仅可进行长时间无人化加工，而且也可以完成零件的测量，基本具备了 FMS 的功能。而大型 FMS 则具有车间制造过程的全面自动化的功能，这样的 FMS 可以称得上是一种高度自动化的先进制造系统。

随着科学技术的发展，为了适应市场多变的需求，现代制造企业不仅需要实现车间制造过程的自动化，而且希望实现从市场预测、生产决策、产品设计、产品制造直到产品销售的全面自动化。如果将这些要求进行综合，并组成为完整的系统，这样的系统称计算机集成制造系统

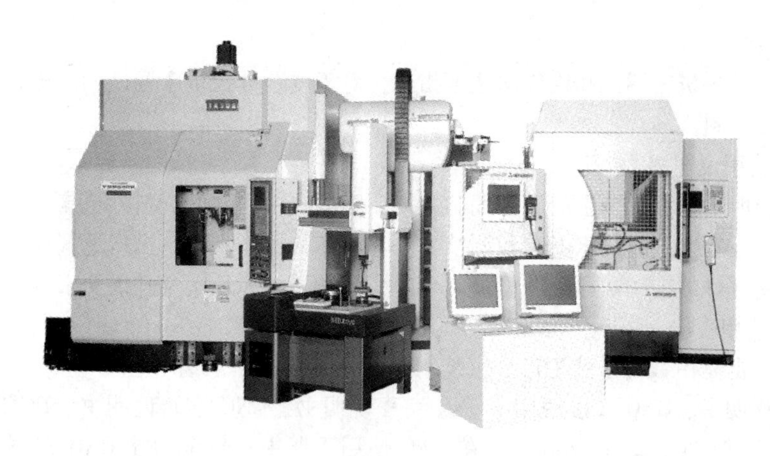

图1.3-15　FMS

(Computer Integrated Manufacturing System，CIMS)。CIMS将一个工厂的全部生产、经营活动进行了有机的集成，实现了高效益、高柔性的智能化生产，它是当今自动化制造技术发展的最高阶段。

FMS、CIMS是现代制造技术的发展方向，但是由于技术、管理、维护等诸多原因，目前还处于研究和试验阶段，即使在发达国家，能够真正实用化的FMS、CIMS还不多见。

1.4　数控机床调试与维修

1.4.1　基本要求

1. 调试与维修

虽然，数控机床的调试和维修是两类不同性质的工作，但两者很多诸多共同之处。

数控机床的安装调试是机床生产厂家验证设计思想、完善技术资料、实现设计指标和CNC功能的完整过程，其根本目的是达到机床技术指标、实现CNC功能、保证动作准确可靠。因此，数控机床的安装调试侧重于控制系统的连接、CNC功能调试、机械/液压/气动等部件的装配与调整等，在CNC系统上，则侧重于软件，如CNC参数设定、PMC程序调试等，而系统的硬件一般都为新部件，故原则上不存在问题。

数控机床的维修是针对机床在用户使用过程中所发生的问题，通过对设备机、电、液、气系统和相关部件的原理分析，来确定故障原因和部位、更换或修复故障部件、恢复机床功能和精度、保证设备继续使用的过程。虽然，从效果上看，数控机床维修的主要工作是进行故障部件的修复、调整和更换，其控制系统原理、CNC参数、PMC程序等总体上不应存在问题，必要时还可直接通过CNC数据的重新装载解决。但是，掌握CNC连接要求、熟悉CNC功能和参数，利用PMC程序监控和检查故障等，仍然是诊断CNC系统故障部位，确定故障原因的前提条件。

综上所述，无论数控机床调试或是维修，从电气控制系统的角度，都离不开CNC硬件与连接检查、CNC参数设定、PMC程序检查及调试等基本内容。

数控机床是一种综合应用了计算机、自动控制、精密测量、精密机械等先进技术的典型机电一体化产品，其控制系统复杂、价格昂贵，它不仅要求调试、维修人员有较高的素质，而且还对技术资料、仪器等方面有比普通机床更高的要求，具体如下。

2. 技术资料

技术资料是数控机床调试和维修的技术指南，对于复杂数控机床调试和维修，在理想状态下应具备以下技术资料。

（1）机床使用说明书

机床使用说明书是由机床生产厂家编制并需要随机提供用户的资料，机床使用说明书通常包括机床的安装和运输要求、机床安装和调整方法、机床的操作步骤、机床电气控制原理图、机械传动系统和主要部件的结构和原理图、液压/气动/润滑系统原理图及其说明书等。

（2）CNC 使用手册

CNC 使用手册是由数控系统生产厂家编制的使用手册，手册通常包括 CNC 的操作面板及说明、CNC 操作说明书、CNC 连接说明、CNC 编程说明书、CNC 维修说明书、PMC 编程手册等。简单的国产普及型 CNC，以上资料包含在 CNC 使用手册中；但全功能 CNC 有单独的手册，其 CNC 操作、编程、维修说明书通常作为随机资料提供，而 CNC 连接和功能说明、PMC 编程手册等通常只作为机床生产厂家的设计资料提供。

（3）PLC 程序和 CNC 参数

全功能 CNC 一般需要配置集成式或分离型 PMC，PMC 程序是机床生产厂家根据机床的实际控制要求设计的软件，它表明了机床所有控制信号、检测元件、执行元件间的全部逻辑关系，是数控机床调试、维修过程中极为重要的资料。在 FANUC 数控系统上，PMC 程序可直接通过 CNC 的 MDI/LCD 面板进行动态显示，它为维修提供了极大的便利。

CNC 参数清单是由机床生产厂根据机床实际要求，对 CNC 进行的设置与调整。CNC 参数不仅直接决定了 CNC 的功能配置，而且也影响到机床的动、静态性能和精度；它是机床维修的重要依据与参考，机床出厂时需要随机提供给机床用户。在 FS－0iD 等 FANUC 数控系统上，PLC 程序和 CNC 参数可以直接以备份存储卡的形式提供。

（4）其他说明书

数控机床一般需要使用较多的整套功能部件，例如，伺服和主轴驱动器、数控转台、自动换刀装置、润滑装置、排屑装置等。功能部件使用说明书中包含了部件结构原理、电气连接要求、调试和维修方法等内容，伺服和主轴驱动器还包括有操作说明、参数说明等更多内容，这些技术资料是功能部件调试和故障维修的重要参考资料。

3. 工具

合格的工具是数控机床调试、维修的必备条件，数控机床通常属于精密设备，它对各方面的要求均较普通机床高，所需要的调试、维修工具亦有所区别。数控机床调试和维修除了需要有电、钳工基本工具外，通常还需要配套以下常用工具。

（1）数字万用表

数字万用表用于电气参数的测量、电气元器件好坏的判别，由于数控机床需要准确测量 mV 级模拟电压、电流信号，普通的指针式万用表不能用于数控机床的维修。数控机床维修用的数字万用表其电压测量精度一般不应低于 100μV，电流测量精度不低于 0.01μA，电阻分辨率应不低于 0.1Ω；此外，还应具备电容、晶体管测试与蜂鸣器功能。

（2）数字转速表

转速表主要用于测量、调整主轴转速，并作为主轴驱动器参数设置与调整的依据。由于数控机床的主轴转速通常较高，出于安全的考虑，普通的接触式转速表一般不宜用于数控机床的主轴转速测量，用于数控机床转速测量的数字式转速表的测量范围应在 100 000r/min 左右，转速测量误差应小于 1%。

（3）示波器

示波器用于信号动态波形的检测，判别元器件好坏。如脉冲编码器、测速机、光栅的波形检测；伺服、主轴驱动器的输入、输出波形检测等，此外还可用来检测开关电源、显示器电路的波形等。数控机床维修用的示波器通常应选用频带宽为10～100MHz的双通道示波器。

（4）长度测量工具

长度测量工具是机械维修、调整的检测工具。它可用来测量机床的移动距离、反向间隙值等。通过测量，可大致判断机床的定位精度、重复定位精度、加工精度等技术指标，调整CNC、驱动器的电子齿轮比、反向间隙等参数。

4. 备件

备件用于数控机床维修。由于数控机床的机械、液压、气动元件众多，型号和规格各异，因此，维修备件一般以通用的电子、电器元件为主。维修人员准备常用的易损电子、电器元件，可给维修带来很大的方便，故在有条件时可予以准备。

数控机床的维修备件一般包括CNC专用熔断器、常用的晶体二极管和晶体三极管、各种规格的电阻和电位器等，可能时还可以准备部分通用的集成稳压器、光耦合器、线驱动放大器/接收器、D－A转换器等输入/输出接口和电源部件常用的易损件，以便迅速更换。

1.4.2　数控机床调试步骤

数控机床的机械、气动、液压系统的安装调整及电气控制系统安装、连接完成，PMC程序和CNC参数等软件的设计结束后，便可进入现场调试阶段。

数控机床的现场调试是验证设计思想、实现功能与指标、保证动作准确可靠、形成产品的完整过程，也是检查、优化控制系统硬件、软件，提高系统可靠性的重要步骤。为了防止调试过程中可能出现的问题，现场调试应按照调试前的检查、硬件调试、功能调试等步骤规范有序地进行，严防安全性事故。

数控机床的调试应以满足控制要求、确保系统安全可靠为最高准则，它是检验硬件、软件设计正确性的最高标准，任何影响系统安全性与可靠性的设计，都必须予以修改，决不可以遗留事故隐患，以免出现严重后果。

虽然不同机床的结构与性能、配套的CNC、功能要求各不相同，但现场调试的基本方法与步骤相似，数控机床调试一般按图1.4-1所示的步骤进行。

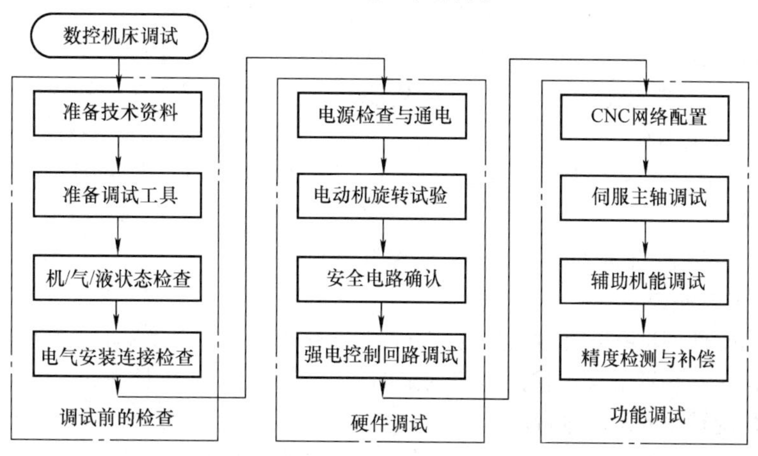

图1.4-1　数控机床的调试步骤

1. 调试前的检查

为了保证调试工作的顺利进行，调试前应根据机床的设计要求，对照相关技术资料，对机械/气动/液压系统、机床工作条件、电器安装、电气连接，逐项进行以下检查。

机械/气动/液压系统的检查一般应包括如下内容：

1）机床的机械、液压、气动部件是否已安装调整完成，符合机床运行的要求；

2）机床的可动部件是否可自由移动，可动部件的停止位置是否正确与恰当；

3）机床的各种检测开关、传感器的调整是否合适，是否已可靠安装与固定，是否能够可靠发信，等等。

工作条件检查一般应包括如下内容：

1）机床的进线电源电压、频率、接地线、接地电阻是否满足设备要求；

2）机床的工作环境（温度、湿度等）是否满足CNC工作条件？电气柜、操纵台等部件的安装位置是否受到阳光的直射；

3）机床的周围是否有强烈振动或其他强电磁干扰设备，如果有，是否已经对设备采取了有效的减振、电磁屏蔽与防护措施；

4）机床的周围是否有足够的维修空间，等等。

电器安装检查一般应包括如下内容：

1）电气柜安装、固定、密封是否良好，是否能够有效防止切削液或粉末进入柜内，空气过滤器（如安装）清洁状况是否良好；

2）电气柜内部的风扇、热交换器等部件的是否可正常工作，CNC、驱动器上的防尘罩（防尘纸）是否已经取下；

3）电气柜内部的CNC模块、其他控制装置的表面与内部是否有线头、螺钉、灰尘、金属粉末等异物进入；

4）控制系统各模块、部件的数量是否齐全，模块、部件的安装是否牢固、可靠；

5）系统操作面板上的按钮有无破损，安装是否可靠；

6）继电器、电磁铁以及电动机等电磁部件的噪声抑制器是否已经按照要求安装，等等。

电气连接检查一般应包括如下内容：

1）电气柜与设备间的连接电缆是否有破损，电缆拐弯处是否有破裂、损伤现象；

2）电源线与信号线布置是否合理；电缆连接是否正确、可靠；

3）机床电源进线是否可靠接地；接地线的规格是否符合要求；

4）信号屏蔽线的接地是否正确；电缆夹、端子板的安装是否可靠；

5）系统的总线、扩展电缆是否已经正确连接，连接器插头是否完全插入、拧紧；模块的设置（如需要）是否正确；

6）CNC的全部信号输入端（如DC24V）与高压（如AC220V）控制回路间是否保证无短路或不正确的连接；

7）CNC的全部信号输出是否保证无“短路”现象，等等。

2. 电源检查与通电

数控机床的硬件调试一般针对机床的强电控制电路进行，其主要目的是确认强电控制线路及CNC外围线路的工作情况。强电控制电路调试的第一步是进行主回路调试，它一般分电源检查与通电、电动机旋转试验两步进行。

以图1.4-2所示的简单电路为例，电源检查与通电的一般步骤如下：

1）分离关键部件：将控制系统中的CNC、驱动器等主要控制装置的主回路、控制回路的全部进线断路器断开，使得CNC、驱动器从控制系统中分离。

2）设定保护装置：根据电气控制原理图的要求，依次设定、检查各种断路器、自动开关、热继电器等的保护电流值。例如，图1.4-2中的Q2应设定0.25A；确认F5、F6、F12均为2A等。

3）检查电源输入：确认电源输入与电气控制原理图设计要求相符。例如，图1.4-2a中L1、L2、L3间电压为3～AC380V；L1—N、L2—N、L3—N间电压为AC220V等。

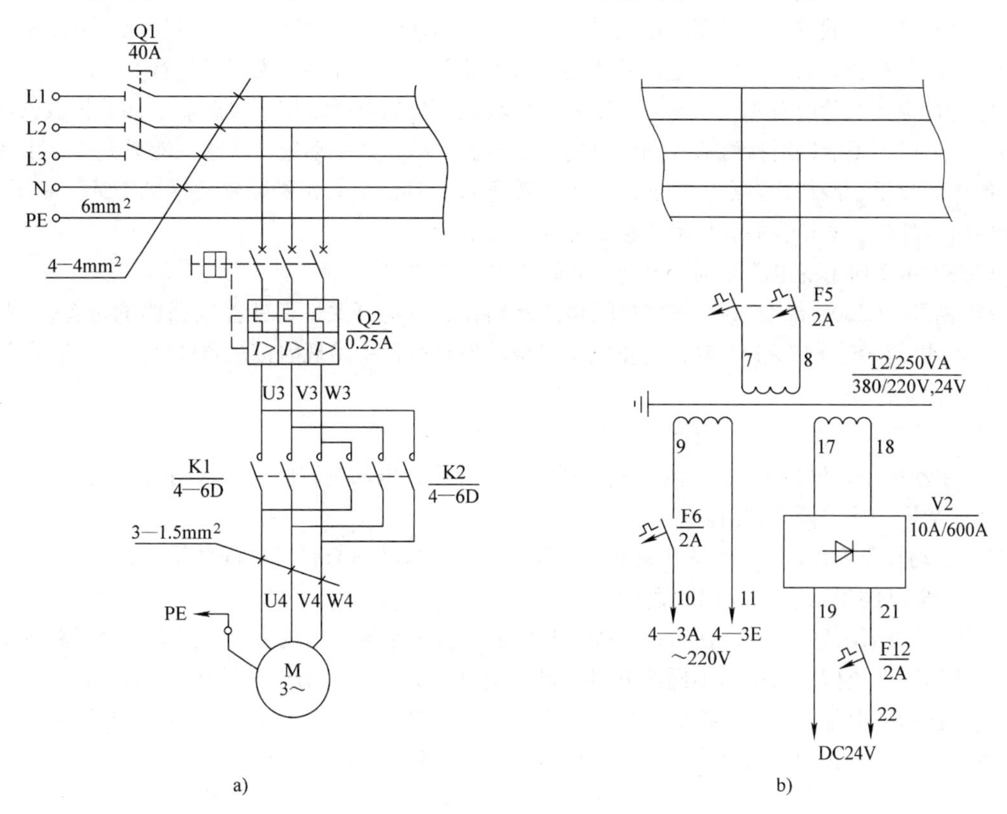

图1.4-2 强电电路调试例

a）主电路 b）控制电路

4）逐点检查电压：合上总电源开关，按照电气控制原理图的次序，逐页、逐点测量检查各线路连接点的电压，确认符合原理图的要求。例如，图1.4-2中为Q2、F5的上端电压为3～AC380V等。

5）检查保护器件：按照电气控制原理图的次序，依次合上各断路器、自动开关，并逐点测量、检查线路电压，确认符合原理图的要求。例如，在图1.4-2a中，首先接通Q2，检查接触器K1、K2上端U3、V3、W3间的电压为3～AC380V；在图1.4-2b中，首先接通F5，检查变压器T2的一次电压为AC380V，T2的二次电压应为：9—11为AC220V、17—18为AC24V，19—21为DC24V等；然后接通F6，测量10—11为AC220V，接通F12，测量19—22为DC24V等。

6）检查系统主回路：分离CNC、驱动器等主要装置所有与外部强电控制回路连接的连接器，依次接通CNC、驱动器等部件的主回路和控制回路的进线断路器。

7）检查系统控制回路：依次检查需要与CNC、驱动器连接的各连接器引脚，测量所有与强电控制回路连接的连接器引脚输入电压，确认输入引脚的电压范围正确，输出引脚不存在短路。

8）检查系统部件：切断电源总开关，连接 CNC、驱动器等主要部件的全部连接器，检查 CNC、驱动器的状态指示为正常。

需要特别注意的是：如果在执行第5)、6）步检查时，出现断路器、自动开关“跳闸”或者不能合上的情况，表明相应的电路中存在短路，应立即检查对应线路，找出短路点，然后才能进行下一步试验。

3. 电动机旋转试验

电动机旋转试验的目的是调整电动机的转向，并确认辅助控制部件的运行情况。电动机旋转试验应在电源检查与通电完成、全部断路器及自动开关合上，并确认无误后进行。

电动机旋转试验应特别注意两点：第一，旋转试验应通过手动按下接触器上部的机械连锁部件的方法进行，不能以对接触器线圈通电的方法试验；第二，手动旋转试验只能对允许自由旋转的部件，如液压、冷却、润滑、排屑器、风机等进行，对于具有机械联锁要求的刀库、机械手、分度转台等部件，必须在脱开机械连接后才能进行试验。

以图 1.4-2 所示的电路为例，电动机旋转试验的步骤如下。

1）断开 AC220V 或 DC24V 等控制回路的断路器、自动开关，切断控制回路的电源。例如，图 1.4-2b 中的 F6、F12 和 F5 等，防止电动机旋转检查过程中出现因接触器辅助触点“吸合”而引起的其他元件动作。

2）关闭气动、液压、冷却控制装置的气源、液压和水源。

3）手动按下接触器 K1 上部的机械联锁部件，并确认电动机转向与要求相符（正转），必要时交换电动机相序，调整转向。

4）手动按下 K2 上部的机械联锁部件，并确认电动机转向与要求相符（反转）。

4. 安全电路确认和控制回路调试

以上主回路调试完成后，便可进入强电控制回路调试阶段。数控机床的强电控制回路调试的方法与普通机床类似，可根据不同的电路，进行电动机起停、电动机正反转、制动器松/夹、照明通断等试验。但是，由于数控机床是一种高效、自动加工设备，因此，其强电控制回路调试需要特别注意安全电路的可靠性确认，对于急停、超程等紧急分断和安全保护电路，必须通过多次试验，确认在所有情况下都能够可靠工作，才能进行 CNC、驱动器等部件的调试工作。

5. CNC 功能调试

CNC 功能调试属于软件调试的范畴，它是对 CNC 基本功能和用户选择功能的试验和验证，主要包括网络配置、伺服和主轴调试、辅助机能调试、精度测量与补偿等方面。最大限度地发挥 CNC 功能，尽可能地提高机床工作精度和动态性能，是 CNC 功能调试的基本要求。正确设定 CNC 和驱动器参数，调试 PMC 控制程序、验证机床动作，通过补偿提高机床工作精度等是 CNC 功能调试的基本内容。

CNC 功能调试根据 CNC 型号、生产厂家、CNC 功能的不同而有所区别。对于国产普及型 CNC 系统，由于其 CNC 功能简单，目前暂无网络控制功能；加上多数国产 CNC 一般无内置 PMC，CNC 只需要连接少量功能固定的 I/O 信号，因此，CNC 的功能调试通常只需要设定正确的参数便可完成，而无需进行网络配置、PMC 程序调试。此外，由于国产普及型 CNC 采用的是通用型伺服和主轴驱动器，伺服和主轴的参数设定、性能调试直接在驱动器上完成，因此，其伺服和主轴的调试与所配套选用的驱动器有关。

全功能 CNC 一般采用网络控制，且带有内置 PMC，其 CNC、伺服、主轴、PMC 是一个完整的整体，因此，其功能丰富、CNC 参数和 I/O 信号众多，故需要进行网络配置、伺服和主轴调试、辅助机能调试等全部内容。有关 FS－0iD 的功能调试方法将在本书第 4～7 章具体介绍。

1.4.3　数控机床维修方法

1. 常规检查

数控机床的维修是针对机床在用户使用过程中所发生的问题，通过对设备机、电、液、气系统和相关部件的原理分析，来确定故障原因和部位、更换或修复故障部件、恢复机床功能和精度、保证设备继续使用的过程。如何诊断故障部位、确定故障原因是数控系统维修的前提条件。

数控机床的故障可能与外部条件、操作方法、安装等因素有关，维修时应根据故障现象，认真对照机床、CNC、驱动器使用说明书，进行相关检查，以便确认故障的原因。因此，维修时需要进行如下运行条件、工作状态、电气连接、CNC部件等常规检查。

机床的运行条件检查一般包括如下内容：

1）机床的工作条件是否符合要求，气动、液压的压力是否满足要求；

2）机械、液压、气动部件安装与调整是否正确；

3）机械零件是否有变形与损坏现象；

4）机床是否处于可正常运行位置，工件、夹具的安装是否正确；

5）机床的参考点设定是否合理，反向间隙、螺距误差是否已进行补偿；

6）加工所使用的刀具是否符合要求，切削参数选择是否合理、正确，刀具补偿量等参数的设定是否正确；

7）加工程序是否正确，工件坐标系、坐标旋转、比例缩放、镜像加工、尺寸单位等CNC参数的设定是否正确，等等。

机床工作状态检查一般包括如下内容：

1）操作面板上的按钮、开关位置是否正确；

2）机床各操作面板上，数控系统上的“急停”按钮是否处于急停状态；

3）控制装置的熔断器是否有熔断现象，断路器是否有跳闸；

4）机床操作步骤是否规范，CNC操作方式选择是否正确；

5）进给保持按钮是否被按下，是否选择了机床或辅助机能锁住状态，进给倍率开关是否设定为“0”；

6）是否在机床自动运行时改变了操作方式或插入了手动操作，等等。

电气连接检查一般包括如下内容：

1）输入电源连接是否可靠，是否存在断相，电源电压是否符合要求；

2）机床是否已经可靠接地，接地线是否符合要求；

3）连接电缆是否有破裂、损伤、断线现象，电缆布置是否合理？信号屏蔽线的接地是否正确；

4）电动机、电磁阀、行程开关等电气元件安装是否可靠，电气连接部件有铁屑、冷却水、油等的渗入；

5）电气柜内的元器件安装、连接是否牢固、可靠，等等。

CNC部件检查一般包括如下内容：

1）CNC部件有无切削液或切削粉末进入，过滤器是否清洁、良好；

2）CNC部件的风机、热交换器工作是否正常；

3）CNC、驱动器等部件表面是否有灰尘、金属粉末等污染；

4）各CNC部件的熔断器是否熔断；

5）各CNC部件的连接器连接是否正确，连接器是否已完全插入、拧紧；

6）各 CNC 的组成模块、电路板安装是否牢固、可靠；

7）CNC、驱动器等部件的设定是否正确；

8）操作面板、MDI/LCD 单元有无破损，等等。

由于数控机床维修时需要检查的项目较多，在复杂机床上，为了防止遗留，一般需要设计专门的维修检查表，以便逐项进行检查。

2. 故障分析

分析故障是数控机床维修的重要步骤，故障分析的目的是确定故障部位及故障原因，为排除故障提供方向和依据。故障分析的能力在很大程度上取决于维修人员的知识、能力和经验，故障分析实际上无规定的方法，因此，维修时必须从实际出发，根据故障的现象，灵活运用不同的方法，力争做到定位准确、操作简单。作为参考，数控机床的故障分析主要有如下常规检查、动作分析、状态观察等方法。

（1）常规检查法

这是对通过对数控机床的机械、电气、液压、气动系统的一般检查，来初步判断故障发生原因与部位的一种简单方法，其内容可参见前述。常规检查法一般只能判定由于安装、连接、操作等外部原因或器件外观损坏引起的故障。

（2）动作分析法

动作分析法是通过监视机床的实际运动情况，确定错误动作，并根据动作的条件来追溯故障故障原因的一种方法。动作分析法一般用于液压、气动系统控制的自动换刀装置、工作台交换装置、夹具等部件的故障诊断。

动作分析法可以在切断控制系统电源的情况下，通过对气动、液压部件的手动操作，强制机械运动，验证动作的正确性；此外，还可以利用对电机的旋转试验、行程开关的手动发信、工作台的机械式手动等方法，利用万用表、示波器等仪器，检查电动机、行程开关、位置检测器件的输出信号，判定器件的是否存在故障。

（3）状态观察法

状态观察法是利用 CNC 的自诊断功能，判定故障原因的一种方法。在先进的数控系统中，CNC 及配套的伺服、主轴驱动器等主要部件的运行状态都可通过诊断参数检测；故障信息可通过报警指示灯、报警文本进行显示；而机床的输入/输出信号、CNC 与 PMC 间的内部 I/O 信号等则可利用 PMC 诊断、动态梯形图显示、I/O 信号强制等方法检查和确认。状态观察法可在不使用测试仪器的情况下，通过 CNC 自诊断功能，分析、判断故障原因，这是数控机床维修时最常用的方法。

3. CNC 自诊断功能

数控机床维修时，充分利用 CNC 的故障自诊断功能，可迅速确定故障原因和部位，以便进行相应的维修处理。CNC 的故障自诊断功能一般包括如下内容。

（1）开机诊断

开机诊断是指 CNC 伺服、主轴驱动器等部件开机时，由其操作系统自动进行的软硬件测试。开机自诊断可对 CNC 的 CPU、存储器、I/O 接口、MDI/LCD 单元、模块安装、总线连接等状态进行自动测试，只有在全部器件测试正常后，CNC 才能进入运行状态。诊断的时间决定于 CNC，一般只需数秒钟，但有的需要几分钟。

（2）运行监控

CNC 系统的运行监控分为外设监控和内部监控两类。外设监控需要有专门的检测仪器或在计算机上安装相关调试软件，这一方法多用于 PMC 程序检测，伺服、主轴驱动器的动态调试等。

内部监控是通过CNC的自诊断功能，对其系统工作状态进行的监视，它可通过指示灯、文本、图形等方式显示。随着CNC技术的不断进步，CNC的自诊断功能正在不断增强，在FS-0iD等先进的CNC上，CNC不但能够进行传统的CNC报警、I/O信号状态、CNC工作状态、动态梯形图等显示，而且还具有定期维护、操作履历、报警履历等更多的信息显示功能，以及信号采样跟踪、动态刀具轨迹显示等实时诊断功能，CNC的自诊断功能正在向智能化、专家化的方向发展。

第2章　FS-0iD硬件与性能

2.1　FANUC产品简介

2.1.1　发展简况

FANUC公司是全球最大、最著名的CNC生产厂家之一，其产品以可靠性著称，技术水平居世界领先地位，产品占全球CNC市场的30%以上。

FANUC公司的主要产品生产与开发情况大致如下。

1956年：开发了日本第一台点位控制的NC（控制器件为电子管，驱动为电液脉冲马达）。

1959年：开发了日本第一台连续控制的NC（控制器件为电子管，驱动为电液脉冲马达）。

1960年：开发了日本第一台开环步进电动机直接驱动的NC。

1966年：采用集成电路的NC开发成功。

1968年：全世界首台计算机群控数控系统（DNC）开发成功。

通过以上研究与产品开发，到了1974年FANUC公司的NC市场占有率已经位居世界第一；但是，当时该公司在开发低噪声、大扭矩电液脉冲马达时遇到困难，使得公司决定从美国GETTYS公司引进直流伺服电动机的制造技术，并开始进行商品化与产业化。

FANUC公司这一决策直接推动了数控技术的全面进步，在数控系统上从此开始了纯电气驱动代替了液压驱动，闭环控制代替了开环控制的历程。

1975年：与SIEMENS公司签订了10年的产品合作协议。

1976~1977年：开发了第一代闭环CNC系列产品FANUC-5/7系统、FANUC直流伺服电动机与直流主轴电动机系列产品，5/7系统可以实现4轴控制/3轴联动，功能较丰富，已经可以满足绝大部分数控机床的控制要求。

1979年：开发了第二代闭环数控系统系列产品FANUC-6系统，该系统可以实现5轴控制/4轴联动，CNC功能已经与目前一般使用的CNC无太大差别；FANUC公司也逐步开始在NC技术上引领世界潮流。

1980~1982年：开发了第二代闭环功能精简型数控系统系列产品FANUC-3系统、FANUC交流主轴电动机与交流伺服电动机系列产品；CNC的性能价格比较高；驱动器应用了磁场矢量控制理论，开始了交流伺服驱动代替直流伺服驱动的革命。

1984年：开发了第三代闭环数控系统系列产品FANUC-10/11/12系统，该系列产品率先采用了光缆通信等新技术，CNC可以实现5轴控制/5轴联动，功能十分丰富，并成为了FANUC在此后多年产品开发的基础，即使在今天，10/11/12系列CNC的功能仍然不显落后。

1985年：开发了第三代闭环功能精简型数控系统系列产品FANUC-0系统，FANUC-0是FANUC历史上开发最为成功的系统之一，CNC不仅可靠性大幅度提高，而且在性能价格比上领先于同类产品。

1986年：开发了使用MMC（Man Machine Communication，人机界面）的FANUC-00/100/110/120系列CNC与数字伺服驱动系列产品，数字伺服技术开始在数控系统上得到全面应用。

1987年：开发了FANUC－15系列CNC，该系列CNC在最大配置的情况下，可以实现24轴控制/24轴联动，CNC的技术水平在当时达到了前所未有的高度。而随后几年（1987年～1994年）所做的工作主要是对FANUC 15系列CNC进行的功能精简与提高性能价格比，相继开发的产品有FANUC－16系列CNC（18轴控制/6轴联动）、FANUC－18系列CNC（10轴控制/4轴联动）、FANUC－20系列CNC（8轴控制/4轴联动）、FANUC－21系列CNC（6轴控制/4轴联动）、FANUC－22系列CNC（4轴控制/4轴联动）等。

1995～1998年：开始在CNC中应用IT的网络与总线等技术，开发了i系列CNC产品，如FANUC－15i/150i－MODEL A、FANUC－16i/18i/21i－MODEL A、FANUC－160i/180i/210i－MODEL A、FANUC－15i/150i－MODEL B等。

2000年：开发了FANUC－0i－MODEL A（控制轴数/联动轴数为4/4轴）、FANUC－16i/18i/21i－MODEL B（最大控制轴数/联动轴数分别为8/6、8/5、5/4轴）、FANUC－160is/180is/210is－MODELB和FANUC－αi系列、β系列数字伺服等驱动产品。

2002年：开发了可用于五轴联动加工的FANUC－16i/18i/21i－MB5及FANUC－0i－MODEL B、FANUC－0i－Mate A（控制轴数/联动轴数为3/3轴）系列CNC、βi系列数字伺服驱动。

2003～2005年：相继开发了FANUC－30i/31i/32i－MODEL A、5轴加工用FANUC－30i－MODEL－A5及FANUC－0i/0i－Mate－MODEL C系列CNC、αis系列数字伺服驱动。

2005～2007年：相继开发了5轴联动加工用FANUC－31i/32i－MODEL－A5与使用MMC（人机界面）的FANUC－300i /310i/320i－MODEL A、FANUC－300is /310is/320is－MODEL A、FANUC－31i /310i/310is－MODEL－A5系列CNC。

2008～2011年：相继开发了5轴联动加工用FANUC－31i－MODEL－B5，FANUC－30i /32i－MODEL－B，FANUC－35i－MODEL－B系列CNC及FANUC－0i/0iMate－MODEL D系列CNC。

2.1.2　当前产品

1. FANUC－0i系列

FANUC公司的CNC型号的一般表示方法如下：

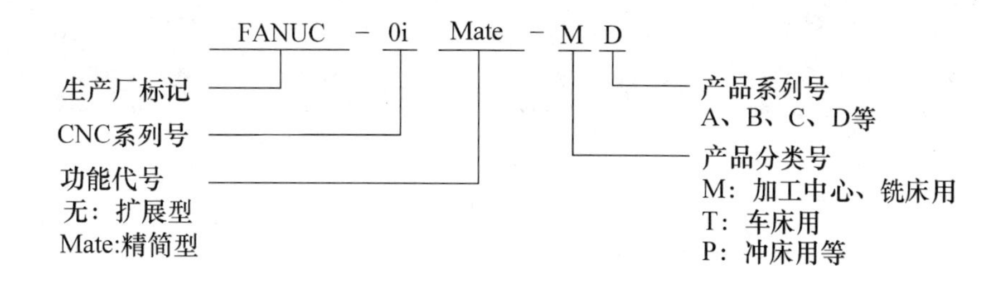

FS－0i系列CNC是FANUC公司为5轴以下、大批量生产的数控机床，所开发的实用型数控系统，产品在国内外普通型数控机床上得到了极为广泛的应用。根据产品开发时间与结构，FS－0i至今共推出了FANUC－0i－MODEL A（FS－0iA）、FANUC－0i－MODEL B（FS－0iB）、FANUC－0i－MODEL C（FS－0iC）及最新的FANUC－0i－MODEL D四大系列。

根据CNC的功能，FS－0i系列CNC有“扩展型”与“精简型”两种规格，后者需要在型号中加“Mate”，如FS－0i Mate MC、FS－0i Mate TD等。

FS－0iA、FS－0iB与FS－0iC、FS－0iD的硬件与软件、结构均有较大的区别，性能依次提高，但其操作、编程方法类似。在产品结构上，FS－0iA/B采用的是MDI/LCD单元与CNC分离型结构，CNC 单元独立安装；FS－0iC、FS－0iD 采用的是 MDI/LCD/CNC 集成一体化结构，其安装更方便、体积更小。在网络技术应用上，FS－0iA 仅 I/O 单元采用了 I/O－Link 总线连接，但 CNC 与伺服驱动器间仍使用传统电缆连接；FS－0iB/C/D 增加了 FANUC 高速串行伺服总线 FSSB，CNC 和伺服驱动器实现了总线连接。在配套驱动上，FS－0iA 只能采用电缆连接的 α 系列驱动器；FS－0iB/C/D 可采用 FSSB 总线连接的 αi/βi 系列驱动器。

精简型 FS－0i Mate 与扩展型 FS－0i 的区别，主要体现在硬件扩展和功能上，FS－0i Mate 的主板无安装扩展模块的接口，故不能增加通信接口、数据服务卡、附加轴控制、附加主轴控制等扩展模块，也不能选择 10.4in⊖ LCD 等部件。例如，FS－0i Mate MD 的最大控制轴数为 4 轴、而 FS－0i MD 可选择第 5 轴控制功能等。在 PMC 功能上，FS－0i Mate 的内置式 PMC 不可扩展，其 I/O 点数较少、PMC 程序容量较小，例如，FS－0i Mate D 的 PMC 最大 I/O 点为 256/256 点、程序容量 8000 步、基本指令执行时间为 1μs，而 FS－0iD 的 PMC 最大 I/O 点可达 2048/2048 点、程序容量为 32000 步、基本指令执行时间为 0.025μs 等。此外，FS－0i Mate 也不能选择多通道控制、同步轴控制、倾斜轴控制等特殊功能。

FANUC－0i/0i Mate－MODEL D 系列数控系统（以下简称 FS－0iD）的基本外形如图 2.1-1 所示，它一般采用 MDI/LCD/CNC 集成式结构，CNC 有水平布置 8.4in LCD 和垂直布置 8.4in LCD 两种基本规格；也可根据需要选择图 2.1-1c 所示的 10.4in LCD/CNC 单元加分离型 MDI 面板的组合。

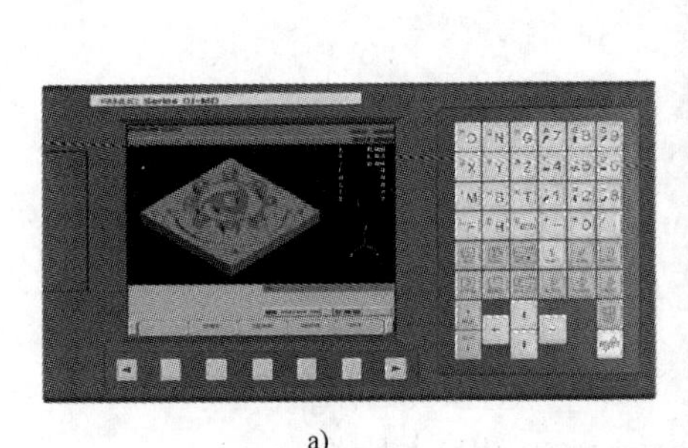

a)

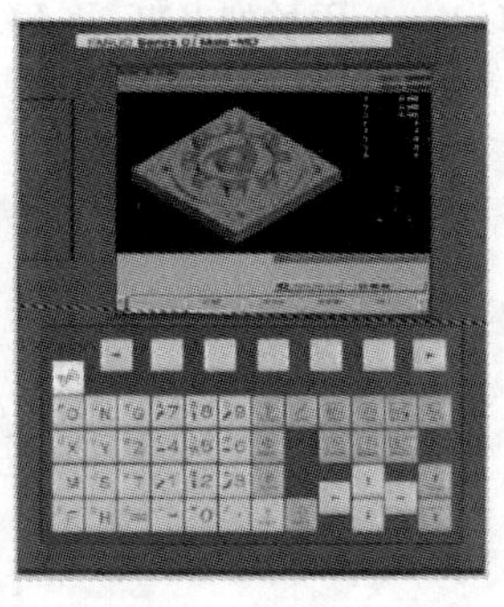

b)

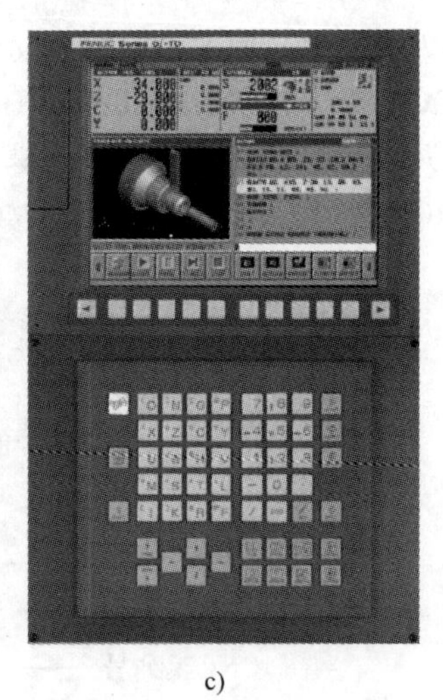

c)

图 2.1-1 FS－0iD 系列 CNC

a) 8.4in 水平布置 b) 8.4in 垂直布置 c) 10.4in 分离型

FS－0iD 是 FANUC 公司最新开发、目前国际国内市场用量最大、可靠性最高的数控系统，是 FANUC 当前的主要产品，它可以满足绝大多数 5 轴以下数控机床的控制要求，产品销售最大，在国内外市场使用最广泛，本书将对其进行全面的介绍。

2. FANUC－30i 系列

图 2.1-2 所示的 FANUC 30i 系列 CNC 是为了适应世界机床行业技术发展，而开发的高速、高精度、五轴加工用数控系统，其产品性能居当今世界领先水平。

⊖ 1in＝25.4mm，后文同。

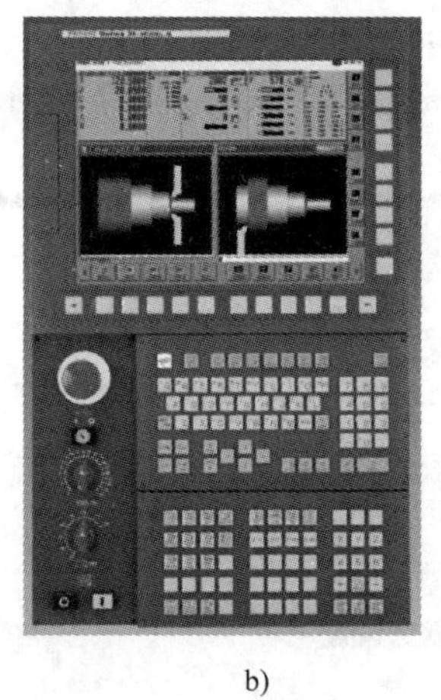

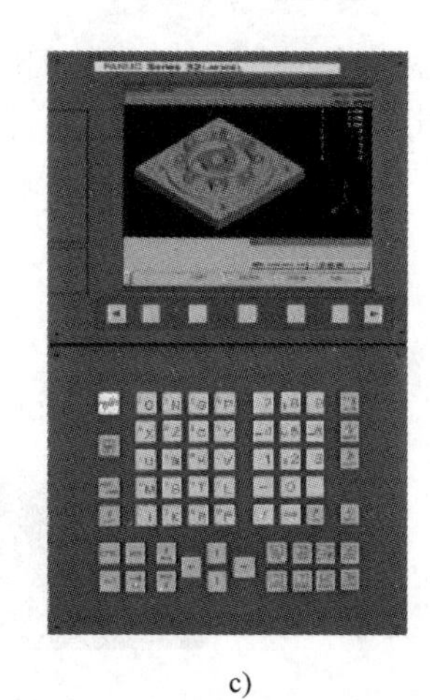

a)　　b)　　c)

图2.1-2　FS－30i系列CNC

a）30i　b）31i/35i　c）32i

FANUC－30i系列CNC分30i、31i、32i、35i四大系列，以FANUC－30i的性能为最高，其控制轴数/联动轴数可以达到40轴（32进给＋8主轴）/24轴，10通道（亦称10系统）控制；以下依次为FANUC－31i，其最大控制轴数/基本联动轴数为26轴（20进给＋6主轴）/4轴，4通道控制，可选择5轴联动（FANUC－31i－B5）；FANUC－35i，其最大控制轴数/联动轴数为20轴（16进给＋4主轴）/4轴，4通道控制；FANUC－32i，其最大控制轴数/联动轴数为16轴（10进给＋6主轴）/4轴，2通道控制。

FANUC－30i系列CNC采用了最先进的超高速处理器、FSSB高速串行伺服总线技术（FANUC Serial Servo Bus）、64位RISC（精简指令系统）等，大大提高了NC的处理速度；IC元件的立体化安装有效地提高了可靠性、缩小了体积。CNC的最小输入单位、最小输出单位、插补单位为1nm，伺服电动机内置有2^{24}p/r（16777216，简称1600万）的αi系列编码器，可用于高速、高精度控制。CNC集成的PMC最大可链接2048/2048点I/O，PMC程序的最大容量可达300 000程序步。

FANUC－30i系列CNC可配套15in TFT大液晶显示器和水平/垂直双菜单操作，可进行多通道同时显示、3维驱动特性显示和调整。CNC还可选配FANUC PANEL i人机操作界面，使用Windows OS、Windows CE操作系统，进行数据、文件、资料的管理；也可选择C语言编程功能，制作用户个性化画面。

FANUC－30i系列CNC可选配5轴联动加工、工件坐标系设定误差补偿、工刀具端点自动控制、坐标系空间旋转倾斜面加工等用于当代高速、高精度、复合加工的先进功能。

2.2　FS－0iD基本硬件

2.2.1　CNC单元

1. 系统组成

FS－0iD有单通道控制和2通道控制两种基本规格。单通道控制是FS－0iMD、FS－0iTD的基本形式，用于单主轴车削、镗铣加工机床的控制，CNC可控制机床一组*X/Y/Z*/4th/5th坐标轴的刀具运动轨迹。2通道控制的CNC功能相当于早期的FANUC－0iTT，它可同时对2组*X/Y/Z*坐标轴、进行独立的刀具运动轨迹控制，它只能在FS－0iTD上选择，用于双主轴CNC车床或车削中心控制。单通道控制的 FS-0iD，其 CNC 系统的一般组成如图 2.2-1 所示，2 通道控制的 FS-0iTD 可连接与控制 2 套伺服/主轴驱动系统，其余相同。

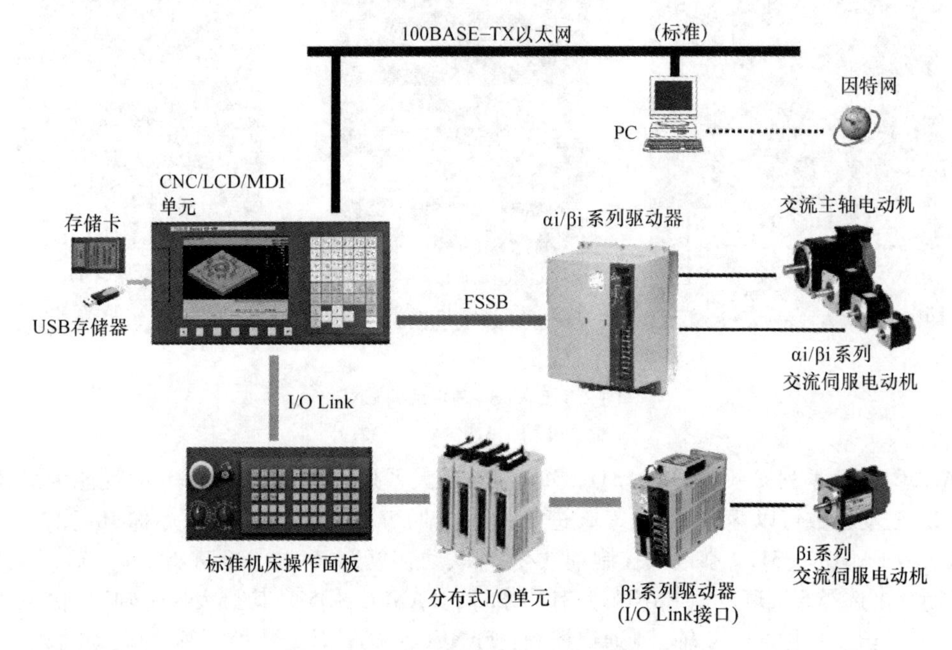

图 2.2-1 FS-0iD 的系统组成

从传统的角度看，FS-0iD 的 CNC 系统同样由数控装置/操作面板/显示器组成的 CNC 基本单元（CNC/LCD/MDI 单元）、机床输入/输出连接单元（I/O 单元）、机床操作面板、输入/输出接口（RS232C 及存储卡、USB 接口）等基本部件，以及伺服/主轴驱动器、伺服电动机、主轴电动机等驱动部件所组成。

从网络控制的角度看，CNC 由 FANUC 串行伺服总线网（FANUC Serial Servo Bus，简称 FSSB）、机床开关量输入/输出链接网（简称 I/O-Link）所组成，集成有 PMC 的 CNC 基本单元为网络的主站（Master）。FSSB 网络用于伺服驱动器、外部测量检测接口的链接，实现基本坐标轴的网络控制；I/O-Link 网用于机床操作面板、机床开关量输入/输出信号的链接，实现机床辅助动作的控制，如需要，它还可链接带有 I/O-Link 接口的 βi 系列伺服驱动器，进行刀库、分度工作台等辅助轴的运动控制。FS-0iD 可通过内置以太网（Ethernet）或选配高速以太网接口，链接到工业以太网中，成为工厂自动化系统的主站或从站（Slave）。

2. 基本单元

FS-0iD 的 CNC 基本单元包括 CNC 及其选择功能模块、LCD 显示器、MDI 单元三部分，可选择 CNC/LCD/MDI 一体型或 CNC/LCD、MDI 分离型两种结构。一体型的 LCD 为 8.4in 彩色；分离型为 10.4in 彩色，FS-0iMateD 不能选用分离型结构；在特殊机床上，还可选用触摸屏替代 LCD 显示器。

CNC/LCD/MDI 一体型单元可用于 FS-0iD、FS-0iMateD 的所有规格，它有图 2.2-2a 所示的水平布置和图 2.2-2b 所示的垂直布置两种形式。

10.4in 分离型 CNC 的 LCD/CNC 单元一体，但 MDI 单元分离，CNC 基本单元由图 2.2-3 所示的 LCD/CNC 单元和 MDI 单元组合而成，它不能用于 FS-0iMateD 精简型 CNC。

表 2.2-1 为 FS-0iD 基本单元常用的硬件一览表。

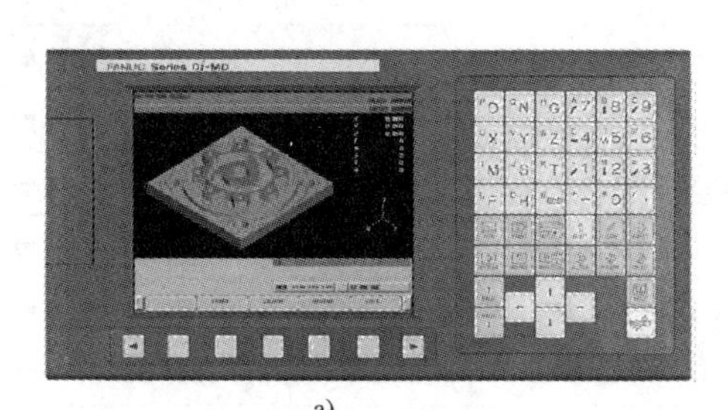

a)

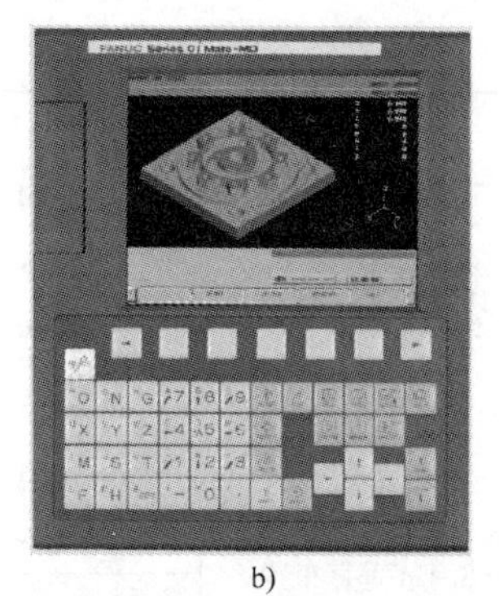

b)

图2.2-2 8.4in CNC/LCD/MDI一体型单元

a) 水平布置 b) 垂直布置

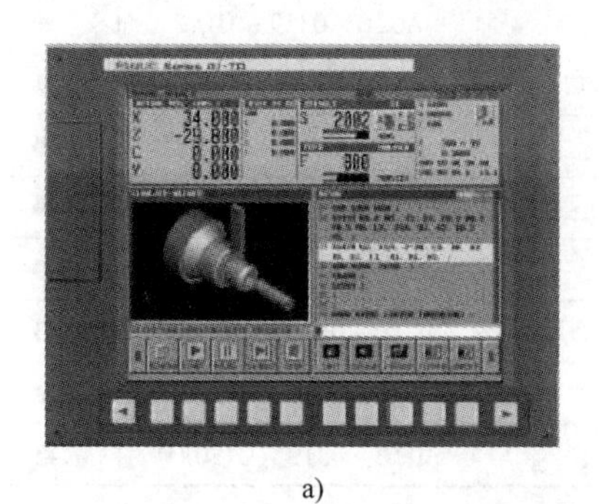

a)

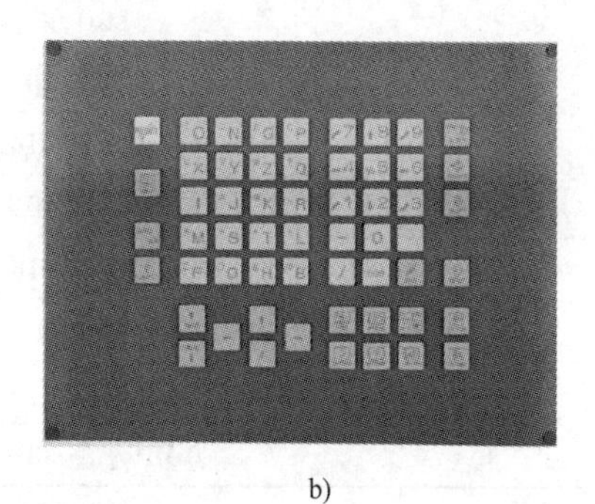

b)

图2.2-3 10.4in分离型CNC

a) LCD/CNC单元 b) 分离型MDI

表2.2-1 FS-0id基本单元硬件一览表

类别	名 称	性 能	规格号	0iD	0iMateD
CNC	0iD基本单元	0iD无扩展模块插槽	A02B-0319-B500	●	×
		0iD带2个扩展插槽	A02B-0319-B502	●	×
		0iMateD	A02B-0321-B500	×	●
	2轴控制轴卡	0iTD/0iMateTD，单通道	A20B-3300-0635	●	●
	6轴控制轴卡	0iTD，2通道	A20B-3300-0632	●	×
	8轴控制轴卡	0iTD，2通道	A20B-3300-0631	●	×
	4轴控制轴卡	0iMD/0iMateMD，单通道	A20B-3300-0638	●	●
	5轴控制轴卡	0iMD，单通道	A20B-3300-0637	●	×
	存储器扩展卡	FROM/64M、FROM/1M	A20B-3900-0242	●	●
	存储器扩展卡	FROM/128M、FROM/1M	A20B-3900-0240	●	●
	存储器扩展卡	FROM/128M、FROM/2M	A20B-3900-0241	●	●
	快速以太网卡	100Base-TX，需要配套软件	A02B-0319-J146	●	×
	PROFIBUS主站	DP主站模块，需要配套软件	A02B-0320-J315	●	×
	PROFIBUS从站	DP从站模块，需要配套软件	A02B-0320-J316	●	×
	CF卡	1GB	A02B-0213-K212	●	●
	CF卡	2GB	A02B-0213-K213	●	●
	CF卡	4GB	A02B-0213-K214	●	●
	PCMCIA适配器	PCMCIA卡用	A02B-0303-K150	●	●
	PCMCIA适配器	数据服务器用	A02B-0236-K150	●	●

（续）

类别	名称	性能	规格号	0iD	0iMateD
LCD/MDI	8.4in 水平布置	0iTD/0iMateTD	A02B-0309-H144#T	●	●
		0iTD/0iMateTD，带 USB 口	A02B-0309-H164#T	●	●
		0iMD/0iMateMD	A02B-0309-H144#M	●	●
		0iMD/0iMateMD，带 USB 口	A02B-0309-H164#M	●	●
	8.4in 垂直布置	0iTD/0iMateTD	A02B-0309-H145#T	●	●
		0iTD/0iMateTD，带 USB 口	A02B-0309-H165#T	●	●
		0iMD/0iMateMD	A02B-0309-H145#M	●	●
		0iMD/0iMateMD，带 USB 口	A02B-0309-H165#M	●	●
	10.4in LCD	LCD 单元	A02B-0319-H140	●	×
		LCD 单元，带 USB 口	A02B-0319-H160	●	×
	水平布置 MDI	0iTD 标准 MDI 单元	A02B-0319-C125#T	●	×
		0iMD 标准 MDI 单元	A02B-0319-C125#M	●	×
	垂直布置 MDI	0iTD 标准 MDI 单元	A02B-0319-C126#T	●	×
		0iMD 标准 MDI 单元	A02B-0319-C126#M	●	×
	小型 MDI	0iTD 小型 MDI 单元	A02B-0319-C120#T	●	×
		0iMD 小型 MDI 单元	A02B-0319-C120#M	●	×

注：“●”代表可选择；“×”代表不能选用。

2.2.2 机床操作面板

1. 分类

FANUC 标准机床操作面板分主操作面板（简称主面板）、子操作面板（简称子面板）和手持操作面板 3 类，面板集成有 I/O-Link 总线接口，可直接和 CNC 连接，以简化现场接线、提高机床可靠性。表 2.2-2 为 FS-0iD 标准机床操作面板一览表，主面板 A 不能用于 0iMateD。

表 2.2-2 机床操作面板一览表

类别	名称	性能	规格号
主面板	主面板 A	分离型 MDI 单元和主面板 B 的组合，用于垂直布置 10.4in LCD	A02B-0319-C242
	主面板 B	55 个按键/LED 指示灯，3 个手轮连接接口，可连接其他信号的 32/8 点通用 I/O	A02B-0319-C243
	小型主面板	30 个按键/LED 指示灯，3 个手轮连接接口，进给倍率开关、急停按钮，FS-0iTD 用	A02B-0299-C152#T
		30 个按键/LED 指示灯，3 个手轮连接接口，进给倍率开关、急停按钮，FS-0iMD 用	A02B-0299-C152#M
	小型主面板 B	在小型主面板基础上，增加了连接其他信号的 24/16 点通用 I/O，FS-0iTD 用	A02B-0299-C151#T
		在小型主面板基础上，增加了连接其他信号的 24/16 点通用 I/O，FS-0iMD 用	A02B-0299-C151#M

（续）

类别	名　称	性　能	规格号
子面板	子面板A	进给倍率、主轴倍率调节开关，急停、存储器保护、CNC－ON/OFF按钮，可与主面板B直接连接	A02B－0236－C232
	子面板B	进给倍率调节开关，急停、存储器保护按钮和RS232接口，可与主面板B直接连接	A02B－0236－C233
	子面板B1	进给倍率、主轴倍率调节开关，急停、存储器保护按钮，可与主面板B直接连接	A02B－0236－C235
	子面板C	手轮，进给倍率调节开关，急停、存储器保护、CNC－ON/OFF按钮和RS232接口，可与主面板B直接连接	A02B－0236－C234
	子面板C1	手轮，进给倍率、主轴倍率调节开关，急停、存储器保护、CNC－ON/OFF按钮，可与主面板B直接连接	A02B－0236－C236
手持操作单元	手轮	单独的手轮	A860－0203－T001
	悬挂式手轮盒E	手轮，3轴选择开关、手轮倍率开关，3轴及以下机床用	A860－0203－T012
	悬挂式手轮盒F	手轮，4轴选择开关、手轮倍率开关，4轴及以下机床用	A860－0203－T013
	手持操作面板	20个按键/LED指示灯，4个独立LED，2行16字液晶显示，进给倍率开关、手持盒ON/OFF开关、急停按钮。需要配套手持盒接口	A860－0259－C221#A
	手持操作面板接口	手持操作单元的I/O－Link接口	A02B－0259－C220
	手持操作面板B	功能同上，但手持盒ON/OFF开关为3位置独立连接信号，需要配套手持盒B接口	A860－0259－C241#A
	手持操作面板接口B	手持操作面板B的I/O－Link接口	A02B－0259－C240

2. 主面板

FANUC主面板安装有操作方式选择、轴选择、程序运行控制、主轴控制等按键和指示灯，它集成有I/O－Link总线接口，可直接链接到I/O－Link总线上；FS－0iMD和FS－0iTD的主面板按键和指示灯布置有所不同。

FS－0iD主面板有主面板A、B两种规格，主面板B如图2.2-4a所示，它带有55个按键/指示灯，此外还带有连接子面板或用户其他信号的32/8点通用I/O。主面板A为主面板B和分离型MDI单元的集成，其机床操作面板部分与主面板B相同。

FS－0iD小型主面板如图2.2-4b所示，它有标准型和小型主面板B两种规格，两者外观相同。标准型不能连接用户其他I/O信号；小型主面板B具有可连接用户其他信号的24/16点通用I/O。

3. 子面板

子面板为附加机床操作面板，主要布置有用于进给速度倍率、主轴转速倍率等调节开关和存储器保护、CNC－ON/OFF、急停等附加操作按钮。子面板无I/O－Link总线接口，但可直接与主面板连接，将信号连接到主面板的I/O－Link上，部分信号可通过统一的电缆，引入到电气控制柜内，与强电控制电路连接。子面板和主面板的互连插头、I/O地址均已统一设计与分配，连接子面板的主面板一般不能再连接用户其他I/O信号。

FS－0iD子面板A、B、C和子面板B1、C1共5种规格，其外观如图2.2-5所示。

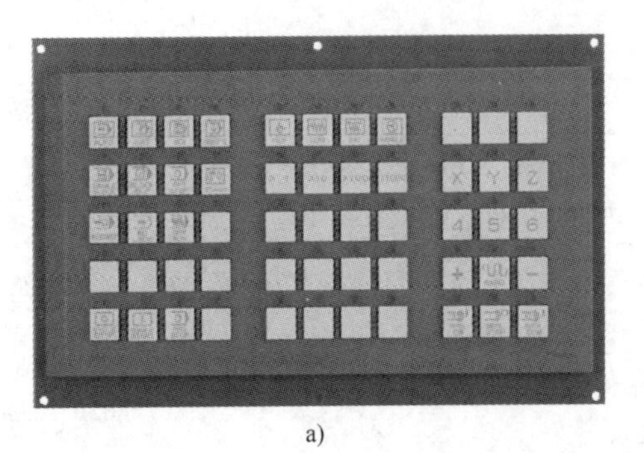

a)

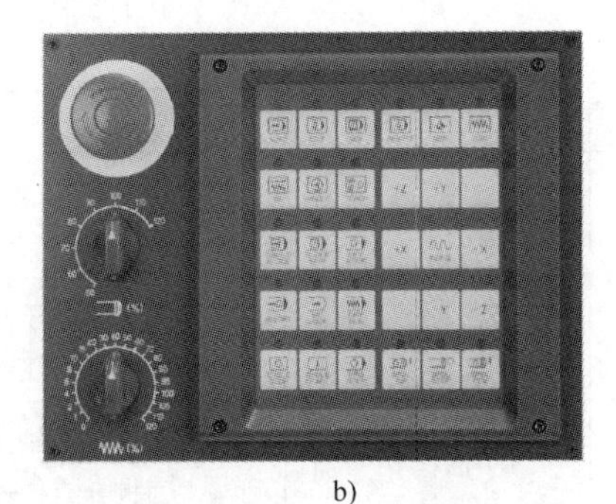

b)

图 2.2-4　FS－0iD 主面板

a）主面板 B　b）小型主面板

子面板A　　子面板B　　子面板B1

子面板C

子面板C1

图 2.2-5　FS－0iD 子面板

4. 手持操作单元

手持操作单元用于对刀、测量操作，FANUC 手持操作单元有图 2.2-6 所示的悬挂式手轮盒（Manual Pulse Generator）和手持操作面板（Handy Machine Operator′s Panel）两种。

悬挂式手轮盒安装有手轮、手轮轴选择、手轮倍率开关，它可直接连接到主面板上，通过主面板的 I/O－Link 总线连接。手持操作面板相当于一个微型机床操作面板，它不但安装有手轮操作件，且还有液晶显示器及操作方式选择、轴方向选择键、主轴起动/停止和倍率调节键、循环启动/停止键等常用按键和进给倍率开关、急停按钮等，手持操作面板需要通过专门的接口模块和 I/O－Link 总线连接。

2.2.3　I/O 单元

1. 分类

FS－0iD 的 PMC 输入/输出信号需要通过 I/O－Link 网络总线连接，因此，操作面板、机床的 I/O 信号连接，需要有带 I/O－Link 总线接口的 I/O 单元，即 I/O－Link 从站（Slave）。FS－0iD 的 I/O 单元分为表 2.2-3 中的几类。

a)

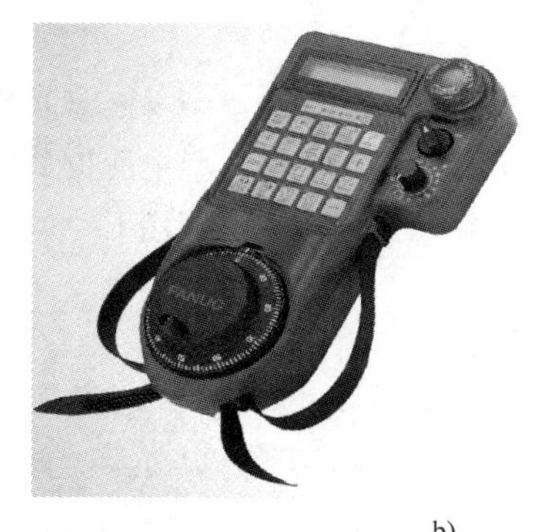

b)

图 2.2-6　手持操作单元

a）悬挂手轮盒　b）手持操作面板

表 2.2-3　FS－0iD 常用 I/O 单元一览表

类　别	名　称	主 要 参 数	规 格 号
主面板及操作面板 I/O	主面板	可选择主面板 A、B，见表 2.2-2	
	小型主面板	可选择小型主面板、小型主面板 B，见表 2.2-2	
	手持操作面板接口	可选择手持操作面板、手持操作面板 B 接口，见表 2.2-2	
	操作面板 I/O 单元 A1	可连接 72/56 点 I/O 和 3 个手轮，其中，矩阵扫描输入 56 点、通用输入 16 点，通用输出 56 点	A03B－0815－K200
	操作面板 I/O 单元 B1	48/32 点通用输入/输出，3 个手轮连接接口	A03B－0815－K202
机床 I/O	电气柜 I/O 单元 B2	48/32 点通用输入/输出，无手轮连接接口	A03B－0815－K203
	0i－I/O 单元	96 /64 点通用输入/输出，3 个手轮连接接口	A02B－0309－C001
分布式 I/O	基本单元	24 /16 点通用输入/输出，可连 3 个扩展模块	A03B－0815－C001
	扩展模块 A	24 /16 点通用输入/输出，带 3 个手轮接口	A03B－0815－C002
	扩展模块 B	24 /16 点通用输入/输出，无手轮接口	A03B－0815－C003
	扩展模块 C	16 点 DC24V/2A 输出，无手轮接口	A03B－0815－C004
	扩展模块 D	4 通道、12 位模拟量输入	A03B－0815－C005
	扩展模块 E	4 通道、12 位模拟量输出	A03B－0815－C006
	扩展电缆	长度 20mm	A03B－0815－K100
	端子型基本单元	24/16 点通用输入/输出，最多连接 3 个扩展模块	A03B－0823－C001
	端子型扩展模块 A	24/16 点通用输入/输出，带 3 个手轮接口	A03B－0823－C002
	端子型扩展模块 B	24/16 点通用输入/输出，无手轮接口	A03B－0823－C003
	端子型扩展模块 C	16 点 DC24V/2A 输出，无手轮接口	A03B－0823－C004
	端子型扩展模块 D	4 通道、12 位模拟量输入	A03B－0823－C005
	端子型扩展模块 E	4 通道、12 位模拟量输出	A03B－0823－C006
	端子型扩展电缆	长度 100mm	A03B－0823－K100
附加驱动	伺服驱动	βi 系列	—
光缆适配器	I/O－Link 光缆适配器	I/O－Link 总线光缆转换接口，最大距离 200m	A13B－0154－B001
	串行主轴光缆适配器	串行主轴光缆转换接口，最大距离 200m	A13B－0154－B003
	I/O－Link 光缆适配器	I/O－Link 光缆高速接口，最大距离 100m	A13B－0154－B004

2. 操作面板 I/O 单元

FANUC 主面板 A、主面板 B、小型主面板、小型主面板 B 均集成有 I/O－Link 总线接口，使用时不再需要选配操作面板 I/O 单元。主面板和小型主面板 B 带有部分通用 I/O 信号连接接口，可直接用于 FANUC 子面板的输入/输出连接；如不使用 FANUC 子面板，通用 I/O 可用于用户自行设计的操作面板信号连接。

当机床操作面板由用户自行设计时，需要选配 FANUC 操作面板 I/O 单元，如不使用手轮或手轮连接到电气柜的 I/O 单元上，面板连接也可选择电气柜 I/O－B2。FS－0iD 的操作面板 I/O 单元分图 2.2-7 所示的 I/O－A1 和 I/O－B1 两种，其外形类似、安装尺寸相同。

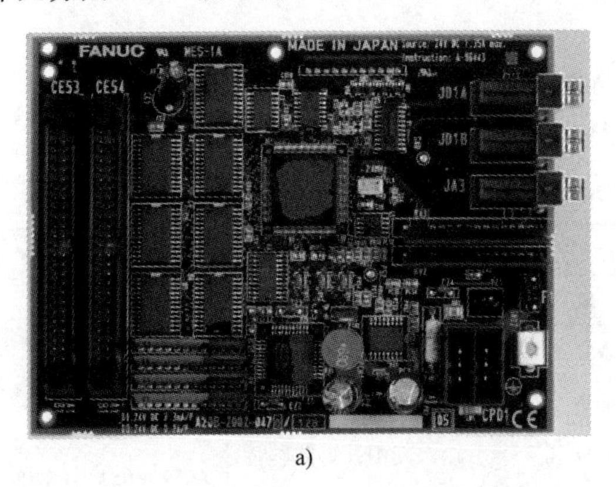

a)

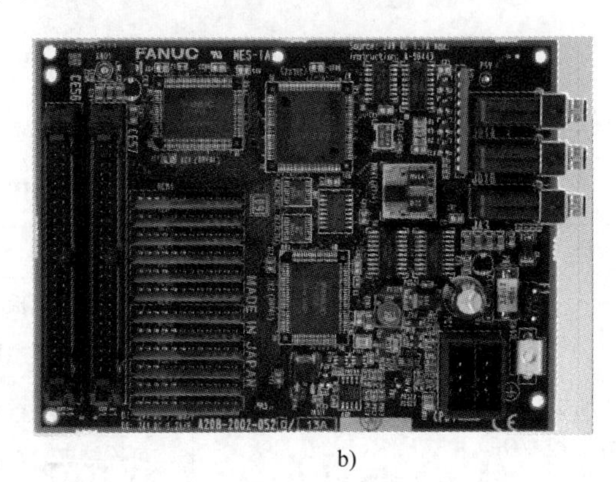

b)

图 2.2-7 操作面板 I/O 单元

a) I/O－A1 b) I/O－B1

操作面板 I/O－A1 可连接 72/56 点 I/O 和 3 个手轮，其中，56 点为 DC5V 矩阵扫描输入、16 点为通用输入，56 点输出均为 DC24V 通用输出。16 点通用输入和 56 点通用输出均有独立的连接端，56 点矩阵扫描输入需要连接 7 行输入采样和 8 列输出驱动线。

操作面板 I/O－B1 可用于用户自制机床操作面板或国内仿制 FANUC 布局的机床操作面板连接，单元可连接 48/32 点通用 I/O 信号和 3 个手轮，全部 I/O 点均有独立的连接端，可供用户自由使用。

3. 机床 I/O 单元

机床 I/O 单元用于机床侧按钮、行程开关及继电器、接触器、电磁阀等输入/输出的连接，FS－0iD 常用的机床 I/O 单元有图 2.2-8 所示的电气柜 I/O－B2 和 0i－I/O 单元两种。

电气柜 I/O－B2 可连接 48/32 点通用 I/O 信号，它与操作面板 I/O－B1 的区别仅在于它不能连接手轮，其他均相同。单元上的 48/32 点通用输入/输出均有独立的连接端，全部 I/O 点均可供用户自由使用。

0i－I/O 单元是一种通用型输入/输出单元，其 I/O 点数多、用途广，且单元带有外壳，可独立安装，故在机床上使用较广。该单元可连接 96/64 点通用 I/O 信号和 3 个手轮，全部 I/O 点均有独立的连接端，可供用户自由使用，单元可用电气柜、操作台、机床的输入/输出连接。

4. 分布式 I/O 单元

分布式 I/O 单元（Distributed I/O）在 FANUC 资料上有时翻译为“分线盘 I/O”、“分散 I/O”等。分布式 I/O 单元的性质与通用 PLC 的扩展模块相同，它由带有 I/O－Link 总线接口和一定 I/O 点的基本单元、可选择的扩展模块及扩展电缆所组成。扩展模块的规格、数量可以根据需要选择，单元的 I/O 点数、输入/输出规格可变，如果需要还可以选配模拟量输入/输出功能模块。

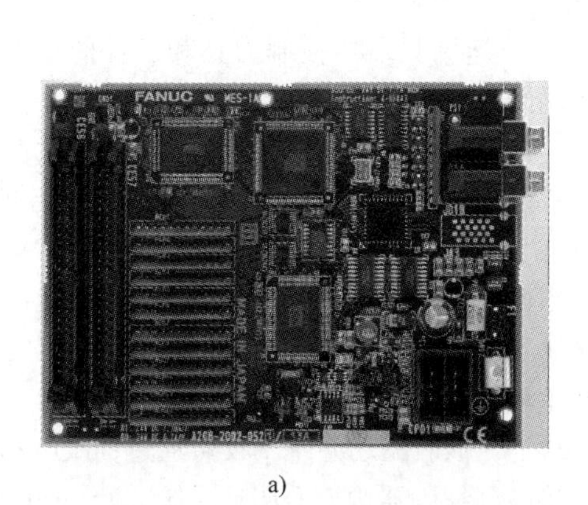

a)　　b)

图 2.2-8　机床 I/O 单元

a）电气柜 I/O－B2　b）0i－I/O 单元

FS－0iD 的每一个分布式 I/O 单元最多可安装 4 个模块，其中之一必须为基本模块；另外 3 个扩展模块可自由选择，其数量、规格可变；扩展模块 A 可以用于手轮连接。当机床需要模拟量控制时，还可选择 4 通道 A/D 或 D/A 转换的模拟量输入/输出模块。

分布式 I/O 单元的组成模块规格较少，插接型和端子型都只有一种带 24/16 点 I/O 的基本模块和带手轮/无手轮接口的 24/16 点 I/O 模块、16 点 DC24V/2A 输出模块 4 种规格；因此，每一单元的最大 I/O 连接点数为 96/64 点。

FS－0iD 的分布式 I/O 单元有图 2.2-9 所示的插接型和端子型两种规格，插接型单元的 I/O 信号连接使用的是插头，端子型单元的 I/O 信号连接直接使用接线端，两者的其他性能相同。

a)　　b)

图 2.2-9　分布式 I/O 单元

a）插接型　b）端子型

2.3　FANUC 驱动器

2.3.1　产品概述

1. 基本组成

金属切削数控机床的驱动系统包括了伺服驱动系统和主轴驱动系统两大部分，前者用于刀具运动轨迹的控制，后者用于刀具或工件旋转的切削主运动控制。全功能数控系统的 CNC 需要实时监控、动态调整刀具的运动速度和位置，其坐标轴的位置、速度控制直接由 CNC 实现，两者密不可分，故需要选择 CNC 生产厂家配套提供的伺服驱动产品。

数控机床的刀具（或工件）旋转的切削主运动只需要控制刀具和工件的相对运动速度，因此，主轴驱动系统通常只需要有速度控制功能，即使在需要自动换刀的加工中心上，也只需增加保证刀具在固定方向停止的定向准停功能，故其主轴驱动系统可采用非 CNC 生产厂家提供的通用速度控制装置，如变频器等。但是，在车削中心的等复合加工机床上，为了能够对回转体进行钻、镗、铣等加工，主轴不但需要控制速度，而且还需要像回转轴那样参与 CNC 的插补运动，其主轴控制要求已和伺服没有多少区别，因此，主轴也同样需要由 CNC 进行速度、位置的实时控制，主轴驱动系统也需要选用 CNC 生产厂家提供的产品。

为保证运动精度，数控机床的伺服和主轴驱动一般都需要采用闭环控制，它需要由驱动器、电动机和检测装置三部分组成。在 FS-0iD 上，伺服驱动系统不仅可通过伺服电动机内置编码器构成半闭环系统，且还可使用光栅尺、直接检测编码器构成全闭环系统。FS-0iD 的 CNC 与伺服连接采用的是 FSSB（FANUC Serial Servo Bus，FANUC 串行伺服总线）总线，其传输介质为光缆，在全闭环控制的 FS-0iD 系统上，为了将光栅尺、直接检测编码器的检测信号转换为 FSSB 总线信号，还需要选择 FANUC 公司配套提供的分离型检测单元。

2. 伺服驱动器

伺服驱动器是将 CNC 的指令信号转换为控制伺服电动机运动的电压、电流信号的装置，全功能型 CNC 的位置、速度控制通过 CNC 实现，其伺服模块主要用于 PWM 信号放大和转矩控制，故又称伺服放大器。

FS-0iD 可选配的驱动器有图 2.3-1 所示的 αi 与 βi 两大系列产品，FS-0iMD/0iTD 可以选配 αi 或 βi 系列、FS-0iMate 一般只能选配 βi 系列驱动。

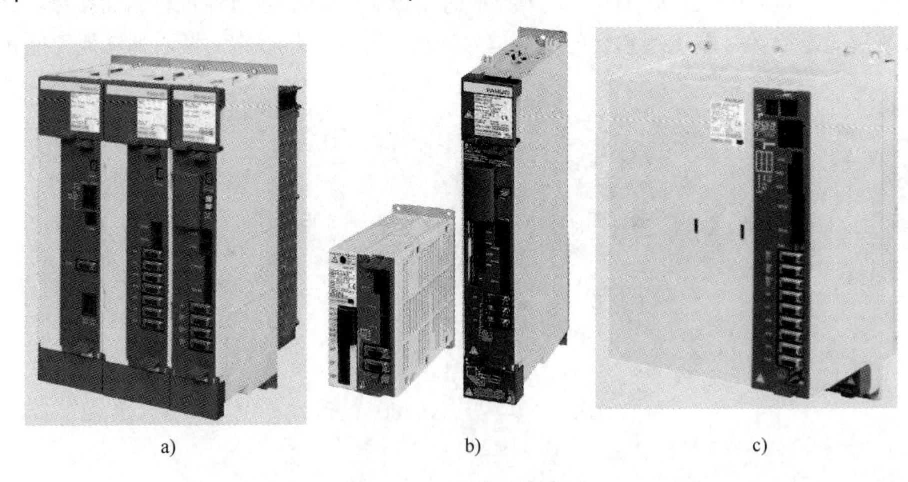

a) b) c)

图 2.3-1 伺服驱动器

a）αi 驱动器 b）βi 伺服 c）βi 伺服/主轴一体型

αi 系列驱动器属于 FANUC 公司的高性能、标准驱动产品。驱动器采用了典型的模块化结构，它由电源模块、伺服驱动模块、主轴驱动模块等组成，电源模块为公用，伺服驱动模块、主轴驱动模块可根据实际电动机的规格选用。为了缩小体积，小功率的伺服模块可选配 2 轴、3 轴集成模块。

βi 系列驱动器属于 FANUC 公司的普及型驱动产品。在产品结构上，它分图 2.3-1b 所示的伺服驱动器和图2.3-1c所示的伺服/主轴一体型驱动器两大类，目前尚无独立的βi系列主轴驱动器产品。βi伺服驱动有单轴驱动、2轴驱动两种产品，其电源、驱动模块组合一体，驱动器可独立安装。伺服/主轴一体型驱动分2轴加主轴和3轴加主轴两种结构，驱动的伺服、主轴、电源等控制电路采用一体化设计，整个驱动器为整体安装。在产品性能上，βi系列驱动器分为标准型和经济型两类，经济型为FANUC公司新开发的产品，它用于下述的βiSc伺服和主轴电动机驱动。

3. 伺服电动机

FS-0iD配套的伺服电动机同样可分为αi与βi两大系列，每一系列又有多种不同的规格。总体而言，αi系列属于高性能伺服电动机，βi系列为普及型产品，由于两者的电磁材料等方面有很大的不同，因此，其加减速能力、高速与低速性能、调速范围、控制精度都存在较大的差别，在选择时应根据实际需要综合考虑。

αi系列伺服电动机是FANUC公司的高性能伺服驱动电动机，目前常用的有高速、小惯量的αiS和中惯量的αiF两系列产品。其中，αiS的最高转速可达6000r/min、输出转矩为2~500N·m、额定输出功率为0.75~60kW，产品性能好、规格多，是FS-0iD常用的标准配套产品。αiF是FANUC公司新开发的产品，其最高转速为5000r/min、输出转矩为4~53N·m、额定输出功率为0.5~9kW，目前的产品规格较少。两系列产品均有标准型（200V）与HV型（400V）电动机可供选用。

βi系列伺服电动机是FANUC公司为普通数控机床开发的普及型产品，其性价比较高，但加减速、高速/低速性能等均不及αi系列。βi系列目前常用的有βiS和βiSc两大系列，βiS属于高速、小惯量电动机，其最高转速为4000r/min、输出转矩为2~36N·m、额定输出功率为0.5~3kW；产品有200V标准型和400V高电压型（HV型）可供选择。βiSc是FANUC新开发的低价位产品，此类电动机无热敏电阻和ID信息，故一般用于要求不高的控制场合，βiSc系列电动机的最高转速为4000r/min、输出转矩为2~10.5N·m、额定输出功率为0.5~1.4kW；βiSc系列目前只有4个规格，也无HV型（400V）电动机。

4. 分离形检测单元

分离形检测单元（Separate Detector Unit）用于全闭环系统的直线轴光栅、回转轴直接位置检测编码器的连接，它可将光栅、编码器的检测信号，转换为FSSB总线信号，传送到CNC上，实现闭环位置、速度控制。

光栅、编码器所输出的测量信号一般有TTL方波脉冲输入和1Vpp正余弦模拟量输入两种，为此，FANUC公司提供了与之配套的两种分离形检测单元。

TTL方波输入的分离型检测单元分为基本单元和扩展单元两种规格。基本单元最大可连接4轴测量输入信号，超过4轴时需要增加扩展单元；扩展单元同样最大可连接4轴测量输入信号。基本单元和扩展单元间利用扩展电缆进线连接。

1Vpp正余弦输入的检测单元无基本单元和扩展单元之分，每一测量单元最大可连接4轴测量输入，如果超过4轴，可直接增加一个检测单元，无需连接扩展电缆。

图2.3-2 分离型检测单元

分离型检测单元如图2.3-2所示，单元的正面布置有DC24V电源连接器CP11、4轴光栅（或编码器）连接接口JF101~JF104、绝对编码器的电池单元接口JA4A。顶部侧面为扩展单元连接器CNF1，可通过扩展电缆连接下一检测单元，1V（p-p）

正余弦输入的检测单元无此连接器。

FS－0iD 分离型检测单元的规格见表 2.3-1。

表 2.3-1　分离型检测单元的规格表

名　称	性　能	规格号
分离型检测基本单元	最大连接 4 轴，TTL/FSSB 总线接口	A02B－0303－C205
分离型检测扩展单元	最大连接 4 轴，TTL/FSSB 总线接口	A02B－0303－C204
分离型检测单元	最大连接 4 轴，1V（p－p）正余弦输入/FSSB 总线接口	A02B－0303－C201
分离型检测扩展电缆	TTL/FSSB 检测单元用	A02B－0236－K831

2.3.2　αi 驱动器

αi 系列驱动器采用模块化结构，驱动器由电源模块（Power Supply Module，简称 PS 或 PSM）、伺服模块（Servo Amplifier Module，简称 SV 或 SVM）和主轴模块（Spindle Amplifier Module，简称 SP 或 SPM）组成。作为驱动器的附件，还可根据需要选择电源变压器、滤波电抗器等。

1. 电源模块

电源模块的作用是为主轴、伺服驱动模块的逆变主电路，提供公共的直流母线电压，它主要由整流主电路、直流母线电压控制电路等组成。αi 系列驱动器的电源模块分电阻放电和回馈放电两种，电阻放电模块直接利用制动电阻消耗电动机制动能量；回馈放电模块可将制动能量回馈到电网。目前常用的 αi 系列驱动器 200V 标准电源模块规格见表 2.3-2。

表 2.3-2　αi 系列驱动器电源模块规格表

<table>
<tr><th rowspan="2">类 型</th><th rowspan="2">型 号</th><th colspan="2">输出功率/kW</th><th colspan="2">主电路输入</th><th rowspan="2">规 格 号</th></tr>
<tr><th>额定</th><th>最大</th><th>电压/V</th><th>容量/kVA</th></tr>
<tr><td rowspan="2">200V 电阻放电型</td><td>αiPSR3</td><td>3</td><td>12</td><td rowspan="9">三相 170～264V；50/60±1Hz</td><td>5</td><td>A06B－6115－H003</td></tr>
<tr><td>αiPSR5.5</td><td>7.5</td><td>20</td><td>12</td><td>A06B－6115－H006</td></tr>
<tr><td rowspan="7">200V 回馈放电型</td><td>αiPS5.5</td><td>5.5</td><td>13</td><td>9</td><td>A06B－6140－H006</td></tr>
<tr><td>αiPS11</td><td>11</td><td>24</td><td>17</td><td>A06B－6140－H011</td></tr>
<tr><td>αiPS15</td><td>15</td><td>34</td><td>22</td><td>A06B－6140－H015</td></tr>
<tr><td>αiPS26</td><td>26</td><td>48</td><td>37</td><td>A06B－6140－H026</td></tr>
<tr><td>αiPS30</td><td>30</td><td>64</td><td>44</td><td>A06B－6140－H030</td></tr>
<tr><td>αiPS37</td><td>37</td><td>84</td><td>53</td><td>A06B－6140－H037</td></tr>
<tr><td>αiPS55</td><td>55</td><td>125</td><td>79</td><td>A06B－6140－H055</td></tr>
</table>

2. 伺服模块

全功能型 CNC 的位置、速度控制通过 CNC 实现，其伺服模块主要用于 PWM 信号放大和转矩控制，故又称伺服放大器。αi 系列驱动器的模块主要由逆变主电路、控制电路、电枢电压和电流调节电路、坐标转换与矢量控制电路等组成。根据控制轴数，伺服模块可选择单轴、2 轴或 3 轴驱动模块。目前常用的 αi 系列 200V 输入标准伺服模块规格见表 2.3-3。

表 2.3-3　αi 系列 200V 输入伺服模块规格表

类型	型　号	输出电流/A		可配套的伺服电动机		规 格 号
		额定	最大	αi 系列	βi 系列	
单轴	αiSV4	1.5	4	—	βiS0.2/0.3	A06B－6117－H101
	αiSV20	6.5	20	αiS2/4；αiF1/2	βiS 0.4～8、βiS12/2000	A06B－6117－H103
	αiSV20L					A06B－6117－H153
	αiSV40	13	40	αiF4/8	βiS12/3000、βiS22/2000	A06B－6117－H104
	αiSV40L					A06B－6117－H154
	αiSV80	19	80	αiS8、αiS12/4000；αiF12/22	βiS22/3000、βiS30/40	A06B－6117－H105
	αiSV80L					A06B－6117－H155
	αiSV160	45	160	αiS12/6000、αiS22/30、αiS40、αiS50/2000、αiS60/2000；αiF30/40	—	A06B－6117－H106
	αiSV160L					A06B－6117－H156
	αiSV360	115	360	αiS50/3000、αiS60/3000、αiS100～500	—	A06B－6117－H109
2 轴	αiSV4/4	1.5/1.5	4/4	L/M 轴：同 αiSV4		A06B－6117－H201
	αiSV4/20	1.5/6.5	4/20	L 轴：同 αiSV4；M 轴：同 αiSV20		A06B－6117－H203
	αiSV20/20	6.5/6.5	20/20	L/M 轴：同 αiSV20		A06B－6117－H205
	αiSV20/20L					A06B－6117－H255
	αiSV20/40	6.5/13	20/40	L 轴：同 αiSV20；M 轴：同 αiSV40		A06B－6117－H206
	αiSV20/40L					A06B－6117－H256
	αiSV40/40	13/13	40/40	L/M 轴：同 αiSV40		A06B－6117－H207
	αiSV40/40L					A06B－6117－H257
	αiSV40/80	13/19	40/80	L 轴：同 αiSV40；M 轴：同 αiSV80		A06B－6117－H208
	αiSV40/80L					A06B－6117－H258
	αiSV80/80	19/19	80/80	L/M 轴：同 αiSV80		A06B－6117－H209
	αiSV80/80L					A06B－6117－H259
	αiSV80/160	19/39	80/160	L 轴：同 αiSV80；M 轴：同 αiSV160（不能用 αiS40/3000）		A06B－6117－H210
	αiSV160/160	39/39	160/160	L/M 轴：同 αiSV160（不能用 αiS40/3000）		A06B－6117－H211
3 轴	αiSV4/4/4	3×1.5	3×4	L/M/N 轴：同 αiSV4		A06B－6117－H301
	αiSV20/20/20	3×6.5	3×20	L/M/N 轴：同 αiSV20		A06B－6117－H303
	αiSV20/20/40	6.5/6.5/13	20/20/40	L/M 轴：同 αiSV20 N 轴：同 αiSV40		A06B－6117－H304
	αiSV40S/40S/40	10.5/10.5/13	40/40/40	L/M 轴：同 αiSV40（不能用 βiS22/2000） N 轴：同 αiSV40		A06B－6117－H306

3. 主轴模块

αi 系列主轴模块用于 FANUC 主电动机控制，其结构与伺服模块类似。主轴模块可选择单传感器输入（1 Spindle sensor input，A 型）和双传感器输入（2 Spindle sensor inputs，B 型）两类，

A 型模块只可连接一个位置/速度检测编码器；B 型模块可同时连接两个位置/速度检测编码器。目前常用的 αi 系列 200V 输入标准主轴驱动模块规格见表 2.3-4。

表 2.3-4 αi 系列 200V 输入标准型主轴模块规格表

型 号	额定输出电流/A	配套电动机	规格号 A 型：A06B－6141－ B 型：A06B－6142－
αiSP2.2	13	αiI0.5/10000、αiI1/10000	H002#H580
αiSP5.5	27	αiI1/15000、αiI1.5/10000、αiI2/10000、αiI3/10000	H006#H580
αiSP11	48	αiI3/12000、αiI6/10000 或 12000、αiI8/8000 或 10000；αiP12/6000 或 8000；αiIT3/12000	H011#H580
αiSP15	63	αiI1.5/20000、αiI8/12000、αiI12/7000 或 10000 或 12000；αiP15/6000 或 8000、αiP18/6000 或 8000；αiIT1.5/20000、αiIT6/12000、αiIT8/12000	H015#H580
αiSP22	95	αiI2/20000、αiI15/7000 或 10000 或 12000；αiP18/7000 或 10000 或 12000、αiP22/6000 或 8000、αiP30/6000；αiIT2/20000、αiIT15/10000	H022#H580
αiSP26	111	αiP22/7000 或 10000 或 12000、αiP40/6000、αiP50/6000；αiT8/15000、αiIT22/10000	H026#H580
αiSP30	133	αiP60/5000；αiIT15/15000；αiIL8/20000、αiIL15/15000、αiIL26/15000	H030#H580
αiSP37	140	仅用于内置电主轴	H037#H580
αiSP45	156	αiI30/6000、αiI40/6000	H045#H580
αiSP55	200	αiI50/5000	H055#H580

4. 驱动器附件

αi 系列驱动器的附件主要包括交流电抗器（AC Reactor）、滤波器（Line Filter）、电源变压器、制动电阻、主/从切换模块和接触器单元、断路器、电缆、浪涌吸收器等。其中，制动电阻、主/从切换模块、电缆可根据主轴的功能需要选用；电源变压器、接触器单元、断路器等器件一般由用户自行选配。

交流电抗器和滤波器的作用相似，它们主要用于电源模块的进线滤波，以减缓电网对驱动器的冲击，并防止驱动器整流、逆变引起的电网畸变。交流电抗器与滤波器一般由 FANUC 公司配套提供，用户只需要根据电源模块的功率直接选用，其常用规格见表 2.3-5。

表 2.3-5 交流电抗器与滤波器的规格表

名 称	电源模块型号	滤波器/电抗器功率/kW	规 格 号
滤波器	αiPSR3	3	A81L－0001－0083#3C
	αiPSR5.5	7.5	A81L－0001－00101#C
电抗器	αiPS5.5、αiPS11	11	A81L－0001－0155
	αiPS15	15	A81L－0001－0156
	αiPS26	26	A81L－0001－0157
	αiPS30	30	A81L－0001－0158
	αiPS37	37	A81L－0001－0159
	αiPS55	55	A81L－0001－0160
	αiPS11HV、αiPS18HV	18	A81L－0001－0163
	αiPS30HV、αiPS45HV	45	A81L－0001－0164
	αiPS75HV、αiPS100HVi	100	A81L－0001－0165

2.3.3　βi 驱动器

1. 产品分类

βi 系列驱动是 FANUC 公司生产的经济型驱动产品，可用于普及型数控机床的基本坐标轴控制或高性能机床的机械手、传送装置等辅助轴控制，由于产品性能价格比较高，故在中低档数控机床上应用较广。FS－0iMateD 一般只能选配 βi 系列驱动，但 FS－0iMD/0iTD 也可选配 βi 系列驱动。

根据驱动器结构，βi 系列驱动有伺服驱动和伺服轴/主轴一体型驱动两类产品，目前尚无独立的主轴驱动器。伺服驱动有单轴、2 轴两种产品，其电源、驱动模块合一，驱动器可独立安装。伺服/主轴一体型驱动有 2 轴伺服加主轴和 3 轴伺服加主轴两类产品，其伺服、主轴、电源等控制电路为一体化设计，驱动器为整体安装。

以上产品中，βi 单轴伺服驱动有 200V 输入标准型和 400V 输入 HV 型两种规格可供选择；并分为带 FSSB 网络控制型和 I/O－Link 网络控制型两类，前者可通过 FSSB 总线连接到 CNC，作为 CNC 的基本坐标轴驱动，后者可通过 I/O－Link 总线连接到 PMC，作为 PMC 控制的辅助轴驱动。但是，βi 多轴伺服驱动和伺服轴/主轴一体型驱动目前只有 200V 输入、FSSB 总线控制型，故暂时只能用于 CNC 基本坐标轴控制。

伺服/主轴一体型驱动有 2 轴伺服加主轴和 3 轴伺服加主轴两类，并分标准电动机驱动的 βiSVSP 型和经济型电动机驱动的 βiSVSPc 型两个系列，目前都只有 200V 输入、FSSB 接口的标准型产品。标准驱动可配套 βi、αi 系列标准伺服电动机和主轴电动机；经济型驱动是 FANUC 新开发的产品，它只能选配 βiSc 系列经济型伺服电动机和 βiIc 系列经济型主电动机，它多用于配套 FS－0iMateD 的普及型机床。

2. βi 伺服驱动

200V 输入标准型 βi 伺服驱动时 FS－0iD 常用的配套产品，产品有 200V 标准型和 400V 高电压型（HV 型）可供选择。目前可提供的产品规格见表 2.3-6。

表 2.3-6　200V 输入标准型 βi 伺服驱动常用规格表

类型	型 号	输入容量/kVA	输出电流/A		配套电动机	规格号 FSSB：A06B－6130－ I/O－Link：A06B－6132－
			额定	最大		
单轴	βiSV4	0.2	1.5	4	βiS0.2、βiS0.3	H001
	βiSV20	2.8	6.8	20	βiS0.4～8、βiS12/2000；αiS2、αiS4；αiF1、αiF2	H002
	βiSV40	4.7	13	40	βiS12/3000、βiS22/2000；αiF4、αiF8	H003
	βiSV80	6.5	19	80	βiS22/3000、βiS30、βiS40；αiS8/4000、αiS12/4000；αiF12/3000、αiF22/3000	H004
2 轴 FSSB	βiSV20/20	4.7	6.5/6.5	20/20	L/M 轴：同 βiSV20	A06B－6136－H201
	βiSV40/40	6.5	13/13	40/40	L/M 轴：同 βiSV40	A06B－6136－H202

3. βiSVSP 驱动器

βiSVSP 伺服/主轴一体标准型驱动只有带 FSSB 接口的基本坐标轴驱动产品，产品目前只有

200V 输入标准型，常用的产品规格见表 2.3-7。

表 2.3-7 βi 伺服/主轴一体标准型驱动器常用规格表

类型	型号 βiSVSP	输入容量 /kVA	伺服输出电流/A		主轴输出 电流/A	规格号 A06B－6164－
			额定	最大		
2 轴＋主轴	20/20－7.5	11	6.5/6.5	20/20	31	H201#H580
	20/20－11	14	6.5/6.5	20/20	56	H202#H580
	40/40－15	31	13/13	40/40	64	H223#H580
	40/40－18	31	13/13	40/40	76	H223#H580
3 轴＋主轴	20/20/40－7.5	13	6.5/6.5/13	20/20/40	31	H311#H580
	20/20/40－11	16	6.5/6.5/13	20/20/40	56	H312#H580
	40/40/40－15	23	13/13/13	40/40/40	64	H333#H580
	40/40/80－15	24	13/13/19	40/40/80	64	H343#H580
	40/40/80－18	28	13/13/22.5	40/40/80	76	H344#H580
	80/80/80－18	29	22.5/22.5/22.5	80/80/80	76	H364#H580

βiSVSP 伺服/主轴一体标准型驱动器可配套的伺服电动机、主轴电动机规格见表 2.3-8。

表 2.3-8 βi 伺服/主轴一体标准型配套的电动机规格表

类型	型号 βiSVSP	配套伺服电动机		配套主电动机
		L/M 轴	*N* 轴	
2 轴＋主轴	20/20－7.5	βiS2～8、βiS12/2000	—	βiI3；βiIP12
	20/20－11	βiS2～8、βiS12/2000	—	βiI6、βiI8；βiIP15、βiIP18
	40/40－15	βiS12/3000、βiS22/2000	—	βiI12、βiIP22
	40/40－18	βiS12/3000、βiS22/2000	—	βiI15、βiIP30
3 轴＋主轴	20/20/40－7.5	βiS2～8、βiS12/2000	βiS12/3000、βiS22/2000	βiI3；βiIP12
	20/20/40－11	βiS2～8、βiS12/2000	βiS12/3000、βiS22/2000	βiI6、βiI8；βiIP15、βiIP18
	40/40/40－15	βiS12/3000、βiS22/2000	βiS12/3000、βiS22/2000	βiI12、βiIP22
	40/40/80－15	βiS12/3000、βiS22/2000	βiS22/3000、βiS30、βiS40	βiI12、βiIP22
	40/40/80－18	βiS12/3000、βiS22/2000	βiS22/3000、βiS30、βiS40	βiI15、βiIP30
	80/80/80－18	βiS12/3000、βiS22/2000	βiS22/3000、βiS30、βiS40	βiI15、βiIP30

4. βiS VSPc 经济型驱动

βiSVSPc 伺服/主轴一体经济型驱动器目前常用的产品规格见表 2.3-9。经济型驱动的主电动机功率可选择 7.5kW、11kW 或 15kW，除 βiSVSPc 20/20－7.5 外，βiSVSPc 其他型号的驱动器都必须选配外置风机。

表 2.3-9 βi 伺服/主轴一体经济型驱动器常用规格表

类型	型号 βiSVSPc	输入容量 /kVA	伺服输出电流/A		主轴输出电流/A	规格号 A06B－6167－
			额定	最大		
2 轴 + 主轴	20/20－7.5	11	6.5/6.5	20/20	31	H201#H560
	20/20－7.5L	11	6.5/6.5	20/20	35	H209#H560
	20/20－11	14	6.5/6.5	20/20	56	H202#H560
	40/40－15	21	13/13	40/40	64	H223#H560
3 轴 + 主轴	20/20/20－7.5	12	6.5/6.5/6.5	20/20/20	31	H301#H560
	20/20/20－7.5L	12	6.5/6.5/6.5	20/20/20	56	H309#H560
	20/20/20－11	16	6.5/6.5/6.5	20/20/20	56	H302#H560
	40/40/40－15	23	13/13/13	40/40/40	64	H333#H560

βiSVSPc 伺服/主轴一体经济型驱动器可直接配套的经济型伺服、主轴电动机的规格见表 2.3-10。

表 2.3-10 βi 伺服/主轴一体经济型配套的电动机规格表

类型	型号 βiSVSPc	配套伺服电动机		配套主电动机
		L/M 轴	N 轴	
2 轴 + 主轴	20/20－7.5	βiSc2～12	—	βiIc3
	20/20－7.5L	βiSc2～12	—	βiIc6
	20/20－11	βiSc2～12	—	βiIc8
	40/40－15	βiSc22	—	βiIc12
3 轴 + 主轴	20/20/20－7.5	βiSc2～12	βiSc2～12	βiIc3
	20/20/20－7.5L	βiSc2～12	βiSc2～12	βiIc6
	20/20/20－11	βiSc2～12	βiSc2～12	βiIc8
	40/40/40－15	βiSc22	βiSc22	βiIc12

5. 驱动器附件

与 αi 系列驱动器一样，βi 系列驱动器也需要选用交流电抗器或滤波器作为进线滤波用，伺服驱动器配套的交流电抗器、滤波器规格见表 2.3-11。

表 2.3-11 βi 驱动器滤波器、电抗器规格表

名称	配套驱动模块	规格号
滤波器	βiSV4、βiSV20、βiSV40、βiSV20/20	A81L－0001－0083#3C
	βiSV80、βiSV40/40、βiSVSP20/20－7.5、βiSVSPc20/20－7.5、βiSVSPc20/20/20－7.5	A81L－0001－0101#C
电抗器	βiSVSP20/20－11、βiSVSP20/20/40－7.5、βiSVSP20/20/40－11、βiSVSPc20/20－11、βiSVSPc20/20/20－11	A81L－0001－0155
	βiSVSP40/40－15、βiSVSP40/40－18、βiSVSP40/40/40－15、βiSVSP40/40/80－15、βiSVSPc40/40/40－15	A81L－0001－0156
	βiSVSP40/40/80－18、βiSVSP80/80/80－18	A81L－0001－0157
	βiSV10HV、βiSV20HV	A81L－0001－0168
	βiSV40HV	A81L－0001－0169

为了保证驱动器的散热，βi 系列伺服驱动器需要配套风机单元，风机单元的安装有如下几种形式：

1）βiSV4、βiSV20 单轴驱动器需安装一个风机单元，风机直接安装在驱动器上。

2）βiSV40、βiSV80 单轴驱动器需安装一个风机单元，风机为外置式，需要另行安装在驱动器的上部或下部并对准散热器位置。

3）βi 伺服/主轴一体型驱动器，一般需安装两个风机单元，风机为外置式，单元安装在驱动器的上部或下部对准散热器位置。

βi 系列伺服驱动器可以选配的风机单元规格见表 2.3-12。

表 2.3-12 βi 系列驱动器风机单元规格表

驱动器型号	风机规格号
βiSV4、βiSV20	A06B－6134－K002
βiSV40、βiSV80、	A06B－6134－K003
βiSVSP20/20－7.5、βiSVSPc20/20－7.5、βiSVSPc20/20/20－7.5	A06B－6134－K001
其他伺服/主轴一体型驱动	A06B－6134－K001（两只以上）

βi 驱动器的制动电阻、电缆、浪涌吸收器等可根据机床的实际需要选用；电源变压器、接触器、断路器等器件用户可自行配套。

2.4 FANUC 伺服电动机

2.4.1 结构与分类

1. 产品结构

电动机是驱动系统的执行部件，驱动器与电动机都需要配套使用。FANUC 伺服驱动电动机有图 2.4-1 所示的标准交流永磁同步电动机（Permanent－Magnet Synchronous Motor，PMSM，简称伺服电动机）和现代高速、高精度加工数控机床用的转台直接驱动电动机（Synchronous Built－in Servo Motor，又称同步内装式伺服电动机）和直线电动机（Linear Motor）三大类产品。

标准电动机具有结构简单、使用方便，制造成本低等一系列优点，它仍然是目前绝大多数数控机床最为常用的驱动电动机，FANUC 有 αi 和 βi 两大系列产品。伺服电动机需要通过滚珠丝杆螺母副，将电动机的旋转运动转换为机床的直线轴运动；或通过蜗轮蜗杆副进行转矩放大，驱动回转运动轴，驱动系统存在机械传动装置，其体积、惯量均较大，而且，传动间隙等将直接影响机床的定位精度，因此，较难满足现代数控机床的高速、高精度加工要求。

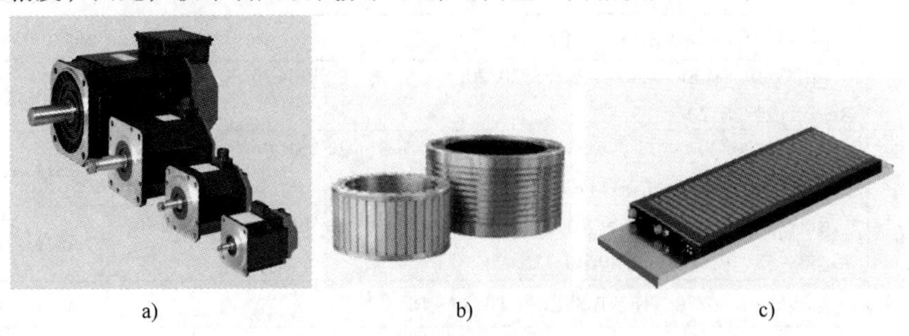

a) b) c)

图 2.4-1 FANUC 伺服驱动电动机

a）标准电动机 b）直接驱动电动机 c）直线电动机

直线电动机、转台直接驱动电动机可省略传统的滚珠丝杆螺母副、蜗轮蜗杆副等机械传动部件，实现所谓的“零”传动，它是高速、高精度数控机床的配套产品，其使用正在普及。但是，它们也带来了电动机防护、磁干扰、散热等一系列问题，目前的制造成本也较高，因此国内应用尚少，系统简介如下。

2. 直线电动机驱动系统

FANUC 公司 Li 系列直线电动机可用于直线轴的直接驱动，其驱动系统结构如图 2.4-2 所示，系统需要配套 αi 系列驱动器和磁极检测器、光栅尺等位置检测装置。

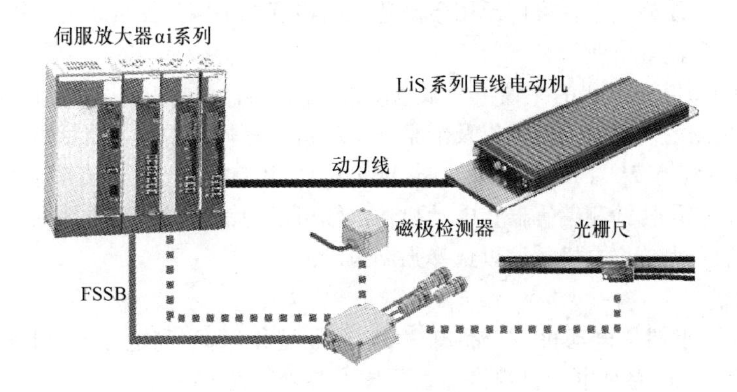

图 2.4-2　直线电动机驱动系统

FANUC－Li 系列直线电动机目前的最大推力为 300～17000N；最高速度为 240m/min（4m/s）；最大加速度为 30g（300m/s^2）。直线电动机可配套检测精度为 0.01μm 的光栅尺，因此，理论上达到很高的速度和精度。

3. 转台直接驱动电动机

Di 系列转台直接驱动电动机用于回转轴的直接驱动，其驱动系统结构如图 2.4-3 所示，系统需要配套 αi 系列驱动器和 CZ 系列磁栅编码器等位置检测装置。

FANUC－Di 系列转台直接驱动电动机目前的连续输出转矩为 16～4500Nm；最高转速为 50～1000r/min；最大角加速度为 100000deg/s^2（1750rad/s^2）；中空内径为 ϕ40～ϕ590mm。Di 系列转台直接驱动电动机可配套 1024 周期/转的磁栅编码器，输出的正余弦信号通过 1024 细分，其检测精度可达 2^{20}、1.2 角秒，同样可达到很高的速度和精度。

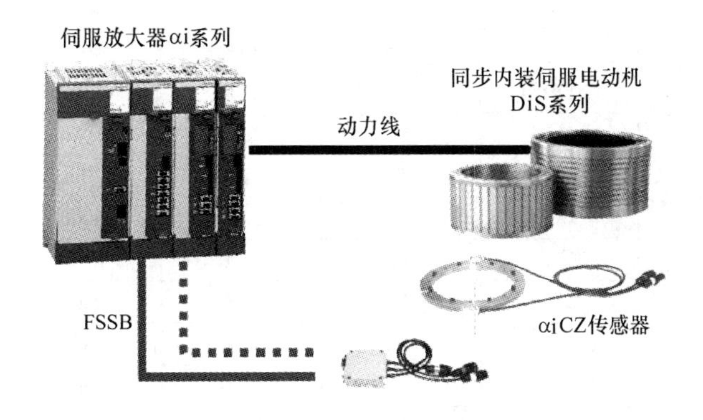

图 2.4-3　回转轴直接驱动系统

2.4.2 αi 伺服电动机

1. 分类

αi 系列是 FANUC 高性能伺服驱动电动机产品，它具有优异的加减速性能和很高的可靠性，其最高转速可达 6000r/min、最大输出转矩可达 500N·m，可用于高速、高精度数控机床的伺服进给驱动。

αi 电动机分为 αiS 高速、小惯量系列和准型 αiF 中惯量电动机两大系列。αiS 系列电动机是最为常用的产品，其规格众多，可广泛用于高速、高精度中小型数控机床的伺服进给驱动以及工业机器人、纺织、印刷等行业。

αiF 系列为 FANUC 新推出的中惯量伺服电动机，用来替代早期的 αi 系列伺服电动机，它多用于大中型数控机床的伺服进给驱动以及冶金、工程机械等行业的中大惯量负载驱动。

αi 系列电机可配套 2^{20}（1048576p/r，αiA1000 或 αiI1000）、2^{24}（16777216p/r，αiA16000）绝对或增量型高精度位置检测编码器；电动机输出轴可以为锥轴、平轴或平轴带键；并可以选择电动机内置制动器；大功率电机还可以选择强制风冷。

2. αiS 电动机

αiS 属于高速、小惯量电动机，产品有 200V 标准型和 400V 高电压型（HV 型）可供选择。常用的 200V 标准型 αiS 系列电动机规格与主要技术参数见表 2.4-1。

表 2.4-1 αiS 系列标准型伺服电动机规格表

电动机型号	输出转矩/N·m		额定功率/kW	转速/（r/min）		转子惯量/kg·m²
	静态	最大		额定	最高	
αiS2/5000	2	7.8	0.75	4000	5000	0.000291
αiS2/6000	2	6	1	6000	6000	0.000291
αiS4/5000	4	8.8	1	4000	5000	0.000515
αiS4/6000	3	7.5	1	4000	6000	0.000515
αiS8/4000	8	32	2.5	4000	4000	0.00117
αiS8/6000	8	22	2.2	6000	6000	0.00117
αiS12/4000	12	46	2.7	3000	4000	0.00228
αiS12/6000	11	52	2.2	4000	6000	0.00228
αiS22/4000	22	76	4.5	3000	4000	0.00527
αiS22/6000	18	54	4.5	6000	6000	0.00527
αiS30/4000	30	100	5.5	3000	4000	0.00759
αiS40/4000	40	115	5.5	3000	4000	0.0099
αiS50/2000	53	170	4	2000	2000	0.0145
αiS50/3000①	75	215	14	3000	3000	0.0145
αiS60/2000	65	200	5	1500	2000	0.0195
αiS60/3000①	95	285	14	2000	3000	0.0195
αiS100/2500	100	274	11	2000	2500	0.0252
αiS100/2500①	140	274	22	2000	2500	0.0252
αiS200/2500	180	392	16	2000	2500	0.0431
αiS200/2500①	200	392	30	2000	2500	0.0431
αiS300/2000	300	750	52	2000	2000	0.0787
αiS500/2000	500	1050	60	2000	2000	0.127

① 强制风冷。

αiS 系列电动机的基本输出特性如图 2.4-4 所示，图中所示为 αiS 12/4000 电动机的输出特性，其他规格电动机的输出特性形状相同，但电动机转速、输出转矩有所不同。

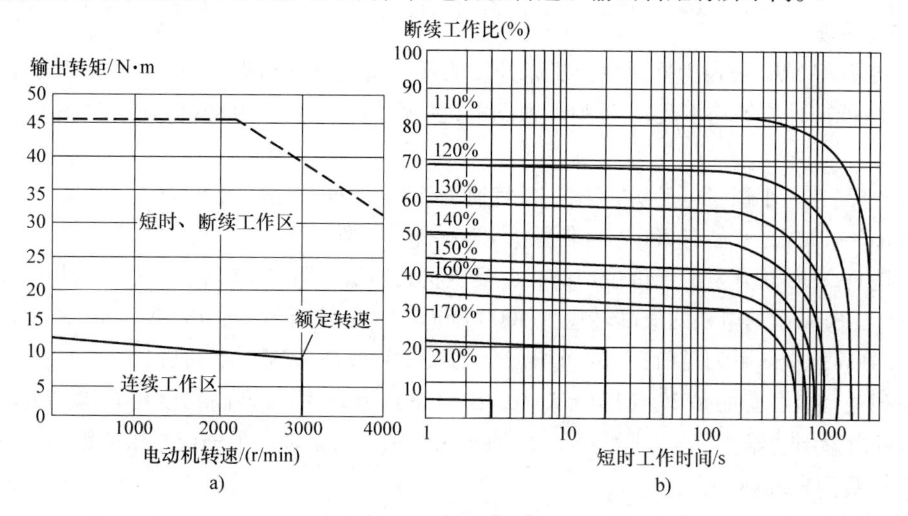

图 2.4-4　αiS 系列伺服电动机输出特性
a）输出特性　b）过载特性

伺服电动机在额定转速以下区域可以长时间、连续工作，输出转矩随转速升高稍有下降；但当转速超过额定转速或输出转矩大于连续工作转矩时，只能短时、断续工作。对于额定转速和最高转速相同的伺服电动机，如 αiS22/6000 等，则电动机可以在全部转速范围连续工作。

αiS 系列伺服电动机的过载特性如图 2.4-4b 所示，其横坐标为短时工作时间、纵坐标为断续工作比。例如，在 210% 过载的情况下，最大允许工作的时间为 20s，其断续工作比允许为 22%，即：假如电动机 210% 过载工作的时间为 11s，在电动机停止 39s 后，允许再次 210% 过载工作 11s。

3. αiF 电动机

αiF 是用于大惯量负载进给驱动的中惯量伺服电动机，产品有 200V 标准型和 400V 高电压型（HV 型）可供选择。常用的 200V 标准电动机的规格与主要技术参数见表 2.4-2，电动机的输出特性曲线形状与 αiS 系列相同。

表 2.4-2　αiF 系列标准型伺服电动机规格表

电动机型号	输出转矩/N·m		额定功率/kW	转速/（r/min）		转子惯量
	静态	最大		额定	最高	/kg·m²
αiF1/5000	1	5.5	0.5	5000	5000	0.000305
αiF2/5000	2	8.3	0.75	4000	5000	0.000526
αiF4/4000	4	15	1.4	4000	4000	0.00135
αiF8/3000	8	29	1.6	3000	3000	0.00257
αiF12/3000	12	35	3	3000	3000	0.0062
αiF22/3000	22	64	4	3000	3000	0.012
αiF30/3000	30	83	7	3000	3000	0.017
αiF40/3000	38	130	6	2000	3000	0.022
αiF40/3000①	53	130	9	2000	3000	0.022

① 强制风冷。

2.4.3 βi 伺服电动机

1. 产品分类

βi 系列是 FANUC 公司为普通数控机床开发的普及型伺服电动机产品，其性价比较高，但加减速、高速/低速性能等均不及 αi 系列。根据电机的性能，βi 伺服电动机目前有 βiS 和 βiSc 两大系列。

βiS 属于高速、小惯量电动机，其最高转速为 4000r/min、输出转矩为 2～36N·m、额定输出功率为 0.5～3kW；产品有 200V 标准型和 400V 高电压型（HV 型）可供选择。

βiSc 是 FANUC 新开发的低价位产品，此类电机无热敏电阻和 ID 信息，故一般用于要求不高的控制场合，βiSc 系列电机的最高转速为 4000r/min、输出转矩为 2～10.5N·m、额定输出功率为 0.5～1.4kW；βiSc 系列目前只有 4 个规格，暂无 HV 型（400V）电动机。

βi 系列电动机配套的是 2^{17}（131072p/r，βiA128）绝对/增量型高精度位置检测编码器，可选择电动机内置制动器。根据实际需要，电动机输出轴可为锥轴、平轴或平轴带键。

2. βiS 系列电动机

βiS 系列电动机分为标准型（200V）和 HV 型（400V）两类，HV 型只能选配单轴 βi 伺服驱动器，标准型一般选配 βi 单轴、2 轴伺服驱动或 βiSVSP 伺服/主轴一体驱动器。目前常用的 200V 标准电动机的规格与主要技术参数见表 2.4-3，电动机的输出特性与 αiS 系列相同，但连续工作转矩随转速升高所下降的幅度大于 αiS 系列电动机。

表 2.4-3 βiS 系列标准型伺服电动机规格表

电动机型号	输出转矩/N·m		额定功率/kW	转速/（r/min）		转子惯量/kg·m²
	静态	最大		额定	最高	
βiS0.2/5000	0.16	0.48	0.05	4000	5000	0.0000019
βiS0.3/5000	0.32	0.96	0.1	4000	5000	0.0000034
βiS0.4/5000	0.4	1	0.2	4000	5000	0.00001
βiS0.5/5000	0.65	2.5	0.2	4000	5000	0.000018
βiS0.5/6000	0.65	2.5	0.5	6000	6000	0.000018
βiS1/5000	1.2	5	0.4	4000	5000	0.000034
βiS1/6000	1.2	5	0.75	6000	6000	0.000034
βiS2/4000	2	7	0.5	4000	4000	0.000291
βiS4/4000	3.5	10	0.75	3000	4000	0.000515
βiS8/3000	7	15	1.2	2000	3000	0.00117
βiS12/2000	10.5	21	1.4	2000	2000	0.00228
βiS12/3000	11	27	1.8	2000	3000	0.00228
βiS22/2000	20	45	2.5	2000	2000	0.00527
βiS22/3000	20	45	3	2000	3000	0.00527
βiS30/2000	27	68	3	2000	2000	0.00759
βiS40/2000	36	90	2.5	1500	2000	0.0099

3. βiSc 系列电动机

βiSc 系列电动机用于经济型数控机床的伺服进给驱动，它需要与 βiSVSPc 伺服/主轴一体经济型驱动器配套使用。βiSc 系列目前只有 200V 标准型产品，其常用的规格与主要技术参数分别见表 2.4-4，电动机的输出特性与 βiS 系列相同。

表 2.4-4　βiS 系列标准型伺服电动机规格表

电动机型号	输出转矩/N·m		额定功率/kW	转速/（r/min）		转子惯量/kg·m^2
	静态	最大		额定	最高	
βiSc2/4000	2	7	0.5	4000	4000	0.000291
βiSc4/4000	3.5	10	0.75	3000	4000	0.000515
βiSc8/3000	7	15	1.2	2000	3000	0.00117
βiSc12/2000	10.5	21	1.4	2000	2000	0.00228

2.5　FANUC 主轴电动机

2.5.1　产品概述

1. 分类

主轴电动机是用于金属切削机床切削主运动驱动的电动机，目前所使用的交流主轴电动机多为专用感应电动机，它一般需要与主轴驱动器配套使用。与通用感应电动机的变频器调速相比，采用专用主电动机的主轴驱动系统不仅具有更好的加减速性能、更大的调速范围、更高的调速精度，且可在低转速输出大转矩，主轴驱动系统也可像伺服驱动一样进行闭环位置控制，以满足数控机床主轴定位、刚性攻螺纹、螺纹加工、Cs 轴控制等的功能要求。

FANUC 主电动机的产品类型较多，它有表 2.5-1 所示的不同系列。

表 2.5-1　FANUC 主电动机分类表

产品系列	电动机系列	结构形式	按电压分类	按转速分类
αi 系列	αiI 标准电动机	标准结构	200V 标准型、HV 型	标准型、高速型
	αiIP 宽调速电动机	标准结构、变极	200V 标准型、HV 型	—
	αiIT 直接连接风冷电动机	电动机/主轴直连	200V 标准型、HV 型	—
	αiIL 直接连接水冷电动机	电动机/主轴直连	200V 标准型、HV 型	—
βi 系列	βiI 标准电动机	标准结构	200V 标准型	—
	βiIP 宽调速电动机	标准结构	200V 标准型	—
	βiIc 经济型电动机	标准结构	200V 标准型	—
Bi 系列	BiI 中空转子电动机	电主轴、无外套	200V 标准型、HV 型	标准型、高速型
	BiI 中空转子电动机	电主轴、无外套	200V 标准型、HV 型	标准型、高速型
	BiI－TypeM 中空转子电动机	电主轴、带外套	200V 标准型、HV 型	标准型、高速型

根据产品性能，FANUC 主电动机分为 αi 和 βi 两大系列，αi 系列主电动机为数控机床常用的高性能主轴电动机，其产品规格众多；βi 系列主电动机为一般数控机床用的普通主轴电动机，其性价比较高，但各方面性能均低于 αi 系列，且产品规格较少。

根据电动机的结构，FANUC 主电动机分为图 2.5-1 所示的标准电动机、主轴直接连接电动机和电主轴三类。

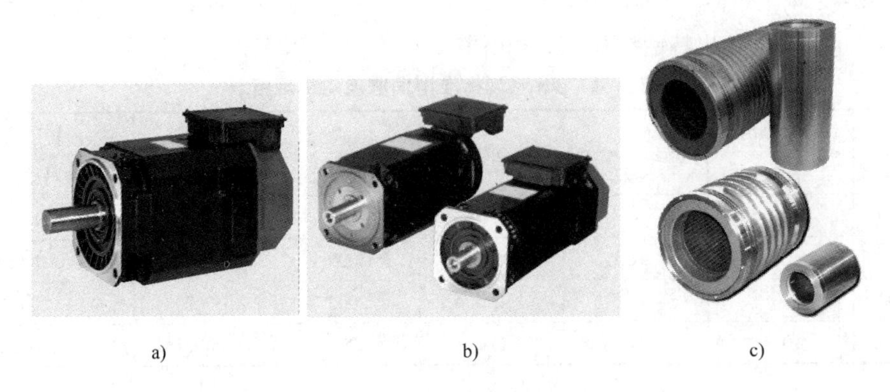

图 2.5-1 FANUC 主轴电动机
a）标准电动机 b）主轴直接连接电动机 c）电主轴

标准主电动机采用的是电动机传统的结构，其安装简单、使用方便，制造成本低，它是目前绝大多数数控机床最为常用的主轴电机。αi、βi 标准电动机可分为普通型（标准型）和变极调速电动机两类，后者可以实现大范围恒功率调速。此外，βi 新推出了 βiIc 经济型产品，它可用于低价位数控机床，只能与 βiSVSPc 伺服/主轴一体经济型驱动器配套使用。

主轴直接连接电动机和电主轴是用于高速、高精度加工机床的新颖电动机，目前国内使用较少，产品简介如下。

2. 直接连接电动机

在高速、高精度加工机床上，为使主轴能达到数万转的高速，为了降低振动、噪声，主轴和电动机间一般不能再通过传统的齿轮、同步传动带等机械传动装置进行连接；这样的机床主轴需要使用电动机和主轴直接连接的主轴电动机或电主轴进行直接驱动。

为了适应高速切削的需要，高速加工机床一般需要常用中心冷却刀具（简称内冷刀具）进行加工，为此，直连主电动机的转子轴需要有提供刀具内冷的冷却孔。

FANUC 主轴直连电动机的结构如图 2.5-2 所示。主电动机的转子轴加工有刀具内冷的冷却孔，其电动机体、冷却风扇、接线盒三者可分离。电动机直接安装在主轴后部，两者通过联轴器连接，电动机体与冷却风扇间可安装刀具内冷用的旋转密封接头。

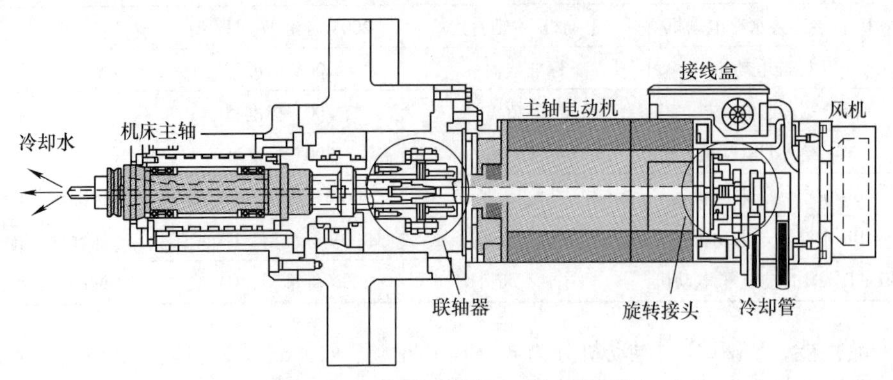

图 2.5-2 直接连接主电动机的结构

直接连接主电动机分 αiIL 和 αiIT 两类。αiIT 系列采用图 2.5-2 所示的外置风机冷却，主电动机的 30min 输出功率为 1.5～22kW；小功率单速电动机的最高转速为 20000r/min；变极调速电动机的最高转速为 10000～15000r/min。αiIL 系列使用强制冷却液冷却，主电动机的 30min 输出功率范围为 11~26kW，电动机均为变极调速，最高转速为 15000 或 20000r/min。

3. 电主轴

电主轴最初主要用于磨床等产品，但现在已广泛用于高速高精度加工、五轴加工或复合加工等数控机床。

电主轴的转子为中空，机床主轴可直接安装在转子内部，使得转子和主轴成为一体化结构，电动机和主轴间不需要任何机械传动装置，实现了主轴的“零传动”。采用电主轴的机床具有主轴转速高、结构紧凑、重量轻、惯量小、起制动迅速，振动和噪声小等优点，但其生产制造成本较高，安装、维护相对较困难，此外电动机对冷却系统、防护系统的要求也较高。

FANUC 电主轴系统的组成如图 2.5-3 所示。FANUC 电主轴分为无冷却套的 BiI 系列电动机或带冷却套的 BiI-TypeM 系列两类，电动机需要配套 CZi 或 BZi 分离型磁性编码器和 αi 系列驱动器。

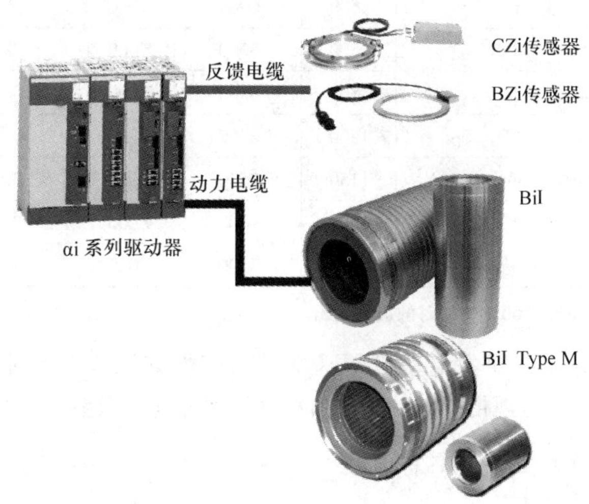

图 2.5-3　FANUC 电主轴系统

BiI 系列电主轴有标准型和高速型两类。标准型的连续输出功率范围为 0.75~37kW，转子中空内径范围为 ϕ34.8~ϕ168mm；0.75~1.5kW 电动机的最高转速为 20000~25000r/min；2.2~25kW 电动机的最高转速为 12500~15000r/min；其他电动机的最高转速为 3000~8000r/min。

高速型电主轴的连续输出功率范围为 0.55~30kW，转子中空内径范围为 ϕ28~ϕ101.4mm；0.55kW 电动机的最高转速可达 70000r/min；3.7kW、5.5kW 电动机的最高转速可达 50000r/min；11kW、13kW 电动机的最高转速为 30000、40000r/min；其他电动机的最高转速为 20000r/min。

BiI-TypeM 电动机在 BiI 电动机的基础上增加了强制水冷的冷却套，因此，可提高同规格电动机的输出功率和最高转速，其余性能与 BiI 电动机相同。

2.5.2　αi 主电动机

1. αiI 主电动机

αiI 系列标准电动机品种多、规格全，在数控机床中使用最广泛。电动机采用标准结构，可选择法兰安装或地脚安装；输出轴可为平轴带键或不带键、带或不带油封；内置编码器可以选择 Mi 型、MZi 型。标准电动机根据电压等级分 200V 标准型、HV 型（400V）两类，两类产品均有普通型、高速型产品。常用的普通型 200V 标准电动机的规格与主要参数见表 2.5-2。

表 2.5-2 αiI 系列普通型标准主电动机规格表（200V）

电动机型号	输出功率/kW		转速/（r/min）			转子惯量/kg·m²	堵转转矩/N·m
	连续	短时①	额定	恒功率上限	最高		
αiI0.5/10000	0.55	1.1（15min、40%）	3000	8000	10000	0.00048	1.75
αiI1/10000	1.5	2.2（15min、60%）	3000	10000	10000	0.003	4.77
αiI1.5/10000	1.1	3.7（10min、25%）	1500	8000	10000	0.0043	7.0
αiI2/10000	2.2	3.7（15min、60%）	1500	10000	10000	0.0078	14
αiI3/10000	3.7	5.5	1500	7000	10000	0.0148	23.5
αiI6/10000	5.5	7.5	1500	8000	10000	0.0179	35
αiI8/8000	7.5	11	1500	6000	8000	0.0275	47.7
αiI12/7000	11	15	1500	6000	7000	0.07	70
αiI15/7000	15	18.5	1500	6000	7000	0.09	95.4
αiI18/7000	18.5	22	1500	6000	7000	0.105	117.7
αiI22/7000	22	26	1500	6000	7000	0.128	140
αiI30/6000	30	37（30min、40%）	1150	3500	6000	0.295	249.1
αiI40/6000	37	45	1500	4000	6000	0.355	235.5
αiI50/5000	45	55（30min、40%）	1150	3500	5000	0.49	373.7

① 未标注的电动机均为30min、60%工作时的最大输出。

无变极调速功能的 αiI 普通主电动机的基本输出特性如图 2.5-4 所示。图中的电动机为 αiI30/6000 标准电动机，其他规格的电动机输出特性形状相同，但参数有所区别。

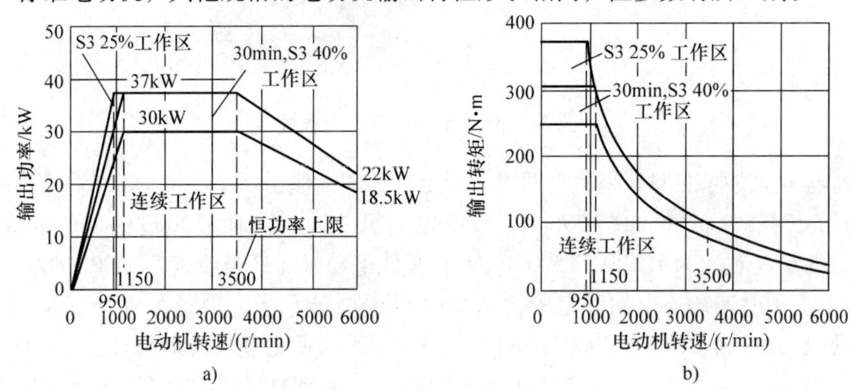

图 2.5-4 αiI 主电机输出特性
a）$P-n$ 特性 b）$M-n$ 特性

主电动机在额定转速以下区域为恒转矩输出，其输出功率与转速成正比；在额定转速以上、恒功率上限转速以下区域为恒功率调速，其输出转矩与转速成反比；在恒功率上限转速到最高转速区域，其输出功率、转矩均随转速升高而下降，如恒功率上限转速和最高转速相同，则额定转速以上区域的输出功率为一条水平线。

主电动机的输出特性一般有连续工作、标准短时工作和过载三条。电动机的输出功率、转矩主要受到绕组温升的限制。绕组温升与电流、通电时间有关，故在短时或断续工作时，允许有较长时间的过载。考虑到数控机床的效率较高，每一把刀具的实际切削时间不长。因此，通常而言，对于大多数的数控机床，按照30min、60%（或40%）短时工作输出功率、转矩选择主电动机功率是允许的。如果过载工作时间在10min、25%以下，则其输出功率、转矩还可以更大，在这种情况下，可以按照图中的25%工作特性选择主电动机。

2. αiIP 主电动机

金属切削机床的切削主运动具有恒功率负载特性，因此，为了保证机床的加工效率，主轴电机理想的调速方案应为恒功率调速。αiIP 系列宽调速电动机使用的是变极调速电动机，它可以通过绕组的切换，提高低速输出转矩，并获得1:8~1:16的恒功率调速范围，故适合于无机械变速装置的高速金属切削加工机床的主轴驱动。

根据电压等级，αiIP 系列宽调速电机分为200V标准型和400V高电压HV型两类，标准型电动机目前常用的规格与主要参数见表2.5-3。

表 2.5-3 αiIP 标准型宽调速主电动机规格表

电动机型号	输出功率/kW		转速/（r/min）			转子惯量	堵转转矩
	连续	短时①	额定	恒功率上限	最高	/kg·m²	/N·m
αiIP12/6000	3.7	7.5（15min、15%）	500	1500	1500	0.07	70.7
（Y/△）	5.5	7.5	750	6000	6000	0.07	70
αiIP12/8000	3.7	7.5（15min、15%）	500	1500	1500	0.07	70.7
（Y/△）	5.5	7.5	750	6000	8000	0.07	70
αiIP15/6000	5	9（15min、15%）	500	1500	1500	0.09	95.5
（Y/△）	7.5	9	750	6000	6000	0.09	95.5
αiIP15/8000	5	9（15min、15%）	500	1500	1500	0.09	95.5
（Y/△）	7.5	9	750	6000	8000	0.09	95.5
αiIP18/6000	6	11（15min、15%）	500	1500	1500	0.105	114.6
（Y/△）	9	11	750	6000	6000	0.105	114.6
αiIP18/8000	6	11（15min、15%）	500	1500	1500	0.105	114.6
（Y/△）	9	11	750	6000	8000	0.105	114.6
αiIP22/6000	7.5	15（15min、15%）	500	1500	1500	0.128	143.2
（Y/△）	11	15	750	6000	6000	0.128	140
αiIP22/8000	7.5	15（15min、15%）	500	1500	1500	0.128	143.2
（Y/△）	11	15	750	6000	8000	0.128	140
αiIP30/6000	11	18.5（15min、15%）	400	1000	1500	0.295	263
（Y/△）	15	18.5	575	3450	6000	0.295	249
αiIP40/6000	13	22（15min、15%）	400	1000	1500	0.295	310
（Y/△）	18.5	22	575	3450	6000	0.295	307
αiIP50/6000	22	30（30min、25%）	575	1200	1500	0.355	365
（Y/△）	22	30	1200	3000	6000	0.355	175
αiIP60/5000	18.5	30（30min、25%）	400	750	1500	0.49	442
（Y/△）	22	30	750	3000	5000	0.49	280

① 未标注的电动机均为30min、60%工作时的最大输出。

αiIP 系列主电动机采用标准结构，其外形和αiI系列主电动机相同，但同功率电动机的基座号（安装尺寸）比αiI系列标准电动机大。αiIP 系列可选择法兰安装或地脚安装；输出轴可为平轴带键或不带键、带或不带油封；内置编码器可以选择Mi型、MZi型。

宽调速主电动机一般采用△/YY恒转矩切换方式，切换后电动机的连续输出转矩不变、输出功率将变化，但短时输出功率相同。绕组切换将改变电动机的极对数、额定转速和最高转速，因此，电动机有两条不同的输出特性。αiIP系列宽调速主电动机的输出特性如2.5-5所示，图中的电动机型号为αiIP40/6000，其他规格的电动机输出特性形状相同，但参数有所区别。

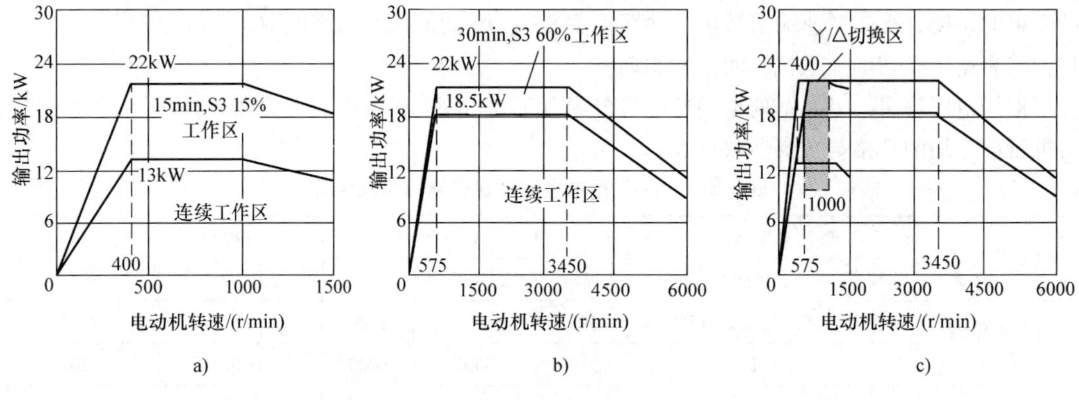

图2.5-5 αiIP主电动机输出特性

a）Y联结 b）△联结 c）Y/△切换

在不使用绕组切换功能时，宽调速主电动机应选择△联结，以得到图2.5-5b所示的输出特性，从而获得较大的恒功率调速范围、保证电动机的最高转速。如电动机使用变极调速功能，并在图2.5-5c所示的Y/△切换区域完成自动切换，则电动机的输出特性为图2.5-5a和2.5-5b的合成，其恒功率调速范围可由Y联结的1∶6扩大到1∶8.6。使用Y/△切换的变极调速主电动机，同样需要选配、并在主电路安装FANUC公司的无触点Y/△切换单元。

2.5.3 βi主电动机

βi主电动机用于一般数控机床用的主轴驱动，其输出转矩较低、恒功率调速范围较小，但性价比较高。βi主电动机分为βiI系列标准型、βiIP系列大范围恒功率输出宽调速型和新推出的βiIc经济型三类产品。由于目前FANUC公司尚未推出独立的βi主轴驱动器，故βiI系列、βiIP系列电动机需要与βiSVSP伺服/主轴一体驱动器配套使用，而βiIc经济型电动机只能与βiSVSPc伺服/主轴一体经济型驱动器配套使用；主电动机亦无400V的高电压HV型产品。

βiI标准电动机、βiIP宽调速电动机和βiIc经济型主电动机目前常用的规格与主要参数分别见表2.5-4～2.5-6。

表2.5-4 βiI标准型主电动机规格表

电动机型号	输出功率/kW		转速/（r/min）			转子惯量	堵转转矩
	连续	15min、25%	额定	恒功率上限	最高	/kg·m^2	/N·m
βiI3/10000	3.7	5.5	2000	4500	10000	0.0078	17.7
βiI6/10000	5.5	7.5	2000	4500	10000	0.0148	26.3
βiI8/10000	7.5	11	2000	4500	10000	0.0179	35.8
βiI12/8000	11	15	2000	3500	8000	0.0275	52.5
βiI15/7000	15	18.5	2000	3500	7000	0.07	71.7

表 2.5-5　βiIP 宽调速主电动机规格表

电动机型号	输出功率/kW		转速/（r/min）			转子惯量 /kg·m²	堵转转矩 /N·m
	连续	15min、25%	额定	恒功率上限	最高		
βiIP12/6000	5.5	7.5	1200	2500	6000	0.0275	43.8
βiIP15/6000	7.5	9	1200	6000	6000	0.07	59.7
βiIP18/6000	9	11	1000	5000	6000	0.09	85.9
βiIP22/6000	11	15	1000	3000	6000	0.1	105.1
βiIP30/6000	15	18.5	1000	3000	6000	0.128	143.3

表 2.5-6　βiIc 经济型主电动机规格表

电动机型号	输出功率/kW		转速/（r/min）			转子惯量 /kg·m²	堵转转矩 /N·m
	连续	15min	额定	恒功率上限	最高		
βiIc3/6000	3.7	5.5	2000	3500	6000	0.0078	17.6
βiIc6/6000	5.5	7.5	2000	4500	6000	0.0148	26.3
βiIc8/6000	7.5	11	2000	4000	6000	0.0179	35.8

βi 主电动机均采用标准结构形式，电动机外观与 αiI 类似，可选择法兰安装或地脚安装；输出轴可为平轴带键或不带键、带或不带油封；βiI 系列、βiIP 系列可以选择 Mi 型、MZi 型内置编码器，但 βiIc 经济型电动机不能选择内置编码器。

βiI 系列主电动机的输出特性如 2.5-6 所示。图中的电动机型号为 βiI6/10000，其他规格的电动机输出特性形状相同，但参数有所区别。

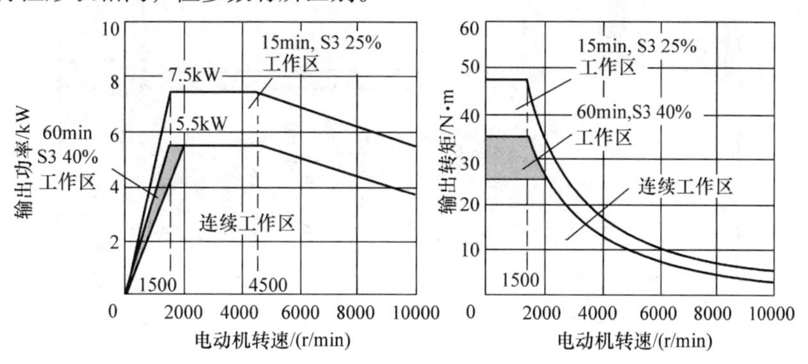

图 2.5-6　βiI 主电动机输出特性

主电动机在额定转速以下区为恒转矩输出、额定转速至恒功率上限转速区为恒功率输出、恒功率上限转速到最高转速区的输出功率/转矩均随转速升高而下降，其输出特性的表示方法和 αi 系列主电动机相同，可参见前述的说明。与 αi 系列主电动机相比，βiI 系列主电动机的额定转速一般较高，恒功率调速范围较小，过载能力较差；βiIP 系列主电动机虽然降低了额定转速、提高了恒功率调速范围，但同时也增加了基座规格（安装尺寸），故适用于普通数控机床的主轴驱动。而 βiIc 系列主电动机是一种性能介于普通感应电动机和标准交流主轴电动机之间的产品，其恒功率调速范围更小，故适合于经济型数控机床。

第3章　FS－0iD 系统连接

3.1　CNC 连接

3.1.1　连接总图和电源连接

1. 连接器布置及作用

FS－0iD 的 CNC 单元连接器布置在 LCD（Liquid Crystal Display，液晶显示器）的背面，连接器的安装位置如图 3.1-1 所示。图中的连接器 CA122 用于 LCD 单元上的软功能键连接，CA114 用于 CNC 电池盒连接器，其连接已内部完成，其他连接器的用途如下：

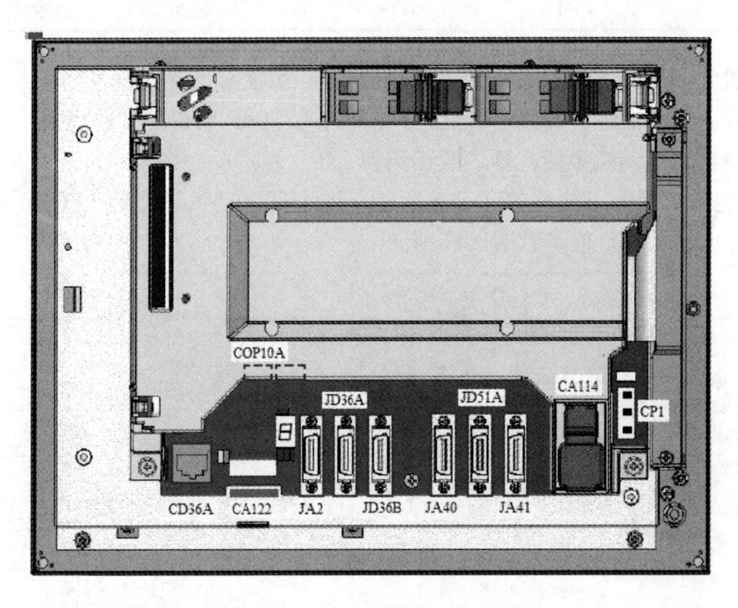

图 3.1-1　FS－0iD 接口布置图

CP1：CNC 单元 DC24V 电源输入。

JA41：串行主轴 I/O－Link 总线和模拟量输出主轴的位置编码器连接接口。

JD51A：I/O 单元的 PMC－I/O－Link 连接接口。

JA40：主轴模拟量输出和高速跳步信号输入连接接口。

JD36A/JD36B：RS232 接口 1/2。

JA2：分离型 MDI 单元接口。

COP10A：FSSB 总线接口（光缆）。

CD36A：以太网接口。

2. 连接总图

FS－0iD 的 CNC 基本单元连接总图如图 3.1-2 所示。由于采用了网络控制技术和集成式结构，CNC与伺服驱动、主轴驱动、I/O单元的连接都可通过总线进行；CNC单元与LCD/MDI间的连接已内部完成，因此，CNC单元的连接较简单。

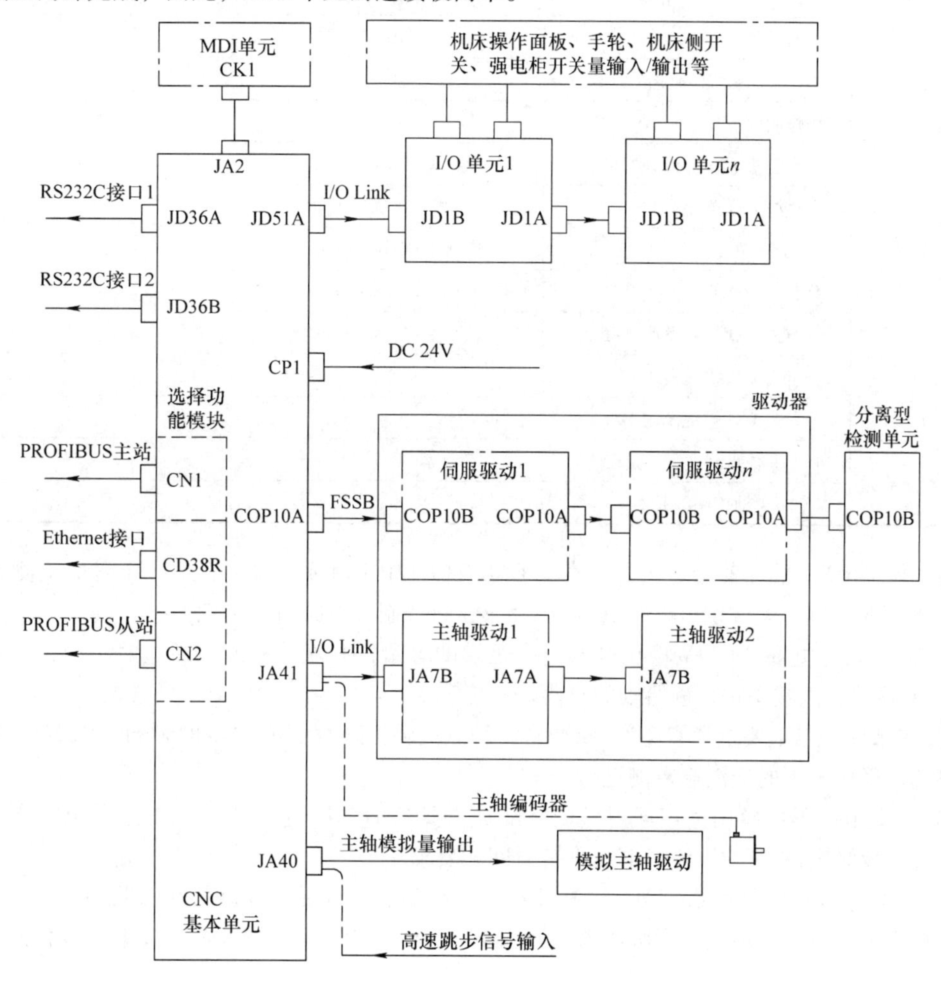

图3.1-2　FS－0iD连接总图

3. 电源连接

CNC基本单元的电源连接包括CNC/LCD/MDI单元、I/O模块的DC24V输入连接，DC24V电源的电压范围为DC24(1±10%)V(DC21.6~26.4V)，纹波、噪声与脉动引起的电压波动不能超过输入允许范围；100%瞬间中断不能大于10ms，50%中断不能大于20ms。

不同CNC单元的电源容量要求见表3.1-1。

表3.1-1　CNC单元的电源容量要求

单元名称	规　　格	电源容量/A	备　　注
CNC/LCD/MDI基本单元	无扩展插槽单元	1.5	不包括选件模块
	带2扩展插槽单元	1.7	不包括选件模块
CNC选件模块	快速数据服务器模块	0.2	0i－MateD不能使用
	PROFIBUS主站模块	0.2	0i－MateD不能使用
	PROFIBUS从站模块	0.1	0i－MateD不能使用

（续）

单元名称	规　格	电源容量/A	备　注
I/O 单元	主面板 A/B	0.4	
	小型主面板/小型主面板 B	0.4	
	操作面板 I/O 单元 A1	0.3 +0.0073 × n	n 为同时接通的最大 DI 点
	操作面板 I/O 单元 B1	0.3 +0.0073 × n	
	电气柜 I/O 单元 B2	0.3 +0.0073 × n	
	0i－I/O 单元	0.3 +0.0073 × n	
	分布式 I/O 基本模块	0.2 +0.0073 × n	
	分布式 I/O 扩展模块 A/B	0.1 +0.0073 × n	
	分布式 I/O 扩展模块 C	0.1	
	分布式 I/O 扩展模块 D/E	0.1	
分离型检测单元	4 轴基本单元	0.9	
	4 轴 +4 轴扩展单元	1.5	

为了保证 CNC 系统安全、可靠工作，CNC/LCD/MDI 单元、I/O 单元、分离型检测单元的 DC24V 电源应由同一电源供电，并进行统一的通/断控制。电路需要注意如下几点：

1）向 CNC 供电的 DC24V 稳压电源应有足够的容量，并能够在外部断电时，维持一定时间的 DC24V 输出，以减小垂直进给轴的自落。

2）为了保证以上要求和避免通/断冲击、触点接触压降对 CNC 电源的影响，DC24V 电源通/断控制应在稳压电源的交流输入侧进行。

3）CNC 电源不可使用直接通过整流、滤波得到的 DC24V 电源，因为，这种电源不但纹波大，而且也较难满足 DC24V 输出电压维持时间的要求。

4）CNC 电源不可与负载波动、通断冲击大的制动器、电磁阀等负载驱动共用，避免电压超差。电源主电路应安装浪涌电压吸收器进行过电压保护，浪涌电压吸收器的安装可与伺服驱动器一并考虑。

5）CNC 单元的 DC24V 电源在机床启动时应首先予以接通，关机时最后断开。

3.1.2 CNC 单元连接

在 CNC 基本单元中，CNC/LCD/MDI 的连接在内部完成；COP10A 的 FSSB 总线应采用 FANUC 提供的光缆。CNC 单元的接口 CP1、JD51A、JA41、JA40、JD36A、JD36B 的连接电缆既可选用 FANUC 标准产品，也可按要求用同规格电缆与插接件自行制作，各部分的连接要求如下。

1. 电源

FS－0iD 的电源连接非常简单，只需要将符合要求的 DC24V 电源连接到 CNC 的电源接口 CP1（CP1A）即可。CP1 的插脚连接见图 3.1-3 所示。

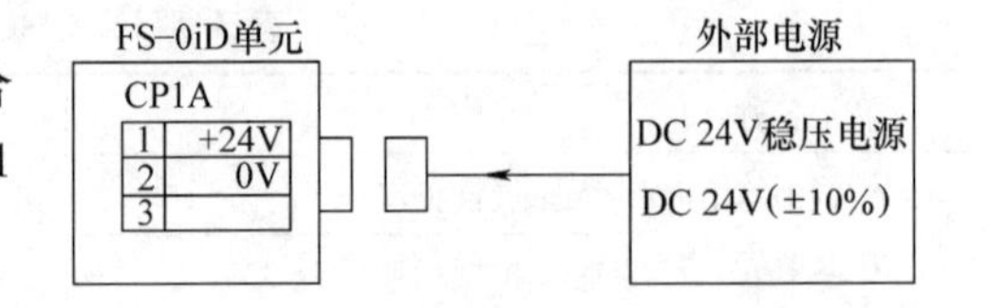

图 3.1-3　FS－0iD 的电源连接

2. 跳步信号与主轴模拟量输出

高速跳步信号与主轴模拟量输出共用连接器 JA40，其引脚布置如图 3.1-4 所示。

连接器的引脚 1～4、11～14 用于高速跳步信号连接；引脚 5、7 用于连接主轴模拟量输出连

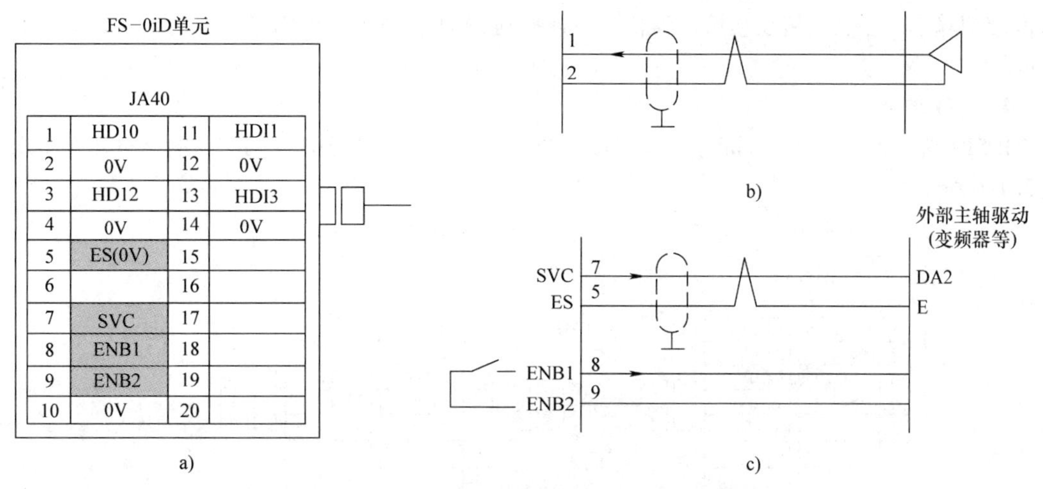

图3.1-4 高速跳步与主轴模拟量输出的连接

接；引脚8、9用于主轴使能触点输出连接，在控制系统中可以根据实际需要连接。

1）高速跳步信号。高速跳步信号HDI0～3需要与编程指令G31配合使用后，可用于程序跳步。以HDI0为例，其信号的输入连接如图3.1-4b所示，信号为低电平有效，其“0”信号输入电压/电流为3.6～11.6V/2～11mA；“1”信号输入电压/电流为0～1V/-8mA；最小脉冲宽度为20μs。

2）主轴模拟量输出。主轴模拟量输出可作为变频器等主轴调速装置的转速给定信号。使用主轴模拟量输出时，CNC还可输出主轴使能触点信号，控制主轴起停（一般不使用）。模拟量输出的连接要求如图3.1-4c所示，SVC输出电压/电流为-10～10V/2mA；输出阻抗为100Ω。

3. 串行主轴与编码器

串行主轴与编码器接口JA41的引脚布置如图3.1-5所示。JA41有两种用途：使用FANUC-αi/βi串行主轴驱动器时，可用来连接主轴驱动器的I/O-Link总线；使用主轴模拟量输出时，可用于主轴位置编码器连接。

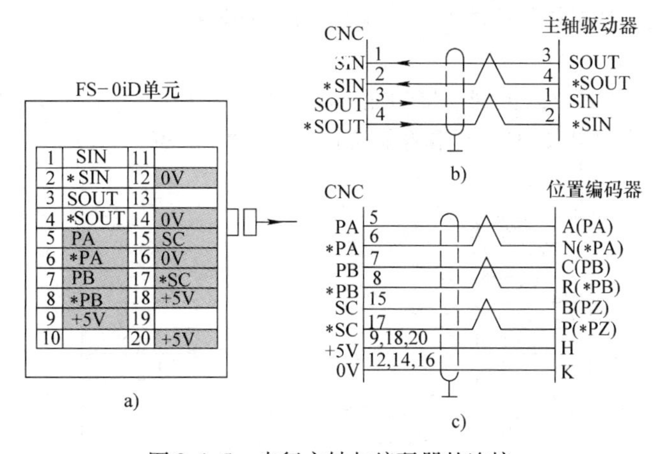

图3.1-5 串行主轴与编码器的连接

1）串行主轴的连接。当机床使用FANUC-αi/βi系列主轴驱动器时，JA41只需要连接图3.1-5b所示的串行主轴I/O-Link总线，主轴位置编码器可直接连接到αi/βi主轴驱动器上，其位置反馈信号可通过I/O-Link总线传送到CNC，JA41不需要连接主轴编码器信号。

2）位置编码器连接。当CNC使用主轴模拟量输出功能时，主轴速度控制模拟量可通过

JA40 接口输出，主轴位置反馈编码器信号应连接到 JA41 接口上，编码器的连接要求如图 3.1-5c 所示。

4. I/O 单元

JD51A 为 PMC 的 I/O-Link 总线接口，JD51A 及 I/O 单元的 JD1A、JD1B 的接口连接要求如图 3.1-6 所示。

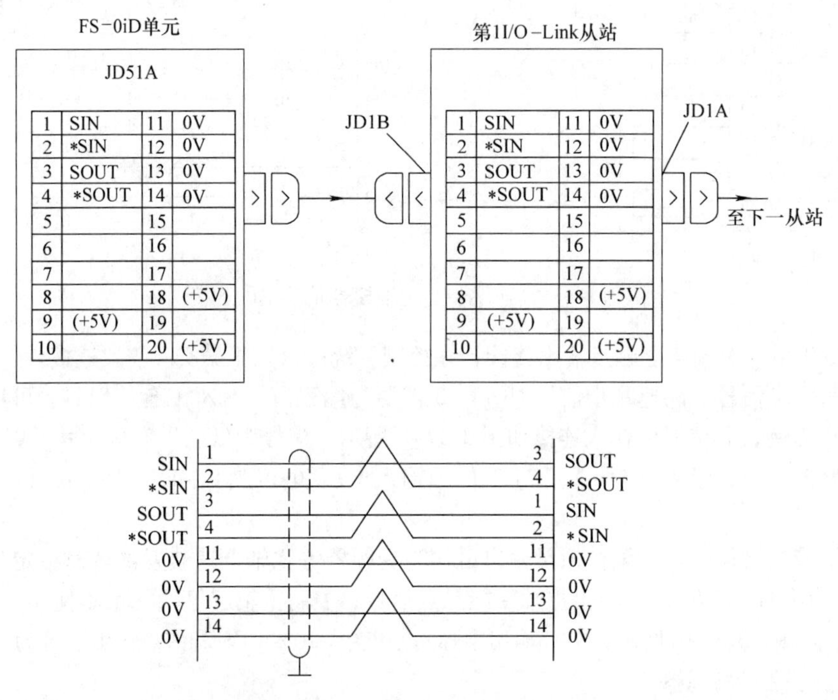

图 3.1-6　JD51A 接口连接

FS-0iD 的 I/O-Link 采用总线型拓扑结构，其从站（I/O 单元）依次串联，各段 I/O-Link 总线的连接方式一致。所有 I/O 单元的 JD1A（JD51A）为总线输出端、连接到下一从站；JD1B 为总线输入端、与上一从站相连；总线的终端不需要终端连接器。

5. 以太网

FS-0iD 的标准配置具有以太网连接功能，CNC 的接口 CD36A 用于以太网连接。CD36A 为 RJ-45 标准网线连接器，当 CNC 需要和计算机进行以太网通信时，CD36A 可按图 3.1-7 连接网络线。

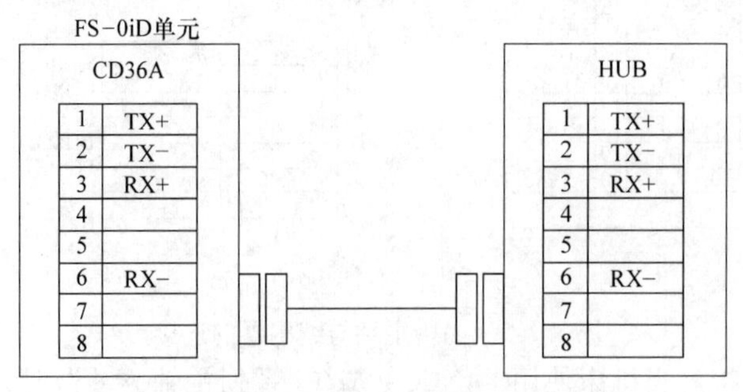

图 3.1-7　CD36A 接口连接

6. RS232C 设备

JD36A、JD36B 为 FS-0iD 的 RS232 串行通信接口，两者的功能完全相同，生效的接口可通过CNC参数选择。JD36A、JD36B使用的是20芯微型连接器，其引脚排列与信号如图3.1-8及表3.1-2所示。

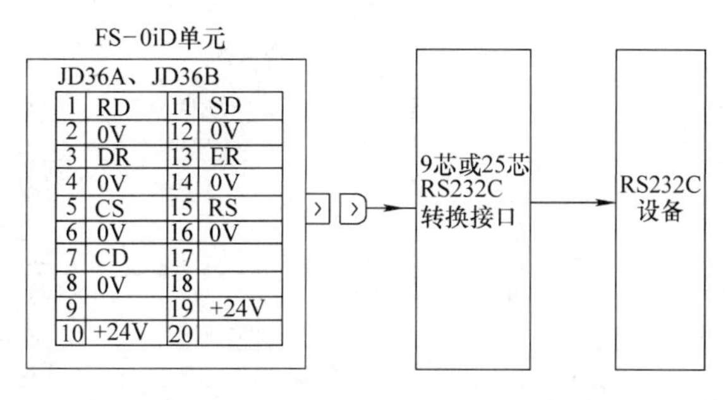

图3.1-8　RS232C接口连接

由于RS232C接口的标准连接器应为9芯或25芯，为了使得接口与标准统一，一般应将其转换为标准的9芯或25芯RS232C接口。转换接口应根据标准连接器的类型（9芯或25芯），按表3.1-2的要求制作。

表3.1-2　RS－232C接口的信号名称与意义

CNC侧引脚	标准连接器引脚		信号代号	信号名称	信号功能
	9芯	25芯			
7	1	8	CD	载波检测	接收到MODEM载波信号时ON
1	2	3	RD	数据接收	接收来自RS232C设备的数据
11	3	2	SD	数据发送	发送传输数据到RS232C设备
13	4	20	ER	终端准备好	数据发送端准备好，可以作为请求发送信号
2/4/6/8/12/14/16	5	7	SG	信号地	
3	6	6	DR	接收准备好	数据接收端准备好，可作数据发送请求回答
15	7	4	RS	发送请求	请求数据发送信号
5	8	5	CS	发送请求回答	发送请求回答信号
—	9	22	RI	呼叫指示	只表示状态
10	—	25	+24V	DC24电源	仅用于FANUC设备

RS232C接口的通信有“全双工”与“半双工”两种基本方式，全双工通信需要使用RS232C的全部信号，故称“完全连接”，FS－0iD的连接要求如图3.1-9所示。

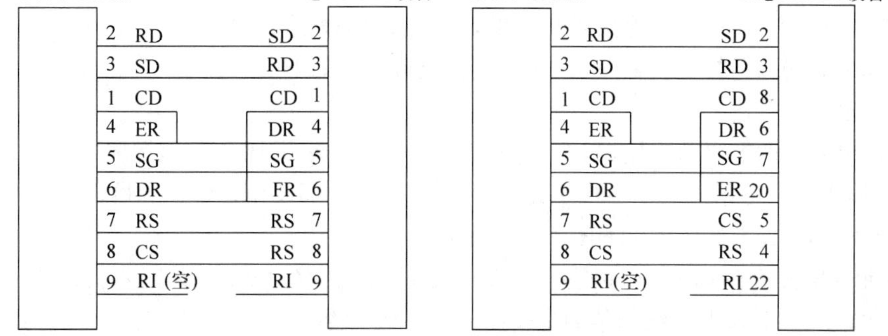

图3.1-9　全双工通信的连接

半双工通信可使用“不需要应答信号的通信”和“需要应答信号的通信”两种方式，其连接要求分别如图 3. 1-10 和图 3. 1-11 所示。

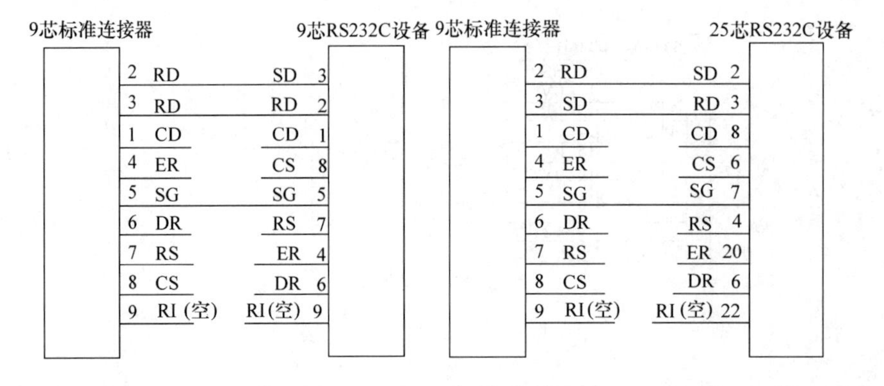

图 3. 1-10 半双工通信连接 1

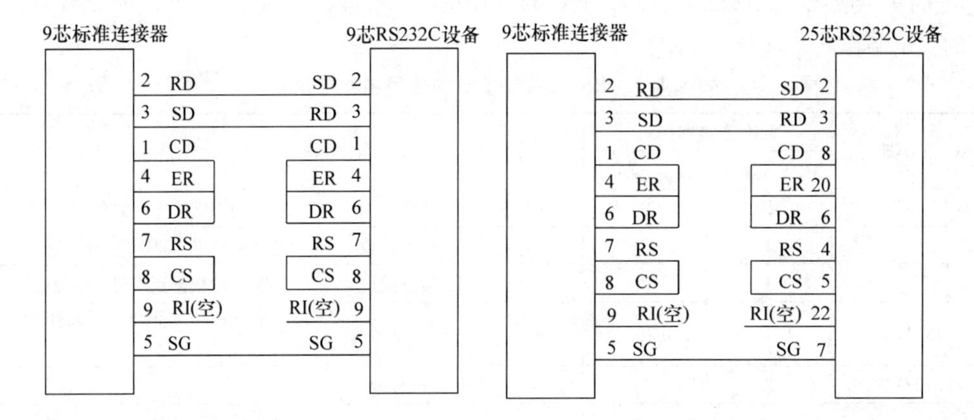

图 3. 1-11 半双工通信连接 2

3. 2 I/O 单元连接

3. 2. 1 0i－I/O 单元

1. 综合连接图

0i－I/O 单元又称 0iC－I/O 单元，它可连接 96/64 点输入/输出信号和三个手轮，全部输入/输出均为通用 DI/DO，，单元的连接器布置和综合连接要求如图 3. 2-1 所示。

I/O－Link 总线的连接可参见图 3. 1-6，其他连接要求如下。

2. 电源输入与输出

0i－I/O 单元有两个电源连接端 CP1 与 CP2，CP1 连接外部 DC24V 电源输入；CP2 为单元的 DC24V 电源输出端，可用于其他 I/O 单元的供电或提供外部使用，CP2 的最大输出电流为 1A，CP1、CP2 的引脚布置与连接要求如图 3. 2-2 所示。

I/O 单元的电源应在 CNC 电源接通的同时或之前接通，在 CNC 工作时不可以断开单元的电源，否则会引起 I/O－Link 总线通信的中断而导致 CNC 报警。

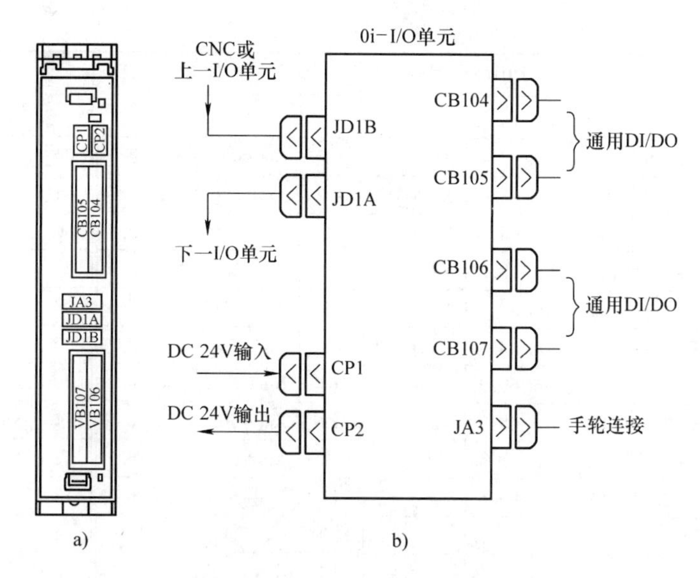

图3.2-1 0i-I/O单元连接

a）连接器布置 b）综合连接要求

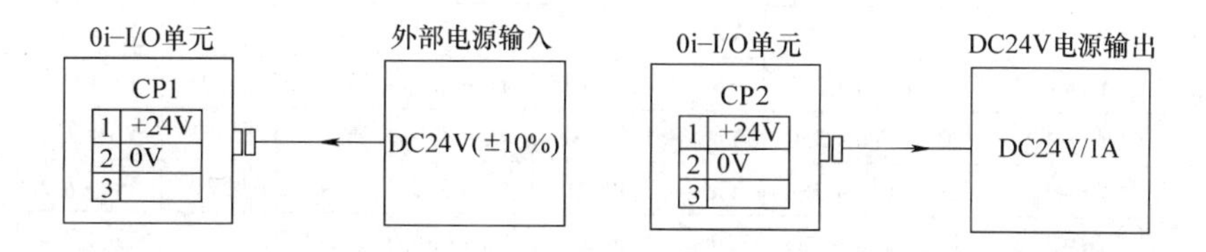

图3.2-2 0i-I/O单元的电源连接

3. 手轮连接

0i-I/O单元可连接手轮，其连接器为JA3。JA3的引脚布置与连接要求如图3.2-3所示，可根据需要最大连接3个手轮；如果机床的手轮数量少于3个，多余的手轮连接端不需要连接。手轮可选用DC5V、HA/HB两相100p/r差分脉冲输出的通用手轮或直接使用FANUC配套提供的手轮。

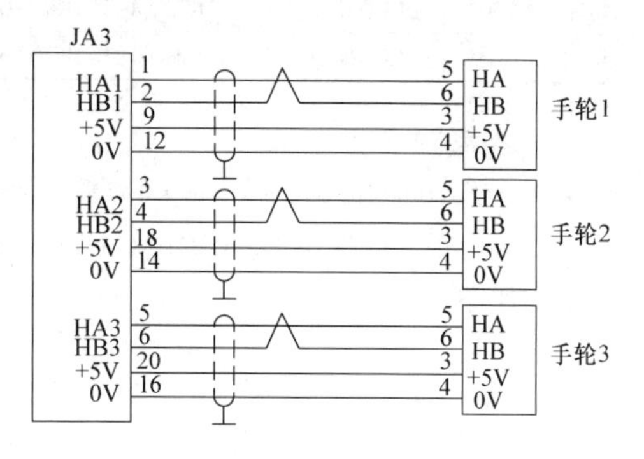

图3.2-3 0i-I/O单元的手轮连接

4. DI/DO连接

0i-I/O单元有4个通用DI/DO连接端CB104、CB105、CB106、CB107，单元最大可连接96/64点DI/DO；CB104~CB107的引脚布置见表3.2-1，表中Xm为DI信号连接端、Yn为DO信号连接端；下标m/n为单元的PMC输入/输出起始地址，它们可以通过PMC参数进行设定。

表3.2-1 0i-I/O单元DI/DO连接表

CB104			CB105			CB106			CB107		
	A	B		A	B		A	B		A	B
01	0V	+24V	01	0V	+24V	01	0V	+24V	01	0V	+24V
02	Xm+0.0	Xm+0.1	02	Xm+3.0	Xm+3.1	02	Xm+4.0	Xm+4.1	02	Xm+7.0	Xm+7.1
03	Xm+0.2	Xm+0.3	03	Xm+3.2	Xm+3.3	03	Xm+4.2	Xm+4.3	03	Xm+7.2	Xm+7.3

（续）

CB104			CB105			CB106			CB107		
	A	B		A	B		A	B		A	B
04	Xm +0. 4	Xm +0. 5	04	Xm +3. 4	Xm +3. 5	04	Xm +4. 4	Xm +4. 5	04	Xm +7. 4	Xm +7. 5
05	Xm +0. 6	Xm +0. 7	05	Xm +3. 6	Xm +3. 7	05	Xm +4. 6	Xm +4. 7	05	Xm +7. 6	Xm +7. 7
06	Xm +1. 0	Xm +1. 1	06	Xm +8. 0	Xm +8. 1	06	Xm +5. 0	Xm +5. 1	06	Xm +10. 0	Xm +10. 1
07	Xm +1. 2	Xm +1. 3	07	Xm +8. 2	Xm +8. 3	07	Xm +5. 2	Xm +5. 3	07	Xm +10. 2	Xm +10. 3
08	Xm +1. 4	Xm +1. 5	08	Xm +8. 4	Xm +8. 5	08	Xm +5. 4	Xm +5. 5	08	Xm +10. 4	Xm +10. 5
09	Xm +1. 6	Xm +1. 7	09	Xm +8. 6	Xm +8. 7	09	Xm +5. 6	Xm +5. 7	09	Xm +10. 6	Xm +10. 7
10	Xm ∴2. 0	Xm +2. 1	10	Xm +9. 0	Xm +9. 1	10	Xm +6. 0	Xm +6. 1	10	Xm +11. 0	Xm +11. 1
11	Xm +2. 2	Xm +2. 3	11	Xm +9. 2	Xm +9. 3	11	Xm +6. 2	Xm +6. 3	11	Xm +11. 2	Xm +11. 3
12	Xm +2. 4	Xm +2. 5	12	Xm +9. 4	Xm +9. 5	12	Xm +6. 4	Xm +6. 5	12	Xm +11. 4	Xm +11. 5
13	Xm +2. 6	Xm +2. 7	13	Xm +9. 6	Xm +9. 7	13	Xm +6. 6	Xm +6. 7	13	Xm +11. 6	Xm +11. 7
14			14			14	COM4		14		
15			15			15			15		
16	Yn +0. 0	Yn +0. 1	16	Yn +2. 0	Yn +2. 1	16	Yn +2. 0	Yn +2. 1	16	Yn +6. 0	Yn +6. 1
17	Yn +0. 2	Yn +0. 3	17	Yn +2. 2	Yn +2. 3	17	Yn +2. 2	Yn +2. 3	17	Yn +6. 2	Yn +6. 3
18	Yn +0. 4	Yn +0. 5	18	Yn +2. 4	Yn +2. 5	18	Yn +2. 4	Yn +2. 5	18	Yn +6. 4	Yn +6. 5
19	Yn +0. 6	Yn +0. 7	19	Yn +2. 6	Yn +2. 7	19	Yn +2. 6	Yn +2. 7	19	Yn +6. 6	Yn +6. 7
20	Yn +1. 0	Yn +1. 1	20	Yn +3. 0	Yn +3. 1	20	Yn +3. 0	Yn +3. 1	20	Yn +7. 0	Yn +7. 1
21	Yn +1. 2	Yn +1. 3	21	Yn +3. 2	Yn +3. 3	21	Yn +3. 2	Yn +3. 3	21	Yn +7. 2	Yn +7. 3
22	Yn +1. 4	Yn +1. 5	22	Yn +3. 4	Yn +3. 5	22	Yn +3. 4	Yn +3. 5	22	Yn +7. 4	Yn +7. 5
23	Yn +1. 6	Yn +1. 7	23	Yn +3. 6	Yn +3. 7	23	Yn +3. 6	Yn +3. 7	23	Yn +7. 6	Yn +7. 7
24	DCCOM	DCCOM	24	DCCOM	DCCOM	24	DCCOM	DCCOM	24	DCCOM	DCCOM
25	DCCOM	DCCOM	25	DCCOM	DCCOM	25	DCCOM	DCCOM	25	DCCOM	DCCOM

（1）基本 DI 连接

表 3. 2-1 中除 Xm + 4. 0 ~ Xm + 4. 7 输入外，其余 DI 信号均采用源输入连接方式，DC24V 输入驱动电源由单元内部提供，CB104 ~ CB107 的引脚 B01 为输入驱动电源连接端。基本 DI 信号的连接要求如图 3. 2-4 所示。

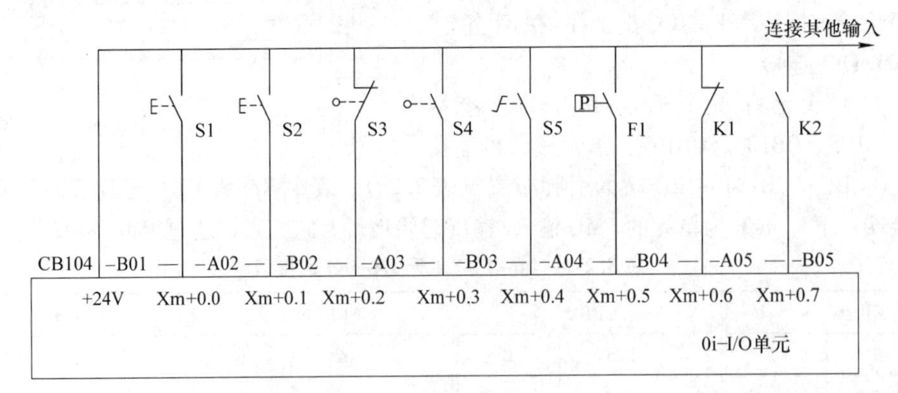

图 3. 2-4　基本 DI 信号连接

输入触点容量应大于 DC30V/16mA；触点闭合压降应小于 DC2V；触点断开漏电流应小于 DC26. 4V/1mA。连接时需要注意：CB104 ~ CB107 引脚 B01 输出的 DI 信号输入驱动电源是经过单元内部转换后的输出，它不能与外部其他DC24V电源的+24V连接。

（2）特殊DI连接

单元连接器CB106的引脚A02~B05，即表3.2-1中的DI输入Xm+4.0~Xm+4.7为8点特殊的源/汇点通用输入连接端，它们具有单独的输入公共端COM4，其输入连接方式可通过改变CB106-A14的公共连接端COM4的连接，进行图3.2-5所示的源输入与汇点输入方式转换。

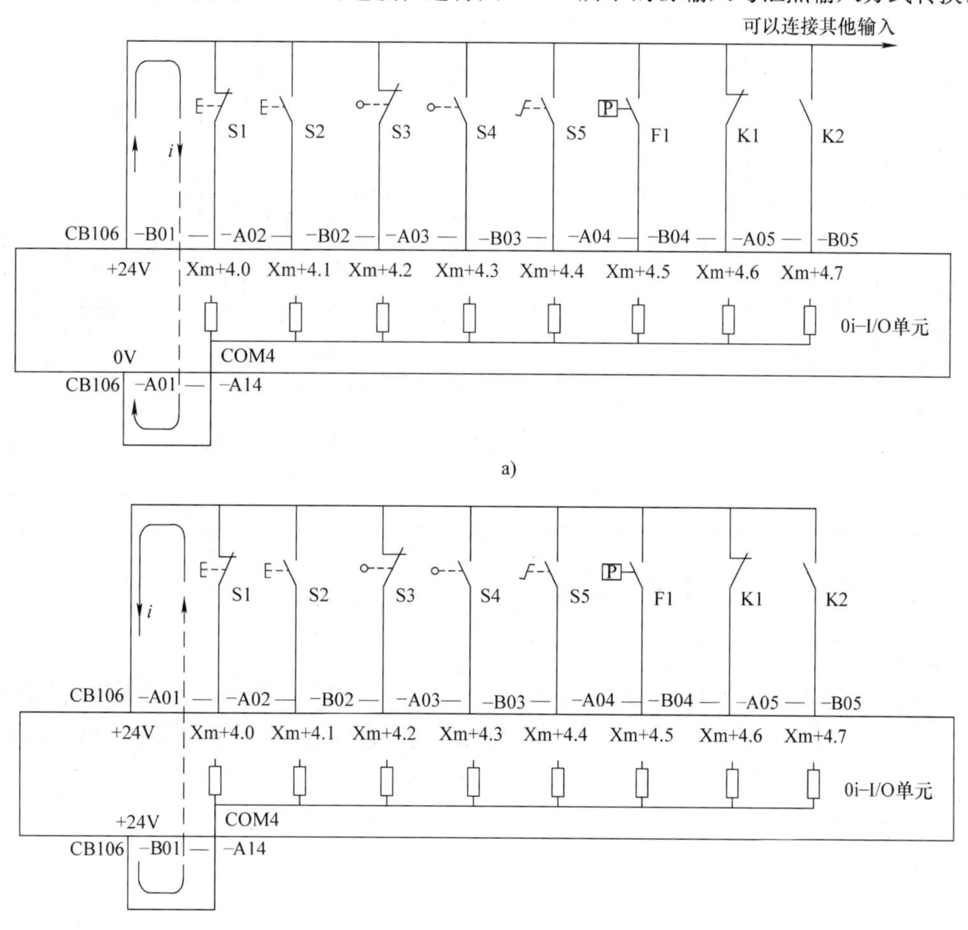

图3.2-5 特殊DI信号连接

a）源输入 b）汇点输入

Xm+4.0~Xm+4.7的源输入连接如图3.2-5a所示，连接时应将CB106-A14的公共连接端COM4连接到CB106-A01的0V上，输入应使用CB106的引脚B01上的公共DC24V输入驱动电源，连接方法与基本DI信号相同，输入驱动电流由CB106-B01的DC24V提供，并经输入触点、CB106-A14的公共连接端COM4与CB106引脚A01的0V端形成回路。

Xm+4.0~Xm+4.7的汇点输入连接如图3.2-5b所示，连接时应将CB106-A14的公共连接端COM4连接到CB106-B01的DC24V上，输入公共连接端应和其他DI信号分离，并连接到CB106的引脚A01的0V端上，输入驱动电流由CB106-B01的DC24V提供，经CB106-A14的公共连接端COM4、输入触点与CB106引脚A01的0V端形成回路。

（3）DO连接

0i-I/O单元的DO均为DC24V源输出，输出驱动采用场效应晶体管，负载驱动用的DC24V

电源应由外部提供，并从 CB104～CB107 引脚 A24/B24/A25/B25 的 DOCOM 端输入。DO 信号的输出连接如图 3.2-6 所示，输出驱动能力为输出容量小于 DC28.8V/200mA；触点断开漏电流小于 0.1mA。

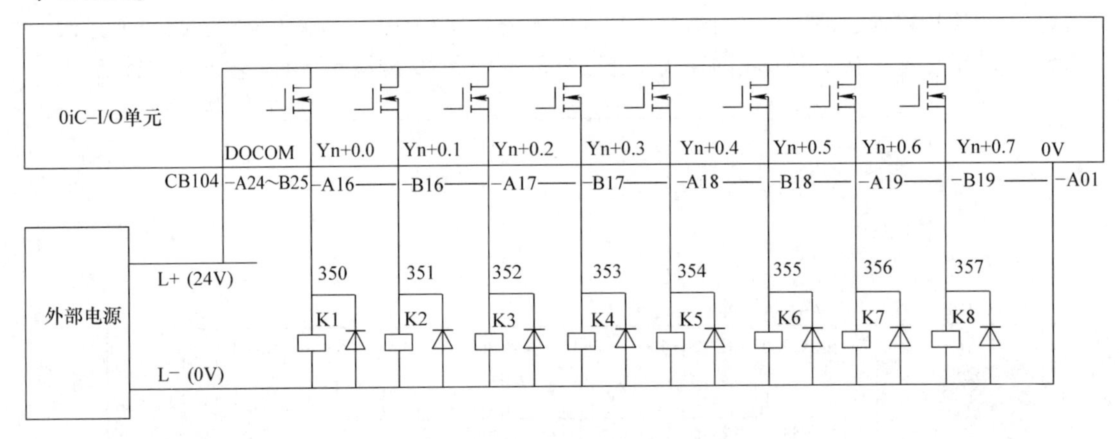

图 3.2-6　DO 信号的输出连接

0i－I/O 单元的每一输出端均有独立的过电流检测与保护回路，它可以在输出过电流时自动关断输出，但一旦过电流消失又将自动开启。此外，单元以 8 点输出分为 1 组，分组安装有过热检测与保护电路，因此，只要同组中的任何一个输出点出现过电流，本组的其他输出将全部被关闭。

3.2.2　电气柜 I/O 单元

1. 综合连接图

电气柜 I/O－B2 可连接 48/32 点通用 I/O 信号，可用于按钮、机床侧开关等输入和继电器、接触器、指示灯等输出的连接，在不使用手轮的机床上，它也可用于用户自制机床操作面板的连接。电气柜 I/O－B2 的连接器布置如图 3.2-7a 所示，单元的综合连接要求如图 3.2-7b 所示。

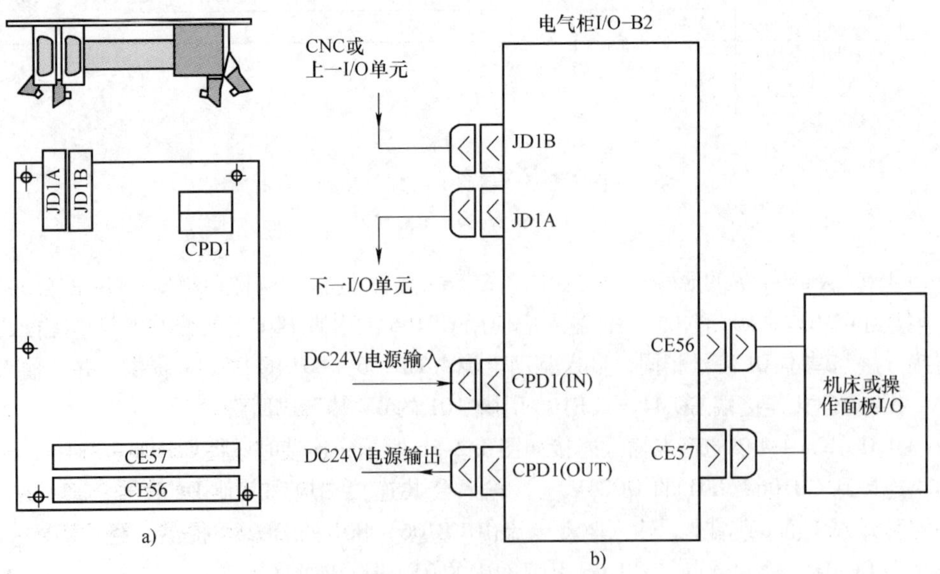

图 3.2-7　电气柜 I/O－B2 连接

a）连接器布置　b）综合连接要求

电气柜 I/O－B2 的连接器 CPD1 用于 DC24V 电源连接；JD1A、JD1B 用于 I/O－Link 总线连接；CE56、CE57 用于通用 DI/DO 连接。I/O－Link 总线的连接方法可参见 3.1 节图 3.1-6，其他连接要求如下。

2. 电源连接

电气柜 I/O－B2 有两个电源连接端 CPD1（IN）和 CPD1（OUT），其中，CPD1（IN）为外部 DC24V 电源输入；CPD1（OUT）为 DC24V 电源输出，可用于其他 I/O 单元供电。CPD1（OUT）的最大输出电流为 1A，CPD1（IN）和 CPD1（OUT）的引脚布置与连接要求如图 3.2-8 所示。

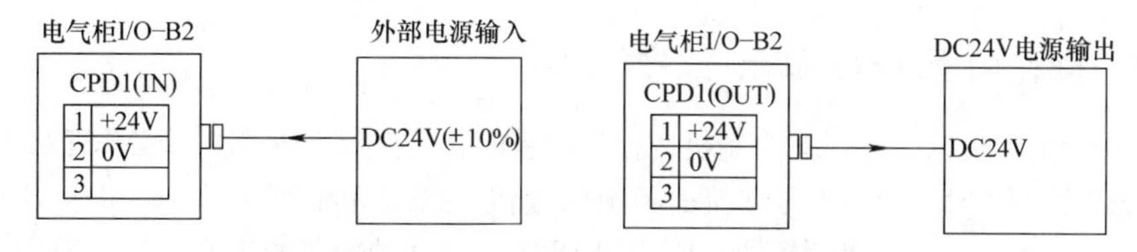

图 3.2-8　小型主操作面板电源连接

3. DI/DO 连接

电气柜 I/O－B2 有 2 个 DI/DO 连接器 CE56、CE57，最大可连接 48/32 点 DI/DO；CE56、CE57 的引脚布置见表 3.2-2。

表 3.2-2　电气柜 I/O－B2 的 DI/DO 连接表

CE56			CE57		
	A	B		A	B
01	0V	+24V	01	0V	+24V
02	Xm+0.0	Xm+0.1	02	Xm+3.0	Xm+3.1
03	Xm+0.2	Xm+0.3	03	Xm+3.2	Xm+3.3
04	Xm+0.4	Xm+0.5	04	Xm+3.4	Xm+3.5
05	Xm+0.6	Xm+0.7	05	Xm+3.6	Xm+3.7
06	Xm+1.0	Xm+1.1	06	Xm+4.0	Xm+4.1
07	Xm+1.2	Xm+1.3	07	Xm+4.2	Xm+4.3
08	Xm+1.4	Xm+1.5	08	Xm+4.4	Xm+4.5
09	Xm+1.6	Xm+1.7	09	Xm+4.6	Xm+4.7
10	Xm+2.0	Xm+2.1	10	Xm+5.0	Xm+5.1
11	Xm+2.2	Xm+2.3	11	Xm+5.2	Xm+5.3
12	Xm+2.4	Xm+2.5	12	Xm+5.4	Xm+5.5
13	Xm+2.6	Xm+2.7	13	Xm+5.6	Xm+5.7
14	DICOM0		14		DICOM5
15			15		
16	Yn+0.0	Yn+0.1	16	Yn+2.0	Yn+2.1
17	Yn+0.2	Yn+0.3	17	Yn+2.2	Yn+2.3
18	Yn+0.4	Yn+0.5	18	Yn+2.4	Yn+2.5
19	Yn+0.6	Yn+0.7	19	Yn+2.6	Yn+2.7
20	Yn+1.0	Yn+1.1	20	Yn+3.0	Yn+3.1
21	Yn+1.2	Yn+1.3	21	Yn+3.2	Yn+3.3
22	Yn+1.4	Yn+1.5	22	Yn+3.4	Yn+3.5
23	Yn+1.6	Yn+1.7	23	Yn+3.6	Yn+3.7
24	DCCOM	DCCOM	24	DCCOM	DCCOM
25	DCCOM	DCCOM	25	DCCOM	DCCOM

单元的 DI 输入 Xm＋0.0～Xm＋0.7、Xm＋5.0～Xm＋5.7 为源/汇点通用输入，输入连接方式可通过 CE56－A14 脚的 DICOM0（对应 Xm＋0.0～Xm＋0.7）和 CE57－B14 脚的 DICOM5（对应 Xm＋5.0～Xm＋5.7）的连接变换实现，其方法和 0i－I/O 单元的 Xm＋4.0～Xm＋4.7 相同，可参见前述的图 3.2-5。当 DICOM0 或 DICOM5 与 0V 连接时，对应的输入为源输入连接；当 DICOM0 或 DICOM5 与 DC24V 连接时，对应的输入为汇点输入连接。单元的其余 DI 均为源输入连接，用于 DI 输入驱动的 CE56/CE57 引脚 B01 上的 DC24V 不可与其他 DC24V 电源连接。

单元的全部 DO 均为源输出，负载驱动电源从 DOCOM 端引入，DO 输出的连接要求、输出驱动能力与 0i－I/O 单元相同，可参见前述的说明。

3.2.3 操作面板 I/O 单元

当 FS－0iD 采用机床生产厂家自制机床操作面板时，可选择 FS－0iD 的操作面板 I/O－A1 或 I/O－B1。操作面板 I/O－A1/B1 可连接面板上的按钮、指示灯和手轮，如果机床不使用手轮或手轮连接在 0i－I/O 单元上，操作面板的连接也可选择上述的电气柜 I/O－B2。操作面板 I/O－A1、I/O－B1 和电气柜 I/O－B2 的外形类似、安装尺寸相同，但功能和连接信号有所不同。

1. 操作面板 I/O－A1

操作面板 I/O－A1 可连接 72/56 点 I/O 和 3 个手轮，其中，56 点 DI 为 DC5V 矩阵扫描输入、16 点 DI 为通用输入；56 点 DI 输出均为 DC24V 通用输出，其连接器布置和综合连接要求如图 3.2-9 所示。16/56 点通用 DI/DO 可用于面板的按钮和指示灯连接。

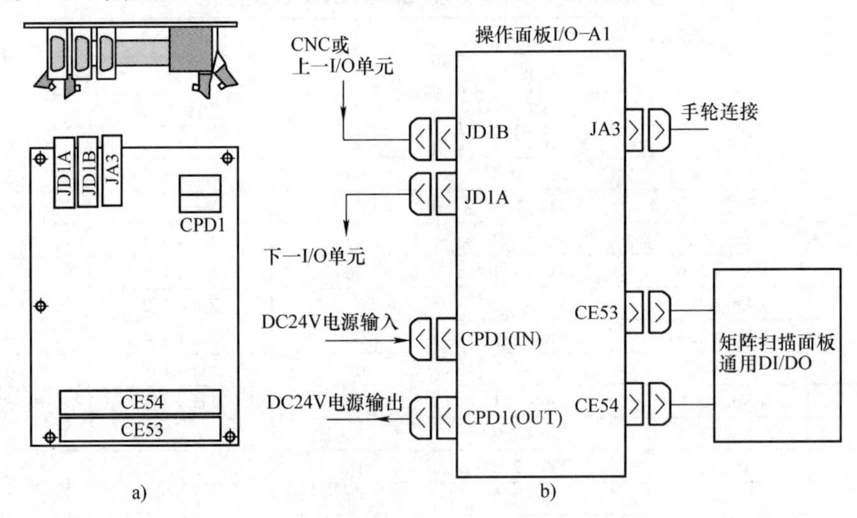

图 3.2-9 操作面板 I/O－A1 连接
a）连接器布置 b）综合连接要求

单元的连接器 CPD1（IN）/CPD1（OUT）用于 DC24V 电源输入/输出连接，其引脚布置和连接要求与电气柜 I/O－B2 相同，可参见图 3.2-8；CPD1（OUT）的最大输出电流不能超过 1A。

连接器 JD1A/JD1B 用于 I/O－Link 总线连接，其连接方法可参见 3.1 节图 3.1-6。

JA3 用于手轮连接，最大可连接 3 个手轮，连接器的引脚布置与连接要求与 0i－I/O 单元的 JA3 相同，可参见图 3.2-3。

单元的连接器 CE53、CE54 可连接 16/56 点通用 DI/DO 信号和 56 点 DC5V 矩阵扫描输入，CE53、CE54 的引脚布置见表 3.2-3。CE53、CE54 引脚 B02 的 DC24V 输入驱动电源是经过单元内部转换后的输出，它不可以与其他 DC24V 电源连接。

单元的16点通用DI中的Xm+0.0～Xm+0.7规定为源输入；Xm+1.0～Xm+1.7为源/汇点通用输入。源/汇点通用输入的输入连接方式可通过CE54－A02脚的COM1转换，Xm+1.0～Xm+1.7的连接要求0i－I/O单元的Xm+4.0～Xm+4.7相同，可参见图3.2-5，当COM1与0V连接时为源输入；当COM1与+24V连接时为汇点输入。

操作面板I/O－A1单元的DO均为源输出，负载驱动电源从DOCOM端引入，DO输出连接方式、驱动能力与0i－I/O单元相同，可参见前述的说明。

表3.2-3　操作面板I/O－A1的DI/DO连接表

CE53			CE54		
	A	B		A	B
01	0V	0V	01	0V	0V
02		+24V	02	COM1	+24V
03	Xm+0.0	Xm+0.1	03	Xm+1.0	Xm+1.1
04	Xm+0.2	Xm+0.3	04	Xm+1.2	Xm+1.3
05	Xm+0.4	Xm+0.5	05	Xm+1.4	Xm+1.5
06	Xm+0.6	Xm+0.7	06	Xm+1.6	Xm+1.7
07	Yn+0.0	Yn+0.1	07	Yn+3.0	Yn+3.1
08	Yn+0.2	Yn+0.3	08	Yn+3.2	Yn+3.3
09	Yn+0.4	Yn+0.5	09	Yn+3.4	Yn+3.5
10	Yn+0.6	Yn+0.7	10	Yn+3.6	Yn+3.7
11	Yn+1.0	Yn+1.1	11	Yn+4.0	Yn+4.1
12	Yn+1.2	Yn+1.3	12	Yn+4.2	Yn+4.3
13	Yn+1.4	Yn+1.5	13	Yn+4.4	Yn+4.5
14	Yn+1.6	Yn+1.7	14	Yn+4.6	Yn+4.7
15	Yn+2.0	Yn+2.1	15	Yn+5.0	Yn+5.1
16	Yn+2.2	Yn+2.3	16	Yn+5.2	Yn+5.3
17	Yn+2.4	Yn+2.5	17	Yn+5.4	Yn+5.5
18	Yn+2.6	Yn+2.7	18	Yn+5.6	Yn+5.7
19	KYD0	KYD1	19	Yn+6.0	Yn+6.1
20	KYD2	KYD3	20	Yn+6.2	Yn+6.3
21	KYD4	KYD5	21	Yn+6.4	Yn+6.5
22	KYD6	KYD7	22	Yn+6.6	Yn+6.7
23	KCM1	KCM2	23	KCM5	KCM6
24	KCM3	KCM4	24	KCM7	DCCOM
25	DCCOM	DCCOM	25	DCCOM	DCCOM

操作面板I/O－A1的56点矩阵扫描输入可连接键盘类输入器件，它由7点DI（行输入）和8点DO（列驱动）控制，两者经过矩阵组合后可转换为56点DI输入信号。矩阵扫描输入的连接要求如图3.2-10所示，其输入信号的要求如下。

输入触点闭合时容量：≥DC6V/2mA；

触点闭合压降（包括防环流二极管）：≤0.9V；

触点断开时漏电流：≤0.2mA。

矩阵扫描输入的56个输入按键应通过7行输入KCM1～KCM7和8列驱动KYD0～KYD7，组合成矩阵形式，按键上需要串联防环流二极管。列驱动信号KYD0～KYD7为PMC输出，行输入信号KCM1～KCM7为PMC输入。PMC工作时以一定的周期，依次输出列驱动信号KYD0～KYD7，对8列按键循环采样，按键状态从行输入信号KCM1～KCM7输入后，转换到相应的PMC输入地址上。

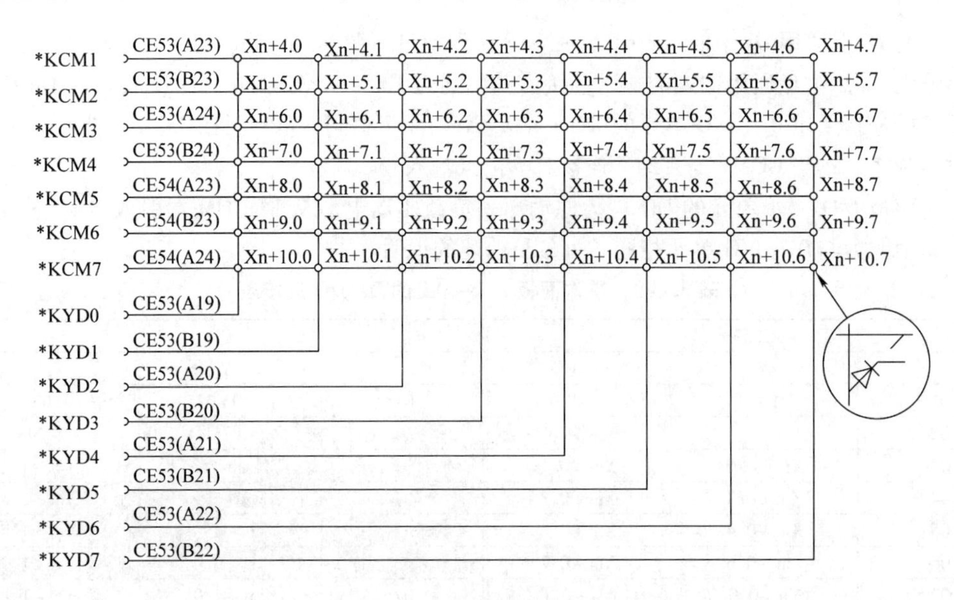

图 3. 2-10　矩阵扫描输入的连接

例如，当列驱动信号 KYD0 为“1”时，如行输入信号 KCM1 为“1”，表明第 1 行、第 1 列按键接通，地址转换后，PMC 输入 Xn＋4. 0 成为“1”（n 为单元起始输入地址）；而当列驱动信号 KYD1 为“1”时，如行输入信号 KCM1 为“1”，则表明第 1 行、第 2 列的按键接通，地址转换后，PMC 输入 Xn＋4. 1 成为“1”等。这样，便可通过 8/7 点输出/输入，实现 56 点输入的采样，从而减少了输入连接线。

2. 操作面板 I/O－B1

操作面板 I/O－B1 可用于用户自制机床操作面板或国内仿制 FANUC 的机床操作面板连接，单元可连接 48/32 点通用 I/O 信号和 3 个手轮。操作面板 I/O－B1 的连接器布置和综合连接要求如图 3. 2-11 所示。

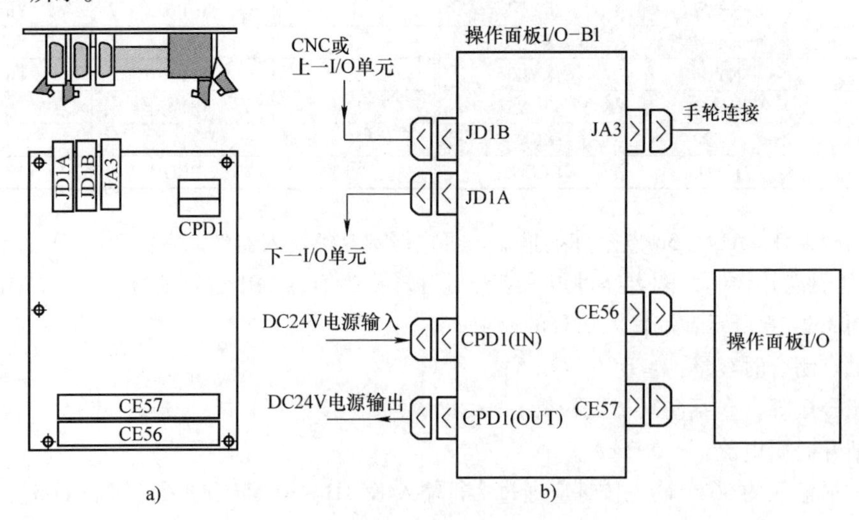

图 3. 2-11　操作面板 I/O－B1 连接

a）连接器布置　b）综合连接要求

操作面板 I/O－B1 除增加了手轮连接器 JA3 以外，其他的所有连接要求均与电气柜 I/O－B2 相同。JA3 用于手轮连接，最大可连接 3 个手轮，连接器的引脚布置与连接要求与 0i－I/O 单元的JA3相同，可参见图3.2-3。

3.2.4　分布式I/O单元

1. 综合连接图

分布式I/O单元的连接方式分连接器连接型和接线端子连接型两类，两者除了接线形式不同外，其功能并无区别。连接器连接型分布式I/O单元的连接器布置和综合连接要求如图3.2-12所示，端子型分布式I/O模块以接线端子代替了DI/DO连接器CB150、CB154，其他的连接要求与插接型相同。

分布式I/O单元采用的是模块化结构，单元由基本模块、扩展模块A~E等组成，每一分布式I/O单元的基本模块，最多可连接3个扩展模块，扩展模块的规格可根据需要选择，模块间通过内部总线CA52/CA53互连。

分布式I/O单元既可连接操作面板的DI/DO信号，也可连接机床DI/DO信号；通过扩展模块，还可直接驱动DC24V/2A的大电流负载或连接模拟量输入/输出信号。

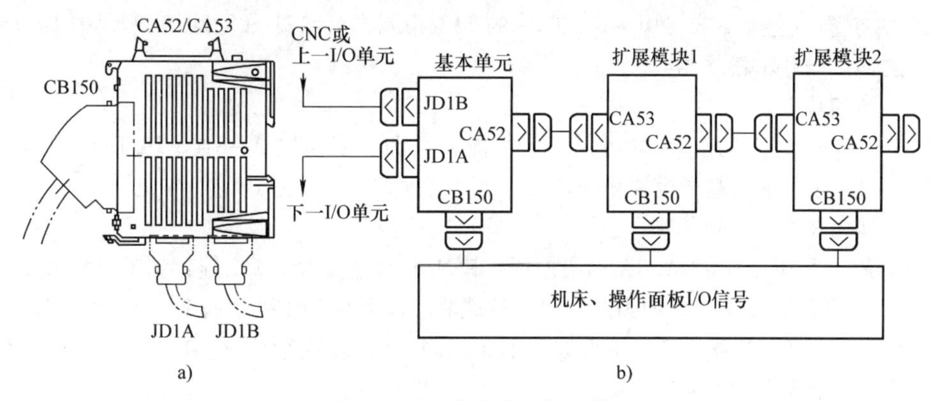

图3.2-12　分布式I/O连接
a）连接器布置　b）综合连接要求

2. 基本模块连接

分布式I/O单元的基本模块带有I/O-Link总线接口，连接器JD1A/JD1B用于I/O-Link总线连接，其连接方法可参见3.1节图3.1-6。模块上的连接器CA52用于扩展单元连接，可直接安装分布式I/O扩展电缆。

基本模块可连接24/16点通用DI/DO，其输入规格和输出驱动能力同0i-I/O单元，CB150的I/O连接端布置见表3.2-4。

表3.2-4　基本模块的DI/DO连接表

01	DOCOM	13	Xm+2.3	29	Xm+1.4	41	Yn+0.7
02	Yn+1.0	14	Xm+2.4	30	Xm+1.5	42	Xm+0.0
03	Yn+1.1	15	Xm+2.5	31	Xm+1.6	43	Xm+0.1
04	Yn+1.2	16	Xm+2.6	32	Xm+1.7	44	Xm+0.2
05	Yn+1.3	17	Xm+2.7	33	DOCOM	45	Xm+0.3
06	Yn+1.4	18	+24V	34	Yn+0.0	46	Xm+0.4
07	Yn+1.5	19~23	0V	35	Yn+0.1	47	Xm+0.5
08	Yn+1.6	24	DICOM0	36	Yn+0.2	48	Xm+0.6
09	Yn+1.7	25	Xm+1.0	37	Yn+0.3	49	Xm+0.7
10	Xm+2.0	26	Xm+1.1	38	Yn+0.4	50	+24V
11	Xm+2.1	27	Xm+1.2	39	Yn+0.5		
12	Xm+2.2	28	Xm+1.3	40	Yn+0.6		

单元的 Xm＋0.0～Xm＋0.7 为源/汇点通用输入，输入连接方式可通过 CB150 的 24 脚的 DICOM0 转换，其方法和 0i－I/O 单元的 Xm＋4.0～Xm＋4.7 相同，可参见前述的图 3.2-5，当 DICOM0 与 0V 连接时为源输入；DICOM0 与＋24V 连接时为汇点输入。

单元的其他 DI 均采用源输入连接方式；全部 DO 均为源输出，负载驱动电源从 CB150 引脚 1/33 的 DOCOM 端引入，DO 的连接方式、驱动能力和 0i－I/O 单元相同。

单元的输入驱动电源及内部控制电源都需要由 CB150 引脚 18 与 50 的外部 DC24V 提供，单元的 CB150 引脚 19～23 的 0V 端需要同时连接到外部电源的 0V 上。

3. 扩展模块连接

分布式 I/O 单元的扩展模块 D/E 用于模拟量输入/输出连接，在数控机床上的实际使用相对较少，本书不再进行具体介绍。扩展模块 A～C 是数控机床常用的 DI/DO 扩展模块，其连接要求如下。

（1）扩展模块 A

分布式 I/O 单元的扩展模块 A 可以连接 24/16 点通用 DI/DO 和 3 个手轮。手轮连接器为 JA3，其引脚布置和连接要求与 0i－I/O 单元的 JA3 相同，可参见图 3.2-3；单元的 DI/DO 连接器 CB150 的连接与基本模块相同。

（2）扩展模块 B

扩展模块 B 除了不能连接手轮外，其余性能完全和扩展模块 A 一致，DI/DO 连接器 CB150 的引脚布置和连接要求与基本模块相同。

（3）扩展模块 C

扩展模块 C 为 16 点 DC24V/2A 输出模块，模块不能连接 DI，DO 连接器 CB154 的连接要求见表 3.2-5。扩展模块 C 的 DO 均为源输出，负载驱动电源从 CB154 引脚 1、17、18、33、49、50 的 DOCOMA 引入，DO 连接方式与 0i－I/O 单元相同，但驱动能力可达 DC24V/2A；CB154 引脚 19～23 也需要连接到外部电源的 0V 上。

表 3.2-5 扩展模块 C 的 DI/DO 连接表

01	DOCOM	08	Yn＋1.6	24～32	—	39	Yn＋0.5
02	Yn＋1.0	09	Yn＋1.7	33	DICOMA	40	Yn＋0.6
03	Yn＋1.1	10～16	—	34	Yn＋0.0	41	Yn＋0.7
04	Yn＋1.2	11	Xm＋2.1	35	Yn＋0.1	42～48	—
05	Yn＋1.3	12	Xm＋2.2	36	Yn＋0.2	49/50	DICOMA
06	Yn＋1.4	17/18	DICOMA	37	Yn＋0.3		
07	Yn＋1.5	19～23	0V	38	Yn＋0.4		

3.3 机床操作面板连接

3.3.1 主面板

1. 综合连接图

FS－0iD 可以配套 FANUC 主面板 A 和 B，主面板 A 带有分离型 MDI 单元，面板和 MDI 单元可通过 MDI 电缆与 CNC 的 JA2 连接。

主面板 A 和 B 的机床操作面板连接要求相同，机床操作面板集成有 I/O 单元，其连接器布置和综合连接要求如图3.3-1所示，I/O-Link 总线的连接方法可参见前述的图3.1-6。

主面板 I/O 单元最大可以连接96/64点DI/DO和3个手轮，其中，64/56点DI/DO已被面板上的按键/指示灯占用；剩余32/8点可作为通用DI/DO连接机床的其他I/O信号。

如果机床同时选择了FANUC子面板A/B/C或悬挂式手轮盒，子面板上的倍率开关、存储器保护键或悬挂式手轮盒上的轴选择开关、手轮倍率开关等DI信号，可直接作为主面板I/O单元的输入，它们需要占用22/1点通用I/O信号，故在使用子面板和悬挂式手轮盒的机床上，主面板可连接其他输入/输出信号的剩余通用DI/DO为10/7点。

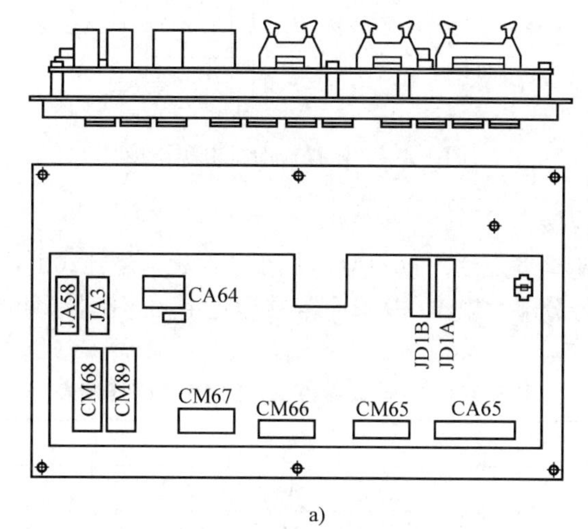

a)

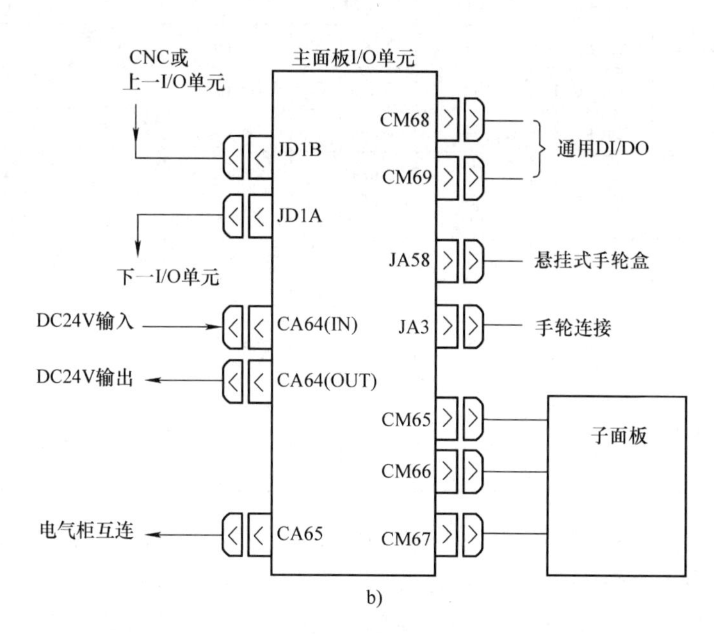

b)

图3.3-1　主面板的连接

a) 连接器布置　b) 综合连接

主面板 I/O 单元设计有6个专门用于急停E-STOP、CNC-ON/OFF按钮连接的过渡连接端和8个通用过渡连接端TR1～TR8，过渡连接端可用于电气柜和操作面板的非PMC输入/输出信号的互连，这些信号可以借用DI/DO连接器和连接电缆实现连接。

2. 电源连接

主面板 I/O 单元有两个电源连接端 CA64（IN）和 CA64（OUT），CA64（IN）连接外部 DC24V 电源输入；CA64（OUT）为单元的 DC24V 电源输出端，可用于其他 I/O 单元的供电或提供外部使用，CA64（OUT）的最大输出电流为 1A。CA64（IN）、CA64（OUT）的引脚布置与连接要求如图 3.3-2 所示。

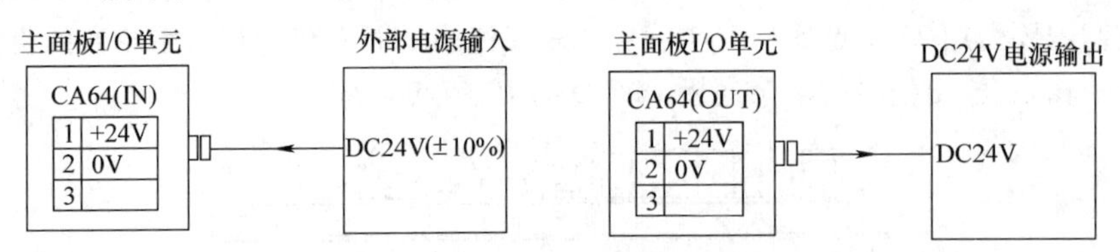

图 3.3-2 主操作面板电源连接

3. 通用 DI/DO 的连接

主面板 I/O 单元上的 32/8 点通用 DI/DO 可用于子面板、悬挂式手轮盒或机床其他 DI/DO 的连接。通用 DI/DO 的地址分配无规律，DI/DO 连接通过单元连接器 CM65/66/67/68/69 进行，连接器的引脚布置见表 3.3-1。

表 3.3-1 主操作面板单元的 DI/DO 连接表

CM65			CM68			CM69		
	A	B		A	B		A	B
02		Xm＋0.5	01	＋24V	Xm＋1.5	01	＋24V	Xm＋2.6
03	Xm＋0.1	Xm＋0.3	02	Xm＋1.6	Xm＋1.7	02	Xm＋2.7	Xm＋3.0
04	＋24V	Xm＋0.4	03	Xm＋2.0	Xm＋2.1	03	Xm＋3.1	Xm＋3.2
05	Xm＋0.2	Xm＋0.0	04	Xm＋2.2	Xm＋2.3	04	Xm＋3.3	Xm＋3.4
CM66			05	Xm＋2.4	Xm＋2.5	05	Xm＋3.5	Xm＋3.6
02		Xm＋1.3	06	TR3	TR4	06	Xm＋3.7	DICOM
03	Xm＋0.7	Xm＋1.1	07	TR5	TR6	07	TR7	TR8
04	＋24V	Xm＋1.2	08	Yn＋5.3	Yn＋5.7	08	Yn＋7.3	Yn＋7.4
05	Xm＋1.0	Xm＋0.6	09	Yn＋6.3	Yn＋6.7	09	Yn＋7.5	Yn＋7.6
CM67			10	DOCOM	0V	10	DOCOM	0V
03	Xm＋1.4	＋24V						
05	TR1	TR2						

表中的 Xm＋3.0～Xm＋3.7 为源/汇点通用输入，输入方式可通过 CM69－B06 脚的公共输入端 DICOM 转换，其方法和 0i－I/O 单元的 Xm＋4.0～Xm＋4.7 相同，可参见前述的图 3.2-5，当 DICOM 与 0V 连接时，Xm＋3.0～Xm＋3.7 为源输入；当 DICOM 与＋24V 端连接时，Xm＋3.0～Xm＋3.7 为汇点输入。单元上的其他输入均应采用源输入连接方式，其连接要求与 0i－I/O 单元相同。

主面板 I/O 单元的全部 DO 信号均为源输出，负载驱动电源需要从 DOCOM 端引入，输出连接要求、DO 驱动能力均与 0i－I/O 单元相同。

连接时需要注意：CM68/CM69 的引脚 A01、CM65/CM66 的引脚 A04 上的输入驱动 DC24V 电源是经过单元内部转换后的输出，它不可与外部的其他 DC24V 连接。表中的 TR1～TR8 为电气柜和操作面板间的过渡连接端，作用见下。

4. 手轮连接

在使用手轮的机床上，可以根据需要选配单独的手轮或选择 FANUC 悬挂式手轮盒。选配单独手轮时，可通过连接器 JA3 最多连接 3 个手轮，JA3 的连接要求 0i - I/O 单元相同。主面板 I/O 单元可与 FANUC 悬挂式手轮盒（手轮操作单元）直接连接，其连接接口为 JA58，其连接要求如图 3. 3-3 所示。

图 3. 3-3　悬挂手轮盒连接

悬挂式手轮盒的连接包括手轮盒选择、手轮进给轴选择、手轮每格移动量选择等 DI 信号及手轮盒生效指示灯 DO 信号、手轮脉冲信号 HA/HB、DC5V 手轮电源等。在主面板 I/O 单元内部，悬挂式手轮盒的 DI 信号与 CM68 的通用 DI 输入并联，因此，连接悬挂式手轮盒后，Xm + 1. 5 ~ Xm + 2. 5 的 9 点 DI 将不能再用于其他 DI 连接。

标准悬挂式手轮和的生效指示灯占用一点 DO 输出 Yn + 5. 3。在主面板 I/O 单元内部，该输出与 CM68 的 A08 脚并联，故使用手轮盒时，Yn + 5. 3 同样不能再用于其他 DO 连接。

5. 子面板连接

主面板 I/O 单元和 FANUC 子面板的连接可通过连接器 CM65、CM66、CM67 实现，子面板既可选用 FANUC 标准面板，也可由用户自行设计。

FANUC 标准子面板上安装有进给倍率开关、主轴倍率开关、存储器保护旋钮和急停、CNC - ON、CNC - OFF 按钮。其中，进给倍率开关 SA1 的 6 点输入、主轴倍率开关 SA2 的 6 点输入和存储器保护旋钮 SA3 的 1 点输入为 PMC 的 DI 信号，它们可分别通过连接器 CM65、CM66、CM67 与主面板 I/O 单元连接，其连接要求如图 3. 3-4 所示。

子面板上的急停、CNC - ON、CNC - OFF 按钮通过连接器 CM67 与主面板 I/O 单元连接，其连接要求如图 3. 3-5 所示。

急停、CNC - ON、CNC - OFF 按钮一般用于控制系统的强电控制电路，它们不属于 PMC 的 DI/DO 信号，因此，在主面板 I/O 单元内部，它们被连接到电气柜/操作面板的互连接口 CA65

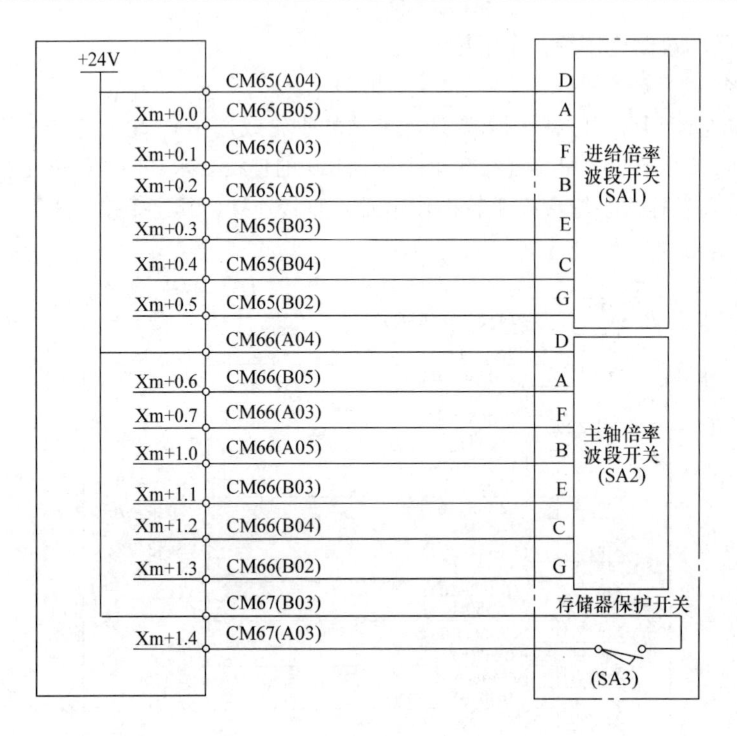

图 3.3-4　子面板 DI 信号的连接

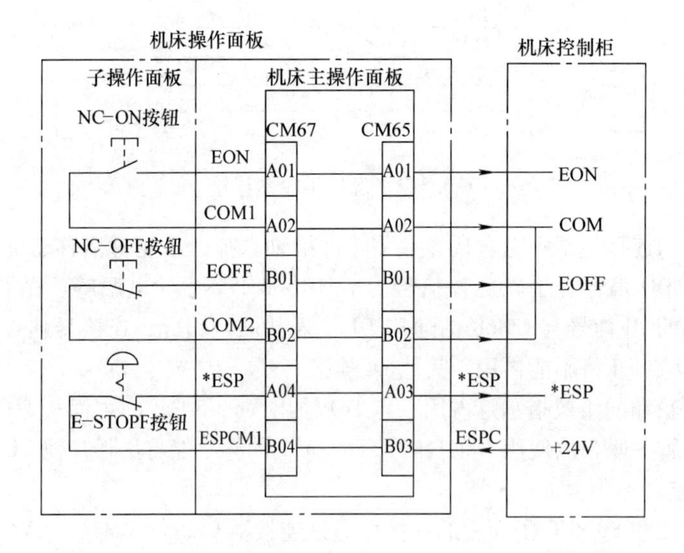

图 3.3-5　子面板急停/CNC－ON/CNC－OFF 按钮连接

上，以便利用 CA65 的互连电缆引入电气柜。

互连接口 CA65 不仅可用于子面板上的急停、CNC－ON、CNC－OFF 按钮互连，而且还可用于用户其他非 PMC 输入/输出信号的连接。在主面板 I/O 单元内部，连接器 CA65 的连接端被分别连接到 CM65、CM66、CM67 连接器上，其引脚布置与互连要求如图 3.3-6 所示。

电气柜/操作面板互连接口 CA65 只是为了方便用户使用而设计的过渡连接器，它与主面板 I/O 单元的内部线路无关，因此，其信号不能通过 I/O－Link 总线传送，用户可以自由使用其连接线。

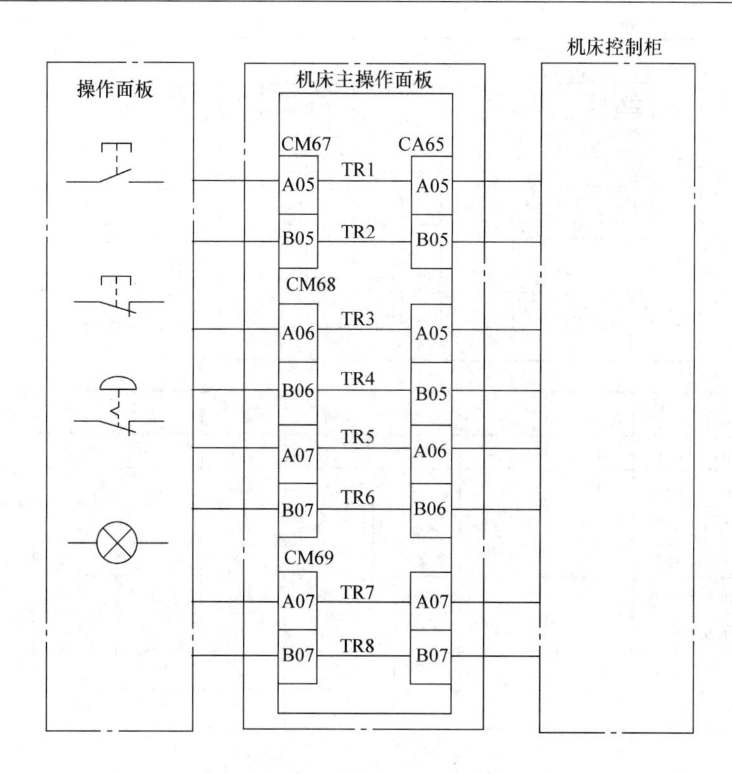

图3.3-6　电气柜与操作面板的互连

6. DI/DO 地址分配

主面板上的按键/指示灯和主面板 I/O 单元的连接已在内部完成，主面板 I/O 单元的输入/输出起始地址 m/n 可通过 PMC 参数予以设定。主面板上的 55 个按键与 55 个指示灯需要 64 点 DI 和 56 点 DO，空余的 9 点输入和 1 点输出地址不能再用于其他 DI/DO。

主面板上的按键与指示灯的布置和 I/O 地址分配如图 3.3-7 所示。按键/指示灯分 5 行、11 列布置，根据其安装位置，分别以 A1 ~ A11…E1 ~ E11 表示，同一位置的按键为 DI 信号，其地址为 Xm；指示灯为 DO 信号，其地址为 Yn。例如，对于轴选择键 Y 及指示灯，在图 3.3-7a 上的安装位置为 B10，对照图 3.3-7b，可以得到 Y 键的输入地址为 Xm + 9.5，而其指示灯的输出地址为 Yn + 5.5 等。

3.3.2　小型主面板

FANUC 小型主面板的 I/O 单元与操作面板集成一体，它有小型主面板、小型主面板 B 两种规格，两者的外观相同，但 DI/DO 连接要求有所区别。小型主面板不能连接用户其他 I/O 信号；小型主面板 B 可连接用户其他信号的 24/16 点通用 I/O。

1. 小型主面板

小型主面板集成 I/O 单元的连接器布置及综合连接要求如图 3.3-8 所示，单元除连接面板本身的 DI/DO 点外，还可连接 3 个手轮。

小型主面板 I/O 单元的 DI/DO 全部已被操作面板的按键/指示灯所占用，故不能再连接其他通用 I/O 信号；急停按钮需要利用单独的连接电缆与电气柜连接。

小型主面板的电源连接端 CPD1（IN）/CPD1（OUT）用于 DC24V 电源的输入/输出；其引脚布置和连接要求与电气柜 I/O－B2 相同，可参见图 3.2-8。

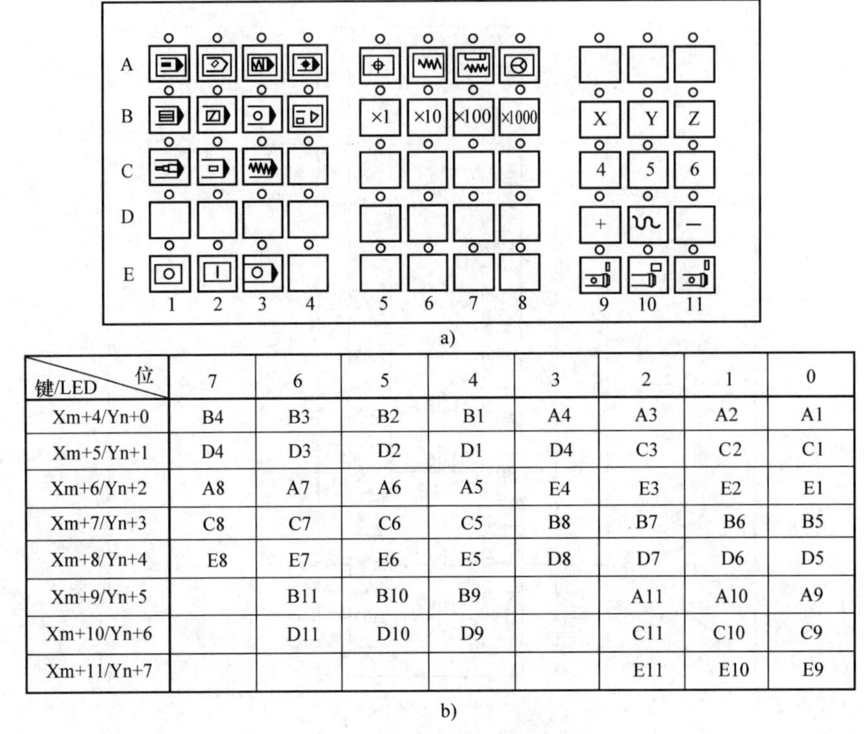

键/LED　　位	7	6	5	4	3	2	1	0
Xm+4/Yn+0	B4	B3	B2	B1	A4	A3	A2	A1
Xm+5/Yn+1	D4	D3	D2	D1	D4	C3	C2	C1
Xm+6/Yn+2	A8	A7	A6	A5	E4	E3	E2	E1
Xm+7/Yn+3	C8	C7	C6	C5	B8	B7	B6	B5
Xm+8/Yn+4	E8	E7	E6	E5	D8	D7	D6	D5
Xm+9/Yn+5		B11	B10	B9		A11	A10	A9
Xm+10/Yn+6		D11	D10	D9		C11	C10	C9
Xm+11/Yn+7						E11	E10	E9

b)

图 3.3-7　主面板地址分配

a）面板布置　b）地址分配

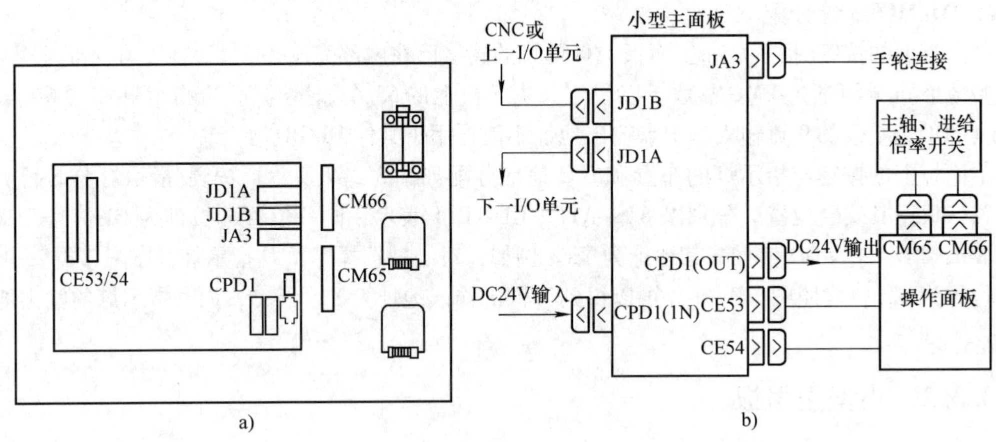

图 3.3-8　小型主面板连接

a）连接器布置　b）综合连接

小型主面板的手轮连接器 JA3 最大可以连接 3 个手轮，其引脚布置与连接要求与 0i－I/O 单元的 JA3 相同，可参见图 3.2-3。

小型主面板上所集成的倍率开关与 I/O 单元的连接通过内部连接端 CM65、CM66 进行，倍率开关的输入地址分配固定，I/O 单元与倍率开关的连接如图 3.3-9 所示。

面板上的按键与指示灯地址分配如图 3.3-10 所示，轴手动方向键无指示灯。

2. 小型主面板 B

小型主面板 B 的连接器布置及综合连接要求如图 3.3-11 所示。单元除连接面板本身的 DI/DO 点外，还可连接 3 个手轮和 24/16 点通用 DI/DO 信号。

图 3.3-9　倍率开关的连接

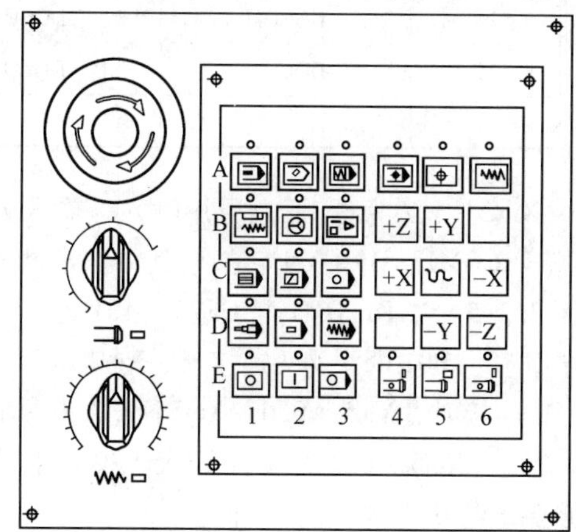

按键/LED \ 位	5	4	3	2	1	0
Xm+4/Yn+0	A6	A5	A4	A3	A2	A1
Xm+5/Yn+1	B6	B5	B4	B3	B2	B1
Xm+6/Yn+2	C6	C5	C4	C3	C2	C1
Xm+7/Yn+3	D6	D5	D4	D3	D2	D1
Xm+8/Yn+4	E6	E5	E4	E3	E2	E1

图 3.3-10　按键/指示灯的地址分配

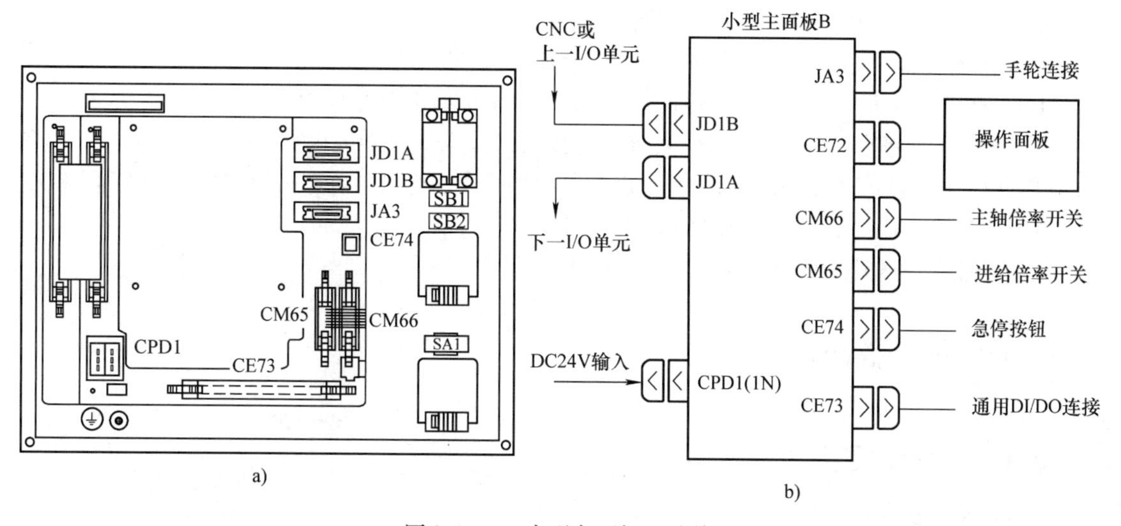

图 3.3-11　小型主面板 B 连接

a）连接器布置　b）综合连接

小型主面板 B 的倍率开关和面板按键/指示灯的地址分配和小型主面板相同；通用 DI/DO 连接器 CE73 的 I/O 连接端布置见表 3.3-2。

表 3.3-2　CE73 的 DI/DO 连接表

	A	B		A	B
01	0V	+24V	14	DICOM0	DICOM5
02	Xm2 +0.0	Xm2 +0.1	15		
03	Xm2 +0.2	Xm2 +0.3	16	Yn2 +0.0	Yn2 +0.1
04	Xm2 +0.4	Xm2 +0.5	17	Yn2 +0.2	Yn2 +0.3
05	Xm2 +0.6	Xm2 +0.7	18	Yn2 +0.4	Yn2 +0.5
06	Xm2 +4.0	Xm2 +4.1	19	Yn2 +0.6	Yn2 +0.7
07	Xm2 +4.2	Xm2 +4.3	20	Yn2 +1.0	Yn2 +1.1
08	Xm2 +4.4	Xm2 +4.5	21	Yn2 +1.2	Yn2 +1.3
09	Xm2 +4.6	Xm2 +4.7	22	Yn2 +1.4	Yn2 +1.5
10	Xm2 +5.0	Xm2 +5.1	23	Yn2 +1.6	Yn2 +1.7
11	Xm2 +5.2	Xm2 +5.3	24	DOCOM	DOCOM
12	Xm2 +5.4	Xm2 +5.5	25	DOCOM	DOCOM
13	Xm2 +5.6	Xm2 +5.7			

表中的 Xm2 +0.0 ~ Xm2 +0.7、Xm2 +5.0 ~ Xm2 +5.7 为源/汇点通用输入，输入方式可分别通过 CE73 – A14、CE73 – B14 脚的公共输入端 DICOM1、DICOM5 转换，其方法和 0i – I/O 单元的 Xm +4.0 ~ Xm +4.7 相同，可参见前述的图 3.2-5。当 DICOM1 与 CE73 – A01 的 0V 连接时，Xm2 +0.0 ~ Xm2 +0.7 为源输入，当 DICOM1 与 CE73 – B01 的 +24V 连接时，Xm2 +0.0 ~ Xm2 +0.7 为汇点输入；当 DICOM5 与 CE73 – A01 的 0V 连接时，Xm5 +0.0 ~ Xm5 +0.7 为源输入，当 DICOM5 与 CE73 – B01 的 +24V 连接时，Xm5 +0.0 ~ Xm5 +0.7 为汇点输入。单元上的 Xm2 +4.0 ~ Xm2 +4.7 应采用源输入连接方式，其连接要求与 0i – I/O 单元相同。

小型主面板 B 的全部 DO 信号均为源输出，负载驱动电源需要从 DOCOM 端引入，输出连接要求、DO 驱动能力均与 0i – I/O 单元相同。

小型主面板 B 与小型主面板在连接上主要有如下区别：

1）I/O 单元与面板的连接使用连接器 CE72 代替了小型主面板的 CE53、CE54。

2）增加了急停按钮的连接器 CE74，该连接器的 1 脚与 I/O 单元内部的 DC24V 连接，2 脚和通用 DI/DO 连接器 CE73 的 A08 脚并联，因此，如果需要，可以将急停按钮直接连接到通用 DI/DO 的地址 Xm2 +4.4 上，作为 PMC 的 DI 信号输入。

3）增加了 24/16 点通用 DI/DO 连接器 CE73。

3.4　αi 驱动器连接

3.4.1　总体要求

1. 驱动器安装

αi 系列驱动为 FANUC 高性能驱动产品，它采用了模块化结构，驱动器由电源模块（简称

αiPS 或 PSM）、伺服模块（简称 αiSV 或 SVM）和主轴模块（简称 αiSP 或 SPM）组成。作为驱动器的附件，还可根据需要选择电源变压器、滤波电抗器等。

αi 系列驱动器的外形和模块安装要求如图 3.4-1 所示，模块从左到右的安装次序应为电源模块、主轴模块和伺服模块。其中，电源模块只能安装1个，主轴、伺服模块可根据机床的实际需要安装多个。在不使用 FANUC 串行主轴的机床上，可以不安装主轴模块，此时伺服模块直接与电源模块连接。

a)

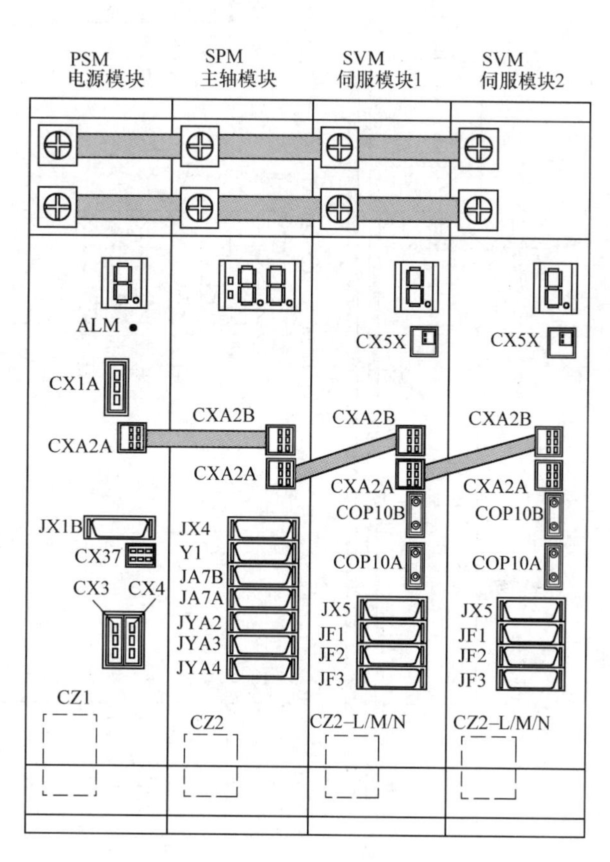

b)

图 3.4-1　αi 系列驱动器组成
a）外形　b）模块安装

2. 综合连接

αi 系列驱动器的综合连接要求如图 3.4-2 所示。驱动器的电源模块主要用于整流和直流母线电压控制，并为主轴、伺服模块的逆变主电路提供公共的直流母线电压；电源模块需要连接主电源、控制电源、急停输入、主接触器控制输出、断电检测信号输出等外部输入/输出。驱动器主轴模块需要连接主轴 I/O－Link 总线、主电动机电枢、位置检测编码器等外部输入/输出。驱动器的伺服模块需要连接 FSSB 总线、伺服电动机电枢、位置检测编码器等外部输入/输出。在驱动器内部，电源模块和主轴模块、伺服模块间需要连接直流母线和控制总线。

αi 系列驱动器的主电源和控制电源输入主电路与电源模块（PSM）连接。标准型驱动器的主电源输入电压为 3～AC200V；高电压（HV 型）的输入为 3～AC400V；驱动器的控制电源输入为单相 AC200V。

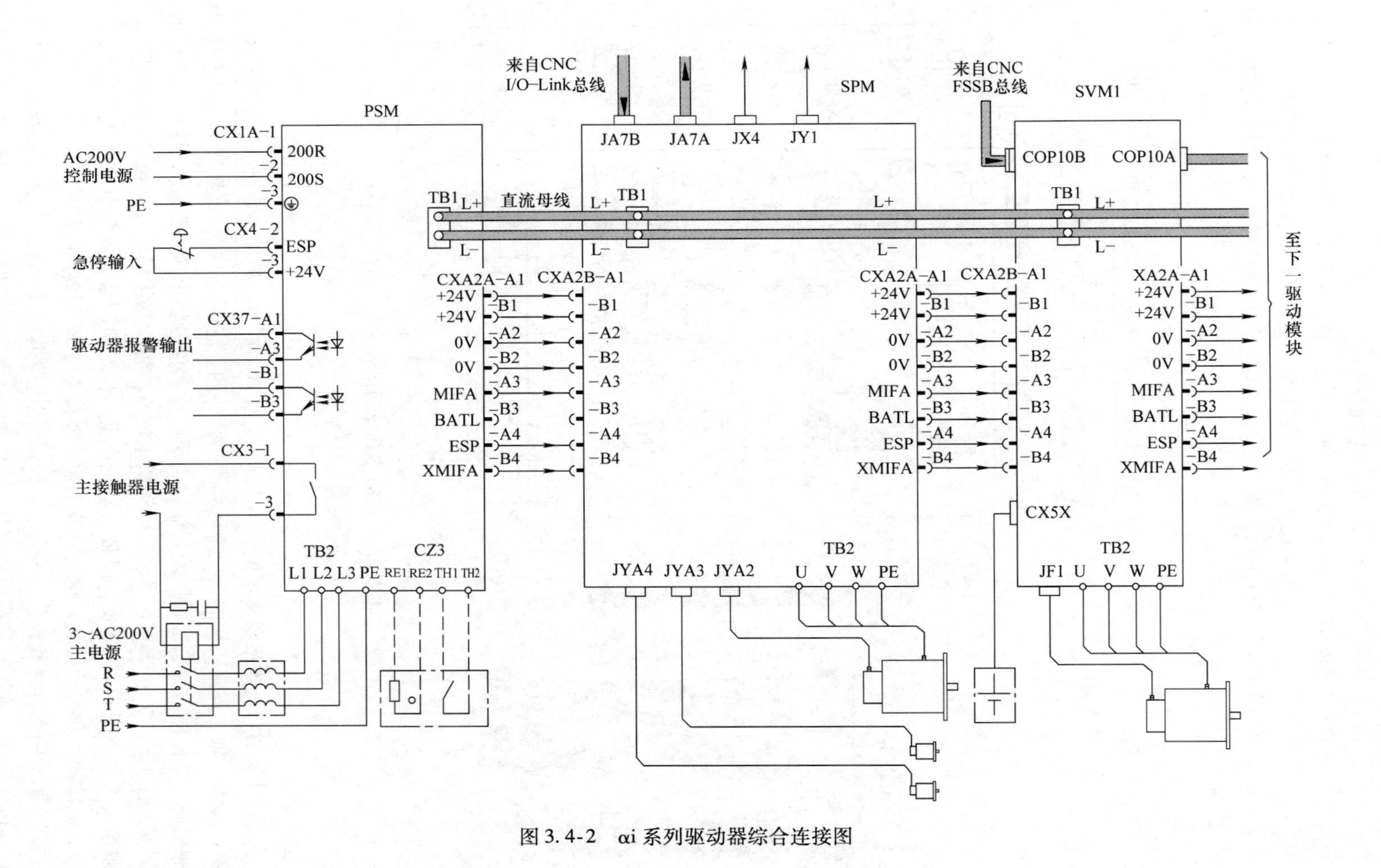

图 3.4-2 αi 系列驱动器综合连接图

驱动器的主电源输入一般应使用伺服变压器，伺服变压器不但可转换电压，而且还可起到隔离作用。驱动器主电源输入必须在驱动器完全正常时才能加入，故主电源输入必须安装主接触器，主接触器的通/断控制电路需要串联驱动器的主接触器控制触点。

AC200V 输入标准型驱动器的 AC200V 控制电源一般直接从伺服变压器的输出侧引出。驱动器通电时，应先加入控制电源，如驱动器无故障，主接触器控制触点将接通，允许加入主电源；当驱动器发生故障时，主接触器控制触点将断开，这时可立即断开主接触器、切断主电源输入。

3. 电源要求

αi 系列驱动器对主电源的输入要求如下。

输入电压：200V 输入标准型为 3～AC200～240V，允许变化范围为 －15% ～ +10% （170～264V）；HV 型为 3～AC400～480V，允许变化范围为 －15% ～ +10% （340～528V）。

输入频率：50/60Hz，允许变化范围为 ±1Hz。

输出阻抗：在最大负载时，电压波动应小于 7% 。

平衡要求：三相不平衡性小于额定电压的 ±5% 。

主电源的输入容量与电源模块规格有关，主电源的截面积可参照表 3.4-1 选择，主电路短路保护断路器的额定电流可按照模块输入电流的 1～1.5 倍选择。

表 3.4-1　αi 系列驱动器主电源连接要求

类型	模块型号	输入要求		导线截面积/mm^2	
		容量/kVA	电流/A	电源线	接地线
电阻放电型	αiPSR3	5	18	≥4	≥4
	αiPSR5.5	12	43	≥6	≥6
标准型	αiPS5.5	9	32	≥6	≥6
	αiPS11	17	60	≥10	≥10
	αiPS15	22	80	≥16	≥16
	αiPS26	37	130	≥25	≥16
	αiPS30	44	160	≥32	≥16
	αiPS37	53	190	≥40	≥20
	αiPS55	79	280	≥80	≥40
HV 型	αiPS11HV	17	32	≥6	≥6
	αiPS18HV	26	50	≥10	≥10
	αiPS30HV	44	80	≥16	≥16
	αiPS45HV	64	120	≥25	≥16
	αiPS75HV	107	200	≥40	≥20
	αiPS100HV	143	270	≥80	≥40

αi 系列驱动器对控制电源输入的要求如下。

输入电压：单相 AC200～240V，允许变化范围为 －15% ～ +10% （170～264V）。

输入频率：50/60Hz，允许变化范围为 ±1Hz。

输入容量：0.7kVA。

3.4.2　电源模块连接

αi 系列驱动器的电源模块主要用于整流和直流母线电压控制，为主轴、伺服模块的逆变主回路提供公共的直流母线电压。AC200V 输入标准型驱动器的直流母线电压约为 DC300V；AC400V 输入高电压型（HV 型）驱动器的直流母线的电压约为 DC600V。

驱动器电源模块的外形与模块规格有关，但其连接器的布置和连接要求相同。电源模块有标准的回馈制动型 αiPS 和小功率的电阻放电型 αiPSR 两种，回馈制动型电源模块不需要连接制动电阻（无 CZ3）。

电源模块的连接器布置如图 3.4-3 所示，模块的连接要求如下。

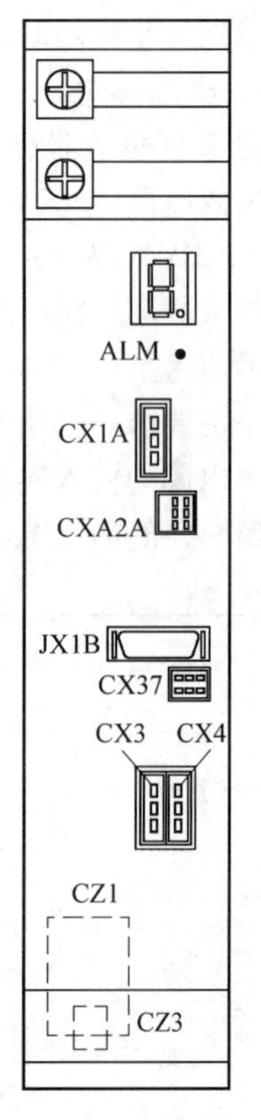

图 3.4-3 电源模块的连接器布置

1. 主电路

（1）主电源输入

电源模块的主电源连接端为 L1/L2/L3/PE，小容量模块采用插接式连接器 CZ1，大容量模块采用接线端 TB2。主电源应根据驱动器类型，连接 3～AC200～240V（标准型）或 3～AC400～480V（HV 型）输入。

（2）控制电源输入

驱动器的控制电源连接器为 CX1A，AC200V 输入应连接到 CX1A 插脚 1/2 上，其输入容量为 0.7kVA。

（3）直流母线输出

直流母线在模块的上端，其连接端为 TB1—L＋/L－，直流母线输出端应通过配套的母线连接板和主轴模块、伺服模块连接。

（4）电阻单元

外部放电电阻单元连接器 CZ3 仅用于小功率电阻放电型电源模块 αiPSR，电阻单元需要连接放电电阻和过热触点，大功率电阻单元还需要连接风机。连接器 CZ3 的引脚布置及连接信号可参见图 3.4-2，电阻单元的风机直接由外部供电。

2. 控制电路

（1）控制总线

控制总线是驱动器内部 DC24V 电源及控制信号的连接总线，其连接器为 CXA2A。电源模块、主轴模块、伺服模块的控制总线应串联连接，CXA2A 与下一模块的 CXA2B 互连。CXA2A/CXA2B 的引脚布置及信号连接要求可参见图 3.4-2 所示。

（2）主接触器通/断控制触点

驱动器的主接触器通/断控制触点连接器为 CX3，输出信号为继电器常开触点，连接端为 CX3 插脚 1/3，触点的输出驱动能力为 AC250V/2A，连接器的引脚布置及信号连接可参见图 3.4-2。

（3）急停输入

驱动器的急停信号连接器为 CX4，急停输入应使用常闭触点，其连接端 CX4 的插脚 2/3，连接器的引脚布置及信号连接要求可参见图 3.4-2。

（4）报警输出

报警输出（Power failure detection output）在 FANUC 中文说明书上称断电检测输出，它是 αi 系列驱动器新增的功能。

报警信号为两只达林顿光耦合器输出，连接器为 CX37。报警输出的驱动能力为 DC24V/50mA，驱动器正常工作时，CX37 的插脚 A1/A3、B1/B3 接通，驱动器故障时 A1/A3、B1/B3

断开。

报警输出可用于驱动器故障时的外部急停，例如，可作为CNC的急停输入，串联至PMC的DI输入＊ESP上；或者，串联至PMC的电动机制动器控制DO输出上，以便直接、快速控制电动机制动，减少垂直轴的重力自落。连接器CX37的引脚布置及信号连接要求可参见图3.4-2。

3. 电流检测输出

电流检测输出是αi系列驱动器新增的功能，电源模块的实际输入电流可以通过电流检测输出检查，其连接器为JX1B。为了便于测量，该接口一般需要选用FANUC配套的A660－2040－T0231#L200R0转换电缆和A20B－1005－0340测试版。

检测输出信号为L1、L2相实际电流的模拟量输出IR、IS，其连接端分别为JX1B的引脚1、2，模拟量输出基准0V为JX1B的引脚12/14/16。电流检测信号在实际输入电流为0时的模拟电压输出为基准值DC2.5V，当电流从电网侧输入时，模拟电压增加（大于DC2.5V）；当电流向电网回馈时，模拟电压减小（小于DC2.5V）。

电流检测信号输出幅值与模块的容量有关，不同规格电源模块的检测信号幅值见表3.4-2。

表3.4-2　电流检测信号幅值

标准型模块	额定电流/A	IR/IS输出	HV型模块	额定电流/A	IR/IS输出
αiPS5.5	26	133A/1V	αiPS11HV	25	100A/1V
αiPS11	48	133A/1V	αiPS18HV	38	133A/1V
αiPS15	62	200A/1V	αiPS30HV	64	200A/1V
αiPS26	105	266A/1V	αiPS45HV	93	266A/1V
αiPS30	130	333A/1V	αiPS75HV	154	400A/1V
αiPS37	153	400A/1V	αiPS100HV	206	466A/1V
αiPS55	230	466A/1V			

3.4.3　伺服模块连接

1. 基本连接

αi系列伺服模块用于伺服电动机控制，其综合连接要求可参见图3.4-2。

伺服模块有小功率单轴、2轴和3轴3种规格，大功率伺服模块均为单轴。图3.4-2为单轴伺服模块的连接，2轴或3轴伺服模块可连接2或3只伺服电动机及编码器，故有第2轴（*M*轴）、第3轴（*N*轴）的电枢连接端$U_M/V_M/W_M$、$U_N/V_N/W_N$及编码器连接器JF2、JF3，其他与单轴伺服模块相同。

伺服模块的外形尺寸根据功率大小有图3.4-4所示的区别，连接器和连接要求稍有区别，常用的中小功率伺服模块的连接要求如下。

（1）控制总线

控制总线是驱动器内部DC24V电源及控制信号的连接总线，其连接器为CXA2A。电源模块、主轴模块、伺服模块的控制总线应串联连接，CXA2A与下一模块的CXA2B互连。CXA2A/CXA2B的引脚布置及信号连接要求可参见图3.4-2。

（2）FSSB总线

FSSB总线用于模块与CNC的连接，第1模块的COP10B与CNC连接，COP10A与下一模块的COP10B互连，其连接要求可参见图3.4-2。

（3）绝对编码器电池连接

当使用绝对编码器时，需要连接用于保持位置数据的后备电池。电池盒的连接可以采用两种方式：当所有驱动模块共用的电池盒时；电池盒连接在最后一个驱动模块的 CXA2A－A2/B2 脚上，各模块的后备电源利用控制总线 CXA2A/CXA2B 的公用连接端 BATL 提供。当各驱动器使用独立的电池盒时，电池盒连接在模块的连接器 CX5X 上，此时必须断开控制总线 CXA2A/CXA2B 上的公用连接线 BATL（B3 脚），否则可能引起电池间的短路。

（4）检测板连接

模块的 CX5 为驱动器检测接口，供驱动器生产厂家维修用。

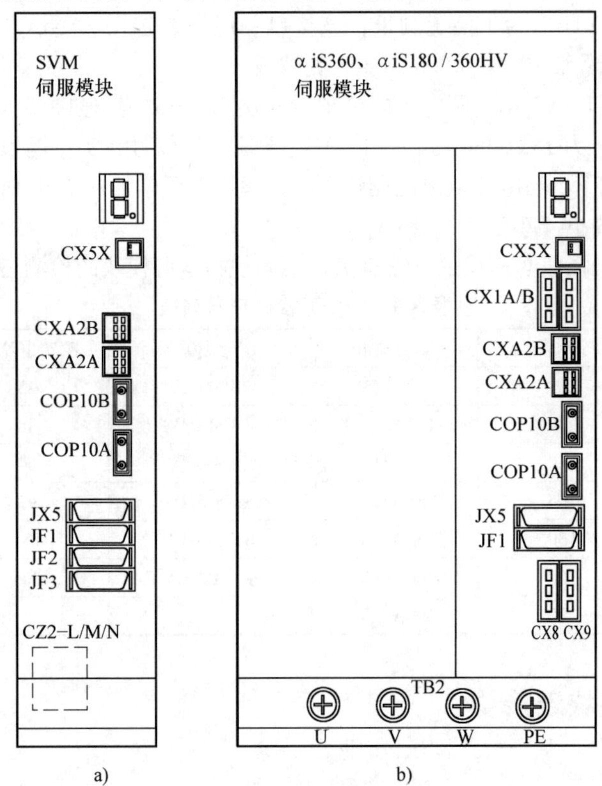

图 3.4-4 伺服模块外形

a）小功率 b）大功率

2. 大功率模块连接

在 αiSV360、αiSV180HV、αiSV360HV 等单轴、大功率驱动模块上，模块还需要连接如下控制信号。

（1）控制电源输入/输出

大功率伺服模块有独立的 AC200V 控制电源输入连接器 CX1A，它需要直接连接 AC200V 控制电源，或与上一模块控制电源输出连接器 CX1B（如果存在）连接。模块的 CX1B 为控制电源输出端，可连接下一模块的输入 CX1A。CX1A/CX1B 的插脚和连接要求与电源模块的控制电源连接器 CX1A 相同，可以参见图 3.4-2。

（2）动态制动模块连接

动态制动器模块是一种能耗制动电阻模块，它可为大功率电动机的制动提供制动力矩，电阻采用星形联结，它可通过制动接触器和电动机的电枢线 U/V/W 连接。动态制动模块的连接器为 CX8/CX9，连接器 CX8 的 1、3 脚用来连接动态制动器模块中的接触器常开触点；CX9 的 1、3 脚连接动态制动器模块中的接触器线圈。

3. 电动机连接

（1）电枢连接

小功率模块的伺服电机电枢连接采用插头 CZ2 连接，多轴模块的第 1/2/3 轴分 L、M、N 区分。连接器 CZ2L、CZ2M、CZ2N 的插脚 B1 对应 U、A1 对应 V、B2 对应 W、A2 对应 PE；从面板向底板的插头依次为 CZ2L、CZ2M、CZ2N。

（2）反馈连接

L、M、N 轴伺服电动机的内置编码器连接器为 JF1/JF2/JF3。编码器连接与电动机规格有关，常用的 αiS、αiF、αiSHV、αiFHV 及 βiS0.4～22 电动机的连接要求如图 3.4-5a 所示；βiS0.2～0.3/5000 小功率电动机的连接要求如图 3.4-5b 所示。

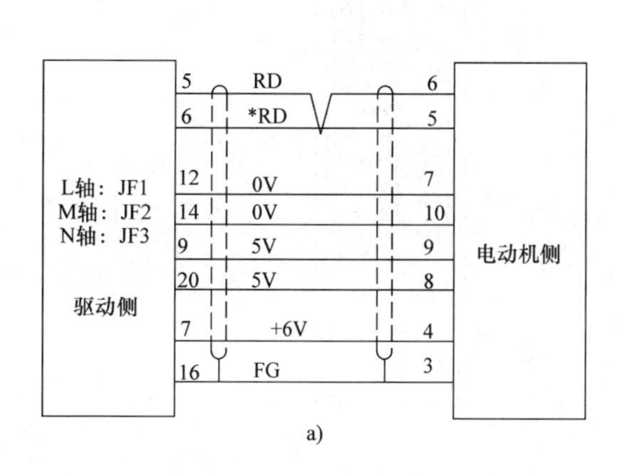

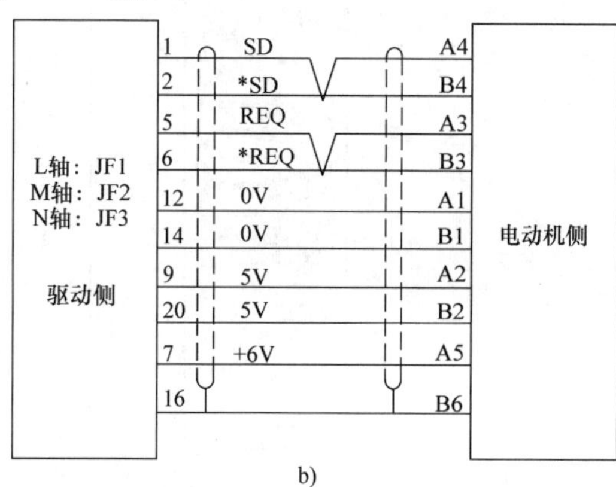

图 3.4-5　内置编码器的连接

a）常用电动机　b）βiS0.2～0.3

3.4.4　主轴模块连接

1. 基本连接

αi 主轴驱动模块和伺服共用电源模块。主轴模块与电源模块需要连接直流母线（L+/L－）和控制总线 CXA2A/CXA2B，其连接要求和伺服驱动相同。

主轴模块 αiSP 均为单轴，模块外形与模块规格有关，15kW 以下模块如图 3.4-6a 所示，22kW 以上模块如图 3.4-6b 所示，两者的连接器布置和连接要求基本相同。

αiSP 主轴模块有单传感器输入（A 型）和双传感器输入（B 型）两种规格，A 型模块只有标准外置编码器连接接口 JYA3；B 型模块带扩展接口 JYA4，可连接正弦波输入的外置编码器。模块的基本连接要求如下。

2. I/O－Link 总线

αi 主轴模块通过 I/O－Link 串行主轴总线与 CNC 连接，模块的 JA7B 为 I/O－Link 总线输入端，它和 CNC 的串行主轴接口 JA41 连接；在双主轴控制时，可通过总线输出连接器 JA7A 连接下一主轴模块，I/O－Link 总线连接要求如图 3.4-7 所示。

3. 编码器输出信号连接

主电动机的内置编码器信号可通过连接器 JX4 输出到模块外部，供其他控制装置使用。例如，在主电动机和主轴直接连接或通过同步带、齿轮 1∶1 传动的场合，内置编码器输出信号可作为 CNC 的主轴位置检测信号使用，用于 CNC 的主轴定向准停、定位或螺纹切削加工等控制。

模块的内置编码器信号的输出接口为 JX4，输出信号为 1024p/r 的 A、B、C 三相差分脉冲。

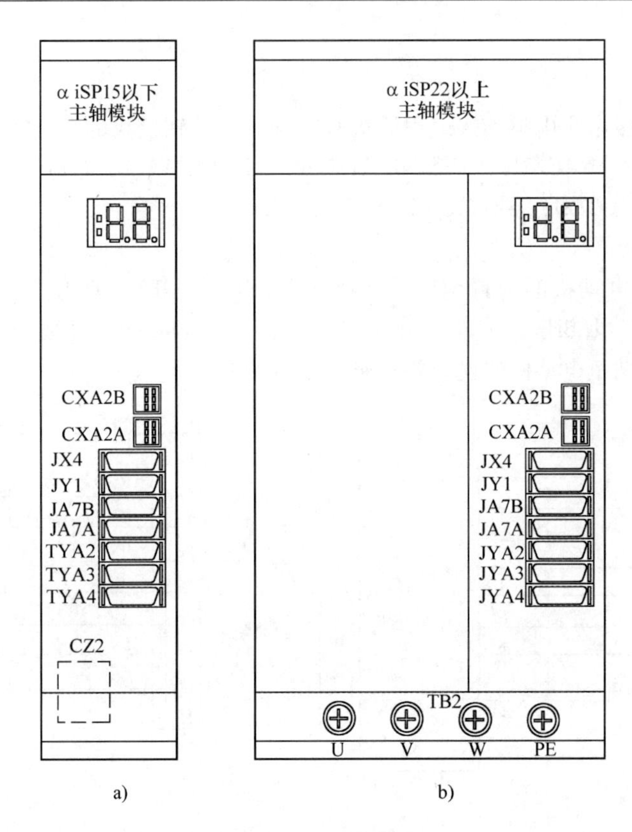

图 3.4-6　主轴模块外形
a）小功率　b）大功率

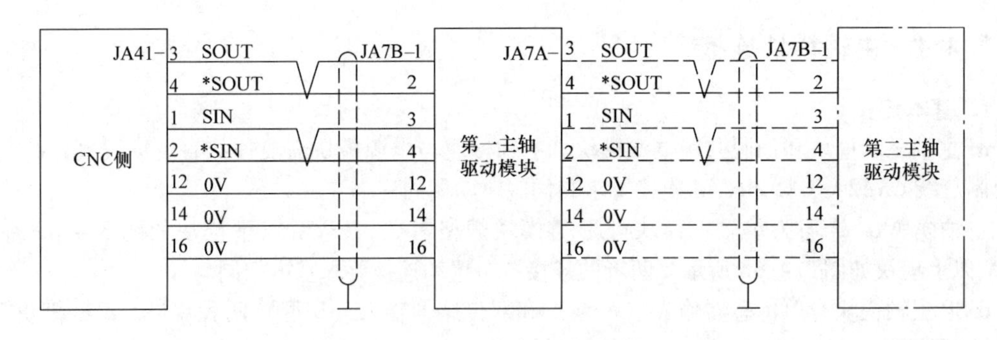

图 3.4-7　I/O－Link 总线连接

当信号提供 CNC 使用时，它需要连接到 CNC 的串行主轴总线和编码器连接接口 JA41 上，其连接要求如图 3.4-8 所示。

4. 主电动机连接

（1）电枢连接

主轴模块的电动机电枢连接有插接式（CZ2）和接线端（TB2）两种形式，模块的 U/V/W 必须与电动机的 U/V/W 一一对应，其连接要求如图 3.4-9 所示。

（2）内置编码器连接

采用标准结构的 αiI/βiI 系列标准主电动机或 αiIP/βiIP 系列大范围恒功率输出变极宽调速主电动机，可通过主电动机内置式编码器，检测主电动机的实际转速或位置；但 BiI 系列电主轴需要安装CZi或BZi分离型外置磁性编码器，检测主电动机的实际转速或位置。

αiI/βiI、αiIP/βiIP系列主电动机的内置编码器可根据需要选配Mi、MZi两种规格。如果机床主轴只需要进行速度控制，或者主轴安装有光电编码器或CZi、BZi外置磁性编码器，电动机内置编码器可选择不带零脉冲检测信号的Mi型磁性编码器；如果主轴需要通过内置编码器进行定向准停、定位、螺纹切削、刚性攻螺纹、Cs轴等位置控制，则必须选择带零脉冲检测信号的MZi型磁性编码器。

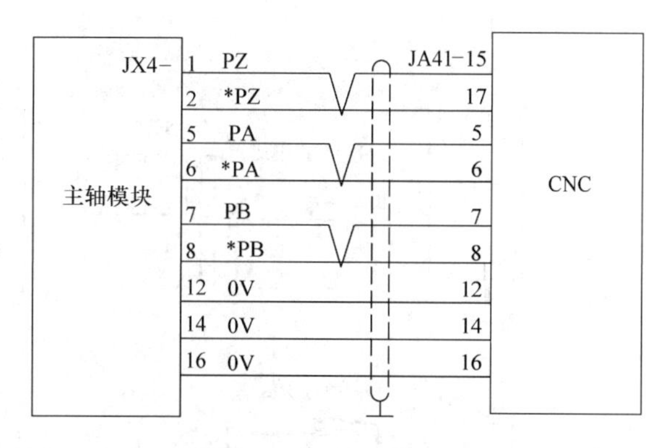

图3.4-8 位置反馈的连接

主轴模块和主电动机内置编码器的连接器为JYA2，其连接要求如图3.4-10所示。

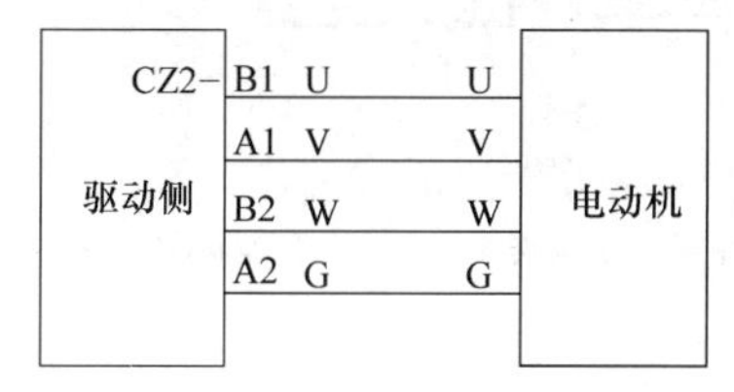

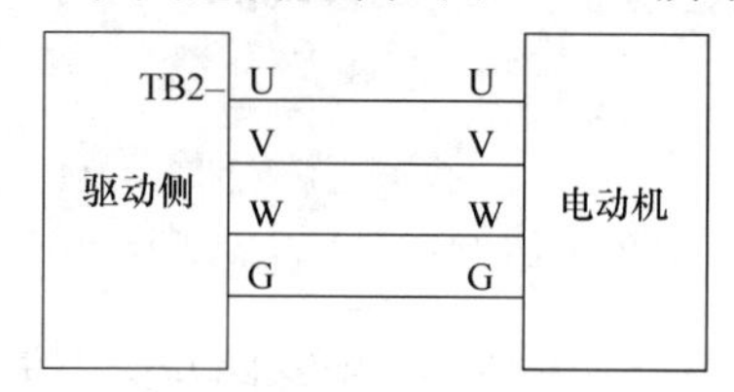

图3.4-9 主电动机电枢连接

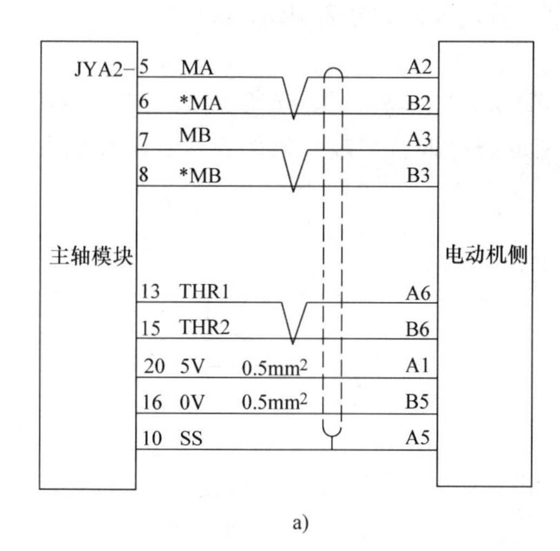

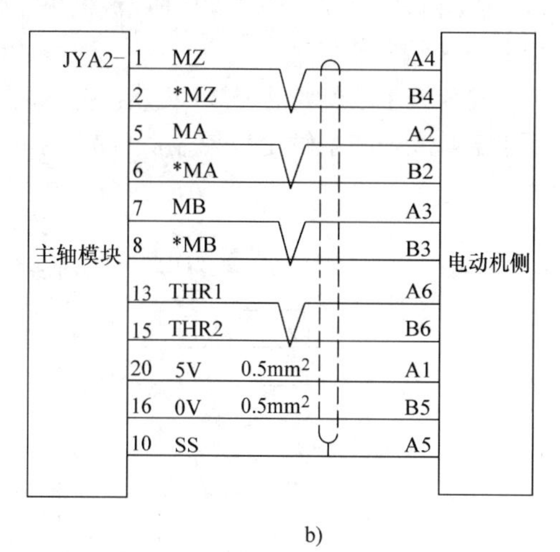

图3.4-10 主电动机内置编码器连接

a）Mi编码器 b）MZi编码器

5. 外置编码器连接

外置编码器一般用于主轴位置控制，A型单传感器输入主轴模块可通过连接器JYA3连接外置方波输出编码器、磁传感器；B型双传感器输入的主轴模块可使用连接器JYA3或JYA4，连接外置编码器、磁传感器或正弦波输出编码器。

外置编码器可根据主传动系统结构选择图3.4-11所示的4种常用方案。

模块可连接的外置式编码器有如下4类。

α型编码器：1024p/r方波脉冲输出编码器。

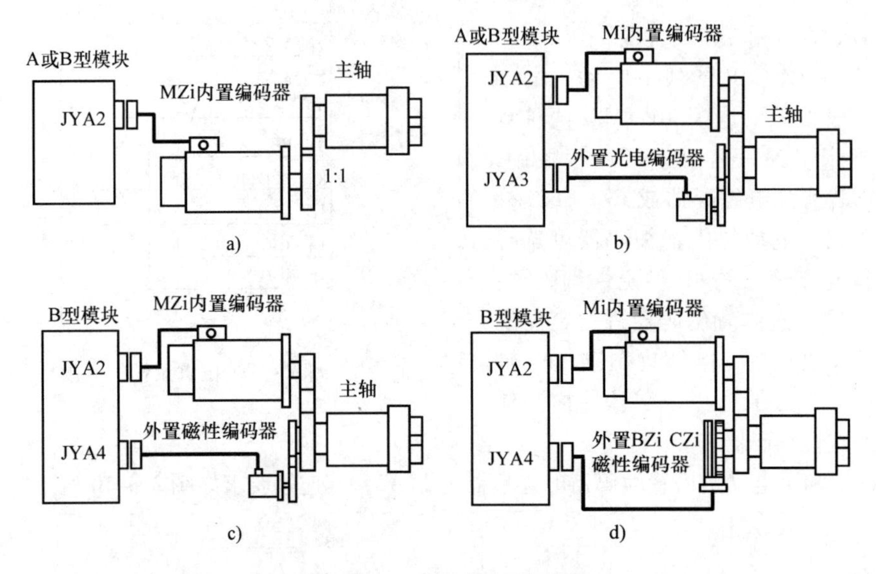

图 3.4-11　主轴编码器配置

a）使用内置编码器　b）外置光电编码器　c）外置磁性编码器　d）外置 BZi/CZi 编码器

αS 型编码器：1024λ/r 正弦波输出编码器。

BZi 型编码器：128～512λ/r 正弦波输出、无前置放大器的分离型磁性编码器。

CZi 型编码器：512～1024λ/r 正弦波输出、带前置放大器的分离型磁性编码器。

（1）方波编码器连接

A 型或 B 型主轴模块的 JYA3 可连接传统的 1024p/r 方波脉冲输出 α 型光电编码器或接近开关，用于定向准停和主轴定位控制。JYA3 与 α 型方波脉冲输出编码器的连接要求如图 3.4-12 所示。

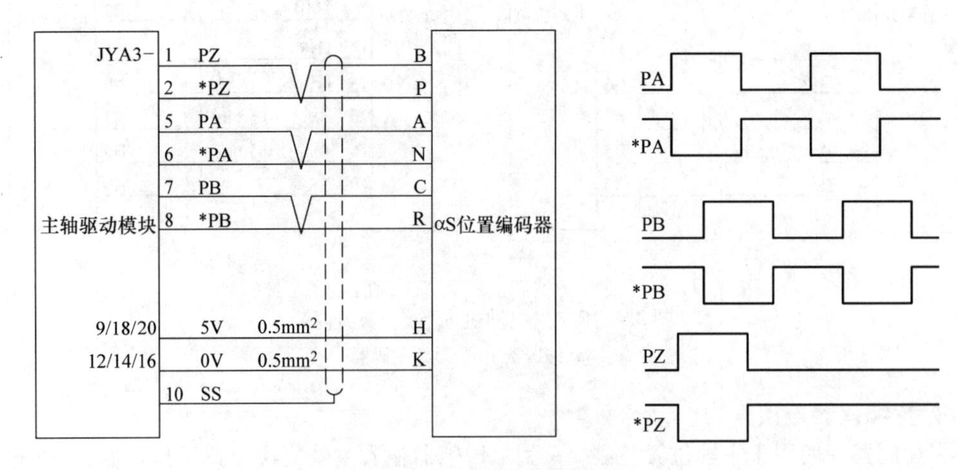

图 3.4-12　α 型编码器的连接

（2）磁传感器连接

如果主轴仅需要定向准停，JYA3 还可以连接接近开关等磁性检测元件，作为位置检测输入。接近开关可以连接到 JYA3 上，其连接要求如图 3.4-13 所示。主轴模块对磁性检测元件的技术参数要求如下。

输出形式：NPN或PNP晶体管集电极开路输出。

开关频率：≥400Hz。

信号输出电压：DC24V±1.5V。

输出驱动电流：≥16mA。

关断漏电流：≤1.5mA。

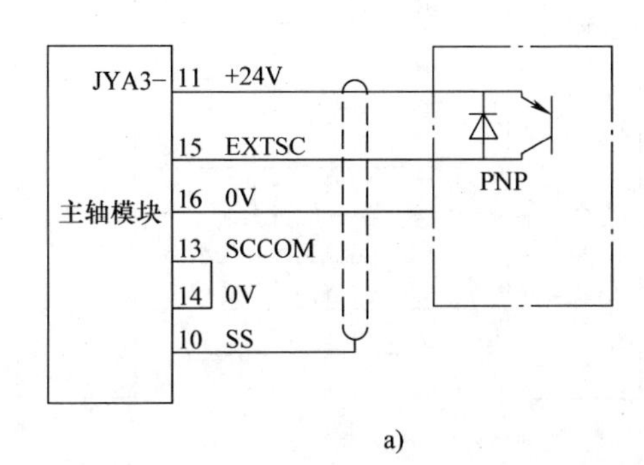

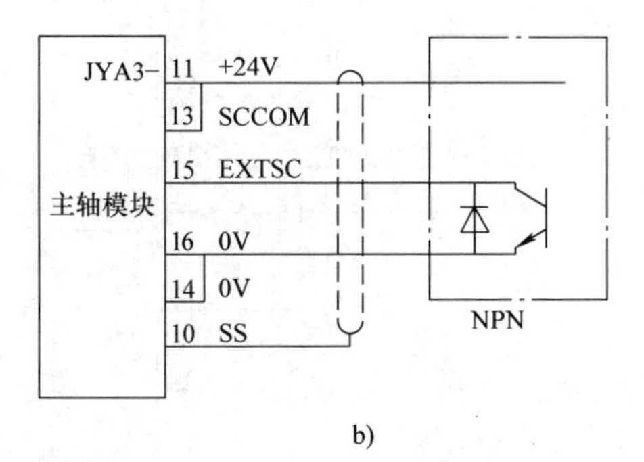

图3.4-13 接近开关的连接

a）PNP集电极开路输出 b）NPN集电极开路输出

（3）正弦波编码器连接

JYA4为B型主轴模块的扩展接口，可连接正弦波输出的αS型、BZi型、CZi型编码器。

JYA4与αS型与正弦波输出编码器的连接要求如图3.4-14所示。

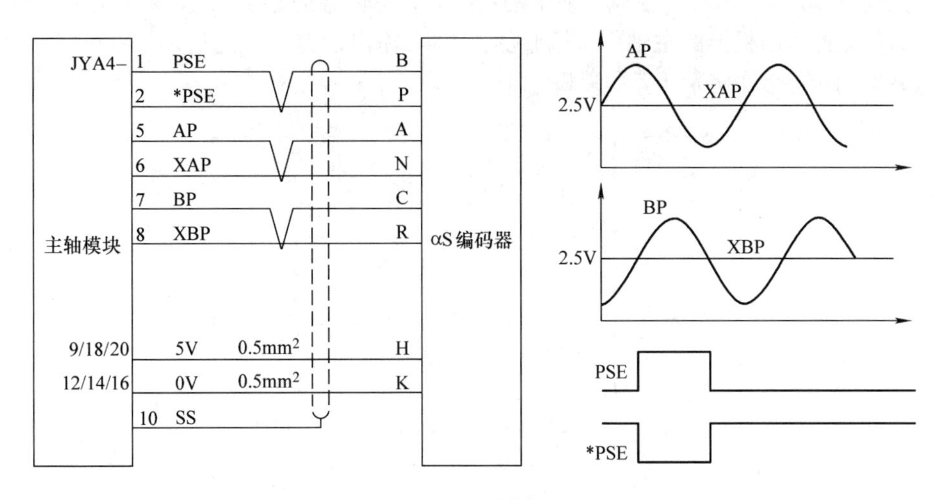

图3.4-14 αS编码器的连接

当JYA4与BZi、CZi分离型磁性编码器的连接要求如图3.4-15所示。

BZi分离型磁性编码器无前置放大器，编码器输出和主轴模块直接连接；CZi分离型磁性编码器带有前置放大器，编码器需要与前置放大器连接，前置放大器的输出连接到主轴模块的JAY4上。

6. 操作显示信号连接

主轴模块的JY1连接器可用于主轴外部操作和显示连接，它可以连接主轴倍率调整电位器、

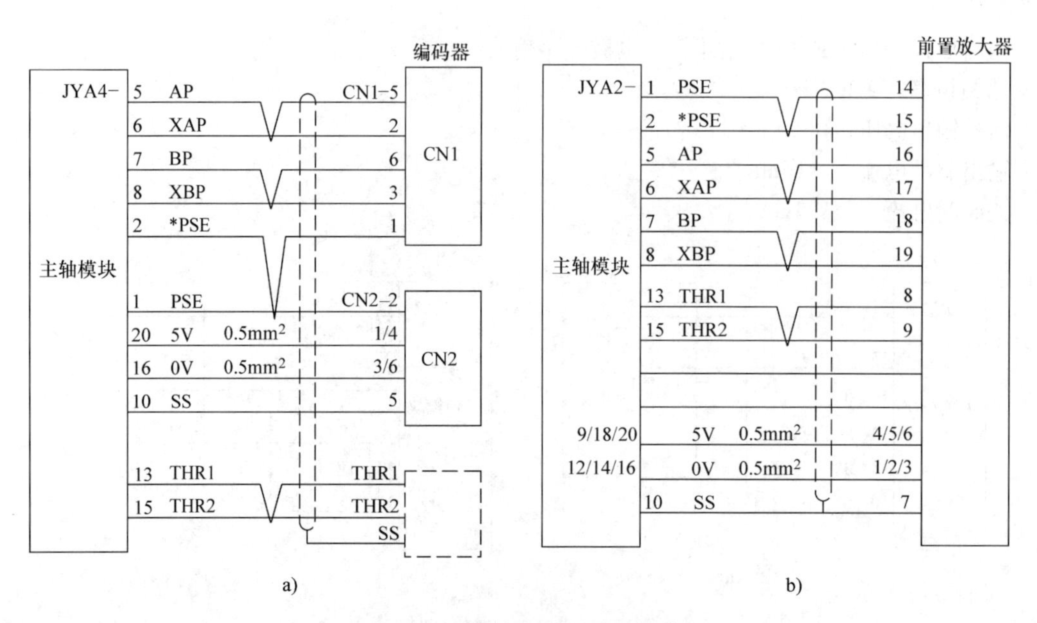

图 3.4-15　分离型编码器的连接

a）BZi 编码器　b）CZi 编码器

主轴转速表（SM）、主轴负载表（LM）。JY1 的连接要求见图 3.4-16 所示。

主轴倍率调整电位器可对主轴转速进行倍率调整，JY1 的连接端 OVR1 为调整电压输出，OVR2 为调整电压输入，当 OVR1 与 OVR2 端的电压相等时，主轴倍率为 100%。倍率调整电位器的阻值范围可以是 2～10kΩ。主轴模块上的倍率调整电位器是直接对主轴驱动器内部速度给定的调整，而机床操作面板上的主轴倍率调整的是 CNC 输出的速度给定值，两者可以同时使用，此时的最终主轴转速倍率将是两者的乘积。

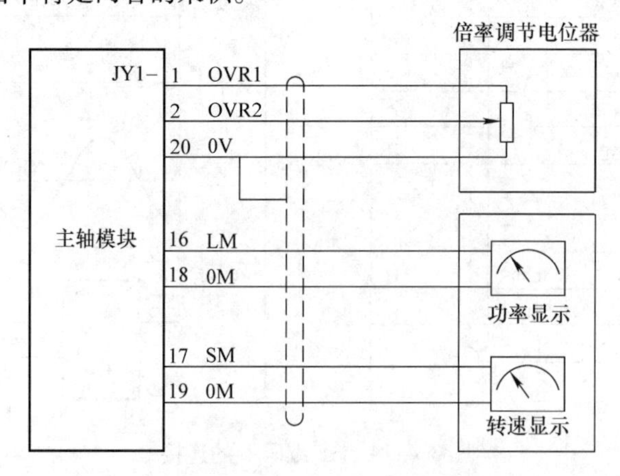

图 3.4-16　操作显示信号的连接

主轴转速显示信号输出为模拟电压，在 0～最高转速范围，输出电压从 DC0～10V 线性变化，转速显示的精度为 ±3%。

主轴负载显示信号输出为模拟电压，输出电压在 DC0V～10V 范围内线性变化，显示的精度为 ±15%。负载显示信号输出一般用于主轴功率显示，其输出电压根据电动机规格而不同，表 3.4-3 为常用主电动机的负载显示输出值。

表 3.4-3　常用主电动机的负载显示输出

电动机型号	额定功率/kW	额定功率时的输出/V	10V 输出时的功率/kW
αiI0.5/10000	0.55	4.2	1.32
αiI1/10000	1.5	5.7	2.64
αiI1.5/10000	1.1	2.5	4.4
αiI2/10000	2.2	5	4.4
αiI3/10000	3.7	5.6	6.6
αiI6/10000	5.5	6.1	9.0
αiI8/8000	7.5	5.7	13.2
αiI12/7000	11	6.1	18
αiI15/7000	15	6.7	22.2
αiI18/7000	18.5	7.0	26.4
αiI22/7000	22	7.0	31.2
αiI30/5000	30	6.7	44.4
αiI40/6000	37	6.8	54
αiI50/4500	45	6.8	66

3.5　βi 驱动器连接

3.5.1　βiSV 伺服驱动器

1. 基本连接

βi 系列驱动是 FANUC 公司生产的经济型驱动产品，多与 FS - 0iMateD 配套使用。βi 系列驱动有 βiSV 伺服驱动（又称 SVM）和 βiSVSP 伺服/主轴一体型驱动（又称 SVPM）两类产品。βiSV 伺服驱动有 FSSB 总线控制型（以下称 βiSV 驱动器）和 I/O - Link 总线控制型两类（以下称 βi - I/O - Link 驱动器）；βiSVSP 只有 FSSB 总线控制型产品。

FSSB 总线控制型 βiSV 驱动器分单轴和双轴两类，单轴驱动器目前只有 βiSV4、βiSV20、βiSV40、βiSV80 四种规格；双轴驱动器只有 βiSV20/20、βiSV40/40 两种规格，驱动器如图3.5-1 所示。

βiSV 驱动器的电源、驱动模块合一，驱动器具有独立的整流、逆变与控制回路，可独立安装与使用。βiSV 驱动器的综合连接要求如图 3.5-2 所示，图中以 βiSV4/SV20 及 βiSV40/SV80 单轴驱动器为例。

βiSV20/20、βiSV40/40 双轴驱动器有第 2 轴的电机电枢连接器 CZ5M 和反馈连接器 JF2，可以连接第 2 轴伺服电动机。如需要，双轴驱动器可像 αi 电源模块一样，使用驱动器的报警输出（断电检测）信号。

2. 电源连接

βiSV 驱动器的主电源需要独立连接，但可共用短路保护断路器。βiSV4/βiSV20 驱动器的主电源的连接端为 CZ7 - 1/2/3/4；βiSV40/βiSV80 的主电源进线连接器为 CZ4。标准型驱动器的主电源输入为 3 ~ AC200 ~ 240V，HV 型驱动器为 3 ~ AC400 ~ 480V，驱动器对输入电源电压的要求

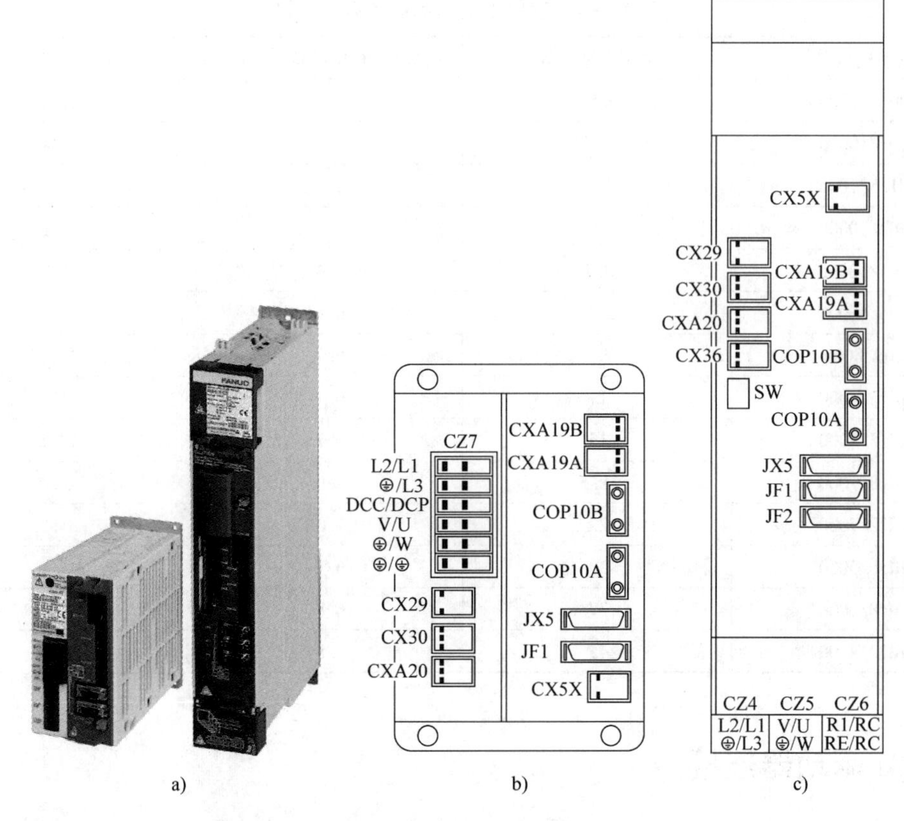

图 3.5-1 βi 伺服驱动器

a）外形 b）SV4/SV20 c）SV40/SV80

与 αi 系列相同，不同规格驱动器的主电源输入容量、线径等方面的要求见表 3.5-1。

驱动器的控制电源为 DC24V 输入，允许变化范围为 ±10%（21.6～26.4V），单轴驱动器的输入容量为 0.9A；电源的纹波、瞬时中断要求与 CNC 电源相同。

3. 制动电阻连接

βiSV 伺服驱动器采用的是电阻放电能耗制动方式，故一般需要安装外部制动电阻单元，制动电阻单元一般直接安装在驱动器侧面。βiSV4/βiSV20 驱动器的制动电阻与 CZ7-3 的 DCP、DCC 连接，过热触点与 CXA20 的 1/2 连接端连接；不使用外部制动电阻单元时，需要短接过热触点（CXA20-1/2 脚）、断开电阻连接端 DCP 与 DCC。βiSV40/βiSV80 驱动器的外部制动电阻与 RC、RE（CZ6-B1/B2 脚）连接，过热触点连接到 CXA20-1/2 上；如不使用外部制动电阻单元，需要短接过热触点（CXA20-1/2）及电阻连接端 RC 与 RI（CZ6-A1/A2）。

4. 控制电路连接

驱动器的 FSSB 总线依次串联，其连接要求与 αi 伺服模块相同。

虽然，βiSV 驱动器都有独立的控制电源、急停信号输入和主接触器控制输出连接器，但为了能对进行统一控制，外部控制电源和急停信号输入一般只连接到第 1 个驱动器的 CXA19B 及 CX30 上，其他驱动器通过控制总线 CXA19A/CXA19B 互连。各驱动器的主接触器控制输出触点一般以串联的形式连接。因此，其连接要求如下。

（1）控制总线

控制总线 CXA19B/CXA19A 串联连接，第 1 个驱动器的 CXA19B 连接 DC24V 控制电源输入、

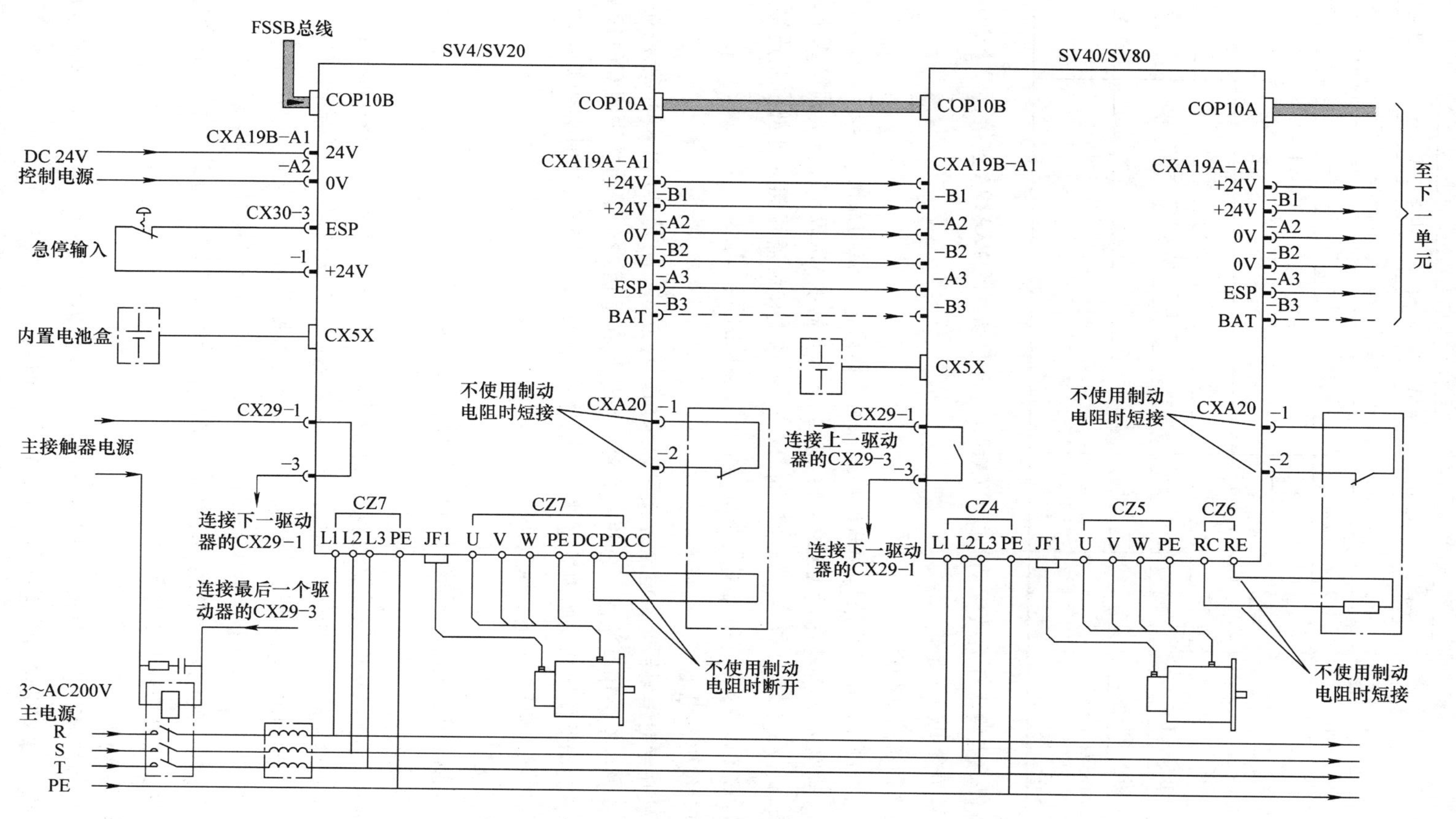

图 3. 5-2　βiSV 伺服驱动器综合连接

表 3.5-1 βiSV 驱动器主电源连接要求

驱动器型号		输入容量/kVA		输入电流/A		连接导线线径	
		单相	三相	单相	三相	电源进线/mm^2	接地线/mm^2
单轴	βiSV4	0.3	0.2	2	1	≥1.5	≥2.5
	βiSV20	1.9	2.8	12	7	≥2.5	≥2.5
	βiSV40	—	4.7	—	17	≥4	≥4
	βiSV80	—	6.5	—	23	≥6	≥6
	βiSV10HV	—	1.6	—	3	≥1.5	≥2.5
	BiSV20HV	—	2.5	—	4.7	≥1.5	≥2.5
	BiSV40HV	—	6.2	—	12	≥2.5	≥2.5
双轴	βiSV20/20	—	4.7	—	17	≥4	≥4
	βiSV40/40	—	6.5	—	24	≥4	≥4

CX30 连接急停触点输入；后续驱动器的 CXA19B 与上驱动器的 CXA19A 连接，CXA19B/CXA19A 的引脚与信号可参见图 3.5-2。

（2）主接触器控制触点

主接触器控制输出触点一般以串联的形式控制，即第 1 个驱动器的 CX29－1 连接外部电路、CX29－3 连接到第 2 个驱动器的 CX29－1；第 2 个驱动器的 CX29－3 连接到第 3 个驱动器的 CX29－1 等，依次类推，最后一个驱动器的 CX29－3 和主接触器线圈或外部电路连接。触点的驱动能力为 AC250V/2A，连接器引脚布置与信号可参见图 3.5-2。

（3）绝对编码器电池

驱动器使用绝对编码器时，电池连接可以采用两种方式：一是利用 CXA19 连接器的公用连接端 BAT，连接一个公用电池盒；公共电池盒一般连接在最后一个驱动模块的 CXA19A－B2/B3 脚上；二是各驱动器使用独立的内置电池盒，电池盒连接器为 CX5X，这时必须断开 CXA19 的公用连接端 BAT（B3 脚），防止电池短路。

（4）测试接口

测试接口 JX5 用于生产厂家维修，可连接外部伺服调试设备。

（5）报警输出

βiSV20/20、βiSV40/40 双轴驱动器具有报警输出（Power failure detection output，FANUC 中文说明书称断电检测输出）功能，其作用于 αi 系列驱动器电源模块的报警输出相同，报警信号为达林顿光耦合器输出，连接器为 CX36，连接要求可参见后述的 βiSVSP 说明。报警输出的驱动能力为 DC24V/50mA，驱动器正常工作时，CX36 的 2～3 脚输出接通，驱动器故障时 CX36－2、3 断开。报警输出一般作为 CNC 的急停输入，串联至 PMC 的 DI 输入 ＊ESP 上，以便快速控制电动机制动，减少垂直轴的重力自落。

5. 电动机连接

βiSV4/βiSV20 驱动器的伺服电动机电枢与 CZ7 连接器的 U、V、W 连接；βiSV4/βiSV20 驱动器的伺服电动机电枢与 CZ5 连接器的 U、V、W 连接。

伺服电动机的编码器连接器为 JF1，连接要求与 αi 系列驱动相同，并在不同的电动机上有所区别，可参见 αi 系列驱动器说明。

3.5.2　βiSVSP 集成驱动器

1. 基本连接

βiSVSP 伺服/主轴集成驱动器有“双轴+主轴”和“3轴+主轴”2类产品，它一般与 FS-0iMateD 配套使用，前者可用于2轴控制的普通数控车床，后者可用于3轴控制的普通数控镗铣床或加工中心。

βiSVSP 驱动器分为标准电动机驱动的 βiSVSP 型和经济型电动机驱动的 βiSVSPc 型两类，标准驱动可配套 βi、αi 系列标准伺服电动机和主轴电动机；经济型驱动是 FANUC 新开发的产品，它只能选配 βiSc 系列经济型伺服电动机和 βiIc 系列经济型主电动机，属于全功能数控机床的经济型配置。

βiSVSP、βiSVSPc 伺服/主轴集成驱动器的外形和连接要求类似，驱动器的功能相当于一套配置2或3轴伺服模块、主轴模块的 αi 驱动器，只是在结构上将 αi 驱动器的电源模块、伺服模块和主轴模块集成于一体而已，此外，其电源、伺服、主轴模块的规格也不能像 αi 驱动器那样可自由选择。βiSVSP 驱动器的外形和连接器布置如图 3.5-3 所示。

a)

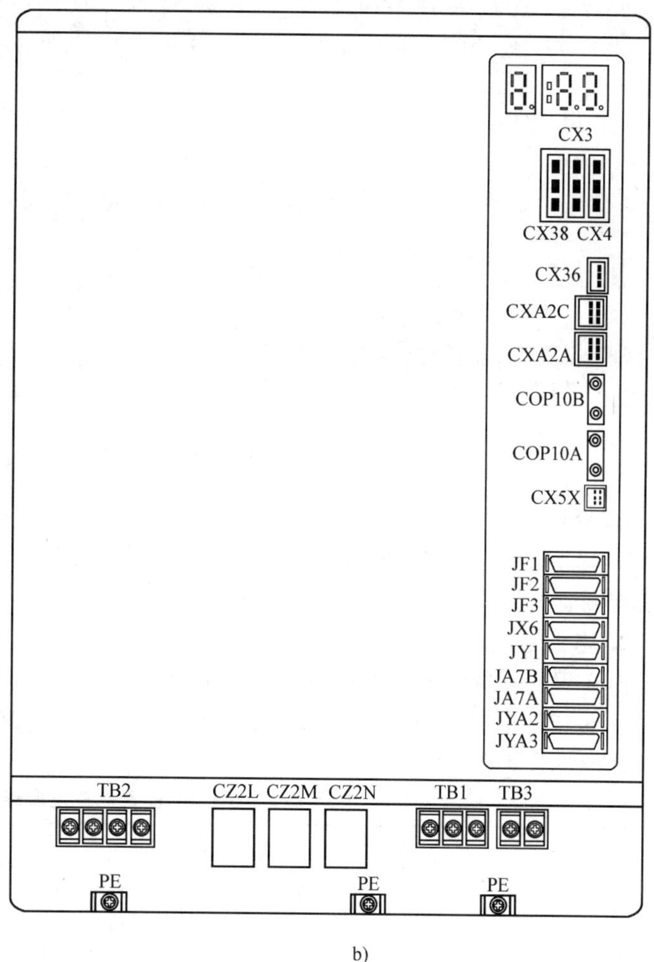

b)

图 3.5-3　βiSVSP 驱动器

a）外形　b）连接器布置

βiSVSP 驱动器的综合连接要求如图 3.5-4 所示，3 轴+主轴驱动器需要增加第3轴（N 轴）

伺服电动机电枢连接端 CZ2N 和编码器连接接口 JF3。

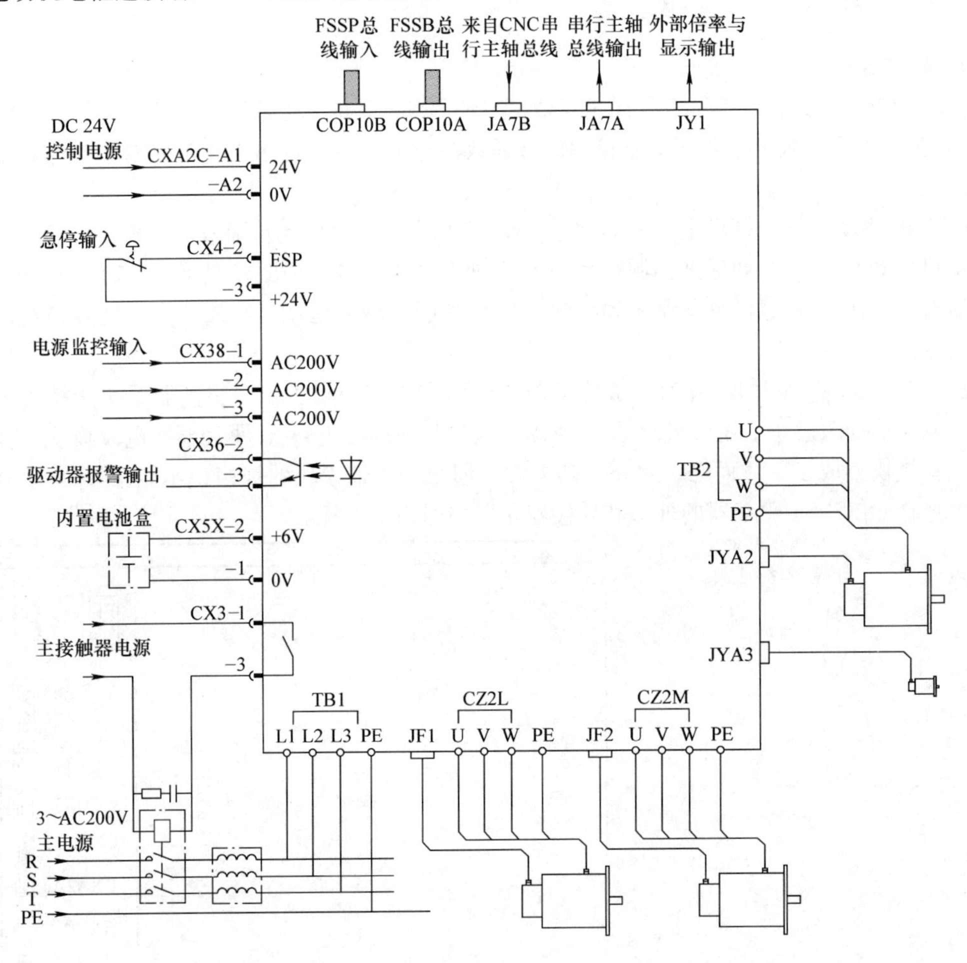

图 3.5-4　βiSVSP 驱动器综合连接图

βiSVSP 在早期的 SVPM2、SVPM3 基础上，增加了 FSSB 总线输出接口 COP10A、控制总线输出 CXA2A，故可连接器其他 βiSV 伺服驱动器，增加伺服控制轴数；此外，驱动器还增加了断电检测电源输入连接器 CX38 和驱动器故障输出信号连接器 CX36，产品功能有所增强。

2. 电源连接

βiSVSP 驱动器目前只有 3～AC200V 输入标准型产品，主电源应连接至驱动器的连接端 TB1 上。主电源输入要求与 αi 标准型驱动器相同，不同规格的驱动器对输入容量、电流与电源连接线的线径要求见表 3.5-2。

表 3.5-2　βiSVSP 驱动器主电源连接要求

驱动器型号	主电源输入要求		连接导线要求	
	容量/kVA	电流/A	电源进线/mm²	接地线/mm²
βiSVSP20/20－7.5	11	40	≥10	≥10
βiSVSP20/20－11	14	50	≥10	≥10
βiSVSP40/40－15	31	110	≥25	≥25
βiSVSP40/40－18	31	110	≥25	≥25

（续）

驱动器型号	主电源输入要求		连接导线要求	
	容量/kVA	电流/A	电源进线/mm^2	接地线/mm^2
βiSVSP 20/20/40－7.5	13	45	≥10	≥10
βiSVSP 20/20/40－11	16	57	≥10	≥10
βiSVSP40/40/40－15	23	80	≥16	≥16
βiSVSP 40/40/80－15	24	85	≥16	≥16
βiSVSP 40/40/80－18	28	100	≥25	≥25
βiSVSP 80/80/80－18	29	100	≥25	≥25

βiSVSP 驱动器 CXA2C－A1/A2 的控制电源输入为 DC24V，输入容量为 1.5A，电源的电压、纹波和瞬时中断要求与 CNC 相同。

3. 控制电路连接

（1）控制电源和急停输入

驱动器的控制总线 CXA2C 连接 DC24V 控制电源输入，CX4 连接急停触点输入。目前的 βiSVSP 驱动器已具有伺服驱动扩展的功能，如需要机床需要增加 βiSV 伺服驱动器，可通过驱动器总线接口 CXA2A，连接 βiSV 驱动器的控制总线，CXA2A 的引脚与信号可参见图 3.5-2。

（2）主接触器控制触点

主接触器控制输出触点连接器为 CX3，触点的驱动能力为 AC250V/2A，连接器引脚布置与信号可参见图 3.5-4。如需要增加 βiSV 驱动器，主接触器控制输出触点可与后续的驱动器串联使用。

（3）报警输出

βiSVSP 驱动器的电源中断报警输出接口为 CX36，报警信号为达林顿光耦合器输出，输出驱动能力为 DC24V/50mA，驱动器正常工作时，CX36 的 2～3 脚输出接通，驱动器故障时 CX36－2/3 断开，信号一般作为 CNC 的急停输入串联至 PMC 的 DI 输入 * ESP 上，以便快速控制电动机制动，减少垂直轴的重力自落。

（4）电源中断支持模块接口

接口 JX6 为特殊的电源中断支持模块连接接口，一般不使用。

（5）电源检测输入

βiSVSP 驱动器的电源中断检测需要连接电源输入，其连接器为 CX38，接口直接连接外部的 3～AC200V 输入，该电源应与驱动器的主电源同步。

（6）直流母线测量端

驱动器的端子 TB3 用于直流母线的测试，该连接端不能用于其他用途。

4. 伺服连接

（1）电枢连接

第 1/2/3 轴伺服电动机的电枢连接器分别为 CZ2L/CZ2M/CZ2N，连接器的插脚 B1/A1/B2/A2 依次为 U/V/W/PE，它们应与伺服电动机的 U/V/W/PE 连接端一一对应。

（2）编码器连接

第 1/2/3 轴伺服电动机的编码器连接器分别为 JF1/JF2/JF3，编码器的连接要求与 αi 系列驱动器伺服模块相同。

（3）绝对编码器电池

当驱动器使用绝对编码器时，CX5X 用来连接后备电池盒。

5. 主轴连接

（1）电枢连接

βiSVSP 驱动器的主电动机电枢连接端为 TB2，其 U/V/W/PE 端应与电动机的 U/V/W/PE 连接端一一对应。

（2）编码器连接

βiSVSP 驱动器可以配套带内置 Mi、MZi 型编码器的标准主电动机，内置编码器连接接口 JYA2 的连接要求与 αi 系列驱动器主轴模块相同，可参见图 3. 4-10。βiSVSPc 经济型驱动器只能配套无内置编码器的 βiIc 经济型主电动机，故接口 JYA2 只可能连接主轴电动机的过热触点检测信号，即只能连接图 3. 4-10 中的 13/15 脚输入。

（3）外置编码器连接

βiSVSP 驱动器、βiSVSPc 经济型驱动器都可通过外置编码器连接接口 JYA3，连接 1024p/r 方波输出的 α 型编码器或接近开关，用于定向准停和主轴定位控制。JYA3 与 α 型方波脉冲输出编码器、接近开关的连接要求可参见 αi 系列驱动器。

（4）串行主轴总线连接

βiSVSP 驱动器集成有主轴驱动器，需要连接串行主轴 I/O－Link 总线。总线接口 JA7B 和 CNC 的串行主轴接口 JA41 连接；在双主轴控制时，可通过总线输出连接器 JA7A 连接下一主轴驱动器，I/O－Link 总线连接要求与 αi 系列驱动器相同。

（5）主轴操作显示信号连接

主轴模块的 JY1 连接器可用于主轴外部操作和显示连接，它可以连接主轴倍率调整电位器、主轴转速表、主轴负载表。JY1 的连接要求与 αi 系列驱动器主轴模块相同。常用主电动机的负载显示输出电压与主电动机功率的关系见表 3. 5-3。

表 3. 5-3 常用主电动机的负载显示电压输出

电动机型号	额定功率/kW	额定功率时的输出/V	10V 输出的功率/kW
βiI3/10000	3. 7	6. 1	6. 1
βiI6/10000	5. 5	6. 7	8. 2
βiI8/8000	7. 5	6. 2	12
βiI12/7000	11	6. 7	16. 4

3. 5. 3 βi－I/O－Link 驱动器

1. 基本连接

利用 I/O－Link 连接的 βi 系列驱动器（简称 βi－I/O－Link 驱动器）是一种带有闭环位置控制功能、采用 I/O－Link 网络控制的通用型驱动器，因此，在 FS－0iD 上，它用于不需要参与插补运算的刀库、分度台、机械手等辅助轴驱动。

βi－I/O－Link 驱动器有 3～AC200V 输入标准型和 3～AC400V 输入 HV 型两类。标准型驱动有 βiSV4、βiSV20、βiSV40、βiSV80 四种规格，HV 型驱动有 βiSV10HV、βiSV20HV 与 βiSV40HV 三种规格。驱动器的外形和连接器布置如图 3. 5-5 所示，使用多个 βi－I/O－Link 驱动器的系统上，驱动器间的综合连接要求如图 3. 5-6 所示。

βi－I/O－Link 驱动器的控制需要通过 I/O－Link 总线的网络通信实现，驱动器需要以 I/O－Link 从站的形式，链接到 PMC 的 I/O－Link 总线上，由 PMC 对其进行控制，每一驱动器需要占用 128/128 点 DI/DO，因此，其使用数量受到 PMC 最大 DI/DO 点数的限制。

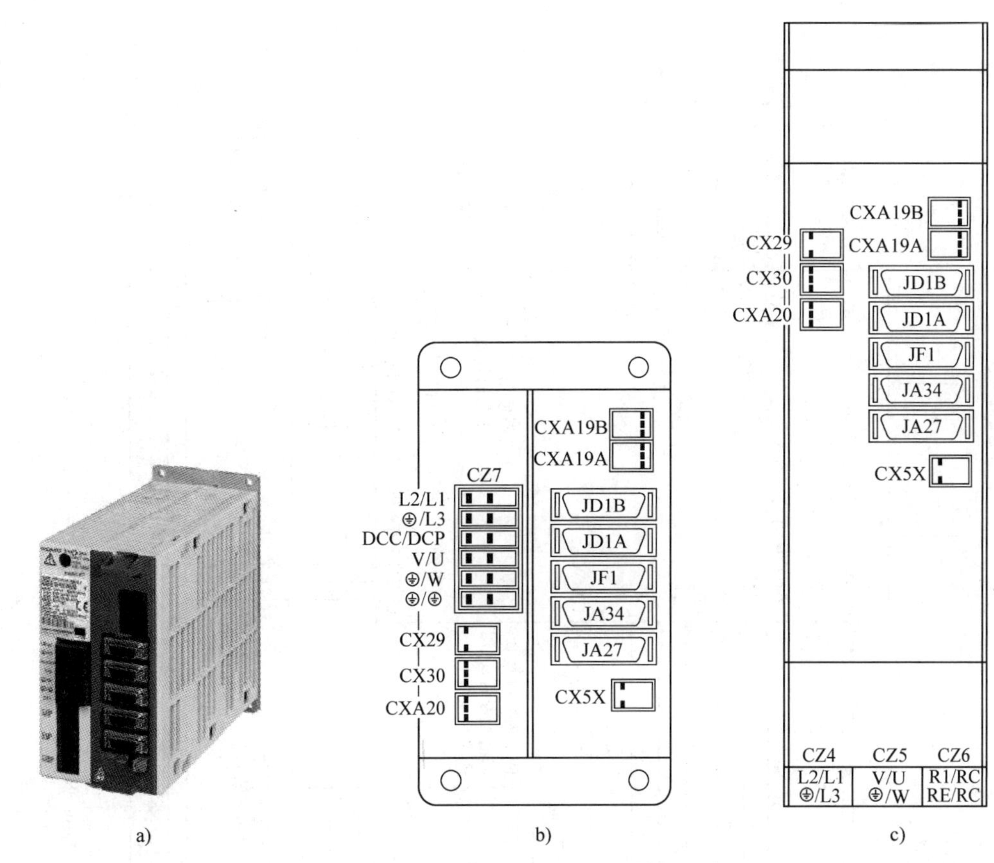

a)　b)　c)

图 3.5-5　βi-I/O-Link 驱动器

a）外形　b）SV4/SV20　c）SV40/SV80

驱动器外形及主电源、控制电源、电动机的连接方式均与同规格的 FSSB 驱动器相同，以下接口的连接和电路设计要求与单轴的 βiSV-FSSB 驱动器一致。

1）主电源输入：βiSV4/βiSV20 连接至 CZ7；βiSV40/βiSV80 连接至 CZ4。

2）驱动器总线：连接 CXA19A、CXA19B。

3）制动电阻和过热检测触点：βiSV4/βiSV20 连接 CZ7、CXA20；βiSV40/βiSV80 连接 CZ6、CXA20。

4）主接触器控制输出：CX29 输出触点串联至主接触器线圈控制电路。

5）急停输触点入：连接至 CX30。

6）绝对编码器电池：连接至 CX5X。

7）伺服电动机电枢：βiSV4/βiSV20 连接至 CZ7；βiSV40/βiSV80 连接至 CZ5。

8）伺服电动机编码器：连接至 JF1。

2. 驱动器互连

在使用多个 βi-I/O-Link 驱动器的系统上，电路连接时需要注意以下问题。

1）如机床有多个 βi-I/O-Link 驱动器，驱动器的 I/O-Link 总线可像 PMC 的 I/O 单元一样串联，其连接要求与 I/O 单元相同，可参见第 2 章说明。

2）如驱动器共用主接触器统一控制主电源通断，其 DC24V 控制电源和急停输入也只需要按照图 3.5-6，连接至第 1 个驱动器的 CXA19B、CX30 上，其他驱动器可通过控制总线互连。但是，驱动器的主接触器控制输出（CX29）触点，需要按照图 3.5-7 串联后，控制主接触器的通断。

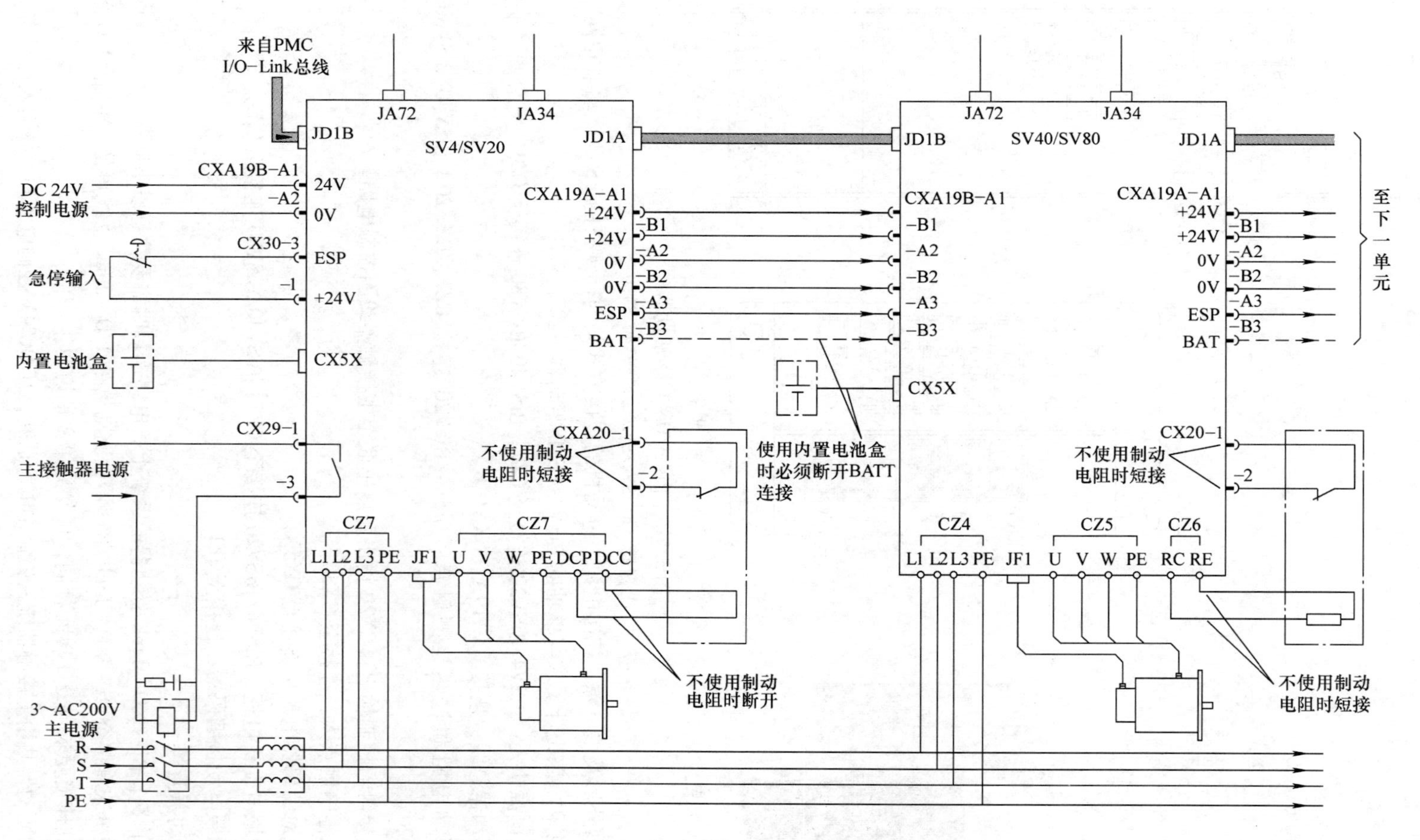

图 3.5-6　βi－I/O－Link 驱动器的综合连接

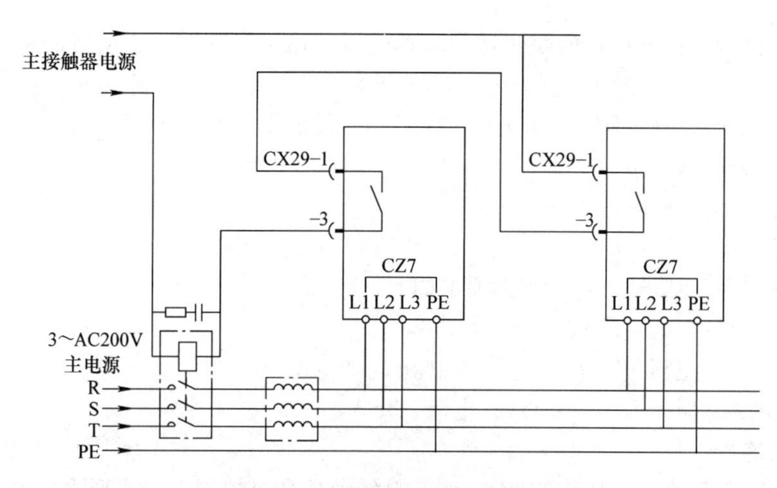

图3.5-7 主接触器的通断控制

3）如果系统中不同βi-I/O-Link驱动器的用途、控制要求不相同，不同βi-I/O-Link驱动器可通过统一的伺服变压器提供主电源，但每一驱动器都需要有独立的主电源通断控制电路，其控制电源输入、主接触器通断控制输出、急停输入应有独立的控制电路，驱动器的控制总线一般不能互连。

3. DI控制信号

βi-I/O-Link驱动器是一种通过网络通信控制的通用型驱动器，其闭环位置、速度、转矩控制均在驱动器上实现，驱动器可独立使用，因此，它可像其他形式的通用驱动器一样，连接以下用于运行控制的信号。

βi-I/O-Link驱动器的接口JA72，用于驱动器DI控制信号连接，其连接要求如图3.5-8所示，DI信号作用如下。

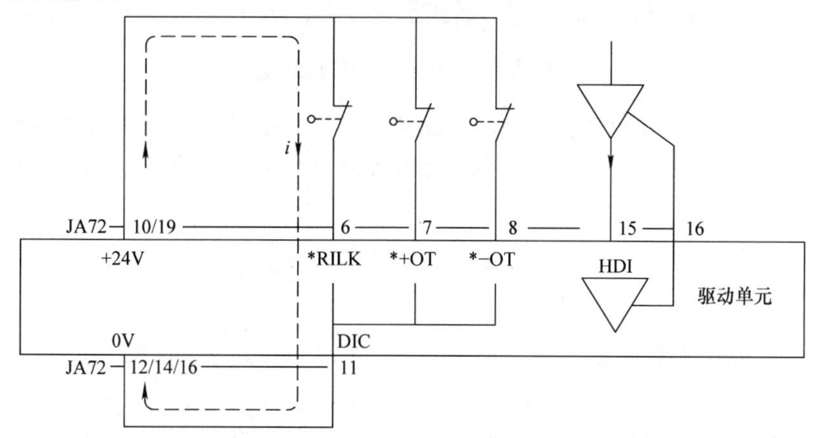

图3.5-8 DI控制信号的连接

1）正向超程*+OT：该DI信号用于正向运动禁止，通常使用常闭触点输入；触点断开时，辅助轴的正向运动被禁止。

2）负向超程*-OT：该DI信号用于负向运动禁止，通常使用常闭触点输入；触点断开时，辅助轴的负向运动被禁止。

3）轴互锁与回参考点减速*RILK/*DEC：该DI信号具有两方面作用，当驱动器选择回参考点操作时，输入用于参考点减速；当驱动器选择其他操作时，输入用于运动互锁。

4）跳步切削 Skip：驱动器的跳步切削高速输入，信号有效时，驱动器的剩余运动行程被取消。

驱动器对＊＋OT、＊－OT、＊RILK/＊DEC 信号的输入要求如下。

触点容量：≥DC30V/16mA。

触点断开漏电流：≤1mA/26.4V。

触点闭合压降：≤2V/8mA。

驱动器对跳步切削信号 Skip 的输入要求如下。

输入电压：DC－3.6～13.6V。

“1”信号输入：电压 DC3.6～11.6V；电流 2～11mA。

“0”信号输入：电压 DC0～0.55V；电流－8mA。

4. 手轮的连接

βi－I/O－Link 驱动器不但可在 I/O－Link 总线通信命令控制下，实现手轮进给、手动连续进给、回参考点、快速定位、切削进给等运动，而且可直接连接独立的手轮，实现驱动器的手轮进给运动。

驱动器的连接接口为 JA34，其连接要求如图 3.5-9 所示。手轮输入应为 DC5V、A/B 两相差分脉冲。

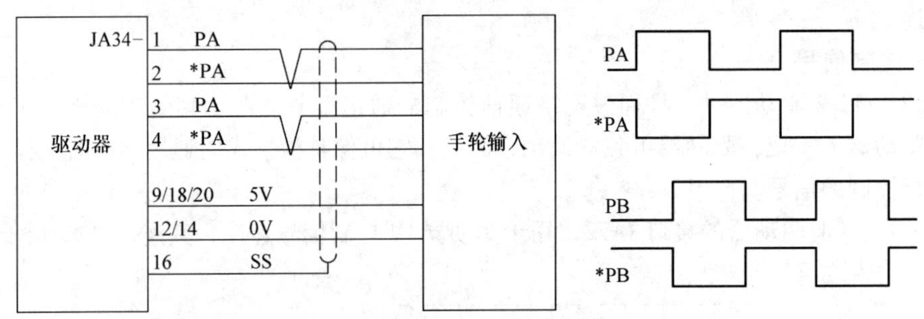

图 3.5-9　手轮信号的连接

如果机床使用的是通常的 HA、HB 输出标准手轮，需要选用 FANUC 配套提供的手轮适配器 A06B－6093－D001，将 HA、HB 输出信号转换为 A/B 两相差分脉冲。手轮适配器的连接如图 3.5-10 所示。

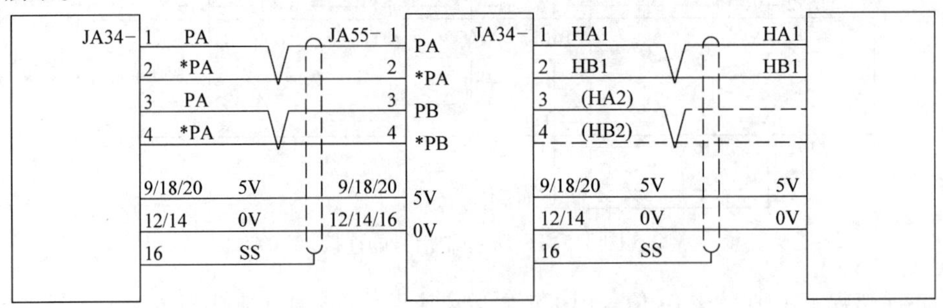

图 3.5-10　手轮适配器的连接

第4章　CNC调试

4.1　FS－0iD功能概述

4.1.1　FS－0iD功能总表

FS－0iD采用了网络控制技术，其CNC功能丰富、参数和信号众多，需要进行网络配置、伺服和主轴调试、辅助机能调试等方面的调试。

FS－0iD的CNC网络配置、伺服和主轴、辅助功能调试都与CNC参数、PMC程序有关，因此，CNC参数设定、PMC程序调试是FS－0iD功能调试的主要内容。由于FS－0iD的CNC参数、PMC信号一般按照功能进行分类，故掌握CNC功能是调试和维修的前提条件。

1. CNC功能

FS－0iD除第2章讲述过的CNC组成部件（硬件）外，其软件功能一般有两类：一类是需要选配相关硬件才能实现的功能，另一类是纯软件功能。例如，CNC存储器容量的扩展需要增加内存卡；增加CNC控制轴数需要增加位置控制和检测电路（轴卡）；主轴模拟量输出需要有相应的D－A转换电路（模拟主轴卡）等。而CNC的工件坐标系设定与选择、螺距误差补偿、公英制转换、极坐标编程、图形缩放等，则可直接通过软件实现。软件功能一般只需要正确设定CNC参数或编制相应的PMC程序便可使用，涉及硬件的功能则需要特殊订货，部分功能需要CNC生产厂家开放保密参数。

CNC功能将直接影响到机床的性能和价格，因此，数控机床调试时，应最大限度地应用CNC功能，以增加机床的附加值。

由于机床控制的要求不同；CNC性能和价格有所不同，FS－0iD系列产品中的FS－0iMD、FS－0iTD、FS－0iMateMD、FS－0iMateTD的功能有较大区别。为了方便用户选购，FANUC公司对FS－0iMD、FS－0iTD常用的软件功能进行了“打包”处理，用户可通过选择“软件包1”或“软件包2”，批量选配软件功能，在此基础上，可再根据需要增加相关的选择功能。精简型的FS－0iMate MD、FS－0iMate TD无相关软件包。

2. FS－0iD功能总表

FS－0iD各系列CNC的功能见表4.1-1，表中的FS－0iPD是用于冲压类机床控制的数控系统，在此一并列出，以供参考。表中的符号含义如下，它同样适用于后述的表格，后面对此不再一一说明。

●：CNC基本功能，不需要用户订购。

★：CNC选择功能，需要特殊订购

※：包含在基本功能或其他选择功能中，一般不需要专门订购。

—：该规格的CNC不可选择。

○1：软件包1的标准功能，选择“软件包1”时可使用。

○2：软件包2的标准功能，选择“软件包2”时可使用。

★1：软件包1的选择功能，在选择“软件包1”后，可根据用户要求增加。

★2：软件包 2 的选择功能，在选择“软件包 2”后，可根据用户要求增加。

表 4.1-1 FS－0iD 系统 CNC 功能总表

软件与功能			FS－0i			FS－0i Mate	
			MD	TD	PD	MD	TD
控制轴数	2 通道	合计最大进给轴数	—	8	—	—	—
		1 个通道最大进给轴数	—	7	—	—	—
		1 个通道最大联动轴数		4			
		2 通道合计最大主轴数	—	4	—	—	—
		1 个通道最大主轴数	—	3	—	—	—
	单通道	最大进给轴数（含主轴）	7	7	7	5	5
		最大主轴数	2	3	—	1	2
通道控制	单通道控制		●	●	●	●	●
	双通道控制		—	★1	—	—	—
坐标轴控制	同时控制 4 轴（4 轴联动）		●	●	●	★	★
	同时控制 3 轴（3 轴联动）		※	※	●	●	●
	PMC 轴控制（无 Cs 轴控制）		●	●	●	★	★
	Cs 轴控制		●	●	—	—	●
	坐标轴脱开、伺服关闭、位置跟随		●	●	●	●	●
	位置开关（电子凸轮功能）		★	★	★	—	—
	回退		★	—	—	—	—
	手轮回退		★	★	—	—	—
	2 通道控制和干涉检测		—	★	—	—	—
	通道同步/混合/重叠控制		—	★	—	—	—
	进给轴同步		●	●	●	★	★
	串联控制		●	●	●	—	—
	串联减振控制		★	★	★	—	—
	转矩控制		●	●	●	—	—
	倾斜轴控制		★	★	—	—	—
	轴互锁、机床锁住、急停、超程保护		●	●	●	●	●
	存储行程检测 1、2、3，运动前检测		●	●	●	●	●
	软件限位外部设定		●	—	●	●	—
	卡盘、尾架保护		—	●	—	●	—
	异常负载检测（刀具过载保护）		●	●	●	●	●
	I/O－Link 驱动器异常负载检测		★	★	★	—	—
	误操作防止		●	●	●	●	●
	转子位置检测		★	★	★	—	—
	0.0001mm/0.00001in/0.0001°输入		●	●	—	●	●
	柔性齿轮比设定		●	●	●	●	●
	HRV2/HRV3 控制		●	●	●	●	●

（续）

软件与功能		FS－0i			FS－0i Mate	
		MD	TD	PD	MD	TD
坐标轴控制	公英制转换	●	●	●	●	●
	倒角 ON/OFF	—	●	—	●	—
	临时绝对坐标系设定	★	★	—	—	—
	冗余检测（需要 PMC 的 I/O－Link 扩展 3 或 PROFIBUS－DP）	★1	★1	★	—	—
	MDI/DNC/MEM 程序运行	●	●	●	●	●
	程序/程序段检索和比较停止	●	●	●	●	●
	程序重新启动	●	●	—	●	●
	手轮中断	●	●	—	●	●
	刚性攻螺纹回退	●	★	—	●	★
	3 维刚性攻螺纹回退	★	★	—	—	—
	空运行、单段、跳段、跳步切削	●	●	●	●	●
	JOG、回参考点、手轮操作及设定	●	●	●	●	●
	3 手轮操作	●	★	●	●	—
	3 维手轮进给	★	—	—	—	—
	αi 系列伺服控制	●	●	●	—	—
	βi 系列伺服控制	●	●	●	●	●
	位置全闭环控制	★	★	★	★	★
	绝对地址编码光栅接口及扩展	★	★	★	—	—
	双位置反馈	★	★	★	—	
	模拟伺服适配器	●	●	●	—	—
	SERVO GUIDE 伺服调试软件	★	★	★	★	★
插补功能	纳米插补	●	●	●	●	●
	单向定位（G60）	●	—	—	●	—
	攻螺纹进给（G63）	●	●	—	●	●
	螺纹切削加工	●	●	—	●	●
	多头螺纹切削加工	—	●	—	—	●
	变导程螺纹切削加工	—	●	—	—	●
	螺旋线插补	●	★	●	●	—
	圆柱面插补	●	●	—	★	●
	极坐标插补	—	●	—	—	●
	多边形车削	—	●	—	—	—
	法线方向控制	●	—	●	—	—
	分度台分度	●	—	—	—	—
进给功能	F1 位数进给	●	—	—	●	—
	时间恒定控制（反比时间进给）	●	—	—	—	—

（续）

软件与功能		FS－0i			FS－0i Mate	
		MD	TD	PD	MD	TD
进给功能	主轴每转进给	●	●	—	●	●
	手动每转进给	—	●	—	—	●
	线速度恒定控制与最大速度限制	●	●	—	●	●
	自动加减速、S形加减速	●	●	●	●	●
	拐角自动减速	●	—	●	●	—
	圆弧插补速度限制	●	—	●	●	—
	AI控制	●	—	—	●	—
	AI轮廓控制Ⅰ	★	★	—	★	★
	AI轮廓控制Ⅱ	★1	★1	—	—	—
	插补前S形加减速	★	★	—	★	★
	刚性攻螺纹S形加减速	★	—	—	—	—
	刚性攻螺纹自适应加减速	★	★	—	—	—
	S形加速度加减速（加加速度控制）	★1	—	—	—	—
编程功能	直径/半径编程	●	●	—	●	●
	极坐标编程	●	—	—	●	—
	48组附加工件坐标系设定	●	—	—	●	—
	蓝图编程	—	●	—	—	●
	G代码体系A、B、C	—	●	—	—	●
	普通车削循环	—	●	—	—	●
	自动倒圆角	—	●	—	—	●
	任意角度倒角	●	—	—	●	—
	复合车削循环	—	●	—	—	●
	端面深孔与槽加工循环	—	●	—	—	—
	孔加工循环	●	●	—	●	●
	拐角倍率控制	●	—	●	●	—
	拐角减速控制	●	—	●	●	—
	圆弧插补进给速度限制	●	—	●	●	—
	比例缩放	●	—	●	●	—
	坐标旋转	●	—	●	●	—
	可编程的镜像加工	●	—	—	●	—
	坐标系偏移和直接测量输入	—	●	—	—	●
	小孔排屑循环	●	—	—	●	—
	对话编程	●	●	●	●	●
	0i引导编程	★	★	—	—	—
	轮廓编程	★	★	—	—	—
	车削加工引导循环	—	★	—	—	—

（续）

软件与功能		FS－0i			FS－0i Mate	
		MD	TD	PD	MD	TD
编程功能	动态刀具轨迹显示	★	★	—	—	—
	铣削加工引导循环	★	—	—	★	—
	C 语言、宏指令执行程序	★	★	★	★	★
	TURN MATEi 编程	—	★	—	—	★
	存储器容量扩展到 320KB	○2	○2	※	※	※
	存储器容量扩展到 512KB	○1	○1	●	●	●
	存储器容量扩展到 1MB、3MB、5MB、8MB	—	★	—	—	—
	存储器容量扩展到 2MB	★	★	★	—	—
	存储器容量扩展到 4MB	★	★	★	★	★
	存储器容量扩展到 6MB	★	★	★	—	—
	存储器容量扩展到 12MB	★	★	★	—	—
辅助功能	8 位 M 代码、8 位 B 代码	●	●	●	●	●
	高速 M/S/T/B 和辅助机能锁住	●	●	●	●	●
	每程序段 3 个 M 功能编程	●	●	●	●	●
	轴运动时辅助机能输出	★	★	—	—	—
主轴控制	S 代码的二进制输出	●	●	—	●	●
	主轴 S 模拟输出	●	●	—	●	●
	串行主轴控制	●	●	—	●	●
	主轴传动级交换	●	●	—	●	●
	线速度恒定控制	●	●	—	●	●
	主轴定位控制	—	●	—	—	●
	Cs 轴控制	●	●	—	—	●
	主轴实际转速输出	—	●	—	—	●
	主轴转速波动检测	—	●	—	—	—
	第 2 主轴定向准停	●	●	—	—	—
	主轴切换控制	●	●	—	—	—
	主轴同步控制	●	●	—	—	—
	简易主轴同步控制	★	—	—	—	—
	多主轴控制	★	●	—	—	★
	刚性攻螺纹	●	●	—	●	●
	手轮刚性攻螺纹	★	★	—	★	★
	伺服电动机的主轴控制	★	★	—	—	★
	αi 系列主轴控制	●	●	—	—	—
	βi 系列主轴控制	●	●	—	●	●
刀具补偿	7＋1 或 6＋2 刀号/刀偏 T 代码	—	●	—	—	●
	8 位 T 代码、H/D 指令刀补号	●	—	—	●	—

（续）

软件与功能		FS－0i			FS－0i Mate	
		MD	TD	PD	MD	TD
刀具补偿	64组刀具补偿数据	—	●	—	—	●
	99组刀具补偿数据	—	★	—	—	★
	400组刀具补偿数据	●	—	—	●	—
	刀具位置偏置	●	●	—	●	●
	Y轴位置偏置	—	●	—	—	—
	刀具补偿C	●	—	—	●	—
	刀具形状、磨损补偿	—	●	—	—	●
	刀具寿命管理	●	●	—	●	●
	64/240/1000组刀具寿命管理	★	★	—	—	—
	刀具寿命管理扩展B、用户数据扩展	★	★	—	—	—
	刀具长度测量	●	●	—	●	●
补偿功能	反向间隙补偿、快速/进给分别补偿	●	●	●	●	●
	平滑型反向间隙补偿	★	★	★	—	—
	螺距误差补偿	●	●	●	●	●
	双向、直线型（斜度）螺距误差补偿	★	★	★	—	—
	直线度补偿	★	—	—	—	—
磨床功能	磨床功能A	★	—	—	★	—
	磨床功能B	★	★	—	★	★
冲床功能	冲床基本功能	—	—	●	—	—
	冲床附加功能	—	—	★	—	—
操作、设定、显示功能	后台编辑、程序保护、密码设定	●	●	●	●	●
	示教编程	●	●	—	●	●
	存储卡编辑与运行	★	★	★	★	★
	数据服务器编辑与运行	★	★	★	—	—
	时钟、运行时间/工件计数显示	●	●	●	●	●
	报警、报警履历、定期维护信息显示	●	●	●	●	●
	远程诊断	※	※	※	—	—
	伺服、主轴调整，伺服波形显示	●	●	●	●	●
	机床报警诊断	★	★	★	★	★
	机床操作菜单	★	★	★	—	—
	多语言显示与切换	●	●	●	●	●
	8级数据保护	★	★	★	★	★
	精度等级设定	★	★	—	★	—
	图形显示	●	●	—	●	●
	动态刀具轨迹显示	★	★	—	★	★
	触摸屏	★	★	★	★	★
	触摸屏虚拟MDI	★	★	★	—	—

（续）

软件与功能		FS－0i			FS－0i Mate	
		MD	TD	PD	MD	TD
数据输入/输出和通信	RS232、存储卡接口	●	●	●	●	●
	快速数据服务器	★	★	★	—	—
	快速以太网	★	★	★	—	—
	PROFIBUS－DP 主站	★	★	★	—	—
	PROFIBUS－DP 从站	★	★	★	—	—
	Device Net 主站	★	★	★	—	—
	Device Net 从站	★	★	★	—	—
	Mod bus/TCP 通信	★	★	★	—	—
	FL－net	★	★	★	—	—
PMC 功能	PMC/L，梯形图 5000 步	○2	○2	—	●	●
	PMC/L，梯形图 8000 步、24000 步	★2	★2	—	★	★
	PMC，梯形图 24000 步	○1	○1	●	—	—
	PMC，梯形图 32000 步、64000 步	★1	★1	★	—	—
	多语言 PMC 信息显示	★	★	★	★	★
	256/256 点 DI/DO	※	※	※	●	●
	1024/1024 点 DI/DO	●	●	●	★	★
	附加 1024/1024 点 DI/DO（扩展通道 2）	★1	★1	★	—	—
	PMC 冗余检测（扩展通道 3）	★1	★1	★	—	—
	PMC 扩展指令	★	★	★	★	★
	I/O－Link 总线/AS－i 总线转换	★	★	★	★	★

4.1.2　坐标轴控制功能

1. 坐标轴控制

金属切削机床的运动包括刀具的切削主运动和刀具轨迹运动两部分，在数控机床上，前者通过主轴控制，后者通过坐标轴控制。

刀具的运动轨迹需要与加工零件的形状（轮廓）要求一致，轨迹控制不仅需要控制位置和速度，而且还需要多个坐标轴进行插补。FS－0iD 的坐标轴分基本坐标轴、Cs 轴、PMC 控制轴和伺服主轴 4 类。

（1）基本坐标轴

基本坐标轴是由 CNC 控制位置、速度，直接决定刀具运动轨迹的坐标轴，它可以是直线轴、也可以是回转轴。基本坐标轴能利用加工程序指定位置、速度，并参与插补运算。

需要注意的是：数控机床的回转轴和分度轴的性质有所不同。回转轴不仅能在 360°范围的任意角度上定位，且在回转时能进行切削加工，并参与插补，它必须是 CNC 基本坐标轴。分度轴虽能够进行 360°回转，但只能分度单位（如 1°或 2°）的整数倍定位，回转时不能进行切削加工和参与插补，因此，分度轴可以用 CNC 基本坐标轴驱动，也可采用液压、气动或普通电动机驱动。

（2）PMC 控制轴

PMC 控制轴是指利用 PMC 程序控制运动的 CNC 基本坐标轴，通常用于复杂加工中心的自动换刀、工作台分度或交换等控制。PMC 控制轴只需要进行规定速度、规定位置的定位，故不需要通过加工程序对其编程，它可直接利用 PMC 程序代替加工程序指令。

需要注意的是：FS－0iD 的 PMC 控制轴和 PMC 辅助轴是不同的概念，PMC 辅助轴的位置、速度控制均在驱动器上实现，所有运动控制命令来自于 PMC，因此，它不是 CNC 基本坐标轴。在 FS－0iD 上，PMC 辅助轴一般用带 I/O－Link 接口的 βi 系列驱动器驱动。

（3）Cs 轴

Cs 轴控制又称 Cs 轮廓控制（Cs Contouring Control）轴，它是通过 CNC 进行闭环位置控制的机床主轴。利用 Cs 轴控制功能，主轴也可像数控回转轴一样，进行回参考点、定位和切削进给和参与插补运算。FS－0iD 的 Cs 轴控制必须配套 FANUC 主轴驱动器和高精度的位置检测编码器，Cs 轴是主轴功能的拓展，它不属于 CNC 基本坐标轴。

（4）伺服主轴

在部分复合加工机床、专用机床上，为了提高主轴的位置控制性能，有时也将伺服电动机用于主轴驱动。用于主轴驱动的坐标轴称为伺服主轴，它属于 CNC 基本坐标轴。

2. 控制和联动轴数

CNC 对坐标轴的控制能力是衡量 CNC 性能和水平的重要技术参数，它包括最大控制轴数、同时控制轴数（联动轴数）及可实现的特殊控制方式等。

（1）最大控制轴数

最大控制轴数是衡量 CNC 控制能力的参数，可控制的坐标轴数量越多，CNC 的适用面也就越广。例如，两轴控制的 CNC 可用于简单卧式车床控制，3 轴控制的 CNC 可用于普通的镗铣类机床或加工中心的控制，而带回转工作台的数控镗铣床或车削中心，则需要有 4～5 轴控制功能等。

（2）同时控制轴数

同时控制轴数又称联动轴数，是指能同时参与插补的坐标轴数量，这是衡量 CNC 轮廓加工能力的技术参数，同时控制轴的数量越多，其轮廓加工能力就越强。例如，利用 2 轴插补，理论上可实现 2 维平面上的任意轨迹加工；而具有 3 轴联动功能的 CNC，则可加工任意空间轨迹等。

（3）特殊控制方式

坐标轴的特殊控制功能可用于特殊控制。例如，对于双刀架、双主轴的数控车床，就需要将 CNC 的进给轴和主轴分为两组，为了能同时加工两种不同的零件，两组运动轴需要运行独立的加工程序，即相当于由一台 CNC 控制两台独立的机床，这样的功能称为通道（Canal）控制功能，在 FANUC 手册中又称路径（Path）控制等。

在 FS－0iD 系列产品中，FS－0iMD、FS－0iTD、FS－0iMateMD、FS－0iMateTD 的控制轴和联动轴的数量区别见表 4.1-2。

表 4.1-2 FS－0iD 系列 CNC 的轴控制功能表

软件与功能	FS－0i			FS－0i Mate	
	MD	TD	PD	MD	TD
最大控制轴数	7	8	7	5	5
单通道、7 轴控制	★	★	★	—	—
单通道、5 轴控制	●	★	●	★	★

（续）

软件与功能	FS－0i			FS－0i Mate	
	MD	TD	PD	MD	TD
单通道、4 轴控制	※	●	※	※	※
单通道、3 轴控制	※	※	※	●	●
双通道、4＋4 或 5＋3 轴控制	—	★1	—	—	—
双通道、6＋2 或 7＋1 轴控制	—	★	—	—	—
同时控制 4 轴（4 轴联动）	●	●	●	★	★
同时控制 3 轴（3 轴联动）	※	※	●	●	●
PMC 轴控制（无 Cs 轴控制）	●	●	●	★	★
Cs 轴控制	●	●	—	—	●

如果根据传统的习惯，FS－0iD 系列产品的轴控制功能可作如下简单的理解。

FS－0iMD：基本功能为 5 轴控制/4 轴联动，最大可实现 7 轴控制/4 轴联动。

FS－0iTD：基本功能为 4 轴控制/4 轴联动，最大可实现 7 轴控制/4 轴联动。系统可用于双通道控制，双通道合计最大可控制 8 轴，单个通道最大为 7 轴控制/4 轴联动。

FS－0iMateMD：基本功能为 3 轴控制/3 轴联动，最大可实现 5 轴控制/4 轴联动。

FS－0iMateTD：基本功能为 3 轴控制/3 轴联动，最大可实现 5 轴控制/4 轴联动。

4.1.3　主轴控制功能

从传统意义上说，CNC 除坐标轴控制外的其他功能，通称为辅助功能或辅助机能，因此，主轴控制也属于辅助功能的一种。但是，由于技术的进步，复合加工机床的出现，现代数控机床对主轴的控制要求越来越高，如 Cs 轴控制等功能已和坐标轴无太大的区别，因此，在先进的 CNC 上，主轴和坐标轴控制一样，正在成为 CNC 基本控制功能的一部分；对于位置控制性能要求较高时，有时还可采用前述的伺服主轴。

1. 功能说明

主轴是金属切削机床的主运动轴，用来驱动刀具（或工件）的旋转，实现切削加工。机床的切削速度与刀具（或工件）转速、直径有关，主轴的调速范围越大、切削速度的范围也就越宽，机床的适用面就越广，因此，速度控制是金属切削数控机床主轴的基本要求。

镗铣类机床的刀具安装在主轴上，为了传递加工转矩，刀具与主轴间需要通过键进行啮合，因此，换刀时必须保证主轴、机械手、刀库上的刀具键位置一致，要求主轴能在特定角度上准确停止，这一功能称为主轴定向准停（Spindle Orientation）功能。如主轴停止的位置能够在 360°范围上任意改变，则称主轴定位（Spindle Positioning）功能；进而，如主轴还能够像 CNC 回转轴一样参与其他坐标轴的插补，进行轮廓加工，就称为 Cs 轴控制。

在高效数控机床或大型、复杂机床上，有时还要求 CNC 能够同时控制多个主轴，这样的功能称为多主轴控制功能。多主轴需要由 CNC 进行控制，因此，其第 1 主轴必须采用串行主轴，第 2 主轴可根据需要选择串行主轴或模拟量输出控制。

2. 控制方式

FS－0iD 的主轴有模拟量输出和串行主轴两种控制方式。

（1）模拟量输出

在 CNC 加工程序中，主轴转速一般用 S 代码进行指定。为了便于和变频器等采用模拟电压控制的主轴调速装置连接，S 代码可通过 D－A 转换器转换为 DC－10～10V 的模拟电压输出，这一功能称为主轴模拟量输出功能。主轴模拟量输出功能需要选配带 D－A 转换电路的主轴模拟量输出卡。用 S 模拟量控制主轴转速的 CNC，对主轴调速装置无要求，但它不能由 CNC 控制位置，故不能实现 Cs 轴控制功能，且其主轴定向准停、主轴定位需要在主轴驱动装置上实现。

（2）串行主轴控制

串行主轴控制是使用串行总线由 CNC 控制主轴的功能。通过总线通信，CNC 不但可以向主轴驱动器传送速度和位置指令，且还接收来自驱动器的位置、速度反馈信号，因此，CNC 可像坐标轴一样控制主轴的转速和进行主轴定向准停、主轴定位和 Cs 轴控制。串行主轴通信需要专门的通信协议，因此，需要使用 CNC 生产厂家配套提供的主轴驱动器。在 FS－0iD 上，CNC 和主轴驱动器通过 I/O－Link 总线通信，需要 Cs 轴控制时，主轴位置检测编码器应通过分离型检测单元，连接到 FSSB 伺服总线上。

FS－0iD 的串行控制主轴与主轴模拟量输出功能的主要区别见表 4.1-3。

表 4.1-3 串行主轴与主轴模拟输出的功能区别表

项目	控制方式	
	主轴模拟输出	串行主轴控制
主轴的参数调整和设定	在主轴驱动器上进行	在 CNC 上进行
主轴起/停和转向控制	利用 PMC 或强电线路控制	利用 CNC 与 PMC 的内部信号控制
主轴转速输出	DC－10～10V 模拟量	串行通信信号
主轴定向准停	在驱动器上实现	由 CNC 控制
主轴定位	在驱动器上实现	由 CNC 控制
螺纹车削加工或攻螺纹加工	需配位置编码器，由 CNC 控制	由 CNC 控制
Cs 控制	不可以	可以，但需要专门的位置检测编码器
可控制的主轴数	1 轴	4 轴

3. 控制主轴数

FS－0iD 是一种可用于多主轴控制的 CNC，系列产品中各型号产品可控制的主轴数量见表 4.1-4。

表 4.1-4 FS－0iD 系列 CNC 的主轴控制功能表

软件与功能		FS－0i			FS－0i Mate	
		MD	TD	PD	MD	TD
2 通道控制	2 通道合计最大主轴数	—	4	—	—	—
	每通道最大主轴数	—	3	—	—	—
	1＋1 或 2＋0 控制	—	●	—	—	—
	2＋1 或 2＋2、3＋1 控制	—	★	—	—	—
单通道控制	最大主轴数	2	3	—	1	2
	3 主轴控制	—	★	—	—	—
	2 主轴控制	●	●	—	—	★
	1 主轴控制	※	※	—	●	●
Cs 轴控制		●	●	—	—	●

如果根据传统的习惯，对 FS－0iD 系列 CNC 的主轴控制功能作如下简单的理解。

FS－0iMD：基本功能可控制 2 个主轴，主轴可用作 Cs 轴控制。

FS－0iTD：基本功能可控制2个主轴，最大可控制3个主轴，主轴可用作Cs轴控制。系统可用于双通道控制，2通道合计最大可控制4个主轴，一个通道最大可控制3个主轴。

FS－0iMateMD：只能控制1个主轴，主轴不能用于Cs轴控制。

FS－0iMateTD：基本功能可控制1个主轴，最大可控制2个主轴，主轴可用作Cs轴控制。

4.1.4　其他控制功能

除坐标轴控制和主轴控制功能外，FS－0iD还包括了大量与操作、显示、编程、数据输入/输出相关的常规功能，及用于机床辅助动作控制的辅助功能、用于提高机床工作精度的补偿功能等。有关常规功能的说明可参见本书作者编写、机械工业出版社配套出版的《FANUC－0iD编程与操作》一书，辅助功能和补偿功能简介如下。

1. 辅助功能

在加工程序中，CNC的辅助功能一般用M、B、E等代码来指令，以M代码指令为常用，故称第1辅助功能；而B、E代码一般只在特殊机床上使用，故称第2、第3辅助功能。从指令的性质和CNC处理方式上看，主轴转速指令S、刀具指令T也属于CNC辅助功能的范畴，但由于S、T指令的控制对象明确、作用固定，故也可将其作为独立的指令。

辅助功能的可以在加工程序中自由编程，CNC在执行加工程序时，可将辅助功能的十进制代码转换为二进制信号，传送到外部或内置PMC上，以便通过强电线路或PMC程序控制机床的冷却、润滑、排屑或工作台交换、分度等辅助动作。

辅助功能的作用与意义可由机床生产厂家自由定义。在M代码指令中，除了M00、M01、M02、M30等少数与CNC加工程序的执行直接相关的M代码外，其余均可由机床设计者定义与使用。因此，同一辅助功能代码在不同的机床上可能有完全不同的含义，编程必须参照机床生产厂家提供的使用说明书进行。

FS－0iD可使用第1辅助功能和第2辅助功能。在加工程序中，第1辅助功能M可使用8位十进制代码M0～M9999 9999编程；第2辅助功能可使用8位带符号与小数点的十进制数编程。CNC可将辅助功能代码以32位二进制的形式传送到内置PMC上，用户可通过PMC程序的编制，定义其功能和机床动作。

2. 误差补偿功能

为了提高数控机床的定位和轮廓加工精度，FS－0iD除了可使用反向间隙补偿、螺距误差补偿等常规功能，还可使用直线度补偿、倾斜补偿等特殊补偿功能，进一步提高机床精度。

（1）反向间隙补偿

反向间隙补偿功能用来补偿齿轮、齿条、同步传动带、滚珠丝杠、蜗轮、蜗杆等机械传动部件，因运动方向改变所产生的传动间隙。在传统的CNC上，反向间隙补偿只能设定一个固定的数值，它是与坐标轴运动速度无关的间隙平均值。FS－0iD增加了快速运动间隙和进给运动间隙独立补偿功能，可根据运动速度进行不同值的间隙补偿。

反向间隙补偿方向总是使运动距离增加，例如，当坐标轴由正向运动转为负向运动时，需要增加反向运动距离，补偿值自动取负；而当负向运动转为正向运动时，需要增加正向运动距离，补偿值自动取正等。在传统的CNC上，反向间隙补偿在坐标轴反向的瞬间，一次性加入，故存在冲击，FS－0iD可通过选择功能，使得反向间隙补偿根据反向运动的距离，逐步加入到运动过程中，这一功能称为平滑型反向间隙补偿功能。

（2）螺距误差补偿

螺距补偿功能用来补偿齿轮/齿条、滚珠丝杠、蜗轮/蜗杆等机械传动部件的加工误差，每一坐标轴需要设定多个补偿值。传统的螺距补偿只能对指定位置的误差平均值进行补偿，但在实际机床上，同一位置的正向定位与反向定位误差存在差别，例如，当某点的正向定位误差为+5μm、反向定位误差为－5μm时，其误差平均值为0，故无法进行补偿。为了解决以上问题，在FS－0iD增加了双向螺距误差补偿功能。双向螺距误差补偿可对正向定位和反向定位的误差进行独立补偿，理论上说可通过补偿达到很高的定位精度。

此外，FS－0iD还可采用直线型螺距误差补偿（FANUC手册称斜度补偿）功能，简化螺距误差补偿操作。传统螺距误差补偿的每补偿点都需要独立设定补偿值，因此，其计算和补偿较麻烦。使用直线型螺距误差补偿功能后，可根据螺距误差变化规律，用3条误差补偿线来取代补偿点的补偿值，CNC可根据补偿线自动计算对应补偿点的补偿值，从而简化螺距误差补偿操作。功能可用于误差呈现线性变化、可用3条直线拟合的坐标轴补偿。

（3）直线度补偿

直线度补偿又称交叉误差补偿，它一般用于大中型长行程机床。在长行程机床上，如一个坐标轴的直线度不良，轴运动将引起其他轴的位置变化，因此，需要根据运动轴的位置对另一轴进行误差补偿，以修正因直线度不良所造成的误差。直线度补偿只能用于FS－0iMD，其补偿原理和螺距误差补偿基本相同，两者可同时使用，补偿值可叠加。

4.2 CNC参数与设定

4.2.1 参数的基本说明

1. 参数分类

CNC是一种通用控制器，它可用于不同要求、不同规格的数控机床控制。为了使CNC能够适应特定机床的控制要求，需要通过CNC参数的设定，来确定系统结构、选择功能、实现动作等，因此，正确设定CNC参数是实现CNC功能的前提条件。

由于全功能CNC的参数众多，为了便于用户使用，CNC生产厂家一般需要根据CNC功能，将其分类存储。FS－0iD的CNC参数分类见表4.2-1，参数的具体说明可参见本书附录A。

表4.2-1 CNC参数分类一览表

参数号	参数功能	参数号	参数功能
0000～0999	CNC通信及其他设定参数	5400～5899	特殊编程功能参数
1000～1100	坐标轴配置参数	6000～6199	用户宏程序参数
1200～1299	坐标系设定参数	6200～6299	高速输入设定参数
1300～1399	行程保护参数	6300～6399	外部操作、显示参数
1400～1599	进给速度控制参数	6400～6499	手轮回退控制参数
1600～1799	加减速控制参数	6500～6699	图形显示参数
1800～1999	坐标轴特殊配置参数	6700～6799	时间、工件计数参数
2000～2999	伺服驱动参数	6800～6899	刀具寿命管理参数
3000～3099	PMC接口设定参数	6900～6999	电子凸轮控制参数
3100～3399	操作、显示参数	7000～7699	特殊功能设定参数
3400～3599	基本编程功能参数	7700～7799	电子齿轮箱功能参数
3600～3699	误差补偿参数	8000～8099	PMC轴控制参数
3700～4999	主轴参数	8100～8129	多通道控制参数
5000～5099	刀具测量、补偿参数	8130～8999	CNC基本功能配置参数
5100～5199	固定循环参数	9900～9999	CNC选择功能配置参数
5200～5399	刚性攻螺纹参数	10000～19999	CNC补充参数

由于CNC的功能在不断改进、完善中，不同时间生产的CNC，其参数可能稍有区别。此外，除了CNC控制轴数和少数特殊功能外，FS－0iD的其他功能上已和FS－16i/18i/21i/31i等高档CNC接近，其CNC参数的参数号、含义、作用与FS－16i/18i/21i/31i基本相同，故本书后述的内容也可供FS－16i/18i/21i/31i等高档CNC调试、维修时参考。

2. 参数格式

根据CNC参数的性质，FS－0iD的参数设定和显示有如下5种基本格式。

位型：以二进制位为单位进行设定和显示的CNC参数，此类参数多与CNC功能相关，参数允许输入的值为“0”或“1”。

字节型：以字节（8位二进制）为单位进行设定和显示的CNC参数，参数以十进制数值的形式设定，输入范围为－128～127或0～255。

字型：以字为单位（16位二进制）进行设定和显示的CNC参数，参数以十进制数值的形式设定，输入范围为－32768～32767或0～65535。

双字型：以双字（32位二进制）为单位进行设定和显示的CNC参数，参数以十进制数值的形式设定，实际输入范围为－99999999～99999999。

字符型：以特殊的字符编码进行设定和显示的CNC参数，参数以十进制数值的形式设定，输入只能在规定范围选择。

为了便于阅读和编辑，并考虑早期CNC的继承性，本书对CNC参数表示采用了如下表示形式。

位型参数：以“PRM＋参数号·位”的形式表示，如PRM1002.6代表1002号参数的二进制位bit6等，它等同于FANUC－0iD手册上的No1002#6。

其他参数：统一以“PRM＋参数号”表示，参数值根据允许的其输入范围设定，在参数中不再进行特别说明。

此外，本书在介绍CNC参数时，对其单位、排列方式、符号进行了如下统一规定。

1）CNC参数中未注明单位的位置参数，其输入单位为CNC的最小移动单位。例如，PRM1241为第2参考点的位置设定，当CNC最小移动单位设定为0.001mm时，PRM1241＝100000代表第2参考点的位置为100mm等。

2）需要组合使用的二进制位参数，其二进制值从高到低排列。例如，参数PRM1816.6、PRM1816.5、PRM1816.4为坐标轴检测倍率设定参数，参数值100代表设定PRM1816.6＝1、PRM1816.5＝0、PRM1816.4＝0等。

3）对于下述的“轴型”CNC参数，用参数号加后缀“n”，代表参数需要对不同的坐标轴进行单独的设定，它等同于FANUC－0iD手册上的后缀“x”。

3. 轴型参数

数控机床一般有多个坐标轴，其坐标轴参数需要根据不同坐标轴的要求，进行分别设定。由于CNC的不同坐标轴所要求的参数名称、数量、类型、性质、设定范围一致，为了减少参数号，简化设定操作，FS－0iD将CNC参数分为了“非轴型”和“轴型”两类。

“非轴型”参数就是普通的CNC参数，这些参数均有独立的参数号和唯一的设定值。“轴型”参数是指在同一参数号下，需要对每一坐标轴进行设定的参数，一个参数号有多个设定值，但其意义、作用相同。“轴型”参数和“非轴型”参数都有二进制位型、字节型、字型、双字型格式。“轴型”和“非轴型”参数可根据参数的性质进行区分，此外，也可以直接通过图4.2-1所示的LCD显示进行区分。

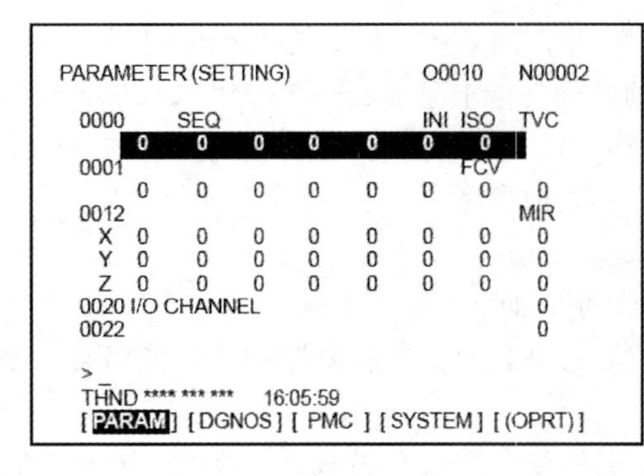

a)

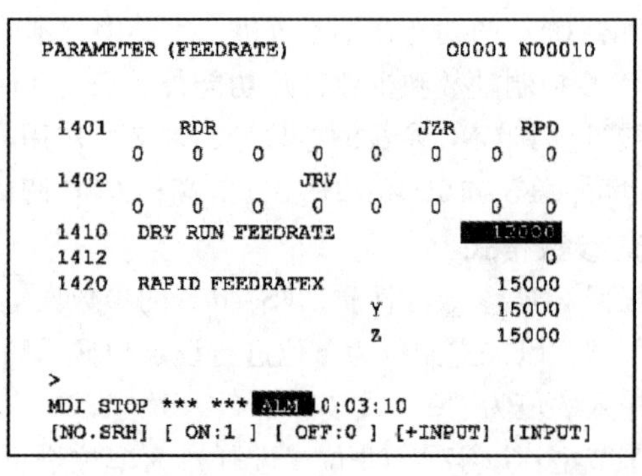

b)

图 4.2-1 轴型参数与非轴型参数显示

a）二进制位参数 b）十进制数值参数

例如，图 4.2-1a 显示页上的 PRM0001 是“非轴型”的二进制位参数，PRM0012 是“轴型”的二进制位参数，不同坐标轴的设定值通过参数号下的坐标轴名称 *X*、*Y*、*Z* 进行区分；而图 4.2-1b 显示页上的 PRM1410 为非轴型双字长十进制参数（各坐标轴共同的空运行速度），PRM1420 则是“轴型”的双字长十进制参数（*X*、*Y*、*Z* 轴独立的快进速度）等，对此，本书原则上不再对此进行特别说明。

4.2.2 参数显示和设定

1. 基本说明

FS－0iD 的 CNC 参数可采用多种方法输入。例如，对于首次调试或维修时的少量参数修改，一般利用 CNC 的 MDI/LCD 面板操作进行；数控机床批量调试或需要进行参数一次性恢复时，可采用存储卡装载、RS232 接口输入、以太网输入等方法输入 CNC 参数。

通常而言，CNC 参数 MDI/LCD 面板显示和设定，需要通过功能键【SYSTEM】，选择【参数】显示模式进行，但也可以采用其他方式。例如，工件坐标系设定、刀具补偿、宏程序变量、行程保护、刀具寿命管理、误操作保护等参数，也可通过 CNC 的偏置/设定【OFS/SET】操作进行显示和设定；CNC 的伺服、主轴配置参数可利用伺服和主轴设定引导操作进行显示和设定；此外，利用 CNC 参数快捷设定操作，还可分组、分类显示和设定保证机床工作最低要求所需的基本 CNC 参数等。以上不同的显示和设定方法，只是操作方法上的不同，其效果一致。有关 CNC 参数显示和设定的操作方法详见由本书作者编写、机械工业出版社出版的《FANUC－0iD 编程与操作》一书。

2. 参数显示

FS－0iD 利用 MDI/LCD 面板显示 CNC 参数的一般操作步骤如下：

1）按 MDI 面板的功能键【SYSTEM】、选择 CNC 的系统显示模式。

2）按软功能键【参数】，LCD 将显示图 4.2-2 所示的 CNC 参数显示页面。

在【参数】显示模式下，FS－0iD 的全部 CNC 参数按参数号依次排列，故可以进行所有 CNC 参数的设定。

参数页面显示后，操作者可通过 MDI 面板上的选页键【PAGE↑】、【PAGE↓】或通过光标移动键【↑】、【↓】调整光标，改变参数显示页面、选择需要的参数。此外，操作者也可通过以下操作直接查看指定号参数。

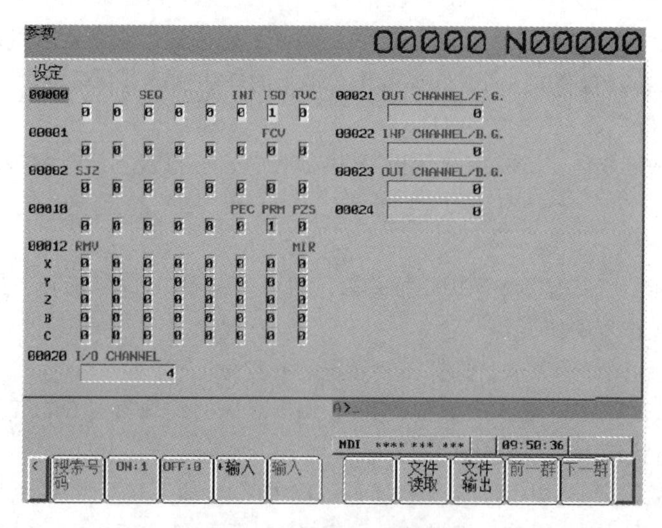

图 4.2-2　CNC 参数显示

3）用 MDI 面板输入需要显示的参数号，按软功能键【搜索号码】，LCD 将直接切换到该参数所在的显示页，并将光标定位到指定的参数上。

参数显示页面的第 2 行为参数的性质显示，当显示图 4.2-2 所示的“设定”时，代表所选择的参数为 CNC 设定参数。设定参数可直接进行输入或修改，无需进行下述的参数写入保护取消操作。CNC 设定参数还可通过按 MDI 面板的功能键【OFS/SET】、在偏置/设定显示模式下显示和设定，有关内容详见《FANUC－0iD 编程与操作》一书。

3. 参数设定使能

CNC 参数的变更将影响到 CNC 功能和机床动作，为防止操作者的错误修改，除 CNC 设定参数外，其他大多数参数在正常情况下均处于写入保护状态。因此，设定 CNC 参数时，需要先通过如下操作，取消参数保护功能。

1）选择 MDI 操作方式或使 CNC 进入急停状态，生效 CNC 的 MDI 操作。

2）按 MDI 面板的功能键【OFS/SET】选择偏置/设定显示模式。

3）按软功能键【设定】，LCD 将显示图 4.2-3 所示的设定参数显示页面。

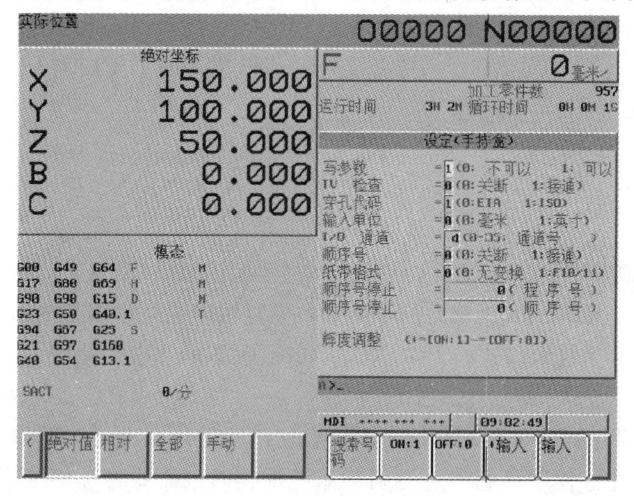

图 4.2-3　CNC 设定参数显示

4）用 MDI 面板的光标移动键【↑】、【↓】，将光标定位到“写参数”的输入框。

5）按软功能键【（操作）】后，选择操作菜单上的软功能键【ON：1】，使得参数输入成为“可以”（允许）状态。

参数写入保护一旦取消，CNC 将显示报警 SW0100，这一报警不影响参数的设定，可继续进行下述的参数设定操作。

4. 参数设定

当参数设定使能、CNC 显示 SW0100 报警后，便可通过 MDI/LCD 面板，进行 CNC 参数的手动输入或修改，其操作步骤如下：

1）按照参数显示同样的方法，选择需要设定的参数号。

2）用 MDI 面板的数字键输入参数值，并按 MDI 面板的编辑键【INPUT】或软功能键【输入】、【+输入】，直接输入或增量修改参数值。

如果修改的参数需要通过 CNC 电源的 OFF/ON 操作生效，LCD 将在参数修改后显示报警“PW0000”，这一报警同样不影响后续参数的设定操作，可继续进行下一步操作。

3）重复步骤 1）和 2），完成全部参数的设定或修改。

为了简化参数设定操作，如需要进行多个参数的连续设定，输入时可首先将光标定位到起始参数号上，然后利用 MDI 面板，以“参数值+【EOB】、参数值+【EOB】、…”的形式输入连续的参数值，输入完成后，按编辑键【INPUT】一次性输入。连续参数值输入时，参数值 0 可省略，相同的参数值可通过“=”代替。

例如，如依次按 MDI 面板上的[1]、[2]、[3]、[4]、【EOB】、[5]、[6]、[7]、[8]、【INPUT】键，可将连续 2 个参数的参数值分别设定为 1234、5678；如依次按[1]、[2]、[3]、[4]、【EOB】、【EOB】、[9]、[9]、[9]、[9]、【INPUT】键，则可将 3 个连续参数的参数值分别设定为 1234、0、9999；如依次按[1]、[2]、[3]、[4]、【EOB】、[=]、【EOB】、[=]、【INPUT】键，则可将 3 个连续参数设定为 1234、1234、1234 等。

4）全部参数设定完成后，可再次通过功能键【OFS/SET】，重新选择图 4.2-3 所示的设定参数显示页面，然后在“写参数”的输入框输入“0”，重新生效参数输入保护。

5）按 MDI 面板的【RESET】键，清除报警 SW0100；如需要 CNC 电源 OFF/ON 生效的参数被修改、LCD 显示有报警“PW0000”，则需要关闭 CNC 电源、重新启动 CNC。

4.3 数据备份与恢复

4.3.1 引导系统操作

批量生产的数控机床调试或维修时的全部参数恢复可以通过存储卡的引导系统（BOOT SYSTEM）操作进行，引导系统可以进行 PMC 程序、CNC 参数的一次性装载，或备份与恢复 PMC 程序、CNC 参数。

FS－0iD 的引导系统操作可利用存储卡进行，它比使用计算机更加简单、方便，是数控机床调试和维修常用的操作。使用存储卡进行引导系统操作时，需要将存储卡安装到 LCD 边的存储卡接口上，同时，还需要将 CNC 的输入/输出设备接口选择参数 PRM020 设定为“4”，生效存储器卡接口。FS－0iD 的引导系统操作方法如下。

1. 引导系统进入与退出

引导系统可通过如下操作进入。

1）同时按住图 4.3-1 所示的、MDI/LCD 面板上的最右侧的软功能键和软功能扩展键，或同时按住 MDI 面板的数字键6与7，接通 CNC 电源。

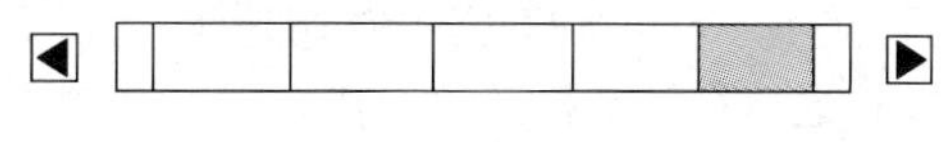

图 4.3-1　引导系统的进入

2）CNC 进入引导系统后，LCD 将显示图 4.3-2 所示的引导系统主菜单。

3）通过操作软功能键【UP】、【DOWN】调节光标，选择所需要的操作。

4）按软功能键【SELECT】选定操作；部分操作还需要通过软功能键【YES】、【NO】确认。

```
SYSTEM MONITOR MAIN MENU

1. END
2. USER DATA LOADING
3. SYSTEM DATA LOADING
4. SYSTEM DATA CHECK
5. SYSTEM DATA DELETE
6. SYSTEM DATA SAVE
7. SRAM DATA UTILITY
8. MEMORY CARD FORMAT

*** MESSAGE ***
SELECT MENU AND HIT SELECT KEY.
[ SELECT ][  YES  ][  NO  ][  UP  ][  DOWN  ]
```

图 4.3-2　引导系统主菜单显示

2. 引导系统功能

在图 4.3-2 所示的引导系统主菜单上，不同选项可实现的功能如下：

1）END：结束引导系统操作，返回 CNC 操作系统。

2）USER DATA LOADING：用户数据装载，可将存储卡中的用户数据文件装载到 CNC 中。

3）SYSTEM DATA LOADING：系统数据装载，可将存储卡中的系统数据文件装载到 CNC 中。

4）SYSTEM DATA CHECK：系统数据校验，可在 LCD 上显示 CNC 系统数据文件一览表和软件的系列、版本号等。

5）SYSTEM DATA DELETE：系统数据删除，可删除 CNC 中的系统文件与用户文件。

6）SYSTEM DATA SAVE：系统数据保存，可将 CNC 中的用户文件（PMC 程序等）写入到存储卡中（系统文件不能写入）。

7）SRAM DATA UTILITY：SRAM 数据备份，可将 CNC－SRAM 中的机床参数、CNC 加工程序等保存到存储卡中；或将存储卡中保存的机床参数、CNC 加工程序装载到 CNC－SRAM 中。

8）MEMORY CARD FORMAT：存储卡格式化，一次性删除存储卡中的全部文件。

3. 引导系统的退出

如需要结束引导系统操作，回到正常的 CNC 工作方式，其操作步骤如下：

1）按软功能键【UP】、【DOWN】，在引导系统主菜单中选择 END。

2）按软功能键【SELECT】选定 END 操作。

3）按软功能键【YES】确认。

4）CNC 进行系统数据的检查，状态行显示“CHECK CNC BASIC SYSTEM”。

5）如果系统数据正确，启动 CNC 基本系统，状态行闪烁显示“LOADING BASIC TO DRAM”。启动结束后，CNC 回到正常的工作方式。

4. 存储卡的格式化

用于 CNC 数据备份和恢复的存储卡需要进行格式化处理。选择引导系统的存储卡格式化（MEMORY CARD FORMAT）项目，可删除存储卡中的所有数据与文件。存储卡格式化操作步骤如下：

1）操作软功能键【UP】、【DOWN】，在引导系统主菜单中选择存储卡格式化（MEMORY CARD FORMAT）项目。

2）按软功能键【SELECT】，选择存储卡格式化操作。

3）按软功能键【YES】，开始格式化存储卡。

4）格式化完成后，状态行显示“FORMAT COMPLETE”。

5）按软功能键【SELECT】退出存储卡格式化操作。

4.3.2 数据装载、校验与删除

1. 数据装载

选择引导系统的用户数据装载（USER DATA LOADING）或系统数据装载（SYSTEM DATA LOADING）菜单，可以将存储卡中的用户文件、系统文件装载到 CNC 中。数据装载的操作步骤如下：

1）操作软功能键【UP】、【DOWN】，在引导系统主菜单中选择用户数据装载（USER DATA LOADING）或系统数据装载（SYSTEM DATA LOADING）项目。

2）按软功能键【SELECT】选择，LCD 可显示图4.3-3 所示的存储卡上的文件目录，当文件较多时，可分页显示。

3）利用【UP】、【DOWN】软功能键，将光标调节到需要装载到 CNC 的文件名上。

4）按软功能键【SELECT】选择需要装载的文件。

5）按软功能键【YES】开始将存储卡中的文件装载到 CNC 中。

6）装载完成后，状态行显示“LOADING COMPLETE”。

7）重复3）~6）完成全部文件的装载。

8）按软功能键【SELECT】退出数据装载操作。

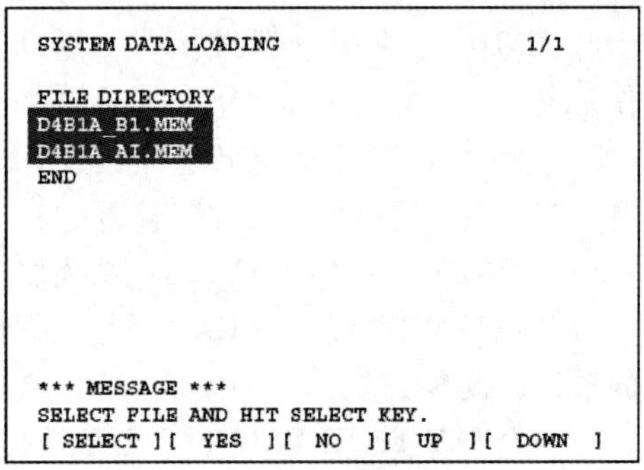

```
SYSTEM DATA LOADING                    1/1

FILE DIRECTORY
D4B1A_B1.MEM
D4B1A_A1.MEM
END

*** MESSAGE ***
SELECT FILE AND HIT SELECT KEY.
[ SELECT ][  YES  ][  NO  ][  UP  ][  DOWN  ]
```

图4.3-3 数据装载显示

2. CNC 系统数据校验

选择引导系统的系统数据校验（SYSTEM DATA CHECK）项目，可以检查、校验 CNC 系统数据。系统数据校验操作步骤如下：

1）利用软功能键【UP】、【DOWN】，在引导系统主菜单中选择系统数据校验（SYSTEM DATA CHECK）项目。

2）按软功能键【SELECT】选择，LCD 可显示图4.3-4 所示的 CNC 文件目录。

3）利用【UP】、【DOWN】软功能键，将光标调节到需要校验的文件名上。

4）按软功能键【SELECT】，LCD 即可显示所选文件的详细信息，如软件的系列号、版本号等。

5）按软功能键【SELECT】退出系统数据校验操作。

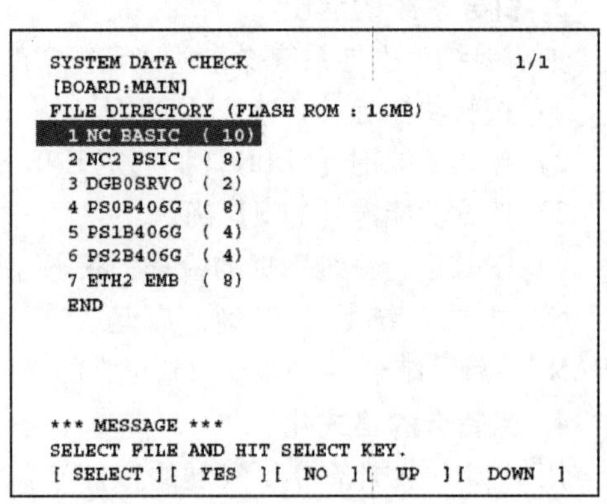

图4.3-4 CNC 文件目录

3. CNC系统数据删除

选择引导系统的系统数据删除（SYSTEM DATA DELETE）项目，可删除CNC上的系统数据。系统数据删除操作步骤如下：

1）利用软功能键【UP】、【DOWN】，在引导系统主菜单中选择系统数据删除（SYSTEM DATA DELETE）项目。

2）按软功能键【SELECT】选定，LCD显示图4.3-4所示的CNC系统数据文件目录，文件较多时分多页显示。

3）利用【UP】、【DOWN】软功能键，将光标调节到需要删除的文件名上。

4）按软功能键【SELECT】，选择需要删除的文件。

5）按软功能键【YES】，开始删除文件。

6）删除完成后，状态行显示“DELETE COMPLETE”。

7）重复3）~6）完成全部文件的删除。

8）按软功能键【SELECT】退出系统数据删除操作。

4.3.3　系统数据的保存和备份

1. CNC系统数据保存

选择引导系统的系统数据保存（SYSTEM DATA SAVE）项目，可将CNC中的系统文件、用户文件（PMC程序、PMC参数、符号表、文本信息等）保存到存储卡中。系统数据保存操作步骤如下。

1）操作软功能键【UP】、【DOWN】，在引导系统主菜单中选择系统数据保存（SYSTEM DATA SAVE）项目。

2）按软功能键【SELECT】选定，LCD显示图4.3-5所示的CNC文件目录，当文件较多时可分页显示。

3）利用【UP】、【DOWN】软功能键，将光标调节到需要保存到存储卡的文件名上。

4）按软功能键【SELECT】，选择需要保存到存储卡的文件。

5）按软功能键【YES】，开始将CNC的文件保存到存储卡中。

6）保存完成后，状态行显示“FILE SAVE COMPLETE”。

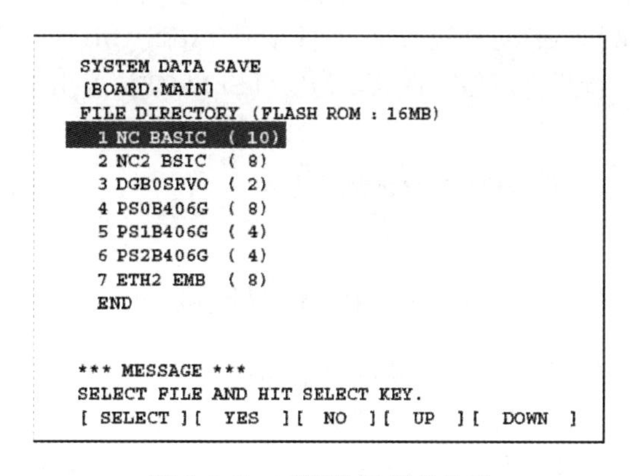

图4.3-5　系统数据保存显示

7）重复3）~6）完成全部文件的保存。

8）按软功能键【SELECT】退出系统数据保存操作。

2. CNC系统数据备份

选择引导系统的系统数据备份（SRAM DATA UTILITY）项目，可以将CNC-SRAM中的机床参数、CNC加工程序等保存到存储卡中；或将存储卡中保存的机床参数、CNC加工程序装载到CNC-SRAM中。系统数据备份操作步骤如下：

1）利用软功能键【UP】、【DOWN】，在引导系统主菜单中选择系统数据备份（SRAM DATA UTILITY）项目。

2）按软功能键【SELECT】选定，LCD 显示图 4.3-6 所示的页面。

```
SRAM DATA BACKUP
[BOARD:MAIN]
 1. SRAM BACKUP (CNC→MEMORY CARD)
 2. RESTORE SRAM (MEMORY CARD→CNC)
 3. AUTO BKUP RESTORE (F-ROM→CNC)
 4. END
  SRAM SIZE  :  1.0MB
  FILE NAME  :

*** MESSAGE ***
SELECT MENU AND HIT SELECT KEY.
[ SELECT ][  YES  ][  NO  ][  UP  ][  DOWN  ]
```

图 4.3-6 系统数据备份显示

在图 4.3-6 所示的页面上，如需要将 CNC－SRAM 中的机床参数、CNC 加工程序等保存到存储卡中，可进行如下后续操作：

① 利用【UP】、【DOWN】软功能键，将光标调节到 SRAM BACKUP（CNC→MEMORY CARD）项目上。

② 按软功能键【SELECT】，选定项目。

③ 按软功能键【YES】，开始将 CNC－SRAM 中的机床参数、CNC 加工程序等保存到存储卡中。如存储卡中存在同名文件，LCD 将显示“OVER WRITE OK?”如需要覆盖文件，按软功能键【OK】。文件保存完成后，状态行显示“SRAM BACKUP COMPLETE”。

在图 4.3-6 所示的页面上，如需要将存储卡中的机床参数、CNC 加工程序等装载到 CNC－SRAM 中；如果需要恢复 CNC 自动备份的数据，则可以选择 AUTO BKUP RESTORE 项目。存储卡数据装载的操作步骤如下：

① 利用【UP】、【DOWN】软功能键，将光标调节到 RESTORE SRAM（MEMORY CARD→CNC 项目上。

② 按软功能键【SELECT】，选定项目。

③ 按软功能键【YES】开始将存储卡中的机床参数、CNC 加工程序等装载到 CNC－SRAM 中。如 CNC 中存在同名文件，LCD 将显示“OVER WRITE OK?”如需要覆盖文件，按软功能键【OK】。保存完成后，状态行显示“RESTORE COMPLETE”。

操作完成后，按软功能键【SELECT】退出系统数据备份操作。

4.4 FSSB 网络配置

4.4.1 FSSB 网络配置原则

1. 主站、从站和网络配置

主站（Master Station）和从站（Slave Station）是网络控制系统的标准术语。在网络控制系统中，将能够利用总线连接到网络的物理设备统称为站（Station），其中，用于网络通信控制的站称为主站；接受主站控制的站称为从站，在 FANUC 资料中从站有时被称为从属设备。

网络控制系统的控制命令和数据传送都在统一的总线上进行，为了能够准确地发送和接收控制命令和传送数据，需要对链接在网络总线上的全部站进行地址、名称、规格等进行设定，这一过程称为网络配置。

FS－0iD 是由 CNC 实现闭环位置控制的数控系统，其伺服驱动器、分离型测量单元等都是通过 FSSB 总线与 CNC 连接。FSSB 是 FANUC 高速串行伺服总线（FANUC Serial Servo Bus）的简称，它是现场总线的一种，其传输介质为光缆。顾名思义，FSSB 是用于伺服控制的总线系统，因此，FS－0iD 的 CNC 单元是 FSSB 网络的主站，而带有 FSSB 总线接口的 αi 系列伺服驱动模块、βi 系列伺服驱动器、βi 系列伺服/主轴集成驱动器中的伺服模块、分离型检测单元等都是 FSSB 网络的从站，CNC 可通过 FSSB 总线通信，对伺服驱动器、分离型检测单元实施控制。

为此，FS－0iD 调试时，首先需要通过 CNC 参数的设定，确定伺服模块和分离型检测单元的数量、名称、类型，模块和电机的规格和安装位置，分配分离型检测单元的位置反馈接口等，以便 CNC 实施网络控制。这一过程又称为 FSSB 网络配置。

2. FSSB 网络配置原则

FS－0iD 的网络配置应遵守如下原则：

1）FSSB 网络采用总线形拓扑结构，各 FSSB 从站依次串联，其中，COP10A 为 FSSB 总线的输出，用于连接下一从站；COP10B 为 FSSB 总线的输入端，需要与上一级从站相连；总线终端不需要使用终端连接器。

2）各 FSSB 网络从站在网络中的安装位置无规定的要求，从站地址可通过 FSSB 网络配置进行设定。

3）FS－0iD 各系列产品的 CNC 主站最大可链接的 FSSB 从站数量与 CNC 功能有关，具体如下：

FS－0i Mate TD/MD：6 个，5 轴伺服加 1 个分离型检测单元。

FS－0iTD：10 个，8 轴伺服加 2 个分离型检测单元。

FS－0iMD：9 个，7 轴伺服加 2 个分离型检测单元。

4）αi 系列驱动器和 βi 系列伺服/主轴集成驱动器的伺服和主轴驱动，采用的是共用电源模块的一体化结构，主轴驱动也采用了串行总线网络控制技术，但主轴驱动所使用的总线为独立的 I/O－Link 总线，因此，它既不是 PMC 的 I/O－Link 从站，也不是 FSSB 从站设备。

图 4.4-1 所示为 FS－0iD 连接 3 轴 βi 伺服驱动器和 1 个分离型检测单元的 FSSB 网络图，其他配置情况类似。

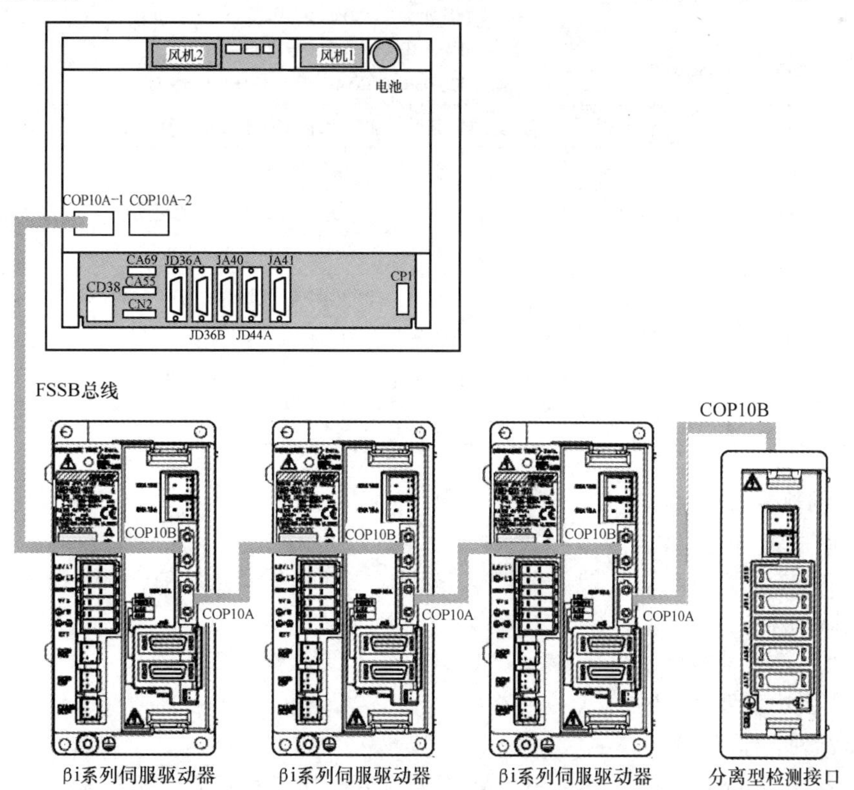

图 4.4-1　FSSB 网络配置例

4.4.2 坐标轴的定义

1. 相关参数

FSSB 网络配置的第一步是需要通过坐标轴定义参数，来规定 CNC 的坐标轴（伺服驱动）数量、名称、类型和最小移动单位等参数，使得 CNC 能够将加工程序中的位置指令能够准确分配到对应的驱动器上，并在 LCD 上显示其位置、速度等信息。

FS－0iD 与坐标轴定义相关的主要参数见表 4.4-1。

表 4.4-1 FS－0iD 坐标轴定义参数一览表

参数号	代号	名 称	参 数 说 明
1001.0	INM	直线轴移动单位	直线轴移动单位选择，0：公制（mm）；1：英制（in）
1004.7	IPR	移动单位倍率	0：1；1：不带小数点输入的数值为最小设定单位的 10 倍
1006.0	ROTn	坐标轴类型	0：直线轴；1：回转轴
1006.1	ROSn	回转轴显示	0：位置显示为一周循环；1：非循环显示
1006.3	DIAn	直径编程	0：无效；1：有效，输入单位为移动单位的 2 倍
1008.0	ROAn	回转轴设定	1：参数 PRM1008.1～1008.5 有效；0：参数无效
1008.1	RABn	回转轴转向	回转轴 G90 编程时的转向 0：捷径旋转；1：决定于符号
1008.2	RRLn	回转轴显示	相对坐标显示 0：正常显示；1：循环显示
1008.5	RMCn	回转轴 G53 定位	回转轴的 G53 定位，0：通常定位；1：PRM1008.1 选择
1013.0	ISAn	IS－A 单位选择	CNC 最小输入和移动单位设定 00：0.001mm/0.0001in/0.001°（IS－B）； 01：0.01mm/0.001in/0.01°（IS－A）； 10：0.0001mm/0.00001in/0.0001°（IS－C）
1013.1	ISCn	IS－C 单位选择	
1020	—	坐标轴名称	定义位置显示、加工程序中的坐标轴名称（字符）
1022	—	坐标轴性质	定义坐标轴的性质，如基本轴、平行轴、回转轴等
1031	—	基准轴号	进行空运行、F1 位数进给时，以该轴的速度单位作为共同的单位
1260	—	回转轴循环值	回转轴的循环值，360°回转轴应设定为 360000
3131	—	轴名称下标	定义位置显示、加工程序中的坐标轴名称下标，见下述
5501.0	ITI	分度轴功能	0：无 CNC 分度轴；1：使用 CNC 分度轴
8132.3	IXC	分度轴控制	CNC 分度轴控制功能，0：无效；1：有效
8130	—	CNC 控制轴数	CNC 基本坐标轴的数量

2. 控制轴数和名称

（1）控制轴数

CNC 控制轴数用来定义 CNC 的基本坐标轴数量，它包括 CNC 进给轴、PMC 控制轴、伺服主轴，但不包括 Cs 轴。

FS－0iD 的控制轴需要在 CNC 参数 PRM8130 上设定，但在 FS－0iC 上这一 CNC 参数为 PRM1010，需要注意两者的不同。

（2）坐标轴名称

坐标轴名称（Program axis name）是 CNC 位置显示、加工程序指令等上所使用的坐标轴名称，坐标轴的名称可以在 CNC 参数 PRM1020 上设定，设定值应为表 4.4-2 所示的 FANUC 字符代码。坐标轴名称一般应设定为65～67、85～89，选择A、B、C、U、V、W、X、Y、Z等标准名称，例如，当设定值为“88”时，该坐标轴的名称为X等。

表4.4-2　FS－0iD坐标轴名称代码表

十位＼个位	0	1	2	3	4	5	6	7	8	9
3			空格	!	”	#	$	%	&	’
4	(	)	*	+	,	-	.	/	0	1
5	2	3	4	5	6	7	8	9	:	;
6	<	=	>	?	@	A	B	C	D	E
7	F	G	H	I	J	K	L	M	N	O
8	P	Q	R	S	T	U	V	W	X	Y
9	Z	[	￥	]		_				

CNC不允许设定以下的坐标轴名称。

1）FS－0iTD采用编程代码体系A时，地址U/V/W将作为增量编程地址，故不能定义为坐标轴名称。

2）已经定义为第二辅助机能代码或蓝图编程时角度、倒角编程地址的E、A、C等不能作为坐标轴名称。

3）不同的坐标轴不能重复定义为同一名称。

在需要进行同步控制、串联控制的机床上，为了区别主动轴和从动轴，可以通过CNC参数PRM3131的设定，在轴名称上增加后缀字符（下标）。参数的设定方法如下：

0～9：下标为数字0～9；

32：下标为空格；

65～90：下标为字母X～Z。

例如，当第1轴的参数PRM1020设定为88时，如PRM3131 ＝ 1，其轴名称将为X1；如PRM3131 ＝ 83，其轴名称将为XS等。

在2通道控制的FS－0iTD上，CNC将自动添加通道号作为下标。如果不需要下标，需要将PRM3131设定为32。

3. 坐标轴基本参数

参数PRM1008.0用来选择坐标轴的类型。对于回转轴，还可以利用参数PRM1008.2、PRM1260选择是否进行360°循环显示，利用参数PRM1008.1设定是否在绝对编程（G90）时，自动选择捷径定位等。

参数PRM1022用来设定坐标轴的性质，这一性质用于刀具半径补偿、圆弧插补的平面选择，设定的方法如下：

0：回转轴；

1/2/3：基本坐标轴X/Y/Z；

4/5/6：与基本坐标轴X/Y/Z平行的坐标轴。

参数PRM1001.0、PRM1006.3、PRM1013.0、PRM1013.1用来选择坐标轴的输入单位和移动单位。输入单位是坐标轴显示和加工程序中位置数据的单位；移动单位是机床位置测量系统的单位。

4.4.3 FSSB 网络配置

1. 相关参数

FSSB 网络配置又称 FSSB 设定，它是对连接于 FSSB 网络上的各种从站，如伺服驱动器、分离型检测接口等所进行的安装位置、地址、规格等进行的设定，以便创建 FSSB 网络。FSSB 网络配置的主要参数见表 4.4-3。

表 4.4-3 FSSB 网络配置参数一览表

参数号	代号	名 称	参 数 说 明
1023	—	伺服轴号	驱动器安装位置
1902.0	FMD	FSSB 配置方式	0：伺服设定引导操作；1：手动配置
1902.1	ASE	FSSB 配置状态	1：配置完成；0：配置未完成
1904.0	FMDn	显示轴设定	1：显示轴；0：位置控制轴
1905.0	FSLn	检测接口类型	1：普通接口；0：高速接口
1905.6	PM1n	第 1 分离型检测单元	1：使用；0：不使用
1905.7	PM2n	第 2 分离型检测单元	1：使用；0：不使用
1910～1919		FSSB 从站地址	依次设定 FSSB 网络从站 1～10 的地址
14340～14349		FSSB 从站类型	依次设定 FSSB 网络从站 1～10 的类型
14376～14391		分离型检测单元配置	分离型检测单元 1、2 接口 1～8 的配置
14476.0	DFS	FSSB 网络属性	0：0iD 专用；1：0iC 兼容
1936	—	第 1 分离型检测单元连接	地址设定值：（分离型检测单元的接口号）－1
1937	—	第 2 分离型检测单元连接	

2. 参数说明

FSSB 从站配置参数的含义如下。

1）伺服轴号（Servo axis number）：伺服轴号可简单理解为驱动模块（FSSB 从站）在伺服驱动器上的安装位置，例如，当 *Z* 轴驱动模块安装在 αi 驱动器的第 2 个位置时，*Z* 轴的伺服轴号设定为 2。Cs 轴的伺服轴号规定为“－1”。

2）CNC 控制轴号：CNC 控制轴号（Controlled axis number）是坐标轴在 CNC 轴参数中的序号，例如，当 *Z* 轴的 CNC 控制轴号定义为 2 时，CNC 轴参数中的第 2 轴参数用于 *Z* 轴控制等。在 FS－0iC 上，CNC 控制轴号需要通过参数 PRM1920～1929 设定；FS－0iD 的 CNC 控制轴号则需要通过后述的伺服设定引导操作，在驱动器配置页面上设定。

3）从站地址：从站地址（Slave address）设定参数 PRM1910～1919 用来定义 FSSB 网络从站的安装和连接地址。伺服模块的地址设定值为“（伺服轴号）－1”；第 1 分离型检测单元的地址为 16；第 2 分离型检测单元的地址为 48；未安装伺服模块的从站地址定义为 40。

4）从站类型：从站类型设定参数 PRM14340～14349 为 FS－0iD 新增参数，它用来定义 FSSB 从站的类型。对于伺服模块，其类型同样需要设定为“（伺服轴号）－1”；第 1 个分离型检测单元的类型应设定为 64；第 2 个分离型检测单元的类型应设定为－56；未安装伺服模块的从站类型应设定为－96。

5）显示轴：显示轴在 FANUC 资料中有时译为学习轴（Learning control axis），显示轴是只进行位置显示、而不进行位置控制的坐标轴，例如，同步驱动的从动轴等。

6）位置反馈接口：坐标轴的位置反馈信号可以来自伺服模块的电动机内置编码器输出，也可来自分离型检测单元的光栅、编码器等外置测量器件。

当使用电动机内置编码器时，位置反馈可设定为高速接口或普通接口，单轴放大器和多轴放大器的第1、3轴可选择高速接口；多轴放大器的第2轴只能设定为普通接口。

FS－0iD 最大可以安装2个分离型检测单元，当 CNC 使用分离型检测单元时，参数 PRM1905.6、PRM1905.7 用来定义分离型检测单元1和2的安装；参数 PRM1936、PRM1937 用来定义各轴所使用的分离型检测接口，参数设定值为“（接口序号）－1”，未连接的接口也设定为0；参数 PRM14376～PRM14383 用来配置分离型检测单元1接口1～8的连接、参数 PRM14384～PRM14391 用来配置分离型检测单元2接口1～8的连接，参数设定值为“（伺服轴号）－1”，未连接的接口设定为32。

3. FSSB 网络配置实例

【例1】 假设某立式加工中心的基本配置如下。

CNC 控制轴数：4轴，坐标轴名称为 *X*、*Y*、*Z*、*A*；

驱动器：采用1个双轴、2个单轴模块的 αi 驱动器，驱动模块的安装次序依次为 *X*、*Y*、*Z*、*A*；

反馈接口：*XY* 轴采用光栅，反馈分别连接到分离形检测单元的接口1和2上。

以上组成部件的安装如图4.4-2所示。

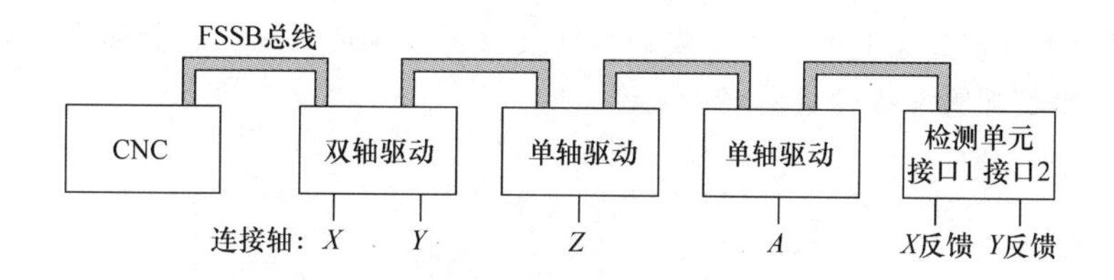

图4.4-2 FSSB 配置例1

根据以上 FSSB 网络结构，其配置参数设定见表4.4-4。

表4.4-4 FSSB 网络配置例1参数设定表

FSSB 设备	轴名称 PRM1020	伺服轴号 PRM1023	从站地址	从站类型	分离型检测单元	
					PRM1936	接口1～8
X 驱动模块	第1轴=88	第1轴=1	PRM1910 =0	PRM14340 =0	第1轴=0	PRM14376=0
Y 驱动模块	第2轴=89	第2轴=2	PRM1911 =1	PRM14341 =1	第2轴=1	PRM14377=1
Z 驱动模块	第3轴=90	第3轴=3	PRM1912 =2	PRM14342 =2	第3轴=0	PRM14378=32
A 驱动模块	第4轴=65	第4轴=4	PRM1913 =3	PRM14343 =3	第4轴=0	PRM14379=32
检测单元	（M1）	—	PRM1914 =16	PRM14342 =64	PRM1905.6 =1	
—	—	—	PRM1915～PRM1919 =40	PRM14345～PRM14349 =－96	PRM1905.7 =0，PRM14380～PRM14391 =32	

【例2】 对于上述立式加工中心，如其驱动器的安装次序更改为图4.4-3所示，使得双轴模块用于 *X*、*A* 轴控制，2个单轴模块分别用于 *Y*、*Z* 轴控制，则其配置参数设定见表4.4-5。

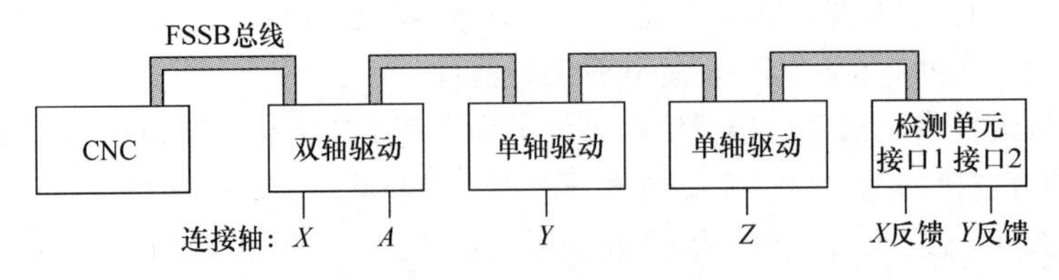

图 4.4-3 FSSB 配置例 2

表 4.4-5 FSSB 网络配置例 2 参数设定表

FSSB 设备	轴名称 PRM1020	伺服轴号 PRM1023	从站地址	从站类型	分离型检测单元	
					PRM1936	接口 1 ~ 8
X 驱动模块	第 1 轴 = 88	第 1 轴 = 1	PRM1910 = 0	PRM14340 = 0	第 1 轴 = 0	PRM14376 = 0
Y 驱动模块	第 2 轴 = 89	第 2 轴 = 3	PRM1912 = 2	PRM14342 = 2	第 2 轴 = 1	PRM14377 = 2
Z 驱动模块	第 3 轴 = 90	第 3 轴 = 4	PRM1913 = 3	PRM14343 = 3	第 3 轴 = 0	PRM14378 = 32
A 驱动模块	第 4 轴 = 65	第 4 轴 = 2	PRM1911 = 1	PRM14341 = 1	第 4 轴 = 0	PRM14379 = 32
检测单元	(M1)	—	PRM1914 = 16	PRM14342 = 64	PRM1905.6 = 1	
—	—	—	PRM1915 ~ PRM1919 = 40	PRM14345 ~ PRM14349 = -96	PRM1905.7 = 0，PRM14380 ~ PRM14391 = 32	

【例 3】假设上述立式加工中心的组成部件安装如图 4.4-4 所示，其分离型检测单元安装在驱动器的中间，则其配置参数设定见表 4.4-6。

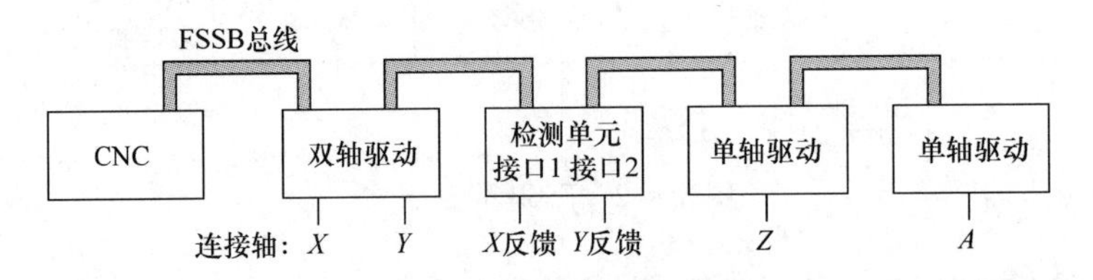

图 4.4-4 FSSB 配置例 3

表 4.4-6 FSSB 网络配置例 3 参数设定表

FSSB 设备	轴名称 PRM1020	伺服轴号 PRM1023	从站地址	从站类型	分离型检测单元	
					PRM1936	接口 1 ~ 8
X 驱动模块	第 1 轴 = 88	第 1 轴 = 1	PRM1910 = 0	PRM14340 = 0	第 1 轴 = 0	PRM14376 = 0
Y 驱动模块	第 2 轴 = 89	第 2 轴 = 2	PRM1911 = 1	PRM14341 = 1	第 2 轴 = 1	PRM14377 = 1
Z 驱动模块	第 3 轴 = 90	第 3 轴 = 4	PRM1913 = 3	PRM14343 = 3	第 3 轴 = 0	PRM14378 = 32
A 驱动模块	第 4 轴 = 65	第 4 轴 = 5	PRM1914 = 4	PRM14343 = 4	第 4 轴 = 0	PRM14379 = 32
检测单元	(M1)	—	PRM1912 = 16	PRM14342 = 64	PRM1905.6 = 1	
—	—	—	PRM1915 ~ PRM1919 = 40	PRM14345 ~ PRM14349 = -96	PRM1905.7 = 0，PRM14380 ~ PRM14391 = 32	

4.4.4 FSSB 参数设定

一般而言，CNC 的坐标轴定义参数需要通过 CNC 的参数设定操作进行设定；在此基础上，可根据 CNC 参数 PRM1902.0 的设定，选择 FSSB 网络配置参数的设定方法。设定 PRM1902.0 = 1

时，为手动设定，此时，FSSB 配置参数需要像通常的 CNC 参数设定一样，利用 MDI 面板进行逐一设定。设定 PRM1902.0 = 0 时，为伺服设定引导操作设定，它可以通过 FS - 0iD 的伺服设定引导操作，配置 FSSB 网络参数。伺服设定引导操作的设定快捷、操作简单、含义清晰，它是 CNC 调试和维修的常用方法。

1. 伺服设定引导操作

FS - 0iD 的伺服设定引导操作一般通过 CNC 参数快捷设定进行，其操作步骤如下：

1）选择 MDI 操作方式，并通过 CNC 数据显示和设定操作，取消 CNC 参数的写入保护功能。

2）按 MDI 面板的功能键【SYSTEM】，选择系统显示模式。

3）按软功能扩展键，使得 LCD 显示软功能键【参数设定】（10.4inLCD）或【PRM 设】（8.4inLCD）。按该软功能键，LCD 将显示图 4.4-5 所示的 CNC 参数快捷设定项目选择菜单。

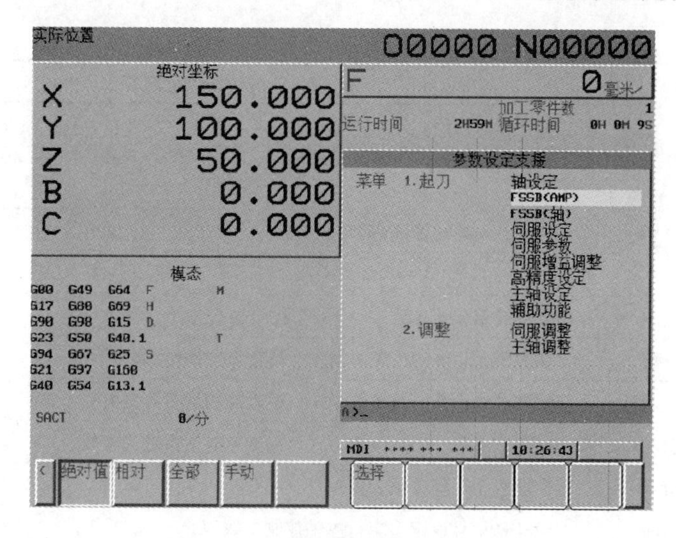

图 4.4-5　参数快捷设定页面显示

在该页面上，可通过 MDI 面板上的光标移动键【↑】、【↓】，选择需要设定的参数组和项目。FSSB 网络配置时，主要需要设定显示页的轴设定、FSSB（AMP）、FSSB（轴）、伺服设定项目的参数。

以上参数设定项目，也可在选择系统显示模式后，直接通过软功能键扩展菜单上的对应软功能键选定，但它不能显示和返回到图 4.4-5 所示的参数选择项目显示页。

4）按软功能键【选择】，进入该栏目的参数快捷设定，LCD 显示相应的参数显示和设定页面。

5）利用 MDI 面板上的选页键【PAGE↑】、【PAGE↓】和光标移动键【↑】、【↓】，选择需要设定的参数。

6）用 MDI 面板的数字键输入数值后，再按 MDI 面板的编辑键【INPUT】或软功能键【输入】，输入参数值。

7）对应项目的参数设定完成后，可通过下述的操作退出项目设定，如需要，再对其他项目，进行以上同样的设定操作。

当参数快捷设定项目设定完成后，可通过如下操作退出后，再进入其他项目的设定。

1）按软功能扩展键，直至显示图 4.4-6 所示的软功能键【菜单】。

2）按软功能键【菜单】，LCD 返回图 4.4-5 所示的参数快捷设定项目显示页面。

图 4.4-6 快捷设定返回软功能键显示

3）选择其他项目，显示参数并进行设定操作。

4）全部参数设定完成后，通过 CNC 数据显示和设定操作，重新生效参数的写入保护功能，并按【RESET】清除 SW0100 报警。

2. 参数快捷设定内容

参数快捷设定除了可以进行 FSSB 网络配置外，还包括了伺服设定、伺服调整、主轴设定、主轴调整、AICC 调整等内容，参数组和项目的含义见表 4.4-7。

表 4.4-7 快捷设定参数一览表

参数组	项目	显示和设定内容
起刀	轴设定	伺服轴的名称、轴号、轴类型、最小移动单位、参考点、软件限位和进给速度、加速度等基本参数；主轴驱动的形式、名称、轴号、最高转速、传动级和主轴定位等基本参数
	FSSB（AMP）	伺服驱动器的 FSSB 网络配置参数
	FSSB（轴）	坐标轴的 FSSB 网络配置参数
	伺服设定	伺服进给系统参数
	伺服参数	伺服驱动系统的位置、速度、转矩调节器等参数
	伺服增益调整	伺服进给系统的负载惯量比、速度控制增益等参数
	高精度设定	伺服进给系统的加减速方式、加减速时间常数等参数
	主轴设定	主轴驱动系统参数
	辅助功能	DI/DO 信号设定、串行主轴控制参数等
调整	伺服调整	伺服调整参数，进行伺服参数的自动调整
	主轴调整	主轴调整参数设定，进行主轴参数的自动调整
	AICC 调整	加工参数调整，根据不同的精度等级，自动调整伺服系统参数

FSSB 网络配置时，一般需要进行轴设定、FSSB（AMP）、FSSB（轴）、伺服设定项目的参数设定。

3. 轴设定

轴设定的快捷参数分为基本、主轴、坐标轴、进给速度、加减速共 5 组，参数组可通过 MDI 面板的选页键【PAGE↑】、【PAGE↓】选择，FSSB 配置时主要需要设定坐标轴的输入单位、移动单位等基本参数，其操作步骤如下：

1）选择图 4.4-5 所示的 CNC 参数快捷设定栏目选择页面。

2）利用 MDI 面板上的光标移动键【↑】、【↓】，选择“轴设定”参数栏，按软功能键【选择】，LCD 显示图 4.4-7 所示的轴设定（基本）参数设定页面。

3）利用 MDI 面板上的选页键【PAGE↑】、【PAGE↓】和光标移动键【↑】、【↓】，或直接输入 CNC 参数号、按软功能键【搜索号码】，选择需要设定的参数。

4）用光标移动键【↑】、【↓】，将光标定位到参数输入框。

5）用 MDI 面板的数字键输入数值后，再按 MDI 面板的编辑键【INPUT】或软功能键【输入】，输入参数值。

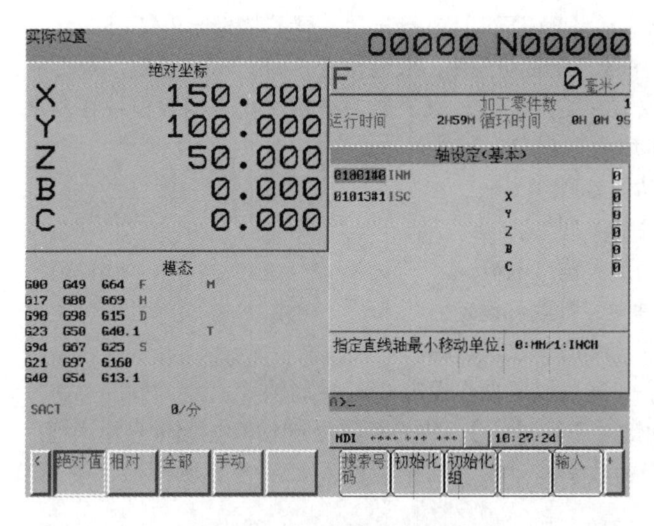

图 4.4-7　轴设定参数的显示

在图 4.4-7 所示的显示页面上，如选择软功能键【初始化】，然后选择操作软功能键【执行】，可以将所选定的参数恢复到 FANUC 出厂设定的初始值；如选择软功能键【初始化组】（或【GR 初始】）、并选择操作软功能键【执行】，则可以将当前组的所有参数一次性恢复为 FANUC 出厂设定的初始值。但对于 FANUC 未规定初始值的参数，不能用【初始化】、【初始化组】方式设定。

4. 驱动器配置

在 FSSB 配置页，可显示 CNC 所安装的伺服驱动器和分离型检测单元的安装位置、系列、额定电流以及轴名称等信息，并进行 CNC 控制轴号的设定，其操作步骤如下：

1）选择图 4.4-5 所示的 CNC 参数快捷设定栏目选择页面。

2）利用光标键选择“FSSB（AMP）”项目，按软功能键【选择】，LCD 显示图 4.4-8 所示的伺服驱动器配置页面。

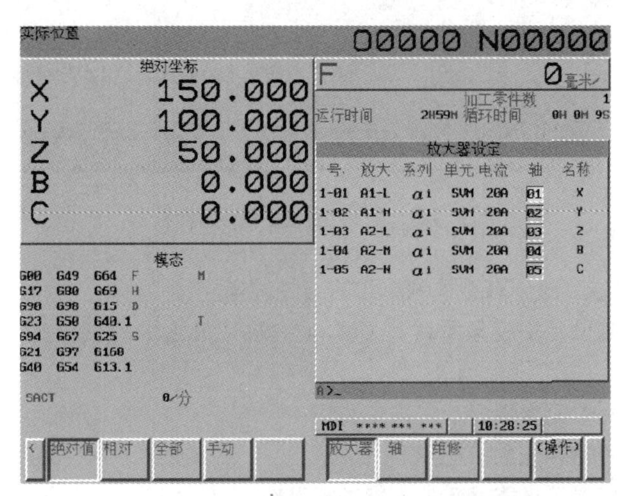

图 4.4-8　伺服驱动器配置显示

LCD 的一个显示页最多可以显示 5 个伺服驱动器的设定参数，6 轴以上参数可通过 MDI 面板上的选页键【PAGE↑】、【PAGE↓】进行显示。显示栏的含义如下：

号：FSSB 从站序号，即驱动模块的安装位置，离 CNC（主站）最近的驱动器为“1”。

放大：驱动器安装和类型显示，A1、A2、…依次代表伺服模块在驱动器上的安装位置，L、M、N 为多轴伺服模块的第 1、2、3 轴。

系列：显示驱动器系列。

单元：驱动模块的类型。

电流：驱动器的最大输出电流。

轴：CNC 控制轴号，参数可设定。

名称：驱动器所连接的伺服轴名称。

在该配置页面，可通过以下操作设定 CNC 控制轴号。

3）用光标移动键【↑】、【↓】，将光标定位到 CNC 控制轴号输入框。

4）用 MDI 面板的数字键，在“轴”栏输入 CNC 控制轴号后，按 MDI 面板的编辑键【INPUT】输入。

5）设定完成后，按软功能键【（操作）】，LCD 显示操作软功能键【设定】。

6）按软功能键【设定】，完成 CNC 控制轴号的设定。

在安装有分离型检测单元的 CNC 上，FSSB 配置页面还可显示图 4.4-9 所示的分离型检测单元的配置信息，该显示也各栏的含义如下：

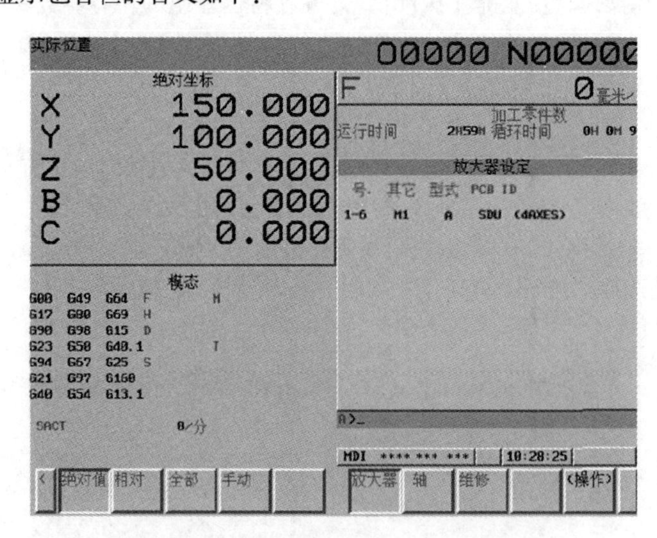

图 4.4-9 分离型检测单元配置显示

号：FSSB 从站序号，即分离型检测单元的安装位置。

其他：分离型检测单元安装显示，离 CNC（主站）最近的检测单元 M1，以下依次为 M2、M3 等。

型式：分离型检测单元类型显示。

PCB ID：分离型检测单元的 ID 号。

分离型检测单元配置页只能显示，不能进行设定。

5. 轴配置

在轴配置页面，可显示 CNC 控制轴号、轴名称、驱动器连接，并进行分离型检测接口、显示轴、Cs 轴、主－从控制等功能参数的定义，其设定操作步骤如下：

1）选择图4.4-5所示的CNC参数快捷设定栏目选择页面。

2）利用光标键选择“FSSB（轴）”项目，按软功能键【选择】，LCD显示图4.4-10所示的轴配置页面。

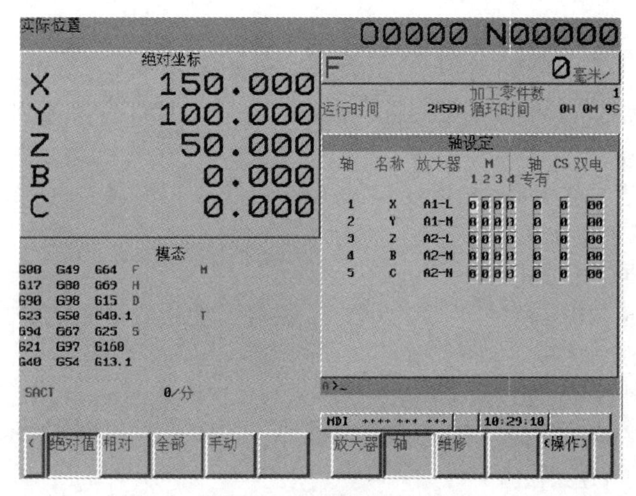

图4.4-10 FSSB轴配置显示

LCD的一个显示页最多可显示5个轴的设定参数，6轴以上参数可通过MDI面板上的选页键【PAGE↑】、【PAGE↓】进行显示。显示栏的含义如下：

轴：CNC控制轴号。

名称：坐标轴名称。

放大器：驱动器安装显示。

M-1、2、3、4：分离型检测单元编号，分别代表第1、2、3、4个分离型检测单元，在对应的单元下，可以输入数值1、2、3、4，选择该单元的反馈连接接口。

轴专有：定义显示轴。

Cs轴：定义Cs轴。

双电：主-从控制轴定义。

3）用光标移动键【↑】、【↓】，将光标定位到所需要的参数输入框。

4）用MDI面板的数字键输入参数后，按MDI面板的编辑键【INPUT】输入。

5）设定完成后，按软功能键【（操作）】，LCD显示操作软功能键【设定】。

6）按软功能键【设定】，完成FSSB轴配置参数的设定。

FSSB驱动器和轴配置设定完成后，CNC参数PRM1902.1（AES）的状态将成为“1”，如果需要进行FSSB驱动器和轴配置设定的重新设定，应将参数PRM1902.1（AES）设定到“0”。参数需要通过CNC电源的ON/OFF操作生效。有关参数快捷设定的更多内容可参见本书作者编写的《FANUC-0iD编程与操作》一书。

4.5 I/O-Link网络配置

4.5.1 I/O-Link网络配置原则

1. 主站、从站和网络配置

FS-0iD的PMC采用的是I/O-Link总线控制，I/O单元以I/O-Link网络从站的形式连接到 CNC 上，为此，同 FSSB 网络一样，也需要对 I/O-Link 网络结构、I/O 单元规格、I/O 地址进行设定，这一过程称为 I/O-Link 网络配置。I/O-Link 网络配置是 PMC 程序正常工作的前提条件，它需要在 PMC 程序输入和调试前完成；I/O 单元的 PMC 地址设定是 I/O-Link 网络配置的主要内容。

FS-0iD 的 I/O-Link 网络的主站为 CNC 集成的 PMC，用于连接操作面板、手轮、机床 I/O 信号的 I/O 单元以及用于 PMC 辅助轴控制、带有 I/O-Link 接口的 βi 系列伺服驱动器等，都是 I/O-Link 网络的从站。

在 FS-0iD 上，I/O-Link 从站通过 I/O-Link 总线与 PMC 连接，主站和从站通过 FANUC 专用的网络传输协议进行通信。

2. I/O-Link 网络配置原则

I/O-Link 从站应根据机床的 DI/DO 点选配，在 CNC 允许的 I/O 点数内，可同时选择多个从站。I/O-Link 网络配置应遵守如下原则：

1）I/O-Link 网络采用总线形拓扑结构，各从站依次串联连接，CNC 单元上的 JD51A 及 I/O 单元上的 JD1A 为总线输出端，用于连接下一从站；JD1B 为总线输入端，与上一级从站相连；总线的终端不需要终端连接器。

2）I/O-Link 从站在网络中的安装位置无规定要求，从站地址可通过 I/O-Link 网络配置进行设定。

3）FS-0iD 的 PMC 允许链接的最大从站数为 16 个，分布式 I/O 单元可看作 1 个 I/O-Link 从站；每一从站所连接的最大 DI/DO 点为 256/256 点（16 /16 字节输入/输出）。但是，实际可连接的机床和操作面板的 DI/DO 点数，受 CNC 接口电路和功能的限制，在 FS-0iD 不能超过 1024/1024 点（128/128 字节输入/输出）；在 FS-0iMateD 不能超过 256/256 点（32/32 字节输入/输出）。

4）手轮连接需要占用 DI 点，每一手轮需要 8 点 DI，FS-0iD 可安装的手轮数为 3 个，需占用 24 点输入。如 I/O 单元连接了手轮，手轮占用的 24 点 DI 应作为实际使用的 DI 点计算；但是，对于只有手轮接口、但未连接手轮的 I/O 单元，不需要计算手轮的 DI 点。当选用多个手轮接口的 I/O 单元时，默认为最靠近 PMC 的 I/O 单元上的手轮接口有效；但可通过设定 CNC 参数 PRM 7105.1=1，在参数 PRM12300 ~ PRM12302 上设定手轮地址。

图 4.5-1 所示为 FS-0iD 的 I/O-Link 网络连接示意图，实际网络可以根据需要配置。

3. I/O-Link 配置显示

FS-0iD 的 I/O-Link 配置可在 PMC 的维修页面上显示，其操作步骤如下：

1）利用 MDI 面板的功能键【SYSTEM】选择 CNC 系统显示模式后，可通过软功能键的扩展，显示 PMC 监控和配置软功能键【PMCMNT】、【PMCLAD】、【PMCCNF】。

2）按软功能键【PMCMNT】，选择 PMC 维修页面。

3）选择软功能键【I/OLNK】，LCD 可显示图 4.5-2 所示的 I/O-Link 网络配置信息。

I/O 网络配置显示各栏的含义如下：

通道：显示 PMC 通道号。

组：组号，它代表 I/O 单元（I/O 从站）在 I/O-Link 网络中的安装位置，离 PMC 最近的 I/O 单元的组号为 0，后续的单元依次递增。

ID：显示 I/O 单元的 ID 号，不同的 PMC-I/O 单元有规定的 ID 号，PMC 将根据单元 ID 号自动分配 I/O 点数和相对地址。例如，操作面板连接单元的 ID 号为“82”，FANUC 标准机床操作面板的 ID 号为“53”等。

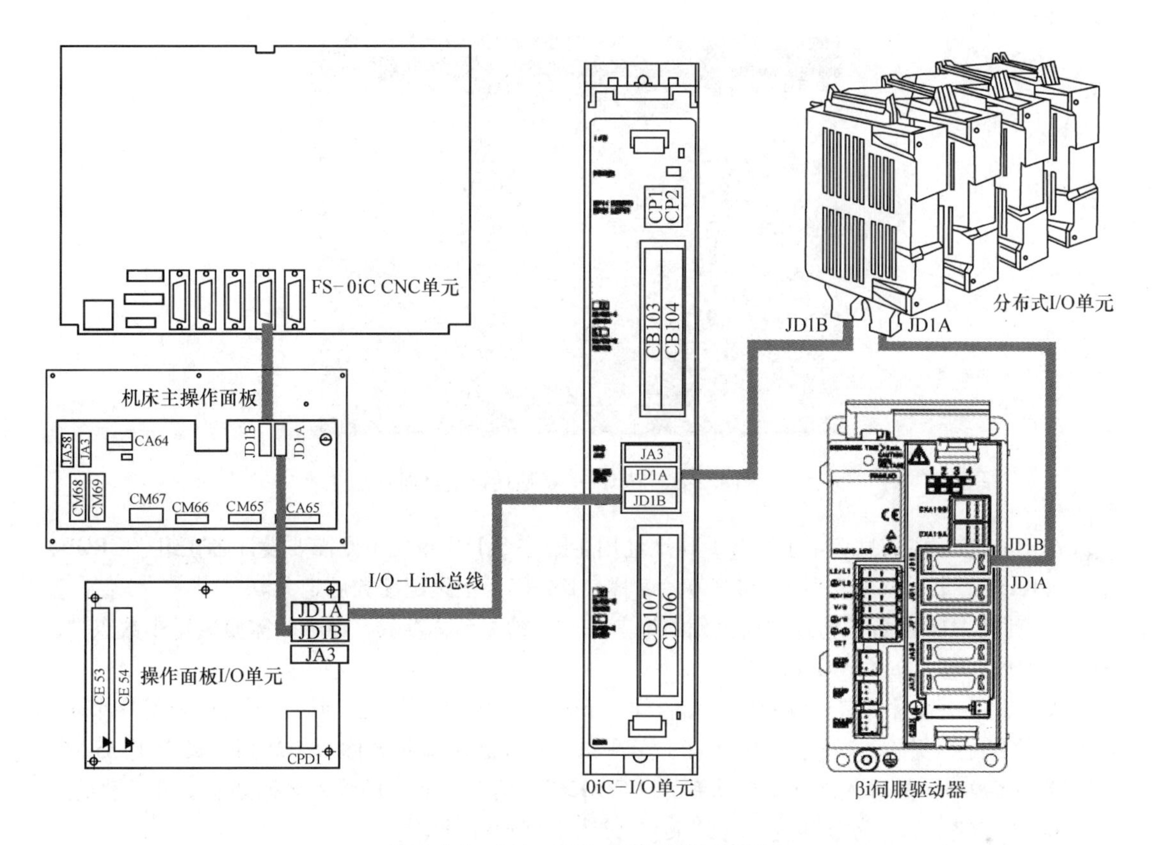

图 4.5-1　I/O-Link 网络连接示意图

I/O 单元类型：显示 I/O 单元的类型和名称，例如，操作面板 I/O、I/O UNIT-MODEL A（I/O 单元 A）等。

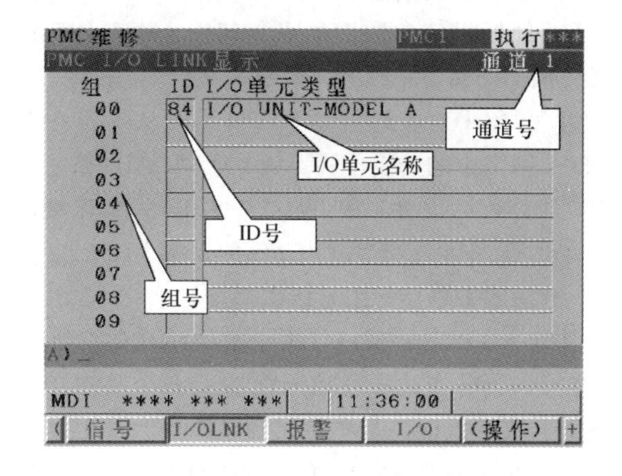

图 4.5-2　I/O-Link 网络配置信息

4.5.2　I/O 地址设定

1. I/O 地址设定

FS-0iD 的 I/O 单元本身的输入/输出地址和连接端有固定的对应关系，但整个 I/O 单元的输入/输出起始地址 m、n 及单元所使用的 I/O 点数需要 I/O-Link 网络配置进行设定，其操作步骤如下：

1）按 MDI 面板的功能键【SYSTEM】，选择 CNC 系统显示模式。

2）按软功能扩展键，使 LCD 显示具有【PMC 维护】（或【PMCMNT】）、【PMC 梯图】（或【PMCLAD】）、【PMC 配置】（或【PMCCNF】）等 PMC 功能选择软功能键的 PMC 基本显示页面。

3）按软功能键【PMC 配置】（或【PMCCNF】），选择 PMC 配置页面。

4）按功能扩展键，显示扩展软功能键【MODULE】，选择此键，LCD 将显示图 4.5-3 所示的 PMC-I/O 单元地址设定页面。

如果所有的 I/O-Link 从站均未进行配置，LCD 上只显示 PMC 内部存储器所分配的 I/O 地

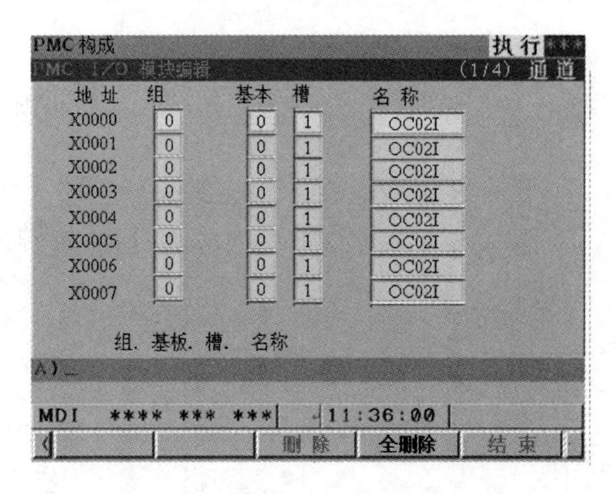

图 4.5-3 PMC－I/O 地址设定页面

址（ADDRESS）栏信息，至于这些 I/O 地址用于哪一个 I/O 单元，则需要设计者在组（GROP）、基座（BASE，显示基本）、槽（SLOT）、名称（NAME）上设定参数后定义。

5）利用 MDI 面板，输入 I/O 单元的组、基座、槽、名称参数，参数间需要通过小数点“.”分隔，例如，输入 0.0.1.OC02I 等。

设定 I/O 地址时只需要对 I/O 单元的首字节输入/输出进行设定，其余的输入/删除字节可由 PMC 自动分配，例如，当输入 X0000 上设定了 16 字节输入单元名称 OC02I 后，其余的 15 字节（X0001～X0015）的输入地址将自动变为“OC02I”，而 X0016 后的输入名称则需要另行设定。

6）设定完成后，按软功能键【结束】，结束 I/O 地址设定操作。

2. I/O 地址定义

I/O 地址设定参数中的组、基座、槽、名称的定义方法如图 4.5-4 所示，说明如下。

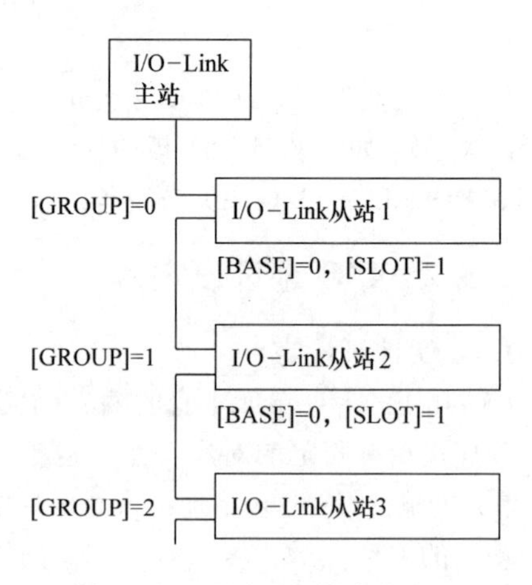

图 4.5-4 I/O 地址的定义方法

组（GROP）：“组”是 I/O 单元（从站）在 I/O－Link 网络中的安装位置，从 I/O－Link 网络主站（PMC 即 CNC）开始，利用 I/O－Link 总线连接的第一个 I/O 单元（最靠近 CNC 的从站）的“组”为 0；此后的 I/O 单元组号依次递增。

基座（BASE）：基座仅用于模块结构的分布式 I/O 单元，当分布式 I/O 单元配置有 1 个基本单元和 N 个扩展单元时，基本单元的基座号为“0”，扩展单元的基座号为 1～N。0i－I/O 单元、操作面板连接单元等无扩展性能的 I/O 单元，其基座号规定为“0”。

插槽（SLOT）：插槽同样只用于分布式 I/O 单元，由于每一分布式 I/O 单元可以安装 1 个基本模块和最大 3 个 I/O 模块，因此，基本模块的插槽号为“0”，I/O 模块 1、2、3 的插槽号应依次为“1”、“2”、“3”。对于 0iC－I/O 单元、操作面板单元等 I/O 单元，由于不能安装基本模块、I/O 模块，故其插槽号规定为“1”。

名称（NAME）：I/O 单元的名称规定了该 I/O 单元所使用的 I/O 点数，I/O 单元的名称有多种定义方法，常用 I/O 单元可直接根据其 I/O 点数，按照表 4.5-1 进行设定。

表 4.5-1　I/O 单元的名称定义

I/O 单元的 I/O 点数	I/O 单元名称	
	输入	输出
1 ~ 8 字节（8 ~ 64 点）	/1 ~ /8	/1 ~ /8
12 字节（96 点）	OC01I	OC01O
16 字节（128 点）	OC02I	OC02O
32 字节（256 点）	OC03I	OC03O

3. 高速输入地址

在 FS - 0iD 上，急停、参考点减速、跳步切削、测量信号等输入信号通常为高速信号，故需要连接到 PMC 规定的高速输入接口上，连接这些输入信号的 I/O 单元，需要通过 I/O 地址的设定，使其具有正确的地址。

FS - 0iD 的高速输入信号及出厂默认的地址见表 4.5-2，为了便于维修，I/O 单元地址设定时，应尽可能与此统一。

表 4.5-2　FS - 0iD 高速输入信号地址表

输入地址	信号名称	FS - 0iTD	FS - 0iMD
X4.0	刀具测量/跳步切削信号	XAE1/SKIP7	XAE1/SKIP7
X4.1	刀具测量/跳步切削信号	XAE2/SKIP8	XAE2/SKIP8
X4.2	刀具补偿输入或刀具测量/跳步切削信号	+ MIT1/SKIP2	XAE3/SKIP2
X4.3	刀具补偿输入/跳步切削信号	- MIT1/SKIP3	SKIP3
X4.4	刀具补偿输入/跳步切削信号	+ MIT2/SKIP4	SKIP4
X4.5	刀具补偿输入/跳步切削信号	- MIT2/SKIP5	SKIP5
X4.6	跳步切削信号	ESKIP/SKIP6	ESKIP/SKIP6
X4.7	跳步切削信号	SKIP	SKIP
X8.4	急停输入	* ESP	* ESP
X9.0	第 1 轴回参考点减速	* DEC1	* DEC1
X9.1	第 2 轴回参考点减速	* DEC2	* DEC2
X9.2	第 3 轴回参考点减速	* DEC3	* DEC3
X9.3	第 4 轴回参考点减速	* DEC4	* DEC4
X9.4	第 5 轴回参考点减速	* DEC5	* DEC5

4.5.3　I/O - Link 配置实例

【例 1】某机床采用 FS - 0i Mate D 控制，PMC 配置有一个 I/O - Link 从站 0i - I/O 单元，并且需要连接手轮，试设定 I/O 地址。

0i - I/O 单元可连接 96/64 点 DI/DO 与 3 个手轮，连接手轮时需要占用 16 字节输入地址和 8 字节输出（参见第 3 章）。在本机床上，PMC 只有一个 I/O - Link 从站，地址可从 X0.0、Y0.0 开始分配，组号、基座号均为“0”；槽号为“1”，因此，可定义输入/输出地址如下：

输入 X0 ~ X15：0.0.1.OC02I（16 字节输入）。

输出 Y0 ~ Y7：0.0.1./8（8 字节输出）。

设定时应在只需要在 X0 上输入 0.0.1.OC02I；在 Y0 上输入 0.0.1./8；其余均可由 CNC 自动分配。

【例 2】某机床采用 FS－0iD 控制，PMC 配置有 2 个 I/O－Link 从站：0i－I/O 单元为第 1 从站；FANUC 标准机床主操作面板为第 2 从站，手轮连接到主操作面板，试设定 I/O 地址。

0i－I/O 单元在不连手轮时需要占用 12 字节输入地址和 8 字节输出；FANUC 标准机床主操作面板在连接手轮后，需要占用 16 字节输入地址与 8 字节输出（参见第 3 章）。因此，第 1 个 0i－I/O 单元的地址可从 X0.0、Y0.0 开始分配，其组号、基座号均可设定为“0”；槽号设定“1”。

PMC 的 I/O 地址设定允许不连续，例如，本例中的 0i－I/O 单元的实际输入/输出点为 12/8 字节，但也可分配 20 字节的输入地址；即：第 2 个 FANUC 标准机床主操作面板（带手轮）的地址可从 X20.0、Y8.0 开始分配，其输入地址不连续、而输出地址连续。第 2 个 I/O 单元的组号应为 1、基座号为“0”、槽号为“1”。故可以定义如下 I/O 地址：

输入 X0～X11：0.0.1.OC01I（0i－I/O 单元，12 字节输入）。

输出 Y0～Y7：0.0.1./8（0i－I/O 单元，8 字节输出）。

输入 X20～X35：1.0.1.OC02I（FANUC 标准机床主操作面板，16 字节输入）。

输出 Y8～Y15：1.0.1./8（FANUC 标准机床主操作面板，8 字节输出）。

设定时只要在 X0 上输入 0.0.1.OC01I；在 X20 上输入 1.0.1.OC02I；在 Y0 上输入 0.0.1./8；在 Y8 上输入 1.0.1./8；其余均可由 CNC 自动分配。

【例 3】某机床采用 FS－0i MateD 控制，PMC 配置有 2 个 I/O 单元：48/32 点通用连接单元（不带手轮）为第 1 从站，用于连接机床 I/O 信号；48/32 点操作面板连接单元（带手轮）为第 2 从站，用于操作面板 I/O 信号；试设定 I/O 地址。

48/32 点通用连接单元在不带手轮时，需要占用 6 字节输入地址和 4 字节输出；48/32 点操作面板连接单元在连接手轮后，需要占用 16 字节输入地址和 4 字节输出（参见第 3 章）。因此，第 1 个 48/32 点通用连接单元的地址可从 X0.0、Y0.0 开始分配，其组号、基座号可设定为“0”、槽号为“1”；第 2 个操作面板连接单元（带手轮）的地址可从 X6.0、Y4.0 开始分配，其组号为 1、基座号为“0”、槽号为“1”。故可以定义如下 I/O 地址。

输入 X0～X5：0.0.1./6（48/32 点通用连接单元、6 字节输入）。

输出 Y0～Y3：0.0.1./4（48/32 点通用连接单元、4 字节输出）。

输入 X6～X21：1.0.1.OC02I（48/32 点操作面板连接单元、16 字节输入）。

输出 Y4～Y7：1.0.1./4（48/32 点操作面板连接单元、4 字节输出）。

设定时只要在 X0 上输入 0.0.1./6；在 X6 上输入 1.0.1.OC02I；在 Y0 上输入 0.0.1./4；在 Y4 上输入 1.0.1./4；其余均可由 CNC 自动分配。

需要注意的是：在按照以上方式定义了输入、输出点后，部分 PMC 的高速输入信号（如急停 X8.4、参考点减速 X9.0～X9.4 等）需要连接到操作面板连接单元上。为了方便连接，也可以定义如下地址：

输入 X4～X9：0.0.1./6（48/32 点通用连接单元、6 字节输入）。

输出 Y4～Y7：0.0.1./4（48/32 点通用连接单元、4 字节输出）。

输入 X20～X35：1.0.1.OC02I（48/32 点操作面板连接单元、16 字节输入）。

输出 Y20～Y23：1.0.1./4（48/32 点操作面板连接单元、4 字节输出）

这样设定后，输入地址 X0.0～X3.7、X10.0～X19.7、输出地址 Y4.0～19.7 将成为“空地址”，48/32 点通用连接单元的输入地址范围为 X4.0～X9.7；固定地址输入信号（如急停、参考点减速等）都可以连接到该单元上。

【例 4】某机床采用 FS－0iD 控制，PMC 配置有 2 个带 I/O－Link 接口的 βis 伺服驱动附加轴，试设定 I/O 地址。

I/O－Link 接口的 βis 伺服驱动需要占用 16 字节输入地址和 16 字节输出，驱动器应作为一个整体 I/O 单元看待。因此，第 1 个 βis 伺服驱动器的地址可从 X0.0、Y0.0 开始分配，其组号、基座号为“0”、槽号为“1”；第 2 个 βis 伺服驱动器的地址从 X20.0、Y20.0 开始分配，组号为 1、基座号为“0”、槽号为“1”。故可以定义如下 I/O 地址。

输入 X0～X15：0.0.1.OC02I（第 1 个 βis 伺服驱动器，16 字节输入）。

输出 Y0～Y15：0.0.1.OC02O（第 1 个 βis 伺服驱动器，16 字节输出）。

输入 X20～X35：1.0.1.OC02I（第 2 个 βis 伺服驱动器，16 字节输入）。

输出 Y20～Y35：1.0.1.OC02O（第 2 个 βis 伺服驱动器，16 字节输出）。

带 I/O－Link 接口的 βis 伺服驱动器，其名称也可以是“PM16I（输入）”和“PM16O（输出）”，或直接以“/16”定义输入/输出点，只要输入/输出点数分配正确，I/O 单元的名称可自由定义。

4.6　PMC 文件编辑

4.6.1　PMC 编辑功能

1. 基本操作

FS－0iD 集成有动态梯形图监控和梯形图编辑功能，可直接通过 CNC 的 LCD 进行 PMC 程序梯形图的动态监控，或利用 CNC 的 MDI 面板进行 PMC 程序的输入与编辑操作。PMC 梯形图动态监控通常用于数控机床的故障诊断与维修，有关内容将在本书第 8 章进行介绍；PMC 程序编辑用于梯形图程序的输入与编辑。

由于 FS－0iD 配套的 PMC 有 0iD－PMC、PMC/L 等不同的规格，此外，不同时期生产的 CNC，其软件版本亦有升级和改进，因此，在实际使用或维修时，PMC 的动态梯形图监控和梯形图编辑操作可能稍有不同。

FS－0iD 的 PMC 程序编辑基本操作步骤如下：

1）按 MDI 面板的功能键【SYSTEM】，选择 CNC 系统显示模式。

2）按软功能扩展键，使 LCD 显示图 4.6-1 所示的 PMC 基本显示页面。

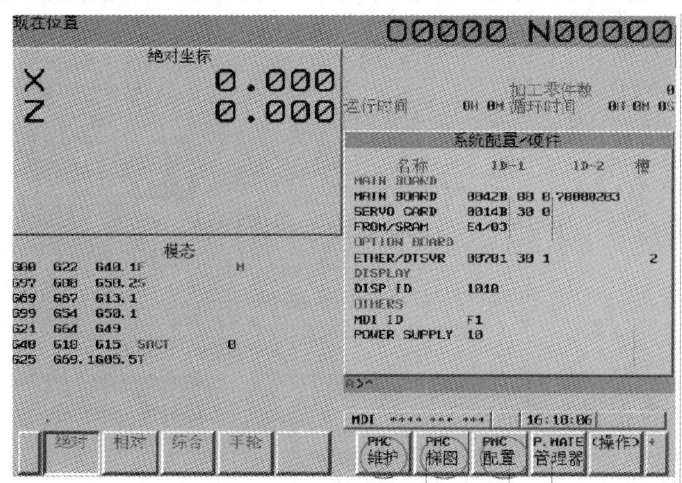

图 4.6-1　PMC 基本显示页面

PMC 基本显示页上的软功能键用于 PMC 显示与编辑功能选择，其作用如下：

【PMC 维护】：通常用于维修操作，选定后可进行 I/O 信号状态监控、I/O－Link 网络连接检查、PMC 报警显示、I/O 信号综合诊断等操作，有关内容将在第 8 章详细介绍。

【PMC 梯图】：用于 PMC 梯形图编辑和动态监控操作。数控机床调试时，可选择 PMC 梯形图编辑操作，进行 PMC 梯形图程序的输入与编辑；维修时可进行动态梯形图监控，检查 PMC 程序执行情况，有关内容将在第 8 章详细介绍。

【PMC 配置】：用于 PMC 程序标题栏、基本参数及控制继电器、I/O－Link 地址、符号表、操作者信息文本的显示、设定和编辑。

【P. MATE 管理器】：FANUC－Power Mate 管理器操作。

2. 编辑内容选择

PMC 程序编辑包括 PMC 文件编辑和 PMC 梯形图编辑两部分，其主要内容及相关的功能选择操作见表 4.6-1 所示。

表 4.6-1 PMC 程序编辑内容表

项 目	功能选择	软功能键	编辑内容	参见章节
文件编辑	【PMC CONFIG】（【PMC 配置】）	【TITLE】（【标头】）	PMC 程序标题栏编辑	4.6.2
		【SETTING】（【设定】）	PMC 编辑功能设定	4.6.2
		【PMC STATUS】（【PMC 状态】）	PMC 状态显示	
		【MODULE】	I/O 地址设定	4.5.2
		【SYMBOL】	符号表显示与编辑	4.6.3
		【MESAGEL】	操作信息表显示与编辑	4.6.4
梯形图编辑	【PMC LADDER】（【PMC 梯图】）→【LADDER】（【梯形图】）→【（OPRT）】（【（操作）】）→【EDIT】（【编辑】）	【LIST】	程序列表显示，创建、删除 PMC 程序块	4.7.2
		【SEARCH MENU】	搜索，切换到程序搜索页面	4.7.2
		【ZOOM】	缩放，网络显示与编辑	4.7.3
		【CREATE NET】	生成，插入一个新网络	4.7.3
		【AUTO】	自动，自动输入程序中未使用的编程元件或定时器、计数器、边沿检测号	4.7.4
		【SELECT】	选择，选择需要删除、剪切、复制操作的程序区域	4.7.2
		【DELETE】	删除所选择的网络	4.7.2
		【CUT】	剪切，将所选网络剪切到粘贴板中	4.7.2
		【COPY】	复制，将所选网络复制到粘贴板中	4.7.2
		【PASTE】	粘贴，将粘贴板中的内容粘贴到指定位置	4.7.2
		【CHANGE ADRS】	地址修改或一次性修改	4.7.4
		【ADDRES MAP】	地址图显示	4.7.4
		【UPDATE】	转换，将编辑的梯形图转换为实际可执行的 PMC 程序	4.7.2
		【RESTRE】	撤销，撤销最近一次操作	4.7.2
		【SCREEN SETING】	显示设定，进行梯形图显示相关的设定	4.7.2
		【RUN】/【STOP】	启动或停止 PMC 程序运行	4.7.2
		【CANCEL EDIT】	撤销编辑，放弃梯形图编辑操作，恢复程序或退出转换。	4.7.2
		【EXIT EDIT】	退出编辑，生效已经编辑的梯形图，退出编辑页面	4.7.2

PMC 文件编辑可通过按图 4.6-1、PMC 基本显示页中的【PMC 配置】（或【PMCCNF】）软功能键选择，其内容除了 4.5.2 节所述的 I/O 地址设定外，还包括与 PMC 程序编辑相关的标题栏编辑、PMC 编辑设定、符号表显示与编辑、操作者信息文本编辑等，其具体内容及操作步骤如下。

4.6.2　功能设定与标题栏编辑

1. PMC 编辑设定

进行 PMC 程序输入与编辑操作时，需要通过 PMC 基本参数和控制继电器的设定，生效程序编辑功能。PMC 编辑设定的操作步骤如下。

1）在图 4.6-1 所示的 PMC 基本显示页上，选择【PMC 配置】（或【PMCCNF】）软功能键，显示 PMC 配置页面。

2）按软功能键【设定】，LCD 显示图 4.6-2 所示的与 PMC 程序编辑功能相关的 PMC 参数和控制继电器设定页面。

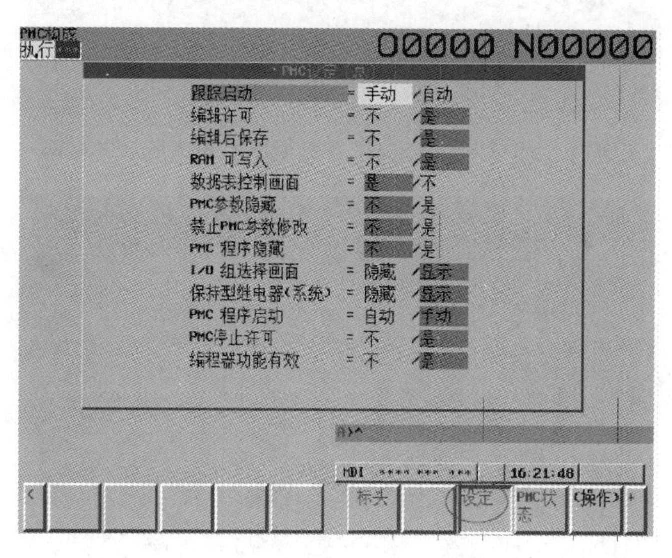

图 4.6-2　PMC 参数和控制继电器页面

3）利用光标移动键【↑】/【↓】、操作软功能键及 MDI 输入键，选择所需的功能。进行 PMC 程序编辑时，需要将显示页的“编辑许可”、“编辑后的保存”、“编辑器功能有效”等选项的状态设定为“是”；将“PMC 参数隐藏”、“禁止 PMC 参数修改”、“PMC 程序隐藏”等选项的状态设定为“不”；将“I/O 组选择画面”、“保持型继电器（系统）”等选项的状态设定为“显示”，使得 PMC 程序编辑、参数修改等操作成为允许。

2. 标题栏编辑

PMC 程序标题栏包含了 PMC 程序的基本信息，标题栏的输入和编辑操作步骤如下：

1）通过 PMC 编辑功能设定，生效程序编辑功能。

2）在图 4.6-1 所示的 PMC 基本显示页上，按软功能键【PMC 配置】，进入 PMC 配置显示与编辑操作。

3）按软功能键【标头】（或【TITEL】），LCD 显示图 4.6-3 所示的 PMC 程序标题栏信息显示页面。

4）按软功能键【（操作）】后，LCD 可显示操作软功能键【EDIT】（或【编辑】）、【MES-

SAGE TITLE】（或【信息】）。

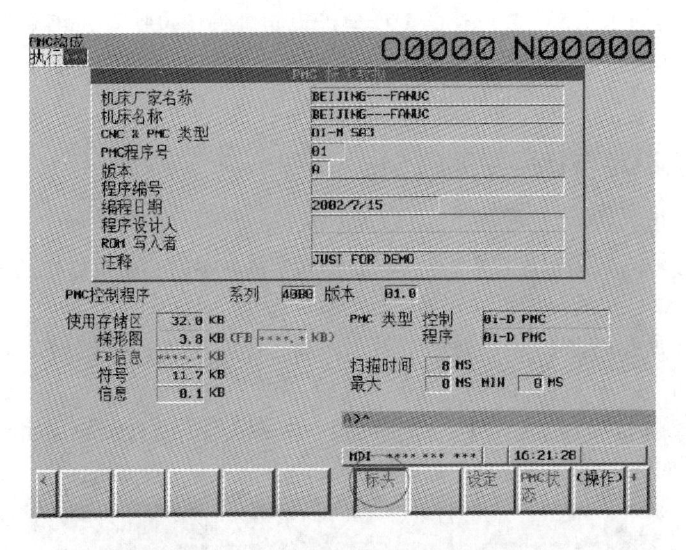

图 4.6-3　PMC 程序标题栏信息显示页面

5）按软功能键【EDIT】（或【编辑】），LCD 显示图 4.6-4 所示的标题栏编辑页面。

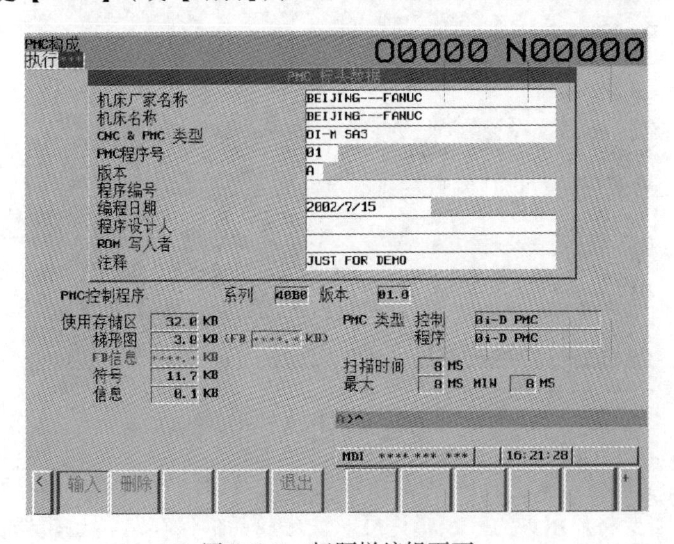

图 4.6-4　标题栏编辑页面

6）利用光标移动键【↑】/【↓】选定输入栏后，通过 MDI 面板输入和编辑页的软功能键，编辑 PMC 程序标题栏信息。

标题栏编辑页面的软功能键作用如下：

【INPUT MODE】（或【输入】）：标题栏编辑模式切换。按此软功能键可循环显示输入（【INPUT MODE】）、插入（【INSERT】）、修改（【ALTER】）编辑软功能键，选择输入、插入、修改操作。

【DELETE】（或【删除】）：删除，按此软功能键可删除所选栏的字符。

【EXIT EDIT】（或【退出】）：退出编辑，按此软功能键可保存编辑内容、退出标题栏编辑操作、返回到标题栏显示页面。

4.6.3　符号表编辑

1. 基本说明

PMC 程序中的编程元件地址可以使用绝对地址（Memory address）和符号地址（Symbol address）两种指定方式，两种地址可在 PMC 程序中混用。

绝对地址是 PMC 内部分配的 I/O 信号、数据寄存器、内部继电器等的存储器区域，它由地址/字节/位组成，如 X0001.5、R0200.0、Y0003.2、D0100.5 等。

符号地址是一种利用字符号来代替绝对地址的编程方式。通过 4.7 节所述的 PMC 程序"显示设定"，符号地址可在动态梯形图监控、梯形图编辑页面显示。

当符号地址、注释的显示生效后，PMC 梯形图的显示如图 4.6-5 所示。

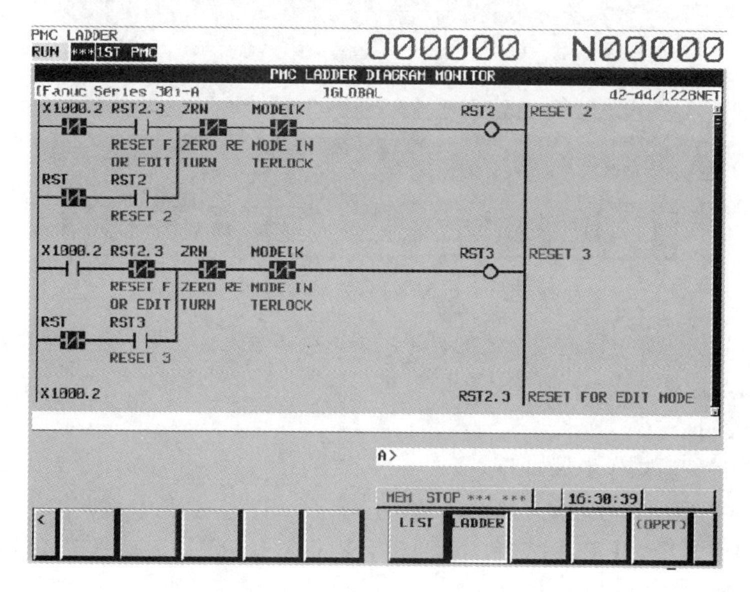

图 4.6-5　符号地址显示

符号地址包括符号（Symbol）和注释（Comment）两部分。

"符号"是编程元件的助记符，它可直接替代绝对地址在 PLC 程序上显示。例如，在图 4.6-5 上，当内部继电器 R0501.0（绝对地址）被定义为符号"ZRN"时，在 PMC 程序显示时，将直接用 ZRN 来替代绝对地址 R0501.0。如对输出线圈定义了符号地址，则其触点与线圈将同时用"符号"来替代绝对地址，例如，在图 4.6-5 中，内部继电器 R0501.3（绝对地址）的线圈被定义为符号"RST 2"时，其触点和线圈都显示为"RST 2"等。

"注释"是编程元件的简要说明，其字符数可以比"符号"更多。在梯形图上，触点的注释可显示在触点下方；线圈的注释显示在输出线圈的右侧；输出元件只需要对线圈进行注释，触点注释可自动显示。例如，图 4.6-5 的内部继电器 R0501.0 的注释为"ZERO RETURN"，内部继电器 R0501.3 的线圈注释为"RESET 2"等。

2. 符号表显示

PMC 程序的符号地址可以用符号表的形式，进行集中显示和编辑，显示符号表的操作步骤如下：

1）通过 PMC 编辑设定，生效程序编辑功能。

2）在图 4.6-1 所示的 PMC 基本显示页上，按软功能键【PMC 配置】，进入 PMC 配置显示与编辑操作。

3）按软功能扩展键，并选择扩展软功能键【SYMBOL】，LCD 显示图 4.6-6 所示的符号表显示页面。

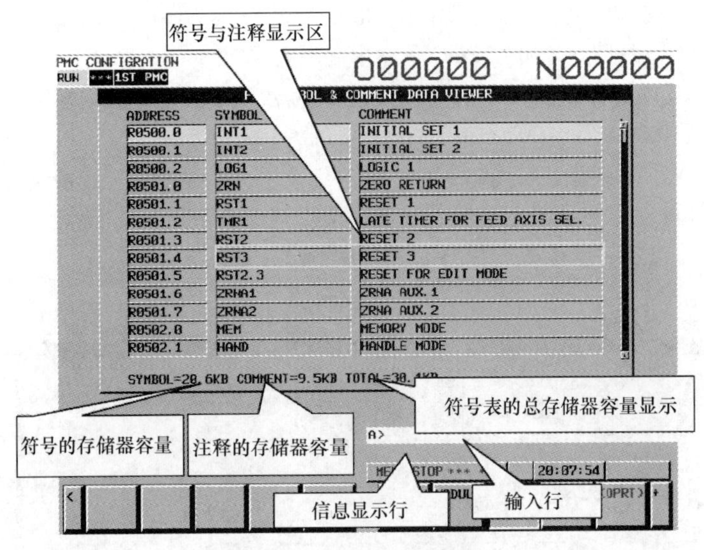

图 4.6-6　符号表显示页面

显示页的符号与注释可以通过下述的符号表编辑操作输入，符号、注释及符号表的总存储容量由操作系统自动计算生成，操作者不能对其进行修改。

3. 符号表编辑

PMC 符号表的编辑操作步骤如下：

1）按图 4.6-6 所示符号表显示页的软功能键【（OPRT）】（或【（操作）】），LCD 将显示操作软功能键【EDIT】（或【编辑】）和【SEARCH】（或【搜索】）。搜索键【SEARCH】可用于符号地址的检索操作。

2）按软功能键【EDIT】（或【编辑】），LCD 可切换到图 4.6-7 所示的符号表输入与编辑页面。

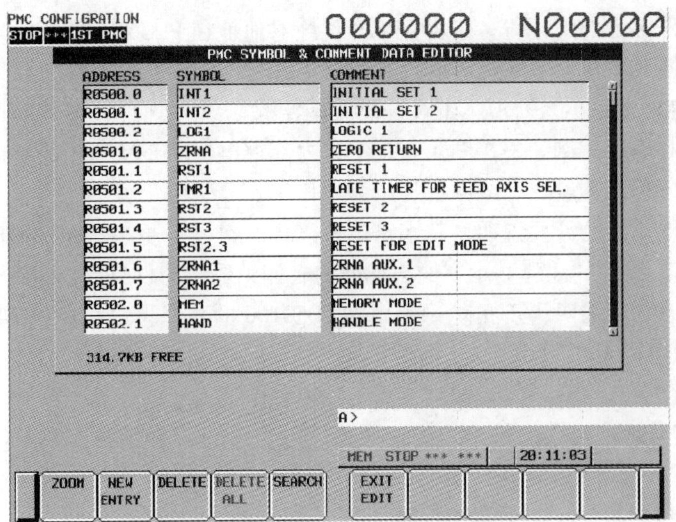

图 4.6-7　符号表输入与编辑页面

3）利用光标移动键【↑】/【↓】选定输入栏，并通过以下软功能键，选择所需要的符号表编辑操作。

【ZOOM】：切换到符号表行编辑页面，对所选行进行编辑（见下述）。

【NEW ENTRY】：切换到符号表新行输入页面，进行符号表输入或添加（见下述）。

【DELETE】：删除所行。

【DELETE ALL】：删除全部符号地址和注释。

【SEARCH】：在符号表中所示绝对地址、符号地址或注释。

【EXIT EDIT】：保存编辑内容、退出符号表编辑、返回符号表显示页面。

4. 符号与注释编辑

在图4.6-7所示的符号表输入与编辑页面上，选择软功能键【NEW ENTRY】，LCD可显示图4.6-8所示的符号表行输入页面。在该显示页面上，可通过MDI面板及如下软功能键，进行符号表地址、符号和注释的输入与编辑操作。

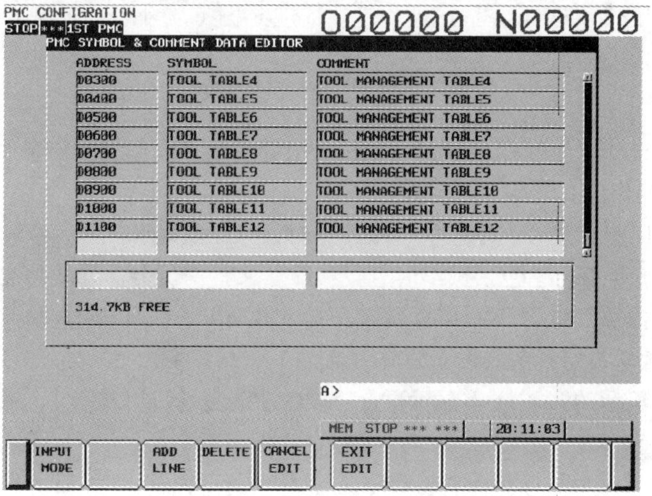

图4.6-8　符号表行输入页面

【INPUT MODE】：符号表编辑模式切换。按此软功能键可进行编辑软功能键输入（【INPUT MODE】）、插入（【INSERT】）、修改（【ALTER】）间的循环切换，选择输入、插入、修改操作。

【ADD LINE】：增加一个新的输入行。

【DELETE】：删除指定位置的字符。

【CANCEL EDIT】：撤销编辑操作。

【EXIT EDIT】：生效行编辑操作、退出编辑、返回符号表编辑页面。

修改现有符号表时，可选择软功能键【ZOOM】，此时，LCD将显示图4.6-9所示的符号表行编辑页面。在该页面上，光标所选行的内容被复制到输入行，并可通过MDI面板及软功能键，对其进行修改操作。

行编辑页面的软功能键作用与行输入页相同，软功能键【ALTER】的作用是将指定位置的内容用编辑的内容替换。

4.6.4　操作信息表编辑

1. 操作信息表显示

在规范设计的数控机床上，为了便于用户诊断机床故障、方便维修，机床生产厂家一般都需

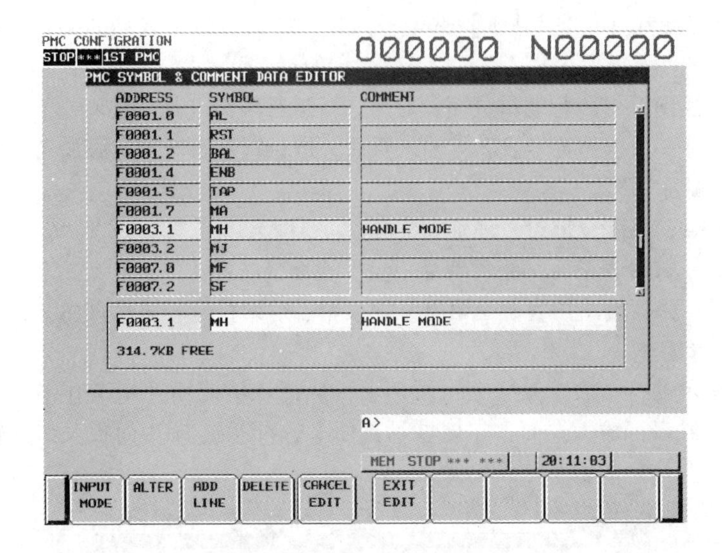

图 4.6-9　符号表行编辑页面

要通过 PMC 程序的设计，使得 LCD 能够显示机床报警或用户操作提示信息。机床报警或用户操作提示信息统称“操作信息”或“外部操作信息”。

操作信息在 LCD 上的显示，可通过 PMC 程序对信息显示请求位 A＊＊＊. ＊的置位实现，其显示形式与 CNC 报警类似，它包括操作信息号和信息文本两部分。操作信息的显示需要通过如下的 PMC 文件编辑操作，建立 PMC 信息数据表（PMC MESSAGE DATA LIST，简称信息表）。

1）通过 PMC 编辑设定，生效程序编辑功能。

2）在图 4.6-1 所示的 PMC 基本显示页上，按软功能键【PMC 配置】，进入 PMC 配置显示与编辑操作。

3）按软功能扩展键后，选择扩展软功能键【MESSAGE】，LCD 可显示图 4.6-10 所示的信息表显示页面。

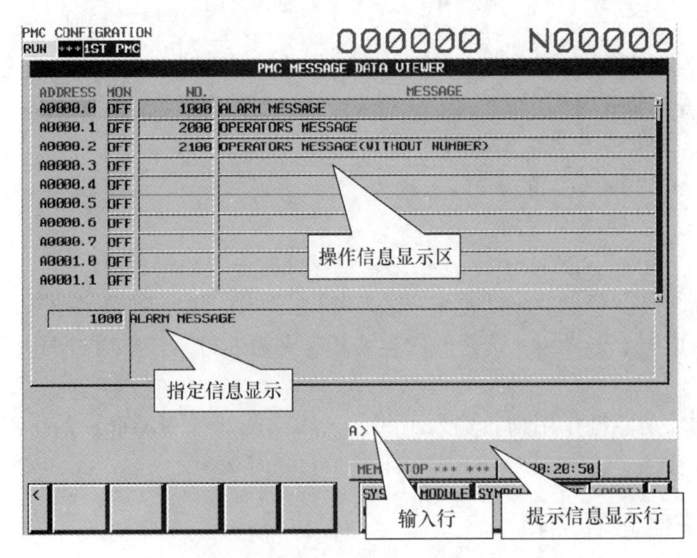

图 4.6-10　信息表显示页面

2. 信息表编辑

PMC信息表的编辑操作步骤如下：

1）图4.6-10所示的信息表显示页面上，按软功能键【（操作）】，显示操作软功能键【EDIT】、【SEARCH】、【DOUBLE CHAR】。其中，软功能键【SEARCH】用于信息表数据搜索；【DOUBLE CHAR】用于双字节字符编辑选择。

2）按软功能键【EDIT】，LCD显示图4.6-11所示的信息表编辑页面。

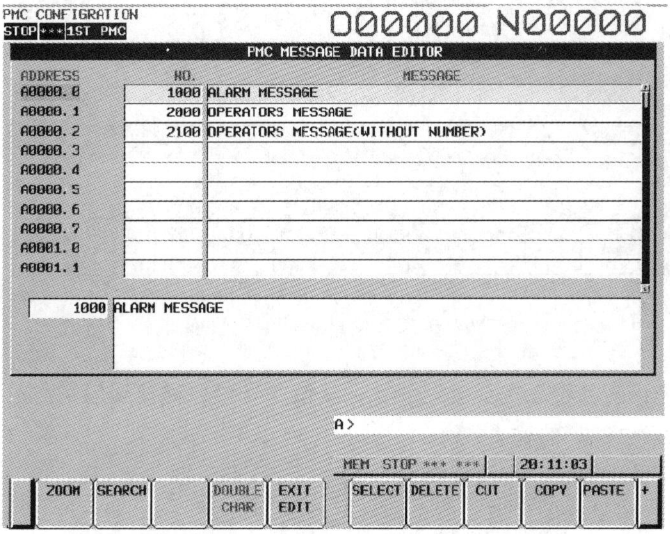

图4.6-11　信息表编辑页面

3）利用光标移动键【↑】/【↓】选定输入栏后，可通过编辑页的软功能键，选择所需要的编辑操作。

信息表编辑页面软功能键的作用如下：

【ZOOM】：切换到信息表的行编辑页面，对所选行进行编辑（见下述）。

【SEARCH】：在信息表进行地址、信息号等检索。

【DOUBLE CHAR】：双字节字符选择。

【EXIT EDIT】：退出信息表编辑，生效编辑操作，返回信息表编辑页面。

【SELECT】：选择，选择需要进行删除、剪切、复制操作的内容。

【DELETE】：删除，删除所选择的区域的内容。

【CUT】：剪切，将所选择的内容剪切到粘贴板中。

【COPY】：复制，将所选择的内容复制到粘贴板中。

【PASTE】：粘贴，可将粘贴板中的内容粘贴到光标指定的位置。

【DELETE ALL】：删除全部数据。

3. 信息表的行编辑

进行信息表输入或编辑时，应选择软功能键【ZOOM】，此时，LCD将显示图4.6-12所示的信息表行编辑页面。在该页面上，可通过MDI面板及如下软功能键，进行信息表输入行的输入与编辑操作。

【INPUT MODE】：符号表编辑模式切换。按此软功能键可进行输入（【INPUT MODE】）、插入（【INSERT】）、修改（【ALTER】）编辑软功能键间的循环切换，进行输入、插入、修改操作。

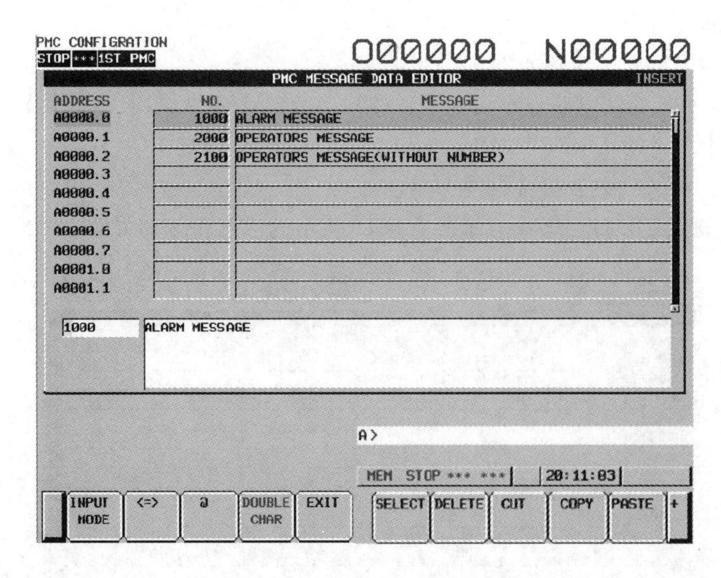

图 4.6-12 信息表行编辑页面

【< = >】：光标转换键。按此键可使光标从信息号栏，移动到信息文本栏，或反之。

【@】：特殊字符“@”的输入。

【DOUBLE CHAR】：双字节字符选择。

【EXIT】：退出行编辑操作，返回信息表编辑页面。

【SELECT】：选择，选择文本编辑区需要进行删除、剪切、复制操作的内容。

【DELETE】：删除，删除所选择的文本编辑区的内容。

【CUT】：剪切，将文本编辑区所选择的内容剪切到粘贴板中。

【COPY】：复制，将文本编辑区所选择的内容复制到粘贴板中。

【PASTE】：粘贴，将粘贴板中的内容粘贴到光标指定的位置。

【CANCEL EDIT】：撤销编辑操作。

4.7 PMC 梯形图编辑

4.7.1 功能说明

PMC 的程序梯形图输入与编辑，需要在 PMC 梯形图显示与编辑页面上进行，其内容和操作步骤如下。

1. 梯形图编辑选择

选择 PMC 梯形图显示与编辑页面的基本操作步骤如下：

1）在图 4.6-1 所示的 PMC 基本显示页上，按软功能键【PMC 梯图】（或【PMCLAD】），选择梯形图显示页面。

2）按软功能键【梯形图】，LCD 可显示图 4.7-1a 所示的 PMC 梯形图程序。

3）在图 4.7-1 所示的 PMC 梯形图显示页面上，通过图 4.7-1b 所示的操作软功能键，选择所需的操作。

4）按软功能键【编辑】，LCD 可显示图 4.7-2 所示的梯形图编辑页面，并进行相关的 PMC

梯形图编辑操作。

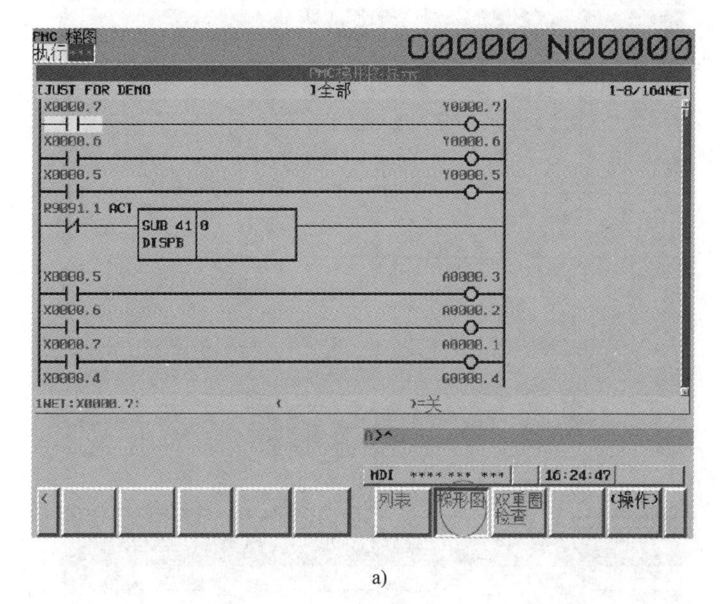

a)

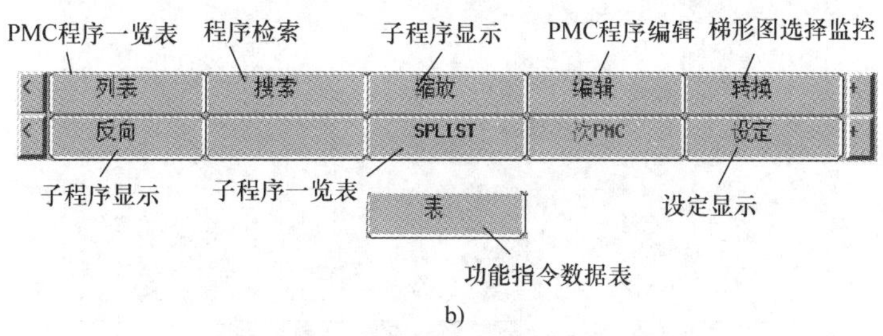

b)

图4.7-1 PMC梯形图显示
a）梯形图程序 b）操作软功能键

2. 功能说明

在PMC梯形图程序中，组成梯形图程序的元素可分为如下几种。

编程元件：梯形图中的触点、连线、线圈、“空位”、功能指令框等称为编程元件。

行：梯形图中水平方向同一直线上的多个编程元件的集合称为“行”。

网络（Network，简称NET）：梯形图中的输出线圈及所有控制这一输出线圈的触点、连线所组成的行，称为网络。网络是构成梯形图的基本单位，在梯形图程序中，未构成网络的编程元件、行，都不能实现逻辑操作，因此，在梯形图中都不能独立存在。

总体而言，FS－0iD的梯形图编辑可分为程序编辑和网络编辑两大部分。程序编辑主要用于PMC程序的组织、管理，它可进行梯形图的显示设定、网络的编辑与添加、程序区域的选择/删除/剪切/复制/粘贴等操作，以及进行程序的搜索、地址显示、地址图显示等操作。网络编辑主要用于网络的创建与编辑，它可进行网络的输入或进行网络中的编程元件插入、修改、删除等基本梯形图编辑操作。

程序编辑页面如图4.7-2a所示，它在选择了梯形图编辑后便可显示。网络编辑可通过选择程序编辑页面的软功能键【ZOOM】（【缩放】）或【CREATE NET】（【生成】）后进入，其显示如图4.7-2b所示。

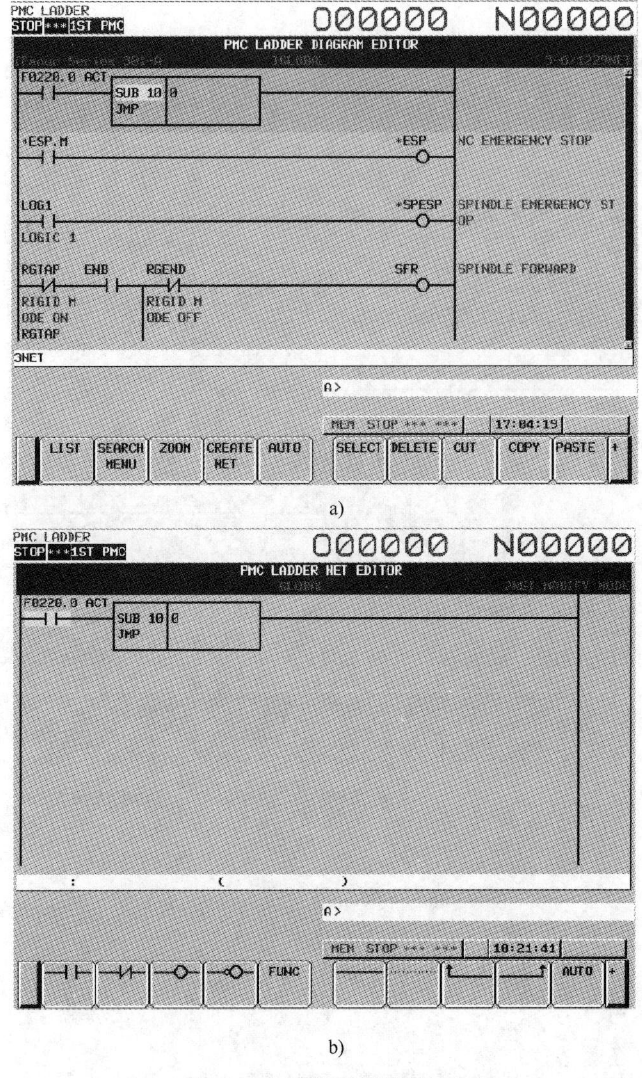

a)

b)

图 4.7-2　梯形图编辑显示

a）程序编辑　b）网络编辑

4.7.2　程序编辑

1. 功能选择

在图 4.7-2a 所示的梯形图程序编辑显示页面上，可通过软功能及其扩展，显示图 4.7-3 所示的软功能键，选择如下操作：

【LIST】（或【列表】）：切换到程序列表编辑页面，进行 PMC 程序的创建、删除等编辑操作。

【SEARCH MENU】（或【搜索】）：切换到程序搜索页面，检索程序中的指定行或指定编程元件。

【ZOOM】（或【缩放】）：切换到网络编辑页面，进行新网络输入或网络编辑操作。

【CREATE NET】（【生成】）：可在光标位置插入一个新网络，故可用来创建网络。

【AUTO】（【自动】）：自动输入程序中未使用的编程元件的地址，或未使用的定时、计数器、

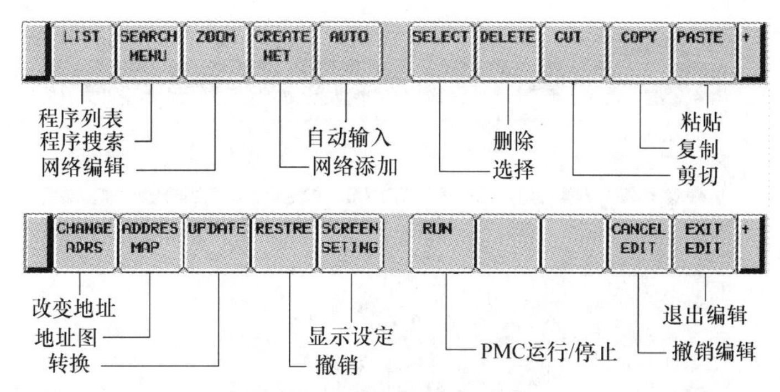

图4.7-3　程序编辑软功能键

边沿检测号，避免程序编辑时出现重复地址。

【SELECT】（选择）：选择需要进行删除、剪切、复制操作的程序区域。

【DELETE】（删除）：删除所选择的程序区域。

【CUT】（剪切）：将所选择的程序区域剪切到粘贴板中。

【COPY】（复制）：将所选择的程序区域复制到粘贴板中。

【PASTE】（粘贴）：将粘贴板中的程序内容粘贴到光标指定的位置。

【CHANGE ADRS】（改变地址）：切换到地址修改页面，进行地址的修改或地址一次性修改操作。

【ADDRES MAP】（地址图）：切换到地址图显示页面。

【UPDATE】（转换）：将所编辑的梯形图程序转换为实际可执行的 PMC 程序。

【RESTRE】（撤销）：撤销最近一次操作，恢复上一编辑页面，或放弃所进行的转换。

【SCREEN SETING】（显示设定）：切换到显示设定页面，进行与 PMC 梯形图显示相关的设定。

【RUN】/【STOP】：手动启动或停止 PMC 程序运行。

【CANCEL EDIT】（撤销编辑）：放弃梯形图编辑操作，恢复梯形图程序或退出转换。

【EXIT EDIT】（退出）：生效已编辑的梯形图，退出编辑页面。

2. 显示设定

进行 PMC 梯形图动态监控和编辑时，可通过程序编辑功能中的显示设定操作，改变梯形图的显示格式。显示设定操作可通过图4.7-3中的软功能键【SCREEN SETING】选择，选定后，LCD 可显示图4.7-4所示的设定页面。

显示设定共有3页，第1页用于梯形图的显示设定；第2页用于程序列表的显示设定；第3页用于 LCD 的显示颜色设定。设定页选定后，可通过光标移动键、【INPUT】键选择所需要的选项；设定完成后，按软功能键【INIT】便可生效设定操作，然后，在按软功能键【EXIT】退出设定操作，返回到梯形图编辑页面。

显示设定第1页的各选项作用如下：

ADDRESS NOTATION：梯形图地址显示设定。选择“SYMBOL”为符号地址；选择“ADDRESS”为绝对地址。

SHOW COMMENT OF CONTACT：触点注释显示设定。触点注释显示设定如图4.7-5所示，选择“NONE”为不显示注释；选择“1LINE”或“2LINE”，可显示1行或2行注释。

SHOW COMMENT OF COIL：线圈注释显示设定。线圈注释显示设定的形式如图4.7-6所示，选择“NO”不显示注释；选择“YES”可显示2行线圈注释。

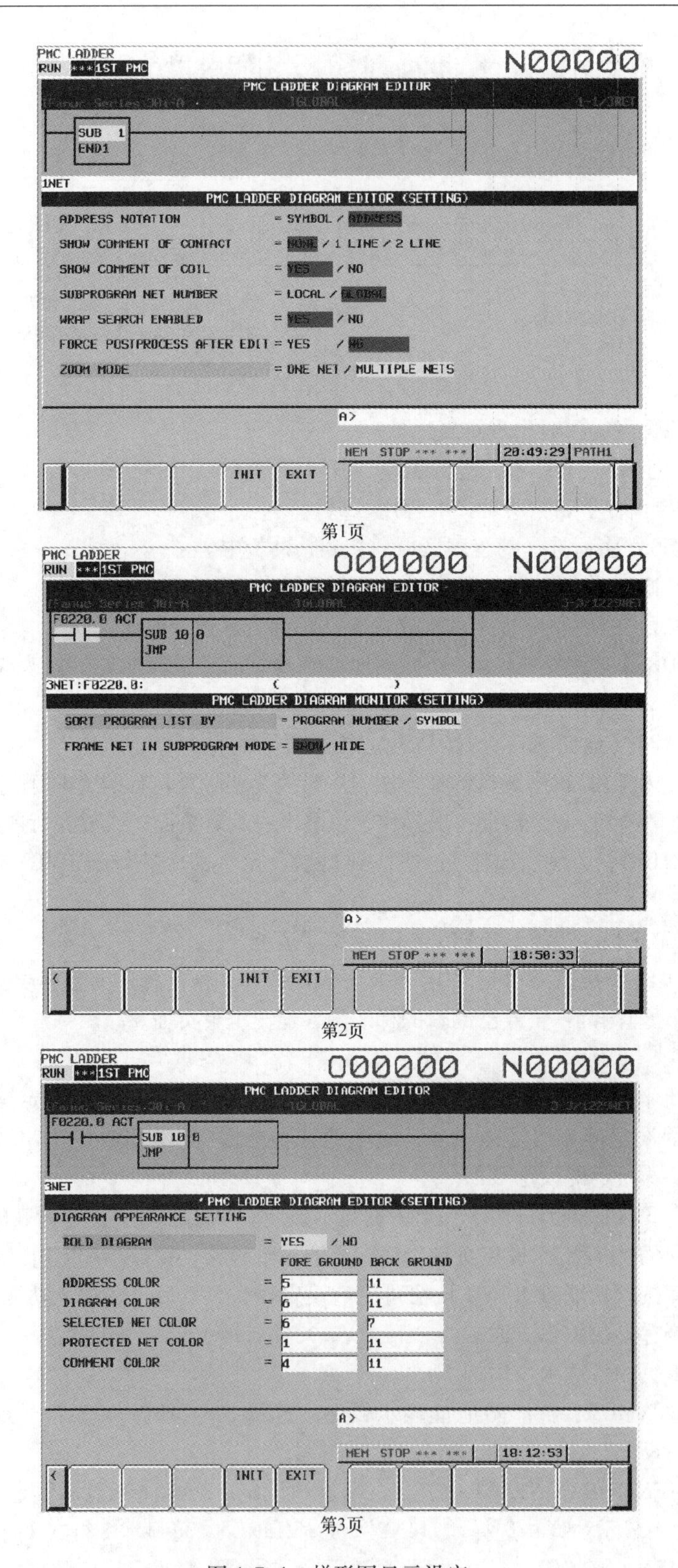

图 4.7-4　梯形图显示设定

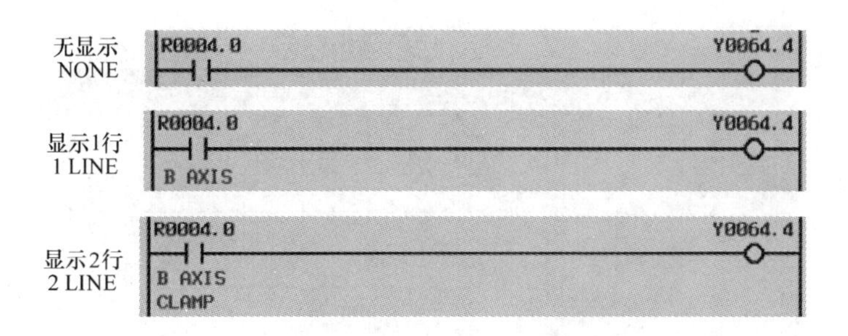

图4.7-5 触点注释显示设定

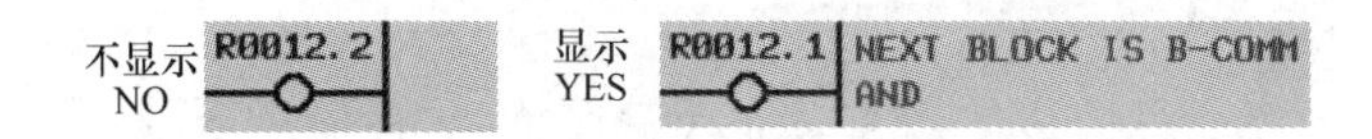

图4.7-6 线圈注释显示设定的形式

SUBPROGRAM NET NUMBER：子程序的网络编号显示形式设定。选择“LOCAL”为区域编号，子程序的网络起始编号为1；选择“GLOBAL”为全局编号，子程序的网络起始编号从PMC程序起始位置依次编排。

WRAP SEARCH ENABLED：循环搜索使能。选择“NO”，按指定的搜索方向，到达程序起始或结束位置后，将停止搜索；选择“YES”，程序搜索在到达程序开始或结束位置后，可转到结束或开始位置继续进行搜索。

FORCE POSTPROCESS AFTER EDIT：编辑后的强制后处理。选择“NO”，后处理仅在转换完成后进行，退出梯形图编辑操作时不能进行后处理；选择“YES”，退出程序编辑操作时，将自动执行程序后处理操作，检查所编辑的内容。

ZOOM MODE：网络编辑页的显示设定。选择“ONE NET”只能编辑一个网络；选择“MULTIPLE NETS”，可编辑多个网络。

显示设定第2页的各选项作用如下：

SORT PROGRAM LIST BY：程序列表的排序方式设定。选择“PROGRAM NUMBER”为按程序号排序；选择“SYMBOL”为按程序名排序。

FRAME NET IN SUBPROGRAM MODE：子程序的网络结构显示设定，选择“SHOW”为显示；选择“HIDE”为隐藏。

显示设定第3页的各选项作用如下：

BOLD DIAGRAM：大图形显示设定。选择“YES”，网络中的编程元件全部为加粗显示；选择“NO”，网络行的编程元件为最小化显示。

ADDRESS/DIAGRAM/ SELECTED NET/PROTECTED NET/COMMENT COLOR：分别用于地址/图形/选定网络/被保护网络（如END1、END3指令）/注释的颜色设定，“FORE GROUND”区为前景色；“BACK GROUND”区为背景色，显示颜色可以通过输入色号0~15选择。

3. 程序创建

选择图4.7-3所示的程序编辑软功能键【LIST】，可显示图4.7-7所示的程序表编辑页面。在该页面上，可进行程序的创建、删除等编辑操作。程序表编辑页面的软功能键作用如下：

【ZOOM】：切换到梯形图编辑页面，显示程序内容。

【SEARCH】：程序搜索。输入程序名或符号名后，通过该软功能键可将光标定位到指定的程

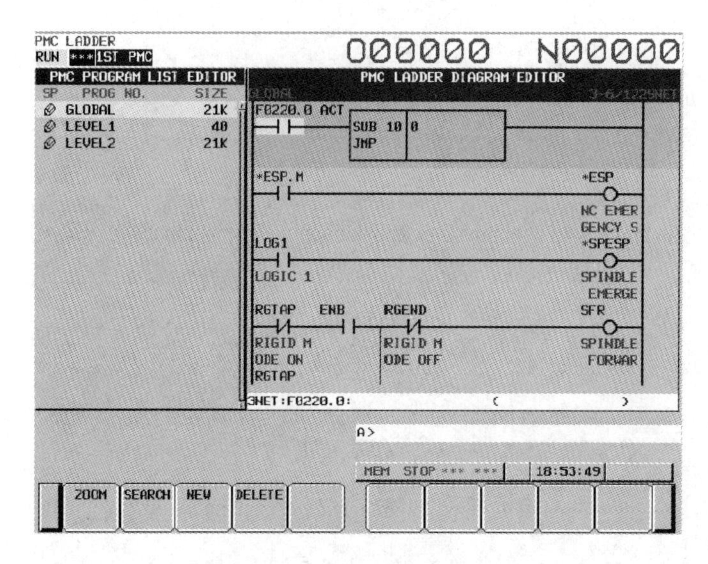

图 4.7-7 程序表编辑页面

序上。

【NEW】：程序创建。输入程序中未使用的程序名或符号名后，通过该软功能键可创建一个新的程序，被创建的程序自动插入到光标定位的位置上。但是，以下梯形图网络由操作系统自动创建。

LEVEL1：第 1 级程序结束指令 END1。

LEVEL2：第 1 级程序结束指令 END2。

LEVEL3：第 3 级程序结束指令 END3。

Subprogram：子程序开始 SP 和结束 SPE 指令。

【DELETE】：删除程序。删除光标选择的程序，或者，在输入程序名或符号名后，通过该软功能键可将指定的程序删除。但是，程序表中的 GLOBAL、LEVEL1、LEVEL2 只能通过【DELETE】键删除其内容，而不能删除其名称。

4.7.3 网络编辑

1. 功能说明

网络编辑可通过选择程序编辑中的软功能键【ZOOM】或【CREATE NET】进入，选定后，可显示图 4.7-2b 所示的网络编辑页面及图 4.7-8 所示的网络编辑软功能键。

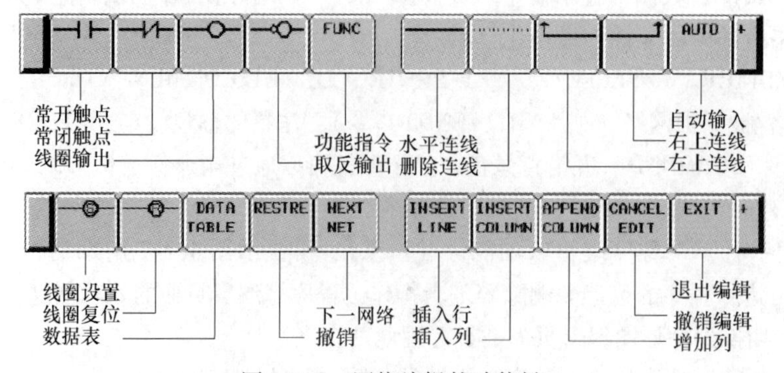

图 4.7-8 网络编辑软功能键

通过软功能及其扩展键，可根据需要选择如下操作：

触点/连线/线圈：用于编程元件的输入、插入、替换等编辑操作。

【FUNC】：功能指令选择。用于功能指令的输入（见后述）。

【AUTO】：自动输入程序中未使用的编程元件或定时器、计数器及边沿检测号（同程序编辑）。

【DATA TABLE】：数据表编辑。切换到功能指令数据表编辑页面（见后述）。

【RESTRE】：撤销网络编辑操作，恢复编辑前的状态。

【NEXT NET】：下一网络。结束当前网络编辑，进入下一网络的编辑页面。

【INSERT LINE】：插入行。在光标指定位置增加一个空行。

【INSERT COLUMN】：插入列。在光标指定位置增加一个图 4. 7-9a 所示的空列。

【APPEND COLUMN】：增加列。在光标位置之后增加一个图 4. 7-9b 所示的空列。

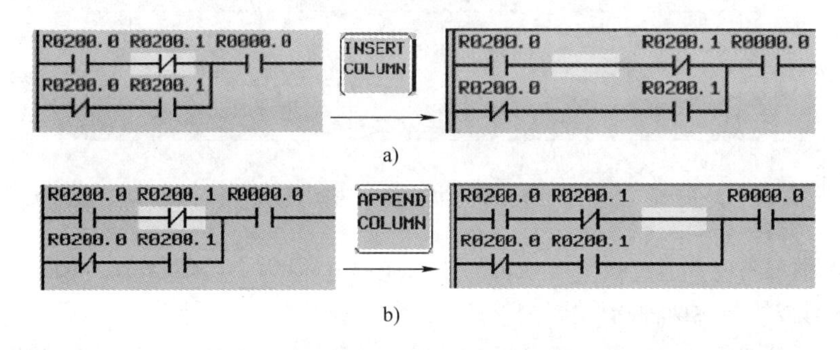

图 4. 7-9　列的插入

a）插入列　b）增加列

【CANCEL EDIT】：撤销编辑。撤销网络编辑操作，切换到梯形图显示页。

【EXIT EDIT】：退出）：生效和保存已编辑的网络，如果网络编辑错误，将保留编辑页面，并显示出错信息。

2. 编程元件编辑

当进入 4. 7-2b 所示的网络编辑页面后，可按以下步骤输入或编辑编程元件。

1）将光标定位于要求的触点输入或编辑的位置。

2）通过软功能键的选择，输入或修改编程元件；如选择【 ┤ ├ 】，即可输入常开触点。

3）利用地址与数字键输入触点地址，如 X0. 1，并用 MDI 面板的【INPUT】键输入。

4）输入后光标自动后移，用同样方法输入或编辑其他触点。

5）第一行触点输入完成后，按下软功能键【—(　)—┤】，线圈被自动连接与插入。

6）利用地址与数字键输入线圈地址，如 R200. 0 等，并用【INPUT】键输入。

7）输入后光标自动下移一行，如需要，可用同样方法输入并联行的触点。

8）通过菜单扩展键显示并选择水平连线【 —— 】，可延长连接线。

9）选择右上连线键【____↑】，使得水平连接线与上一行连接，完成并联触点输入。

10）输入后光标自动下移，用同样方法可以输入下一并联行。

3. 功能指令编辑

在 4. 7-2b 所示的网络编辑页面上，可按以下步骤输入或编辑 PMC 的功能指令：

1）将光标定位到功能指令的控制条件输入位置。

2）通过编程元件编辑功能，完成第一行控制条件的输入。

3）按下软功能键【FUNC】，显示图 4. 7-10 所示的功能指令选择菜单。

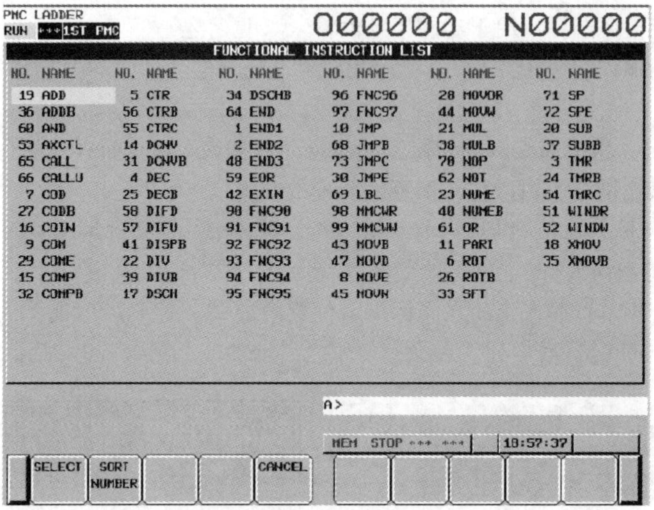

图 4. 7-10　功能指令选择菜单

4）根据习惯和需要，通过指令显示页的软功能键【SORT NUMBER】/【SORT NAME】，可选择按照 SUB 号或按名称两种指令排序。

5）利用光标键选定功能指令，按【SELECT】键可输入功能指令；按【CANCEL】键退出功能指令显示，返回网络编辑页面。

6）利用地址与数字键输入功能指令的参数，并用 MDI 面板的【INPUT】键输入。

7）通过编程元件编辑功能，完成其他控制条件的输入。

4. 数据表编辑

FS－0iD 的任意十进制/二进制数据转换指令 COD（SUB7）/CODB（SUB27），需要建立数据转换用的数据表，数据表的输入和编辑方法如下：

1）在图 4. 7-2b 所示的网络编辑页面上，通过扩展软功能键【DATA TABLE】，选择图 4. 7-11 所示的数据表编辑页面。

2）对于二进制数据转换指令 CODB，可根据需要，利用软功能键【BYTE】、【WORD】、【DWORD】，选择数据格式（长度）为 1 字节、1 字或双字；对于十进制数据转换指令 COD，可通过软功能键【BCD2】、【BCD4】，选择数据格式（长度）为 2 位或 4 位 BCD 数据。

3）利用光标移动键或通过 MDI 面板输入数据号、数据值后，按软功能键【SEARCH NUMBER】、【SEARCH VALUE】键，选择数据表的输入或编辑位置。

4）利用 MDI 面板输入或编辑数据。如按软功能键【COUNT】，可修改数据号；如按软功能键【INIT】，可将所有数据的值清零。

5）完成后，按软功能键【EXIT】键退出数据表编辑，返回网络编辑页面。

4. 7. 4　地址修改与显示

1. 地址修改

在图 4. 7-2a 所示的 PMC 程序编辑页面上，选择扩展软功能键【CHANGE ADRS】，可显示图 4. 7-12 所示的地址修改页面，进行地址的修改。

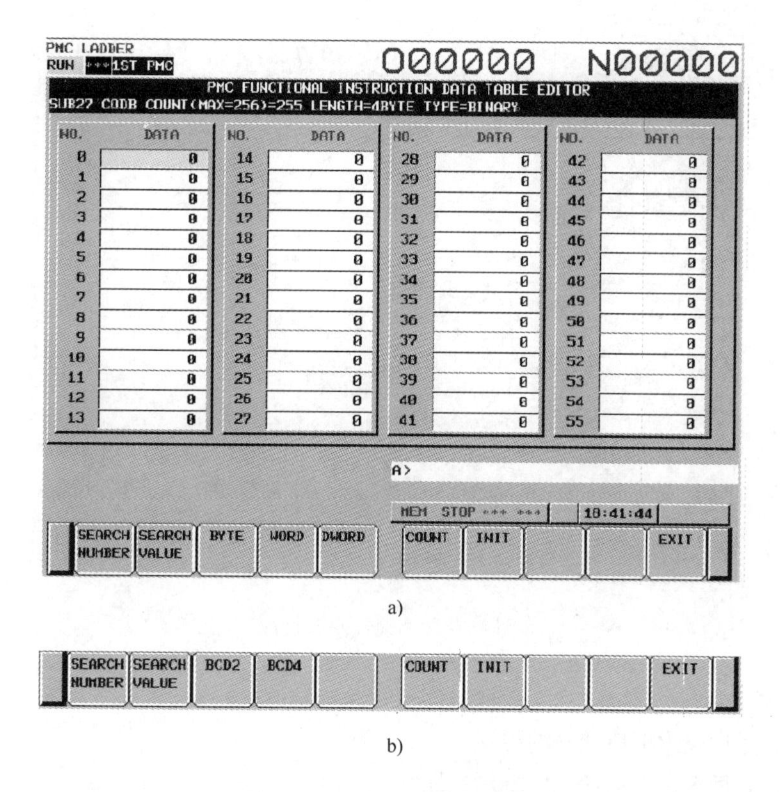

图 4.7-11　数据表编辑页面
a）二进制转换　b）十进制转换

显示页上的旧地址（OLD ADDRESS）、新地址（NEW ADDRESS）栏，可直接通过 MDI 面板和【INPUT】键输入，或者，按软功能键【PICKUP ADRS】，在梯形图上用光标选择。地址输入可使用通配符“＊”，一次性指定多个地址，例如，输入 X0100.＊，可以一次性指定地址 X0100.0～X0100.7 等。新、旧地址输入后，可通过显示页上的软功能，进行逐一修改或一次性修改。

地址修改页的软功能键作用如下：

【ALTER】：地址修改。可将旧地址修改为所输入的新地址。如不能显示软功能键【ALTER】，表明所选的地址不能修改。

【ALTER ALL】：地址的一次性修改。将所选程序中的指定地址一次性修改为新地址。修改地址时信息行将显示“DO YOU ALTER OLD ADDRESS IN GLOBAL?”确认后，地址将被一次性修改；修改完成后，信息行显示“ADDRESSES WERE ALTERED INTO“＊＊＊＊”IN THE GLOBAL”。

【＜＝＞】：光标移动键。按此键可将光标从旧地址（OLD ADDRESS）栏，移动到新地址（NEW ADDRESS）栏。

【MOVE SYMBOL】：符号地址转移。一般而言，地址修改后，旧地址上的符号地址将被删除，如果需要将符号地址转移到新地址上，可选择【MOVE SYMBOL】键。符号地址转移时，信息行将显示“ARE YOU SURE YOU WANT TO MOVE THE SYMBOL?”确认后，符号地址将转移；完成后，信息行显示“THE SYMBOL MOVED”。

【USE CHECK】：应用与检查。按此键，可在全部 PMC 程序中，搜索旧地址栏的编程元件，

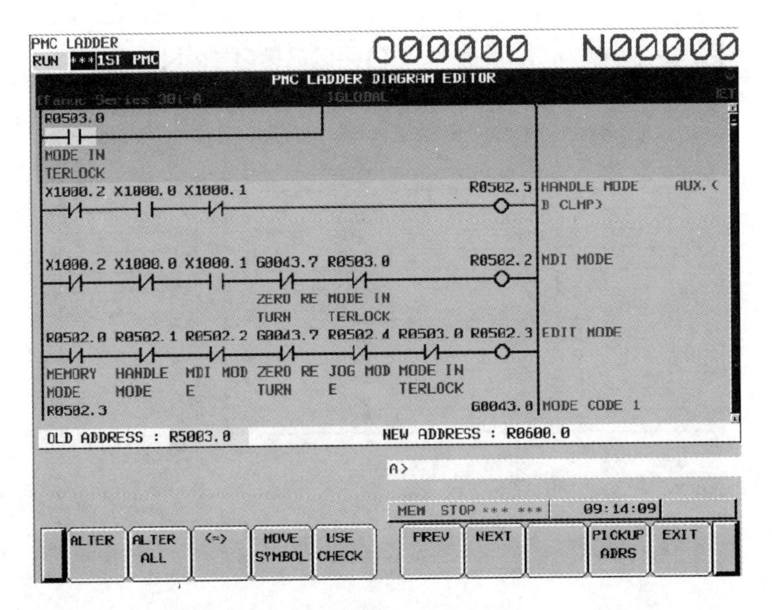

图 4.7-12　地址修改页面

检查并应用新地址。

【PREV】：反向搜索旧地址栏的编程元件。

【NEXT】：正向搜索旧地址栏的编程元件。

【PICKUP ADRS】：地址采集。将梯形图中光标选定位置的地址输入到旧地址栏或新地址栏。

【EXIT】：退出地址修改显示页，返回 PMC 程序编辑页面。

2. 地址图显示

在图 4.7-2a 所示的 PMC 程序编辑页面上，选择扩展软功能键【ADDRESS MAP】，可显示图 4.7-13 所示的地址图页面，检查指定地址的编程元件在程序中的使用情况。地址图显示页的状态显示字符的含义如下：

“＊”或“●”：代表该地址的编程元件以二进制位或字节的形式使用；以字节形式使用时，地址前带有“＊”标记。如“＊R100 ●●●●●●●●”等。

S：代表该地址的编程元件使用了符号地址或注释。

显示页的软功能键作用如下：

【SEARCH】：地址搜索。搜索 MDI 输入的地址，并作为起始地址在地址图上显示。

【SEARCH UNUSED】：未使用的地址检索。搜索 PMC 程序中未使用的地址，并在地址图上显示。

【JUMP】：地址引用。引用光标指定位置的地址。

【EXIT】：退出地址图显示，回到 PMC 程序编辑页面。

3. 地址与参数号自动输入

在 PMC 程序编辑时，可利用地址自动输入功能，自动搜索程序中未使用的内部继电器 R、E，数据寄存器 D，并输入到程序中，从而避免出现 R、E、D 重复使用的情况。地址自动输入仅对 R、E、D 的二进制位信号输入有效。

在 4.7-2a 所示的 PMC 程序编辑页面上，如输入地址 R、D、E，按软功能键【AUTO】，操作系统可自动搜索程序中未使用的 R、D、E 地址，并插入到程序中。如所有地址都已使用，则显

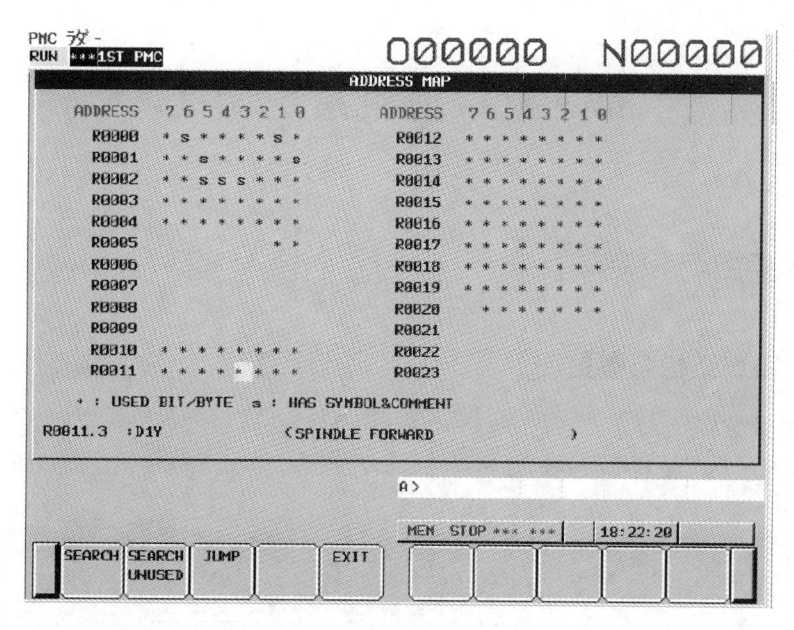

图4.7-13 地址图页面

示提示信息“NO FREE ADDRESS IS FOUND BEFOR ＊＊＊＊”。

在进行定时指令 TMR/TMRB、计数指令 CTR/CTRB、边沿检测指令 DIFU/DIFD 编程时，如将光标移动到定时器、计数器、边沿检测的编号输入位置，按软功能键【AUTO】，操作系统可自动搜索并输入程序中未使用的定时器、计数器、边沿检测号。如果所有的编号都已使用，则显示提示信息“NO UNUSED PARAMETER NUMBER”。

第5章　伺服系统调试

5.1　基本参数与设定

5.1.1　系统结构与参数

1. 闭环系统结构

闭环位置控制系统是利用误差进行控制的自动调节系统，其系统结构框图如图5.1-1所示。

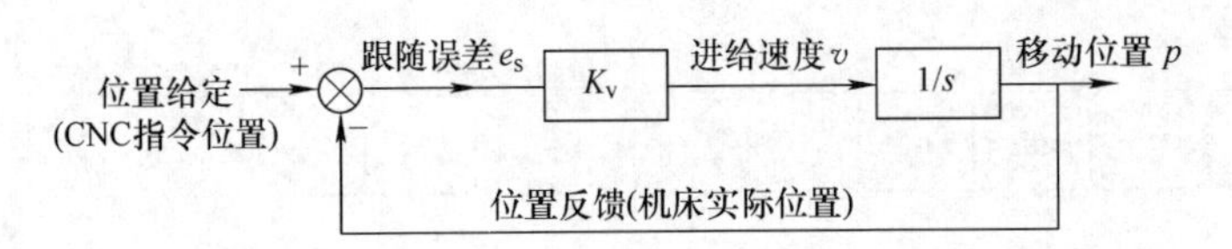

图5.1-1　闭环位置控制系统结构框图

对于利用伺服电动机内置编码器作为位置检测器件的半闭环系统，虽然，实际系统的位置检测信号为电动机转角θ，但是，由于电动机、丝杠和工作台为刚性连接，对于丝杆螺距为h、减速比为i的传动系统，其坐标轴位置p和电动机转角θ间有$p=\theta h/2\pi i$的线性关系，因此，仍可以等效为图5.1-1所示的结构框图。

在图5.1-1所示的闭环位置控制系统中，CNC指令位置与机床实际位置通过比较器的比较，产生位置跟随误差e_s，这一误差经过伺服驱动器的放大，通过电动机控制坐标轴的进给速度v，进给速度的时间积分值（传递函数$1/s$），就是坐标轴的位置输出p。

坐标轴的运动速度与位置跟随误差e_{ss}之比，称为位置环增益，又称速度增益或伺服增益。当系统的位置环增益K_v固定时，位置跟随误差越大时，进给速度也就越大；或者说，运动速度越大时，所产生的位置跟随误差就越大。如果位置给定为0，实际位置和给定位置之间的跟随误差将通过位置调节器的作用，使之趋近于0，从而使坐标轴停止运动。

2. 基本参数与说明

闭环位置控制所涉及的几个重要参数及其含义如下：

1）位置跟随误差e_s。CNC指令位置与机床实际位置之间的差值称为位置跟随误差。位置跟随误差越小，机床的响应速度就越快，实际加工轨迹就越接近于理论轨迹，轮廓加工误差也就越小。

2）位置环增益K_v。坐标轴运动速度与位置跟随误差e_{ss}之比称为位置环增益。位置环增益越大，同样进给速度所对应的位置跟随误差就越小，系统的跟随性能也就越好。位置环增益的提高受到机械传动系统刚性、伺服电动机转矩等多方面因素的制约，对于大中型机床，通常可设定为15～20（1/s）；小型高速加工机床可达到30～50（1/s）。

3）最大允许位置跟随误差e_{smax}。最大允许跟随误差是指坐标轴在快速进给及加减速时，所允许的最大位置跟随误差，故又称轴运动时的最大允许误差。如果位置跟随误差超过这一差值，CNC将发出位置跟随超差报警，并停止坐标轴运动。

在通常情况下，坐标轴的最大允许位置跟随误差参数可设定为快进时所产生的实际跟随误差的1.5倍左右，以确保正常工作时不会产生跟随超差报警。

4）轴停止时最大允许位置跟随误差 e_{s0}。当坐标轴定位完成后，进给系统将处于闭环位置调节状态，这时，如坐标轴存在诸如回转轴夹紧等的外力作用，将导致坐标轴偏离定位位置而产生位置跟随误差。如果坐标轴在停止状态下产生的位置偏移超过了轴停止时最大允许位置跟随误差值，CNC也将发出位置跟随超差报警。

在通常情况下，轴停止时的最大允许位置跟随误差可设定为坐标轴定位精度的10～20倍左右，以避免坐标轴在受到少量外力作用时频繁产生报警。

FS-0iD与此类似的CNC参数还有伺服关断时的最大允许位置跟随误差，这一误差是指当坐标轴的闭环位置控制被断开，但位置检测处于正常工作的情况下，对位置跟随误差超差的监控值。

5）到位允差。到位允差是CNC在执行运动指令时，用来判别指令是否执行完成的位置跟随误差值。如果实际位置跟随误差小于到位允差值，可认为当前的运动指令已经执行完成，CNC可继续执行下一指令或其他动作，否则，CNC将进入位置闭环调节的等待过程，直到指定位置到达。

3. 测量系统匹配参数

闭环位置控制系统的能够进行正确的误差比较、位置调节的前提是：指令脉冲和反馈脉冲的单位必须一致，即任一移动量所对应的CNC输出指令脉冲数与测量系统反馈的脉冲数必须相等，这样才能保证实际位置和指令位置的统一。

但是，由于坐标轴的机械传动系统结构不同，不同坐标轴的伺服电动机每转所产生的移动量可能不统一。例如，当电动机内置编码器的每转输出脉冲数为1000000p/r、电动机每转运动量为10mm时，其反馈脉冲的单位实际上只有0.01μm，但是，CNC所产生的指令脉冲单位一般只能达到0.5～1μm左右，故需要进行位置测量系统的匹配。一般而言，CNC需要通过以下参数来匹配位置测量系统：

1）最小移动单位。根据CNC工作原理，为了控制刀具运动轨迹，CNC必须将坐标轴的移动量微分为单位脉冲进给，这一单位脉冲所对产生的实际移动量就是CNC能够控制的最小运动量，故称最小移动单位或脉冲当量。

2）CMR、DMR与参考计数器容量。CMR、DMR与参考计数器容量的含义如图5.1-2所示，说明如下。

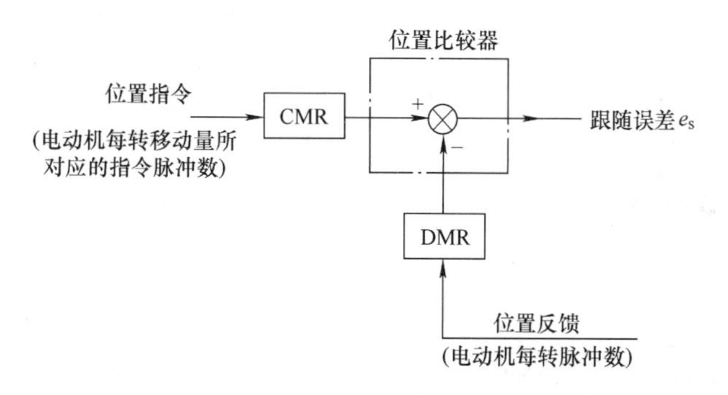

图5.1-2 CMR、DMR的含义

CMR：指令倍乘比。这是为了测量系统匹配所设定的CNC指令脉冲倍乘系数，它可以将一个CNC输出的1个指令脉冲细分为多个脉冲，或者将多个指令脉冲转换为1个指令脉冲。但是，由于这一设定将影响插补轨迹，故通常应将其设定为 1。

DMR：检测倍乘比。同样是为了测量系统匹配所设定的反馈脉冲倍乘系数，它可将 1 个反馈脉冲细分为多个反馈脉冲；或者将多个反馈脉冲转换为 1 个反馈脉冲。

参考计数器容量：测量系统两个参考点标记（如编码器零脉冲、光栅尺零标记）间的距离。通过参考计数器容量，CNC 可以判断检测装置的零脉冲信号是否正常，或者，通过对每转误差的清零，防止误差无限制积累。对于使用电动机内置编码器的半闭环系统，编码器的零脉冲为每转 1 个，因此，电动机每转移动量就是参考计数器容量。

4. 测量系统匹配原则

闭环位置控制测量系统的匹配原则是任一移动量所对应的 CNC 指令脉冲数与反馈脉冲数必须相等，因此，CMR、DRM 的设定原则如下：

$$\text{CMR}\times(\text{电动机每转移动量})/(\text{最小移动单位}) = \text{DMR}\times(\text{电动机每转反馈脉冲数}) \quad (5\text{-}1)$$

对于采用光栅的全闭环系统，同样可以根据光栅尺的检测精度，折算出电机每转反馈脉冲数后，按照这一要求进行计算。

对于采用 αi/βi 系列电动机驱动的 FS－0iD 半闭环驱动系统，由于伺服电机内置编码器的输出可通过 CNC 可自动折算为 1000000p/r 的标准值（与编码器精度无关），因此，其 DMR 值必然很小，依靠传统的位参数 PRM1816.4～1816.6（DM1～DM3）设定 DMR 的方法已无法满足测量系统的匹配要求。为此，需要通过参数 PRM2084（柔性齿轮比分子）、PRM2085（柔性齿轮比分母）的柔性齿轮比设定来匹配测量系统。柔性齿轮比参数与 DMR 的关系为 DMR＝N/M；因此，当编码器输出脉冲自动折算为 1000000p/r 时，式（5-1）便有：

$$\frac{N}{M} = \frac{\text{CMR}\times(\text{电动机每转移动量})}{1000000\times(\text{最小移动单位})}$$

这就是 FS－0iD 常用的柔性齿轮比参数计算式。

5.1.2 伺服参数的计算

1. 相关参数

FS－0iD 与闭环位置控制相关的主要参数见表 5.1-1。

表 5.1-1 位置闭环控制主要参数表

参数号	代号	作 用	参数说明
1001.0	INM	公/英制选择	最小移动单位，0：公制；1：英制
1013.0	ISA	最小移动单位	00：0.001mm/0.0001in/0.001°（IS－B）； 01：0.01mm/0.001in/0.01°（IS－A）； 10：0.0001mm/0.00001in/0.0001°（IS－C）
1013.1	ISC		
1801.4	CCI	切削进给到位允差设定	0：参数 PRM1826；1：参数 PRM1801.5
1801.5	CIN	切削进给到位允差选择	0：下一程序段为切削进给，PRM1827 有效，否则，PRM1826 有效； 1：与下一程序段无关，总是 PRM1827 有效
1803.0	TQI	转矩控制时的到位检查	0：进行；1：不进行
1803.1	TQA	转矩控制的跟随误差检查	0：进行；1：不进行
1803.4	TQF	转矩控制的位置跟随功能	1：有效；0：无效

（续）

参数号	代号	作　　用	参数说明
1805.1	TQU	转矩控制的跟随误差更新	不跟踪时位置跟随误差 1：更新；0：不更新
1820	CMR	指令倍乘比	1～96：设定值 = 2×指令倍乘比； 102～127：设定值 = 100+（指令倍乘比）-1；
1821	—	参考计数器容量	0～99999999
1825	—	位置环增益 Kv	1～9999（0.01/s）
1826	—	快速定位到位允差	0～32767
1827	—	切削进给到位允差	0～32767
1828	—	轴运动时允许的最大跟随误差	0～99999999
1829	—	轴停止时允许的最大跟随误差	0～32767
1830	—	伺服关断时允许的最大跟随误差	0～32767
2084	N	检测倍乘比分子	0～32767
2085	M	检测倍乘比分母	0～32767

2. 参数计算实例

【例 1】 假设某机床的 X 轴快进速度为 36 000mm/min，要求坐标轴的定位精度为 0.01mm，进给速度为 1000mm/min 时的位置跟随误差不大于 0.5mm，试确定 FS-0iD 的位置环增益、最大允许位置跟随误差、轴停止时最大允许位置跟随误差的参数值。

参数可以计算如下：

位置环增益：$K_v = \frac{F}{e_{ss}} = \left(\frac{1000}{60}\right) \div 0.5 = 33.33\text{s}^{-1}$

最大允许位置跟随误差：$e_{smax} = 1.5 \times \left(\frac{36000}{60}\right) \div 33.33 = 27\text{mm} = 27000\mu\text{m}$

轴停止时最大允许位置跟随误差：$e_{s0} = 10 \times 0.01 = 0.1\text{mm} = 100\mu\text{m}$

FS-0iD 的参数设定值如下：

PRM1825 = 3333；

PRM1828 = 27000；

PRM1829 = 100。

【例 2】 假设某机床 X 轴的电动机每转的移动量为 10mm，CNC 的最小移动单位为 0.001mm，坐标轴为半闭环控制，采用 αi/βi 系列伺服电动机驱动、以电机内置编码器作为位置检测元件，试确定 FS-0iD 的参考计数器容量、指令倍乘比、柔性齿轮比参数。

根据要求，本例的参考计数器容量和指令倍乘比为：

参考计数器容量 = 电动机每转移动量/最小移动单位 = 10000；

指令倍乘比：CMR = 1；

由于 αi/βi 系列伺服电动机的内置编码器可以自动折算为每转脉冲数为 1000000p/r，故其柔性齿轮比可计算如下：

柔性齿轮比：N/M = 1×10/1000000×0.001 = 1/100。

FS-0iD 的参数设定值如下：

PRM1013.0/1013.1(x) = 00；

PRM1821(x) = 10000；

PRM1820(x) = 2；

PRM2084(x) = 1；

PRM2085(x) = 100。

【例3】假设某机床 Z 轴的电动机每转的移动量为6mm、CNC的最小移动单位为0.001mm，坐标轴为半闭环控制，采用αi/βi系列伺服电动机驱动、以电动机内置编码器作为位置检测元件，试确定FS－0iD的参考计数器容量、指令倍乘比、柔性齿轮比参数。

参数计算方法例2，计算值如下：

参考计数器容量 = 电动机每转移动量/最小移动单位 = 6000；

指令倍乘比 CMR = 1；

柔性齿轮比：$N/M = 1 \times 6/1000000 \times 0.001 = 3/500$。

FS－0iD的参数设定值如下：

PRM1013.0/1013.1(z) = 00；

PRM1821(z) = 6 000；

PRM1820(z) = 2；

PRM2084(z) = 3；

PRM2085(z) = 500。

【例4】假设某机床的A轴为360°回转工作台，蜗轮蜗杆副的减速比为180∶1，CNC的最小移动单位为0.001°，坐标轴为半闭环控制，采用αi/βi系列伺服电动机驱动、以电动机内置编码器作为位置检测元件，试确定FS－0iD的参考计数器容量、指令倍乘比、柔性齿轮比参数。

参数计算方法同例2，计算值如下：

电动机每转移动量 = 360 ÷ 180 = 2°

参考计数器容量 = 电动机每转移动量/最小移动单位 = 2000；

指令倍乘比 CMR = 1 ；

柔性齿轮比：$N/M = 1 \times 2/1000000 \times 0.001 = 1/500$。

FS－0iD的参数设定值如下：

PRM1013.0/1013.1(a) = 00；

PRM1821(a) = 2 000；

PRM1820(a) = 2；

PRM2084(a) = 1；

PRM2085(a) = 500。

5.1.3 伺服设定引导操作

1. 伺服设定引导操作

采用网络控制技术的全功能CNC，其全部伺服驱动参数都需要在CNC上进行设定。伺服驱动系统除了需要设定前述的位置控制基本参数外，还有大量的驱动器和电动机参数需要设定，这些参数包括电动机、驱动器规格参数和监控保护参数，位置、速度、转矩闭环调节参数，滤波器、陷波器参数，AI控制、前馈控制参数等。

交流伺服驱动采用的是矢量控制理论，驱动器需要设定的参数（PRM2000～PRM2465）众多，参数计算和设定不但需要知道详细的电动机、驱动器动静态特性，而且还建立控制系统模型，因此，参数设定一般需要借助计算机软件才能完成，这对CNC使用厂家及其调试、维修技术人员来说，存在相当大的困难。为此，实际调试时需要利用CNC的伺服设定引导操作，进行伺服参数的自动设定。

利用伺服设定引导操作，CNC能够根据驱动系统的实际配置和功能要求，自动获取保存在驱动器的存储器中、由驱动器生产厂家通过大量实验与测试取得的最佳参数，完成驱动系统参数的自动设定，实现系统的最佳匹配与最优控制。

2. FS－0iD 伺服设定引导操作

伺服设定引导操作的步骤如下：

1）利用 CNC 数据显示和设定操作，取消参数保护功能。

2）按 MDI 面板的功能键【SYSTEM】选择系统显示模式，然后通过软功能扩展键，显示软功能键【伺服设定】或【SV 设定】。如果 CNC 不能显示软功能键【伺服设定】或【SV 设定】，则需要将 CNC 参数 PRM3111.0 设定为“1”，生效伺服设定引导操作功能。

3）按软功能键【伺服设定】后，再此按【伺服设定】，LCD 将显示图 5.1-3 所示的页面。

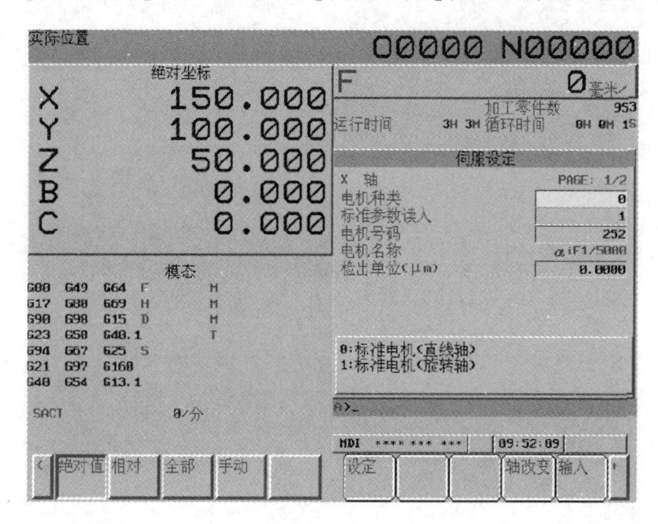

图 5.1-3　伺服设定页面 1

图 5.1-3 所示的伺服设定显示页为 FS－0iD 新增的伺服设定扩展显示页面，它在 CNC 参数 PRM13117.2 设定为“0”时有效；如参数 PRM13117.2 设定为“1”，则只能显示后述图 5.1-5 所示的传统型伺服设定引导操作页面。

伺服设定页面的设定参数以文字的形式、按坐标轴分组显示，按软功能键【轴改变】可选择需要的坐标轴。

4）利用 MDI 面板上的选页键【PAGE↑】、【PAGE↓】和光标移动键【↑】、【↓】，可以进一步显示图 5.1-4 所示的更多页面，以选择需要设定的参数。

5）用 MDI 面板的数字键输入数值后，按 MDI 面板的编辑键【INPUT】或软功能键【输入】、【+输入】，输入或增量修改参数值。输入参数值出错时，LCD 将显示空白框。

伺服设定页面 2 中的电动机旋转方向、编码器反馈方向转变参数的显示为“CW/CCW”、“有/无”，它们可通过以下两种方法进行设定。

方法 1：利用 MDI 面板输入数值“1”，按编辑键【INPUT】或软功能键【输入】，可将电机旋转方向参数置为“CW”、将编码器反馈的方向改变参数置为“有”；如输入数值“0”，按编辑键【INPUT】或软功能键【输入】，则可选择电动机旋转方向参数置为“CCW”、将编码器反馈的方向改变参数置为“无”。

方法 2：选定参数后，按软功能键【操作】，可显示图 5.1-4 所示的参数输入操作软功能键，然后，可利用软功能键【CW】、【CCW】改变电动机旋转方向参数；利用软功能键【有】、

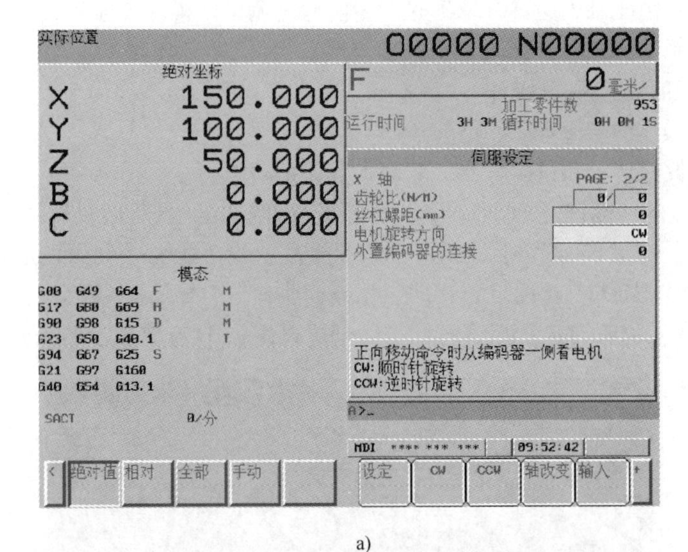

a)

b)

图 5.1-4　伺服设定页面 2

a）半闭环系统　b）全闭环系统

【无】，改变编码器反馈的方向转变参数。

6）重复步骤 4）~5），完成其他参数的设定。

7）全部参数设定完成后，按软功能键【设定】，CNC 将自动计算并完成相关 CNC 参数的设定。

如果伺服参数设定正确，完成后软功能【设定】将自动隐藏，并在下次重新设定时再进行显示；如参数设定错误，LCD 将显示警示信息“设定值有误”，光标可自动定位到出错的输入栏，这时需要进行参数的重新设定，完成后再次按软功能键【设定】。

上述 FS－0iD 的伺服设定引导操作与 FS－0iC 等 CNC 有所不同，如需要，也可以将 CNC 参数 PRM13117.2 设定为“1”，显示图 5.1-5 所示的传统型伺服设定引导页面；或者在 LCD 显示图 5.1-3 所示的伺服设定页面时，通过以下操作切换到图 5.1-5 所示的传统页面。

1）按软功能键【操作】，并通过软功能扩展键，显示软功能键【切换】。

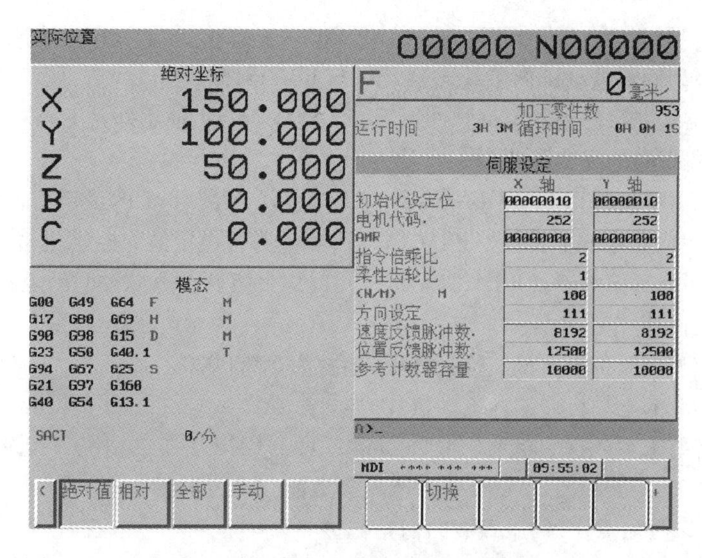

图 5.1-5　传统型伺服设定引导页面

2）按软功能键【切换】，LCD 将切换到图 5.1-5 所示的传统伺服参数设定页面，如再次按软功能键【切换】，则可重新回到图 5.1-3 所示的 FS－0iD 伺服设定页面。

3. 传统型伺服设定引导操作

如果采用传统型伺服设定引导操作，需要对图 5.1-5 所示的伺服参数进行设定，参数的意义如下：

1）初始化设定位（INITIAL SET BITS）。该参数就是 CNC 参数 PRM 2000，设定位的含义如下。

bit 0（PLC01）：速度反馈脉冲数（VELOCITY PULSE NO.，CNC 参数 PRM2023）和位置反馈脉冲数（Position Pulse No.，CNC 参数 PRM2024）的设定方式选择。设定“0”时，使用标准值 8192 和 12500，CNC 可以自动识别编码器，并将编码器反馈脉冲折算为 1000000p/r；设定“1”时，速度反馈脉冲数和位置反馈脉冲数的设定值倍乘 10。

bit 1（DGPRM）：伺服参数初始化设定。设定“0”时，进行伺服参数的初始化操作；设定“1”：伺服参数初始化结束或不进行初始化操作。

bit 3（PRMCAL）：伺服参数初始化完成状态显示，状态 1 代表伺服参数的自动设定已经完成。

2）电动机代码（MOTOR ID NO.）。CNC 参数 PRM 2020 的设定值，由于 FANUC 伺服电动机产品在不断更新中，电动机代码参数需要从 FANUC 公司获得。

3）AMR（内部计算参数）。CNC 参数 PRM 2001 的设定值，标准设定为 00000000，不需要进行修改。

4）指令倍乘比（CMR）。CNC 参数 PRM 1820 的设定值，当指令倍乘比 CMR 为 0.5～48 时，参数设定值为“2×指令倍乘比”，即 1～96；当 CMR 为 1/27～0.5 时，设定值为“100＋（指令倍乘比）$^{-1}$即 102～127。

5）柔性齿轮比（FEED GEAR N/M）。CNC 参数 PRM 2084/PRM2085 的设定值，即柔性齿轮比 N/M 的值。

6）方向设定（DIRCTION SET）。CNC 参数 PRM 2022 的设定值，当电动机转向为正时，设定“111”；需要将其反向时，设定为“－111”。

7）速度反馈脉冲数（VELOCITY PULSE NO.）。CNC 参数 PRM 2023 的设定值，使用 FANUC－αi/βi 系列伺服电动机时，设定“8192”。

8）位置反馈脉冲数（P OSITION PULSE NO.）。CNC 参数 PRM 2024 的设定值，使用 FANUC－αi/βi 系列伺服电动机内置编码器反馈（PRM1815.1＝0）时，设定“12500”，CNC 可以自动识别编码器，并将编码器反馈脉冲折算为1000000p/r；使用外置编码器（PRM1815.1＝1）时，需要设定电机每转的反馈脉冲数。

9）参考计数器容量（REF. COUNTER）。CNC 参数 PRM 1821 的设定值，使用 FANUC－αi/βi 系列伺服电动机内置编码器反馈（PRM1815.1＝0）时，设定值为电动机每转移动量所对应的指令脉冲数；使用外置编码器（PRM1815.1＝1）时，设定两个零脉冲间的距离（指令脉冲数）。

伺服设定的引导操作的步骤如下：

1）选择传统型伺服引导页面，检查 AMR 参数为 00000000。

2）根据所配套的电动机，输入电动机代码。

3）根据系统要求输入指令倍乘比参数 CMR，对于 CMR 为 1 的情况，其设定值应为 2。

4）将初始化设定位（INITIAL SET BITS）参数的 bit1 置“0”。

5）关闭 CNC 电源，进行伺服参数的初始化。

6）再次接通 CNC 电源，重新选择传统型伺服引导页面，检查速度反馈脉冲数为 8192。

7）根据系统要求设定柔性齿轮比的 N/M 值。

8）根据系统结构，选择位置反馈脉冲数为 12500（内置编码器）或设定其他值（外置编码器或光栅尺）。

9）根据系统要求设定参考计数器容量。

10）关闭 CNC 电源，完成伺服参数的设定。

4. 伺服调整

在数控机床调试或维修时，也可根据实际需要，通过伺服调整操作，调整伺服参数。伺服调整功能在 CNC 参数 PRM3111.0 设定为“1”时有效，其操作步骤如下：

1）利用 CNC 数据显示和设定操作，取消参数保护功能。

2）按 MDI 面板的功能键【SYSTEM】选择系统显示模式后，通过软功能扩展键，显示软功能键【伺服设定】（或【SV 设定】）。

3）按软功能键【伺服设定】后，按【伺服调整】或【SV 调整】软功能键，LCD 将显示图 5.1-6 所示的伺服参数调整页面。

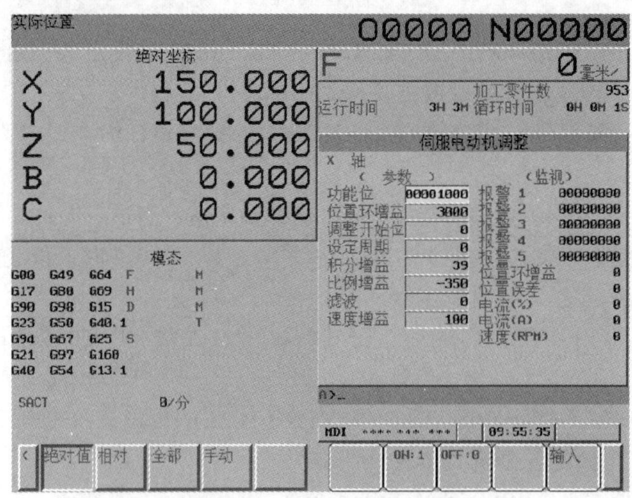

图 5.1-6　伺服调整显示

在此页面上，可通过MDI面板对位置环增益、速度调节器积分和比例增益、滤波时间、速度环增益等更多的伺服参数进行修改，以进一步提高系统的性能。

5.2 全闭环系统与设定

5.2.1 系统构成和检测器件

1. 系统构成

以伺服电动机内置编码器作为位置检测器件的驱动系统结构简单、调试容易、稳定性好，故被广泛用于普通数控机床。但是，这种结构的系统只能通过检测电动机转速和转角，来间接反映坐标轴的运动速度和位置，其机械传动系统的间隙、变形、加工误差、摩擦死区不能通过闭环调整补偿，系统的定位精度以及精度保持性相对较低，因此，高精度机床一般需要通过全闭环控制来提高精度。

全闭环系统是以光栅尺（直线轴）或外置编码器（回转轴）直接检测坐标轴位置的闭环控制系统。全闭环系统可对机械传动系统的误差进行自动补偿，从理论上说，其控制精度仅取决于检测装置本身，因此，它是高精度数控机床的常用结构。

FS-0iD的全闭环系统组成如图5.2-1所示，为了直接检测坐标轴的位置，系统除了需要在半闭环的基础上增加光栅尺或编码器等外置检测器件外，还需要增加分离型检测单元。外置检测器件的反馈信号应连接到分离型检测单元上，分离型检测单元通过FSSB总线与CNC连接。

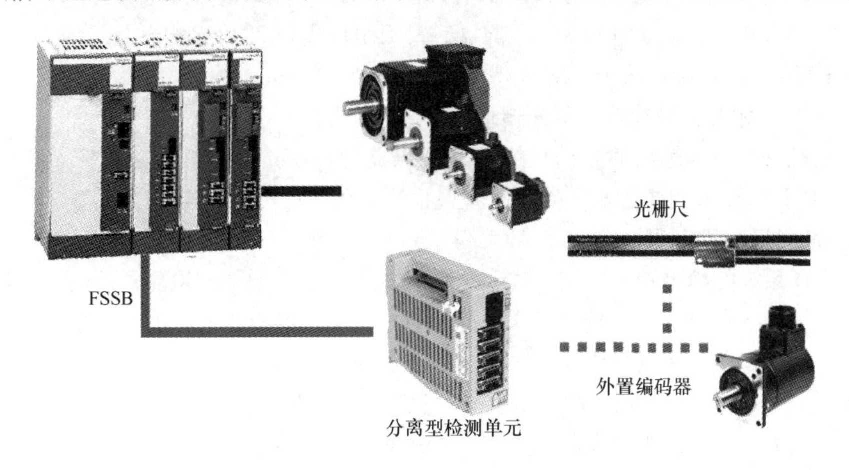

图5.2-1 FS-0iD的全闭环系统组成

根据检测器件的不同，组成FS-0iD的全闭环控制系统需要选配的部件如下：

1）串行数据输出的光栅尺或外置编码器+FANUC串行输入接口分离型检测单元（A02B-0303-C205）。

2）正弦波模拟输出的光栅尺或外置编码器+FANUC模拟输入接口分离型检测单元（A02B-0305-C201或A06B-6061-C201）。

3）A/B/Z三相并行脉冲输出的光栅尺或外置编码器+FANUC并行输入接口分离型检测单元（A02B-0303-C205）。

2. 常用检测器件

（1）串行数据输出光栅尺和编码器

串行数据输出的光栅尺和编码本身带有细分电路与串行数据输出接口，光栅尺的分辨率一般可达到0.5～0.05μm，编码器的分辨率可达2^{20}～2^{23}p/r，故可用于精密机床。FS－0iD 带串行输入接口的分离型检测单元可直接连接以下常用的光栅尺和编码器：

FANUC 公司：αA1000S 系列旋转编码器，检测分辨率为2^{20}p/r。

HEIDENHAIN 公司：LC491F 系列线性光栅尺，检测分辨率为0.05μm；RCN220 系列旋转编码器，分辨率为2^{20}p/r；RCN223、RCN723 系列旋转编码器，分辨率为2^{23}p/r。

MITUTOYO 公司：AT353、AT553 系列线性光栅尺，检测分辨率为0.05μm。

（2）正弦波模拟输出光栅尺

正弦波模拟输出的光栅尺本身不带细分电路和串行数据输出接口，光栅尺的输出信号为分辨率在20μm/周期左右的1－Vpp 正弦波模拟电压，故需要选配带模拟输入接口的分离型检测单元，FS－0iD 常用的光栅尺如下：

HEIDENHAIN 公司：LS486/LS186 系列线性光栅尺，分辨率为20μm/周期。

MITUTOYO 公司：AT402 系列线性光栅尺，分辨率为20μm/周期。

SONY 公司：SH12 系列线性光栅尺，分辨率为20μm/周期。

带模拟输入接口的分离型检测单元为FANUC 近期开发的产品，因此，在早期的FS－0iC 等CNC 上，使用正弦波模拟输出线性光栅尺时，需要配套选用FANUC 串行接口适配器。串行接口适配器有以下3 种规格：

A860－0333－T501：串行接口适配器，最大可以进行512 细分。

A860－0333－T701：H 型串行接口适配器，最大可以进行2048 细分。

A860－0333－T801：C 型串行接口适配器，最大可以进行2048 细分。

在使用FANUC 串行接口适配器的CNC 上，参数PRM2274.0 必须设定为“1”。

（3）A/B/Z 三相并行脉冲输出的光栅尺或外置编码器

A/B/Z 三相并行脉冲输出的光栅尺或外置编码器为传统产品，其生产厂家较多，不再一一说明，FS－0iD 只需要选配并行输入接口分离型检测单元，便可直接连接。

3. 绝对光栅尺和编码器

用于全闭环系统的检测器件有增量式和绝对式两类。采用增量式检测器件的坐标轴需要通过传统的减速开关回参考点操作，建立机床坐标系原点；采用绝对式检测器件的坐标轴不需要安装参考点减速开关，其回参考点操作简单。数控机床所使用的绝对式光栅尺，一般为带绝对零点参考标记（Distance code reference，又称距离编码标记）的光栅尺。

带绝对零点参考标记的光栅尺除了具有增量式光栅尺的零位脉冲刻度和增量计数刻度外，在结构上增加了图5.2-2 所示的位于两个零位脉冲间的绝对零点参考标记刻度，参考标记与零脉冲的间隔在不同的区域有所不同，坐标轴运动时CNC 可通过检测参考标记的间隔，自动计算出光栅尺的虚拟零点。

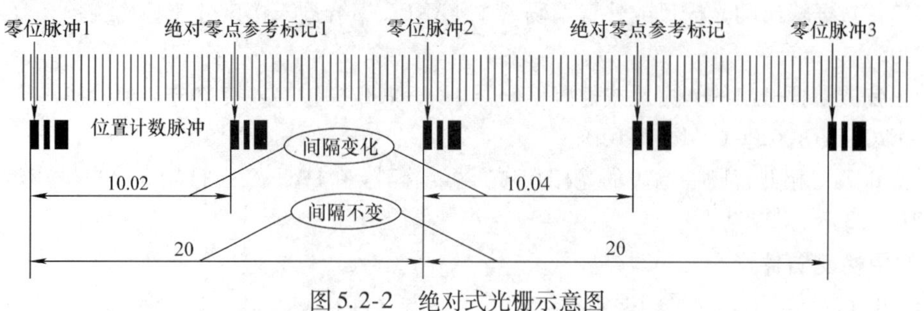

图5.2-2 绝对式光栅示意图

使用带绝对零点参考标记的光栅尺后，坐标轴只需要移动2个零脉冲间隔以上的距离，便可由CNC自动计算出虚拟零点的位置，因此，机床不需要安装回参考点减速开关，且其运动速度可以提高。

带绝对零点参考标记的光栅尺的常用产品有HEIDENHAIN公司的LF183C系列、LS486C系列和FAGOR公司的COVP系列等。

回转轴使用的绝对编码器，有带绝对零点参考标记的编码器和绝对位置编码的编码器两种，前者的原理和带绝对零点参考标记的光栅尺相同，只是光栅结构变为圆盘而已。绝对位置编码的编码器，是完全使用二进制编码的绝对位置检测器件，这种编码器无计数脉冲输出，使用时需要设定相关参数（见后述）。

5.2.2　参数与设定

1. 系统配置

为了便于调试，全闭环系统的调试一般完成半闭环调试的基础上进行。进行全闭环调试时，需要进行如下的系统配置设定。

1）通过第4章、4.4节的FSSB网络配置操作，在“FSSB（轴）”设定页面上，定义各坐标轴外置检测器件所连接的反馈接口，将接口号依次设定到分离形检测单元M1~M4对应的输入框内。

例如，当*X*、*Y*轴的光栅尺分别与分离形检测单元1的接口JF101、JF102连接时，应将*X*轴M1栏下的输入框设定1，定义*X*轴光栅的连接接口为M1的JF101；将*Y*轴M1栏下的输入框设定2，定义*Y*轴光栅的连接接口为M1的JF102等。

2）设定CNC参数PRM1815.1 = “1”，生效分离形检测单元；该参数设定后，伺服参数PRM2002.3自动将成为“1”。对于使用FANUC串行接口适配器的CNC，将伺服参数PRM2274.0设定为“1”。

3）根据要求，通过伺服参数PRM2018.0的设定，选择分离型检测单元的位置反馈脉冲方向。

4）根据外置编码器分辨率，通过伺服参数PRM2275.0的设定，选择编码器的分辨率为2^{20}p/r（PRM2275.0 = 0）或2^{23}p/r（PRM2275.0 = 1）。

2. 直线轴参数设定

直线轴全闭环系统需要设定的基本参数如下。

（1）柔性齿轮比

直线轴的柔性齿轮比参数PRM2084、PRM2085，可通过下式计算后设定。

$$\frac{N}{M}=\frac{\text{测量器件检测分辨率}}{\text{最小移动单位}}$$

如果不使用柔性齿轮比*N*/*M*，全闭环系统也可以通过CNC参数PRM1816.4~PRM1816.6设定检测倍乘率DMR，但其设定范围只能是0.5~4。

（2）位置反馈脉冲数

直线轴的位置反馈脉冲数参数PRM2024，可通过下式计算后设定。

$$\text{PRM2024}=\frac{\text{电动机每转移动量}}{\text{检测装置分辨率}}$$

参数PRM2024的最大设定值为32767，在全闭环系统中，位置反馈脉冲数通常都要超过32767，此时，可以通过参数PRM2185对位置反馈脉冲数进行倍乘。参数PRM2185设定后，位置反馈脉冲数将为 PRM2024 与 PRM2185 的乘积，即：

$$\text{PRM2024} \times \text{PRM2185} = \frac{\text{电动机每转移动量}}{\text{最小移动单位}}$$

参数 PRM2185 的设定值应尽可能为 2^n（参见例6）。

（3）参考计数器容量

直线轴的参考计数器容量参数 PRM1821，可通过下式计算后设定。

$$\text{PRM1821} = \frac{\text{光栅尺零脉冲间隔}}{\text{最小移动单位}}$$

（4）其他设定

当使用正弦波模拟输出光栅尺时，应设定参数 PRM2274.0＝1，生效 512 细分功能（参见例7）。

3. 回转轴参数设定

回转轴全闭环系统需要设定的基本参数如下。

（1）柔性齿轮比

回转轴的柔性齿轮比参数 PRM2084、PRM2085，可通过下式计算后设定，式中的编码器每转脉冲数在使用 2^{20} 分辨率旋转编码器时应取 1000000p/r；使用 2^{23} 高分辨率编码器时应取 8000000p/r。

$$\frac{N}{M} = \frac{\text{测量装置检测分辨率}}{\text{最小移动单位}} = \left(\frac{360}{\text{编码器每转脉冲数}}\right) \div \text{最小移动单位}$$

如果不使用柔性齿轮比 N/M，全闭环系统也可以通过 CNC 参数 PRM1816.4～PRM1816.6 设定检测倍乘率 DMR，但其设定范围只能是 0.5～4。

（2）位置反馈脉冲数

回转轴的位置反馈脉冲数参数 PRM2024，可通过下式计算后设定，式中的编码器每转脉冲数折算值在使用 2^{20} 分辨率旋转编码器时应取 12500；使用 2^{23} 高分辨率编码器时应取 100000；当数值超过最大设定值 32767 时，需要使用参数 PRM2185 进行倍乘。

$$\text{PRM2024} = \frac{\text{电动机每转移动量}}{\text{检测装置分辨率}} = \frac{\text{电动机每转移动量（°）}}{360°/\text{（编码器每转脉冲数折算值）}}$$

（3）参考计数器容量

参考计数器容量参数 PRM1821，可通过下式计算后设定。

$$\text{PRM1821} = \frac{\text{编码器零位脉冲间隔}}{\text{最小移动单位}}$$

（4）其他设定

当使用 HEIDENHAIN 公司 RCN220 等 2^{20} 脉冲编码器时，应设定参数 PRM2275.0（800P）＝0、PRM2275.1＝1、PRM2349＝5；当使用 HEIDENHAIN 公司 RCN223、RCN723 等 2^{23} 高分辨率编码器时，应设定参数 PRM2275.0（800P）＝1、PRM2275.1＝1、PRM2349＝8。

5.2.3　参数计算实例

【例5】 假设某机床 X、Y 轴的最小移动单位为 0.001mm；丝杠螺距为 10mm/r，电动机与丝杠直接连接；位置检测装置为分辨率 0.0005mm、零脉冲间距 50mm 的串行数据输出光栅尺；反馈连接接口为分离形检测单元 1 的 JF101、JF102，其参数设定的方法如下：

1）通过 FSSB 网络配置，将 X 轴的分离形检测单元 M1 的值设定 1；将 Y 轴分离形检测单元 M1 的值设定 2。

2）设定参数 PRM1815.1 =1，生效分离型检测单元。

3）设定参数 PRM1820 = 2，使指令倍乘率 CMR = 1。

4）设定参考计数器容量参数 PRM1821 = 50/0.001 = 50 000。

5）柔性齿轮比 N/M = 0.0005/0.001 = 1/2，设定参数 PRM2084 = 1，PRM2085 = 2。

如果不设定参数 PRM2084、PRM2085，也可设定参数 PRM1816.4 ~ PRM1816.6 为 000，选择 DMR = 1/2。

6）设定电动机每转位置反馈脉冲数参数 PRM2024 = 10/0.0005 = 20000。

【例6】假设某机床 X、Y 轴的最小移动单位为 0.001mm；丝杠螺距为 16mm，电动机与丝杠直接连接；位置检测装置为分辨率 0.0001mm、零脉冲间距 50mm 的串行数据输出光栅尺；反馈连接接口为分离型检测单元 1 的 JF101、JF102，其参数设定的方法如下：

1）~4）同【例5】。

5）柔性齿轮比 N/M = 0.0001/0.001 = 1/10，设定参数 PRM2084 = 1，PRM2085 = 10。

6）电动机每转位置反馈脉冲数参数 PRM2024 = 16/0.0001 = 160000，由于 PRM2024 的最大设定值为 32767，因此，必须通过参数 PRM2185 的设定进行倍乘。对于本例，可以取 PRM2185 = 16，则 PRM2024 = 10000。

【例7】假设某机床 X、Y 轴的最小移动单位为 0.001mm；丝杠螺距为 16mm，电动机与丝杠直接连接；位置检测装置为分辨率 20μm/λ、零脉冲间距 50mm 的正弦波输出光栅尺；反馈连接接口为分离形检测单元 1 的 JF101、JF102，其参数设定的方法如下：

1）~4）同【例5】。

5）设定 PRM2274.0 =1，生效 512 细分转换功能，这时光栅尺的位置分辨率将成为 0.02/512（mm）。

6）柔性齿轮比 N/M =（0.02/512）÷0.001 = 5/128，设定参数 PRM2084 = 5，PRM2085 = 128。

7）位置反馈脉冲数参数 PRM2024 = 16/(0.02/512) = 409600，其值大于 32767，故可设定 PRM2185 = 16、PRM2024 = 25600。

【例8】假设某机床 A 轴的最小移动单位为 0.001°；减速比为 1/2（电动机每转移动量为 180°）；位置检测装置为 FANUC 公司 αA1000S 系列 2^{20} 编码器、编码器与工作台直接连接；编码器输入接口为分离型检测单元 1 的接口 JF104，其参数设定的方法如下：

1）通过 FSSB 网络配置，将 A 轴的分离型检测单元 M1 的值设定 4。

2）设定参数 PRM1815.1 =1，生效分离型检测单元。

3）设定参数 PRM1820 = 2，使指令倍乘率 CMR = 1。

4）设定参考计数器容量参数 PRM1821 = 360/0.001 = 360 000。

5）使用 2^{20} 编码器时，计算柔性齿轮比参数 PRM2084/2085 的编码器每转脉冲数应取 1000 000，因此，柔性齿轮比 N/M =（360°/1000000）÷0.001° = 9/25，设定参数 PRM2084 = 9，PRM2085 = 25。

6）使用 2^{20} 编码器时，计算位置反馈脉冲数参数 PRM2024 的编码器每转脉冲数折算值应为 12500，本例中的电动机每转移动量为 180°，故应设定参数 PRM2024 = 12500 × 1/2 = 6250。

【例9】假设某机床 A 轴的最小移动单位为 0.0001°；减速比为 1/2（电动机每转移动量为 180°）；位置检测装置为 HEIDENHAIN – RCN723 系列 2^{23} 编码器，编码器与工作台直接连接；编码器输入接口为分离型检测单元 1 的接口 JF104，其参数设定的方法如下：

1）通过 FSSB 网络配置，将 A 轴的分离型检测单元 M1 的值设定 4。

2）设定参数 PRM1815.1 =1，生效分离型检测接口单元。

3）设定参数 PRM1013.1 = 1，选择最小移动单位为 0.0001°（IS－C）。

4）设定参数 PRM1820 = 2，使指令倍乘率 CMR = 1。

5）设定参考计数器容量参数 PRM1821 = 360/0.0001 = 3600000。

6）设定 2^{23} 高分辨率编码器选择参数 PRM2275.0 =1、PRM2275.1 =1、PRM2349 = 8。

7）使用 2^{23} 的高分辨率旋转编码器时，计算柔性齿轮比参数 PRM2084/2085 的编码器每转脉冲数应取 8000000，因此，柔性齿轮比 N/M =（360°/8000000）÷0.0001° = 9/20，设定参数 PRM2084 = 9，PRM2085 = 20。

8）使用 2^{23} 的高分辨率旋转编码器时，计算位置反馈脉冲数参数 PRM2024 的编码器每转脉冲数折算值应为 100000，本例中的电动机每转移动量为 180°，故 PRM2024 = 100000 × 1/2 = 50000，设定值大于 32767，故可设定 PRM2185 = 4、PRM2024 =12500。

5.2.4 绝对式光栅设定

1. 相关参数

如果全闭环系统使用的是前述的带绝对零点参考标记的光栅尺，CNC 一般需要选择附加功能（A02B－0310－J760），并设定表 5.2-1 中的绝对式光栅尺参数。

表 5.2-1 绝对式光栅尺设定参数表

参数号	代 号	作 用	参 数 说 明
1006.0	ROTn	坐标轴类型	“00”直线轴；“01”360°循环 A 型回转轴；“11”非 360°循环 B 型回转轴
1006.1	ROSn		
1802.1	DC4n	计算绝对零点的参考标记数量	0：3 个；1：4 个
1802.2	DC2n	计算绝对零点的参考标记数量	0：3 或 4 个；1：2 个
1815.0	RVSn	B 型回转轴速度数据保存	0：否；1：是
1815.1	OPTn	分离型检测单元选择	0：无效；1：有效
1815.2	DCLn	绝对式光栅尺选择	0：无效；1：有效
1815.3	DCRn	绝对式检测装置类型	0：线性光栅尺；1：旋转编码器
1815.6	RONn	B 型回转轴的绝对编码器	0：不使用；1：使用
1816.4	DM1n	未设定柔性齿轮比参数 PRM2084、PRM2085（N/M）时的分离型检测器件的检测倍乘率 DMR	000：0.5；001：1；010：1.5；011：2；100：2.5；101：3；110：3.5；111：4
1816.5	DM2n		
1816.6	DM3n		
1817.3	SCRn	B 型回转轴显示值转换	0：无效；1：有效
1817.4	SCPn	绝对式光栅的参考点位置	位于假想零点，0：正向；1：负向
1818.0	RFSn	绝对零点未建立时的 G28 指令	0：回参考点；1：不移动
1818.1	RF2n	绝对零点已建立时的 G28	0：回参考点；1：不移动
1818.2	DG0n	绝对光栅的 G00、JOG 回参考点	0：无效；1：有效
1818.3	SDCn	带绝对零点参考标记的光栅尺	0：无效；1：有效
1819.2	DATn	绝对光栅参考点设定	0：手动；1：自动
1868	—	B 型回转轴显示值转换	－999999999～999999999
1869	—	B 型回转轴每转移动量	－999999999～999999999

（续）

参数号	代 号	作　　用	参 数 说 明
1874	—	内置编码器柔性齿轮比 N	全闭环系统
1875	—	内置编码器柔性齿轮比 M	全闭环系统
1882	—	绝对零点参考标记的间距	
1883	—	参考点到假想零点的距离 1	参考点到光栅尺假想零点的距离 = PRM1884 × 10^8 + PRM1883
1884	—	参考点到假想零点的距离 2	
14010	—	回参考点减速的最大移动距离	

在采用绝对光栅的全闭环系统中，由于光栅带有绝对零点参考标记，因此，需要以光栅的绝对零点为基准点，来设定参考点和机床坐标系原点。为此，需要先确定光栅的绝对零点位置，但是，由于制造方面的原因，生产厂家所规定的光栅绝对零点，一般都在远离实际光栅的位置上，因此，它是在光栅上并不实际存在的虚拟零点（假想零点），其位置需要通过计算后才能确定。CNC 参数中的 PRM1883、PRM1884 是使用绝对式光栅时的参考点位置设定参数，它是参考点相对于光栅绝对零点的位置值，其值可以通过计算后手动设定，或由 CNC 自动设定。参数的计算和设定，有关内容可以参见后述的【例 10】、【例 11】。

当回转轴使用绝对式编码器时，如果回转轴为 360°循环显示的 A 型回转轴，需要设定参数 PRM1815. 6 = 1；对于移动范围不足一周的非 360°循环显示回转轴 B，需要设定参数 PRM1817. 3 = 1 及 PRM1868、PRM1869；对于移动范围超过一周的非 360°循环显示回转轴 B，需要设定参数 PRM1815. 0 = 1 及 PRM1869。

2. 参数设定实例

【例 10】 假设某机床 X、Y 轴的最小移动单位为 0. 001mm；丝杠螺距为 10mm，电动机与丝杠直接连接；位置检测装置采用图 5. 2-3 所示的分辨率 0. 0005mm、零脉冲标记间距为 20mm、绝对零点参考标记间距为 20. 02mm 的串行输出光栅尺；光栅尺的输入接口分别为分离形检测单元 1 的接口 JF101、JF102。CNC 参数设定的方法如下：

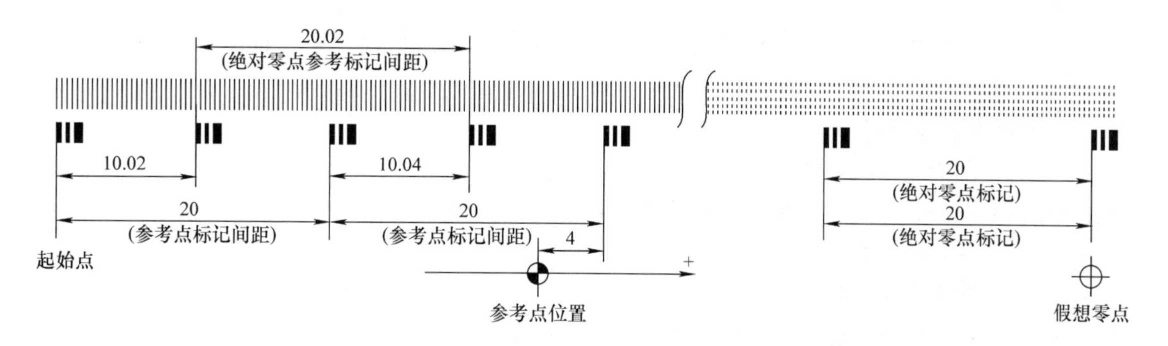

图 5. 2-3　带绝对零点参考标记的光栅尺

1）通过 FSSB 网络配置，将 X 轴的分离型检测单元 M1 的值设定 1；将 Y 轴分离形检测单元 M1 的值设定 2。

2）设定参数 PRM1815. 1 = “1”，生效分离型检测单元。

3）设定参数 PRM1815. 2 = “1”、PRM1815. 3 = “0”、PRM1815. 5 = “1”，选择有带绝对零点参考标记的光栅尺。

4）设定参数 PRM1820 ＝ 2，使指令倍乘率 CMR ＝ 1。

5）设定参考计数器容量参数 PRM1821 ＝ 20/0.001 ＝ 20000。

6）柔性齿轮比 N/M = 0.0005/0.001 = 1/2，设定参数 PRM2084 ＝ 1，PRM2085 ＝ 2；或设定 PRM1816.4 ~ PRM1816.6 为 000，选择 DMR = 1/2。

7）设定电动机每转位置反馈脉冲数参数 PRM2024 = 10/0.0005 = 20000。

8）设定绝对零点参考标记的间距参数 PRM1882 ＝ 20020。

【例 11】 试计算例 10 中图 5.2-3 所示的绝对式光栅假想零点位置，并设定参数 PRM1883、PRM1884。

绝对式光栅假想零点位置的计算方法如下：

1）确定绝对零点参考标记的增量值，这一值由光栅生产在制造光栅时确定，对于例 10、图 5.2-3 所示的绝对式光栅，其增量值为 10.04 − 10.02 ＝ 0.02mm。

2）计算从光栅起始点到假想零点需要经过的参考点标记数，假想零点是零点参考标记和零点标记重合的点，对于图 5.2-3 所示的绝对式光栅，从光栅起始点到假想零点需要经过的参考点标记数为 10mm ÷ 0.02mm ＝ 500。

3）计算起始点到假想零点的距离。对于图 5.2-3 所示的绝对式光栅，其值为 500 × 20 ＝ 10000mm。

4）计算起始点的绝对坐标。当以假想零点为坐标零点时，对于图 5.2-3 所示的绝对式光栅，其起始点坐标值应为 −10000mm。

5）确定参考点位置。假设对于图 5.2-3 所示的绝对式光栅，需要设定的参考点位置如图 5.2-3 所示，可得到参考点在光栅绝对坐标系中的坐标值为 −10000 ＋（20 × 2 − 4）＝ −9964mm。

根据以上计算，可设定参数 PRM1883 ＝ −9964000；PRM1884 ＝ 0。

由此例可见，由于光栅的假想零点位于远离实际光栅的位置上，机床参考点与“假想零点”的距离可能非常大，它甚至可以超过参数 PRM1883 的最大允许值 999999999，这时，需要增加参数 PRM188，来定义这一距离。设定 PRM1884 后，参考点到光栅尺假想零点的距离将变为 L_0 = PRM1884 × 10^9 ＋ PRM1883。

例如，当机床参考点与“假想零点”的距离 L_0 为 −2 500000mm（−2 500000000）时，L_0 = −（2 × 10^9 ＋ 5 × 10^8）；故需要设定参数 PRM1883 = −500000000；PRM1884 = −2。

3. 假想零点自动计算

作为计算与设定参数 PRM1883、PRM1884 的前提，设计者必须清楚地知道所设定的参考点在光栅中的实际位置，这一点在实际调试时有时较为困难。为此，FS－0iD 可通过连续检测 2 ~ 4 个绝对零点参考标记，自动计算与设定参数 PRM1883、PRM1884。但这一操作必须在坐标轴运动正常，进入回参考点调试阶段才能进行。

利用 FS－0iD 进行假想零点自动计算的操作步骤如下：

1）设定以下基本参数。

PRM1815.1 ＝ “1”：生效分离形检测单元；

PRM1815.2 ＝ “1”、PRM1815.3 ＝ “0”、PRM1815.5 ＝ “1”：选择有带绝对零点参考标记的光栅尺。

PRM1802.1/PRM1802.2 = “0” 或 “1”：选择为了自动计算 PRM1883、PRM1884，坐标轴需要需要检测的绝对零点参考标记数量（2 ~ 4 个）；

2）根据光栅结构，设定参数 PRM1881、PRM1882。

3）设定 PRM1240 = 0，假设机床坐标原点与参考点重合。

4）将参数 PRM1883、PRM1884 设定为“0”。

5）设定参数 PRM1817.4 = “1”或“0”，确定参考点的方向。当参考点位于假想零点负向时，设定“1”；反之设定“0”。

6）进行机床回参考点动作，这时坐标轴将根据 PRM1802.1/1802.2 的设定，自动移动 2~4 次，检测绝对零点参考标记、计算假想零点的位置，然后自动完成回参考点动作。

如果需要获得参考点与假想零点的距离，并进行参数手动设定，可继续如下操作：

检查诊断参数 DGN301 的显示，DGN301 的显示值与 CMR 的乘积，就是以最小移动单位为单位的参考点与假想零点的距离值；将此值设定到 PRM1883 中。如需要，也可通过参数 PRM1240 的设定，改变机床坐标系原点的位置。

如需要进行 PRM1883、PRM1884 的自动设定，则进行如下设定和操作：

1）设定参数 PRM1819.2 = “1”，生效 PRM1883、PRM1884 的自动设定功能；

2）进行手动回参考点操作，动作完成后，CNC 自动设定 PRM1883、PRM1884 的值；如需要，也可通过参数 PRM1240 的设定，改变机床坐标系原点的位置。

5.3 控制方式和运动条件

5.3.1 控制方式及选择

1. 调试步骤

FS-0iD 在完成 5.1、5.2 节的进给系统配置、伺服设定后，便可进入伺服进给系统的动态调试阶段。一般而言，伺服进给系统的动态调试内容和基本步骤如下：

1）根据要求选择坐标轴的控制方式，并设定相关参数。对于实际运动的坐标轴，需要进行以下调试。

2）手动连续进给调试。

3）手轮移动与增量进给调试。

4）手动回参考点调试。

5）设定行程限位与安全保护参数，进行保护功能调试。

6）进行 MDI、MEM 自动运行调试。

动态调试时，机床将产生实际运动，因此，为了确保调试的安全和可靠，在动态调试前必须检查和确认如下内容。

1）机床的机械、液压、气动部件已准备就绪，设备符合开机运行的条件。

2）机床的可动部件已可自由运动，工作台、刀具所处的位置正确、恰当。

3）设备的各种检测开关、传感器已能够可靠发信，位置的调整合适。

4）机床的安全电路、保护电路全部可正常、可靠工作等。

2. 坐标轴控制方式选择

FS-0iD 的 CNC 基本坐标轴除正常的位置控制工作方式外，还可以根据要求，选择坐标轴脱开、伺服关闭、位置跟随等特殊控制方式。坐标轴的特殊控制方式需要设定表 5.3-1 中的 CNC 参数，并在 PMC 程序中按照控制要求，提供表 5.3-2 中的控制信号和检查状态信号。

表 5.3-1 坐标轴控制方式选择参数表

参数号	代号	作　　用	参数说明
0012.7	RMVn	坐标轴脱开控制	0：正常工作；1：脱开
1005.6	MCCn	脱开轴的主接触器控制	0：无效；1：有效
1005.7	RMBn	脱开坐标轴功能选择	0：无效；1：有效
1829	—	轴停止时的最大允许位置跟随误差	
1819.0	FUPn	伺服关闭时的位置跟踪	0：允许；1：不允许

表 5.3-2 坐标轴控制方式选择和状态信号

地　址	信 号	作　　用	信号说明
G0124.3～G0124.0	DTCHn	坐标轴脱开控制	1：指定坐标轴脱开
G0126.3～G0126.0	SVFn	伺服关闭控制	1：指定坐标轴服关闭
G0007.5	*FLWU	位置跟随控制	0：位置跟随；1：正常工作
F0110.3～F0110.0	MDTCHn	坐标轴脱开状态	1：坐标轴已脱开

3. 坐标轴脱开

坐标轴的脱开控制是一种取消 CNC 位置控制的工作方式，坐标轴被脱开后，CNC 位置控制与位置检测功能被同时撤销，伺服报警被忽略；驱动器将被关闭，伺服电动机处于自由状态。被脱开的坐标轴位置仍然在 CNC 上进行显示，但显示值不会变化；坐标轴互锁信号被自动置“0”。

坐标轴脱开功能一般用于带卧式数控转台的立式加工中心、立式铣床，带双回转台的五轴加工机床，在此类机床上，出于大型零件的安装和加工需要，有时需要将转台从工作台上暂时移走，为了保证在这种情况下，机床其他坐标轴的正常加工，可以通过脱开控制，将数控转台的坐标轴暂时从 CNC 上脱开。

坐标轴被脱开后，其手动操作指令可以生效，但不会产生轴的运动，也不会导致 CNC 报警；而在自动运行时，由于坐标轴无法到达指令位置，故 CNC 将进入暂停。

坐标轴的脱开控制需要满足如下条件：

1）设定 CNC 参数 PRM1005.7（RMBn）＝“1”，生效指定坐标轴脱开控制功能。

2）设定参数 PRM012.7（RMVn）＝“1”，将指定坐标轴置于脱开控制；或将 PMC→CNC 的控制信号 G0124.0～G0124.3（DTCH1～DTCH4）置“1”，由 PMC 程序控制使指定坐标轴进入脱开状态。

坐标轴脱开后，可以直接关闭驱动器，因此，需要脱开控制的轴，必须使用单轴驱动器；如果设定参数 PRM1005.6（MCCn）＝“1”，还可直接断开伺服器的主接触器线圈控制输出信号 MCC。

坐标轴进入脱开工作时，CNC→PMC 的状态信号 F0110.0～F0110.3（MDTCHn）将为“1”。

4. 伺服关闭

伺服关闭是一种撤销 CNC 的位置控制、保留位置检测功能的控制方式。伺服关闭后，坐标轴的 CNC 闭环位置控制功能无效，驱动器的逆变管将被关闭，电动机处于自由状态；伺服关闭后，其坐标轴可通过辅助手段，如机械手轮等移动位置。

伺服关闭通常用于定位完成后，需要进行机械夹紧的坐标轴，如分度工作台等，以防止由于机械夹紧而引起的伺服驱动器过载。如果伺服关闭与下述的位置跟随功能同时使用，可使坐标轴成为一个数显轴；伺服关闭后由机械手轮等所产生的位置变化，将被 CNC 所检测。伺服关闭的坐标轴在恢复控制后，仍然能够继续工作。

坐标轴的伺服关闭在 PMC→CNC 的控制信号 G0126.0 ~ G0126.3（SVF1 ~ SVF4）为“1”时有效。

5. 位置跟随

位置跟随功能是 CNC 对伺服关闭状态下的坐标轴移动进行自动跟踪的功能。在伺服关闭状态下，由于 CNC 的位置测量系统仍处于正常工作的状态，故能够将伺服关闭时所产生的位置偏移保存在 CNC 上。伺服关闭状态下的位置偏移处理可以选择如下两种方式。

（1）位置跟随

选择位置跟随控制时，伺服关闭状态下所产生的位置偏移将作为当前位置，直接加入到 CNC 的实际位置存储器中，而不会产生位置跟随误差。因此，无论其位置偏移多大，都不会引起 CNC 的位置跟随误差报警；坐标轴恢复闭环位置控制后，CNC 可在变化了的实际位置基础上继续工作，换言之，CNC 实际位置将跟随坐标轴运动，故称为位置跟随控制。

（2）误差监控

选择误差监控控制时，伺服关闭状态下所产生的位置偏移将被加入到闭环控制系统的跟随误差误差寄存器中，而 CNC 的实际位置值并不产生变化。在这种情况下，位置偏移将接受 CNC 的跟随误差监控，一旦位置偏移超过参数 PRM1829 设定的、轴停止时的最大允许位置跟随误差，CNC 将发生跟随误差报警。如果位置偏移在 PRM1829 允许范围之内，CNC 可以在坐标轴恢复控制后，通过闭环调节自动恢复这一位置偏移，而不会发生报警，因此，伺服关闭状态下所产生的运动不会引起 CNC 位置的变化。

坐标轴的伺服关闭控制需要如下条件：

1）根据要求设定参数 PRM1819.0（FUPn），设定 0，指定坐标轴可以通过 PMC 信号进入位置跟随控制；设定 1，指定坐标轴为误差监控控制。

2）当 PRM1819.0（FUPn）设定为“0”时，可通过 PMC→CNC 的信号 G0007.5（*FL-WU），进行如下控制：G0007.5 = 0，参数 PRM1819.0 设定为 0 的坐标轴进入位置跟随；G0007.5 = 1，所有坐标轴始终处于误差监控方式。

位置跟随功能通常与伺服关闭同时使用，如果 CNC 出现急停和伺服报警，CNC 将自动进入位置跟随方式。

5.3.2　运动条件与操作方式

CNC 工作正常、PMC 输入控制信号、CNC 参数设定正确是坐标轴运动必需的条件，以下条件为坐标轴运动的基本条件，对手动和自动运行均有效。

1. CNC 工作状态

坐标轴的运动前，CNC 的工作状态必须满足以下条件：

1）驱动器无故障，位置控制系统工作正常，伺服准备好信号 F0000.6（SA）= 1。

2）CNC 无报警，报警信号 F0001.0（AL） = 0。

3）后备电池正常，电池报警信号 F0001.2（BAL）= 0。

4）系统软硬件无故障，CNC 准备好信号 F0001.7（MA）= 1。

5）驱动器的绝对编码器电池正常，电池报警信号 F0172.6（PBALZ）= 0；电池电压过低信号 F0172.7（PBATL）= 0。

坐标轴运动时，可通过 CNC→PMC 的状态信号、CNC 诊断参数检查坐标轴的工作状态，在 PMC 程序中也可将状态信号作为指示灯显示和其他动作控制的逻辑条件。坐标轴运动时的状态输出信号如下：

1）坐标轴移动中状态输出信号 F0102.0～F0102.5（MV1～MV4）＝1。

2）坐标轴运动方向输出信号 F0106.0～F0106.5（MVD1～MVD4）＝1。

2. PMC 控制信号

为了保证坐标轴的移动，PMC→CNC 的基本控制信号，必须满足以下条件：

1）无外部急停，信号 X0008.4 和 G0008.4（＊ESP）＝1。

2）无坐标轴互锁，信号 G0008.0（＊IT）和 G0130.0～ G0130.4（＊IT1～＊IT4）＝1。

3）无 CNC 复位输入，信号 G0008.6（RRW）和 G0008.7（ERS）＝0。

4）无机床锁住输入，信号 G0044.1（MLK）和 G0108.0～ G0108.4（MLK1～MLK4）＝0。

5）坐标轴未超程，信号 G0114.0～G0114.4（＊＋L1～＊＋L4）或 G0116.0～G0116.4（＊－L1～＊－L4）＝1，需要双向运动时，两者均应为 1。

6）指定方向的移动允许，信号 G0132.0～G0132.4（＋MIT1～＋MIT4）或 G0134.0～G0134.4（－MIT1～－MIT4）＝0，需要双向运动时，两者均应为 0。

以上信号中的部分，可以利用表 5.3-3 中的参数设定取消。

表 5.3-3 取消 PMC 控制信号的参数表

参数号	代号	作　　用	参 数 说 明
1002.4	XIK	定位运动轴的互锁	1：取消；0：信号有效
3004.5	OTH	超程信号＊＋Ln/＊－Ln 取消	1：取消；0：信号有效
3003.0	ITL	公共互锁信号＊IT 取消	1：取消；0：信号有效
3003.2	ITX	指定轴互锁信号＊ITn 取消	1：取消；0：信号有效
3003.3	DIT	指定轴方向互锁信号 MITn 取消	1：取消；0：信号有效
3003.4	DAU	互锁信号＊IT 功能设定	1：手动、自动均有效；0：仅对手动有效

3. 操作方式选择

坐标轴的运动方式有手动连续进给（JOG）、增量进给（INC）、手轮进给（MPG 或 HAND）、手动回参考点（REF 或 ZRN）、MDI 运行（MDI）、存储器自动运行（MEM）、DNC 运行（DNC）、手轮示教（THND）、手动连续进给示教（TJOG）等多种，其中，手动连续进给、增量进给、手轮进给、手动回参考点属于手动操作；MDI 运行、存储器自动运行、DNC 运行属于自动运行；手轮示教、手动连续进给示教用于程序编辑。

坐标轴的运动方式可通过机床操作面板上的操作方式选择开关进行选择，由于机床操作面板种类较多，PMC 的输入地址各异，因此，操作方式选择开关需要通过 PMC 程序的设计，将其转换为 PMC→CNC 的内部操作方式选择信号。CNC 操作方式和操作选择信号输入状态的对应关系见表 5.3-4。

表 5.3-4 操作方式选择信号的定义

操 作 方 式	PMC→CNC 信号状态				
	MD4	MD2	MD1	DNC1	ZRN
PMC 信号地址	G0043.2	G0043.1	G0043.0	G0043.5	G0043.7
程序编辑（EDIT）	0	1	1	0	0
存储器自动运行（MEM）	0	0	1	0	0

（续）

操作方式	PMC→CNC 信号状态				
	MD4	MD2	MD1	DNC1	ZRN
手动数据输入（MDI）	0	0	0	0	0
手轮（MPG）/增量（INC）进给	1	0	0	0	0
手动连续进给（JOG）	1	0	1	0	0
手轮示教（THND）	1	1	1	0	0
手动连续示教（TJOG）	1	1	0	0	0
DNC 运行（RMT）	0	0	1	1	0
手动回参考点（REF）	1	0	1	0	1

4. 操作状态输出

CNC 的操作方式一旦被选择，在正常情况下，CNC 将生效相应的操作方式，并向 PMC 输出 5.3-5 所示的状态信号，这些信号可以用于指示灯显示或 PMC 程序控制。但是，当 CNC 进入急停时，其操作方式将自动选择 MDI，以便操作者进行 CNC 参数设定等操作。

表 5.3-5　CNC 的操作方式状态信号一览表

地址	信号	作　用	信号说明
F0003.0	MINC	增量（INC）进给	"1" 增量（INC）进给生效
F0003.1	MH	手轮（MPG）进给	"1" 手轮（MPG）进给生效
F0003.2	MJ	手动连续进给（JOG）	"1" 手动连续进给生效
F0003.3	MMDI	MDI 运行	"1" MDI 方式生效
F0003.4	MRMT	DNC 运行	"1" DNC 方式生效
F0003.5	MMEM	MEM 运行	"1" MEM 方式生效
F0003.6	MEDIT	EDIT 编辑	"1" EDIT 方式生效
F0003.7	MTCHIN	示教	"1" TJOG、THND 方式生效
F0004.5	MREF	手动回参考点	"1" 手动回参考点方式生效

有关操作方式选择信号的要求和 PMC 程序设计方法，可参见本书作者编写的《FANUC - 0iD 选型与设计》一书。

5.4　手动操作调试

5.4.1　信号与参数

FS - 0iD 的手动运行有手动连续进给、增量进给、手轮进给、手动回参考点 4 种，运动方式可通过 CNC 的操作方式选择信号选择。不同的操作方式下，需要 PMC 提供相应的控制信号和设定正确的 CNC 参数。有关手动运动的操作步骤可参见本书作者编写的《FANUC - 0iD 编程与操作》一书。

1. PMC 信号

坐标轴手动运动时，可通过 PMC→CNC 的控制信号，选择操作方式，指定运动轴和方向，改变进给速度和运动距离等，也可通过 CNC→PMC 的状态信号，检查运动状态或作为 PMC 程序的逻辑控制条件。

FS-0iD 的手动连续进给、增量进给、手轮进给操作控制信号见表 5.4-1，回参考点操作的相关信号可参见后述。

表 5.4-1　手动操作 PMC 信号一览表

地址	信号	作　用	信号说明
G0010.0~0011.7	*JV0~*JV15	手动进给速度选择	16 位二进制编码信号
G0018.0~G0018.3	HS1A~HS1D	第 1 手轮的运动轴选择 A~D	0000：手轮无效；0001：第 1 轴；0010：第 2 轴；0011：第 3 轴；0100：第 4 轴；0101：第 5 轴
G0018.4~G0018.7	HS2A~HS2D	第 2 手轮控制的轴选择 A~D	
G0019.0~G0019.3	HS3A~HS3D	第 3 手轮控制的轴选择 A~D	
G0019.4	MP1	手轮每格移动或增量进给每步移动距离	00：×1；01：×10；10：×100 或 m（手轮）；11：×1000 或：n（手轮）
G0019.5	MP2		
G0019.7	RT	手动快速	"1"选择手动快速
G0043.0~G0043.2	MD1~MD4	操作方式选择信号 1~4	见表 5.3-4
G0043.5	DNC	DNC 运行选择	见表 5.3-4
G0043.7	ZRN	手动回参考点选择	见表 5.3-4
G0100.0~G0100.4	+Jn	手动正向运动	"1"指定轴正方向运动
G0102.0~G0102.4	-Jn	手动负向运动	"1"指定轴负方向运动

2. 相关参数

坐标轴手动运动调试，需要设定的主要 CNC 参数见表 5.4-2。

表 5.4-2　手动运动 CNC 参数表

参数号	代号	作　用	参数说明
1002.0	JAX	可同时手动运动的最大轴数	1：3 轴；0：1 轴
1401.0	RPD	回参考点前的手动快速操作	1：有效；0：无效
1402.1	JOV	JOG 倍率调节	0：有效；1：无效（固定 100%）
1402.4	JRV	JOG/INC 主轴每转进给	1：有效；0：无效
1423	—	倍率 100% 时的手动速度	0~32767
1424	—	倍率为 100% 时的手动快速	30~240000
1610.4	JGLn	JOG 加减速方式	1：与切削进给同（S 型或直线）；0：指数
1624	—	JOG 加减速时间	单位：ms
1625	—	JOG 指数加减速的最低速度 FL	6~15000
3002.4	IOV	倍率信号输入极性	0：按默认；1：取反
7100.0	JHD	手动多操作方式	0：无效；1：JOG 可用于 MPG；MPG 可用于 INC
7100.1	THD	手轮示教方式功能	0：无效；1：有效
7100.3	HCL	手轮中断量清除	软功能键【CAN】0：禁止；1：有效
7100.4	HPF	手轮超速时的多余脉冲	0：放弃；1：保留，手轮停止后继续运动
7100.5	MPX	手轮超速时的多余脉冲	

（续）

参数号	代号	作　用	参数说明
7102.0	HGNn	手轮运动方向变换	0/1：改变手轮运动方向
7102.1	HNAn	各轴独立的手轮方向变换	0/1：改变手轮运动方向
7103.1	RHD	手轮中断量复位	CNC复位时手轮中断量，0：保留；1：清除
7103.2	HNT	手轮、增量进给单位	0：不变；1：倍乘10
7103.3	HIT	手轮中断操作进给单位	0：不变；1：倍乘10
7103.4	IBH	I/O-Link手轮进给	0：禁止；1：允许
7103.5	HIE	手轮中断的加减速方式	0：与自动一致；1：与手动一致
7105.1	HDX	手轮地址设定	0：自动；1：参数PRM12305/12307设定
7105.5	LBH	βi驱动器的手轮	0：无效；1：有效
7110	—	CNC手轮数量	0~3
7113	—	手轮1的每格移动量 m	信号MP2/1为10时的每格移动量 m
7114	—	手轮1，的每格移动量 n	信号MP2/1为11时的每格移动量 n
7117	—	手轮超速时允许保留的移动量	手轮速度超速时允许保留的移动量
7131	—	手轮2的每格移动量 m	信号MP2/1为10时的每格移动量 m
7132	—	手轮2，的每格移动量 n	信号MP2/1为11时的每格移动量 n
7133	—	手轮3的每格移动量 m	信号MP2/1为10时的每格移动量 m
7134	—	手轮3，的每格移动量 n	信号MP2/1为11时的每格移动量 n
8131.0	HPG	手轮功能选择	1：有效；0：无效
12300	—	第1手轮的PMC地址	0~127，200~327
12301	—	第2手轮的PMC地址	0~127，200~327
12302	—	第3手轮的PMC地址	0~127，200~327
12330.0~12333.7		βi驱动器1~8的手轮	0：有效；1：无效
12350	—	各轴独立的手轮倍率 m	设定为0时，使用PRM7113/7114共用的手轮倍率
12351	—	各轴独立的手轮倍率 n	

5.4.2 手动操作调试

1. 手动连续进给

手动连续进给（JOG）是通过手动方向键，控制坐标轴轴连续运动的方式，当对应的轴方向键被按下时，坐标轴以手动连续进给速度移动，松开后停止。在JOG运动时，可随时通过手动倍率开关调节运动速度，但无法准确控制坐标轴轴的运动距离。坐标轴的手动连续进给的动作过程如图5.4-1所示，其要求如下：

1）CNC处于5.3.2节的正常工作状态；PMC信号满足5.3.2节的坐标轴移动条件。

2）CNC操作方式选择JOG。

3）手动进给速度参数PRM1423的设定不为0；速度倍率输入G0010.0~G0011.7不为全“1”或全“0”。

4）输入轴方向选择信号G0100.0~G0100.3、G0102.0~G0102.3。

如果在手动连续进给时，将PMC的手动快速信号G0019.7置为“1”，则坐标轴可按参数

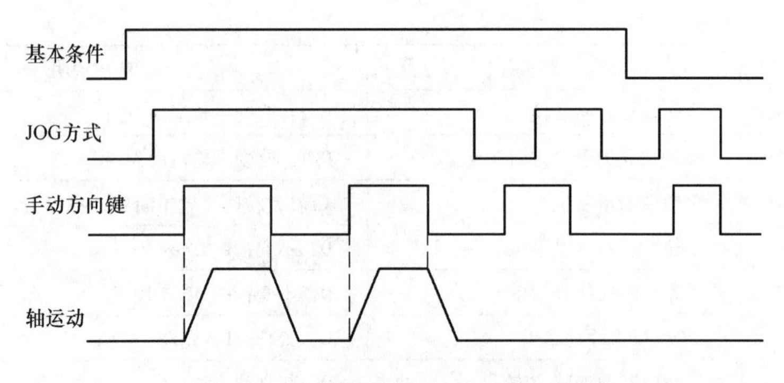

图5.4-1　手动连续进给

PRM1424 设定的速度快速移动，在快速移动过程中，手动进给速度倍率调节信号 G0010.0 ~ G0011.7 仍有效。

2. 手动增量进给

手动增量进给（INC）是通过事先选择运动距离的定量进给方式，当操作面板选定了运动距离后，对应的轴方向键一旦被按下，就可在指定方向上运动指定的距离，这是一种用于短距离、定量运动的手动进给方式。坐标轴的手动增量进给的动作过程如图 5.4-2 所示，其要求如下：

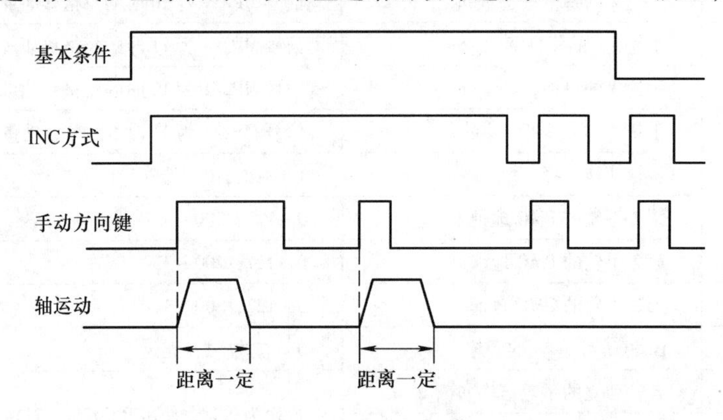

图5.4-2　手动增量进给

1）CNC 处于 5.3.2 节的正常工作状态；PMC 信号满足 5.3.2 节的坐标轴移动条件。

2）操作方式选择 INC 方式。

3）手动进给速度参数 PRM1423 的设定不为 0；速度倍率输入 G0010.0 ~ G0011.7 不为全“1”或全“0”。

4）利用信号 G0019.4、G0019.5，选择手动增量进给距离。

5）输入轴方向选择信号 G0100.0 ~ G0100.3、G0102.0 ~ G0102.3。

3. 手轮进给

手轮进给是利用手轮控制运动方向与运动距离的进给方式，手轮每脉冲对应的运动距离可以通过操作面板选择。FS－0iD 最大可使用的手轮数量为 3 个，3 个手轮可同时用于不同坐标轴的控制。坐标轴的手轮进给动作过程如图 5.4-3 所示，其要求如下：

1）CNC 处于 5.3.2 节的正常工作状态；PMC 信号满足 5.3.2 节的坐标轴移动条件。

2）手轮功能已生效，参数 PRM8131.0 为“1”；参数 PRM7110 的手轮数量不为“0”。

3）手轮已正确连接，参数 7105.17105.1、PRM12300 ~ PRM12302 的输入地址设定正确。

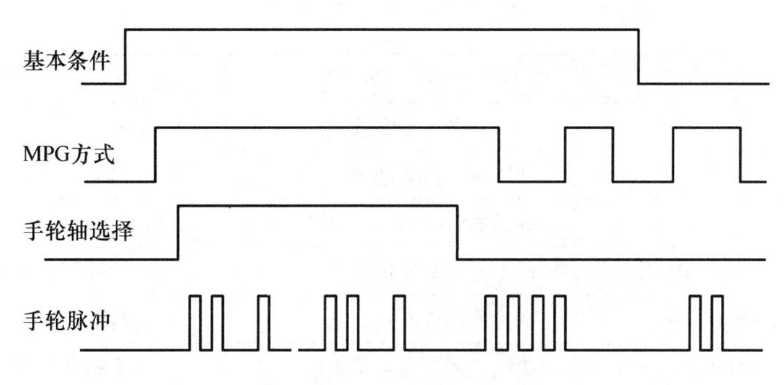

图 5.4-3　手轮进给

4）操作方式选择 MPG 方式。

5）手动进给速度参数 PRM1423 的设定不为 0；速度倍率输入 G0010.0 ~ G0011.7 不为全“1”或全“0”。

6）利用信号 G0019.4、G0019.5，选择手轮每格移动量。

7）旋转手轮，输入进给脉冲。

5.4.3　回参考点调试

1. 手动回参考点方式

参考点是为了确定机床坐标系原点而设置的基准点，通过回参考点操作，可使坐标轴运动到参考点并精确定位，CNC 便能以参考点为基准，确定机床坐标的原点。

回参考点可通过手动操作或利用回参考点指令 G28 进行，为了安全、可靠，调试时一般应首先进行手动回参考点调试。

FS－0iD 的回参考点方法有利用编码器零脉冲回参考点、碰撞式回参考点、绝对零点回参考点等，编码器零脉冲回参考点又可分为减速开关回参考点和无减速开关回参考点两种。不同回参考点方式的硬件配置要求见表 5.4-3。

表 5.4-3　FS－0iD 手动回参考点方法及配置要求

回参考点方式	系统配置要求			
	参考点减速开关	增量编码器	绝对编码器	绝对式光栅尺或编码器
减速开关回参考点	★	●	☆	☆
无减速开关回参考点	×	○	●	○
碰撞式回参考点	×	☆	☆	☆
绝对零点回参考点	×	×	×	●

注：“★”必须；“×”不需要；“●”优先选择；“☆”可使用；“○”不推荐。

2. 控制信号

手动回参考点操作的 PMC 信号见表 5.4-4。

表 5.4-4　手动回参考点 PMC 信号一览表

地　址	信号	作　用	信号说明
G0010.0 ~ G0011.7	* JV0 ~ * JV15	手动进给速度信号	16 位二进制编码信号，见前述
G0043.0 ~ G0043.2	MD1 ~ MD4	操作方式选择信号 1 ~ 4	见前述

（续）

地　址	信号	作　　用	信号说明
G0043.7	ZRN	手动回参考点方式	见前述
G0100.0～G0100.3	＋Jn	轴回参考点运动方向	正向回参考点
G0102.0～G0102.3	－Jn	轴回参考点运动方向	负向回参考点
X0009.0～X0009.3	*DECn	回参考点减速信号	一般使用高速输入
G0007.2	ST	碰撞式回参考点启动	同自动
G0018.0～G0018.3	HS1A～HA1D	碰撞式回参考点轴选择	同手轮轴选择
F0004.5	MREF	手动回参考点方式	1：手动回参考点方式生效
F0094.0～F0094.3	ZP1	参考点到达	只轴定位于参考点
F0120.0～F0120.3	ZRF1～4	参考点已建立	回参考点完成后保持1
F0180.0～F0180.3	CLRCH1～4	转矩到达	碰撞式回参考点控制信号

3. 相关参数

FS－0iD 与手动回参考点相关的 CNC 参数见表 5.4-5。

表 5.4-5　回参考点参数一览表

参数号	代号	作　　用	参数说明
0002.7	SJZ	参考点建立后的手动回参考点	1：减速有效；0：快速回参考点
1002.0	JAX	可同时回参考点的轴数	0：1轴；1：3轴
1002.1	DLZ	无挡块回参考点功能	0：无效；1：有效
1002.3	AZR	未手动回参考点时的 G28 运动	0：自动回参考点；1：报警 P/S090
1002.7	IDG	无挡块回参考点重复设定	0：允许；1：禁止
1005.0	ZRNn	未回参考点时的自动运行	0：报警 P/S224；1：允许
1005.1	ZLZn	各轴无挡块回参考点功能设定	0：无效；1：有效
1005.3	HJZn	参考点建立后的手动回参考点	1：回参考点；0：参数 PRM0002.7 选择
1006.5	ZMIn	回参考点方向	1：负向；0：正向
1007.0	RTLn	旋转轴回参考点方式	1：同直线轴；0：单独设定
1007.1	ALZn	参考点建立后的 G28 运动	1：减速定位；0：快速定位
1007.4	GRDn	绝对编码器无挡块回参考点	1：有效；0：无效
1008.4	SFDn	回参考点偏移方式	0：零脉冲偏移；1：位置偏移
1012.0	IDGn	无挡块回参考点重复设定	1：报警；0：允许
1015.4	ZRL	G28/G30/G53 定位方式	1：直线型；0：非直线型
1201.0	ZPR	回参考点坐标系设定	0：手动；1：自动
1201.2	ZCL	回参考点对局部坐标系影响	0：保留；1：撤销
1205.4	R1O	参考点位置信号输出	0：无效；1：有效
1205.5	R2O	第2参考点位置信号输出	0：无效；1：有效
1240～1243		参考点1～4的机床坐标值	设定参考点1～4在机床坐标系中的位置
1250	—	回参考点自动设定相对坐标值	
1300.6	LZR	手动回参考点的软件限位	0：有效；1：无效

（续）

参数号	代号	作　用	参数说明
1401.0	RPD	回参考点前的手动快速	0：无效；1：有效
1401.2	JZR	手动回参考点速度	0：快速；1：JOG 速度
1404.1	DLF	参考点建立后手动回参考点速度	0：G00 速度；1：手动快速
1425	—	参考点搜索速度	减速开关生效时的减速速度 F_L
1428	—	参考点建立前的 G00 速度	设定为 0 时，PRM1420 有效
1815.4	APZn	绝对编码器的参考点	0：未建立；1：已建立
1815.5	APCn	绝对编码器选择	0：不使用；1：使用
1819.1	CRFn	伺服报警后的绝对编码器参考点	0：保留；1：取消
1821	—	参考计数器容量	零脉冲的间隔距离
1836	—	回参考点时的最小跟随误差	1~32767
1844	—	参考点位置偏移	
1850	—	参考点零脉冲偏移	
3003.5	DEC	*DECn 信号极性	0：信号为 0 减速；1：信号为 1 减速
3006.0	GDC	*DEC 信号输入地址	0：X9.0~X9.5；1：G196.0~G196.5
7181	—	碰撞回参考点第 1 次回退距离	
7182	—	碰撞回参考点第 2 次回退距离	参考点位置设定值
7183	—	碰撞回参考点第 1 次碰撞速度	
7184	—	碰撞回参考点第 2 次碰撞速度	
7185	—	碰撞回参考点的返回速度	（第 1、2 次通用）
7186	—	碰撞回参考点的转矩极限	0~100 对应 0%~39%
7187	—	碰撞回参考点的转矩极限	0~255 对应 0%~39%

4. 减速开关回参考点

减速开关回参考点是传统的数控机床常用回参考点方式，使用减速开关的手动回参考点动作如图 5.4-4 所示，回参考点的要求如下：

1）CNC 处于 5.3.2 节的正常工作状态；PMC 信号满足 5.3.2 节的坐标轴移动条件。

2）操作方式选择 JOG。

3）回参考点方式选择信号 G0043.7（ZRN）=“1”。

4）手动进给速度参数 PRM1423 的设定不为 0；速度倍率输入 G0010.0~G0011.7 不为全“1”或全“0”。

5）输入轴方向选择信号 G0100.0~G0100.3、G0102.0~G0102.3。

在以上条件满足后，坐标轴以参数 PRM1428（PRM1428 为 0 时，以 PRM1420 速度）设定的速度，向参数 PRM1006.5 设定的方向快速移动；当参考点减速挡块被压上、减速信号 *DECn 生效后，坐标轴减速至参数 PRM1425 设定的参考点搜索速度，向参考点慢速移动。

坐标轴越过参考点减速挡块、*DECn 信号恢复后，继续以参考点搜索速度运动，直到位置检测装置第 1 个零脉冲到达；然后，开始按参数 PRM1008.4 设定的偏移方式，进行参考点偏移计数，当到达参数 PRM1850 或 PRM1844 设置的参考点偏移量时，坐标轴停止运动，CNC 输出参考点到达信号，回参考点运动结束。

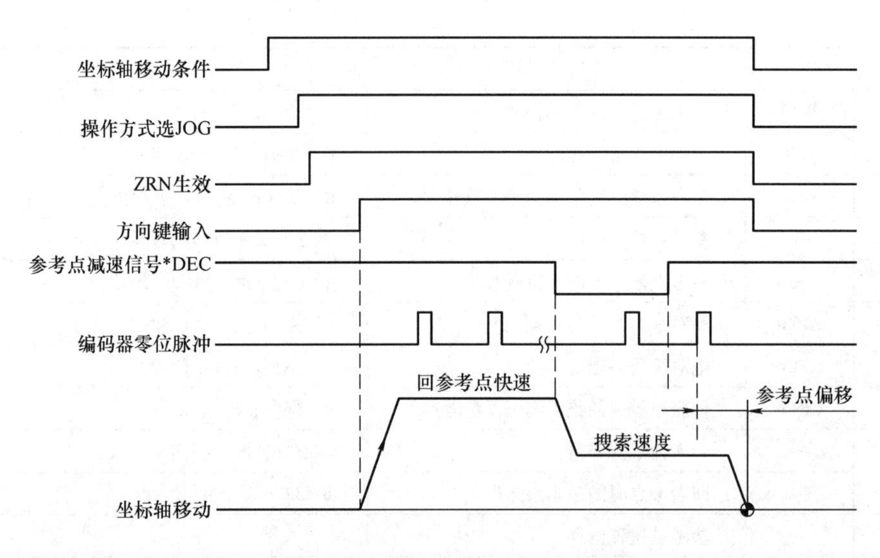

图 5.4-4　减速开关回参考点动作

减速开关回参考点的参考点位置偏移，可通过参数 PRM1008.4 的设定选择两种方式，一是在 CNC 检测到零脉冲后继续移动一定的距离（零脉冲偏移，又称栅格偏移）；二是在 CNC 检测到零脉冲后即建立参考点，然后进行偏移运动，设定新的参考点位置（位置偏移）。零脉冲偏移和位置偏移在 FS－0iD 上有以下区别：

1）偏移量的设定参数不同，零脉冲偏移的设定参数为 PRM1850，其设定范围只能在电机一转移动量内设定；位置偏移的设定参数为 PRM1844，其设定值不受限制。

2）零脉冲偏移的方向可任意，但位置偏移的方向必须与回参考点方向相同。

回参考点结束后，CNC 将根据参数 PRM1201.0 的设定，对机床坐标系、工件坐标系的位置进行自动设定，或者，由操作者进行手动设定，从而确定机床坐标系原点。

为了保证参考点定位的准确，手动回参考点对减速挡快的长度与减速后的运动速度有一定的要求。当减速档块长度不足时，将导致坐标轴无法降至参考点搜索速度 F_L，而导致参考点的定位不准；当参考点搜索速度 F_L 过低时，由于位置跟随误差值小于回参考点所需要的规定值（PRM1836 设定，一般为 128μm），同样将引起 CNC 报警。

手动回参考点对减速挡快的长度与参考点搜索速度的要求一般如下：

$$L_{DW} \geqslant \left(\frac{T_R}{2} + 0.03 + T_S\right) \cdot V_R + 4F_L \cdot T_S$$

式中的 0.03（30ms）为 CNC 信号接收电路的固定延时，其余参数的含义如下：

L_{DW}——减速挡块的长度（mm）；

T_R——快速移动加减速时间常数（s）；

T_S——伺服时间常数（s），一般为 0.033s；

V_R——快速运动速度（mm/s）；

F_L——参考点搜索速度（mm/s）。

例如，当机床的快速为 30m/min、参考点搜索速度 300mm/min、快速加减速时间为 50ms、伺服时间常数为 33ms 时，可得到减速挡块的最小长度为 44.66mm。

手动回参考点对减速后、参考点搜索时的位置跟随误差值 e_{ss}（mm）计算方法如下：

$$e_{ss}=\frac{F_L}{K_v}$$

式中 F_L——参考点搜索速度（mm/s）；

K_v——位置环增益（1/s）。

例如，当机床的位置环增益为30（1/s）、参考点搜索速度300mm/min时，可得到位置跟随误差 e_{ss} = 0.166mm = 166μm。

5. 无减速开关回参考点

无减速开关回参考点是一种不需要减速开关的手动回参考点方式，它在设定参数PRM1002.1（DLZ）=1、PRM1005.1（DLZn）=1时有效。无减速开关回参考点的动作如图5.4-5所示，其基本要求与减速开关回参考点相似。

无减速开关回参考点在回参考点时无快速运动，而是直接以参考点搜索速度寻找最近的第1个零脉冲，并将其作为参考点。

无减速开关回参考点方式的参考点位置与回参考点开始时的坐标轴起始位置有关，因此，一般只用于配置绝对编码器的数控机床。配置绝对编码器的机床，参考点由机床生产厂家设定，用户在使用时不需要进行回参考点操作。

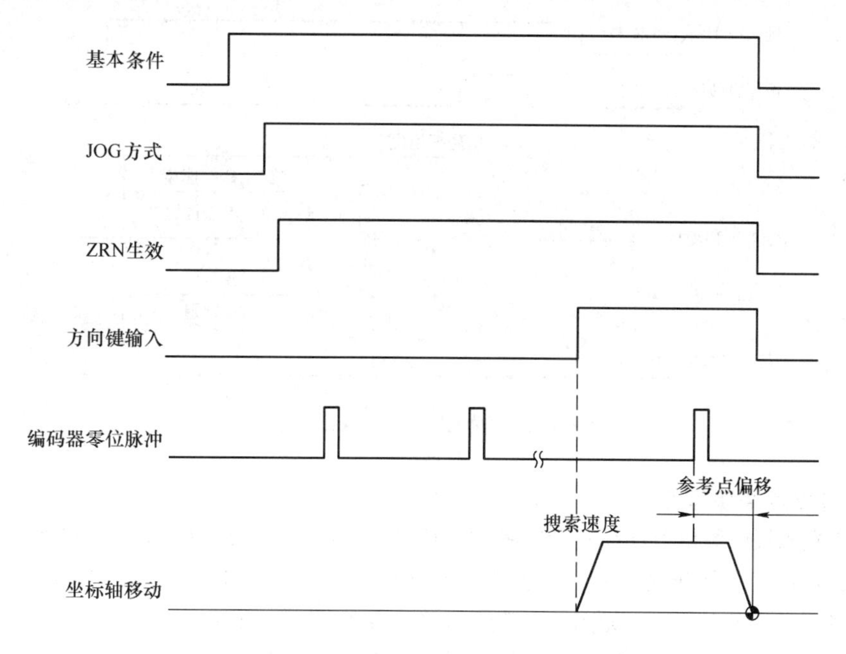

图5.4-5 无减速开关回参考点动作图

6. 碰撞式回参考点

碰撞式回参考点是一种以机械撞块作为基准的回参考点方式，回参考点时需要进行运动部件的碰撞，因此，宜用于使用绝对编码器的参考点一次性调整。碰撞式回参考点时，CNC需要检查参数PRM1815.4（APZn）的状态，如机床坐标系未建立，则进行回参考点动作，并执行回参考点动作；如机床坐标系已建立，则不再执行回参考点动作。

碰撞式回参考点的基本要求与减速开关回参考点相同，但需要设定相关的CNC参数（PRM7181～PRM7186）；需要利用手轮轴选择开关选择回参考点的坐标轴；然后，通过CNC的循环启动信号ST（G0007.2）启动回参考点动作。碰撞式回参考点的动作如图5.4-6所示，回参考点过程如下：

1）坐标轴以 PRM7183 设定的第 1 次碰撞速度，向参数 PRM1006.5（ZMIn）设定的方向运动，并与机械撞块碰撞。

2）碰撞后伺服电动机的输出转矩将急剧上升，一旦输出转矩到达参数 PRM7186 或 PRM7187 设定的值，转矩过载信号 CLRCHn 将为 1，坐标轴开始以 PRM7185 设定的回退速度，进行反向运动，执行第 1 次回退动作；反向运动距离由参数 PRM7181 设定。

3）第 1 次回退完成后，坐标轴再次以 PRM7184 设定的第 2 次碰撞速度，向参数 PRM1006.5（ZMIn）设定的方向运动，与机械撞块进行第 2 次碰撞。

4）当伺服电动机的输出转矩到达参数 PRM7186 或 PRM7187 设定的值后，转矩过载信号 CLRCHn 再次为 1，坐标轴又将以 PRM7185 设定的回退速度，进行反向运动，开始第 2 次回退动作；第 2 次回退的反向运动距离由参数 PRM7182 设定。

5）当参数 PRM7182 设定的反向运动距离到达，坐标轴减速停止，并将该点作为机床参考点，参数 PRM1815.4（APZn）自动变为“1”。

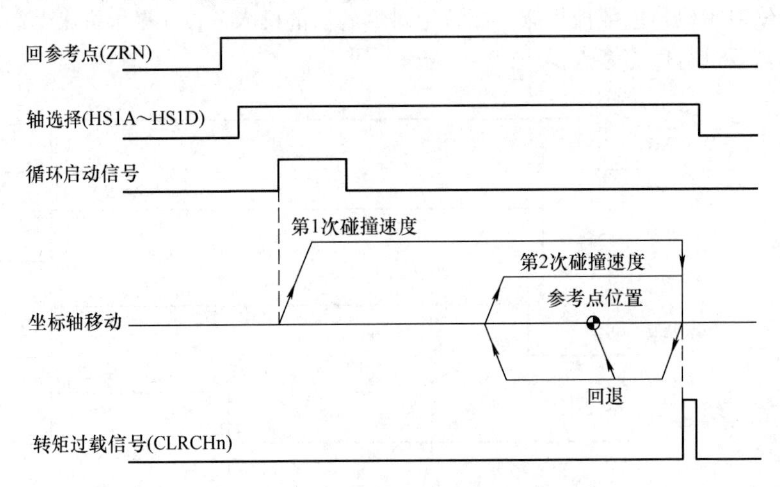

图 5.4-6　碰撞式回参考点动作示意图

7. 绝对零点回参考点

绝对式光栅尺或编码器存在物理的绝对零点参考标记，它可通过 5.2 节所述的光栅尺的绝对零点（假想零点）直接建立参考点。绝对式光栅尺或编码器的回参考点要求和减速开关回参考点基本相同，回参考点的动作如图 5.4-7 所示，回参考点过程如下：

1）回参考点方向键输入后，坐标轴以 PRM1425 设定的参考点搜索速度，从现在位置向参数 PRM1006.5（ZMIn）设定的方向运动。

2）CNC 检测到光栅尺的绝对零点参考标记后，停止运动并进行数据采样。

3）数据采样完成后，坐标轴继续以参考点搜索速度，向参数 PRM1006.5（ZMIn）设定的方向运动。

4）重复以上 2）、3）动作，直到参数 PRM1802.1（DC4）或 PRM1802.2（DC2）所设定的次数到达。

5）CNC 自动计算假想零点位置，并根据参数 PRM1819.2 的设定，选择参考点参数 PRM1883、PRM1884 的设定方式，建立参考点。

当 CNC 参数 PRM1818.2（DG0）＝“1”时，绝对式光栅尺或编码器的参考点也可在执行

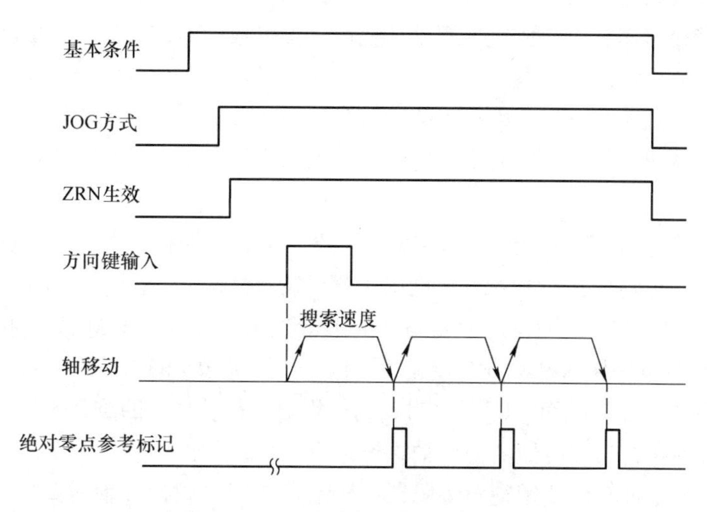

图 5.4-7　绝对零点回参考点动作图

JOG 操作或快速定位（G00）时自动建立，其回参考点动作将叠加到首次的 JOG 或 G00 运动中，从而省略回参考点操作。

利用 JOG 或 G00 自动建立参考点的基本动作如下：

1）JOG 操作。当坐标轴进行首次 JOG 操作时，按下方向键后，首先按照参数 PRM1006.5（ZMIn）设定的方向，以参数 PRM1425 设定的参考点搜索速度进行回参考点运动。在经过回参考点操作同样的 2 ~ 4 个绝对零点标记的重复启/停运动后，自动建立参考点。此后，以 JOG 速度进行正常的手动连续进给。

2）G00 操作。当坐标轴首次执行 G00 指令时，坐标轴同样先按照参数 PRM1006.5（ZMIn）设定的方向，以参数 PRM1425 设定的参考点搜索速度进行回参考点运动。在经过回参考点操作同样的 2 ~ 4 个绝对零点标记的重复启/停运动后，自动建立参考点。然后，以 G00 速度运动到目标位置。

有关绝对式光栅尺的参考点位置的设定与计算方法可参见本章 5.2 节的有关内容。

5.4.4　绝对编码器调试

1. 绝对编码器

真正意义上的绝对编码器（Absolute - value Rotary encoder）是可直接检测 360°范围内的绝对角度的编码器，这种编码器设计有多通道平行的物理编码刻度光栅与相应的光电转换器件，360°圆周位置用等分的二进制或格蕾编码数据表示。但是，由于结构、制造难度、成本等方面的原因，这种编码器的编码刻度一般不超过 13 通道，其位置编码在 2^{13}（8192）以下，检测分辨率为 0.044°，测量误差在 0.017°左右，因此，其实际测量精度并不高。

为了提高检测精度，绝对编码器往往附加有 1Vpp 正余弦增量检测通道，通过对增量信号的细分，其每转的绝对位置输出可高达 2^{25}（33 554 432）~ 2^{27}（134 217 728），此类编码器的绝对位置数据需要通过串行接口输出，而附加的增量信号则可直接输出（称 SSI 接口），故也可作为增量编码器使用，但其价格较高。

为了提高位置分辨率、简化结构、降低制造难度与成本，目前数控机床所使用的绝对编码器，一般都是一种通过后备电池保存位置数据的增量编码器，但它也可起到绝对值编码器同样的效果，故亦称绝对编码器（Absolute Rotary encoder 或 Absolute Rotary pulse coder）。这种绝对编码器的内部，安装有存储零脉冲计数值与增量计数值等位置数据的存储器，外部断电时，位置数据仍然可通过后备电池保持，CNC 在开机时能够自动读入位置数据，故同样不需要进行回参考点操作。因此，从严格意义上说，这种绝对编码器只是一种能够保存位置数据的增量编码器，如果不安装后备电池，就成了串行输出的增量编码器，因而在绝大多数场合两者可以通用。

2. 基本设定

在使用绝对编码器的 FS－0iD 上，首先需要在驱动器的伺服模块上，安装保存编码器位置数据的后备电池，后备电池的连接要求可参见第 3 章。在此基础上，设定如下 CNC 参数。

PRM1815.4：设定“0”，代表绝对编码器的参考点未建立，需要进行后述的参考点设置操作；设定“1”，绝对编码器的参考点已经建立。但是，当参数 PRM1819.1 设定 1 时，如 CNC 发生伺服报警，该参数将自动成为“0”，这时，同样需要进行参考点的重新设置。

PRM1815.5：使用绝对编码器的坐标轴，设定为“1”。

PRM1815.6：如果回转轴使用绝对编码器，设定为“1”（仅回转轴需要）。

PRM1819.1：伺服报警时的位置数据保存。设定“1”时，当绝对编码器的坐标轴发生 SV0421 位置跟随超差、SV0445 编码器软件断线报警、SV0446/SV0447 编码器硬件断线报警时，CNC 将自动使参数 PRM1815.4 成为 0，故需要重新设置参考点。设定“0”时，即使发生以上伺服报警，绝对编码器的位置数据仍然能够保存，无需进行参考点的重新设定。

3. 参考点设置

绝对编码器的参考点位置一般采用减速开关回参考点、无减速开关回参考点、手动参考点直接设定等方法设置。绝对编码器的位置数据可通过后备电池保持，因此，其参考点设置通常只需要在机床生产厂家首次调试时进行，机床正常使用时，操作者无需进行每次开机时的手动回参考点操作。

绝对编码器利用减速开关回参考点、无减速开关回参考点设置参考点的方法如下：

1）将 CNC 参数 PRM1815.4 设定 0，取消现有的参考点设置，CNC 将显示 DS0300 报警“APC 报警：须回参考点”。

2）关闭 CNC 电源，并重新启动 CNC。

3）如果采用减速开关回参考点，进行通常的手动回参考点操作；如果采用无减速开关回参考点，应现将将坐标轴移动至参考点附近，然后，进行回参考点操作，使坐标轴定位于参考点上。

4）回参考点完成后，CNC 参数 PRM1815.4 自动成为“1”。

5）按操作面板的【RESET】键清除报警，参考点设置完成。

绝对编码器的手动参考点直接设定方法如下：

1）将 CNC 参数 PRM1815.4 设定 0，取消现有的参考点设置，CNC 将显示 DS0300 报警“APC 报警：须回参考点”。

2）关闭 CNC 电源，并重新启动 CNC。

3）利用 JOG、INC 或手轮操作，将坐标轴手动移动到机床参考点位置上，参考点的位置需要通过外部检测进行确认。

4）将 CNC 参数 PRM1815.4 强制设定为 1，此时，CNC 将显示 PW000 报警“必须关断电源”。

5）关闭 CNC 电源，并重新启动 CNC，完成参考点设置。

5.4.5 行程保护及设定

1. 行程保护与设定

坐标轴的行程保护包括硬件超程保护和软件限位保护（存储行程检查 I）两种，前者通过安装行程开关实现，后者通过设定 CNC 参数实现。一般而言，软件限位它只有回参考点完成、机床坐标系建立后才能设定。

1）硬件保护功能。硬件保护功能分为超极限急停和硬件限位两种，前者需要通过紧急分断的强电安全电路，直接关闭驱动器电源，进行紧急停机；后者可通过 PMC 程序向 CNC 输入行程限位信号 * +Ln、* -Ln，停止指定轴的指定方向运动，并在 CNC 上显示报警。

2）软件限位。软件限位（存储行程检查 1）的作用与硬件限位类似，它是 CNC 根据实际位置或指令位置值，自动判别坐标轴是否超程的功能，软件限位可在自动运行前生效。软件限位位置可通过 CNC 参数进行设定，软件限位生效时，坐标轴将减速停止。

超极限保护、硬件限位、软件限位的相对位置应按照图 5.4-8 设定。

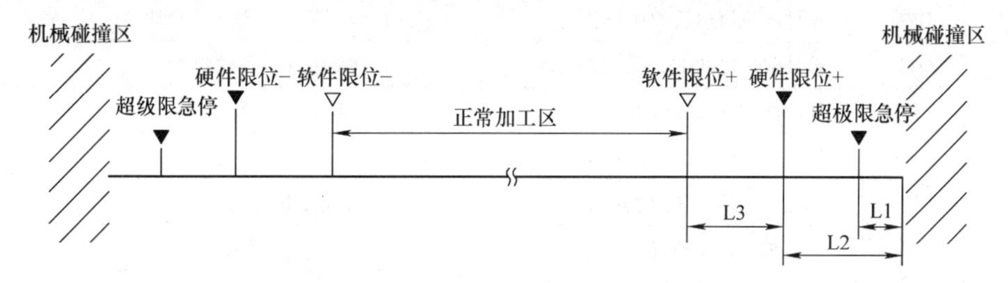

图 5.4-8 行程保护的设定

一般而言，软件限位的位置通常设定在略大于正常加工范围（1～2mm）的位置上；硬件限位应位于软件限位之后；硬件限位之后为超极限急停。设置行程保护时，应保证在机械部件产生碰撞与干涉前，坐标轴能够通过紧急制动停止，因此，超极限急停开关的动作位置与坐标轴产生机械碰撞的距离，应大于坐标轴紧急制动停止的距离。

2. PMC 信号

FS－0iD 与行程保护相关的 PMC 信号见表 5.4-6。

表 5.4-6 行程保护 PMC 信号一览表

地址	信号	作　　用	信号说明
G0114.0～G0114.4	* +Ln	各轴正向硬件限位	1：正常工作；0：正向超程
G0116.0～G0116.4	* -Ln	各轴负向硬件限位	1：正常工作；0：负向超程
G0007.6	EXLM	轴公用软件限位选择	0：软件限位 I；1：软件限位 II
G0007.7	RLSOT	存储行程检查 I 功能选择	0：有效；1：无效
G0104.0～G0104.3	+EXLn	各轴正向软件限位选择	0：软件限位 I；1：软件限位 II
G0105.0～G0105.3	-EXLn	各轴负向软件限位选择	0：软件限位 I；1：软件限位 II
G0110.0～G0110.3	+LMn	正向软件限位设定	0：无效；1：当前位置设定为正向限位点
G0105.0～G0105.3	- LMn	负向软件限位设定	0：无效；1：当前位置设定为负向限位点
F0124.0～F0124.3	+OTn	正向软件限位到达	0：正常位置；1：正向限位区
F0126.0～F0126.3	-OTn	负向软件限位到达	0：工常位置；1：负向限位区

3. CNC 参数

FS－0iD 与行程保护相关的 CNC 参数见表 5.4-7。

表 5.4-7　行程保护参数一览表

参数号	代号	作　用	参数说明
1300.0	OUT	存储行程检查 2 的禁止区	1：外侧；0：内侧
1300.1	NAL	出现软件限位时的处理	1：输出＋OTn/－OTn 信号；0：CNC 报警
1300.2	LMS	软件限位Ⅰ/Ⅱ转换	信号 EXLM，1：有效；0：无效
1300.6	LZR	回参考点前的软件限位	1：无效；0：有效
1300.7	BFA	软件限位报警方式	1：超程前；0：超程后
1301.0	DLM	各轴的软件限位Ⅰ/Ⅱ转换	信号＋EXLn/－EXLn，1：有效；0：无效
1301.2	NPC	存储行程检查对 G31/G37	1：无效；0：有效
1301.3	OTA	开机时处于存储行程检查区的处理	1：移动时报警；0：立即报警
1301.4	OF1	软件限位退出后的报警复位	1：RESET 复位；0：自动复位
1301.6	OTF	软件限位时的 F124～F126 信号	1：输出；0：不输出
1301.7	PLC	移动前的软件限位检查	1：有效；0：无效
1310.0	OT2n	存储行程检查 2 的功能设定	1：有效；0：无效
1310.1	OT3n	存储行程检查 3 的功能设定	1：有效；0：无效
1311.0	DOTn	开机软件限位检查	1：有效；0：无效
3004.5	OTH	硬件限位功能选择	0：有效；1：无效
1320	—	软件限位Ⅰ设定（EXLM 为 0 时）	软件限位Ⅰ的正向坐标
1321	—	软件限位Ⅰ设定（EXLM 为 0 时）	软件限位Ⅰ的负向坐标
1322	—	存储行程检查 2 设定	存储行程检查 2 的正向坐标
1323	—	存储行程检查 2 设定	存储行程检查 2 的负向坐标
1324	—	存储行程检查 3 设定	存储行程检查 3 的正向坐标
1325	—	存储行程检查 3 设定	存储行程检查 3 的负向坐标
1326	—	软件限位Ⅱ设定（EXLM 为 1 时）	软件限位Ⅱ的正向坐标
1327	—	软件限位Ⅱ设定（EXLM 为 1 时）	软件限位Ⅱ的负向坐标

5.4.6　误差与补偿

FS－0iD 的常用误差补偿功能有反向间隙补偿、螺距误差补偿和直线度补偿 3 种。反向间隙补偿用来补偿齿轮、齿条、同步皮带、滚珠丝杠、蜗轮、蜗杆等机械传动部件，因运动方向改变所产生的传动间隙；螺距误差补偿用来补偿齿轮/齿条、滚珠丝杠、蜗轮/蜗杆等机械传动部件的加工误差。直线度补偿用于大中型长行程机床的交叉误差补偿。在长行程机床上，如一个坐标轴的直线度不良，轴运动将引起其他轴的位置变化，因此，需要根据运动轴的位置对另一轴进行误差补偿，以修正因直线度不良所造成的误差。直线度补偿和螺距误差补偿可同时使用，补偿值可叠加。直线度补偿只能用于 FS－0iMD，其补偿原理和螺距误差补偿基本相同，在此不再介绍。

FS－0iD 的反向间隙补偿、螺距误差补偿的误差补偿的调试方法如下。

1. 反向间隙补偿

反向间隙补偿是对机械传动部件正、反向运动间隙的固定补偿，它通过增加坐标轴反向运动时的位置指令脉冲，来弥补传动部件间隙所产生的定位误差。

在传统的CNC上，每一坐标轴的反向间隙只能设定一个值，因此，设定值应是坐标轴全行程上的平均间隙值。但是，在实际机床上，反向间隙和坐标轴的运动速度有关，当运动速度提高时，运动部件惯性增加，停止过程中的“过冲量”将使反向间隙减小。为此，FS-0iD采用了快速运动和进给运动反向间隙分别补偿功能，每一坐标轴可设定进给运动间隙A和快速运动间隙B两个补偿值（A>B）。

FS-0iD的反向间隙补偿值，不仅可用于反向运动时的间隙补偿，而且还能够用于同向运动速度变化时的间隙调整。例如，当坐标轴从进给转为快速时，由于快速运动所产生的过冲量大于切削进给，因此，需要适当减小快速运动距离，其补偿值（B-A）/2为负值等。

对于不同的运动，FS-0iD的间隙补偿值见表5.4-8。

表5.4-8　FS-0iD的反向间隙补偿值

运动速度变化	间隙补偿值	
	同向运动	反向运动
快速→快速	0	B
进给→进给	0	A
快速→进给	(A-B)/2	(A+B)/2
进给→快速	(B-A)/2	(A+B)/2

表中的反向间隙补偿值符号能够根据运动方向自动改变，坐标轴正向运动时取正、负向运动时取负。此外，在传统的CNC上，反向间隙补偿值是在坐标轴反向的瞬间一次性加入，故可能产生补偿冲击，FS-0iD可通过选择平滑型反向间隙补偿功能，使反向间隙补偿值根据反向运动的距离，分级、逐步加入到运动过程中。

FS-0iD与反向间隙补偿相关的CNC参数见表5.4-9，如不采用快速与切削进给间隙分别补偿功能，参数PRM1851的设定有效。

表5.4-9　反向间隙补偿参数表

参数号	代号	作　用	参数说明
1800.4	RBK	反向间隙分别补偿功能	1：快速/切削进给分别补偿功能有效；0：功能无效
1802.4	BKL15n	反向间隙补偿的方向	1：考虑螺距补偿影响；1：不考虑
1846	—	平滑反向间隙补偿	第2级补偿开始距离
1847	—	平滑反向间隙补偿	第2级补偿结束距离
1848	—	平滑反向间隙补偿	第1级补偿值
1851	—	切削或手动进给间隙	各轴切削进给、手动进给时的反向间隙
1852	—	快速运动间隙	各轴快速进给的反向间隙

2. 螺距误差补偿

螺距误差补偿用来补偿齿轮/齿条、滚珠丝杠、蜗轮/蜗杆等机械传动部件的加工误差，它通过对指定定位点的指令脉冲数量调整，补偿应传动部件加工误差所引起的定位误差。

FS-0iD的螺距误差补偿采用的是固定间隔分区补偿方式，利用两个相邻间隔点定义一个补偿区域，使用1个补偿值，不同区域的补偿值可以不同。FS-0iD的标准配置CNC可使用的补偿点数为1024点，选择双向螺距误差补偿功能后，可扩大到2048点，每一坐标轴的补偿点数可任意分配。

FS－0iD 可根据需要选配双向螺距误差补偿和直线型螺距误差补偿（FANUC 手册称斜度补偿）功能。双向螺距误差补偿可对正向定位和反向定位的误差进行独立补偿，理论上说可通过补偿达到很高的定位精度。直线型螺距误差补偿可根据螺距误差变化规律，用 3 条误差补偿线来取代补偿点的补偿值，CNC 可根据补偿线自动计算对应补偿点的补偿值，从而简化螺距误差补偿操作。

FS－0iD 与螺距误差补偿相关参数的见表 5.4-10，不同坐标轴的补偿区间原则上不能重叠。参考点是坐标轴的定位基准，因此，该点的螺距误差补偿值应为 0。

表 5.4-10 螺距误差补偿参数表

参数号	代号	作　　用	参 数 说 明
3605.0	BDPn	双向螺距误差功能选择	1：双向螺距误差补偿有效；0：无效
3620	—	参考点位置	指定各轴参考点所对应的螺距误差补偿点
3621	—	负向补偿终点	指定各轴负向补偿终点所对应的螺距误差补偿点
3622	—	正向补偿终点	指定各轴正向补偿终点所对应的螺距误差补偿点
3623	—	补偿值的倍率	可以将补偿值按此倍率放大（补偿值输入范围 －7～7）
3624	—	相邻补偿点间隔	设定值≥快进速度（μm/min）/7500
3625	—	回转轴一周的移动量	必须保证：一周的移动量＝补偿间隔×补偿点数
3626	—	反向运动负向补偿终点	双向螺距补偿时使用
3627	—	反向运动参考点补偿值	双向螺距补偿时使用（绝对值）

3. 螺距误差补偿实例

螺距误差补偿需要通过激光测距仪测量出实际定位误差后，才能进行补偿；各坐标轴应根据行程，合理分配补偿点。举例如下。

【例 1】假使某机床的坐标轴参数如下，试设定坐标轴的螺距误差补偿区间。

X 轴：行程范围 0～1000，丝杠螺距 10mm，参考点坐标 *X*＝0；

Y 轴：行程范围 －600～0，丝杠螺距 10mm，参考点坐标 *Y*＝0；

Z 轴：行程范围 －500～0，丝杠螺距 10mm，参考点坐标 *Z*＝0；

根据机床的实际情况，螺距误差可按照图 5.4-9 分配补偿区，并设定如下 CNC 参数。

PRM3620（参考点位置）：*X*＝0、*Y*＝400、*Z*＝600；

PRM3621（负向补偿终点）：*X*＝0、*Y*＝340、*Z*＝550；

PRM3622（正向补偿终点）：*X*＝100、*Y*＝400、*Z*＝600；

PRM3623（补偿值的倍率）：*X*＝1、*Y*＝1、*Z*＝1；

PRM3624（相邻补偿点的间隔）：*X*＝10 000、*Y*＝10 000、*Z*＝10 000。

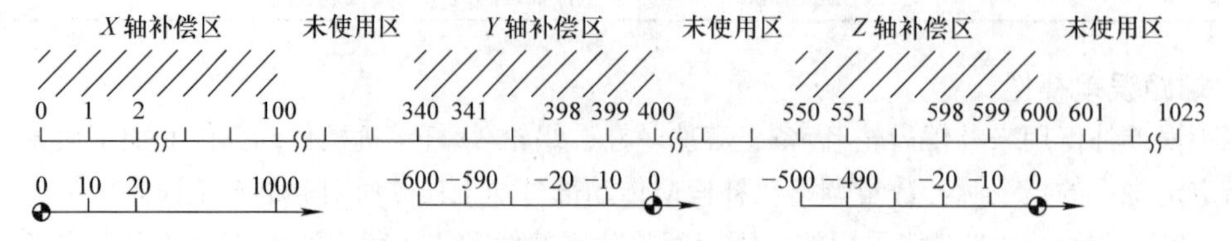

图 5.4-9 螺距误差补偿分区图

【例2】假设某机床的 X 轴 0～100mm 范围内，利用激光测距仪测量得到的误差曲线如图5.4-10所示，试设定螺距误差补偿值。

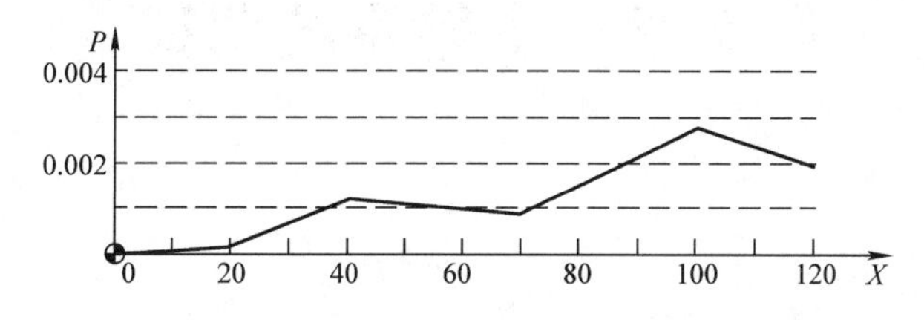

图5.4-10　X 轴螺距误差曲线

根据误差曲线，X 轴的螺距误差补偿值可按照表5.4-11设定。

表5.4-11　X 轴螺距误差补偿表

补偿点	0	1	2	3	4	5	6	7	8	9	10
补偿值	0	0	0	0	-1	0	0	0	-1	0	-1

【例3】假设某机床的 A 轴的回转范围为0～360，蜗轮蜗杆减速比为1:90，选择参考点坐标为 $A = 0°$。螺距误差的补偿区设定如下：

PRM3620（参考点位置）：400；

PRM3621（负向补偿终点）：400；

PRM3622（正向补偿终点）：430；

PRM3623（补偿值的倍率）：1；

PRM3624（相邻补偿点的间隔）：12000；

PRM3625（回转轴一周的移动量）：360000。

假设其0～360°范围内，利用激光测距仪测量得到的误差曲线见图5.4-11所示，试设定螺距误差补偿值。

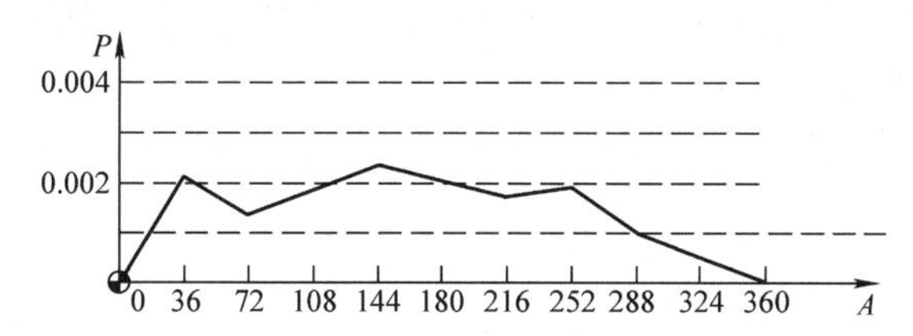

图5.4-11　A 轴螺距误差曲线

根据误差曲线，A 轴的螺距误差补偿值可按照表5.4-12设定。

表5.4-12　A 轴螺距误差补偿表

补偿点	0	1	2	3	4	5	6	7	8	9	10	11	12	13	14	15
补偿值	0	-1	0	-1	0	0	1	0	0	0	-1	0	0	0	0	0
补偿点	16	17	18	19	20	21	22	23	24	25	26	27	28	29	30	
补偿值	0	0	0	0	0	0	0	0	1	0	0	0	0	1	0	

第 6 章　主轴系统调试

6.1　主轴系统配置

6.1.1　主轴控制方式选择

1. 主轴调试的内容

金属切削机床的切削主运动需要通过主轴控制实现，由于主轴转速、位置控制需要通过 CNC 指令给定，因此，主轴调试需要通过 MDI 方式进行。MDI 属于自动运行方式的一种，它一般需要在坐标轴调试完成、机床回参考点后才能进行。数控机床的主轴调试一般包括如下内容。

（1）主轴配置

主轴配置包括主轴控制方式选择、结构和功能配置等方面的内容。主轴的控制方式和结构配置与硬件有关，使用时应根据实际需要进行配置；在主轴控制方式和结构配置确定后，可以通过主轴功能参数 PRM3700 ~ 3716、PRM8133 的设定，选择主轴的功能；在此基础上，再根据主轴的功能要求，进行其他相关参数的设定。

由于主轴参数众多，且涉及部分生产厂家的保密参数，在此不再一一列出；有关主轴功能参数的说明，可参见本书后述的参数总表或参见 FANUC 参数手册。

（2）主轴速度控制调试

速度控制调试主要是保证主轴的正反转转向、转速正确，起停控制正常。在此基础上，在进行主轴的高速、低速及连续运行试验，使得主轴的最高转速、最低转速和设计要求相符，传动级交换动作准确，主轴能够在要求的最高转速下连续、正常工作；在最低转速下平稳旋转和加工。

（3）主轴位置控制调试

位置控制调试需要对主轴的定向准停、主轴定位功能以及定位位置进行调整，保证动作准确、可靠。

（4）螺纹切削和刚性攻螺纹调试

螺纹切削和刚性攻螺纹时，进给轴需要跟随主轴同步运动，必须保证两者的动作准确，有关内容将在第 7 章详细介绍。

（5）特殊功能的调试

在串行控制的主轴上，还可以使用 Cs 轴控制、主 - 从同步控制、差速控制、电动机切换、Y/△切换、PMC 主轴控制等功能，在选配以上功能的机床上，需要对其进行调试，有关内容将在第 7 章详细介绍。

2. 主轴控制方式

FS - 0iD 的主轴控制有两种基本方式：利用模拟量输出进行控制（简称模拟主轴）和利用 I/O - Link 串行总线进行控制（简称串行主轴）。

模拟主轴控制可将 S 指令转换为 DC - 10 ~ 10V 模拟电压，输出到 CNC 外部，这一电压可通过外部主轴调速装置，对主轴的转速进行开环或闭环控制。使用模拟主轴控制的机床，可通过主轴位置检测编码器，控制进给轴跟随运动，进行螺纹加工或刚性攻螺纹；但其定向准停、定位控制原则上应在外部主轴调速装置上实现，且不能实现 Cs 轴控制功能。模拟主轴控制对外部主轴调速装置无规定要求，用户可根据要求自行选配。模拟主轴控制不仅需要相应的软件，而且需要选配模拟主轴接口模块（A20B－3900－0170）。

串行主轴控制是利用串行网络总线对主轴进行的通信控制，FS－0iD 使用的是 I/O－Link 总线，它是一种独立于 PMC 的 I/O－Link 总线和伺服 FSSB 总线的专用总线。采用串行主轴控制的 FS－0iD 可实现 CNC 的全部主轴功能，但需要选配相应的软件和硬件。FANUC 的串行主轴总线使用的是专用通信协议，因此，只能选配具有主轴控制功能的 FANUC－αi 系列驱动器或 βi 系列伺服/主轴集成驱动器。

FS－0iD 模拟主轴和串行主轴可实现的功能见表 6.1-1。

表 6.1-1　串行主轴与模拟主轴控制功能的区别

项目		控制方式	
		主轴模拟输出	串行主轴控制
可控制的主轴数量		1 轴	最大 4 轴
速度控制	主轴转速	DC－10～10V 输出，外部开/闭环控制	串行总线，CNC 闭环控制
	转速倍率调节	CNC 控制	CNC 控制
	传动级交换控制	CNC 控制	CNC 控制
	线速度恒定控制	可以，改变模拟量输出	可以，CNC 闭环控制
位置控制	定向准停	一般在外部驱动器上实现	CNC 通信控制
	主轴定位	通过外部驱动器实现	CNC 通信控制
	螺纹切削和攻螺纹	可以	可以
	刚性攻螺纹	可以	可以
	Cs 轴控制	不能	可以
其他特殊控制功能		不能	可以

3. 模拟主轴的基本设定

当 FS－0iD 选择模拟主轴控制功能时，通常需要进行以下检查和设定：

1）选择模拟主轴控制模块，并确认模块已正确安装。

2）确认主轴模拟量输出与位置反馈编码器已按照第 3 章的要求正确连接。

3）根据生产厂家提供的选择功能参数，确认主轴模拟量输出选择功能参数已经准确设定（一般为 PRM0900.4 或 PRM9920.4）。

4）确认主轴控制方式选择参数 PRM3716.0（A/Sn）、PRM8133.5（SSN）设定正确。

5）确认串行主轴控制参数 PRM3701.1（ISI）＝1、PRM3701.4（SS2）＝0，已取消串行主轴控制功能。

6）确认参数 PRM1802.0（CTS）＝0，CNC 不使用伺服电动机主轴控制功能。

7）确认参数 PRM3708.0（SAR）＝0，CNC 不检查主轴转速到达信号。

在此基础上，再根据主轴的功能和控制要求，进行主轴传动级交换、极限转速、刚性攻螺纹等参数的设定：

4. 串行主轴的基本设定

当 FS－0iD 选择串行主轴控制功能时，通常需要进行以下检查和设定：

1）选择串行主轴控制附加功能选件。

2）根据生产厂家提供的选择功能参数，确认串行主轴控制功能参数设定准确（一般为 PRM0917.1 或 PRM9937.1）。

3）确认主轴控制方式选择参数 PRM3716.0（A/Sn）、PRM8133.5（SSN）设定正确。

4）确认参数 PRM3701.1（ISI）、PRM3701.4（SS2）的设定，生效串行主轴控制功能。

5）正确设定后述的编码器安装、主轴与电动机、编码器的连接方式等串行主轴硬件配置参数 PRM3900～PRM4799。

6）进行后述的串行主轴设定引导操作。

在此基础上，再根据串行主轴的功能和控制要求，进行主轴速度控制、位置控制、特殊功能控制等参数的设定。

6.1.2 串行主轴配置

1. 配置参数

采用模拟主轴控制的系统，其主轴控制功能需要通过外部主轴驱动器实现，因此，只需要保证 CNC 输出的 S 模拟量正确，便可实现主轴的速度控制，而主轴其他功能一般都需要通过外部主轴驱动器实现。模拟主轴的驱动系统主要参数，需要在外部主轴驱动器（如变频器等）上设定，故不存在 CNC 的主轴硬件配置问题。

串行主轴采用的是网络控制技术，主轴驱动系统的所有功能都与 CNC 密切相关，主轴驱动系统的参数均在 CNC 上设定，故需要进行主轴硬件配置。

FS－0iD 的串行主轴的硬件和相关功能配置的主轴参数见表 6.1-2。

表 6.1-2 串行主轴配置参数一览表

参数号	代号	作　用	参数说明
4000.0	ROTA1	主轴与电动机的旋转方向	0：相同；1：相反
4001.4	SSDIRC	主轴与位置编码器的旋转方向	0：相同；1：相反
4002.0	SSTYP0	位置检测编码器类型	0000：无位置检测编码器 0001：使用电动机内置编码器 0010：外置式 α 型光电编码器 0011：外置式 BZi、CZi 磁性编码器 0100：外置式 αS 型磁性编码器
4002.1	SSTYP1		
4002.2	SSTYP2		
4002.3	SSTYP3		
4003.4	PCTYPE	位置检测编码器规格：Mi、MZi、BZi、CZi 编码器设定每转输出的正弦波周期数（λ/r）；内置式编码器时设定 0000；其他形式编码器（如 αS 编码器）设定 0000，每转正弦波信号周期数由 PRM4361 设定	0000：256λ/r 的磁性编码器，或正弦波信号周期数由 PRM4361 设定 0001：128λ/r 的磁性编码器 0100：512λ/r 的磁性编码器 0101：64λ/r 的磁性编码器 1000：768λ/r 的磁性编码器 1001：1024λ/r 的磁性编码器 1100：384λ/r 的磁性编码器
4003.5	PCPL0		
4003.6	PCPL1		
4003.7	PCPL2		
4004.2	EXTRF	零脉冲的输入形式选择	0：编码器零脉冲；1：接近开关输入
4004.3	RFTYPE	接近开关的信号极性	0：上升沿有效；1：下降沿有效
4006.1	GRUNIT	齿轮比参数 PRM4056～4059 单位	0：0.01；1：0.001
4007.5	PCLS	编码器“断线检测”功能选择	0：生效；1：无效
4007.6	PCALCH	位置反馈报警功能选择	0：生效；1：无效

（续）

参数号	代号	作　用	参数说明
4010.0	MSTYP0	电动机内置编码器类型	000：Mi 型磁性编码器 001：MZi、BZi、CZi 型磁性编码器
4010.1	MSTYP1		
4010.2	MSTYP2		
4011.0	VDT1	电动机内置编码器规格：Mi、MZi、BZi、CZ 编码器设定每转输出的正弦波信号周期数（λ/r）；其他形式编码器设定0000；每转输出的正弦波信号周期数由 PRM4334 设定；标准电动机的规格见表6.1-3	000：64λ/r 的磁性编码器；或正弦波信号周期数由 PRM4334 设定 001：128λ/r 的磁性编码器 010：256λ/r 的磁性编码器 011：512λ/r 的磁性编码器 100：192λ/r 的磁性编码器 101：384λ/r 的磁性编码器
4011.1	VDT2		
4011.2	VDT3		
4016.5	RFCHK1	Cs 轴控制的位置检测报警	0：生效；1：无效
4016.6	RFCHK2	螺纹加工时的位置检测报警	0：生效；1：无效
4016.7	RFCHK3	零位脉冲检测功能的选择	0：仅检测1次；1：每次转换均检测
4394.2	ZPHDTC	α/αS 编码器零脉冲检测下限速度（MZi、BZi、CZi 编码器始终有效）	0：有效，转速大于10r/min 时进行检测 1：无效，可以在任何转速下检测
4394.5	A21DEN	外置式位置编码器极性错误报警	0：生效；1：无效
4056	HIGH	传动级1的变速比（电动机到主轴）	PRM4006.1＝0：设定值＝100×（电动机转速）/（主轴转速） PRM4006.1＝1：设定值＝1000×（电动机转速）/（主轴转速）
4057	M－ HIGH	传动级2的变速比（电动机到主轴）	
4058	M －LOW	传动级3的变速比（电动机到主轴）	
4059	LOW	传动级4的变速比（电动机到主轴）	
4098	—	进行位置检测的主轴最高转速	设定0可以检测电动机最高转速
4171	—	速度检测编码器与主轴的传动比（DMR 设定），设定0：视为1 分母 P＝编码器转速 分子 Q＝主轴转速	CTH1＝0 的传动比分母 P
4172	—		CTH1＝0 的传动比分子 Q
4173	—		CTH1＝1 的传动比分母 P
4174	—		CTH1＝1 的传动比分子 Q
4334	—	电动机内置式编码器规格，即每转输出的正弦波信号周期数（λ/r）	0：PRM4011.2～4011.0 有效 32～4096：特殊规格编码器设定
4355	—	电动机内置式编码器的幅值补偿	－8～8（%）
4356	—	电动机内置式编码器的相位补偿	－4～4（%）
4357	—	外置编码器的幅值补偿	－8～8（%）
4358	—	外置编码器的相位补偿	－4～4（%）
4361	—	外置编码器规格，即每转输出的正弦波信号周期数（λ/r）	0：PRM4003.7～40003.4 有效 32～4096：特殊规格编码器设定
4500	—	当主轴与外置编码器非1:1连接时，设定外置编码器与主轴间的变速比调整系数	传动级1、2的变速比分母（编码器转速）
4501	—		传动级1、2的变速比分子（主轴转速）
4502	—		传动级3、4的变速比分母（编码器转速）
4503	—		传动级3、4的变速比分子（主轴转速）

FANUC－αi/αHVi、αiP/αHViP、βi 系列主轴电动机的内置编码器一般为 Mi 或 MZi 系列正弦波输出编码器，Mi 系列无零脉冲信号输出外，故只能用于速度控制。FANUC 标准主电动机的内置式编码器规格相对统一，它们一般只与电动机的基座号相关，其规格见表 6.1-3，表中的测量分辨率是指正弦波信号经驱动器细分后的电动机每转脉冲数。

表 6.1-3 标准主轴电动机内置式编码器规格表

电动机规格（基座号）	编码器正弦波信号输出/（λ/r）	编码器测量分辨率/（p/r）
α0.5i	64	2048
α1i～α3i、β3i /β6i	128	2048
α6i～α60i、β8i /β12i	256	4096

串行主轴的配置参数应根据主轴驱动系统的结构进行设定，FS－0iD 常见结构的参数设定要求如下。

2. 速度控制的配置

对于仅需要进行转速控制的主轴驱动系统，一般可直接采用主轴电动机内置编码器作为速度检测元件，当主轴与电动机之间采用变速装置时，传动比可以通过 CNC 的传动级交换参数进行调整，以保证程序中的 S 指令与主轴的实际转速相符。

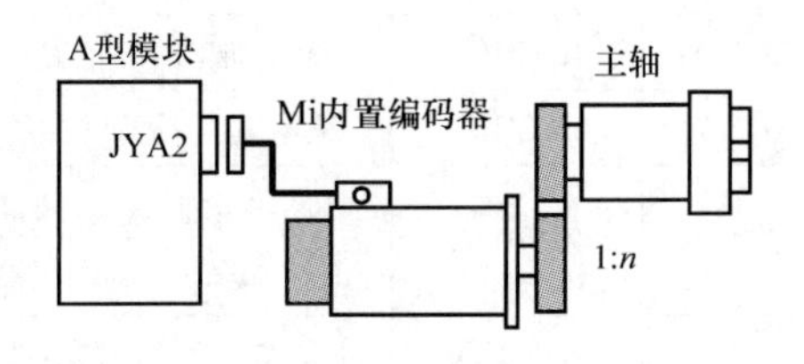

图 6.1-1 速度控制

由于不需要进行主轴位置控制，主轴电动机可采用无零脉冲的内置式 Mi 系列编码器，主轴驱动器也只需要选配无扩展接口的 A 型主轴模块，速度控制系统的结构如图 6.1-1 所示。

主轴速度控制需要设定的参数有：

PRM4002.3～4002.0＝0000；

PRM4010.2～4010.0＝000；

PRM4003.7～4003.4＝0000；

PRM4011.2～4011.0。

3. 位置控制的配置

当主轴需要进行位置控制时，驱动系统结构决定于位置控制的具体要求（定向准停、主轴定位或 Cs 轴控制）和主轴机械传动系统的形式，根据不同情况可选择如下结构。

（1）使用内置编码器

使用电动机内置式编码器进行位置控制的前提是电动机与主轴必须为 1∶1 连接，由于需要检测位置，因此，电动机内置编码器必须采用带零位脉冲的 MZi 系列编码器。使用内置编码器的控制系统结构如图 6.1-2 所示。

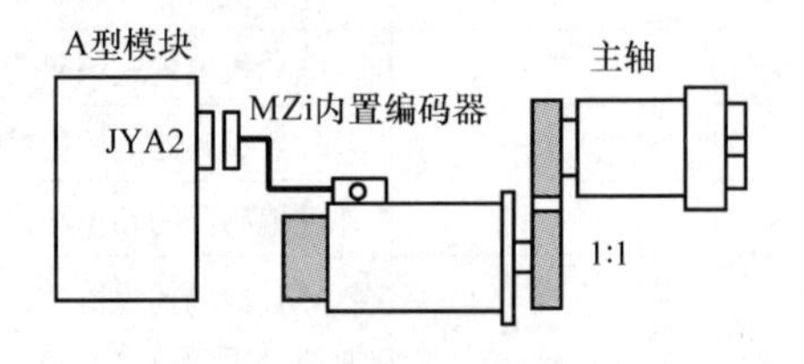

图 6.1-2 内置编码器位置控制

本结构需要设定以下参数：

PRM4000.0＝0；

PRM4002.3～4002.0＝0001；

PRM4010.2～4010.0＝001；

PRM4011.2～4011.0；

PRM4056～4059＝100 或 1000。

（2）1∶1 连接的外置编码器

当电动机与主轴间安装有减速装置时，为了正确检测主轴位置，应安装主轴外置式编码器，主轴与编码器一般应采用 1∶1 连接。外置式编码器可采用带零脉冲的方波输出 α 型方波编码器、αS 型正弦波输出编码器或 BZi、CZi 型磁性编码器；电动机内置编码器则可采用不带或带零脉冲的 Mi、MZi 系列磁性传感器。

主轴与编码器 1∶1 连接、使用外置编码器的系统结构如图 6.1-3 所示，编码器应与驱动器连接器、型号相匹配。

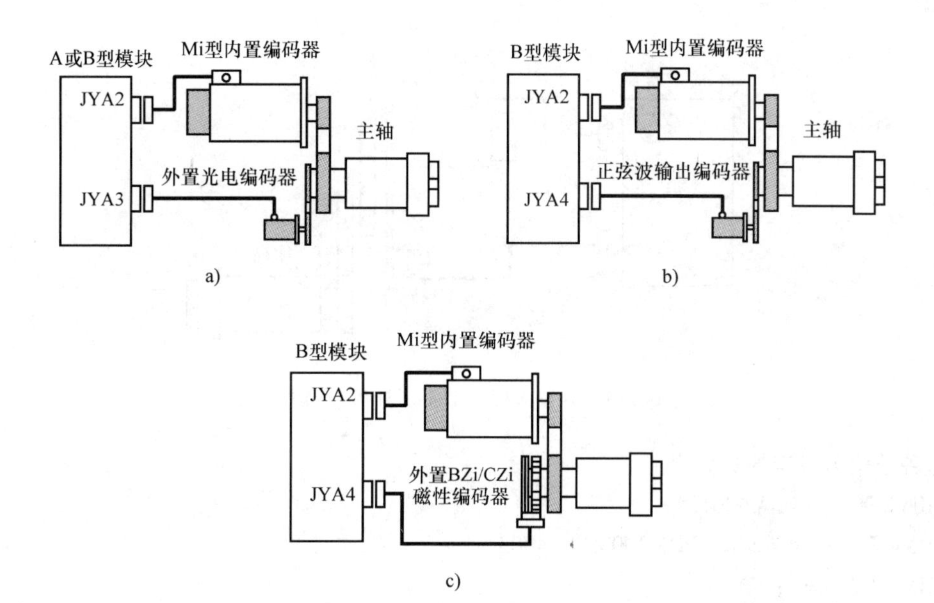

图 6.1-3　外置编码器 1∶1 连接的位置控制

a）α 型方波编码器　b）αS 型正弦波编码器　c）BZi、CZi 型磁性编码器

使用 α 型方波编码器需设定的参数为：

PRM4002.3 ~ 4002.0 = 0010；

PRM4003.7 ~ 4003.4 = 0000；

PRM4000.0、PRM4001.4；

PRM4010.2 ~ 4010.0、PRM4011.2 ~ 4011.0；

PRM4056 ~ 4059。

使用 αS 型正弦波编码器需设定的参数为：

PRM4002.3 ~ 4002.0 = 0100；

PRM4003.7 ~ 4003.4 = 0000；

PRM4000.0、PRM4001.4；

PRM4010.2 ~ 4010.0、PRM4011.2 ~ 4011.0；

PRM4056 ~ 4059、PRM4361。

使用 BZi 或 CZi 型磁性编码器需设定的参数为：

PRM4002.3 ~ 4002.0 = 0011；

PRM4003.7 ~ 4003.4；

PRM4000.0、PRM4001.4；

PRM4010.2～4010.0、PRM4011.2～4011.0；

PRM4056～4059。

（3）非1∶1连接外置编码器

当电动机与主轴、主轴与编码器的传动比均不为1∶1时，外置式编码器同样应采用带零脉冲的方波输出α型光电脉冲编码器、αS型正弦波输出编码器或BZi、CZi型磁性编码器；电动机内置编码器一般采用不带或带零脉冲的Mi、MZi系列磁性传感器，其主轴驱动系统的结构如图6.1-4所示。

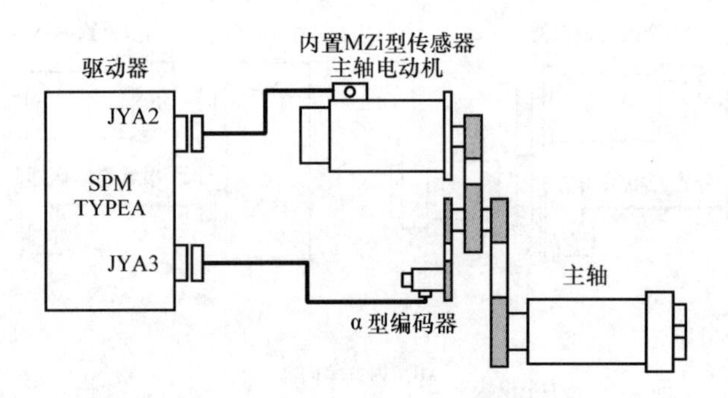

图6.1-4 外置编码器非1∶1连接的位置控制

这种结构需设定的参数为：

PRM4000.0、PRM4001.4；

PRM4002.3～4002.0、PRM4003.7～4003.4；

PRM4007.6＝1；

PRM4010.2～4010.0、PRM4011.2～4011.0；

PRM4016.5＝0；

PRM4056～4059、PRM4500～4503。

（4）电主轴

主轴内装式电动机（电主轴）只能通过外置编码器进行速度、位置检测，它一般使用BZi、CZi型磁性编码器，其主轴系统的结构如图6.1-5所示。

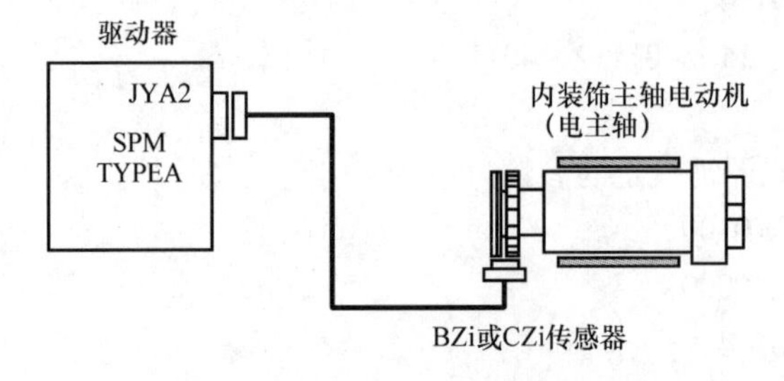

图6.1-5 电主轴的位置控制

这种结构的驱动系统，由于编码器的连接接口使用的仍是内置编码器接口JYA2，故需设定的参数为：

PRM4000.0＝0、PRM4001.4＝0；

PRM4002.3～4002.0＝0001；

PRM4010.2～4010.0＝001；

PRM4011.2～4011.0；

PRM4056～4059＝100 或 1000。

4. 接近开关定向配置

当主轴只需要进行定向准停控制时，主轴电动机可采用的无零脉冲的 Mi 型编码器，并通过主轴上安装的接近开关来替代编码器的零脉冲，实现定向准停的固定位置检测，其控制系统的结构如图 6.1-6 所示。

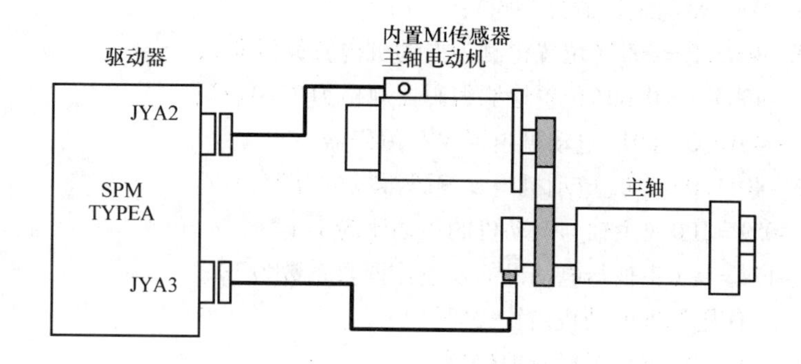

图 6.1-6 接近开关定向准停控制

这种结构需设定的参数为：

PRM4000.0＝0、PRM4001.4＝0；

PRM4002.3～4002.0＝0000；

PRM4004.2＝1、PRM4004.3＝0 或 1；

PRM4010.2～4010.0、PRM4011.2～4011.0、PRM4056～4059、PRM4500～4503。

6.1.3 串行主轴配置实例

【**例 1**】某数控铣床配置有 FANUC 串行主轴，驱动系统的结构参数如下，试确定串行主轴配置参数。

控制要求：速度控制；

电动机型号：FANUC－α8/8000i；

编码器：电动机内置 Mi 型编码器；

传动形式：1 级同步皮带，减速比为 2∶1。

根据要求，该串行主轴的主要配置参数如下：

PRM4000.0＝0（主轴与电动机方向同）；

PRM4001.4＝0（主轴与编码器方向同）；

PRM4002.3～4002.0＝0000（无位置检测编码器）；

PRM4010.2～4010.0＝000（电动机内置 Mi 编码器）；

PRM4011.2～4011.0＝010（电动机内置编码器规格为 256λ/r）；

PRM4056～4059＝200（主轴与电动机的传动比为 2∶1）；

PRM4171～4174＝0（主轴与电动机的变速比调整系数为 1）；

PRM4334＝0（使用标准电动机内置编码器）。

【例 2】某加工中心配置有 FANUC 串行主轴，主轴系统的结构如图 6.1-2 所示，驱动系统的结构参数如下，试确定串行主轴配置参数。

控制要求：速度、位置控制；

电动机型号：FANUC－α8/8000i；

编码器：电动机内置 MZi 编码器；

传动形式：同步传动带 1∶1 连接。

根据要求，该串行主轴的主要配置参数如下：

PRM4000.0＝0（主轴与电动机方向同）；

PRM4001.4＝0（主轴与编码器方向同）；

PRM4002.3～4002.0＝0001（位置检测为电动机内置编码器）；

PRM4003.7～4003.4＝0000（位置检测编码器规格为 256λ/r）；

PRM4010.2～4010.0＝001（电动机内置 MZi 编码器）；

PRM4011.2～4011.0＝010（电动机内置编码器规格为 256λ/r）；

PRM4056～4059＝100（主轴与电动机的传动比为 1∶1）；

PRM4171～4174＝0（主轴与电动机的变速比调整系数为 1）；

PRM4334＝0（使用标准电动机内置编码器）；

PRM4361＝0（使用标准位置检测编码器）；

PRM4500～4503＝0（主轴与编码器的变速比调整系数为 1）。

【例 3】某加工中心配置有 FANUC 串行主轴，其主轴系统的结构如图 6.1-3a 所示，驱动系统的结构参数如下，试确定串行主轴配置参数。

控制要求：速度、位置控制；

电动机型号：FANUC－α22/7000i；

编码器：电动机内置 Mi 编码器＋外置 α 型光电编码器；

传动形式：2 级齿轮变速，减速分别比为 1∶1、4∶1；

主轴与编码器连接：同步传动带 1∶1 连接。

根据要求，该串行主轴的主要配置参数如下：

PRM4000.0＝0（主轴与电动机方向同）；

PRM4001.4＝0（主轴与编码器方向同）；

PRM4002.3～4002.0＝0010（位置检测为 α 型光电编码器）；

PRM4003.7～4003.4＝0000（位置检测为 α 型光电编码器）；

PRM4010.2～4010.0＝000（电动机内置 Mi 型编码器）；

PRM4011.2～4011.0＝010（电动机内置编码器规格为 256λ/r）；

PRM4056＝100（传动级 1 不使用，传动比为 1∶1）；

PRM4057＝100（传动级 2 不使用，传动比为 1∶1）；

PRM4058＝100（传动级 3，传动比为 1∶1）；

PRM4059＝400（传动级 4，传动比为 4∶1）；

PRM4171～4174＝0（主轴与电动机的变速比调整系数为 1）；

PRM4334＝0（使用标准电动机内置编码器）；

PRM4361＝0（使用标准位置检测编码器）；

PRM4500～4503＝0（主轴与位置编码器间的变速比调整系数为 1）。

6.1.4　串行主轴设定引导操作

1. 主轴设定引导操作

串行主轴采用的是网络控制技术，驱动器无操作和显示单元，因此，全部参数都需要通过 CNC 进行设定。主轴驱动系统除了需要设定前述的硬件和功能配置参数外，还有大量的驱动器和电动机参数需要设定，这些参数包括电动机、驱动器规格参数和监控保护参数，位置、速度、转矩闭环调节参数，滤波器、陷波器参数等。

交流主轴驱动采用的是感应电动机矢量控制，需要设定的参数（PRM3900 ~ PRM4799）众多，参数的计算和设定不但需要知道详细的电动机、驱动器动静态特性，而且还需要建立控制系统模型，它一般需要借助计算机分析才能完成，这对 CNC 使用厂家及其调试、维修技术人员来说，存在相当大的困难。为此，实际调试时需要利用 CNC 的主轴设定引导操作，进行主轴驱动系统参数的自动设定。

利用主轴设定引导操作，CNC 能根据驱动系统的实际配置和功能要求，自动获取由驱动器生产厂家通过大量实验与测试取得的、保存在驱动器的存储器中的最佳参数，完成驱动系统参数的自动设定，实现系统的最佳匹配与最优控制。

2. FS－0iD 主轴设定引导操作

主轴设定引导的步骤如下：

1）利用 CNC 数据显示和设定操作，取消参数保护功能；

2）按 MDI 面板的功能键【SYSTEM】选择系统显示模式，通过软功能扩展键、显示软功能键【主轴设定】或【SP 设定】。如果 CNC 不能显示软功能键【主轴设定】或【SP 设定】，则需要将 CNC 参数 PRM3111.1 设定为“1”，生效主轴设定引导操作功能。

3）按软功能键【主轴设定】后，再选择【主轴设定】或【SP 设定】，LCD 将显示图 6.1-7 所示的主轴设定页面。

图 6.1-7 所示的主轴设定显示页为 FS－0iD 新增的主轴设定扩展显示页面，它在 CNC 参数 PRM13118.2 设定为“0”时有效，如参数 PRM13118.2 设定为“1”，则只能显示后述图 6.1-10 所示的传统主轴设定参数输入显示页面。

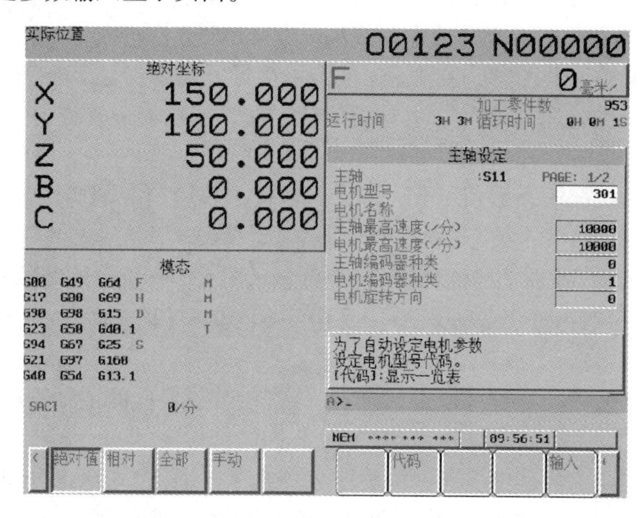

图 6.1-7　主轴设定显示

主轴设定页面按主轴分组显示，在多主轴控制的 CNC 上，可通过按【操作】软功能键，在操作功能键显示菜单上，按【主轴改变】或【SP 改变】，选择需要显示和设定的主轴。

4）利用 MDI 面板上的选页键【PAGE↑】、【PAGE↓】和光标移动键【↑】、【↓】，选择需要设定的主轴参数。

5）用 MDI 面板的数字键输入数值后，按 MDI 面板的编辑键【INPUT】或软功能键【输入】，输入参数设定值。

主轴电动机型号栏应输入主轴电动机的代码，电动机代码可在光标选择电动机型号输入框后，按软功能键【代码】、显示如图 6.1-8 所示的电动机一览表后查得。

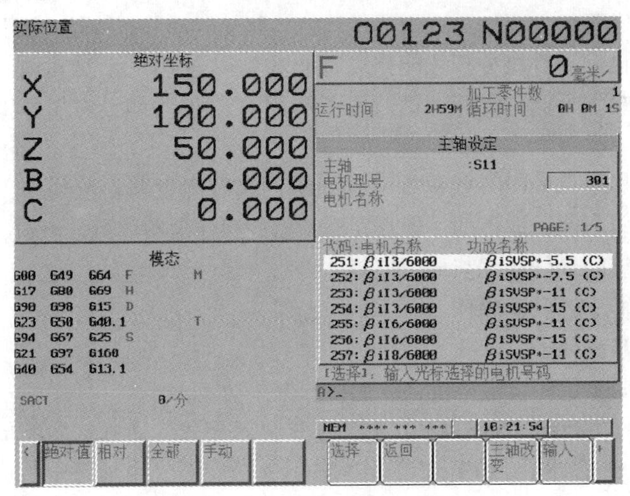

图 6.1-8　电动机一览表显示

电动机代码确定后，可按软功能键【返回】，回到主轴设定显示页面，然后用 MDI 面板的数字键和软功能键【输入】或编辑键【INPUT】输入；或者，直接通过 MDI 面板上的光标移动键【↑】、【↓】，在电动机一览表上选定所使用的电动机和驱动器，然后按软功能【选择】直接输入。对于电动机一览表没有列出的主电动机型号，则需要根据 FANUC 说明书查得电动机代码后，利用 MDI 面板的数字键和软功能键【输入】或编辑键【INPUT】输入。

主轴设定参数中的编码器种类、主轴定向准停用接近开关的信号上升/下降沿选择（LCD 上的中文显示为“临近开关检测边缘”）、电动机旋转方向、编码器旋转方向等参数，可通过以下两种方法设定。

方法 1：利用 MDI 面板输入数值“1”或“0”，按编辑键【INPUT】或软功能键【输入】，改变参数设定。

方法 2：选定参数后，按软功能键【操作】，可显示图 6.1-9 所示的参数输入操作软功能键，然后，利用软功能键【ON：1】/【OFF：0】或【反方向】/【正方向】改变参数设定。

6）重复步骤 4）~5)，完成其他参数的设定。

参数设定完成后，按软功能键【设定】，CNC 将自动装载最佳的主轴驱动参数，参数可通过重新启动 CNC 生效。

如果在主轴设定尚未完成的情况下，按按软功能键【设定】，光标将自动移动到尚未设定的参数上，并显示提示信息“请输入数据”；此时，可利用 MDI 面板的数字键和软功能键【输入】或编辑键【INPUT】输入数据后，重新按软功能键【设定】，结束主轴参数的自动设定操作。

主轴设定引导操作完成后，软功能键【设定】将不再显示，参数 PRM4019.7 的状态将变为

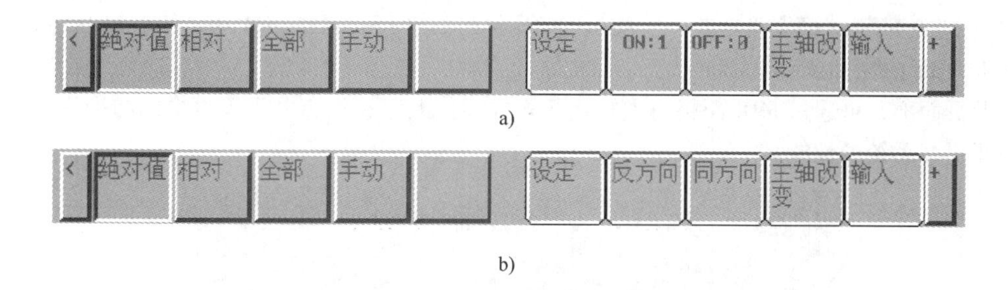

图6.1-9　主轴参数输入操作软功能键显示
a）编码器种类和接近开关边沿选择　b）电动机和编码器旋转方向选择

“1”（主轴设定完成），如果需要进行重新设定，应将参数PRM4019.7设定为“0”，重新显示软功能键【设定】。

3. 传统型主轴设定

由于FS－0iD的主轴设定显示与FS－0iC等CNC有所不同，如需要，也可以在图6.1-7所示的主轴设定页面显示时，按软功能键【操作】、并通过软功能扩展键，显示软功能键【切换】，按【切换】键后可显示图6.1-10所示的传统主轴设定页面。

在传统的主轴设定页面上，可通过FS－0iC同样的方式，进行主轴参数的显示和设定操作。如按软功能键【切换】，则可重新切换到图6.1-7所示的主轴设定页面。但如果CNC参数PRM13118.2设定为“1”，则只能显示图6.1-10所示的传统型主轴设定页面。

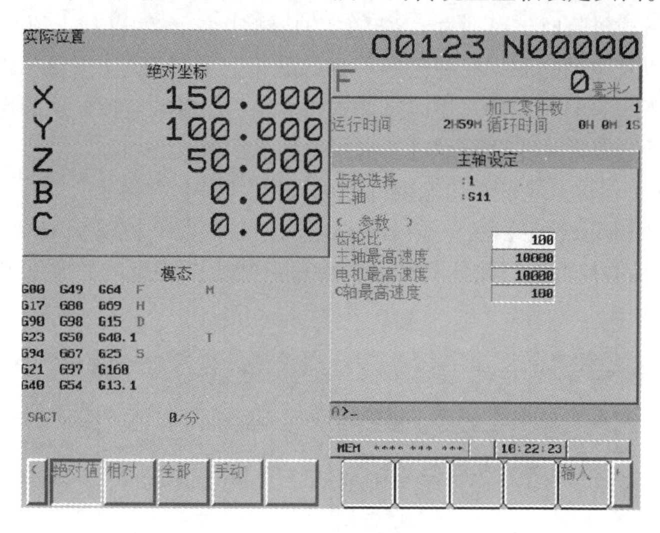

图6.1-10　传统型主轴设定页面

4. 主轴调整

在数控机床调试或维修时，可通过CNC的主轴设定引导操作，简单完成主轴驱动系统的快速、自动调整。主轴自动调整功能在CNC参数PRM3111.1设定为“1”时有效，其操作步骤如下：

1）利用CNC数据显示和设定操作，取消参数保护功能。

2）按MDI面板的功能键【SYSTEM】选择系统显示模式后，通过软功能扩展键，显示软功能键【主轴设定】（或【SP设定】）。

3）按软功能键【伺服设定】后，按【主轴调整】或【SP 调整】软功能键，LCD 将显示如图 6.1-11 所示的主轴调整页面。

在此页面上，可通过 MDI 面板对主轴运行方式、传动级、额定电压等更多的参数进行修改，以进一步提高系统的性能。

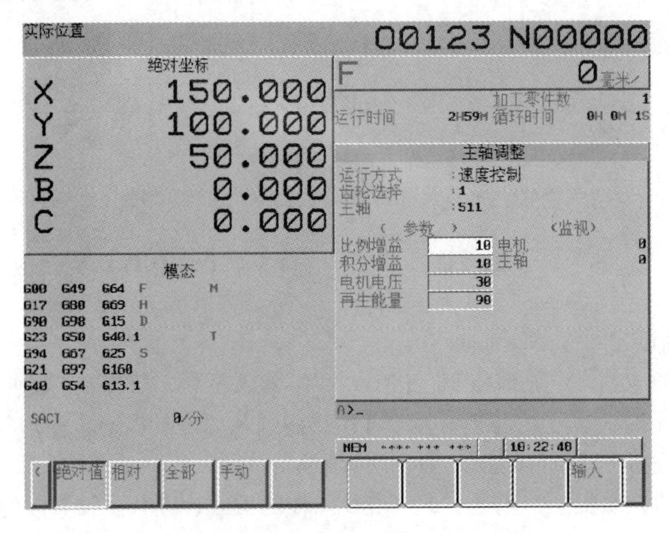

图 6.1-11　主轴调整显示

5. 主轴监控

在数控机床调试或维修时，可通过 CNC 的主轴监控功能，在 LCD 上显示主轴转速、主电动机转速、主轴负载以及主轴的 I/O 控制信号等状态数据。主轴监控功能在 CNC 参数 PRM3111.1 设定为“1”时有效，并可以在 CNC 任何操作方式下显示，主轴监控显示的操作步骤如下：

1）按 MDI 面板的功能键【SYSTEM】，选择系统显示模式。

2）通过软功能扩展键，显示软功能键【主轴设定】或【SP 设定】。

3）按软功能键【伺服设定】后，按【主轴监视】（或【SP 监视】）软功能键，LCD 将显示图 6.1-12 所示的主轴监控页面，并显示实际主轴和主电动机转速、主轴负载表以及当前生效的 I/O 控制信号。

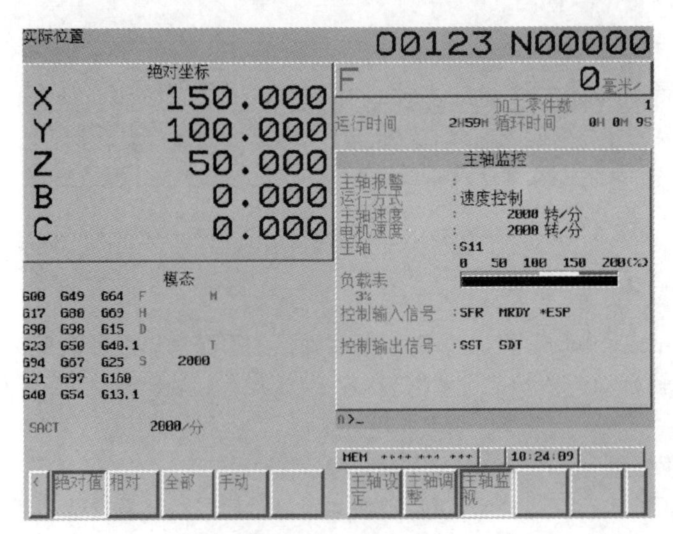

图 6.1-12　主轴监控显示

6.2　速度控制基本要求

6.2.1　速度控制功能与参数

1. 功能说明

主轴速度控制是主轴的基本功能，通过控制主轴转速，可实现金属切削机床的切削速度控制。FS-0iD的主轴速度控制包括了编程转速的二进制输出、主轴转速倍率调节、S模拟量输出或串行数据输出、传动级交换、线速度恒定控制、主轴实际转速输出等功能。

以模拟主轴控制为例，CNC内部的主轴速度控制的功能如图6.2-1所示，串行主轴的功能类似。

CNC对加工程序或MDI输入的S指令处理过程如下：

1）CNC读入S代码，将程序中的S指令（4~8位十进制数）转换为32位二进制编程转速S00~S31（CNC→PMC的信号F0022.0~F0025.7），并输出到PMC中。

2）经过一定的延时，CNC向PMC发出S代码修改信号SF（F0007.2）与该转速所对应的传动级选择信号GR1O~GR3O（F0034.0~F0034.2），在PMC程序中，可根据实际需要决定是否需要进行相应的转速、传动级（齿轮挡）变更处理。

3）根据编程转速和操作面板的主轴转速倍率输入信号SOV0~SOV7（G0030.0~G0030.7），CNC计算出倍率调节后的指令转速值。

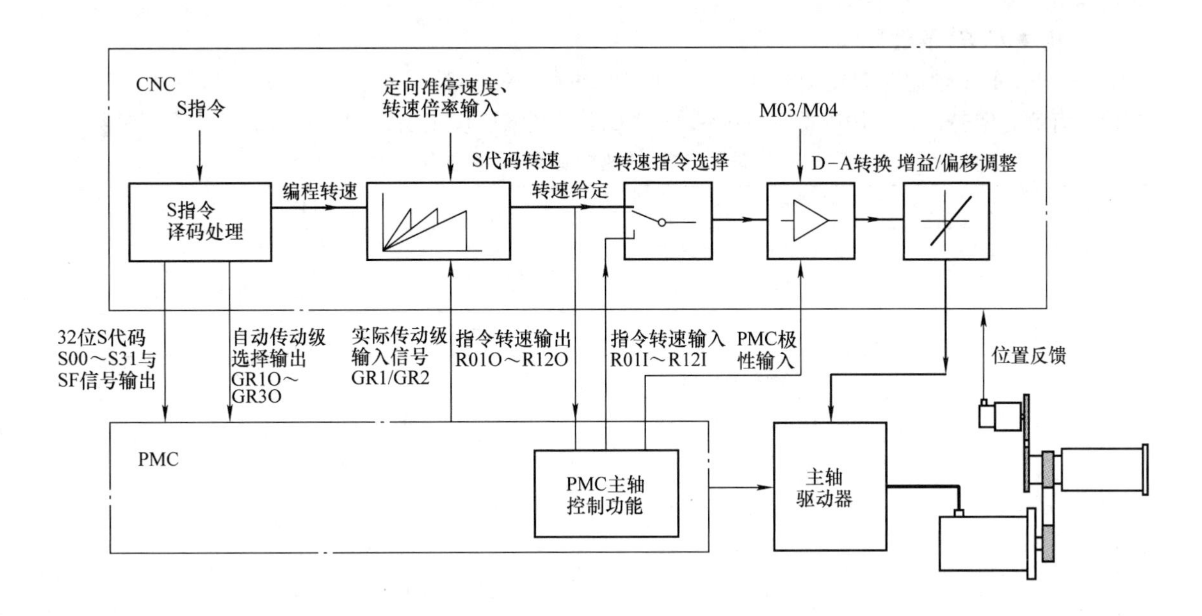

图6.2-1　主轴转速控制的功能图

4）如果PMC的主轴停止输入信号 * SSTP、* SSTP1 ~ * SSTP3（G0029.6、G0027.3~G0027.5）为“1”，则输出指令转速；如果主轴停止信号为“0”，则将封锁指令转速输出（输出为0）。需要注意的是：FS-0iD执行主轴停止指令M05时，只能输出M05代码信号，但不能封锁指令转速输出，因此，主轴停止需要通过M05对主轴驱动器的控制，或者通过PMC程序对信号＊SSTP、＊SSTP1～＊SSTP3 的控制实现。

5）如果 PMC 的主轴定向准停输入信号 SOR 为“1”，且＊SSTP、＊SSTP1～＊SSTP3（G0029.6、G0027.3～G0027.5）为“0”，则指令转速输出无效，CNC 自动选择参数 PRM3732 设定的主轴定向准停转速和 PRM3706.5 设定的旋转方向，作为指令转速与指令转向输出。

6）根据 PMC 的实际传动级输入信号 GR1、GR2（G0028.0、G0028.1），CNC 将指令转速变换为与实际传动级对应的转速给定值。

7）将转速给定值转换为 12 位二进制信号 R01O～R12O（F0036.0～F0037.3），并输出到 PMC 中。

8）根据需要，PMC 程序可将来自 CNC 的 12 位二进制转速给定值 R01O～R12O 进行变换，并将变换后的转速给定值以 12 位二进制的形式，通过 PMC→CNC 的信号 R01I～R12I（G0032.0～G0033.3）回送到 CNC。

9）CNC 根据来自 PMC 的转速给定选择信号 SIND（G0033.7）的状态，选择将 CNC 的转速给定值 R01O～R12O（G0033.7＝0）或是来自 PMC 的转速给定值 R01I～R12I（G0033.7＝1）作为最终转速给定值。

10）根据来自 PMC 的转向选择信号 SSIN（G0033.6）的状态，选择转速给定输出的极性，当 SSIN（G0033.6）＝“0”时，由加工程序中的 M03/M04 决定输出极性；当 SSIN（G0033.6）＝“1”时，由来自 PMC 的转向信号 SGN（G0033.5）决定输出极性。

对于模拟量输出的主轴控制，CNC 还可以根据参数的设定，在进行漂移、增益调整，然后将数字量进行 D－A 转换，输出 DC－10～10V 模拟量；对于串行主轴控制，则直接输出数字量的转速给定值。

2. 相关 CNC 参数

FS－0iD 的主轴速度需要设定表 6.2-1 所示的基本 CNC 参数，表中的参数对模拟主轴和串行主轴均有效。但是，在采用串行主轴控制的 CNC 上，还需要设定后述的、更多的串行主轴参数。

表 6.2-1 主轴转速控制 CNC 参数表

参数号	代号	作　用	参数说明
1402.0	FPR	无编码器主轴每转进给	0：无效；1：有效
1405.1	FR3	主轴每转进给 F 单位	0：0.01mm/r；1：0.001mm/r（仅 M 系列）
1405.2	PCL	无编码器主轴线速度恒定控制	0：无效；1：有效
3031	—	S 代码允许编程的位数	1～8
3705.0	ESF	线速度恒定控制的 S 代码输出	0：输出；1：不输出
3705.1	GST	SOR 信号作用	0：定向准停；1：主轴换挡（仅 M 系列）
3705.2	SGB	M 型换挡切换转速选择	0：A 型；1：B 型
3705.3	SGT	攻螺纹换挡切换转速选择	0：无效；1：PRM3761/3762 有效
3705.4	EVS	S 二进制代码/SF 输出	0：无效；1：有效（仅 T 系列）
3705.5	NSF	T 型换挡的 SF 输出	0：输出；1：不输出（仅 M 系列）
3705.6	SFA	不换挡时的 SF 输出	0：无效；1：有效（仅 M 系列）
3706.4	GTT	主轴换挡方式	0：M 型；1：T 型（仅 M 系列）
3706.5	ORM	主轴定向准停的极性	0：正；1：负
3706.6	CWM	主轴转速模拟量输出极性设定	00：正；01：负；10：M03 为正、M04 为负；11：M03 为负、M04 为正
3706.7	TCW		

（续）

参数号	代号	作　用	参数说明
3708.0	SAR	切削进给主轴转速到达检查	0：无效；1：有效
3708.1	SAT	螺纹切削主轴转速到达检查	0：决定于PRM3708.0；1：必须（仅T系列）
3708.5	SOC	最高转速限制在倍率调整	0：之前；1：之后
3708.6	TSO	螺纹、攻螺纹时的主轴倍率	0：无效（100%）；1：有效
3709.0	SAM	计算主轴平均转速的采样次数	0：4次；1：1次（仅T系列）
3709.1	RSC	线速度恒定控制对G00段	0：只计算终点转速；1：同切削进给
3730	—	主轴模拟量输出增益调整	700~1250（0.1%）
3731	—	主轴模拟量输出偏移调整	-1024~1024（8192对应为12.5V）
3732	—	主轴定向或换挡转速	串型主轴：最高转速对应16383 模拟主轴：最高转速对应4095
3735	—	主轴最低转速	0~4095，最高转速对应4095（仅M系列）
3736	—	主轴最高转速	0~4095，最高转速对应4095（仅M系列）
3740	—	主轴转速到达信号的检测延时	0~225ms
3741~3744		A型换挡的1~4档主轴最高转速	
3751	—	B型换挡的1到2挡切换转速	（仅M系列）
3752	—	B型换挡的2到3挡切换转速	（仅M系列）
3761	—	攻螺纹换挡的1到2挡切换转速	（仅M系列）
3762	—	攻螺纹换挡的2到3挡切换转速	（仅M系列）
3770	—	计算线速度的基准轴	
3771	—	线速度恒定控制的主轴最低转速	0~32767
3772	—	主轴转速上限	0~99999999
4900.0	FLRn	主轴速度波动参数设定单位	0：1%；1：0.1%
4911	—	主轴速度到达信号允差	以百分率表示（仅T系列）
4912	—	主轴速度波动检测变化率允差	以百分率表示（仅T系列）
4913	—	主轴速度波动检测幅值允差	以百分率表示（仅T系列）
4914	—	主轴速度波动检测延时	0~999999（ms）（仅T系列）
8133.0	SSC	线速度恒定控制功能	0：无效；1：有效
8133.1	AXC	主轴定向准停控制功能	0：无效；1：有效

3. 串行主轴参数

当FS-0iD选择串行主轴控制时，主轴驱动器参数可根据需要在CNC上设定。串行主轴速度控制可增加主轴实际转速检测与比较、主轴负载检测、主轴转矩限制、主轴软起动等功能。FS-0iD与串行主轴转速控制相关参数见表6.2-2。

表 6.2-2　串行主轴转速控制参数一览表

参数号	代号	作　用	参数说明
4006.5	ALGOVR	主轴驱动器电位器倍率调节范围	0：0～100%；1：0～120%
4009.4	LDTOUT	加减速时的负载检测功能	0：无效；1：有效
4009.6	OVRTYP	主轴驱动器电位器倍率调节方式	0：线性变化；1：2 次函数变化
4352.1	PKHALW	负载表的峰值保持功能	0：无效；1：有效
4020	—	电动机最高转速	0～32767
4022	—	指令速度到达（SAR A/B）的范围	0～1000（0.1%）
4023	—	设定速度到达（SDT A/B）的范围	0～1000（0.1%）
4023	—	零速信号（SST A/B）的范围	0～1000（0.1%）
4025	—	转矩限制值（TLMH、TLML 有效）	0～100（1%）
4026	—	负载 1（LDT1 信号）的检测范围	0～100（1%）
4027	—	负载 2（LDT2 信号）的检测范围	0～100（1%）
4028	—	转矩限制方式选择	1/4/7：仅加减速；2/5/8：仅正常旋转 3/6/9：加减速、正常旋转均限制
4029	—	转矩限制值设定	0～100（1%）
4030	—	软启动时间设定	0～32767
4040	—	CTH1＝0 挡速度调节器比例增益	0～32767
4041	—	CTH1＝1 挡速度调节器比例增益	0～32767
4048	—	CTH1＝0 挡速度调节器积分增益	0～32767
4049	—	CTH1＝1 挡速度调节器积分增益	0～32767
4056	—	高速挡传动比（CTH1＝0/CTH2＝0）	PRM4006.1＝0：设定值＝100×（电动机转速）/（主轴转速） PRM4006.1＝1：设定值＝1000×（电动机转速）/（主轴转速）
4057	—	准高速挡传动比（CTH1＝0/CTH2＝1）	
4058	—	中速挡传动比（CTH1＝1/CTH2＝0）	
4059	—	低速挡传动比（CTH1＝1/CTH2＝1）	
4081	—	逆变管关闭延时	SFR/SRV＝0，SSTA＝1 动作延时
4082	—	主轴加减速时间	0～255（s）
4083	—	速度控制空载的电枢电压	0～100（1%）；正常设定 30
4136	—	速度控制空载电枢电压（Y/△低速）	0～100（1%）；正常设定 30
4171	—	编码器与主轴的传动比（DMR），设定 0，视为 1 分母 P＝编码器转速 分子 Q＝主轴转速	高速挡（CTH1＝0）传动比分母 P
4172	—		高速挡（CTH1＝0）传动比分子 Q
4173	—		中、低速挡（CTH1＝0）传动比分母 P
4174	—		中、低速挡（CTH1＝0）传动比分子 Q
4508	—	软启动时的加速度变化率限制值	设定 0～32767，单位：10（r/min）/s^2

6.2.2　基本条件与 PMC 信号

1. CNC 工作状态

主轴旋转前，CNC 的工作状态必须满足以下条件：

1）驱动器无故障，位置控制系统工作正常，伺服准备好信号 F0000.6（SA）＝1。

2）CNC 无报警，报警信号 F0001.0（AL）= 0。

3）后备电池正常，电池报警信号 F0001.2（BAL）=0。

4）系统软硬件无故障，CNC 准备好信号 F0001.7（MA）=1。

5）串行主轴已根据要求完成硬件配置，配置参数和功能选择参数设定正确。

6）主轴最低、最高转速参数 PRM3735、PRM3736 设定正确，最低转速设定不能过大，最高转速设定不能过低。

7）传动级 1~4 的主轴最高转速参数 PRM3741~PRM3744 设定正确，最高转速设定不能过低。

8）操作方式已选择 MDI 或 MEM，CNC 状态信号 MMDI（F0003.3）或 MMEM（F0003.5）为“1”。

9）CNC 处于自动运行允许状态，如手动回参考点完成、未选择程序检索和重新启动方式等。

在此基础上，还需要通过 PMC 程序，向 CNC 提供如下与主轴旋转相关的控制信号：

1）无外部急停 *ESP 输入，信号 G0008.4 为“1”。

2）无主轴停止 *SSTP 输入，信号 G0029.6 为“1”。

3）无串行主轴急停 *ESPA、*ESPB 输入，信号 G0071.1、G0075.1 为“1”。

4）无进给保持 *SP 输入，信号 G0008.5 为“1”。

5）无 CNC 复位输入，信号 RRW（G0008.6）和 ERS（G0008.7）为“0”。

6）无主轴定向准停/传动级交换 SAR 输入，信号 G0029.5 为“0”。

7）主轴速度倍率信号输入 SOV0~SOV7（G0030.0~G0030.7）不为全“0”或全“1”（主轴倍率不为0）。

8）主轴速度给定选择信号 SIND 状态正确，信号 G0033.7 为“0”。

在以上条件满足后，可通过 MDI 输入或 MEM 选择指令 S□□□M03（M04）后，再利用操作面板的【START】键，使循环启动信号 ST 产生下降沿，执行主轴旋转指令。

2. PMC 信号

FS-0iD 与主轴转速控制和工作状态相关的基本 PMC 信号见表 6.2-3，表中的信号为 PMC 的基本主轴信号，对模拟主轴和串行主轴均有效。但是，在采用串行主轴控制的 CNC 上，还需要后述的串行主轴控制信号。

表 6.2-3 主轴转速控制基本信号表

地 址	代号	作 用	信号说明
G0008.4/X0008.4	*ESP	急停	1：正常工作；0：CNC 急停
G0008.5	*SP	进给保持	1：正常工作；0：进给保持
G0008.6/ G0008.7	RRW/ERS	CNC 复位	0：正常工作；1：CNC 复位
G0028.1/G0028.2	GR1/GR2	实际传动级输入	00：低速；01：中速；10：准高速；11：高速
G0029.4	SAR	主轴转速到达	1：实际转速与指令转速同；0：未到达
G0029.5	SOR	主轴定向或换挡	1：输出定向或换挡转速；0：输出指令转速
G0029.6	*SSTP	主轴停止	1：输出指令转速；0：转速输出为0
G0030.0~G0030.7	SOV0~7	主轴转速倍率	8位二进制输入
G0032.0~G0033.3	R01~12I	PMC 指令转速	来自 PMC 的第1主轴转速给定
G0033.7	SIND	指令转速选择	0：CNC 输出；1：PMC 输入

（续）

地　　址	代号	作　　用	信号说明
F0001.4	ENB	主轴使能	1：输出转速不为0；0：输出转速为0
F0002.2	CSS	线速度恒定控制	1：线速度恒定控制生效；0：无效
F0007.2	SF	S修改信号	1：S指令更改；0：S指令不变
F0022.0～F0025.7	S00～S31	S指令输出	32位二进制编码的S指令输出
F0034.0～F0034.2	GR1～3O	传动级选择	CNC传动级选择信号输出
F0035.0	SPAL	转速波动报警	1：转速波动超过允许范围；0：正常
F0036.0～F0037.3	R01～12O	指令转速输出	12位二进制指令转速输出
F0040.0～F0041.7	AR0～15	实际转速输出	16位二进制实际主轴转速输出

3. 串行主轴信号

FS－0iD使用串行控制时，需要增加表6.2-4中的主轴PMC信号。

表6.2-4　串行主轴转速控制PMC信号表

地　　址	代号	作　　用	信号说明
G0027.0/ G0027.1	SWS1/ SWS2	第1/2串行主轴速度控制	1：有效；0：无效
G0027.3/ G0027.4	*SSTP1/ *SSTP2	第1/2串行主轴停止	1：速度输出；0：速度为0
G0032.0～G0033.3	R01I～R12I	PMC指令转速输入	第1主轴12位二进制指令转速输入
G0034.0～G0035.3	R01I2～R12I2	PMC指令转速输入	第2主轴12位二进制指令转速输入
G0033.7/ G0035.7	SIND/ SIND2	第1/2主轴指令转速选择	1：PMC输入；0：CNC输出
G0033.6/ G0035.6	SSIN/ SSIN2	第1/2主轴转速极性	1：PMC输入；0：CNC指令
G0033.5/ G0035.5	SGN/ SGN2	第1/2主轴转速极性	PMC极性选择，1：负；0：正
G0070.0	TLML A	第1主轴转矩限制	00：无效；01/11：PRM4025的50%；10：PRM4025的100%
G0070.1	TLMH A		
G0070.2	CTH2 A	第1主轴实际传动级输入	00：1挡（高速）；01：2挡；10：3挡；11：4挡（低速）
G0070.3	CTH1 A		
G0070.4	SRV A	第1主轴转向选择	00/11：主轴停止；01：正转；10：反转
G0070.5	SFR A		
G0070.7	MRDY A	第1主轴准备好信号	1：准备好；0：未准备好
G0071.1	*ESP A	第1主轴急停	1：正常工作；0：急停
G0071.4	SOCN A	第1主轴软启动	1：有效；0：无效
G0072.4	OVR A	第1主轴电位器倍率调节	1：有效；0：无效
G0074.0/ G0074.1	TLML/ TLMH B	第2主轴转矩限制	同第1主轴
G0074.2/ G0074.3	CTH2/CTH1 B	第2主轴实际传动级输入	同第1主轴
G0074.4/ G0074.5	SRV/ SFR B	第2主轴转向选择	同第1主轴
G0074.7	MRDY B	第2主轴准备好信号	1：准备好；0：未准备好
G0075.1	*ESP B	第2主轴急停	1：正常工作；0：急停
G0075.4	SOCN B	第2主轴软启动功能	1：有效；0：无效
G0076.4	OVR B	第2主轴电位器倍率调节	1：有效；0：无效

（续）

地　址	代号	作　用	信号说明
F0045.0	ALM A	第1主轴报警	1：报警；0：正常
F0045.1	SST A	第1主轴转速为0	1：转速为0；0：转速不为0
F0045.2	SDT A	第1主轴转速到达	1：转速到达规定值；0：未到达
F0045.3	SAR A	第1主轴转速一致	1：实际转速与指令同；0：不同
F0045.4/ F0045.5	LDT1 / LDT2 A	第1主轴负载检测信号1/2	1：到达设定值1/2；0：未到达
F0045.6	TLM A	第1主轴转矩限制	1：转矩限制中；0：转矩限制无效
F0049.0	ALM B	第2主轴报警	1：报警；0：正常
F0049.1	SST B	第2主轴转速为0	1：转速为0；0：转速不为0
F0049.2	SDT B	第2主轴转速到达	1：转速到达规定值；0：未到达
F0049.3	SAR B	第2主轴转速一致	1：实际转速与指令同；0：不同
F0049.4/ F0049.5	LDT1/ LDT2 B	第2主轴负载检测信号1/2	1：到达设定值1/2；0：未到达
F0049.6	TLM B	第2主轴转矩限制	1：转矩限制中；0：转矩限制无效

6.3　速度控制功能调试

6.3.1　传动级交换

1. 功能说明

金属切削机床在单位时间内能切除的材料体积和主轴的功率成正比，为了保证机床加工效率的不变，要求主轴具有和转速无关的恒功率输出特性；此外，在立式车床、大中型铣床等数控机床上，为了进行大型工件的加工，要求机床主轴能够在低速时输出大转矩。但是，由于主电动机的输出转矩、恒功率调速范围均受到电动机结构、调速特性、驱动器性能等方面的限制，因此，为了增大主轴的低速输出转矩和扩大其恒功率调速范围，需要在主电动机和主轴之间增加机械变速机构。

例如，对于额定输出为22kW/140N·m、额定转速1500r/min、最高转速6000r/min的主电动机，如果在1∶1传动的基础上增加一挡1∶4的机械减速，便可获得图6.3-1所示的主轴转矩和功率输出特性。机床主轴在低速时的输出转矩为电动机输出转矩的4倍，主轴的恒功率调速范围将由电动机的4（1500～6000r/min）增加到16（375～6000r/min），而最高转速仍可达到6000r/min。

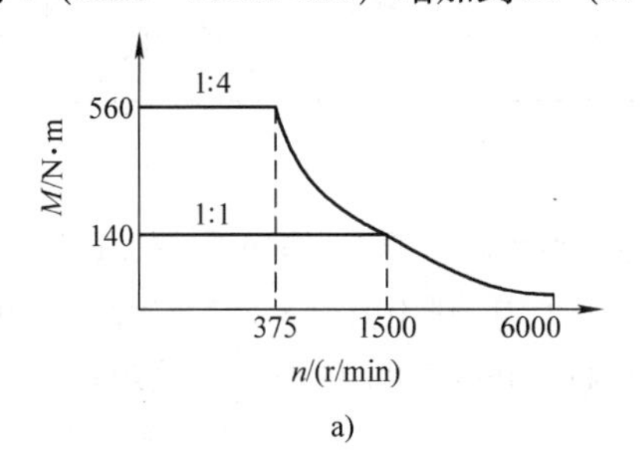

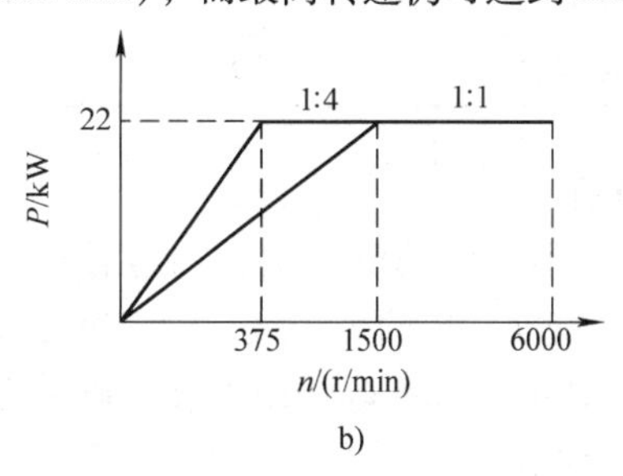

图6.3-1　主轴输出特性

a）转矩输出　b）功率输出

为了便于编程，数控加工程序中的S代码指令的是主轴转速，但主轴驱动系统控制的是主电动机转速，因此，为了保证在不同传动比下，同样的S指令能得到同样的主轴转速，主电动机的转速必须根据变速机构的实际传动比改变。例如，对于图6.3-1所示的主轴系统，如程序中的主轴转速指令为S1200，当主电动机和主轴的传动比为1:1时，主电动机的转速应为1200r/min；而当电动机和主轴的传动比为1:4时，主电动机的转速则应为4800r/min等。

在主轴驱动系统中，CNC的主轴转速输出指令就是驱动器的速度给定输入，因此，改变主电动机转速有两种方法：一是直接改变CNC主轴转速输出，它可在不改变驱动器参数的情况下，直接改变电动机转速；二是改变驱动器参数，它可在CNC主轴转速输出不变的情况下，通过驱动器改变电动机转速。前者需要通过CNC的控制实现，称为CNC的主轴传动级交换功能；后者通过驱动器控制实现，驱动器需要有相关的功能。

CNC的主轴传动级交换功能又称主轴换挡控制，它是使CNC输出的主轴转速指令，能根据实际传动比改变的功能。FS－0iD的传动级交换分T型换挡和M型换挡两类，其中，M型换挡根据不同的挡位切换转速，它又有A型、B型和攻螺纹型之分。FS－0iD系列产品中的FS－0iMD、FS－0iMateMD两种换挡方式都可使用；但FS－0iTD、FS－0iMateTD则只能使用T型换挡。

T型换挡只能根据主轴实际传动级，变换CNC的转速输出指令，而不能发送传动级交换命令。M型换挡不仅可根据实际传动级变换CNC的转速输出指令，而且还能根据S指令，向PMC发送传动级交换指令，以便通过PMC程序的控制，实现传动级的自动交换。T型换挡是自由的，它可根据机床需要，随时进行换挡；M型换挡是强制的，只要S指令在指定的传动级范围，就必须换挡。两类传动级交换的特点与区别见表6.3-1。

表6.3-1 传动级交换方式的功能特点与区别

换挡方式	T型	M型		
		A型	B型	攻螺纹型
FS－0iTD/0iMateTD	●	×	×	×
FS－0iMD/0iMateMD	●	●	●	●
参数设定	PRM3706.4＝1	PRM3706.4＝0		
		PRM3705.2＝0	PRM3705.2＝1	PRM3705.3＝1
主轴挡位数	4	3	3	3
传动级选择信号输出	×	●	●	●
线速度恒定控制	●	×	×	×
挡位切换	自由	CNC强制	CNC强制	CNC强制
挡位切换转速	×	电动机最高转速	可设定	可设定
同一S使用不同挡位	●	×	×	×

2. T型换挡

T型换挡是一种传统的换挡方式，换挡控制一般通过辅助指令M41～M44实现，PMC可根据不同的M指令，交换相应的传动级。传动级交换完成后，PMC利用信号GR1、GR2，将实际传动级告知CNC；CNC根据实际传动级信号和参数PRM3741～PRM3744的设定，输出与实际传动级对应的指令转速值。

T型换挡需要通过参数PRM3741～PRM3744，设定不同挡位在CNC最大转速输出（10V或16383）时的主轴转速（S代码）值。参数PRM3741～PRM3744的设定值，实际上就是该挡位主电动机最高转速所对应的主轴转速值；当 S 指令在参数设定的转速范围内时，指令转速输出为线性变化；超过参数设定转速时，则输出最高转速。

T 型换挡可在不同的挡位下执行同样的 S 指令，并保证主轴转速正确，因此，它可根据实际需要随时进行换挡，换挡完成后，只需要通过 PMC→CNC 的信号 GR1/GR2，将实际挡位告知 CNC，CNC 便可根据挡位自动改变指令转速输出。T 型换挡的信号 GR1/GR2 与挡位的关系见表 6.3-2。

表 6.3-2　GR1/GR2 与挡位的关系表

信号	挡位 1	挡位 2	挡位 3	挡位 4
GR1	0	1	0	1
GR2	0	0	1	1
主轴最高转速	PRM3741	PRM3742	PRM3743	PRM3744

T 型换挡的特性如图 6.3-2 所示。

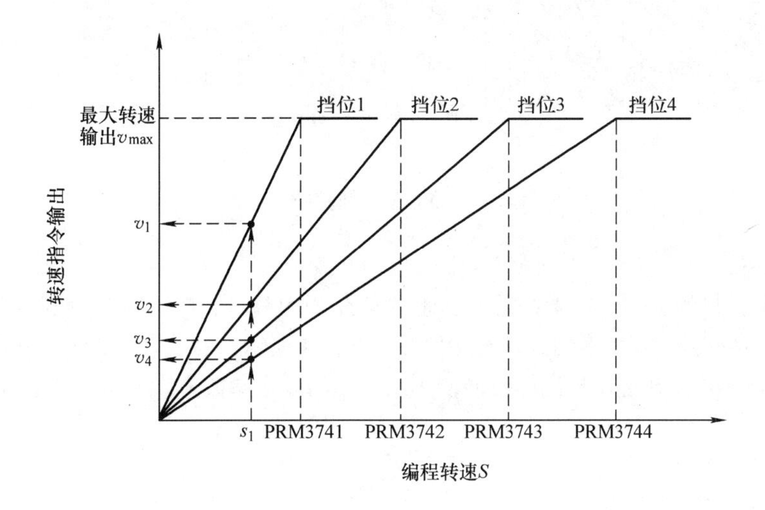

图 6.3-2　T 型换挡特性

3. M 型换挡

M 型换挡是由 CNC 控制挡位切换的强制换挡方式，每一 S 指令都只能有唯一的挡位，换挡命令通过 CNC→PMC 的信号 GR1O ~ GR3O 发送，PMC 必须根据这一挡位，进行传动级的交换。传动级交换完成后，PMC 再通过信号 GR1/GR2，将实际传动级告知 CNC，如果挡位正确，CNC 即根据实际传动级，输出对应的指令转速。

CNC 的挡位选择信号输出方式有两种：一是在主轴转速指令输出（电动机转速）达到统一的规定值时，改变挡位（A 型换挡）；二是当指定挡位的电动机转速达到该挡位参数设定值时，改变挡位（B 型换挡或攻螺纹换挡）。攻螺纹换挡和 B 型换挡的区别仅在于两者的切换转速设定参数不同。

（1）A 型换挡

A 型换挡的特性如图 6.3-3 所示，其挡位切换时的电动机转速可通过参数 PRM3736 设定，参数 PRM3736 的设定值如下：

$$\text{PRM3736}=\frac{\text{挡位切换转速}}{\text{电动机极限转速}}\times 4095$$

式中的4095时12位S代码的最大值，在模拟量输出的CNC上，经D－A转换后可输出最大模拟电压（10V）；电动机极限转速是与最大输出（10V）对应的主电动机转速；挡位切换转速是进行挡位切换时的主电动机转速。特性中的PRM3735设定的是主轴最低转速，如编程转速S小于此值，指令转速输出为“0”。

A型换挡各挡位的主轴极限转速仍通过参数PRM3741～PRM3743定义，但不能使用第4挡的设定参数PRM3744。

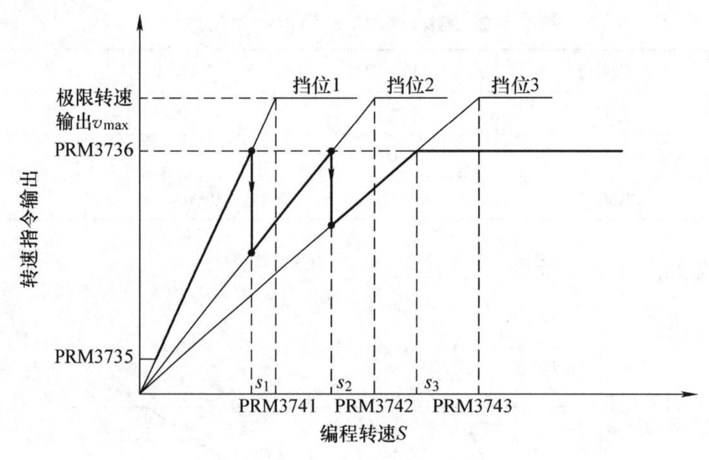

图6.3-3 A型换挡特性

（2）B型换挡

B型和A型换挡的区别仅在于：它可以通过参数PRM3751、PRM3752分别设定挡位1到2、挡位2到3的切换转速。B型换挡的输出特性如图6.3-4所示，参数PRM3751、PRM3752的计算方法和PRM3736相同。B型换挡同样不能使用第4挡的设定参数PRM3744。

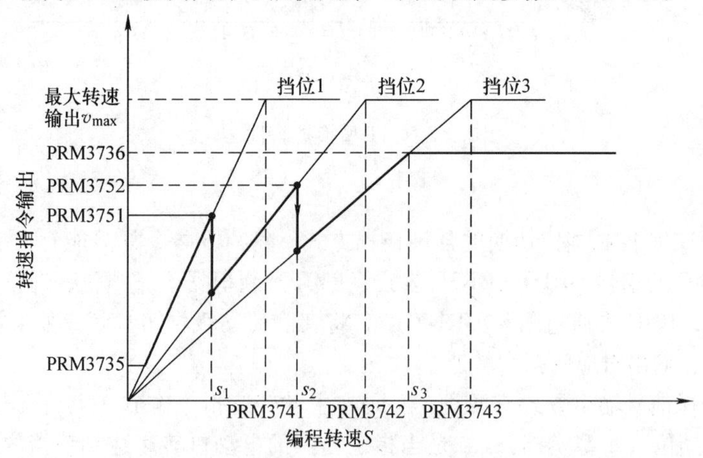

图6.3-4 B型换挡特性

（3）攻螺纹换挡

攻螺纹换挡是专用用于攻螺纹循环加工的主轴换挡控制，由于攻螺纹加工要求的主轴输出转矩较大，因此，其挡位切换相对较低。攻螺纹换挡和B型换挡的区别仅在于挡位1到2、挡位2到3的切换转速设定参数分别为PRM3761、PRM3762，其余相同。攻螺纹换挡的输出特性如图6.3-5所示，它同样不能使用第4挡的设定参数PRM3744。

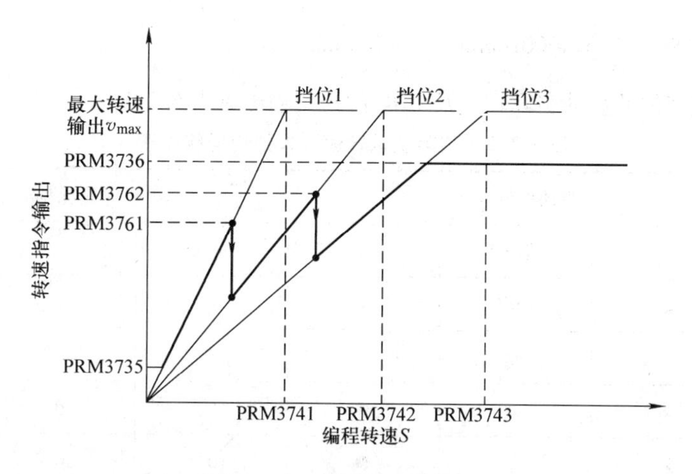

图6.3-5　攻螺纹型换挡特性

4. 参数设定例

【例4】假设某机床的主轴采用模拟量控制，CNC的最大输出为10V，挡位1~4的减速比分别为1∶8、1∶4、1∶2、1∶1，电动机最高转速为8000r/min，试设定传动级交换参数，并计算在不同挡位执行S800指令时的主轴模拟输出电压和主电动机转速。

根据主轴最高转速和减速比，可以计算出挡位1~4所对应的主轴最高转速分别为1000r/min、2000r/min、4000r/min和8000r/min，故传动级交换参数可设定为PRM3741 = 1000；PRM3742 = 2000；PRM3743 = 4000；PRM3744 = 8000。

在不同挡位执行S800指令时的主轴模拟输出电压和主电动机转速可分别计算如下：

挡位1：$v_1 = \dfrac{800}{1000} \times 10\text{V} = 8\text{V}$，$n_1 = \dfrac{8}{10} \times 8000\text{r/min} = 6400\text{r/min}$

挡位2：$v_2 = \dfrac{800}{2000} \times 10\text{V} = 4\text{V}$，$n_2 = \dfrac{4}{10} \times 8000\text{r/min} = 3200\text{r/min}$

挡位3：$v_3 = \dfrac{800}{4000} \times 10\text{V} = 2\text{V}$，$n_2 = \dfrac{2}{10} \times 8000\text{r/min} = 1600\text{r/min}$

挡位4：$v_4 = \dfrac{800}{8000} \times 10\text{V} = 1\text{V}$，$n_2 = \dfrac{1}{10} \times 8000\text{r/min} = 800\text{r/min}$

【例5】假设某机床的主轴采用模拟量控制，CNC的最大输出为10V，挡位1~3所对应的减速比分别为1∶8、1∶4、1∶2，电动机极限转速为8000r/min，使用时要求电动机最高转速不得超过7200r/min，试设定传动级交换参数，并确定各挡位的实际主轴转速范围。

根据主轴传动比，可得到挡位1~3的主轴极限转速分别为1000r/min、2000r/min和4000r/min，故传动级交换参数可设定为PRM3741 = 1000；PRM3742 = 2000；PRM3743 = 4000。

由于机床要求主电动机转速不能超过7200r/min，因此，挡位切换时的电动机转速应为7200r/min，对应的指令电压为10V × 7200/8000 = 9V，故参数PRM3736应设定为：

$$\text{PRM3736} = \frac{9}{10} \times 4095 = 3686$$

挡位1到2的切换转速 $S_1 = \dfrac{9}{10} \times 1000\text{r/min} = 900\ \text{r/min}$；

挡位2到3的切换转速 $S_2 = \dfrac{9}{10} \times 2000\text{r/min} = 1800\ \text{r/min}$；

主轴最高转速 $S_3 = \frac{9}{10} \times 4000\text{r/min} = 3600\ \text{r/min}$

因此得到不同挡位的主轴实际转速及 CNC 的挡位输出见表 6.3-3。

表 6.3-3 实际主轴转速和换挡信号输出表

主轴转速 S/（r/min）	自动挡位选择			挡位信号输出		
	挡位 1	挡位 2	挡位 3	GR1O	GR2O	GR3O
0～900	●	×	×	1	0	0
900～1800	×	●	×	0	1	0
1800～3600	×	×	●	0	0	1
≥3600	×	×	●	0	0	1

6.3.2 定向与换挡速度输出

1. 外部主轴定向

数控机床的主轴定向准停有电气定位和机械定位两种方式，电气定位是通过驱动器的闭环位置控制，将主轴定位于指定位置的功能；机械定位是通过机械机构，如插销等，将主轴固定于某一位置的功能。

在采用串行主轴控制的 FS－0iD 上，主轴定向准停的电气定位，可直接通过主轴驱动器对主轴的闭环位置控制实现，有关内容参见后述。采用模拟量输出控制的 FS－0iD 的电气定位，需要在外部主轴驱动器上实现；当驱动器无位置控制功能时，则只能采用机械式定位。

主轴采用机械式定位时，其动作通常由 PMC 进行控制，其一般过程如下：

1）CNC 执行主轴定向准停指令（通常为 M19），并将 M 代码发送到 PMC。

2）PMC 向 CNC 发送低速旋转指令，CNC 将指令转速降至低速，使得控制主轴以极低的转速旋转。

3）当主轴接近定位点时，机床的检测开关（如接近开关）动作；PMC 控制气动或液压阀，执行插销动作，固定主轴位置。

4）插销到位后，撤销主轴低速旋转指令。

因此，在执行机械定位时，CNC 需要根据 PMC 的命令，输出主轴低速旋转的速度指令，这一功能在 FS－0iD 上称为外部主轴定向转速输出功能。

2. 主轴换挡抖动

主轴的传动级交换通常需要利用滑移齿轮或电磁离合器实现，为了保证主轴换挡时，滑移齿轮或电磁离合器能够准确啮合，主电动机一般需要有间隙正反转的动作，这一动作称为“换挡抖动”。换挡抖动一般可通过以下方式实现。

1）CNC 执行传动级交换指令（通常为 M41～M44），并将 M 代码发送到 PMC。

2）PMC 向 CNC 发送低速旋转指令，CNC 将指令转速降至低速。

3）利用 PMC 程序的设计，生成间隙变化的主轴转向信号，控制主电动机以低速进行间隙正反转。

4）PMC 控制气动、液压阀或离合器，执行传动级交换动作。

5）传动级交换完成后，撤销主轴低速旋转指令。

由此可见，主轴换挡时也需要 CNC 输出低速旋转的速度指令，使得抖动控制成为可能，这一功能称为外部主轴换挡转速输出功能。

一般而言，主电动机的转向控制需要通过 PMC 程序实现，因此，主轴的换挡抖动实际上也只需要 CNC 输出主轴低速旋转的速度指令，其要求和外部主轴定向转速输出并无区别，且两者所要求的主轴转速基本一致，故可以使用共同的控制信号和参数。

3. 主轴定向和换挡的控制

FS-0iD 的外部定向与换挡抖动，使用共同的控制信号 SOR（G0029.5），该信号一旦为“1”，CNC 将直接输出参数 PRM3732 设定的主轴转速指令，将电动机降至低速。在此基础上，再通过 PMC 程序的设计，控制气动或液压阀，实现主轴定向或换挡所需的动作。

FS-0iD 的主轴定向或换挡速度输出的控制要求如下：

1）执行主轴定向或换挡的辅助功能指令（如 M19、M41～M44 等），CNC 将辅助功能指令发送到 PMC。

2）PMC 在接收到主轴定向或换挡指令后，将主轴停止信号 *SSTP 置为“0”，主轴减速停止。

3）主轴停止后，PMC 向 CNC 发送主轴定向或换挡速度输出信号 SOR（G0029.5）。

4）CNC 以参数 PRM3706.5（ORM）设定的转向，输出参数 PRM3732 设定的主轴速度指令。

5）通过 PMC 程序，控制气动、液压阀或离合器，执行定向或换挡动作；完成后，将定向或换挡速度输出信号 SOR 置“0”。

6）CNC 撤销主轴定向或换挡速度指令。

7）完成主轴定向或换挡辅助指令执行。

4. 动作过程

FS-0iD 的外部主轴定向动作过程如图 6.3-6 所示，主轴定向准停的辅助功能指令通常为 M19。

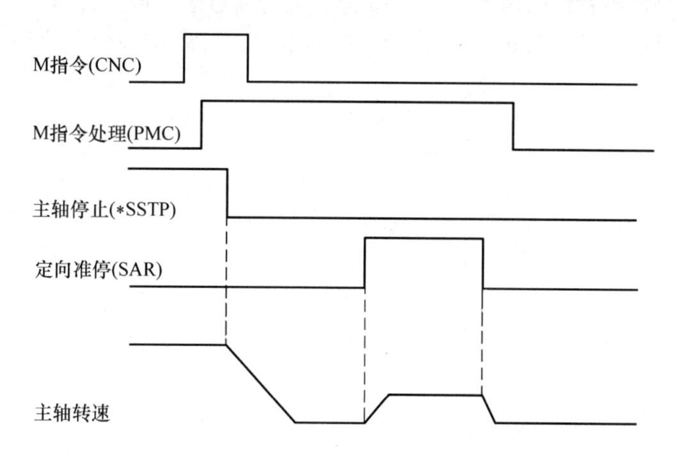

图 6.3-6　外部主轴定向动作过程

FS-0iD 的主轴换挡动作过程如图 6.3-7 所示，主轴换挡通常由 CNC 的辅助功能指令 M41～M44 进行控制。由于主轴换挡需要有间隙正反转动作，故需要 PMC 程序的设计，使得主电动机转向能够周期性变化。设计时需要注意的是：间隙正反转的目的是保证滑移齿轮或电磁离合器的啮合，因此，每次抖动都应使齿轮或离合器的位置有所变化，故主轴抖动时的正转时间和反转时间应不同。

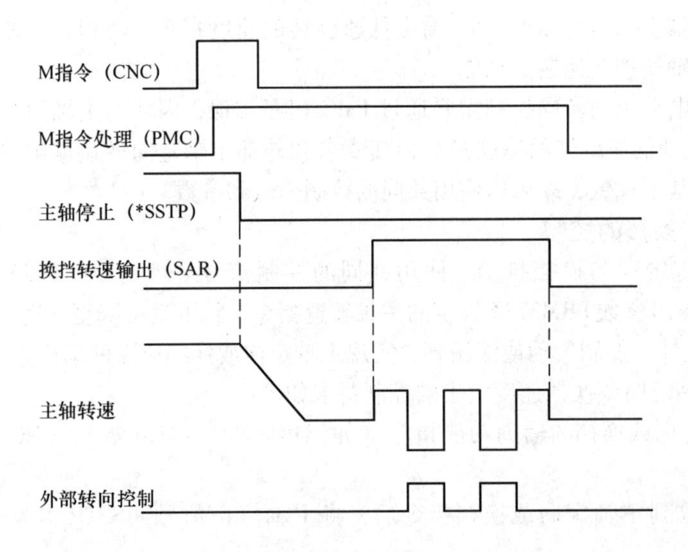

图 6.3-7 主轴换挡动作过程

6.3.3 模拟量输出调整

1. 功能说明

采用模拟量控制的系统，由于温度、湿度的变化，外部干扰等原因，可能会引起某些器件的特性偏离理想特性，而产生误差。当主轴采用模拟量控制时，这一问题同样存在。

主轴模拟量输出特性的偏移，将导致实际主轴转速产生偏差。为此，需要利用 CNC 的增益和偏移调整参数对模拟量输出进行调整，以获得较为理想的输出特性。

所谓增益，就是输出特性的斜率，在 CNC 上，它可通过改变最大转速 S_{max}时的模拟量输出值进行调整。增益调整的作用如图 6.3-8a 所示，增加增益，可以使得所有编程转速的模拟量输出都按比例增加。

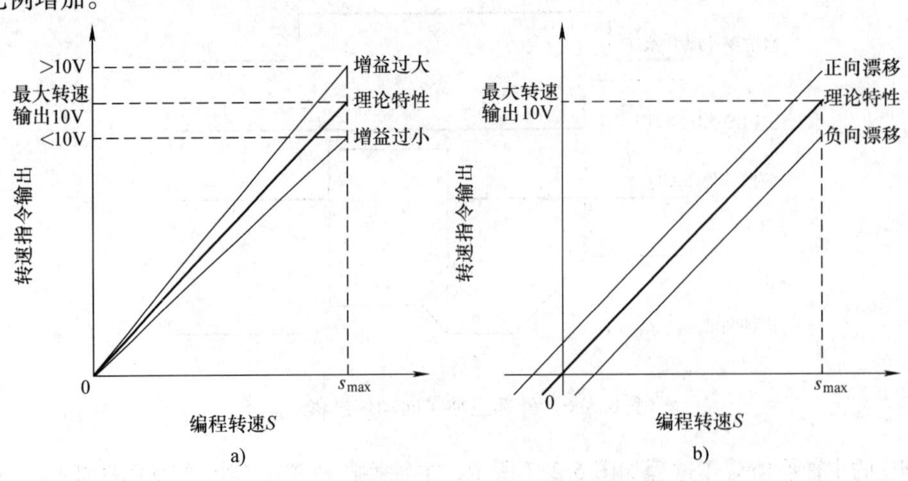

图 6.3-8 增益和偏移调整
a）增益调整 b）偏移调整

所谓偏移，就是输出特性的截距，在 CNC 上，它可通过改变转速为 0 时的模拟量输出值进行调整。偏移调整的作用如图6.3-8b所示，增加偏移，可使得输出特性整体上移。

由于模拟量控制系统的特性偏移与工作环境相关，因此，偏移和增益调整只能减小误差，但不可能使之为0。

2. 相关参数

FS-0iD的参数PRM3730、PRM3731用于主轴模拟量输出增益、偏移调整。调整时应首先通过参数PRM3731调整偏移，使得编程转速S0所对应的模拟量输出尽可能接近0，然后再通过参数PRM3731调整增益，使得其他转速下的模拟量输出与要求相符。

偏移调整参数PRM3731是对D-A转换器输入数字量的调整，参数的输入范围为-1024~1024，标准设定为0。参数PRM3731的设定值计算方法如下，偏移转速为正时，应设定负值，反之亦然。

$$\text{PRM3731} = -\frac{(S0\text{时的模拟量输出})}{100} \times 2^{16}$$

增益调整参数PRM3730是对最高编程转速S_{max}所输出的最大模拟量输出的调整，参数的单位为0.1%，标准设定值1000，对应100%。参数PRM3730设定值的计算方法如下，输出值偏高时，应减小设定值。

$$\text{PRM3730} = \frac{10}{(S_{max}\text{时的实际输出电压})} \times 1000$$

3. 调整实例

【例6】 假设某数控机床的主轴采用模拟量控制，最高转速所对应的模拟量输出为10V，调试时实测编程转速S_0时的模拟量输出为40mV；最高转速时的模拟量输出为10.08V；试设定偏移和增益调整参数。

根据要求，由于CNC的偏移电压为0.04V，因此，参数PRM3731的设定值应为：

$$\text{PRM3731} = -\frac{0.04}{100} \times 2^{16} = -26$$

偏移同样能够增加最高转速时的模拟量输出，因此，计算增益时应减去偏移对输出的影响，即最高转速时实际由于增益偏差所产生的输出电压为（10.08-0.04）V=10.04V，故参数PRM3730的设定值应为：

$$\text{PRM3730} = \frac{10}{10.04} \times 1000 = 996$$

6.3.4 线速度恒定控制

1. 功能说明

线速度恒定控制功能通常用于数控车床。根据切削加工原理，对于同样的工件和刀具，为了获得一致的表面加工质量，需要保持切削速度的不变。但是，当数控车床进行图6.3-9所示的端面车削加工时，其加工位置的切削速度V与该点的半径R、工件（主轴）转速S的乘积成正比。因此，为了保证切削速度的不变，需要根据加工半径R，自动改变工件（主轴）的转速S，使得SR的值（线速度）保持恒定。这就是线速度恒定控制功能。

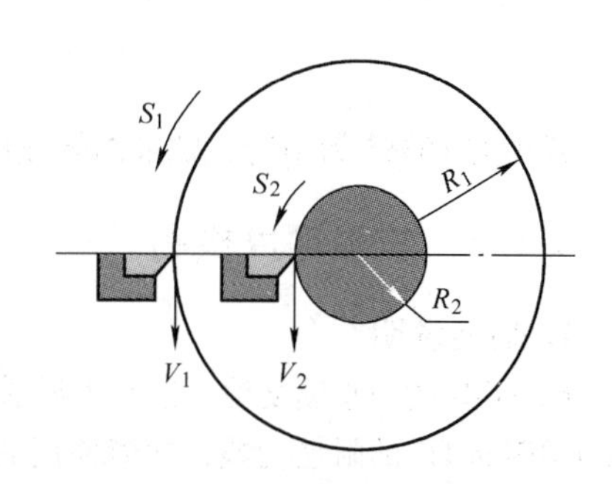

图6.3-9 线速度恒定控制

线速度恒定控制生效时，加工程序中的编程S代码指令将直接指定线速度，其单位为 m/min，而主轴转速输出指令则需要根据实际加工半径 R（X 轴位置），按 $S=V/R$ 的关系，自动、连续改变。

端面车削是一个连续的过程，其加工半径 R 的可以到 0，如严格按照 $S=V/R$ 的理论要求，为了保证线速度 V 为定值，当 $R=0$ 时，主轴转速 S 应为无穷大。然而，在实际数控机床上，由于主轴最高转速受主电动机最高转速、机械传动部件（如轴承）最高转速及加工安全等因素的制约，而不能无限升高，因此，需要对线速度恒定控制时的主轴最高转速加以限制，这就是 CNC 的主轴最高转速限制功能。

主轴最高转速限制功能生效时，如果主轴转速的编程值或计算值超过最高主轴转速，主轴将被限制在最高转速上工作，以保证加工的进行。

2. 使用条件

线速度恒定控制时，主轴转速需要大范围、连续变化，在加工过程中不允许出现换挡等导致加工中断的动作，因此，它有以下要求：

1）主轴传动级交换必须选择 T 型换挡，以避免在加工过程中出现自动换挡动作。

2）宜选用 T 型换挡的最高转速挡，以保证转速能够在最大范围内连续变化；如果不选最高转速挡，则必须保证该挡的最高转速大于参数 PRM3772 设定的线速度恒定控制主轴转速上限值。

3）设定 CNC 参数 PRM8133.0（SSC）＝"1"；生效 CNC 的线速度恒定控制功能。

4）通过参数 PRM3770 指定计算线速度的基准轴，并正确设定线速度恒定控制的主轴转速上限参数 PRM3772。

5）在加工程序中通过 G96 等指令，将 S 代码值转换线速度（m/min）；恢复转速控制时需要编制 G97 等指令。

3. 速度指令输出

当线速度恒定控制功能生效时，CNC→PMC 的状态信号 F0002.2（SSC）＝"1"；CNC 的速度输出指令与编程指令 S 的关系如下。

1）主轴模拟量输出。采用模拟量控制的主轴，其输出电压按照以下关系变化：

$$V=\frac{10S}{2\pi R\,n_{max}}$$

式中 V——转速模拟量输出（V）；

S——编程速度（线速度，m/min）；

R——加工半径（m）；

n_{max}——所选挡位的最高转速（r/min）。

2）串行主轴。采用串行主轴控制时，其转速的数字量输出按照以下关系变化：

$$D=\frac{16383S}{2\pi R\,n_{max}}$$

式中的 16383 为串行主轴最高转速所对应的数字量，其余各参数的含义同上。

6.3.5 主轴速度检测

1. 功能说明

FS－0iD 的主轴速度检测包括实际主轴速度输出、速度波动检测等，这是用于车削控制用 FS－0iTD/0iMateTD 的附加功能，功能使用的前提是主轴安装有位置检测的编码器。

实际主轴速度输出功能生效时，CNC 可将由主轴编码器测量得到的实际主轴转速，转换为 16 位二进制数字信号，并通过 CNC→PMC 的信号 AR0 ~ AR16（F0040.0 ~ F0041.7），输出到

PMC 中。PMC 可根据需要，进行主轴实际转速的显示、监控等。FS－0iD 的实际主轴速采样周期为 4ms，测量误差约为 0.5r/min。

主轴速度波动检测用于实际主轴转速的误差监控，当主轴因过载等原因引起速度降低、且超过允许误差时，可产生 CNC 报警，并停止自动运行，以防止加工零件或刀具的损坏；与此同时，CNC→PMC 的主轴速度超差信号 F0035.0（SPAL）＝“1”。

主轴速度波动检测的使用条件和功能说明如下。

2. 使用条件

FS－0iD 主轴速度波动检测功能的使用，需要如下条件：

1）CNC 应为 FS－0iTD 或 FS－0iMateTD，且需要选配主轴速度波动检测附加功能。

2）CNC 需要设定以下参数。

按照 CNC 生产厂家提供的选择功能参数，生效主轴速度波动检测功能（FS－0iC 为 PRM3708.4）。

PRM4900.0：根据需要选择速度波动允差的单位，设定“1”为 0.1%；设定“0”为 1%。

PRM4911：设定主轴速度波动检测功能有效的区域 q，设定范围为 0.1%～100%，参数含义可参见图 6.3-10。

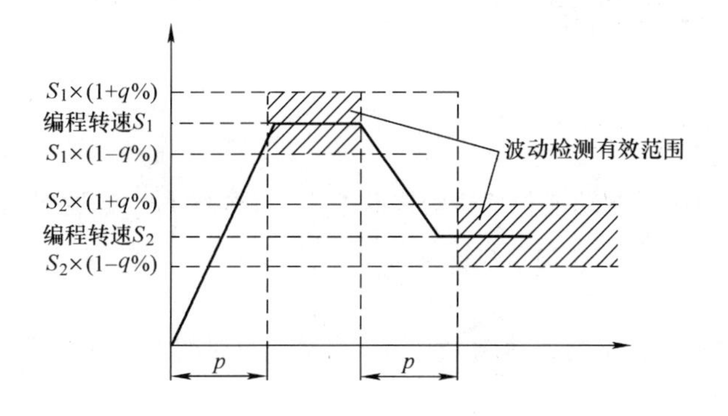

图 6.3-10　主轴速度波动检测区域

PRM4912：设定主轴波动允差 r（相对值），设定范围为 0.1%～100%，参数含义可参见图 6.3-11。

PRM4913：设定主轴波动允差 d（绝对值），设定范围为 0～32767r/min，参数含义可参见图 6.3-11。

PRM4914：主轴速度波动检测延时 p（ms），通过延时设定，可以避免主轴因加减速时的速度误差引起波动报警，参数含义可参见图 6.3-10。

3）在加工程序中通过 G26 指令，生效主轴速度波动检测功能，或通过撤销 G25 指令撤销速度波动检测功能。

4）如需要，可以通过加工程序指令 G26 P_ Q_ R_ ，直接设定或改变参数 PRM4914、PRM4911 及 PRM4912 的设定值。

3. 参数含义

1）主轴速度波动检测区域。主轴速度波动检测区域可通过参数 PRM4911（q 值）设

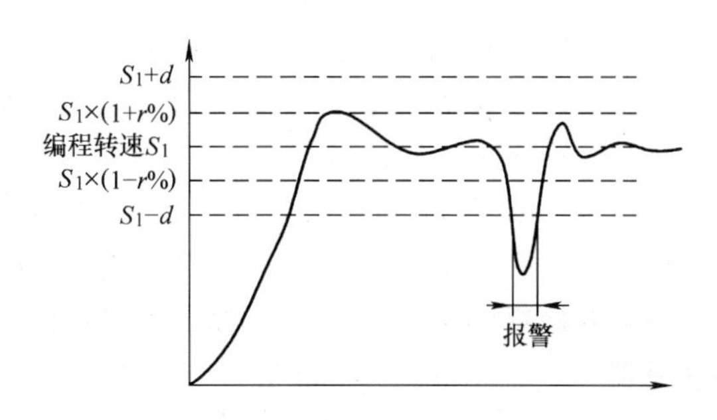

图 6.3-11　速度波动允差

定，参数设定后，主轴速度波动检测区域将定义为：

$$S_{编程}（1-q\%）\sim S_{编程}（1+q\%）$$

此外，为了避免主轴因加减速时的速度误差引起波动报警，可以通过参数 PRM4914（p 值）设定检测延时。参数设定后，当主轴加减速时，可以暂时撤销主轴速度波动检测功能，当加减速完成后，重新生效主轴速度波动检测功能。参数 PRM4914 设定的延时应大于主轴正常加减速时间。

2）主轴速度波动允差。主轴速度波动允差有相对偏差和绝对偏差两种设定方式，相对偏差以指令转速的百分率形式设定，其设定参数为 PRM4912（r）；绝对偏差以转速值的形式设定，其设定参数为 PRM4913（d），当相对偏差和绝对偏差同时设定、设定值不同时，以设定值较大者作为速度波动允差值。

例如，设定 PRM4912＝5%，PRM4913＝50r/min 时，如果编程的指令转速 S 为 800r/min，按相对偏差设定参数 PRM4912，计算得到的主轴速度波动允差为 800r/min×5%＝40r/min；而绝对偏差参数 PRM4913 设定的允差为 50r/min；因此，CNC 将在主轴转速误差超过 50r/min 时才发生速度偏差报警。

6.4　主轴位置控制调试

6.4.1　位置控制功能

FS－0iD 的主轴位置控制功能包括主轴定向准停、主轴定位、螺纹车削加工或攻螺纹、Cs 轴控制、主轴同步控制等，其用途与特点简要如下。

1. 主轴定向准停

主轴定向准停简称主轴定向，功能主要用于自动换刀时的刀具啮合或精密镗孔加工时的自动让刀。

在镗铣加工的数控机床上，为了将主轴转矩传递到刀具上，机床主轴与刀具间需要通过“键”进行啮合。因此，进行自动换刀时，必须如图 6.4-1 所示，保证刀具上的键槽与主轴上的键的位置一致，才能进行刀具的装卸。由于刀具安装在刀库或机械手上的位置是固定不变的，故必须利用主轴的定向来实现这一功能。

此外，在精密镗孔加工时，为了消除退刀痕，在加工至孔底面时，不能直接利用 Z 轴的移动退出刀具，而是需要通过主轴定向，将镗刀的刀尖定位到某一方向，然后通过刀尖反方向的平移，使得刀尖脱离工件表面，然后退出 Z 轴，以此来消除退刀痕。

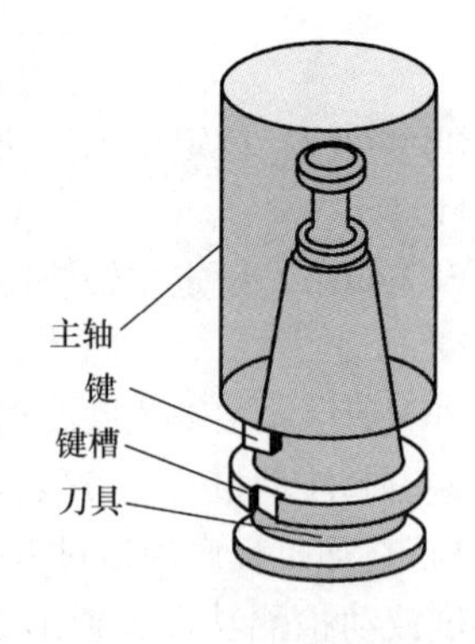

图 6.4-1　主轴定向准停

以上两种主轴位置控制事实上只要求将主轴停止在某一固定的方向上，故称为主轴定向准停或主轴定向（Spindle Orientation）。数控机床的主轴定向有机械式和电气式两种定向方式，采用机械式定向时，CNC 只需要输出外部主轴定向转速，有关内容已在 6.3.2 节进行了说明。电气式定向需要配套位置检测装置，由于定向只需要检测指定点的位置，因此，它既可以使用编码器零脉冲检测，也能使用接近开关等磁性传感器。

2. 主轴定位

主轴定位（Spindle Positioning）是一种主轴简单位置控制功能，它可使主轴在360°范围的任意位置定位停止。主轴定位既可通过CNC控制实现，也可通过主轴驱动器控制实现，前者是车削控制FS－0iTD的附加功能，后者可以用于FS－0iTD的全部产品。

FS－0iTD的CNC主轴定位可通过M或H、C代码指令，利用M代码指令时，可指定1～256个固定定位点；利用H、C代码指令时，可任意指定定位角度。

主轴定位的位置检测一般使用1024p/r的编码器，与定向准停相比，主轴定位具有定位位置可变的优点，但定位精度相对较差，例如，使用1024p/r编码器时，通过CNC的4倍频后，其位置检测精度也只有360°/（4×1024）＝0.088°；因此，它不能用于需要参与插补运算的Cs轴控制。

3. 螺纹切削和攻螺纹

螺纹切削和攻螺纹加工要求的是轴向进给（通常为*Z*轴）和主轴回转同步。CNC实现普通螺纹切削和攻螺纹加工的过程可以简单理解为：主轴利用编码器检测位置，这一位置检测脉冲可通过CNC转换为*Z*轴进给指令，主轴一转所产生的位置检测脉冲对应*Z*轴运动一个导程。螺纹切削和攻螺纹时，只要主轴旋转，*Z*轴就能够跟随运动，而且这一跟随运动与主轴转速无关，因此，即使在主轴转速变化时也能够保证进给同步。

刚性攻螺纹（Rigid tapping）与普通螺纹切削和攻螺纹加工有所不同，在刚性攻螺纹加工时，由于丝锥和刀柄为刚性连接，它不能像攻螺纹夹头那样具有轴向位置自动调整功能，因此，需要严格保证主轴与进给的同步。刚性攻螺纹对进给轴和主轴的同步要求更高，为此，需要在CNC上设定位置环增益、加减速时间、同步允差等诸多参数。

4. Cs轴控制

Cs轴控制又称Cs轮廓控制（Cs Contouring Control），它是一种真正能够对主轴位置实现完全控制的功能，功能一般用于车削中心或车铣复合加工等先进的数控机床。

在具备Cs轴控制的数控机床上，机床的主轴不但能够用于速度控制，而且还能够像CNC控制的数控回转轴一样，用于刀具切削加工时的轮廓控制。Cs轴控制的主轴不但能够进行任意位置的定位，而且其定位精度也需要达到CNC回转轴同样的精度，因此，其位置检测分辨率至少应保证0.001°，即主轴必须配置360 000p/r以上的高精度位置检测编码器。Cs轴控制的主轴驱动系统需要有接近伺服驱动系统的位置、速度、转矩控制性能，因此，在FS－0iD上，其控制只能通过选择FANUC串行主轴才能实现。具有Cs轴控制功能的机床不再需要主轴定向、定位控制功能。

Cs轴控制的机床主轴能够像CNC回转轴一样，进行手动、回参考点、快速定位、切削进给等操作，也可以直接在加工程序中进行坐标轴的插补编程，加工轮廓。

5. 主轴同步控制

主－从同步控制通常用于大型、复杂机床的多主轴驱动。例如，在双主轴车削中心上，当副主轴作为主主轴的辅助控制部件，用于大型或细长工件夹紧时，副主轴必须跟随主主轴同步运动。主轴的主－从同步控制只能在两个串行控制的主轴间进行，因此，CNC必须选配串行多主轴控制功能。

主－从同步控制的主轴在速度控制时，其主主轴转速可以接受加工程序中的S指令控制；而副主轴则只能跟随主主轴同步旋转，它具有主主轴同样的转速，但不能在CNC加工程序中通过S指令进行编程。主－从同步控制的主主轴和副主轴的转向可不同，线速度恒定控制功能可用于主－从同步控制。

主－从同步控制的主轴可以实现位置同步，但只有在速度同步生效时，才可使用位置同步功能。主－从同步控制的主轴，其位置编码器与主轴一般只能采用1∶1连接方式，同步运行时，CNC可对主主轴和副主轴的同步误差进行监控，以防失步。

6.4.2 FS－0iTD定位控制

1. 功能说明

主轴位置控制功能中的主轴定向和主轴定位控制，既可由CNC控制，也可通过主轴驱动器实现。其中，CNC主轴定向和主轴定位控制，只能用于车削控制用的FS－0iTD；利用串行主轴驱动器实现的主轴定向和主轴定位，则可用于FS－0iD的全部系列产品。有关串行主轴位置控制的调试要求参见6.4.3节。

CNC主轴定位是FS－0iTD根据数控车床的控制要求而设计的功能，在数控车床上，为了进行螺纹的多次进给切削或多头螺纹切削，主轴必须具备0°位置及指定位置定位的位置控制功能。

FS－0iTD的CNC主轴定位控制也需要像坐标轴控制一样，先建立零点，然后才能进行指定位置的定位。主轴的零点位置是固定不变的，如需要，零点位置可用于主轴定向位置，因此，主轴定位事实上包括了主轴定向准停功能。

CNC主轴定位控制多用于车削中心，以便改变工件定位位置，进行轴类零件的表面铣削、钻削加工。FS－0iTD的CNC主轴定位功能具有如下特点：

1）FS－0iTD的CNC主轴定位控制既可用于串行主轴，也可用于模拟主轴，选择CNC主轴定位控制时，需要设定CNC参数PRM8133.1＝1，并通过参数PRM8133.2＝0的设定，取消串行主轴位置控制功能。

2）主轴定位可实现主轴指令角度的停止，位置检测需要配置1024p/r、带零位脉冲输出的编码器，最小定位单位为0.088°。

3）CNC主轴定位不同于Cs轴控制，因此，它不能实现主轴与CNC基本坐标轴之间的插补运算，加工轮廓。

4）为了防止加工过程中因切削力引起的主轴位置偏移，主轴一般需要附加机械夹紧装置，夹紧与松开控制信号可以由CNC在定位时自动生成，无须进行专门指令。

5）CNC主轴定位控制的参数可在CNC的轴参数上设定，需要进行定位控制的主轴名称（参数PRM1020）一般设定为“C”，轴号（参数PRM1023）需要设定为“－1”，参数设定后，对应的CNC轴参数将被自动转换为主轴定位参数，轴参数中的位置跟随误差监控、零点偏置、反向间隙补偿、回零方向等设定参数，对主轴定位控制同样有效。

6）主轴定位控制、主轴定向控制和转速控制方式，可通过指定的M代码进行切换。

7）在多主轴控制的FS－0iTD上，主轴定位控制只能用于第1主轴；但主轴定向控制可用于第1和第2主轴，但需要设定相应的多主轴控制参数。

2. 相关参数

FS－0iTD的CNC主轴定位控制需要设定的CNC参数见表6.4-1。

表6.4-1 FS－0iTD主轴定位控制参数一览表

参数号	代号	作　用	参数说明
8133.1	AXC	CNC主轴定位功能选择	0：无效；1：有效
8133.2	SCS	串行主轴位置控制功能选择	0：无效（CNC定位控制）；1：有效
1006.5	ZMIn	模拟主轴回零及间隙补偿方向	0：正，1：负；串行主轴由PRM4000.3设定

（续）

参数号	代号	作　　用	参数说明
1020	—	主轴定位控制的轴名称	规定为 C（设定值 87）
1023	—	主轴定位控制的轴号	规定为“-1”
1250	—	主轴定位的零点位置	单位：0.001°
1421	—	快速倍率 F0 的定向速度	单位：1°/min
1425	—	主轴回零速度	单位：°/min
1428	—	主轴定向速度	单位：10°/min
1620	—	主轴定位的快速加减速时间	单位：ms
1816.4	DMIn	主轴位置编码器检测倍率	规定为“111”，检测倍率为 4；编码器的脉冲数只能为 1024p/r
1816.5	DMIn		
1816.6	DMIn		
1820	CMR	主轴定位的指令倍率	规定为 2
1821	—	主轴定位的参考计数器容量	规定为 10000
1826	—	主轴定位的到位允差	设定方法与坐标轴相同
1828	—	主轴定位运动时的跟随允差	设定方法与坐标轴相同
1829	—	主轴定位停止时的跟随允差	设定方法与坐标轴相同
1850	—	模拟主轴定位的零点偏移	-180°~180°，串行主轴用参数 PRM4073 设定
1851	—	主轴定位的间隙补偿	设定方法与坐标轴相同
3405.4	CCR	倒角与拐角的编程地址	必须设定为“0”，倒角与拐角地址不能用 C
3702.2	OR1	第 1 主轴外部停止位置指定	1：有效；0：无效，由 M 或 C 指定
3702.3	OR2	第 2 主轴外部停止位置指定	1：有效；0：无效，由 M 或 C 指定
3729.0	ORTn	串行主轴定向位置外部设定	1：有效；0：无效
4000.4	RETSV	串行主轴定位方向	0：正向；1：反向
4073	—	串行主轴定位的零点偏移	0~360°
4950.0	IOR	CNC 复位对主轴定位的影响	1：解除；0：保持
4950.1	IDM	M 代码主轴定位方向	0：正向；1：反向
4950.2	ISZ	主轴旋转时指令定位 M 代码	0：直接定位；1：仅转换到定位方式，不定位
4950.5	TRV	模拟主轴定位方向变换	0：不变；1：反向
4950.6	ESI	主轴定位快速增加 10 倍	0：无效；1：有效
4950.7	IMB	M 代码主轴定位方式	0：分步；1：连续（见后述说明）
4959.0	DMDn	主轴定位显示单位	0：度（°）；1：脉冲
4960	—	主轴定向用 M 代码	6~97
4961	—	主轴定位解除用 M 代码	6~97
4962	—	指定定位角度的起始 M 代码	M 代码数量有 PRM4964 设定
4963	—	定位 M 代码的角度增量 θ	1~60（°），M 代码定位增量角度
4964	—	主轴定位的 M 代码数量	1~255，设定 0 为 6 个
4970	—	模拟主轴定位的位置环增益	1~9999（$0.01s^{-1}$）
4971~4973		模拟主轴 1~4 挡的最大指令电压	（见后述说明）

表中的参数 PRM4950.7 用于主轴定位的动作命令选择，当设定 PRM4950.7 =0 时，主轴定位需要分步进行，定位由如下动作组成：

1）利用参数 PRM4960 设定的主轴定向 M 代码，执行主轴定向。

2）利用参数 PRM4962 规定的 M 代码，指定定位角度，并执行定位。参数 PRM4962 设定的是用于主轴定位的起始 M 代码，如果参数 PRM4964 =0，由此参数设定开始的 6 个代码用于主轴定位和定位位置的指定，如果 PRM4964 不为 0，则可以使用 1 ~255 个 M 代码。起始 M 代码所指定的定位位置是参数 PRM4963 设定的角度 θ，随后的 M 代码所指定的定位角度依次为 $2\theta \sim 6\theta$。

3）利用参数 PRM4961 设定的定位解除 M 代码，解除定位、恢复转速控制方式。

如果设定参数 PRM4950.7 =1，则可以通过参数 PRM4962 设定的 M 代码，直接完成主轴定向和定位的全部动作。

表中模拟主轴 1 ~4 挡的定位控制最大速度指令电压（增益倍率）参数 PRM4971 ~ PRM4973，可以按照下式计算后设定：

$$\text{设定值} = \frac{2048}{360}EA$$

式中 E——电动机转速 1000r/min 所对应的模拟量输出电压；

A——主轴位置检测分辨率，使用 1024p/r 编码器时为 0.088°。

3. PMC 信号

FS－0iTD 用于 CNC 主轴定位控制的 PMC 信号见表 6.4-2。

表 6.4-2 FS－0iTD 主轴定位控制 PMC 信号表

地 址	代 号	作 用	信号说明
G0028.1	GR1	模拟主轴的实际传动级信号	00：挡位 1；01：挡位 2；10：挡位 3；11：挡位 4（参见 6.3 节）
G0028.2	GR2		
G0028.4	*SUCPF	主轴松开完成	0：已松开；1：未松开
G0028.5	*SCPF	主轴夹紧完成	0：已夹紧；1：未夹紧
G0028.6	SPSTP	主轴定位启动	1：定位启动；0：无效
G0070.2	CTH1A	串行主轴控制时的实际传动级	00：挡位 1；01：挡位 2；10：挡位 3；11：挡位 4（参见 6.3 节）
G0070.3	CTH2A		
G0070.4/ G0070.5	SRVA/ SFRA	第 1 串行主轴转向选择	00/11：停止；01：正转；10：反转（参见 6.3 节）
G0074.4/ G0074.5	SRVB/ SFRB	第 2 串行主轴转向选择	
G0078.0 ~ G0079.3	SHA00 ~11	第 1 主轴外部定位位置输入	参见后述的停止位置外部指定功能
G0080.0 ~ G0081.3	SHB00 ~11	第 2 主轴外部定位位置输入	
F0038.0	SCLP	主轴夹紧信号	1：主轴夹紧；0：无效
F0038.1	SUCLP	主轴松开信号	1：主轴松开；0：无效
F0094.0 ~ F0094.3	ZP1 ~ ZP3	主轴零点位置 1 ~4 到达	1：零点位置到达；0：无效

4. 主轴定向控制

FS－0iTD 的主轴定位控制首先需要通过主轴定向 M 代码，将主轴切换到位置控制方式，并通过主轴定向建立零点后，才能进行定位。主轴定向的控制要求如下：

1）选择主轴回零的运动方向（转向），模拟主轴的设定参数为 PRM1006.5（ZMIn），串行主轴的设定参数为 PRM4000.4（RETSV）。

2）执行参数PRM4960设定的M代码，将主轴从速度控制切换到位置控制方式；反之，需要将主轴从位置控制方式恢复到转速控制方式，则需要执行参数PRM4961设定的定位解除M代码。

3）主轴执行回零动作、在零点定位，完成定向。

模拟主轴的CNC主轴定向动作过程与坐标轴回参考点类似，主轴切换到位置控制方式后，首先需要加速或减速到参数PRM1428设定的定向速度F，如PRM1428设定为0，则直接加速或减速到PRM1420设定的快速；主轴到达定向速度，且检测到零脉冲后，减速至参数PRM1425设定的回零速度F_L，搜索零点并完成定位。

参数PRM1428、PRM1425设定的主轴定向速度F、回零速度F_L需要满足如下条件，才能准确完成定位。

$$1024 \geq \frac{F}{60 \times K_v \times 0.088} \geq 128$$

$$1024 \geq \frac{F_L}{60 \times K_v \times 0.088} \geq \text{到位允差}$$

式中　K_v——PRM4970设定的主轴定位控制位置环增益（1/s）；

F——PRM1428设定的定位速度（°/min）；

F_L——PRM1425设定的回零速度（°/min）；

到位允差：参数PRM1826设定值。

主轴定向的零点位置可通过零点偏置参数进行调整。在模拟主轴控制，零点偏置参数为PRM1850，偏移范围可以为-180°~180°；使用串行主轴控制时，零点偏置参数为PRM4073，偏移范围为0~360°。

FS-0iTD的CNC主轴定向对PMC信号及机床动作的要求如图6.4-2所示，说明如下：

1）CNC执行主轴定向M代码，向PMC发送M代码和MF信号。

2）PMC程序完成M译码后，向CNC发送定位启动信号SPSTP（G0028.6）；对于串行主轴控制，还需要同时发送转向信号SFRA/SRVB（G0070.4/G0070.5），使能主轴驱动器。

3）CNC在收到定位启动信号SPSTP信号后，向PMC发送主轴松开信号SUCLP（F0038.1）。

4）通过PMC程序的设计，控制机床执行主轴松开动作；松开完成后，向CNC发送“松开完成”信号*SUCPF（G0028.4）。

5）CNC收到“松开完成”信号*SUCPF后，撤销主轴松开信号SUCLP，并输出参数PRM1428设定的主轴定向转速；当主轴实际转速到达定向速度，并检测到编码器零脉冲后，转换参数PRM1425设定的回零速度。

6）主轴按参数PRM1425设定的回零速度搜索零点、完成定位；定位完成后，CNC向PMC发送零位到达信号ZPn（F0094.0~F0094.4，决定于主轴轴号的设定）和主轴夹紧信号SCLP（F0038.0）。

7）通过PMC程序的设计，控制机床执行主轴夹紧动作，完成后，向CNC发送夹紧完成信号*SCPF（G0028.5）及辅助机能执行完成信号MFIN（G0005.0）。

8）CNC收到夹紧完成信号后，撤销夹紧信号；收到辅助机能完成信号MFIN后，撤销M代码和MF信号。

9）PMC程序将MFIN信号置“0”，完成M代码执行。

5. 主轴定位控制

在主轴完成定向、零点建立后，便可进行主轴的定位。主轴定位点可用CNC指令或PMC信

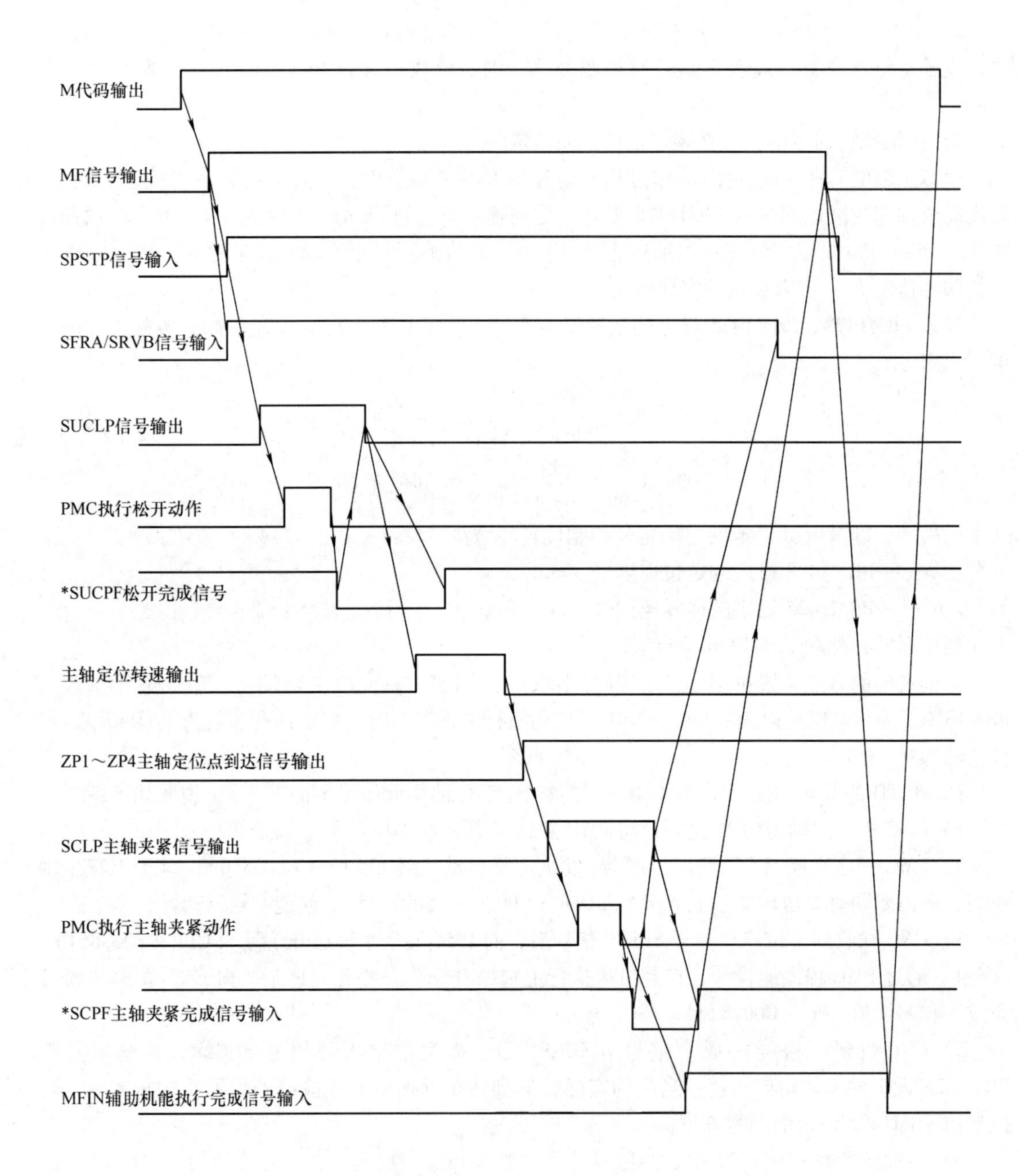

图 6.4-2　CNC 主轴定向动作

号指定，其中，CNC 指令又有 M 代码指定和地址 C 指定 2 种方式，三者的区别如下。

（1）M 代码指定

M 代码用于增量型分度定位，定位起始 M 代码由参数 PRM4962 设定，M 代码的数量由参数 PRM4964 设定，可以为 1～255 个，如参数 PRM4964＝0，随后的 1～6 个连续 M 代码便可用来定义角度。

M 代码定位的定位方向可通过 CNC 参数 PRM4950.1 设定，定位角度为增量。例如，当设定 PRM4962＝50；PRM4963　＝30 时，指令 M50 可将主轴定位到 30°位置；指令 M51 可将主轴定位到60°位置；而指令M55则可将主轴定位到180°等。

（2）地址C（H）指定

利用地址C指定定位位置时，CNC将其视为轴运动指令，故需要在程序中编制“G00 C□□□”指令，地址C的角度单位为0.001°，实际分辨率为0.088°，角度范围可为-999999.999°~999999.999°。

C（或H）指令定位的方向指定方法和数控回转轴相同，当参数PRM1008.0=0（360°循环显示）、PRM1008.1=1（捷径定位）时，还可以进行捷径定位。

G00 C□□□指令可采用绝对或增量方式编程，在G代码体系A中，绝对编程时采用地址C表示，增量方式时采用地址H表示；在G代码体系B、C中，绝对编程时采用指令G90，增量方式采用指令G91，角度地址统一使用C。

G00 C□□□指令的定位速度可以通过参数PRM1420设定，快速倍率调节对主轴定位同样有效，倍率选择F0时的定位速度可以通过参数PRM1421设定。

（3）PMC信号指定

在使用串行主轴控制的CNC上，主轴定位位置也可通过来自PMC的信号指定，这一功能称为“外部主轴定位”功能。外部主轴定位可用于第1和第2主轴，使用该功能需要将参数PRM3702.2（OR1，第1主轴）、PRM3702.3（OR2，第2主轴）设定为“1”。

外部主轴定向位置可通过12位二进制输入信号SHn00~SHn11指定，信号与定位角度θ的关系如下，式中的Pi为对应的二进制输入信号SHn i位为“1”的状态。

$$\theta = \frac{\sum_{i=0}^{n} 2^i \times P_i}{4096} \times 360°$$

执行外部主轴定位时，目标位置与当前位置之间的差值将直接转换为主轴位置跟随误差，进行闭环自动调节。

M代码指定的定位控制，除了不能输出零点到达信号ZPn外，其余全部动作都与主轴定向相同。执行C、H指令定位的定位动作和主轴定向基本相同，其动作过程如下：

1）PMC向CNC输入定位启动信号SPSTP（G0028.6），主轴进入定位控制。

2）CNC在接收到定位启动信号SPSTP后，向PMC输出主轴松开指令信号SUCLP（F0038.1）。

3）通过PMC程序的控制，机床执行主轴松开动作；松开完成后PMC向CNC发送松开完成信号*SUCPF（G0028.4）。

4）CNC在收到松开完成信号*SUCPF后，撤销主轴松开指令；并输出主轴定位速度（PRM1420设定）指令。

5）主轴按定位速度寻找定位点，到达定位点后向PMC输出主轴夹紧指令信号SCLP（F0038.0）。

6）通过PMC程序的控制，机床执行主轴夹紧动作，完成后向CNC发送夹紧完成信号*SCPF（G0028.5）。

6. 主轴定位撤销

主轴定位完成后，CNC将保持位置闭环控制状态，为了恢复主轴转速控制功能，需要通过参数PRM4961设定的M代码解除主轴定位。解除主轴定位对PMC信号和机床动作的要求如图6.4-3所示，说明如下。

1）CNC执行主轴定位解除M代码，并输出M代码与MF信号。

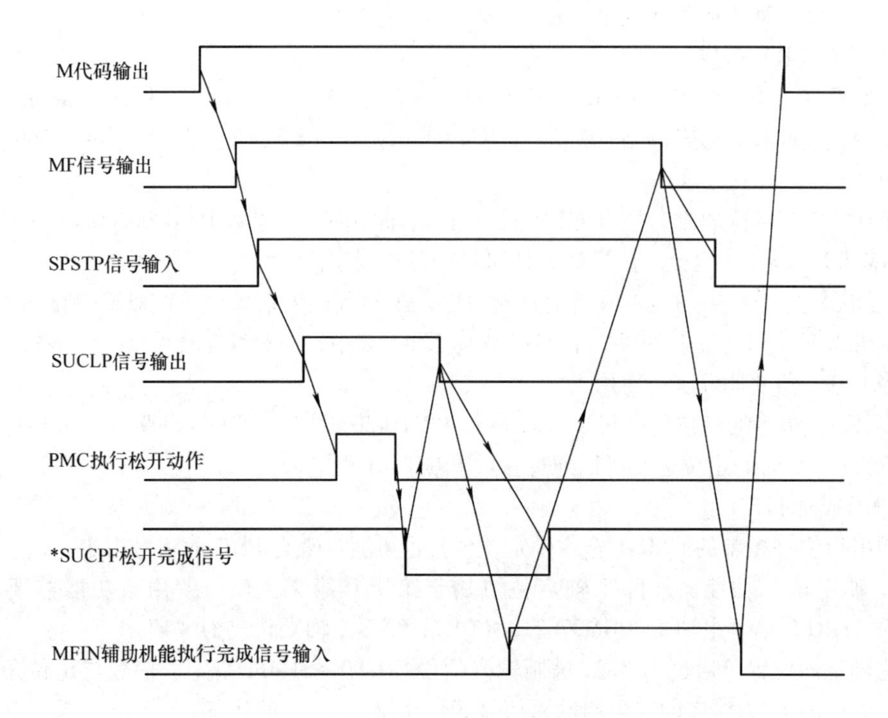

图6.4-3 主轴定位的解除

2）PMC 程序完成 M 译码后，向 CNC 输入定位启动信号 SPSTP（G0028.6）。

3）CNC 收到定位启动信号 SPSTP 后，向 PMC 输出主轴松开指令 SUCLP（F0038.1）。

4）通过 PMC 程序的控制，机床执行主轴松开动作；松开完成向 CNC 发送松开完成信号 *SUCPF（G0028.4）。

5）CNC 收到松开完成信号 *SUCPF 后，撤销主轴松开指令信号；

6）通过 PMC 程序的控制，PMC 向 CNC 发送辅助机能执行完成信号 MFIN（G0005.0），CNC 在收到 MFIN 信号后，撤销 M 代码和 MF 信号。

7）PMC 程序将 MFIN 置“0”，完成 M 代码执行。

6.4.3 串行主轴位置控制

1. 功能说明

在配套 FANUC 串行主轴驱动器的机床上，主轴的定向与定位控制功能可通过主轴驱动器实现，这种控制方式可用于 FS-0iD 的所有产品。

串行主轴采用的是网络通信控制，主轴驱动器无参数设定和显示单元，因此，其主轴定向和定位的参数仍需要在 CNC 上设定，驱动器控制信号也需要通过串行总线传送。

串行主轴位置控制，需要根据不同的结构，按照 6.1.2 节完成主轴配置参数的设定，选定主轴位置检测器件的类型与规格。当位置检测器件为编码器时，其主轴定向和定位的位置，可通过串行主轴参数的设定进行偏移，或通过 PMC 的 12 位二进制信号 SHn01 ~ SHn12 指定，定位角度的单位为 0.088°。

主轴完成定向后，可通过分度控制信号 INDXn（G0072.0），进行 360°范围内的分度定位，定位的方向可由 PMC 的控制信号 ROTA n（G0072.1）指定，或通过捷径选择信号 NRROn

（G0072.2）选择捷径定位。但是，当 CNC 选配 Cs 轴控制功能时，主轴可以实现完全位置控制，故不再需要、也不可以同时选择主轴定位控制功能。

2. 相关参数

FANUC 串行主轴驱动器的定向与定位控制参数见表 6.4-3。

表 6.4-3　串行主轴定向与定位控制相关参数表

参数号	代号	作　用	参数说明
3702.2	OR1	第 1 主轴外部停止位置指定	1：有效；0：无效，由 M 或 C 指定
3702.3	OR2	第 2 主轴外部停止位置指定	1：有效；0：无效，由 M 或 C 指定
3729.0	ORTn	串行主轴定向位置外部设定	1：有效；0：无效
4003.0	PCMGSL	主轴定向与定位方式	设定 0 为编码器定位
4003.2	DIRCT1	主轴定向转向 1	00：与原方向同，开机时为 CCW；01：与原方向同，开机时为 CW；10：CCW；11：CW
4003.3	DIRCT2	主轴定向转向 2	
4004.2	EXTRF	零脉冲类型 1	00：编码器零脉冲；01：接近开关上升沿；10：接近开关下降沿
4004.3	RFTYPE	零脉冲类型 2	
4017.7	NRROEN	捷径定位功能	1：有效；0：无效
4031	—	定向停止位置设定	0～4096（单位：0.088°）
4038	—	主轴定向定位转速	0～32767（r/min）
4042	—	CTH1＝0 挡速度环比例增益	0～32767（1/s）
4043	—	CTH1＝1 挡速度环比例增益	0～32767（1/s）
4050	—	CTH1＝0 挡速度环积分增益	0～32767（1/s）
4051	—	CTH1＝1 挡速度环积分增益	0～32767（1/s）
4056	—	CTH1＝0/CTH2＝0 挡传动比	PRM4006.1＝0：设定值＝100×（电动机转速）/（主轴转速） PRM4006.1＝1：设定值＝1000×（电动机转速）/（主轴转速）
4057	—	CTH1＝0/CTH2＝1 挡传动比	
4058	—	CTH1＝1/CTH2＝0 挡传动比	
4059	—	CTH1＝1/CTH2＝1 挡传动比	
4060	—	CTH1＝0 挡位置环比例增益	0～32767（0.011s^{-1}）
4061	—	CTH1＝1 挡位置环比例增益	0～32767（0.011s^{-1}）
4062	—	CTH1＝0 挡位置环积分增益	0～32767（0.011s^{-1}）
4063	—	CTH1＝1 挡位置环积分增益	0～32767（0.011s^{-1}）
4064	—	定位后的位置增益倍率	0～1000（%）
4075	—	定位到达信号允差	0～100（脉冲）
4076	—	定位速度限制值	0～100（%）
4077	—	主轴定向偏移	−4095～4095（脉冲）
4084	—	定向、定位时的电枢电压	0～100%，标准设定 30
4171	—	速度检测编码器传动比 DMR： 分母 P＝编码器转速； 分子 Q＝主轴转速 设定 0：视为 1	CTH1＝0 挡传动比分母 P
4172	—		CTH1＝0 挡传动比分子 Q
4173	—		CTH1＝1 挡传动比分母 P
4174	—		CTH1＝1 挡传动比分子 Q

3. PMC 信号

FANUC 串行主轴驱动器的定向与定位控制 PMC 信号见表 6.4-4。

表 6.4-4 串行主轴定向与定位 PMC 信号表

地　址	代号	作　用	信号说明
G0070.2/ G0074.2	CTH2 A/B	第 1/2 串行主轴实际传动级	00：高速；01：准高速；10：中速；11：低速
G0070.3/ G0074.3	CTH1 A/B	第 1/2 串行主轴实际传动级	
G0070.4/ G0074.4	SRVA/ B	第 1/2 串行主轴转向选择 1	00/11：停止；01：正转；10：反转
G0070.5/ G0074.5	SFRA/B	第 1/2 串行主轴转向选择 2	
G0070.6/ G0074.6	ORCM A/B	第 1/2 串行主轴定向指令	1：主轴定向；0：无效
G0072.0/ G0076.0	INDX A/B	第 1/2 串行主轴分度定位	下降沿有效
G0072.1/ G0076.1	ROTA A/B	第 1/2 串行主轴定位转向	0：正转；1：反转
G0072.2/ G0076.2	NRRO A/B	第 1/2 串行主轴捷径定位	0：无效；1：有效
G0072.5/ G0076.5	INCMD A/B	第 1/2 串行主轴增量定位	0：无效（绝对定位）；1：有效
G0078.0～G0079.3	SHA01～12	第 1 串行主轴定位点指定	12 位二进制
G0080.0～G0081.3	SHB01～12	第 2 串行主轴定位点指定	12 位二进制
F0045.7/ F0049.7	ORAR A/B	第 1/2 主轴定位完成	1：定位点到达；0：定位未完成
F0047.1/ F0051.1	INCST A/B	第 1/2 主轴定位方式	0：绝对位置定位；1：增量位置定位

4. 主轴定向

串行主轴定向的动作过程如图 6.4-4 所示，说明如下。

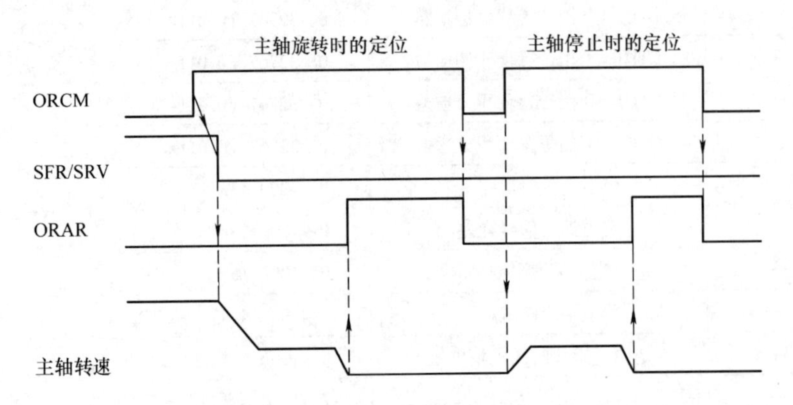

图 6.4-4 串行主轴定向动作过程

1）PMC 向主轴驱动器发送主轴定位命令 ORCMn（G0070.6 或 G0074.6），并将转向信号 SFRn/SRVn（G0070.4/ G0070.5 或 G0074.4/ G0074.5）同时置为“0”。

2）主轴在接收到定位命令后，如主轴处于旋转状态，则按照参数 PRM4003. 2、PRM4003. 3 规定的方向，减速到参数 PRM4038 设定的速度，并定位到参数 PRM4031 设定的位置（高速定位）；如主轴处于停止状态，则按照参数 PRM4003. 2、PRM4003. 3 规定的方向，加速到参数 PRM4038 设定的速度，定位参数 PRM4031 设定的位置。

3）主轴驱动器定位完成后，向 PMC 发送完成信号 ORARn（F0045. 7 或 F0049. 7），并且保持位置闭环状态。

4）PMC 在收到定向完成信号 ORARn 后，可执行其他指令，如进行刀具自动交换等。

5）PMC 在完成刀具交换等动作后，撤销主轴定位命令（将信号 ORCMn 置 0），主轴驱动器回到速度控制状态。

在主轴完成定向后，可继续通过分度控制信号 INDXn 进行分度定位。主轴分度定位可以通过信号 INCMDn 选择绝对或增量两种方式，其定位控制要求见后述。

5. 定向位置调整

主轴定向通常用于加工中心的自动换刀，故定向停止位置应是刀具与主轴的键能准确啮合的位置，但由于主电动机、编码器安装位置的不确定性，主轴定向位置通常需要调整。

在采用外置编码器的机床上，主轴定向的位置调整可通过改变编码器的安装角度进行。当主轴定向完成后，在保持闭环定位的状态下，如果手动改变编码器的检测头位置（旋转外壳），主轴便可自动跟随编码器零脉冲旋转，当角度正确后，重新固定编码器便可。

当机床采用电动机内置编码器，或者外置编码器位置调整有所不便时，主轴定向位置可以通过调整偏移的方法进行，如果现场有主轴驱动器调试板，偏移调整可按如下步骤进行：

1）设定参数 PRM4017. 7 =0、PRM4077 =0，取消捷径定位和定向位置偏移。

2）设定 PRM4031 =0 或将位置输入信号 SHn01 ~ SHn12 全部置“0”，选择 0°定向。

3）通过主轴驱动器调试板，设定驱动器参数 d_ 01 =295、d_ 02 ~ d_ 04 =0，使得主轴定位角度在调试板上显示。

4）输入定向命令 ORCMn，主轴定向完成后，调试板的位置显示应为 0000。

5）取消定向命令 ORCMn、使 CNC 进入急停。

6）切断主轴驱动器的主电源（保留控制电源），使得主电动机处于自由状态。

7）手动旋转机床主轴到要求的定位位置，并且记录该点的调试板位置显示值。

8）将记录的位置值作为定向点偏移值输入到参数 PRM4077 中。

如果，现场无主轴驱动器调试板，则需要通过反复改变参数 PRM4077 的偏移值，将主轴调整到要求的位置上。

6. 绝对定位

选择主轴绝对定位（INCMDn =0）时，可通过外部停止位置输入信号 SHn01 ~ SHn12 指定定位角度，通过分度定位，可将主轴停止位置偏移到所指定的角度上。选择绝对位置定位时，还可以通过信号 NRROn（G0072. 2 或 G0076. 2）生效捷径定位方式。

主轴分度定位时，定向命令 ORCMn（G0070. 6 或 G0074. 6）必须保持为“1”。此外，CNC 的外部停止位置指定功能设定参数 PRM3702. 2 或 PRM3702. 3 必须设定为“1”。

绝对位置分度定位的动作过程如图 6. 4-5 所示，说明如下。

1）PMC 将信号 INCMDn 置“0”，选择绝对定位方式。

2）PMC 向 CNC 发送 12 位二进制位置选择信号 SHn01 ~ SHn12（G0078. 0 ~ G0079. 3 或 G0080. 0 ~ G0081. 3），并通过信号 ROTAn（G0072. 1 或 G0076. 1）指定定位方向；如需要进行捷径定位，则将信号 NRROn（G0072. 2 或 G0076. 2）置“1”。

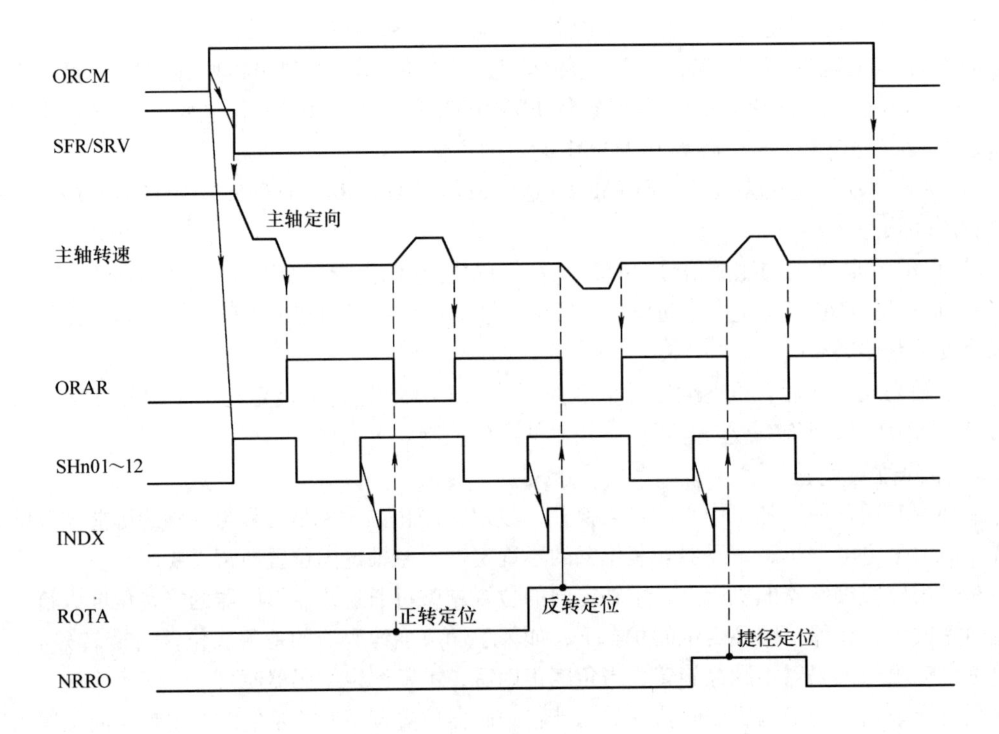

图 6.4-5　绝对定位过程

3）PMC 发送分度定位命令 INDXn，INDXn 需要通过 PMC 生成下降沿。

4）主轴按照规定的方向，旋转到指定的定位位置，定位完成后将完成信号 ORARn（F0045.7 或 F0049.7）置“1”，主轴保持闭环位置调节状态。

5）通过 PMC 的设计，执行机床的自动换刀等动作。

6）如需要，可重复 2）～5）动作，变换定位点。

7）机床的自动换刀等动作完成后，将主轴分度定位命令 ORCMn 置“0”，撤销闭环位置控制，主轴回到速度控制方式。

7. 增量定位

选择增量位置定位（INCMDn = 1）时，可通过外部位置输入信号 SHn01 ~ SHn12 增量改变角度。增量定位同样需要在主轴定向完成后进行，其移动方向由 ROTAn 选择，捷径选择功能无效。增量定位的动作过程如图 6.4-6 所示，说明如下。

1）设定 CNC 参数 PRM3702.2 或 PRM3702.3 为“1”，生效外部停止位置指定功能。

2）执行主轴定向指令，完成主轴定向，并保持定向命令 ORCMn 为“1”。

3）将信号 INCMDn 置“1”，选择增量位置定位方式。

4）PMC 向 CNC 发送 12 位二进制位置选择信号 SHn01 ~ SHn12（G0078.0 ~ G0079.3 或 G0080.0 ~ G0081.3），并通过信号 ROTAn（G0072.1 或 G0076.1）指定定位方向。

5）PMC 发送分度定位命令 INDXn，INDXn 需要通过 PMC 生成下降沿。

6）主轴按指令的方向进行增量定位，完成后向 PMC 发送完成信号 ORARn，并且保持闭环位置调节状态。

7）通过 PMC 的设计，执行机床的自动换刀等动作。

8）如果需要，可重复 3）～7）动作，变换定位点。

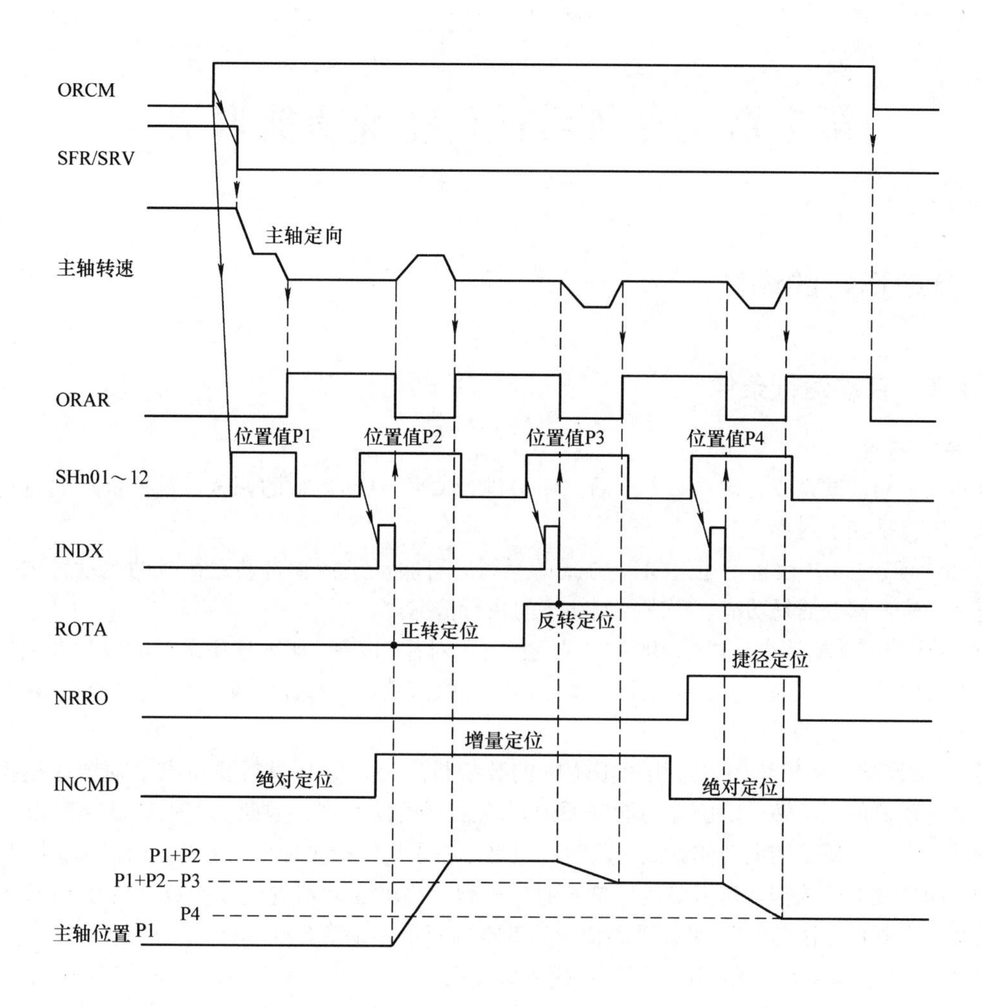

图6.4-6 增量定位过程

9）机床的自动换刀等动作完成后，将主轴分度定位命令ORCMn置“0”，撤销闭环位置控制，主轴回到速度控制方式。

第7章　自动运行与特殊功能调试

7.1　自动运行的调试

7.1.1　自动运行条件

1. 基本内容

坐标轴手动调试完成、建立参考点后，便可进行 CNC 自动运行的调试。数控机床的自动运行调试一般包括如下内容：

1）坐标轴的 MDI 运行。通过 MDI 方式的运行，可验证坐标轴自动运行时的运动方向、距离、速度，检查部分插补功能、程序控制功能的执行情况。

2）程序控制功能调试。通过 MEM 方式运行，可对控制 CNC 加工程序运行的各种参数、控制信号的有效性进行试验，例如空运行、单段运行、机床锁住、选择跳段、程序再启动、精确停止功能等。

3）主轴调试。在传统的、采用模拟主轴的数控机床上，CNC 只需要输出主轴转速模拟电压，主轴电动机的正反转、定位等功能需要通过主轴驱动器实现，因此，主轴调试一般以 PMC 程序调试为主，它属于辅助功能调试的范畴。但是，在采用串行主轴控制的 CNC 上，CNC、PMC 与主轴驱动器之间的数据传送需要通过总线通信进行，主轴驱动器的全部参数需要在 CNC 上设定，因此，其调试方法与 CNC 坐标轴类似，其基本内容可参见第6章。

4）辅助功能调试。辅助功能调试是对机床所使用的 M、T、B 等功能的调试。辅助功能调试需要结合 CNC 参数、PMC 程序和输入/输出信号、机床检测与执行元件、机械部件动作等综合进行。辅助功能包括了机床除坐标轴外的全部动作，例如，工作台分度、自动换刀、工作台交换、冷却、润滑、排屑等的调试。

5）CNC 功能调试。通过程序的 MEM 运行，可对 CNC 的插补、编程、固定循环、进给速度与加速度控制、操作与显示等全部功能进行完整的试验，确保功能的实现和机床动作的安全可靠。

2. 自动运行的条件

为了保证自动运行，CNC 必须处于如下工作状态：

1）驱动器无故障，位置控制系统工作正常，伺服准备好信号 F0000.6（SA）=1。

2）CNC 无报警，报警信号 F0001.0（AL）= 0。

3）后备电池正常，电池报警信号 F0001.2（BAL）=0。

4）系统软硬件无故障，CNC 准备好信号 F0001.7（MA）=1。

5）机床已完成手动回参考点操作，机床坐标系已经建立，行程保护已能可靠动作。

6）操作方式已选择 MDI 或 MEM，CNC 状态信号 MMDI（F0003.3）或 MMEM（F0003.5）为“1”。

7）自动运行的程序已通过 MDI 或 EDIT 方式输入。

8）CNC 处于自动运行允许状态，如未选择程序检索和重新启动方式等。

在此基础上，还需要通过 PMC 程序，向 CNC 提供如下控制信号。

1）无外部急停输入，信号 * ESP 为“1”。

2）无坐标轴互锁输入，信号 * IT、* ITn 为“1”。

3）轴在指定方向的移动允许，信号 + MITn、- MITn 为“0”。

4）机床坐标轴未超程，信号 * + Ln、* - Ln 为“1”。

5）无 CNC 复位输入，信号 RRW（G0008.6）和 ERS（G0008.7）为“0”。

6）无进给保持输入，信号 * SP 为“1”。

7）与运动方式相关的自动运行启动互锁信号 * STLK、* BSL、* CSL 状态正确。

8）机床未锁住，信号 MLK、MLKn 为“0”等。

3. 自动运行的状态

CNC 自动运行工作状态可通过 CNC→PMC 的状态信号进行检查，在 PMC 程序中，也可将这些信号作为 PMC 程序的逻辑控制条件编程。

自动运行的基本工作状态信号如下：

1）自动运行方式输出 OP。

2）循环启动信号输出 STL。

3）进给保持信号输出 * SP。

4）坐标轴快速移动状态输出 RPDO、切削进给状态输出（CUT）。

5）CNC 复位（RST）、倒带（RWD）状态输出等。

当 CNC 执行固定循环、辅助机能 M、B、T 等指令时，还有更多的状态信号输出，有关内容可参见相关部分说明。

7.1.2　自动运行的启动与停止

1. 自动运行的启动

CNC 自动运行的前提是操作方式应选择 MDI 或 MEM 方式之一，并需要输入相关的 CNC 运行程序，CNC 选择了自动运行方式后，其状态输出信号 OP 为“1”。

当自动运行基本条件满足、程序选定后，可通过 PMC→CNC 的循环启动信号 ST 的下降沿，启动所选程序的自动运行。循环启动信号 ST 的下降沿，一般直接通过手动操作 MDI 面板或机床操作面板的【START】键产生。

自动运行启动后，CNC→PMC 循环启动信号 STL 为“1”、进给保持信号 * SPL 变为“0”。信号 STL 可用于操作面板的循环启动 C. START 指示灯显示，以及作为 PMC 程序设计的自动运行状态确认信号。

CNC 的自动运行可通过 PMC→CNC 的控制信号中断或停止，根据不同的要求，自动运行的停止可以选择进给保持、自动运行停止和 CNC 复位停止三种方式。

2. 自动运行的互锁

自动运行互锁可使 CNC 停止部分动作或进入指定的暂停状态，但可以在互锁信号恢复后，继续自动运行，无须利用循环启动信号 ST 进行重新启动。

FS - 0iD 的自动运行互锁有如下三种方式：

1）将 PMC→CNC 的自动运行互锁信号 STLK 置“1”，CNC 可中断坐标轴的运动，电动机减速停止，剩余行程保留；但 F、S、T、M 等辅助功能指令仍可正常执行。STLK 信号的作用与坐标轴互锁信号 * IT 类似，但 STLK 只能用于自动运行控制，而 * IT 则对手动操作和自动运行均有效。

当参数 PRM3004.0 设定为“1”时，还可使用如下两种程序段启动互锁方式。

2）将 PMC→CNC 的程序段启动互锁信号＊BSL 置“0”，可在当前程序段执行完成后，停止执行下面的程序段，＊BSL 信号可用于单程序段运行控制。

3）将 PMC→CNC 的切削程序段启动互锁信号＊CSL 置“0”，可在当前程序段执行完成后，停止执行后面的切削加工程序段执行，但是，信号＊CSL 它对非切削加工加工程序段，如 G00 段、F、S、T、M 指令段等无效，＊CSL 信号多用于需要检查主轴转速到达的切削加工控制。

3. 进给保持

进给保持（Feed Hold）又称进给暂停，这是一种中断当前的全部自动加工动作、并保留现行信息的停止方式，它是最常用的自动加工停止方式。

CNC 可通过如下方式进入进给保持状态。

1）操作机床操作面板的【F. HOLD】键，通过 PMC 程序，将 PMC→CNC 的进给保持信号＊SP 置为“0”。

2）机床的操作方式被强制转换到手动，例如，由 MDI 或 MEM 转换到 JOG、INC、MPG、REF、TJOG、THND 方式时，CNC 自动进入进给保持状态。

CNC 进入进给保持状态后，循环启动信号 STL 将变为“0”、进给保持信号＊SPL 将变为“1”，因此，信号＊SPL 可以用于操作面板上的进给保持指示灯控制，或根据需要，通过 PMC 程序设计，停止机床的相关运动。

FS－0iD 的进给保持对于不同的 CNC 程序段的停止有如下区别：

坐标轴运动程序段：立即中断运动，电动机减速停止，剩余行程保留；

辅助机能执行段：等待现行的辅助机能执行完成、FIN 信号返回后，进入进给保持状态；

螺纹加工段：等待螺纹段加工完成后，进入进给保持状态；

攻螺纹循环：等待攻螺纹循环加工完成后，进入进给保持状态；

用户宏程序段：等待用户宏程序段执行完成后，进入进给保持状态。

以上为进给保持的一般情况，也可通过 CNC 参数的设定和 PMC 程序的设计，改变部分动作。

如果操作方式未被转换，在取消 CNC 的进给保持状态，＊SP 恢复为 1 后，可以通过循环启动信号 ST，继续被中断的自动加工动作。

4. 自动运行停止

自动运行停止（CNC Stop）状态是一种自动结束 CNC 全部加工动作，并保留 CNC 状态信息的停止方式，它是由 CNC 自动生成的状态。

CNC 可通过如下方式进入自动运行停止状态：

1）在选择单程序段执行指令时，当前程序执行段完成。单程序段的自动运行停止，可直接通过循环启动信号 ST，继续下一程序段运行。

2）MDI 工作时，完成了 MDI 输入程序段的执行。

3）CNC 出现了操作、编程类报警。

4）当前程序段执行完成后，CNC 的操作方式由 MDI 转换到 EDIT 或 MEM 方式，或者，由 MEM 转换到 EDIT 或 MDI 方式等。

CNC 进入自动运行停止状态后，CNC→PMC 的循环启动信号 STL 与进给保持信号＊SPL 均为“0”；自动运行状态输出信号 OP 保持为“1”。

5. CNC 复位停止

CNC 复位停止（CNC Reset）状态是一种结束 CNC 当前的全部自动加工动作，并清除 CNC

状态信息的停止方式。

CNC 可通过如下方式进入复位停止状态：

1）将 CNC 的急停输入信号 * ESP 为“0”。

2）CNC 复位与倒带信号 ERS 或 RRW 输入为“1”。

3）MDI/LCD 面板上的 CNC 复位键（RESET）被按下。

CNC 进入复位停止状态后，CNC→PMC 的循环启动信号 STL、进给保持信号 * SPL、自动运行状态输出信号 OP 均为“0”。在 CNC 复位期间，状态输出 RST（F0001.1）信号为“1”，即使在复位取消后，该信号需要保持参数 PRM3017 设定的延时后才能为“0”。当 CNC 执行 M、S、T、B 机能期间被复位，CNC 将在 100ms 后取消 MF、SF、TF、BF 输出信号。

7.1.3　控制信号和参数

1. 控制信号

FS－0iD 用于程序自动运行控制的信号与状态输出信号见表 7.1-1。

表 7.1-1　自动运行信号一览表

地址	代号	作　用	信号说明
X0008.4	* ESP	急停输入	0：CNC 急停；1：无效
G0007.1	STLK	自动运行坐标轴互锁	1：禁止坐标轴运动；0：允许
G0007.2	ST	自动运行启动	下降沿启动自动运行
G0008.1	* CSL	切削加工段启动禁止	0：禁止切削加工程序段启动；1：允许
G0008.3	* BSL	程序段启动禁止	0：禁止启动下一程序段；1：允许
G0008.5	* SP	进给保持	0：进给保持；1：也许启动
G0008.7	ERS	CNC 复位	1：CNC 复位；0：无效
G0008.6	RRW	CNC 复位与倒带	1：复位与倒带；0：无效
F0000.0	RWD	CNC 复位与倒带状态	1：复位与倒带中；0：无效
F0000.4	SPL	进给保持状态	1：进给保持中；0：非进给保持
F0000.5	STL	循环启动状态	1：程序运行中；0：非程序运行
F0000.7	OP	自动运行状态	1：选择自动运行方式；0：其他方式
F0001.1	RST	CNC 复位状态	1：复位中；0：无效
F0002.1	RPDO	快速进给	1：坐标轴快速进给方式；0：其他
F0002.6	CUT	切削进给	1：坐标轴切削进给方式；0：其他

2. 相关参数

FS－0iD 用于自动运行控制的主要 CNC 参数见表 7.1-2。

表 7.1-2　自动运行相关参数一览表

参数号	代号	作　用	参数说明
3001.2	RWM	程序复位时的 RWD 信号输出	0：不输出；1：输出
3004.0	BSL	* BSL/ * CSL 功能设定	0：无效；1：有效
3004.1	BCY	* BSL 对固定循环的影响	0：对循环起始段有效；1：对全部动作有效

（续）

参数号	代号	作　　用	参数说明
3017	—	RST 信号输出延时	RST 信号在 CNC 复位完成后的延时时间
3203.7	MCL	复位对 MDI 程序的影响	0：保留；1：清除 MDI 程序
3402.0	G01	CNC 复位时的 G00 定位	0：快速；1：直线型
3402.1	G18	CNC 复位时的 G18 选择	0：无效；1：有效
3402.2	G19	CNC 复位时的 G19 选择	0：无效；1：有效
3402.3	G91	CNC 复位时的 G90/91 选择	0：G90；1：G91
3402.4	FPM	CNC 复位时的 G99/98 选择	0：G99 或 G95；1：G98 或 G94
3402.6	CLR	急停/复位/倒带信号的作用	0：CNC 复位；1：CNC 清除（见下述）
3404.4	M30	M30 复位	0：输出 M30 并复位；1：仅输出 M30
3404.5	M02	M02 复位	0：输出 M02 并复位；1：仅输出 M02
3402.7	G23	CNC 复位时的 G22/23 选择	0：G22；1：G23
5003.6	LVK	刀具偏置的复位取消	0：有效；1：无效
5003.7	TGC	刀补坐标偏移的复位取消	0：有效；1：无效
5006.3	LVC	磨损偏置的复位取消	0：无效；1：有效
6001.6	CCV	复位对变量#100 ~ #199 的影响	0：清除；1：保留

3. CNC 复位与清除

FS-0iD 可通过输入复位或倒带信号（ERS 或 RRW）、急停信号 * ESP、按 MDI/LCD 面板上的 RESET 键或 CNC 电源重启等方式，清除 CNC 报警和 CNC 缓冲存储器数据。通过参数 PRM3402.6 的设定，可定义急停、复位、倒带信号的作用，设定 PRM3402.6 = 0 时，为 CNC 复位；设定 PRM3402.6 = 1 时，为 CNC 清除。

CNC 重启、CNC 复位和 CNC 清除的对程序代码、程序数据、PMC 信号的影响见表 7.1-3。

表 7.1-3　CNC 重启、复位与清除的作用表

执行的操作		CNC 重启	CNC 清除	CNC 复位
程序代码	进给速度代码 F	清除	清除	保留
	S、T、M 代码	清除	保留	保留
	主轴模拟量输出	清除	保留	保留
	固定循环、子程序重复次数	清除	清除	清除
	工件坐标系	清除	保留	保留
	模态 G 代码信息	G20/21 保留，其余恢复到默认状态		保留
	非模态 G 代码信息	清除	清除	清除
	MDI 程序	清除	清除	PRM3203.7 设定
	输入缓冲区内容	清除	清除	清除

（续）

执行的操作		CNC 重启	CNC 清除	CNC 复位
程序数据	剩余行程	清除	清除	清除
	暂停时间	清除	清除	清除
	G17/18/19 加工平面选择	清除	PRM3402.1、PRM3402.2 设定	
	MDI 方式的刀补	清除	清除	保留
	刀具偏置	清除	决定于 PRM5003.6 设定	
	刀补坐标偏移	清除	决定于 PRM5003.7 设定	
	磨损偏置	清除	决定于 PRM5006.3 设定	
	MDI 方式的子程序号	清除	清除	保留
	其他方式的子程序号	清除	清除	清除
PMC 信号	CNC 报警输出 AL	如无报警，则清除		
	S、T、B 代码输出	清除	保留	保留
	M 代码输出	清除	清除	清除
	MF、SF、TF 信号	清除	清除	清除
	CNC 准备好信号 MA	置 1	保留	保留
	伺服准备好信号 SA	如无报警，则置 1		
	循环启动信号	清除	清除	清除
	进给保持信号	清除	清除	清除

7.1.4　程序运行控制

1. 功能说明

CNC 程序运行可通过 PMC→CNC 的控制信号，进行机床锁住、空运行、单段执行、手轮叠加、选择跳段、比较停止、程序重启、坐标轴回退、刚性攻螺纹回退、手轮回退等控制。

（1）机床锁住

机床锁住是通过观察 CNC 位置显示的变化，检查刀具运动轨迹的一种程序模拟方法，机床锁住时，坐标轴的 CNC 位置显示正常变化，但机床不产生实际运动。机床锁住可通过 PLC 控制信号 MLK（所有轴）或 MLKn（指定轴）控制，机床锁住只对坐标轴运动有效，程序中的辅助机能 M、S、T、B 将正常执行。对于运动中的坐标轴，机床锁住一旦生效，坐标轴即减速停止；但是，如果信号恢复为“0”，坐标轴便立即运动，因此，从安全、可靠的角度考虑，一般不应对运动中的坐标轴实施机床锁住操作。

（2）空运行

空运行是利用手动进给速度代替程序运动速度的运行方式，通过手动控制进给速度，可加快切削程序段的运动速度，控制机床安全可靠地运行，这是一种最常用的程序检查运行方式。空运行仅对自动运行方式有效。

（3）单段运行

可以单步执行加工程序，进行程序的逐段检查。程序的试切削检查，一般在同时生效单段和空运行的情况下进行。但是，如果在螺纹加工循环中加入单段控制信号，一般需要在螺纹加工完成后才能生效。

（4）手轮叠加

手轮叠加用于编程轨迹的偏移，它可以在自动运行程序进给保持时，利用手轮移动坐标轴，手轮移动量可叠加到程序轨迹上，从而使编程轨迹产生平移。

（5）选择跳段

选择跳段可将前缀有跳段标志“/”的程序段忽略。如果需要，也可通过“/1”～“/9”标识，由不同的 PMC 控制信号，进行选择性跳段。

（6）比较停止

程序段比较停止又称核对停止，它可使得运行中的程序在特定的程序段单段停止。需要比较停止的程序号和程序段号可通过 CNC 参数 PRM8341、PRM8342 选择，或者在 CNC 设定页面设定；功能不需要 PMC 信号进行控制。

（7）程序重新启动

程序重新启动简称程序重启，它可使得加工程序在指定的程序段开始执行，它常用于刀具损坏、重新更换后的继续加工，避免重复切削。程序重新启动时，可以对启动段前的程序进行模拟运行，并记录其模态 G 代码状态、刀补、工件坐标系等必要的数据；到达指定段后，刀具可按规定的次序、以空运行速度运动到目标位置，然后继续自动加工。

（8）回退

FS - 0iD 的回退功能包括坐标轴回退、刚性攻螺纹回退和手轮回退 3 种，在 FANUC 手册中，坐标轴回退又称通用回退。

坐标轴回退一般用于刀具损坏时的加工退出，它可以通过 PMC 信号 RTRCT（G0066.4）的控制，将指定的坐标轴按照参数 PRM7740 所设定的回退速度，回退参数 PRM7741 所设定的行程。

刚性攻螺纹加工时，主轴与进给轴必须保持同步，由于刀具与工件存在丝锥，因此，一旦产生中断，就较难将刀具从工件中退出。刚性攻螺纹回退可针对攻螺纹过程中的意外中断，控制进给轴和主轴同步退出，回退既可用 PMC 信号 RTNT（G0062.6）控制，也可用程序指令 G30 控制。采用 PMC 信号控制时，参数 PRM5200.0 必须设定为 1，攻螺纹加工中断后可通过选择 MDI 方式、执行指定的 M 指令，来生效回退控制信号 RTNT，启动回退。通过程序指令 G30 控制回退时，参数 PRM5200.0 必须设定为 0，回退信号 RTNT 必须为 0，然后利用 MDI 或 MEM 输入并执行指令 G30P99M29S□□□，启动回退。

手轮回退是一种通过手轮控制加工程序逆向执行的功能。手轮回退通常用于数控火焰切割、激光加工、冲剪等机床。例如在火焰切割、激光加工机床上，经常会由于工件表面的不平整，出现部分位置的切割不能完全到位的情况，此时，可利用手轮回退功能，逆向执行加工程序，对原轨迹进行重复切割加工。在数控车削、镗铣类机床上，回退功能也可用于刀具的退出保护，例如，当加工过程中出现过载、加工异常等故障时，为了避免刀具和工件干涉，可通过回退功能，控制刀具沿加工时的编程轨迹退出，以避免碰撞。

除了以上功能外，CNC 的程序运行控制实际上还涉及大量与插补控制、进给速度控制、程序编辑、程序输入/输出、刀具补偿、刀具寿命管理、固定循环、用户宏程序控制以及与 CNC 操作、显示等相关的功能，由于这些功能控制的 CNC 参数和 PMC 信号含义比较明确，使用较简单，相关参数和信号的作用在附录中已有简要说明，具体内容可参见本书作者编写、机械工业出版社出版的《FANUC - 0iD 编程与操作》、《FANUC - 0iD 选型与设计》两书或参见 FANUC 手册，本书不再对其进行详细介绍。

2. PMC信号

FS-0iD与程序运行控制相关的PMC信号见表7.1-4。

表7.1-4 程序运行控制PMC信号一览表

地 址	代 号	作 用	信号说明
G0006.0	SRN	程序重新启动	1：选择程序重新启动方式；0：无效
G0006.2	*ABSM	手轮叠加后的绝对编程	0：刀具回到程序轨迹；1：轨迹仍被平移
G0044.0	BDT1	跳过程序段控制1	0：无效；1：前缀“/”或“/1”的段被跳过
G0044.1	MLK	机床锁住	1：全部坐标轴的移动禁止；0：无效
G0045.0~7	BDT2~9	跳过程序段控制2~9	0：无效；1：前缀“/2~/9”的段被跳过
G0046.1	SBK	单程序段执行	1：有效；0：无效
G0046.7	DRN	空运行	1：有效；0：无效
G0062.6	RTNT	刚性攻螺纹回退控制	1：回退；0：无效
G0066.4	RTRCT	坐标轴回退	1：回退；0：无效
G0067.2	MMOD	程序检查方式	1：有效（可执行手轮回退）；0：无效
G0067.3	MCHK	手轮回退	1：有效；0：无效
G0108.0~4	MLK1~5	坐标轴独立锁住	1：有效；0：无效
F0002.4	MRNMV	程序重新启动状态	1：重新启动中；0：无效
F0002.7	MDRN	空运行状态	1：空运行中；0：无效
F0004.0	MBDT1	跳过程序段1状态	1：有效；0：无效
F0004.1	MMLK	机床锁住状态	1：全部轴锁住中；0：无效
F0004.2	MABSM	手轮叠加后的绝对编程	0：有效；1：无效
F0004.3	MSBK	单段运行状态	1：单段运行中；0：无效
F0005.0~7	MBDT2~9	跳过程序段2~9状态	1：有效；0：无效
F0065.4	RTRCTF	坐标轴回退状态	1：回退中；0：无效
F0066.1	RTPT	刚性攻螺纹回退状态	1：回退中；0：无效
F0091.1	MNCHG	手轮回退无法进行	1：当前段不能进行手轮回退；0：无效
F0091.2	MRVSP	手轮回退禁止	1：手轮回退不允许；0：无效
F0091.6	MMMOD	手轮回退状态	1：手轮回退中；0：无效

3. 相关参数

FS-0iD与程序运行控制相关的CNC参数见表7.1-5。

表7.1-5 程序运行控制参数一览表

参数号	代号	作 用	参数说明
1401.5	TDR	空运行对攻螺纹循环与螺纹加工	0：有效；1：无效
1401.6	RDR	空运行对快速	1：有效；0：无效
1410	—	倍率100%时的空运行速度	6~12000
5200.4	DOV	刚性攻螺纹回退倍率	1：有效；0：无效
5200.6	FHD	刚性攻螺纹的单段、进给保持	0：无效；1：有效
5202.1	RG3	刚性攻螺纹的回退控制	1：G30指令；0：RTPT信号
5381	—	刚性攻螺纹的回退倍率	0~200%

（续）

参数号	代号	作　用	参数说明
5382	—	刚性攻螺纹的回退行程	－999999999～999999999
6000.5	SBM	宏程序的单段控制	0：变量#3003 控制；1：信号 SBK 有效
6000.7	SBV	变量#3000 单段控制	0：无效；1：有效
7001.0	MIN	手轮叠加功能	1：有效；0：无效
7300.3	SJG	程序重启时的返回速度	0：空运行速度；1：手动速度
7300.6	MOA	程序重启 M/S/T/B 输出选择	0：最后的代码；1：全部代码
7300.7	MOU	程序重启 M/S/T/B 输出功能	0：禁止；1：允许
7301.0	ROF	程序重启位置显示	0：带刀补；1：按正常设定
7310	—	程序再启动时坐标轴的移动次序	1～5
8341	—	需要进行比较停止的程序号	设定程序号
8432	—	需要比较停止的程序段号	设定程序段号

7.2 辅助功能的调试

7.2.1 辅助功能及处理

1. 功能说明

辅助功能是 CNC 用于坐标轴外其他动作控制的功能，在加工程序中，辅助功能一般用 M、B、T、S、E 等代码来指令；其中，M 代码称为第 1 辅助功能；B、E 代码称为第 2、第 3 辅助功能；T、S 有特定的意义，称为刀具功能和主轴转速功能，但其处理方式仍属于辅助功能，有关 S 功能的调试方法可参见第 6 章主轴调试的相关内容。

除 M00/01/M02/M30 等少数与 CNC 程序运行直接相关的 M 代码外，辅助功能的作用一般都可由 PMC 程序设计者定义，因此，在不同机床上，同样的辅助功能代码可能有完全不同的含义，其编程与调试应结合机床要求进行。但是，不可以由机床设计者定义与使用。

辅助功能可在加工程序中自由编程，CNC 执行加工程序时，只是将其十进制代码转换为二进制信号，并传送 PMC 上，代码的功能需要通过 PMC 程序的设计实现。

FS－0iD 常用的辅助功能代码 M、B 及刀具功能代码 T 的特点与区别见表 7.2-1。

表 7.2-1　M、B、T 代码的特点

辅助功能名称	第 1 辅助功能	第 2 辅助功能	刀具功能
CNC 编程代码	M	B	T
编程代码设定	—	PRM3460	—
代码位数设定	PRM3030	PRM3033	PRM3032
负数和小数点编程	—	PRM3450.0	—
1 个程序段可编程的代码数	PRM3404.7 设定，最大 3	固定 1	固定 1
代码输出	32 位二进制＋MF	32 位二进制＋BF	32 位二进制＋TF
高速处理	可以	可以	可以
执行完成后的处理	清除	保留	保留

一般而言，为了机床动作的清晰，一个加工程序段中所指令的M代码通常为1个，但如需要，FS-0iD也可在一个程序段中同时指令3个M代码。在这种情况下，CNC将同时向PMC传送3组M功能代码信号M00～M31/MF1、M200～M215/ MF2和M300～M315/ MF3；其中，第2、3个M代码的转换位数为16位，因此，其编程范围不能超过4位十进制数。

2. 辅助功能处理

辅助功能的一般处理过程如图7.2-1a所示，如需要，也可以通过参数的设定，选择图7.2-1b所示的高速处理方式。

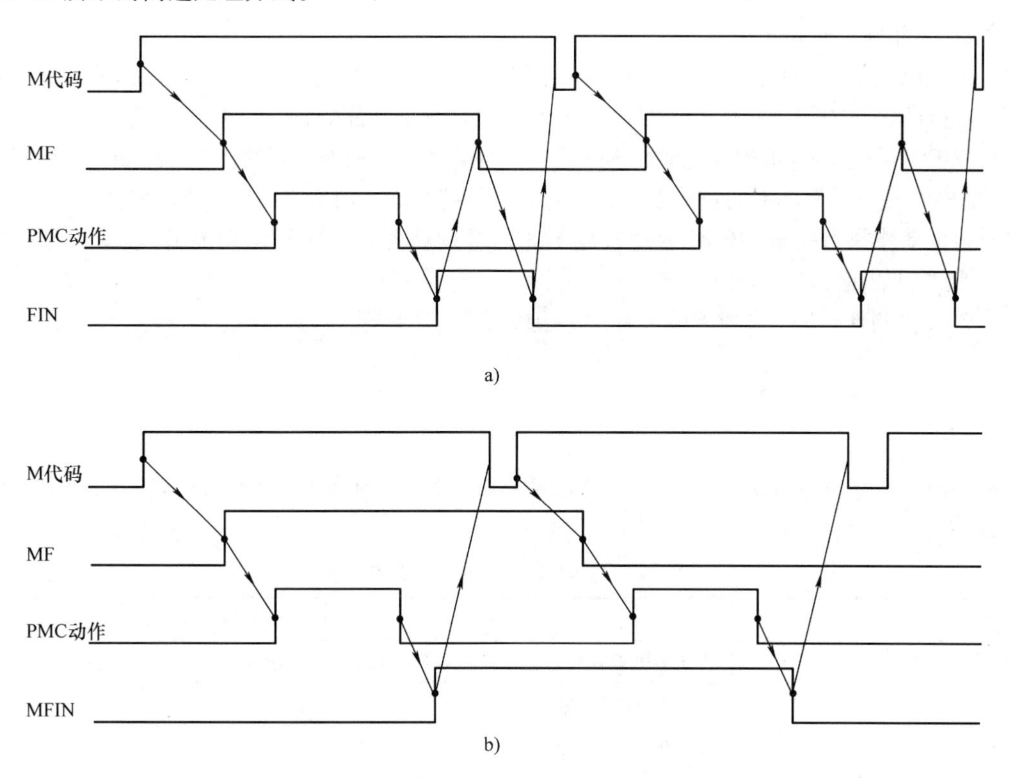

图7.2-1　M代码的处理方式

a）通常处理　b）高速处理

辅助功能的一般处理过程如下：

1）CNC将程序中以10进制形式编程的辅助功能代码（如M代码），转换为CNC→PMC的二进制信号，并发送到PMC。

2）M代码发送后，经过参数设定的延时，CNC向PMC发送辅助功能修改信号MF或SF、TF、BF，表明二进制信号输出完成。

3）PMC对来自CNC的辅助功能代码进行译码等处理，并根据不同的代码，控制相应的机床动作，在PMC执行辅助功能的过程中，CNC将处于等待状态，而不进行下一程序段的处理。

4）机床动作执行完成，PMC向CNC发送辅助功能完成信号FIN，表明辅助功能的动作已完成。

5）CNC在收到FIN信号后，经过参数设定的延时，将辅助功能修改信号MF或SF、TF、BF恢复为“0”。

6）通过PMC程序的设计，复位FIN信号，CNC继续执行下一程序段。

当辅助功能与轴运动指令同时编程时，可在轴运动的同时或轴运动完成后，处理辅助功能，PMC 程序设计者可利用 CNC 的插补脉冲分配完成信号 DEN 的状态进行控制。

以上辅助功能的处理在动作完成后需要经过 PMC 发送 FIN 信号、CNC 清除 MF、TF、BF 信号、PMC 复位 FIN 信号的过程，它需要较长的“应答”时间。

辅助功能高速处理简化了“应答”过程，信号 MF、SF、TF 及 FIN 的处理方式有所不同，其处理过程如下：

1）CNC 将程序中以 10 进制形式编程的辅助功能代码（如 M 代码），转换为 CNC→PMC 的二进制信号，并发送到 PMC。

2）M 代码发送后，经过参数设定的延时，CNC 改变辅助功能修改信号 MF 或 SF、TF、BF 的状态，它可以是“0”→“1”或“1”→“0”，表明辅助功能的转换完成。

3）PMC 对来自 CNC 的辅助功能代码进行译码等处理，并根据不同的代码，控制相应的机床动作，在 PMC 执行辅助功能的过程中，CNC 将处于等待状态，而不进行下一程序段的处理。

4）机床动作执行完成，PMC 通过改变 FIN 信号的状态，表明辅助功能的执行已经完成。FIN 信号状态可以是“0”→“1”或“1”→“0”。

5）CNC 检测到 FIN 上升或下降沿后，开始执行下一程序段。

7.2.2 参数与信号

1. CNC 参数

FS－0iD 与辅助功能控制相关的 CNC 参数见表 7.2-2，表中参数改变将直接影响到 PMC 程序和机床动作。

表 7.2-2 辅助功能参数一览表

参数号	代号	作　用	参数说明
3001.7	MHI	M/S/T/B 处理方式	0：普通；1：高速
3002.2	MFD	高速辅助机能的 DEN 输出	0：延时；1：同时
3010	—	MF/SF/TF/BF 信号输出延时	16～32767ms
3011	—	FIN 信号最小宽度	16～32767ms
3030	—	M 代码位数	1～8
3031	—	S 代码位数	1～8
3032	—	T 代码位数	1～8
3033	—	B 代码位数	1～8
3404.7	M3B	程序段允许编程的 M 代码数	0：1；1：3
3405.0	AUX	第 2 辅助功能英制单位	0：同公制；1：10 倍
3411～3420		禁止读入缓冲的 M 代码设定	直接指定 10 个 M 代码
3421～3432		禁止读入缓冲的 M 代码区域设定	依次设定 6 组 M 代码的起始和结束值
3450.0	AUP	第 2 辅助功能的小数点输入	0：无效；1：有效
3460	—	第 2 辅助功能地址	字符代码
8132.2	BCD	第 2 辅助功能选择	0：无效；1：有效

2. PMC 信号

FS－0iD 与辅助功能控制相关的主要 PMC 信号见表 7.2-3。

表7.2-3　辅助功能控制信号一览表

地址	代号	作　用	信号说明
G0004.3	FIN	辅助功能执行完成	1：完成；0：无效
G0004.4	MFIN2	第2个M代码执行完成	1：完成；0：无效
G0004.5	MFIN3	第3个M代码执行完成	1：完成；0：无效
G0005.0	MFIN	高速辅助功能M执行完成	1：完成；0：无效
G0005.2	SFIN	高速辅助功能S执行完成	1：完成；0：无效
G0005.3	TFIN	高速辅助功能T执行完成	1：完成；0：无效
G0005.4	BFIN	高速辅助功能B执行完成	1：完成；0：无效
G0005.6	AFL	辅助功能锁住	1：锁住；0：无效
G0005.7	BFIN	高速第2辅助功能执行完成	1：完成；0：无效
F0001.3	DEN	插补脉冲分配完成	1：完成；0：运动中
F0004.4	MAFL	辅助功能锁住生效	1：锁住；0：无效
F0007.0	MF	M代码修改信号	1：修改；0：无效
F0007.1	EFD	高速辅助功能等待	1：等待；0：无效
F0007.2	SF	S代码修改信号	1：修改；0：无效
F0007.3	TF	T代码修改信号	1：修改；0：无效
F0007.4	BF	B代码修改信号	1：修改；0：无效
F0007.7	BF	第2辅助功能修改信号	1：修改；0：无效
F0008.4	MF2	第2个M代码修改信号	1：修改；0：无效
F0008.5	MF3	第3个M代码修改信号	1：修改；0：无效
F0009.4	DM30	M30代码直接输出	1：M30有效；0：无效
F0009.5	DM02	M02代码直接输出	1：M02有效；0：无效
F0009.6	DM01	M01代码直接输出	1：M01有效；0：无效
F0009.7	DM00	M00代码直接输出	1：M00有效；0：无效
F0010.0～F0013.7	M00～M31	第1个M代码32位二进制输出	
F0014.0～F0015.7	M200～M215	第2个M代码16位二进制输出	
F0016.0～F0017.7	M300～M315	第3个M代码16位二进制输出	
F0022.0～F0025.7	S00～S31	S代码32位二进制输出	
F0026.0～F0029.7	T00～T31	T代码32位二进制输出	
F0030.0～F0033.7	B00～B31	B代码32位二进制输出	

7.3　外部数据输入与程序检索

7.3.1　外部数据输入

1. 功能说明

FS－0iD的外部数据输入是一种PMC和CNC间的数据交换功能，它可通过PMC程序，将数据从PMC传送到CNC的指定存储器上。FS－0iD允许通过PMC输入的数据包括程序号、外部刀具偏置值、外部工件坐标系偏置、机床报警号与报警文本、操作信息号与文本、加工零件计数等。

PMC 向 CNC 传送的数据由 7 位地址 EA0～EA6 和 16 位数据 ED0～ED15 组成，地址用来指定输入数据类型；数据为输入内容。不同的地址对输入数据的格式要求见表 7.3-1。

表 7.3-1 外部数据输入格式

数据类型	地址（7 位）							数据（16 位）	
	EA6	EA5	EA4	EA3	EA2	EA1	EA0	格式	输入范围
程序号	0	0	0	×	×	×	×	4 位 BCD 码	0～9999
刀具偏置值	0	0	1	×	×	×	×	4 位带符号 BCD 码	－7999～7999
工件坐标系偏置值	0	1	0	（轴号）－1				带符号二进制数	－9999～9999
机床报警号	1	0	0	0	0	0	0	无符号二进制数	0～999
机床报警清除	1	0	0	0	0	0	1	无符号二进制数	0～999
操作信息号	1	0	0	0	1	0	0	无符号二进制数	0～999
操作信息清除	1	0	0	0	1	0	1	无符号二进制数	0～999
文本信息	1	0	0	0	×	1	1	ASCII 字符	
加工零件数预置	1	1	0	0	0	0	0	4 位 BCD 码	0～9999
已加工零件数	1	1	0	0	0	0	1	4 位 BCD 码	0～9999

注：“×”为任意状态

2. 参数和信号

FS－0iD 与外部数据输入相关的 CNC 参数见表 7.3-2。

表 7.3-2 外部数据输入相关参数一览表

参数号	代号	作用	参数说明
3006.1	EPN	外部工件号检索功能	1：PN1～6；0：EPN0～13
3006.2	EPS	外部工件号检索启动信号	0：ST；1：EPS
3202.6	PSR	被保护程序的检索	0：禁止；1：允许
6300.3	ESC	复位对外部程序检索的影响	0：复位后检索；1：取消检索
6300.4	ESR	外部程序检索功能	0：无效；1：有效
6300.7	EEX	外部程序检索扩展功能	0：无效；1：有效

FS－0iD 与外部数据输入相关的 PMC 信号见表 7.3-3。

表 7.3-3 外部数据输入 PMC 信号一览表

地　址	代　号	意　义	说　明
G0000.0～G0001.7	ED0～ED15	外部输入数据	16 位二进制
G0002.0～G0002.6	EA0～EA6	外部数据输入地址	7 位二进制
G0002.7	ESTB	外部数据输入请求	1：外部数据输入；0：无效
G0009.0～G0009.4	PN1～PN16	外部工件号输入	5 位二进制输入
G0024.0～G0025.5	EPN0～EPN13	扩展的外部工件号输入	14 位二进制输入
G0025.7	EPNS	扩展的外部工件号检索启动	下降沿：检索启动
F0060.0	EREND	外部数据读入完成	1：读入完成；0：无效
F0060.1	ESEND	外部程序检索完成	1：检索完成；0：无效
F0060.2	ESCAN	外部程序检索取消	1：检索取消；0：无效

3. 外部数据输入

外部数据输入的控制要求如图7.3-1所示，数据传送过程如下：

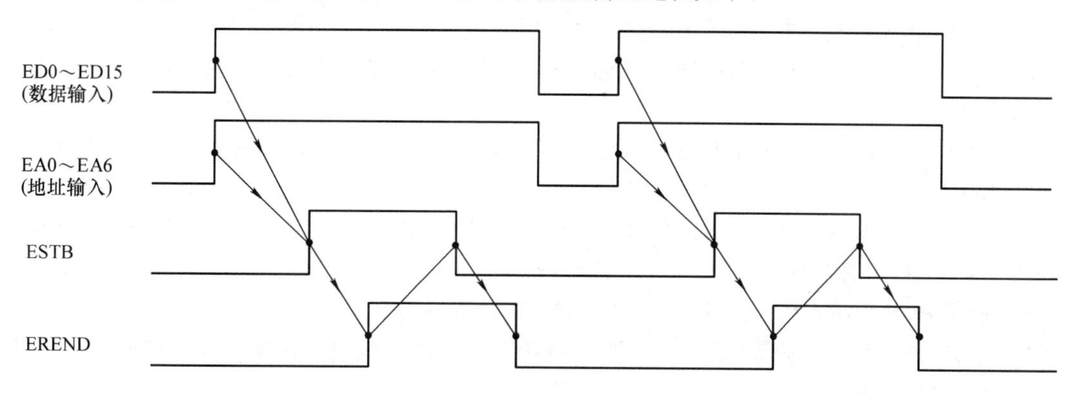

图7.3-1　数据输入的控制要求

1）在PMC程序中指定需要输入到CNC的数据地址与数据。

2）通过PMC程序将读入请求信号ESTB置“1”，CNC开始读入外部数据。

3）CNC读入完成后，输出读入完成信号EREND=1。

4）通过PMC程序将读入请求信号ESTB置“0”。

5）CNC自动将读入完成信号EREND置“0”。

7.3.2　程序检索

1. 功能说明

所谓程序检索实质是从CNC程序存储器中选择一个程序，并用来进行自动运行。FS-0iD的程序检索可采用如下四种方式：

1）通过MDI/LCD面板，通过输入程序号O□□□□，然后用软功能键【O.SRH】检索程序。

2）通过PMC的数据输入，利用地址EA0~EA6和数据ED0~ED15信号，输入检索命令和需要检索的程序号，然后在MEM方式下执行检索，程序号可以为O0001~O9999。

3）利用CNC的外部工件号检索功能，通过PMC输入5位程序选择信号PN1~PN16，选择加工程序O0001~O0031中的一个，并直接通过循环启动键检索和启动运行。

4）利用CNC的扩展型外部工件号检索功能，通过PMC输入14位二进制程序选择信号EPN0~EPN13，选择加工程序O0001~O9999中的一个，并通过循环启动键或检索启动信号检索程序。

在实际加工过程中，对于有操作者看管的机床，以方式1）为常用，它可不受限制地任意选择所需要的加工程序，有关内容可参见本书作者编写、机械工业出版社出版的《FANUC-0iD编程与操作》一书。

对于无人化运行的机床或是为完成机床特定功能（如自动换刀、工作台自动交换等）而设置的特殊程序，就需要通过PMC进行选择，故需要用方式2）~4）选择。三种选择方式的使用方法如下。

2. 外部程序检索

利用CNC外部数据输入功能可检索CNC存储器中的全部程序，其控制要求与动作过程如图

7.3-2 所示。

1）设定 CNC 参数 PRM6300.4（ESR）＝1，生效外部程序检索功能。

2）选择 MEM 方式，并进行 CNC 复位。

3）在 PMC 程序中将外部数据输入的地址信号 EA0～EA6 的状态设定为 000××××，选择外部程序号检索方式。

4）通过 PMC 程序，在外部数据输入的数据信号 ED0～ED15 中指令需要检索的程序号（4 位 BCD 码）。

5）通过 PMC 程序，将读入请求信号 ESTB 置“1”，CNC 开始读入外部数据；读入完成后，输出读入完成信号 EREND ＝1，并启动程序检索。

6）通过 PMC 程序将读入请求信号 ESTB 置“0”，读入完成信号 EREND 恢复“0”。

7）如果 CNC 中存在所需要的程序，程序检索完成后 CNC 输出检索完成信号 ESEND＝1；否则，出现报警 P/S059。

8）如果需要，可直接通过 PMC 程序，由检索完成信号 ESEND 生成循环启动信号 ST，启动程序自动运行。

9）循环启动信号 ST 一旦输入，信号的下降沿可启动程序的自动运行，并且将 CNC 输出的检索完成信号 ESEND 重新置“0”，以便进行下次检索。

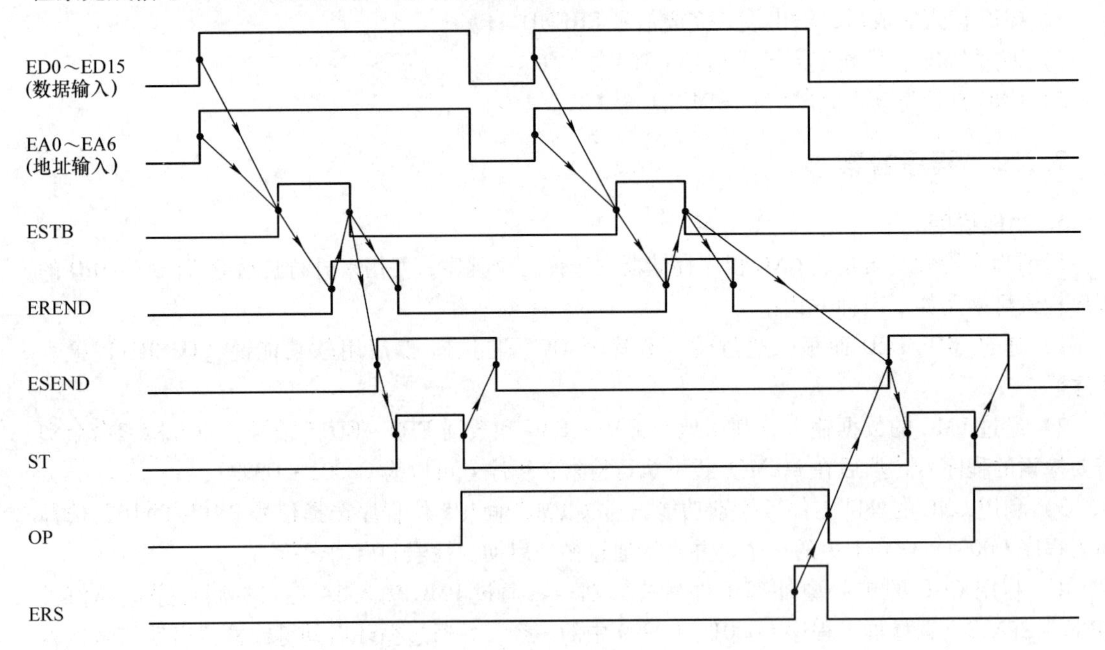

图 7.3-2 外部程序检索的动作过程

利用外部数据输入功能进行程序检索时需要注意以下几点：

1）虽然外部数据输入可在 CNC 的任意操作方式下进行，启动检索功能的必须选择 MEM 方式，并将 CNC 复位。

2）当输入的检索程序号为 0 时，不执行外部数据输入程序检索。

3）在 CNC 自动运行加工程序期间（OP＝1），即使输入检索命令，也不能立即进行检索，它需要等到程序执行完成、CNC 重新复位后，才能启动程序检索功能。

4）通过参数 PRM6300.3（ESC）＝1 的设定，可利用 CNC 的复位信号 ERS 取消尚未执行的程序检索功能。这时，CNC 可输出 ESCAN 信号通知 PMC 所选择的程序检索已经被取消。

3. 外部工件号检索

利用CNC的外部工件号检索功能，可检索CNC存储器中的加工程序O0001～O0031，并且直接启动与运行，其控制要求与动作过程如下：

1）设定参数PRM3006.1，选择外部工件号检索功能（扩展或不扩展）。

2）设定参数PRM3006.2，选择外部工件号扩展检索的启动信号（ST或EPNS）。

3）选择MEM方式，并将CNC复位。

4）通过PMC程序，在外部工件号输入信号（PN1～PN16或EPN0～EPN13）中，指令需要检索的程序号（01～31或1～9999）。

5）通过CNC的循环启动键直接启动程序检索并执行所选择的加工程序（通常检索）；或者，根据参数PRM3006.2的设定，通过CNC的循环启动键或EPNS信号启动程序检索（扩展检索），扩展检索不能自动执行所选择的加工程序。

利用外部工件号检索功能需要注意以下几点：

1）检索功能的启动必须在选择MEM方式、且CNC已复位的情况下执行。

2）通常的工件号检索只能检索O0001～O0031；扩展工件号检索可检索O0001～O9999；当输入的检索程序号为0时，均不执行外部工件号检索。

3）在CNC自动运行加工程序期间（OP＝1），即使输入检索命令，也不能立即进行检索，它需要等到程序执行完成、CNC重新复位后，才能启动程序检索功能。

4）对于通常的工件号检索，需要通过CNC的循环启动键启动程序检索，且可立即执行所选择的加工程序；在扩展工件号检索中，循环启动键可启动程序检索，但不能直接启动程序运行。

7.4 Cs轴的调试

7.4.1 基本要求

1. 功能说明

Cs轴控制又称Cs轮廓控制，这是一种主轴位置完全控制的选择功能，功能可以用于除FS－0iMate MD外的FS－0iD系列产品。Cs轴控制的基本特点和控制要求如下：

1）Cs轴的位置、速度完全由CNC进行控制，功能生效时，主轴具有数控回转坐标轴同样的功能，它不仅可以实现360°范围内任意位置的定位，而且可以参与插补运算，进行轮廓加工。因此，在具有Cs轴控制功能的机床上不再需要主轴定向、定位控制功能。

2）实现Cs轴控制，需要选配FANUC串行主轴控制功能，并通过与FSSB总线连接的外置检测单元，利用高精度位置编码器检测主轴的实际位置。

3）Cs轴控制失效后，主轴可像数控回转轴一样进行手动、回参考点或自动操作；Cs轴可以连续回转，其位置编程范围为－999999.999°～999999.999°；速度的编程范围为0～240000°/min；位置控制精度可达0.001°或更高。

4）Cs轴的参数可在CNC轴参数上设定，Cs轴的名称可通过参数PRM1020任意设定，但不能与基本坐标轴或程序中其他编程地址重复；Cs轴的轴号参数PRM1023需要设定为“－1”；轴类型参数PRM1006.0需要设定为“1”（回转轴）；轴性质参数PRM1022需要设定为“0”（非平行轴）。

5）Cs轴的其他参数设定方法与数控回转坐标轴相同，CNC位置跟随误差监控、零点偏置、反向间隙补偿、回零方向设定等对Cs轴同样有效。

6）由于 Cs 轴采用串行主轴控制，因此，部分参数也可以或需要在主轴驱动器参数 PRM3900～PRM4799 上设定，设定时需要注意两者间的关系。

2. Cs 轴参数

FS－0iD 用于 Cs 轴的主要 CNC 参数见表 7.4－1 所示，表中的参数已包括了部分串行主轴驱动器的 Cs 轴控制参数，参数的设定要求参见 7.3.2 节。

表 7.4－1 Cs 轴控制参数一览表

参数号	代号	作 用	参数说明
8133.2	SCS	Cs 轴控制功能	0：无效；1：有效
1006.0	ROTn	Cs 轴显示形式	规定为 1，采用回转轴显示
1020	—	Cs 轴名称	可选择，但不能与其他地址重复
1022	—	Cs 轴性质	规定为 0
1023	—	Cs 轴轴号	规定为“－1”
1420	—	Cs 轴快进速度	单位为 1°/min
1620	—	Cs 轴快速加减速时间	单位：ms
1820	—	Cs 轴指令倍乘率 CMR	设定方法与坐标轴相同
1826	—	Cs 轴到位允差	设定方法与坐标轴相同
1828	—	Cs 轴移动时的位置跟随极限允差	设定方法与坐标轴相同
1829	—	Cs 轴停止时的位置跟随极限允差	设定方法与坐标轴相同
1851	—	Cs 轴间隙补偿	设定方法与坐标轴相同
3700.1	NRF	切换到 Cs 轴后的第 1 次执行 G00	0：先回参考点再定位；1：直接定位
3712.2	CSF	Cs 轴工件坐标系设定功能	0：无效；1：有效
3729.2	CSNn	Cs 控制关闭时的到位检查	0：有效；1：无效
3729.3	NCSn	主轴关闭时的 Cs 轴切换	0：无效；1：有效
3729.4	CSCn	Cs 轴单位	0：0.001；1：0.0001
39n0	—	参与 Cs 轴插补的伺服轴号	n＝0～2，参与 Cs 轴插补的伺服轴 1～3
39n1	—	CTH1A/2A ＝00 时的伺服轴位置增益	n＝0～2，设定伺服轴 1～3 在 Cs 轴不同传动级下的位置增益（见后述）
39n2	—	CTH1A/2A ＝01 时的伺服轴位置增益	
39n3	—	CTH1A/2A ＝10 时的伺服轴位置增益	
39n4	—	CTH1A/2A ＝11 时的伺服轴位置增益	
4000.1	ROTA2	Cs 轴转向	0：与指令方向同；1：与指令方向反
4000.3	RETRN	Cs 轴的回参考点方向	0：正向；1：负向
4002.4	CSDRCT	Cs 轴的转向控制	0：信号 SFR/SRV 控制；1：CNC 指令
4016.4	IDLPTN	驱动器输出电压限制功能	0：无效；1：有效
4016.7	RFCHK3	进入 Cs 轴控制的零点检测	0：不需要；1：需要
4021	—	Cs 轴快进速度	0～32767（r/min）
4046	—	CTH1n＝0 时 Cs 轴速度环比例增益	0～32767（1/s）
4047	—	CTH1n＝1 时 Cs 轴速度环比例增益	0～32767（1/s）
4054	—	CTH1n＝0 时 Cs 轴快进速度环积分增益	0～32767（1/s）
4055	—	CTH1n＝1 时 Cs 轴快进速度环积分增益	0～32767（1/s）

（续）

参数号	代号	作　用	参数说明
4056	—	CTH1A =0/CTH2A =0 的传动比	PRM4006.1 =0：设定值 = 100 ×（电动机转速）/（主轴转速） PRM4006.1 =1：设定值 = 1000 ×（电动机转速）/（主轴转速）
4057	—	CTH1A =0/CTH2A =1 的传动比	
4058	—	CTH1A =1/CTH2A =0 的传动比	
4059	—	CTH1A =1/CTH2A =1 的传动比	
4069	—	CTH1A =0/CTH2A =0 的位置增益	0 ~ 32767（$0.01s^{-1}$）
4070	—	CTH1A =0/CTH2A =1 的位置增益	0 ~ 32767（$0.01s^{-1}$）
4071	—	CTH1A =1/CTH2A =0 的位置增益	0 ~ 32767（$0.01s^{-1}$）
4072	—	CTH1A =1/CTH2A =1 的位置增益	0 ~ 32767（$0.01s^{-1}$）
4074	—	Cs 轴回参考点速度	0 ~ 32767（r/min）
4086	—	Cs 轴控制的驱动器输出电压限制值	0 ~ 100（%），通常为 100
4092	—	Cs 轴回参考点位置增益倍率	0 ~ 100（%）
4094	—	Cs 轴加速度反馈增益	0 ~ 32767
4097	—	Cs 轴速度反馈增益	0 ~ 32767
4131	—	Cs 轴速度反馈滤波器时间	0 ~ 10000（0.1ms）
4135	—	Cs 轴零点偏移	-360000 ~ 360000（0.001°）
4162	—	CTH1n =0 切削进给时速度环积分增益	0 ~ 32767（1/s） 设定为 0 时 PRM4054/4055 设定有效
4163	—	CTH1n =1 切削进给时速度环积分增益	
4406	—	Cs 轴回参考点加减速时间	0 ~ 32767（ms）
4353.5	CSPTRE	Cs 轴数据修改和传输	0：无效；1：有效

3. Cs 轴控制信号

FS -0iD 用于 Cs 轴控制的 PMC 信号见表 7.4 -2。

表 7.4 -2　Cs 轴控制信号一览表

地　址	代　号	作　用	信号说明
G0027.7	CON	Cs 轴控制	1：切换为 Cs 轴控制；0：速度控制
G0070.2	CTH1 A	串行主轴实际传动级	00：挡位 1；01：挡位 2；10：挡位 3；11：挡位 4
G0070.3	CTH2 A	串行主轴实际传动级	
G0070.4	SFR A	Cs 轴正转	参数 PRM4000.1 =1 时转向反；PRM4002.4 =1 时信号用于 Cs 轴使能，转向决定于 CNC 指令
G0070.5	SRV A	Cs 轴反转	
G0071.5	INTG A	Cs 轴速度环积分控制	0：有效；1：无效
G0127.0 ~ .3	CDF1 ~ 4	Cs 轴精细加减速控制	1：无效；0：有效
G0274.4	CSFI1	Cs 轴工件坐标系设定	1：设定工件坐标系；0：无效
F0004.1	FSCSL	Cs 轴控制有效	1：主轴处于 Cs 轴控制方式；0：速度控制
F0048.4	CSPENA	Cs 轴工件坐标系设定允许	1：允许；0：禁止
F0094.0 ~ .3	ZPn	Cs 轴参考点到达	1：参考点到达；0：无效
F0274.4	CSFO1	Cs 轴工件坐标系设定出错	1：设定出错；0：正常

7.4.2 Cs 轴调试

1. 基本设定

在 FS－0iD 中，为了将主轴从速度控制切换到 Cs 轴控制，需要进行如下参数设定。

1）轴名称

Cs 轴的轴名称原则上可以通过参数 PRM1020 任意设定，但轴名称不可与其他坐标轴名称重复。对于 FS－0iTD，如编程指令选择了 G 代码体系 A，则地址 U/V/W 将成为 X/Y/Z 轴增量编程的地址；如设定了参数 PRM3405.4＝1，则地址 A/C 将被作为倒角、拐角的编程地址，故也不可以再定义为 Cs 轴名称。此外，当 CNC 选择第 2 辅助功能时，FS－0iTD 的地址 B、FS－0iMD 上通过参数 PRM3460 设定的第 2 辅助机能地址也不可以定义为 Cs 轴名称。

2）轴号

Cs 轴的轴号定义参数 PRM1023 必须设定为“－1”。

3）轴类型和性质

Cs 轴的轴类型定义参数 PRM1006.0 必须设定为“1”，选择回转轴；轴性质定义参数 PRM1022 必须设定为“0”（非基本坐标轴及其平行轴）。

4）插补轴

FS－0iD 参与 Cs 轴插补的伺服轴可以为 3 个，伺服轴 1～3 的轴号可通过参数 PRM39n0（n＝0～2）的设定选择，无参与插补的伺服轴时，PRM39n0 设定为 0。由于 Cs 轴不可能具有坐标轴一样的刚性，因此，当伺服轴和 Cs 轴插补时，需要降低伺服轴的位置增益，以便与 Cs 轴匹配，参数 PRM39n1～PRM39n4 用来设定伺服轴 1～3 参与 Cs 轴插补时，在 Cs 轴不同传动级下的位置环增益值；这一增益需要与 Cs 轴的位置环增益 PRM4069～PRM4072 匹配。

2. 控制方式转换

1）主轴的转速控制/Cs 轴控制方式切换，通过 PMC→CNC 的 CON 信号（G0027.7）实现，信号 CON 为“1”时，进入 Cs 轴控制；信号为“0”时，为转速控制。

2）在 CNC 加工程序上，主轴的控制方式切换一般用 M 代码指令，PMC 程序可利用该 M 代码来生成 CON 信号，M 代码的处理与通常的 M 代码相同。

3）当主轴处于转速控制方式、旋转时，如将信号 CON（G0027.7）置“1”，选择 Cs 轴控制，主轴将立即停止旋转，并切换到 Cs 轴控制方式。

4）当主轴在 Cs 轴控制方式、运动时，如将信号 CON（G0027.7）置“0”，CNC 将进入坐标轴互锁状态，同时发出位置跟随误差报警。

5）主轴的传动级交换必须在选择 Cs 轴控制方式前完成；Cs 轴控制生效时，不可以进行传动级交换操作。

6）Cs 轴控制的主轴，同样需要通过回参考点操作，建立机床坐标系后，才能进行 Cs 轴的自动运行。

3. 回参考点操作

Cs 轴回参考点可采用自动和手动两种方式，手动回参考点的动作如下：

1）CNC 执行 M 代码指令，将这主轴切换到 Cs 轴控制方式。

2）PMC 程序进行 M 代码译码等处理，并向 CNC 发送 CON（G0027.7）＝1 信号，使主轴进入 Cs 轴控制方式；Cs 轴控制方式生效后，CNC 输出信号 FSCSL（F0004.1）将成为“1”，此信号可用来生成 M 代码的完成信号。

3）利用手动方向键＋Jn（G0100.0～G0100.4 之一）或－Jn（G0102.0～G0102.4 之一）选

择回参考点方向，并使Cs轴回参考点。

4）Cs轴到达参考点、完成定位后，CNC输出参考点到达信号ZPn（F0094.0～F0094.4之一）。

Cs轴的自动回参考点可通过指令G28或G00进行，G28回参考点的动作如下：

1）～2）同上述手动回参考点。

3）执行指令G28，主轴由停止位置运动到G28指令的中间点，再向参考点运动。如在参考点已经建立的情况下执行G28指令，则Cs轴不经中间点而直接向参考点运动。

4）Cs轴到达参考点、完成定位后，CNC输出参考点到达信号ZPn（F0094.0～F0094.4之一）。

Cs轴的G00回参考点需要设定参数PRM3700.1（NRF）=1，这时，当Cs轴首次执行G00指令时，可自动完成回参考点动作，其动作如下。

1）～2）同上述手动回参考点。

3）执行指令G00，主轴首先运动到参考点，到达参考点、完成定位后，信号ZPn（F0094.0～F0094.3之一）成为“1”。

4）Cs轴继续向G00指令的目标点运动，完成定位。

4. 工件坐标系设定

Cs轴可以像其他坐标轴一样设定工件坐标系，但需要满足如下条件：

1）设定参数PRM3712.2（CSF）=1，生效Cs轴的坐标系设定功能。

2）设定参数PRM4353.5（CSPTRE）=1，生效Cs轴的数据修改功能。

3）设定串行主轴参数PRM4016.7（RFCHK3）=0，取消每次进入位置控制后的零点检测要求。

4）在参数PRM3411～3432上设定一个禁止读入缓冲的M代码，用于Cs轴工件坐标系设定。

5）将主轴切换到Cs轴控制方式。此时，如Cs轴已进行过回参考点操作，Cs轴的工件坐标系设定允许信号CSPENA（F0048.4）为“1”，便可通过以下操作设定工件坐标系，否则，需要先进行Cs轴回参考点操作。

Cs轴的工件坐标系设定步骤如图7.4-1所示，控制要求如下：

1）CNC执行Cs轴工件坐标系设定的M代码指令。

2）通过PMC程序的译码等处理后，PMC向CNC发送Cs轴控制方式切换信号CON（G0027.7）=1和工件坐标系设定请求信号CSFI1（G0274.4）=1，使主轴进入Cs轴控制方式并进行工件坐标系的设定。

3）CNC输出Cs轴控制方式生效信号FSCSL（F0004.1）=1，并自动修改Cs坐标值显示，使之成为工件坐标系显示。

4）工件坐标系设定完成，CNC输出ZRFn信号（F0120.0～F0120.4之一）。

5）通过PMC程序，将工件坐标系设定请求信号CSFI1（G0274.4）重新置“0”。

6）通过PMC程序，将M指令执行完成信号MFIN（G0005.0）置“1”。

Cs轴的工件坐标系的设定在以下情况下无效：

1）Cs轴的工件坐标系设定信号CSPENA（F0048.4）为禁止状态。

2）Cs轴处于同步控制方式。

3）CNC为急停状态或主轴驱动器出现报警时。

4）Cs轴的双向螺距误差补偿功能生效时。

如果Cs轴的工件坐标系设定出错，CNC将向PMC输出出错信号CSFO1=1。此时，可通过

PMC 程序，将工件坐标系设定请求 CSFI1（G0274.4）信号复位，其设定出错输出信号 CSFO1 可自动为“0”。

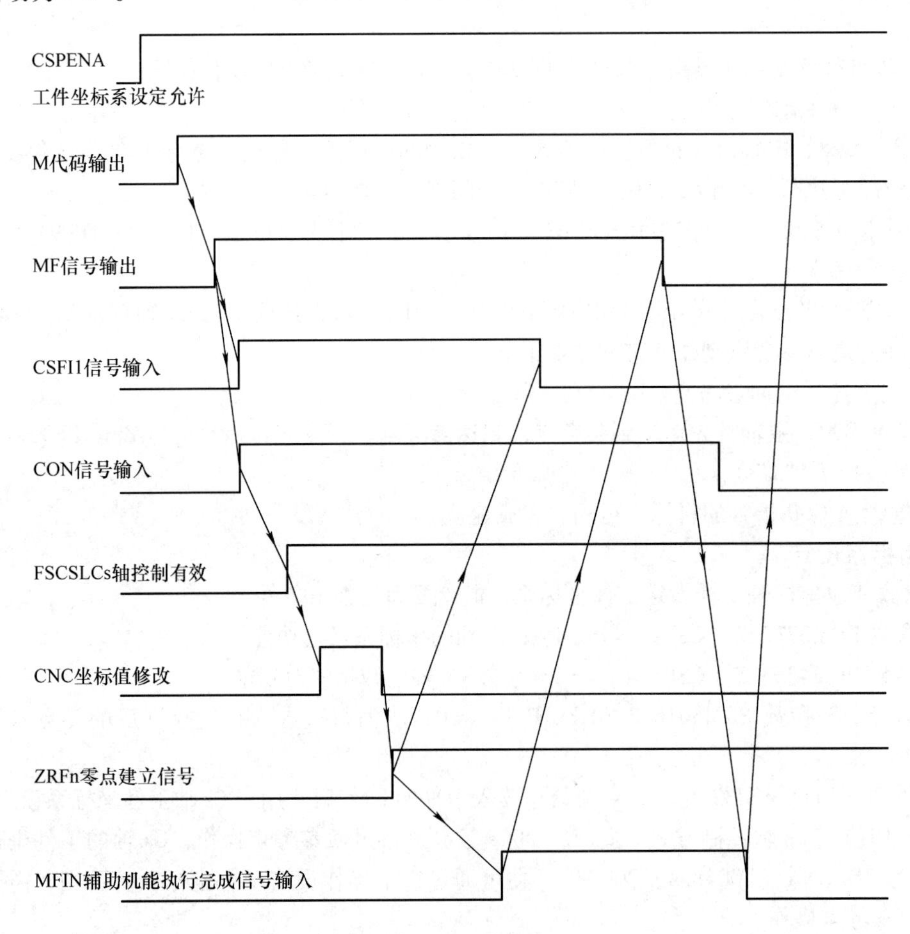

图 7.4－1　工件坐标系设定的动作过程

7.5　刚性攻螺纹调试

7.5.1　基本要求

1. 功能要求

刚性攻螺纹也是一种攻螺纹进给轴（通常为 Z 轴）与主轴转角保持同步的进给控制方式，因此，它既可用于串行主轴，也可用于模拟主轴。在刚性攻螺纹方式下，进给轴将跟随主轴同步进给，当主轴进行加减速时，进给轴将自动调整进给速度，严格保证主轴每转所对应的进给量为 1 个螺距。刚性攻螺纹的基本要求如下：

1）主轴必须安装有 1024p/r 或 512p/r 的位置检测编码器。

2）在 CNC 程序指令刚性攻螺纹的 M 代码，将主轴从转速控制切换到刚性攻螺纹方式，刚性攻螺纹的 M 代码可通过参数 PRM5210 进行设定，FANUC 出厂默认为 M29。

3）刚性攻螺纹需要与固定循环指令同时使用。如参数 PRM5200.0 = 0，则需要在执行刚性攻螺纹前，指令刚性攻螺纹的 M 代码 M29；如参数 PRM5200.0 = 1，则固定循环直接用于刚性攻螺纹，而无需指令刚性攻螺纹的 M 代码 M29。

4）刚性攻螺纹的固定循环指令在不同系列的 CNC 上有所不同。对于 FS－0iMD，其固定循环指令为 G84/G74。在 FS－0iTD 上，则可以选择 FS－0 或 FS－10/11 两种编程格式，如参数 PRM0001.1 = 0、PRM5102.3.0 = 1，为 FS－0 编程格式，固定循环指令 G84/G88 用来指定侧面或端面刚性攻螺纹；如参数 PRM0001.1 = 1、PRM5102.3.0 = 0，为 FS－10/11 编程格式，其固定循环指令为 G84.2，攻螺纹进给轴需要通过平面选择指令 G17/18/19 指定。有关固定循环的编程要求可参见本书作者编写、机械工业出版社出版的《FANUC－0iD 编程与操作》一书。

5）刚性攻螺纹同样可使用主轴传动交换功能，FS－0iMC 可采用 T 型或 M 型换挡，且可以独立指定换挡转速；FS－0iTC 则只能采用 T 型换挡。有关主轴传动级交换的具体说明可参见第 6 章、6.3 节。

6）在多主轴控制的机床上，刚性攻螺纹功能既可用于第 1 主轴、也可以用于第 2 主轴，但需要设定相应的多主轴控制参数。第 2 主轴刚性攻螺纹也可使用传动交换功能，但挡位数最大为 2 挡。

2. 基本参数

FS－0iD 与刚性攻螺纹相关的 CNC 基本参数见表 7.5－1，它对模拟主轴与串行主轴同时有效。对于串行主轴，除表中的 CNC 参数外，还需要在主轴驱动器上设定后述的串行主轴刚性攻螺纹参数。

表 7.5－1　刚性攻螺纹基本参数一览表

参数号	代号	作　用	参数说明
0001.1	FCV	程序段格式	0：FS－0；1：FS10/11
1601.5	NCI	坐标轴到位判断方式	0：位置允差；1：速度为0
5101.0	FXY	孔加工循环进给轴选择	0：*Z* 轴；1：程序指定
5102.3	F0C	固定循环格式	0：FS10/11；1：FS0
5200.0	G84	刚性攻螺纹循环的 M 指令	0：需要；1：不需要
5200.2	CRG	刚性攻螺纹的解除	0：RGTAP 信号；1：G 代码撤销
5200.3	SIG	刚性攻螺纹的 SIND 换挡	0：无效；1：有效
5200.4	DOV	刚性攻螺纹退出倍率调节	0：无效；1：有效
5200.5	PCP	刚性攻螺纹指令 Q	0：高速深孔；1：深孔
5200.6	FHD	刚性攻螺纹时的单段、进给保持	0：无效；1：有效
5200.7	SRS	刚性攻螺纹主轴选择信号	0：SWS1/2；1：RGTSP1/2
5201.2	TDR	刚性攻螺纹进/退独立加减速	0：无效；1：有效
5201.3	OVU	刚性攻螺纹退出倍率单位	0：1%；1：10%
5201.4	OV3	刚性攻螺纹退出时的主轴倍率	0：无效；1：有效
5202.0	ORI	刚性攻螺纹开始时的主轴定向	0：不进行；1：进行
5202.1	RG3	刚性攻螺纹返回方式	0：信号 RTNT；1：指令 G30
5202.6	OVE	刚性攻螺纹退出倍率调节范围	0：100～200%；1：100～2000%
5203.2	RFF	刚性攻螺纹前馈控制	0：无效；1：有效

（续）

参数号	代号	作　用	参数说明
5203.4	OVS	刚性攻螺纹进给倍率调节	0：无效；1：有效
5203.5	RBL	刚性攻螺纹加减速方式	0：直线形；1：S形
5209.0	RTX	FS－0iTD 刚性攻螺纹进给轴选择	0：G17～19；1：G84/88
5209.1	RIP	刚性攻螺纹 R 平面到位检查	0：PRM1601.5 设定；1：位置允差
5210	—	指令刚性攻螺纹的 M 代码	默认 M29
5211	—	刚性攻螺纹退出倍率	0～200（%）
5212	—	刚性攻螺纹用的 M 代码	只在使用 M255 以上 M 代码时设定
5213	—	深孔刚性攻螺纹的空程或返回量 d	0～999999999
5214	—	双主轴刚性攻螺纹的同步允差	0～99999999
5221～5224		传动级 1～4 刚性攻螺纹主轴侧齿轮齿数	0～32767
5231～5234		传动级 1～4 刚性攻螺纹编码器侧齿轮齿数	0～32767
5241～5244		传动级 1～4 刚性攻螺纹主轴最高转速	0～9999
5261～5264		传动级 1～4 刚性攻螺纹加减速时间	0～4000
5271～5274		传动级 1～4 刚性攻螺纹退出加减速时间	0～4000
5280	—	刚性攻螺纹位置环增益	0：按挡位设定；1～9999（$0.01s^{-1}$）
5281～5284		传动级 1～4 刚性攻螺纹位置环增益	0～9999
5291～5294		模拟主轴 1～4 挡刚性攻螺纹位置增益倍率	0～32767，见后述
5300	—	第 1 主轴刚性攻螺纹的进给轴到位允差	0～32767
5301	—	第 1 主轴刚性攻螺纹的主轴到位允差	0～32767
5302	—	第 2 主轴刚性攻螺纹的进给轴到位允差	0～32767
5303	—	第 2 主轴刚性攻螺纹的主轴到位允差	0～32767
5310	—	第 1 主轴刚性攻螺纹进给轴运动时的极限允差	0～99999999
5311	—	刚性攻螺纹主轴运动时的极限允差	0～32767
5212	—	第 1 主轴刚性攻螺纹进给轴停止时的极限允差	0～99999999
5313	—	刚性攻螺纹主轴停止时的极限允差	0～32767
5321～5324		刚性攻螺纹 1～4 挡主轴反向间隙	－9999～9999
5350	—	第 2 主轴刚性攻螺纹进给轴运动时的极限允差	0～99999999
5352	—	第 2 主轴刚性攻螺纹进给轴停止时的极限允差	0～99999999
5365～5368		刚性攻螺纹的 1～4 挡的 S 形加减速时间常数	0～512
5381	—	刚性攻螺纹退出时的倍率	0～200
5382	—	刚性攻螺纹时的回退量	0～999999999
11420.0	RAU	刚性攻螺纹最佳加减速	0：无效；1：有效
11421～11424		1～4 挡刚性攻螺纹最大加速度	10000
11425～11427		1～3 挡刚性攻螺纹 S 形加速时间	10000
11429～11437		1～3 挡最佳刚性攻螺纹加减速主轴转速 1～3	100
11438～11440		4 挡最佳刚性攻螺纹加减速主轴转速 1～3	100
11441～11455		1～3 挡佳刚性攻螺纹加速允许的加速度 0～4	100

（续）

参数号	代号	作　　用	参数说明
11456～11460		4挡佳刚性攻螺纹加速允许的加速度0～4	100
11461～11475		1～3挡佳刚性攻螺纹减速允许的加速度0～4	100
11476～11480		4挡佳刚性攻螺纹减速允许的加速度0～4	100

表中的参数PRM5291～5294用于模拟主轴1～4挡，刚性攻螺纹的位置环增益倍率设定，参数可以按下式计算后确定。

$$设定值 = \frac{2048}{360} \times E \times A$$

式中　E——电动机1000r/min所对应的模拟量输出电压；

　　　A——主轴编码器的位置检测分辨率，1024p/r编码器为0.088°。

3. 串行主轴参数

当采用串行主轴时，除了设定CNC基本参数外，还需要在主轴驱动器上设定表7.5-2所示的刚性攻螺纹参数。

表7.5-2　串行主轴刚性攻螺纹参数一览表

参数号	代号	作　　用	参数说明
4000.4	RETSV	刚性攻螺纹、定位回参考点方向	0：正向（CCW）；1：负向（CW）
4002.5	SVMDRT	刚性攻螺纹转向控制	0：信号SFR/SRV；1：CNC指令
4006.7	RGTCMR	刚性攻螺纹传动比设定	0：无效；1：有效
4016.4	IDLPTN	主轴驱动器输出电压限制功能	0：无效；1：有效
4044	—	CTH1n=0的刚性攻螺纹速度环比例增益	0～32767（1/s）
4045	—	CTH1n=1的刚性攻螺纹速度环比例增益	0～32767（1/s）
4052	—	CTH1n=0的刚性攻螺纹速度环积分增益	0～32767（1/s）
4053	—	CTH1n=1的刚性攻螺纹速度环积分增益	0～32767（1/s）
4056	—	刚性攻螺纹CTH1A/2A=00的传动比	PRM4006.1=0：设定值=100×（电动机转速）/（主轴转速） PRM4006.1=1：设定值=1000×（电动机转速）/（主轴转速）
4057	—	刚性攻螺纹CTH1A/2A=01的传动比	
4058	—	刚性攻螺纹CTH1A/2A=10的传动比	
4059	—	刚性攻螺纹CTH1A/2A=11的传动比	
4065	—	刚性攻螺纹CTH1A/2A=00的位置增益	0～32767（$0.01s^{-1}$）
4066	—	刚性攻螺纹CTH1A/2A=00的位置增益	0～32767（$0.01s^{-1}$）
4067	—	刚性攻螺纹CTH1A/2A=00的位置增益	0～32767（$0.01s^{-1}$）
4068	—	刚性攻螺纹CTH1A/2A=00的位置增益	0～32767（$0.01s^{-1}$）
4073	—	刚性攻螺纹的参考点偏移	0～4095（0.088deg）
4074	—	刚性攻螺纹的参考点返回速度	0～32767（r/min）
4085	—	刚性攻螺纹驱动器输出电压限制值	0～100（%），通常为100
4091	—	刚性攻螺纹回参考点位置增益倍率	0～100（%）

（续）

参数号	代号	作　用	参数说明
4171	—	速度检测编码器与主轴的传动比（DMR设定），0 视为 1 分母 P＝编码器转速； 分子 Q＝主轴转速	CTH1＝0 时的传动比分母 P
4172	—		CTH1＝0 时的传动比分子 Q
4173	—		CTH1＝1 时的传动比分母 P
4174	—		CTH1＝1 时的传动比分子 Q

4. PMC 信号

FS－0iD 用于刚性攻螺纹控制的 PMC 信号见表 7.5－3。

表 7.5－3　刚性攻螺纹控制信号一览表

地址	代号	作　用	信号说明
G0027.0/ G0027.1	SWS1/2	第 1/2 主轴选择	在参数 PRM5200.7（SRS）＝0 时有效
G0027.3/G0027.4	＊SSTP1/2	第 1/2 主轴停止	0：停止；1：允许旋转
G0028.1/G0028.2	GR1/GR2	T 形换挡实际传动级	见 6.3 节
G0028.7	PC2SLC	刚性攻螺纹位置编码器选择	0：第 1 编码器；1：第 2 编码器
G0029.0	GR21	第 2 主轴实际传动级	0：挡位 1；1：挡位 2
G0061.0	RGTAP	刚性攻螺纹方式	0：速度控制方式；1：刚性攻螺纹方式
G0061.4/G0061.5	RGTSP1/2	第 1/2 主轴选择	在 PRM5200.7（SRS）＝1 时有效
G0070.2	CTH1　A	串行主轴的实际传动级	00：挡位 1；01：挡位 2；10：挡位 3；11：挡位 4
G0070.3	CTH2　A	串行主轴的实际传动级	
G0070.4/ G0070.5	SFR/SRV　A	刚性攻螺纹转向控制	见参数 PRM4002.5 说明
F0001.4	ENB	第 1 主轴转速输出	1：输出不为 0；0：输出为 0
F0034.0～F0034.2	GR1O～3O	M 形换挡传动级选择	仅 FS－0iMD，见 6.3 节
F0038.2	ENB2	第 2 主轴转速输出	1：输出不为 0；0：输出为 0
F0065.0	RGSPP	刚性攻螺纹主轴正转	1：正转中；0：非正转
F0065.1	RGSPM	刚性攻螺纹主轴反转	1：反转中；0：非反转
F0076.3	RTAP	刚性攻螺纹方式状态	1：刚性攻螺纹中；0：非刚性攻螺纹

7.5.2　调试要点

1. 编程要求

实现刚性攻螺纹的编程指令可以通过参数 PRM5200.0 的设定，选择如下两种格式。

PRM5200.0 ＝0：刚性攻螺纹指令格式为 M29 S□□□□，该指令可在调用攻螺纹循环 G74/G84 或 G84/G88 前指令，也可在调用攻螺纹循环的程序段中指令。

PRM5200.0 ＝1：刚性攻螺纹直接通过 S□□□□，调用攻螺纹循环调用 G74/G84 或 G84/G88 程序段指令，但是，在这种情况下，循环指令 G74/G84 或 G84/G88 不能再用于普通的柔性攻螺纹。

刚性攻螺纹可以直接利用固定循环撤销指令 G80 撤销。

此外，FS－0iMD 与 FS－0iTD 的刚性攻螺纹功能有如下区别。

1）编程指令不同。FS－0iMD 用于刚性攻螺纹的固定循环指令为 G84（正转攻螺纹）和 G74

（反转攻螺纹）；FS-0iTD用于刚性攻螺纹的固定循环指令为G84（端面攻螺纹）和G88（侧面攻螺纹），或者，通过参数PRM0001.1=1、PRM5102.3.0=0的设定，选择FS-10/11编程指令G84.2。

2）攻螺纹进给轴不同。FS-0iMD在设定参数PRM5101.0=1时，可通过加工程序选择攻螺纹进给轴；FS-0iTD在G84端面攻螺纹时的进给轴规定为*Z*轴、在G88侧面攻螺纹时的进给轴规定为*X*轴，或者，通过参数PRM0001.1=1、PRM5102.3.0=0的设定，选择FS-10/11编程指令G84.2，利用平面选择指令选择进给轴。

3）攻螺纹方式不同。FS-0iMD可通过G84、G74选择正转、反转攻螺纹，但FS-0iTD一般只能为正转攻螺纹。

2. 传动比设定

刚性攻螺纹时，主轴与主电机间、主轴与编码器间均允许安装变速机构，但需要设定刚性攻螺纹专门的传动级参数，参数的设定需要注意如下几点：

（1）主轴与主电动机的传动比

主轴与主电动机的传动比根据不同的换挡方式，按如下方法设定：

T形换挡：可以用于FS-0iMD与FS-0iTD，主轴与主电动机间最大可使用4挡变速；各挡主轴的最高转速通过参数PRM5241～PRM5244设定。

M形换挡A：不能用于FS-0iTD，主轴与主电动机间最大可使用3挡变速；各挡主轴的切换转速通过参数PRM5241～PRM5243设定。

M形攻螺纹换挡：不能用于FS-0iTD，主轴与主电动机间最大可使用3挡变速；1挡到2挡、2挡到3挡的切换转速，分别通过参数PRM3761、PRM3762设定。

（2）主轴与编码器的传动比

主轴与编码器的传动比可通过参数PRM5221～PRM5224（主轴侧齿轮齿数）、PRM5231～PRM5234（编码器侧齿轮齿数）设定。对于模拟主轴，如果主轴编码器为512p/r，则需要将PRM5231～PRM5236（编码器侧齿轮齿数）的设定值加倍，例如，当实际齿轮齿数为30时，参数设定应为60等；但串行主轴无需这样处理。

3. 刚性攻螺纹的启动和撤销

启动刚性攻螺纹的PMC程序设计要求如图7.5-1所示，动作过程如下：

1）PMC接收到来自CNC的刚性攻螺纹指令M29后，立即撤销转向信号，停止主轴旋转。对于串行主轴，转向信号为SFRA/SRVA（G70.4/G70.5）；对于模拟主轴，转向信号是由机床生产厂家定义的PMC输出Y。

2）当主轴完全停止后，将PMC→CNC的刚性攻螺纹有效信号RGTAP（G0061.0）置“1”，使CNC进入刚性攻螺纹的同步控制。

3）恢复主轴转向信号，启动主轴按照刚性攻螺纹转速旋转。

4）经250ms以上延迟时间后，PMC向CNC返回M29执行完成信号MFIN，表明刚性攻螺纹启动完成。

刚性攻螺纹方式的撤销通过G80指令实现，当PMC撤销刚性攻螺纹的PMC程序设计要求如图7.5-2所示，动作过程如下：

1）CNC执行G80指令、撤销刚性攻螺纹方式，并将刚性攻螺纹输出信号RTAP（F0076.3）值“0”。

2）CNC撤销主轴转速输出，并将主轴转速输出信号ENB（F0001.4）置“0”。

3）通过PMC程序，将主轴转向置为“0”，停止主轴旋转。

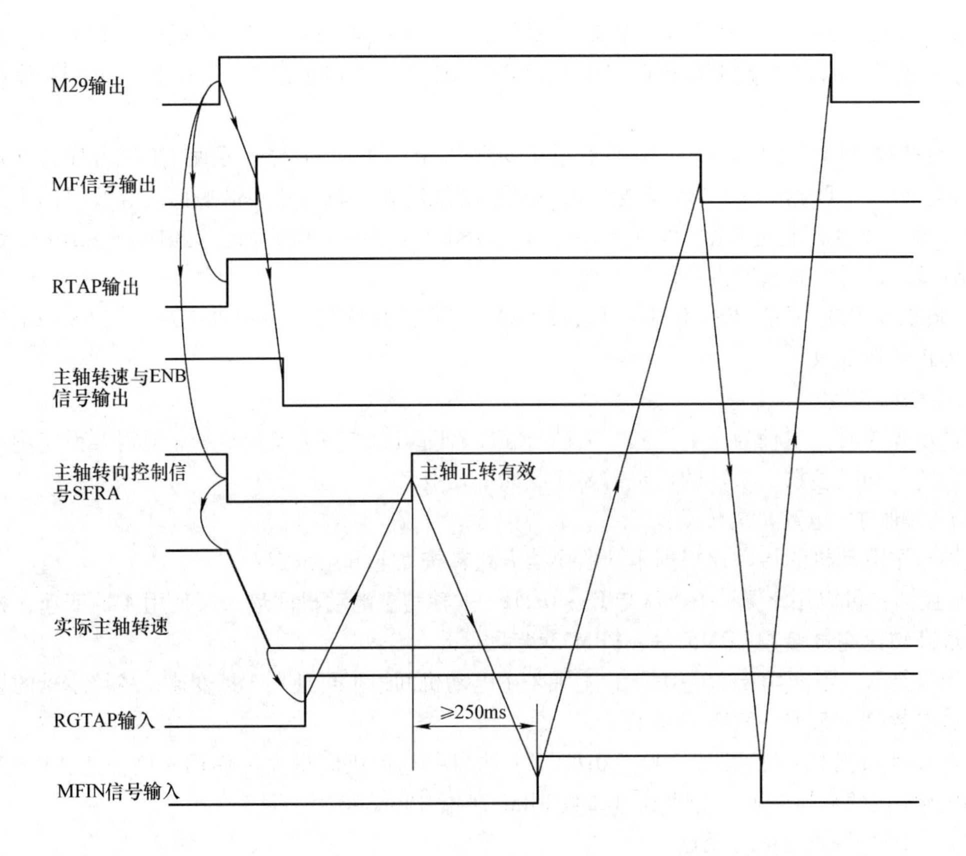

图 7.5－1　刚性攻螺纹的启动过程

4）主轴停止后，利用 PMC 程序，撤销 PMC→CNC 的刚性攻螺纹信号 RGTAP（G0061.0），CNC 退出刚性攻螺纹控制。

4. 调试注意点

在刚性攻螺纹方式下，进给轴需要跟随主轴同步进给，因此，实际调试时需要注意如下问题：

1）为了保证刚性攻螺纹的质量和主轴的输出转矩，一般而言，刚性攻螺纹时主轴转速需要保持不变，因此，其主轴倍率开关、进给倍率开关都将被固定在 100%。但通过设定参数 PRM5200.4＝1，可提高刚性攻螺纹退出时的主轴转速和进给速度，退出时速度倍率可由参数 PRM5211 进行设定，最大可以为进给时的 2 倍。

2）空运行对刚性攻螺纹有效，此时，CNC 可自动调整主轴转速，使之与空运行进给速度匹配。

3）机床锁住信号对刚性攻螺纹有效，机床锁住时，主轴与进给轴同时停止。

4）通常情况下，刚性攻螺纹过程中不应进行进给暂停或单程序操作，但如设定参数 PRM5200.6＝1，也可执行进给暂停或单段。为了保证同步进给，进给暂停或单程序操作时，首先需要停止主轴。

5）为了便于同步控制，刚性攻螺纹的加减速方式通常为直线；通过参数 PRM5201.2 的设定，刚性攻螺纹进给与退出时的加减速时间可不同。

6）刚性攻螺纹不可以在手动操作方式下进行。

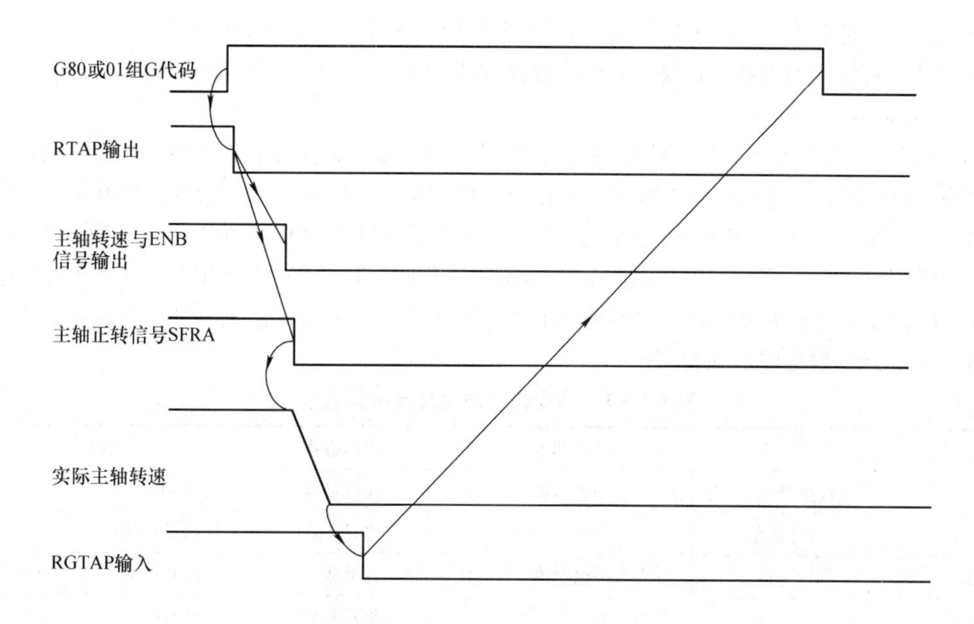

图 7.5－2　刚性攻螺纹的撤销过程

7）刚性攻螺纹时，主轴的反向间隙可通过参数 PRM5321～5324 进行补偿。

8）执行 CNC 复位操作，将撤销刚性攻螺纹方式。

7.6　PMC 轴调试

7.6.1　功能说明

1. 基本说明

PMC 控制轴（以下简称 PMC 轴）是由 PMC 控制的 CNC 基本轴，轴的连接、控制、调节、显示、参数设定等都与其他伺服轴一样，因此，所谓 PMC 控制轴，事实上是通过 PMC 指令控制运动的伺服轴。PMC 轴具有如下功能与特点：

1）如果需要，FS－0iD 的基本坐标轴都可成为 PMC 轴，PMC 可通过 4 个通道信号对其进行控制；控制通道与轴可通过 CNC 参数 PRM8010 匹配。

2）根据需要，一个通道的信号也可同时控制多个坐标轴，但其坐标轴的类型、性质、快进速度、加减速时间等必须相同。

3）PMC 轴可进行手动连续、手轮、手动回参考点，快速、切削进给，跳步切削、进给暂停，坐标系选择等操作。

4）通过 PMC→CNC 的信号，PMC 轴还可附加辅助功能指令；超程信号、伺服关闭控制；单段停止、到位检查、轴暂停控制；进给倍率、快速倍率、手动快速等控制功能。

PMC 轴的控制信号按通道分配，每通道需要 10 字节的 PMC 控制信号和 4 字节的 CNC 状态信号，其地址分配如下：

通道 A：控制信号 G142～G151；状态信号 F130～F132.7、F142.0～F142.7；

通道 B：控制信号 G154～G163；状态信号 F133.0～F135.7、F145.0～F145.7；

通道 C：控制信号 G166～G175；状态信号 F136.0～F138.7、F148.0～F148.7；

通道 D：控制信号 G178～G187；状态信号 F139.0～F141.7、F151.0～F151.7。

各通道控制信号的内容、排序、作用、控制要求相同。

2. 控制命令

PMC 对坐标轴的控制需要向 CNC 发送轴控制命令，轴控制命令的作用类似于加工程序段，轴控制命令由程序段禁止信号（EMSBK）、命令代码（EC0～EC6）、进给速度（EIF0～EIF15）、控制数据（EID0～EID31）4 部分组成。其中，命令代码（EC0～EC6）为 1 字节常数，它决定了轴所需要进行操作，作用类似于 G 代码；进给速度（EIF0～EIF15）为 2 字节常数，作用类似于 F 代码；控制数据为 4 字节常数，作用类似于位置等操作数，如运动距离、暂停时间等。命令代码的含义及对指令数据要求见表 7.6－1。

表 7.6－1　命令代码的含义与数据要求

命令代码	执行操作	进给速度	控制数据	作用
00H	快速进给	快进速度	移动距离	同 G00
01H	每分钟进给	进给速度	移动距离	同 G94G01
02H	每转进给		移动距离	同 G95G01
03H	跳步切削		移动距离	同 G31
04H	暂停	—	暂停时间	同 G04
05H	回参考点操作	不需要，参数设定	—	同手动回参考点操作
06H	JOG 进给	进给速度	运动方向	同 JOG 操作
07H	回参考点	进给速度	—	同 G28
08H～0AH	回第 2～4 参考点	进给速度	—	同 G30P2～G30P4
0BH	与第 1 主轴同步	输入脉冲数	—	同螺纹切削
0DH～0FH	与第 1～3 手轮同步	输入脉冲数	—	同手轮操作
10H	指定进给速度	进给速度值	—	同 F 指令
11H	转矩控制	最大进给速度	转矩给定值	—
12H	辅助功能	—	辅助功能代码	同 M 指令
13H	第 2 辅助功能	—	第 2 辅助功能代码	同第 2 辅助功能指令
14H	第 3 辅助功能	—	第 3 辅助功能代码	同第 3 辅助功能指令
20	机床坐标系定位	进给速度	定位位置	同 G53 指令

PMC 轴控制需要选择控制轴、输入控制命令，其控制要求与执行过程如下。

3. 控制轴选择

选择 PMC 控制轴的方法如下：

1）在参数 PRM8010 中分配 PMC 的控制通道，设定值 1～4 分别为通道 A～D。当同一通道的信号同时控制多个轴时，坐标轴类型、性质、加减速方式与加减速时间、快速运动速度、尺寸的编程方式等需要一致。

2）PMC 向 CNC 发送 PMC 轴控制信号 EAX1～EAX4＝1，使坐标轴从 CNC 控制切换到 PMC 控制。PMC 轴控制信号只能在轴停止、且 PMC 控制未生效时发送，否则，CNC 将出现 P/S0139 报警。

如果参数 PRM8001.5（NCC）＝“0”时，PMC 轴允许同时使用 CNC 控制信号，但 CNC 控制必须在信号 * EAXSL＝0 时进行。

3）PMC轴控制生效后，延时8ms以上，即可由PMC向CNC发送轴控制命令。

4. 控制命令输入

PMC轴控制命令的输入要求如下（参见图7.6－1）：

1）完成轴选择，并在PMC程序中准备需要向CNC发送的控制命令。

2）PMC通过改变信号EBUF的状态，向CNC发送控制命令输入请求。

3）CNC读入命令到CNC输入存储器，存储后改变信号EBSY的状态，输出读入完成信号EBSY。

4）如需要，PMC在收到CNC的读入完成信号后，可继续向CNC发送控制命令，直到CNC输入缓冲存储器满（EABUF＝1）。

5. 命令执行

CNC执行控制命令的过程如下（参见图7.6－1）：

1）CNC将输入缓冲存储器的命令，读入到等待缓冲存储器中。

2）如轴当前未执行其他指令，则将等待缓冲存储器中的命令传送到执行缓冲存储器中执行。

3）CNC继续将下一命令，从输入缓冲存储器读入到等待缓冲存储器中等待执行；如上一命令执行完成，则将等待缓冲存储器中的命令，传送到执行缓冲存储器中执行。

4）重复3），直到全部指令执行完成。

5）全部命令执行完成后，CNC将坐标轴控制中信号＊EAXSL置“0”。

6）如需要，PMC可撤销PMC轴控制信号EAX1～EAX4，使坐标轴切换到CNC控制。

以上控制命令的读入与执行过程如图7.6－1所示。

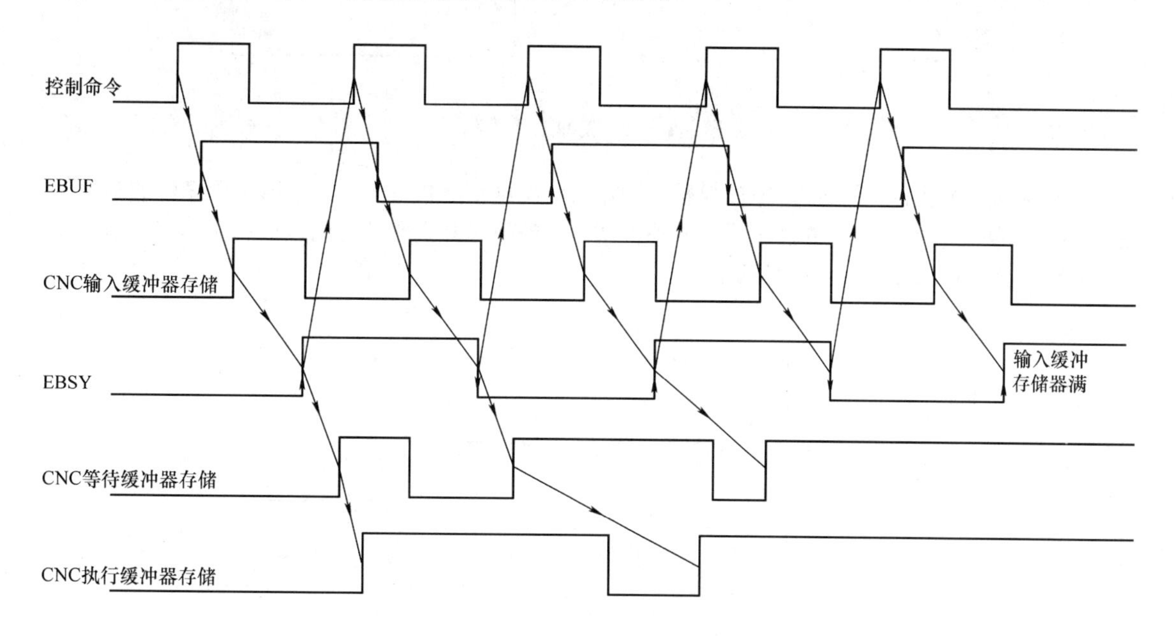

图7.6－1　控制命令的读入与执行过程

6. 运行控制

PMC控制轴可进行单程序段、缓冲禁止、辅助功能执行等控制，控制方法如下：

1）单段运行：PMC轴单段运行通过信号ESBK控制，ESBK＝1，坐标轴在执行完当前指令后即停止运动，进入等待状态，ESBK 恢复为 0，即可以继续运行后续的控制命令。单段运行可通过信号 EMSBK 禁止。

2）缓冲禁止：缓冲禁止信号 EMBUG 可以阻止控制命令的连续读入，其作用如图 7.6－2 所示。

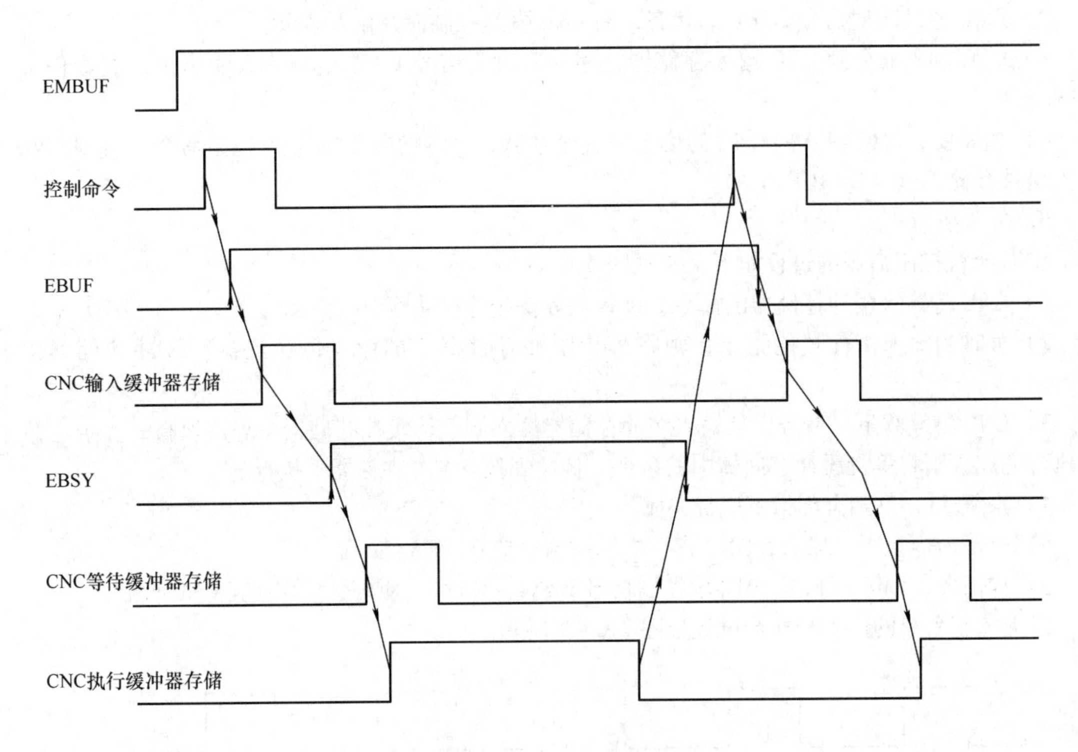

图 7.6－2 缓冲禁止控制

3）辅助功能执行：从 PMC 轴控制命令中输入的辅助功能指令，可以向加工程序中的辅助功能指令那样执行，但其指令的输入形式、辅助功能修改信号和回答信号的地址有所不同。辅助功能指令的执行过程如图 7.6－3 所示。

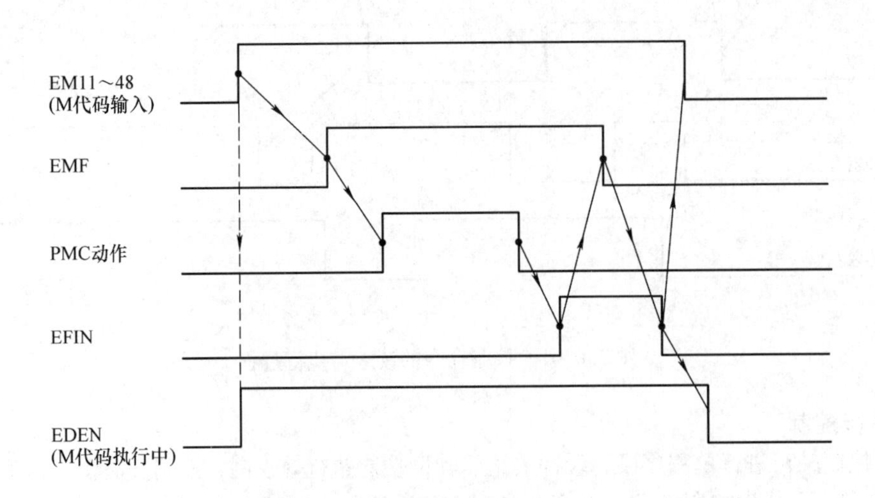

图 7.6－3 辅助功能指令执行过程

7.6.2 信号与参数

1. PMC 信号

PMC 轴控制需要在 PMC 程序提供坐标轴运动控制信号，轴的工作状态可输出到 PMC。PMC 轴控制信号分为公共信号和通道独立信号两部分，前者对所有 PMC 轴均有效，后者仅用于指定轴的控制，信号的地址和作用分别见表 7.6－2、表 7.6－3。

表 7.6－2　公共控制与状态信号一览表

地　址	代　号	作　用	信号说明
X4.6	ESKIP	跳步切削信号	1：跳步；0：无效
X4.7	SKIP	跳步切削信号	1：跳步；0：无效
G0118.0～G0118.3	＋ED1～4	第1～4轴正向减速	1：减速；0：无效
G0120.0～G0120.3	－ED1～4	第1～4轴负向减速	1：减速；0：无效
G0136.0～G0136.3	EAX1～4	第1～4轴 PMC 控制	1：PMC 控制；0：CNC 控制
G0150.0/G0150.1	ROV1E/2E	快速倍率	00：100%；01：50%；10：25%；11：F0
G0150.5	OVCE	进给倍率取消	1：固定为100%；0：倍率有效
G0150.6	RTE	空运行快速选择	1：手动快速；0：JOG 速度
G0150.7	DRNE	空运行速度	1：有效；0：无效
G0151.0～G0151.7	*FV0E～7E	进给倍率	8位二进制信号，负逻辑
F0112.0～ F0112.3	EADEN1～4	第1～4轴定位完成	1：定位完成；0：运动中
F0129.5	EOV0	进给倍率为0	1：倍率为0；0：倍率不为0
F0129.7	*EAXSL	PMC 控制	1：PMC 控制；0：CNC 控制
F0182.0～ F0182.3	EACNT1～4	第1～4轴 PMC 控制	1：有效；0：无效
F0190.0～ F0190.3	TRQM1～4	第1～4轴转矩控制	1：有效；0：无效

表 7.6－3　通道控制与状态信号一览表

地　址				代　号	作 用	信号说明
通道 A	通道 B	通道 C	通道 D			
G142.0	G154.0	G166.0	G178.0	EFIN	辅助功能执行完成	1：完成；0：执行中
G142.1	G154.1	G166.1	G178.1	ELCKZ	往复运动到位检查	1：检查；0：无效
G142.2	G154.2	G166.2	G178.2	EMBUF	读入禁止	1：禁止；1：允许
G142.3	G154.3	G166.3	G178.3	ESBK	单段控制	1：单段；0：无效
G142.4	G154.4	G166.4	G178.4	ESBK	伺服关闭控制	1：伺服；0：无效
G142.5	G154.5	G166.5	G178.5	ESTP	轴停止控制	1：减速停止；0：无效
G142.6	G154.6	G166.6	G178.6	ECLR	轴复位	1：复位；0：无效
G142.7	G154.7	G166.7	G178.7	EBUF	控制命令读入请求	读入命令
G143.7	G155.7	G167.7	G179.7	EMSBK	单段停止无效	1：禁止单段；0：无效
G143.0～6	G155.0～6	G167.0～6	G179.0～6	EC0～6	控制命令代码	参见表 7.6－1
G144	G156	G168	G180	EIF0～15	进给速度命令	参见表 7.6－1
G146	G158	G170	G182	EID0～31	轴控制数据	参见表 7.6－1

（续）

地　址				代　号	作 用	信号说明
通道 A	通道 B	通道 C	通道 D			
F130.0	F133.0	F136.0	F139.0	EINP	轴到位	1：到位；0：无效
F130.1	F133.1	F136.1	F139.1	ECKZ	定距离往复运动到位	1：到位检查；0：无效
F130.2	F133.2	F136.2	F139.2	EIAL	轴报警	1：报警；0：无效
F130.3	F133.3	F136.3	F139.3	EDEN	辅助功能执行中	1：执行中；0：无效
F130.4	F133.4	F136.4	F139.4	EGEN	轴运动中	1：轴运动中；0：无效
F130.5	F133.5	F136.5	F139.5	EOTP	轴正向超程	1：正向超程；0：无效
F130.6	F133.6	F136.6	F139.6	EOTN	轴负向超程	1：负向超程；0：无效
F130.7	F133.7	F136.7	F139.7	EBSY	控制命令读入完成	上升、下降沿有效
F131.0	F134.0	F137.0	F140.0	EMF	辅助功能1修改	1：修改；0：无效
F131.1	F134.1	F137.1	F140.1	EABUF	缓冲存储器满	1：满；1：空
F131.2	F134.2	F137.2	F140.2	EMF2	辅助功能2修改	1：修改；0：无效
F131.3	F134.3	F137.3	F140.3	EMF3	辅助功能3修改	1：修改；0：无效
F132	F135	F138	F141	EM11～28	辅助功能代码	BCD码（个、十位）
F142	F145	F148	F151	EM31～48	辅助功能代码	BCD码（百、千位）

2. 相关参数

PMC轴控制不仅需要在PMC程序中提供轴控制信号，而且还需要在CNC中设定相应的参数。FS－0iC与PMC控制轴相关的参数见表7.6－4。

表7.6－4　PMC轴控制参数一览表

参数号	代号	作　用	参数说明
1803.4	TQF	转矩控制的位置跟踪功能	1：有效；0：无效
1885	—	转矩控制方式累积移动距离	超过时报警P/S0423
1886	—	转矩控制方式最小位置跟随误差	低于本设定自动转入位置控制方式
2000.1	DGPRn	转矩控制方式驱动器参数装载	1：自动装载；0：无效
2007.7	TRQn	转矩控制功能	1：有效；0：无效
3105.1	PCF	PMC轴实际速度显示	1：有效；0：无效
8001.0	MLE	机床锁住对PMC轴	0：有效；1：无效
8001.2	OVE	PMC轴空运行与倍率信号	0：同CNC轴；1：PMC输入
8001.3	RDE	PMC轴空运行对快速	0：无效；1：有效
8001.5	NCC	非控制中的PMC轴执行CNC指令	0：允许；1：报警P/S139
8001.6	AUX	辅助功能命令的长度	0：1字节；1：2字节
8001.7	SKE	PMC轴跳过切削信号	0：SKIP；1：ESKIP
8002.0	RPD	PMC轴快速移动速度	0：同CNC轴；1：PMC输入

（续）

参数号	代号	作　用	参数说明
8002.1	DWE	PMC轴暂停时间单位	0：1ms；1：0.1ms
8002.2	SUE	PMC轴的外部同步脉冲的加减速控制	0：进行；1：不进行
8002.3	F10	PMC轴每分钟进给单位（倍率）	0：1；1：10
8002.4	PF1	PMC轴每分钟进给速度单位（基本单位倍率）	00：1；01：1/10；10：1/100；11：1/1000
8002.5	PF2		
8002.6	FR1	PMC轴每转进给速度单位（基本单位倍率）	00：0.1；01：1；10：10
8002.7	FR2		
8003.3	FEX	PMC轴连续进给时的速度控制	0：无效；1：有效
8004.2	JFM	PMC轴连续进给时的速度单位倍率	0：1；1：200
8004.5	DSL	PMC轴选择禁止时的切换控制	0：P/S139报警；1：切换有效
8004.6	NCI	PMC轴减速时的到位检查	0：有效；1：无效
8005.0	EDC	PMC轴的外部减速	0：无效；1：有效
8005.1	CDI	PMC轴直径编程的移动量与进给速度	0：半径；1：移动量为直径，速度为半径
8005.2	R10	PMC轴快速单位倍率	0：1；1：10
8005.3	DRR	空运行对PMC轴的每转进给指令	0：无效；1：有效
8005.4	PVP	PMC轴速度控制	0：速度命令；1：位置命令
8005.5	IFV	PMC轴各组独立的倍率控制	0：无效；1：有效
8006.1	EML	机床锁住无效时的轴独立锁住	0：无效；1：有效
8006.4	EFD	PMC轴每分钟进给速度单位倍率	0：1；1：100
8006.6	EZR	PMC轴参考点检查	0：不进行；1：同CNC轴
8006.7	EAL	PMC轴报警的CNC复位	0：无效；1：有效
8007.2	VCP	PMC轴速度指令格式	0：FS10/11；1：FS0
8007.3	ESY	PMC轴的串行主轴同步	0：无效；1：有效
8008.0	EMRn	镜像加工对PMC轴	0：无效；1：有效
8010	—	PMC轴通道选择	设定1/2/3/4对应A/B/C/D组
8013.3	ROP	360°回转PMC轴回参考点方向	0：决定于符号；1：捷径
8019.0	EOS	任意串行主轴的PMC轴同步	0：无效（第1主轴）；1：有效
8020	—	PMC轴回参考点减速速度	0~999000
8022	—	PMC轴每转进给的上限速度	0~999000
8028	—	PMC轴速度控制的加减速时间	0~32767ms
8030	—	PMC轴指数加减速时间	0~4000ms
8031	—	PMC轴指数加减速的最低速度	0~999000

（续）

参数号	代号	作　用	参数说明
8032	—	PMC 轴加减速基准速度	0～999000
8040	—	PMC 轴电动机每转移动量	0～999999999
11850.0	CMI	PMC 轴快进速度单位	0：公制；1：PRM1001.0 设定
12730.0	PTC	PMC 轴扩展加减速控制	0：无效；1：有效
12731～12734		PMC 轴加减速时间 2～5	0～32767
12735～12738		PMC 轴加减速切换速度 1～4	0～32767

7.7　I/O－Link 轴调试

7.7.1　功能说明

1. 基本说明

I/O－Link 轴是一种直接利用 PMC 的 I/O 信号控制的辅助轴，为避免与 PMC 轴混淆，本书中统一称之为 I/O－Link 轴。I/O－Link 轴具有如下特点：

1）I/O－Link 轴是接受 PMC（主站）控制的 I/O－Link 从站，它不占用 CNC 控制轴数，也不受 CNC 的控制，故不能参与坐标轴的插补。

2）I/O－Link 轴的驱动器与 PMC 通过 I/O－Link 总线连接，每一个 I/O－Link 轴需要占用 128/128 点 DI/DO；由于 CNC 功能限制，FS－0i Mate D 只能连接一个 I/O－Link 轴；而 FS－0iD 最大可连接 8 个 I/O－Link 轴。

3）I/O－Link 轴需要配套带有 I/O－Link 接口的 βi 系列独立型伺服驱动器，有关内容可参见本书作者编写、机械工业出版社出版的《FANUC－0iD 选型与设计》一书。

4）I/O－Link 轴用于机床辅助部件控制，I/O－Link 轴的驱动器有专门的高速控制信号输入接口，可连接超程保护开关、回参考点减速开关、手轮等。

5）I/O－Link 轴的坐标轴的位置、驱动参数、配置信息等的显示与设定可以通过 CNC 进行，但 CNC 需要选择 Power Mate 管理器功能。

2. I/O－Link 轴控制

I/O－Link 轴的驱动器结构和功能与通用型伺服驱动器、变频器基本相同，因此，它也可以选择利用 I/O 信号控制的外部操作和利用通信命令控制的网络操作 2 种操作模式。在 FANUC 手册上，外部操作模式称为外部设备控制（Peripheral Equipment Control），通信命令控制的网络操作模式称为直接命令控制（Direct Command Control）模式。

但是，由于 I/O－Link 驱动器只有超程、回参考点减速、跳步切削等少量的高速 DI 输入接口（参见 3.5 节），它不能像通用型伺服驱动器、变频器那样，直接在驱动器上连接外部操作所需的 DI/DO 信号，因此，即使在外部操作模式下，其 DI/DO 信号也需要连接到 PMC 的其他 I/O 单元上，然后通过 PMC 向 I/O－Link 驱动器传送。这是 I/O－Link 驱动器和通用型伺服驱动器、变频器的区别。

I/O－Link驱动器的操作模式，可通过PMC→I/O－Link驱动器的控制信号DRC选择。信号DRC＝0时，选择外部操作（外部设备控制）模式；DRC＝1时，选择直接命令控制（网络操作）模式。选择外部操作模式时，I/O－Link轴可通过PMC的DI/DO信号控制，实现手动连续进给、参数写入、回转轴的分度定位、回参考点、轴暂停、跳步切削、定位方式选择等操作。选择直接命令控制模式时，I/O－Link轴可利用通信命令，实现回参考点和绝对定位/增量定位、轴暂停与进给速度设定、定位方式选择、转矩极限设定、驱动器参数读写、驱动器状态读出等操作。

3. CNC参数和信号

I/O－Link轴控制需要在CNC上设定相应参数，生效Power Mate管理器和选择I/O－Link轴驱动器的手轮。

（1）Power Mate管理器设定

Power Mate管理器设定参数为PRM0960、PRM961，参数的作用如下。

PRM0960.2/ PRM0960.1（MD2/1）：I/O－Link轴参数输入/输出存储器，设定“00”为CNC加工程序存储器；设定“01”为存储器卡。

PRM0960.3（PMN）：Power Mate管理器功能选择，设定“1”有效；设定“0”无效。

PRM0960.4（SLPWE）：Power Mate管理器参数写入保护，设定“1”有效；设定“0”无效。

PRM0961.3（PMO）：I/O－Link轴参数输入/输出程序号，设定“0”为“组＋通道”；设定“1”为组号。

（2）手轮控制参数

I/O－Link轴驱动器的手轮设定参数为PRM7105、PRM12330～12333、PRM12350/PRM12351，参数的作用如下。

PRM7105.1（HDX）：I/O－Link轴驱动器的手轮连接，设定“0”为自动连接，设定“1”为手动连接。

PRM7105.5（HDX）：I/O－Link轴驱动器手轮选择，设定“0”为无效，设定“1”有效。

PRM12300～12302：连接手轮1～3的I/O－Link轴驱动器从站地址。

PRM12330～12333：I/O－Link轴驱动器手轮信号传输设定。

PRM12350/ PRM12351：I/O－Link轴驱动器手轮每格移动量m、n。

（3）手轮选择信号

I/O－Link轴也可通过CNC手轮控制其运动，此时，可利用PMC→CNC的手轮选择信号IOLBH2（G0199.0）/IOLBH3（G0199.1）选择CNC手轮。手轮选择信号的作用如下。

00：CNC的第1手轮生效。

01：CNC的第2手轮生效。

10：CNC的第3手轮生效。

11：不允许设定。

手轮进给应在I/O－Link驱动器的外部操作模式下进行。利用CNC手轮控制I/O－Link轴进给时，PMC通过应DO信号Yy＋0.0～0.2及Yy＋7.4/Yy＋7.5，向I/O－Link驱动器发送手轮操作信号MD1/2/4及手轮倍率选择信号MP1/MP2。同时，设定Power Mate管理器参数PRM005.4

（IOH）＝1、PRM005.5（MP）＝1，生效 I/O－Link 轴手轮进给和手轮倍率功能。

7.7.2 外部操作的控制

选择外部操作模式时，I/O－Link 轴可通过 PMC 的 DI/DO 信号控制，实现手动连续进给、参数写入、回转轴的分度定位、回参考点、轴暂停、跳步切削、定位方式选择等操作。外部操作模式在 PMC→I/O－Link 驱动器的控制信号 DRC＝0 时有效，其控制要求如下。

1. DI/DO 信号分配

外部操作模式生效时，PMC 和 I/O－Link 驱动器间的 16/16 字节 DI/DO 信号的作用如图7.7-1 所示。

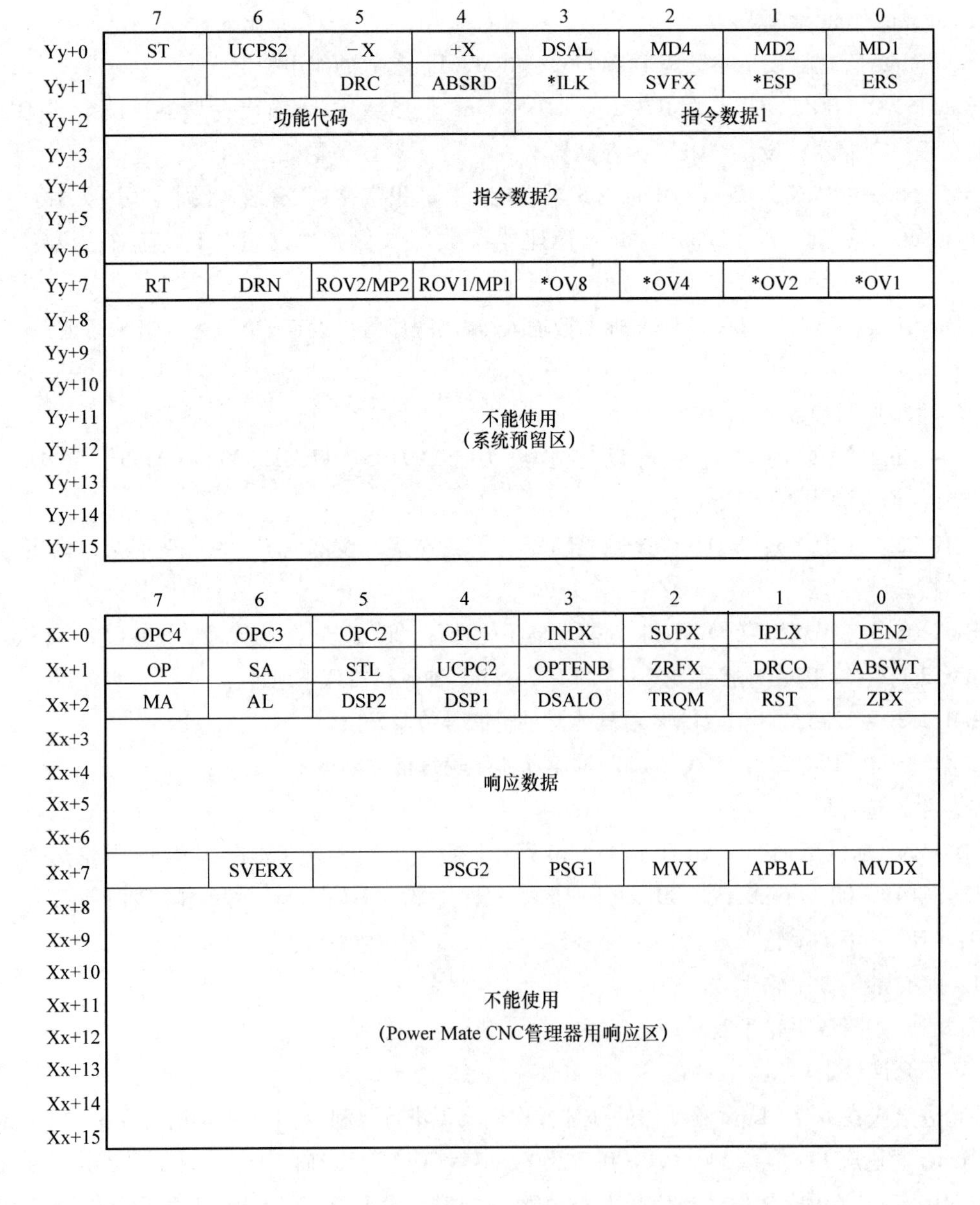

	7	6	5	4	3	2	1	0
Yy+0	ST	UCPS2	－X	+X	DSAL	MD4	MD2	MD1
Yy+1			DRC	ABSRD	*ILK	SVFX	*ESP	ERS
Yy+2	功能代码				指令数据1			
Yy+3～Yy+6	指令数据2							
Yy+7	RT	DRN	ROV2/MP2	ROV1/MP1	*OV8	*OV4	*OV2	*OV1
Yy+8～Yy+15	不能使用（系统预留区）							

	7	6	5	4	3	2	1	0
Xx+0	OPC4	OPC3	OPC2	OPC1	INPX	SUPX	IPLX	DEN2
Xx+1	OP	SA	STL	UCPC2	OPTENB	ZRFX	DRCO	ABSWT
Xx+2	MA	AL	DSP2	DSP1	DSALO	TRQM	RST	ZPX
Xx+3～Xx+6	响应数据							
Xx+7		SVERX		PSG2	PSG1	MVX	APBAL	MVDX
Xx+8～Xx+15	不能使用（Power Mate CNC管理器用响应区）							

图 7.7-1 外部操作模式的 DI/DO 信号

外部操作模式的I/O - Link驱动器控制信号包括基本控制信号和控制命令两部分；驱动器的状态信息包括运行状态信号和响应数据两部分；其作用分别如下。

2. 基本控制和运行状态信号

外部操作模式的驱动器基本控制信号直接通过PMC的输出发送，控制信号及作用见表7.7-1。

表7.7-1　外部操作模式的基本控制信号表

地址	代号	作　用	信号说明
Yy +0.0 ~0.2	MD1/2/4	操作方式选择	001：自动；100：手轮；101：手动
Yy +0.3	DSAL	读入报警信息	1：从Xx +3 ~5上读入驱动器报警信息
Yy +0.4/0.5	+X/ -X	正向/负向手动	1：选择正向/负向手动
Yy +0.6	UCPS2	轴松开	1：I/O - Link轴已松开
Yy +0.7	ST	循环启动	下降沿启动控制命令
Yy +1.0	ERS	外部复位	1：驱动器复位
Yy +1.1	*ESP	急停	0：驱动器急停
Yy +1.2	SVFX	伺服关闭	1：关闭驱动器输出，保留位置检测
Yy +1.3	*ILK	轴锁住	0：禁止轴运动
Yy +1.4	ABSRD	响应信号读入完成	PMC已接收驱动器的响应数据
Yy +1.5	DRC	操作模式转换	0：外部操作；1：网络控制
Yy +7.0 ~7.3	*OV1 ~8	进给倍率	二进制编码输入，倍率增量为10%
Yy +7.4/ 7.5	ROV1/2	快进倍率或手轮增量	00：100%；01：50%；10：25%；11：F0
Yy +7.6	DRN	空运行	1：空运行
Yy +7.7	RT	手动快速	1：手动快速
—	*ESP	驱动器急停	直接与驱动器连接
—	* -OT/ * +OT	负/正向超程	直接与驱动器连接
—	*RILK/ *DEC	高速互锁/参考点减速	直接与驱动器连接
—	HDI	跳步切削	直接与驱动器连接

外部操作模式的驱动器运行状态信号直接通过PMC输入读入，信号及作用见表7.7-2。

表7.7-2　外部操作模式的运行状态信号表

地　址	代　号	作　用	信号说明
Xx +0.0	DEN2	脉冲输出完成	1：指令脉冲输出结束
Xx +0.1	IPLX	定位	1：指令脉冲输出中
Xx +0.2	SUPX	轴加减速	1：加减速中

（续）

地　址	代　号	作　　用	信号说明
Xx＋0.3	INPX	轴到位	1：位置跟随误差到达允差范围
Xx＋0.4	OPC1	驱动器状态1	1：控制命令已接收；如轴需要运动，应松开轴
Xx＋0.5	OPC2	驱动器状态2	1：轴运动开始
Xx＋0.6	OPC3	驱动器状态3	1：定位位置到达，应夹紧轴
Xx＋0.7	OPC4	驱动器状态4	1：控制命令执行完成
Xx＋1.0	ABSWT	发送响应数据	驱动器向PMC发送响应数据
Xx＋1.1	DRCO	驱动器操作模式	0：外部操作；1：网络操作
Xx＋1.2	ZRFX	参考点已建立	1：回参考点完成
Xx＋1.3	OPTENB	负载检测有效	1：驱动器异常负载检测功能生效
Xx＋1.4	UCPC2	轴松开请求	1：需要松开轴；0：定位完成，需要夹紧轴
Xx＋1.5	STL	自动运行	1：自动运行中
Xx＋1.6	SA	伺服准备好	1：驱动器位置控制准备好
Xx＋1.7	OP	自动运行方式	1：驱动器为自动运行方式
Xx＋2.0	ZPX	参考点到达	1：轴已经到达参考点
Xx＋2.1	RST	复位	1：驱动器复位中
Xx＋2.2	TRQM	速度控制	1：驱动器速度控制方式生效
Xx＋2.3	DSALO	报警响应	1：驱动器发送报警信息
Xx＋2.4/2.5	DSP1/2	响应数据类型	00：无；01：速度；10：定位点；11：其他
Xx＋2.6	AL	驱动器报警	1：驱动器存在故障
Xx＋2.7	MA	驱动器准备好	1：驱动器已准备好
Xx＋7.0	MVDX	轴运动方向	0：实际方向为正；1：负
Xx＋7.1	APBAL	绝对编码器电池报警	1：绝对编码器电池电压低
Xx＋7.2	MVX	轴运动	1：轴运动中
Xx＋7.3/7.4	PSG1/2	区间到达1	00：区间1；01：区间2；10：区间3；11：区间4
Xx＋7.6	SVERX	位置跟随超差	1：位置跟随误差超过参数设定值

3. 控制命令和响应数据

外部操作模式的定位方式、定位位置、速度等数据，需要以控制命令的形式由PMC向I/O－Link驱动器发送。控制命令由4位二进制功能代码、36位二进制指令数据组成，控制命令的作用与要求见表7.7-3。

表7.7-3　控制命令的作用与要求表

控制命令	功能代码	指令数据1	指令数据2	操作方式	启动信号
手动进给	0	—	—	JOG	+X/-X
回转分度	2	1：捷径；2：正转；3：反转	分度位置	AUTO	ST
		4：手动增量；5：手动连续	—	JOG	+X/-X
定点定位	3	1~7：进给速度；15：快速	定位点1~12	AUTO	ST
回参考点	4	1~3：参考点1~3选择	—	JOG	ST
		15：手动回参考点	—	JOG	+X/-X
		15：机床坐标系设定	—	JOG	ST
绝对定位	5	1~7：进给速度；15：快速	坐标值	AUTO	ST
增量定位	6	1~7：进给速度；15：快速	增量距离	AUTO	ST
速度控制	7	0：速度控制；1：停止	速度指令值	AUTO	ST
跳步切削	8	bit0~2：速度；bit3：绝对/增量	目标位置	AUTO	ST
定位方式	10	1：位置；2：区间；3：定位点	位置/区间/定位点	AUTO	ST
参数写入	12	参数长度，1~4：1~4字节	参数号和参数值	AUTO	ST
定位点设定	14	1~12：定位点编号	位置	JOG	ST
当前位置读入	15	—	1~12：定位点编号	JOG	ST

驱动器的响应数据是对通信命令执行结果的返回，在外部操作模式下，其长度为4字节，正常工作时的响应数据内容，决定于信号DSP1/2的状态。驱动器报警时的响应数据为报警号和报警信息。

7.7.3　外部操作的调试

选择外部操作模式时，通过PMC控制信号和控制命令，I/O-Link轴可进行位置控制、速度控制及数据读写等操作，外部操作模式的控制要求和执行过程如下。

1. 轴运动控制

轴运动控制包括了表7.7-3中的手动进给、回转分度、定点定位、回参考点、绝对或增量定位、跳步切削等操作，控制命令的执行过程如图7.7-2所示，动作控制要求如下：

1）CNC向PMC发送I/O-Link轴运动启动命令。为了能利用CNC加工程序中的编程指令，来直接控制I/O-Link轴的运动，一般需要在CNC上定义若干个用于I/O-Link轴控制的辅助功能代码，如M、T、B等；CNC可通过执行这一辅助功能代码，来启动PMC的I/O-Link轴运动控制程序。

2）PMC进行辅助功能指令的译码等处理，并根据指令的控制要求，通过PMC程序的处理，向I/O-Link驱动器发送基本控制信号、轴运动控制命令等指令信息以及控制命令执行启动信号ST。

3）驱动器接收到来自PMC的控制信息和命令执行启动信号后，驱动器将输出状态信号OPC1，表明轴需要运动；同时，将I/O-Link轴松开请求信号UCPC2的状态置1，要求PMC松开I/O-Link轴的电动机内置或外部制动器。

4）PMC执行I/O-Link轴松开程序，松开制动器；动作完成后，通过PMC程序将松开完成信号UCPS2置“1”，向驱动器发送松开完成信号。

5）驱动器收到PMC松开完成信号UCPS2后，输出OPC2信号并启动轴运动，例如，通过信号+X/-X，执行手动连续进给或回参考点操作；或通过信号ST，启动定位、分度等自动运行操作等。

6）驱动器完成控制命令的执行后，输出定位完成信号 OPC3，同时，信号 UCPC2 的状态由“1”变成“0”，请求 PMC 重新夹紧 I/O－Link 轴。

7）PMC 执行 I/O－Link 轴夹紧程序、夹紧 I/O－Link 轴电动机；夹紧完成后，将松开完成信号 UCPS2 的状态重新置“0”，表明夹紧动作完成。

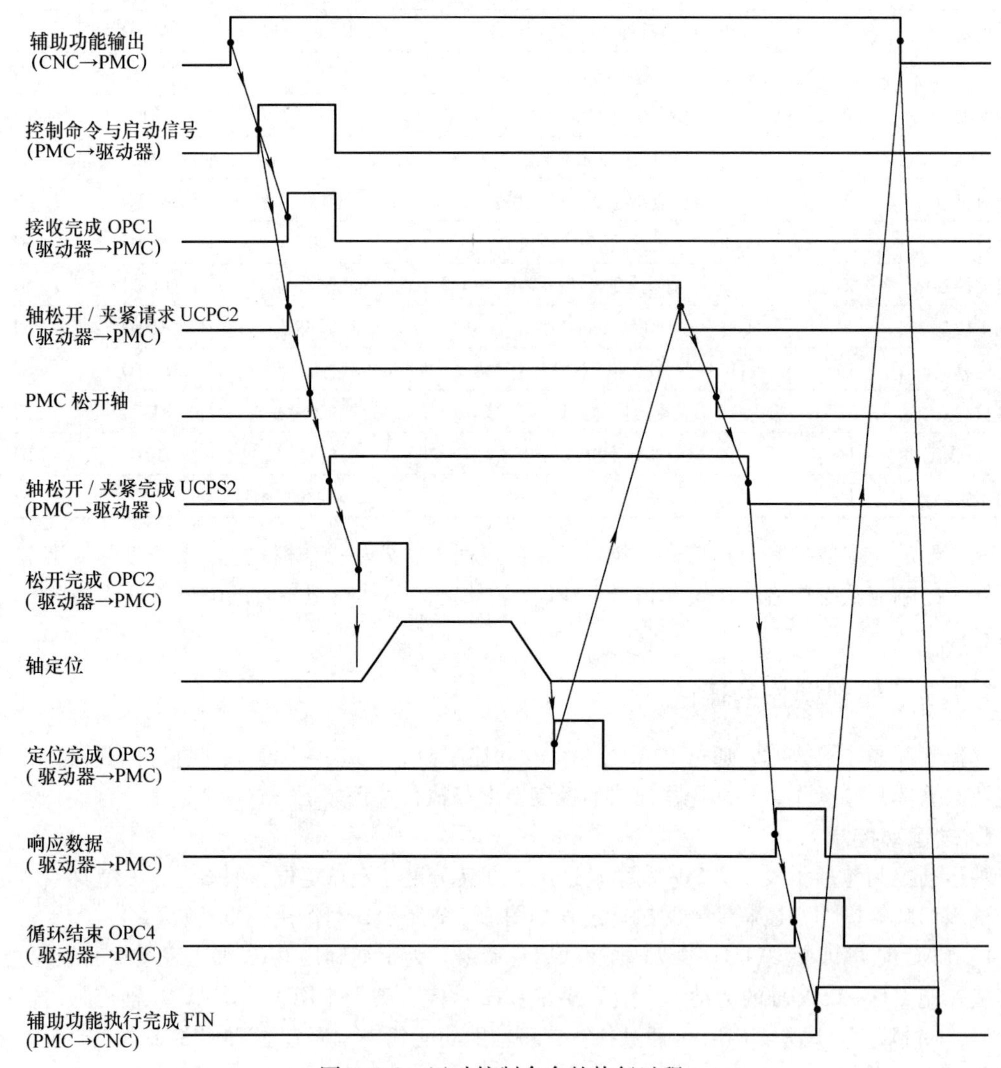

图 7.7-2　运动控制命令的执行过程

8）驱动器收到 PMC 的夹紧完成信号后，向 PMC 发送控制命令执行响应数据，如当前分度位置、定位点号等；发送完成后，将控制命令执行信号 OPC4 置“1”。

9）PMC 在收到驱动器的控制命令执行完成信号 OPC4 后，可向 CNC 输出辅助功能执行完成信号 FIN，使得 CNC 继续执行下一条程序指令。驱动器在输出响应数据后，经过规定的延时，关闭驱动器。

2. 指令数据写入

外部操作模式的指令数据写入操作包括机床坐标系设定、定位点或定位区设定、驱动器参数写入等，执行这些命令需要进行驱动器的数据写入操作，命令的执行过程如图 7.7-3 所示，动作控制要求如下。

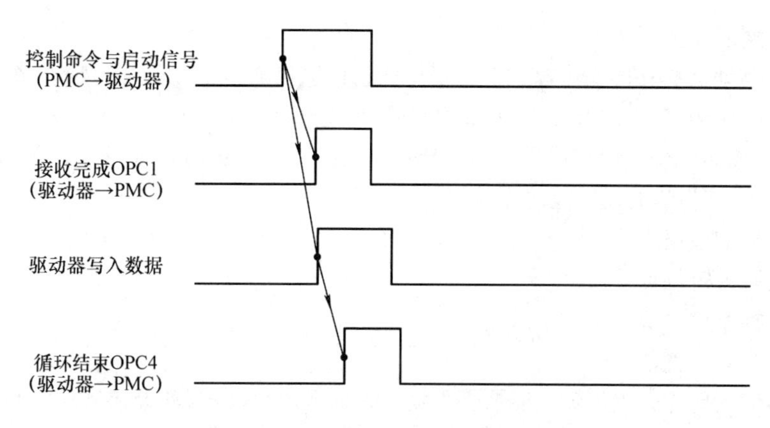

图 7.7-3　数据写入命令的执行过程

1）根据需要，通过上述的 I/O - Link 轴运动控制命令，将轴运动到规定的位置上。

2）根据写入数据的类别，按照表 7.7-3 的要求，利用 PMC 的操作方式选择信号输出，使驱动器进入所需的操作方式。

3）PMC 向驱动器发送写入数据所需的基本控制信号、控制命令及命令启动信号 ST。

4）驱动器收到来自控制命令和启动信号后，向 PMC 发送命令接收完成信号 OPC1；并根据控制命令的要求，将相应的数据写入驱动器。

5）数据写入完成，驱动器直接向 PMC 发送控制命令执行完成信号 OPC4。

3. 速度控制

速度控制操作可使 I/O - Link 轴由闭环位置控制切换为闭环速度控制方式。速度控制命令的功能代码为 7，如果指令数据 1 为“0”，就可将 I/O - Link 轴切换为速度控制运行，其速度可以通过指令数据 2 指定；如指令数据 1 为“1”，可停止电动机旋转和轴运动。

速度控制时的速度值可通过指令数据 2 的低 16 位指定，此外，如 I/O - Link 驱动器参数 PRM007.4 为“1”，还可通过指令数据 2 的高 16 位指定电动机的最大转矩输出。速度控制命令的执行过程如图 7.7-4 所示。

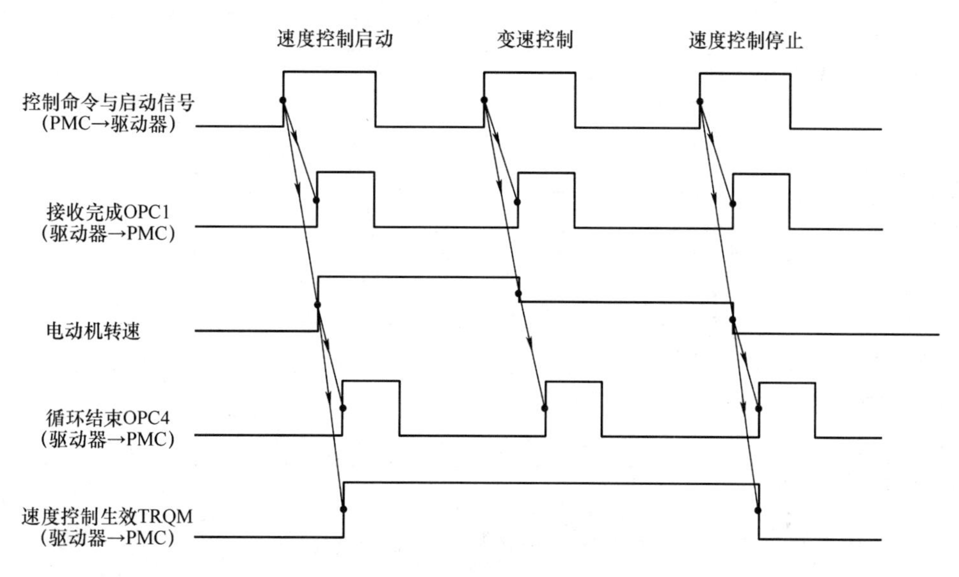

图 7.7-4　速度控制命令的执行过程

4. 响应数据的读入

I/O－Link 驱动器在外部操作模式下的工作状态信息可通过驱动器→PMC 的 4 字节响应数据（Xx＋3～Xx＋6）进行检查，当 I/O－Link 驱动器参数 PRM005.7（ABSPS）设定为“1”时，响应数据可在执行控制命令时同步传送。驱动器正常时的响应数据内容可通过 I/O－Link 驱动器参数 PRM020 选择，该参数的设定值的作用如下。

0：不发送响应数据。

1：分度位置或定位点号。

2：机床坐标系位置值。

3：工件坐标系位置值。

4：驱动器输出电流，电流输出需要将 I/O－Link 驱动参数 PRM005.6（LDM）设定为“1”。

5：跳步切削位置。

6：进给速度。

7：电动机转速。

8：输出转矩。

驱动器实际发送的响应数据类型，可通过状态指示信号 DSP1/DSP2 检查，DSP1/DSP2 的输出状态和相应数据类型的关系如下。

00：无响应数据输出。

01：输出进给速度或电动机转速数据。

10：输出当前分度位置、定位点号或定位区间号。

11：输出当前坐标值、电动机电流、跳步切削位置或输出转矩。

响应数据的读入需要通过驱动器→PMC 的状态数据发送完成信号 ABSWT 和 PMC→驱动器的状态数据接收完成信号 ABSRD 控制。ABSWT 的状态改变，表示驱动器开始从接口 Xx＋3～Xx＋6 中输出响应数据；ABSRD 的状态改变，代表 PMC 已读入了响应数据。响应数据的读入操作如图 7.7-5 所示。

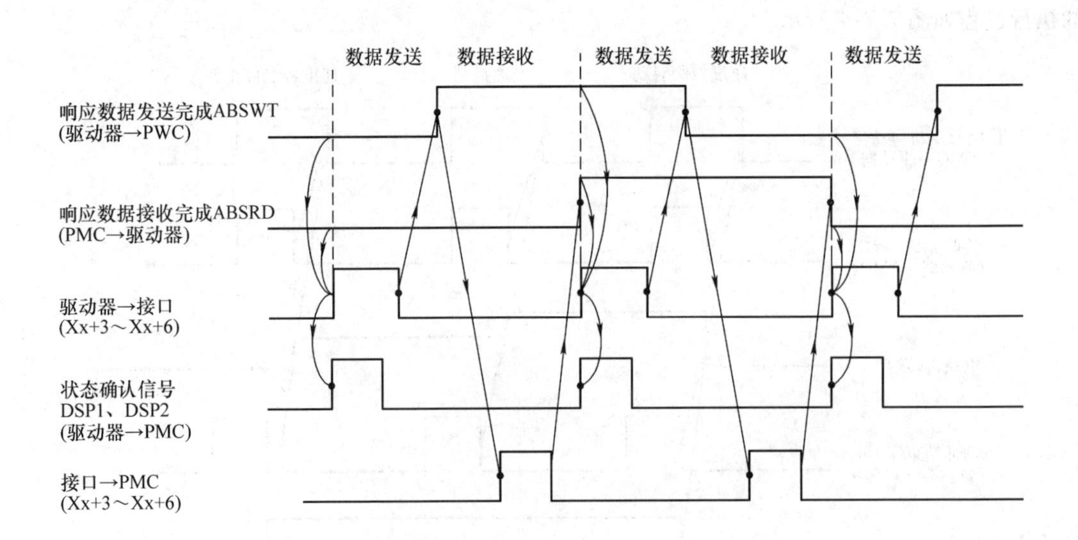

图 7.7-5　响应数据读入操作过程

5. 报警信息的读入

当驱动器发生故障或控制命令执行出错时，驱动器的报警输出 AL（Xx + 2.6）将为“1”，此时，PMC 可通过基本控制信号 DSAL，读入驱动器报警的具体内容。报警信息的读入可以通过信号 DSAL 进行控制，报警读入过程和响应数据类似，其读入操作如图 7.7-6 所示。

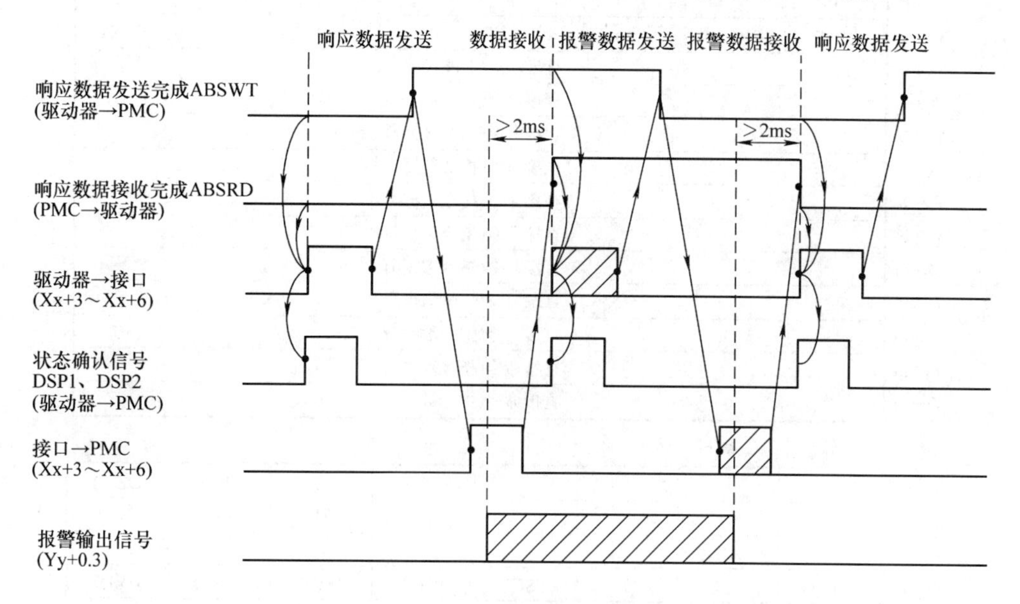

图 7.7-6　报警数据读入操作

7.7.4　直接命令控制

I/O – Link 驱动器的直接命令控制模式（网络操作模式），在基本控制信号 DRC = 1 时生效，此时，I/O – Link 轴可利用通信命令，实现回参考点和绝对定位/增量定位、轴暂停与进给速度设定、定位方式选择、转矩极限设定、驱动器参数读写、驱动器状态读出等操作。

1. I/O 信号分配

I/O – Link 驱动器选择直接命令控制时，PMC 和驱动器间的数据传输同样通过 16/16 字节 DI/DO 信号进行，其信号分配如图 7.7-7 所示。图中，代号相同的基本控制信号和状态信号的意义及说明可参见表 7.7-1、表 7.7-2，其他信号的含义见表 7.7-4。

当 I/O – Link 轴通过 DRC = 1 选择直接命令控制时，驱动器可直接执行通信命令，并利用响应数据、执行结果等返回命令执行信息。直接命令的执行不需要像外部操作那样进行应答。直接命令通过 PMC 输出中的功能代码和指令数据 1 ~ 10 发送，执行信息包括了命令的执行结果、功能代码和响应数据 1 ~ 9。

与外部操作模式比较，直接命令控制模式增加了如下 DI/DO 信号：

1）控制标记。控制标记（Control flag，地址 Yy + 4 与 Xx + 4）就是 PMC 与驱动器间的读/写应答信号，其功能相当于外部操作模式的 ABSRD、ABSWT 信号，且可用于控制命令的连续写入，信号的作用见后述。

2）功能代码返回。驱动器执行完指令后，可以通过地址 Xx + 5，返回控制命令的功能代码，以便 PMC 程序确认控制命令。

3）执行结果输出。驱动器的命令执行结果可以通过地址 Xx + 6 的低 4 位返回 PMC，其功能相当于外部操作模式的 DSP1、DSP2 信号，且可发送驱动器报警信息。

	7	6	5	4	3	2	1	0
Yy+0	ST		−X	+X		MD4	MD2	MD1
Yy+1			DRC	WFN	*ILK	SVFX	*ESP	ERS
Yy+2	RT	DRN	ROV2	ROV1	*OV8	*OV4	*OV2	*OV1
Yy+3	INPF							
Yy+4	EBUF	EOREND						ECNT
Yy+5	直接命令(功能代码)							
Yy+6	直接命令(指令数据1)							
Yy+7	直接命令(指令数据2)							
Yy+8	直接命令(指令数据3)							
Yy+9	直接命令(指令数据4)							
Yy+10	直接命令(指令数据5)							
Yy+11	直接命令(指令数据6)							
Yy+12	直接命令(指令数据7)							
Yy+13	直接命令(指令数据8)							
Yy+14	直接命令(指令数据9)							
Yy+15	直接命令(指令数据10)							

	7	6	5	4	3	2	1	0
Xx+0					INPX	SUPX	TPLX	DEN2
Xx+1	OP	SA	STL		OPTENB	ZRFX	DRCO	WAT
Xx+2	MA	AL				TRQM	RST	ZPX
Xx+3	INPFO	SVERX		PSG2	PSG1	MVX	APBAL	MVDX
Xx+4	EBSY	EOSTB	ECF		USR1	EOPC	DAL	ECONT
Xx+5	直接命令(功能代码)							
Xx+6	预备				执行结果			
Xx+7	直接命令(响应数据1)							
Xx+8	直接命令(响应数据2)							
Xx+9	直接命令(响应数据3)							
Xx+10	直接命令(响应数据4)							
Xx+11	直接命令(响应数据5)							
Xx+12	直接命令(响应数据6)							
Xx+13	直接命令(响应数据7)							
Xx+14	直接命令(响应数据8)							
Xx+15	直接命令(响应数据9)							

图 7.7-7　直接命令控制模式的 DI/DO 信号

表 7.7-4　I/O－Link 轴基本控制信号表

地址	代号	作　用	信号说明
Yy＋1.4	WFN	驱动器结束等待	驱动器等待状态结束，执行下一条指令
Yy＋1.5	DRC	控制方式转换	0：外部操作模式；1：网络操作模式
Xx＋1.0	WAT	驱动器等待	1：驱动器处于等待状态，PMC 可通过信号 WFN 启动下一控制命令
Xx＋3.7	INPFO	驱动器存储器写入中	1：控制命令正在被写入到驱动器存储中

2. 控制命令

直接命令控制模式的控制命令由 1 字节的 16 进制功能代码 00H～FFH（Yy＋5）和 10 字节 16 进制指令数据 1～10（Yy＋6～Yy＋15）组成，控制命令的作用、意义及对操作信号的要求见

表 7.7-5。

表 7.7-5　直接控制模式控制命令表

控制命令	功能代码	指令数据及说明
转矩限制	0CH	指令数据 1："10H" 转矩限制无效；"11H" 转矩限制设定
转矩限制设定	91H	指令数据 1：固定 10；指令数据 2～3：转矩限制值
驱动器参数读取	20H	指令数据 1、2：驱动器参数号
驱动器参数写入	21H	指令数据 1、2：驱动器参数号；指令数据 3：固定 01H；指令数据 4：参数长度（字节）；指令数据 5～8：参数值
读取工件坐标位置	30H	指令数据 1：固定 01H
读取机床坐标位置	31H	指令数据 1：固定 01H
读取跳步切削位置	32H	指令数据 1：固定 01H
读取位置跟随误差	33H	指令数据 1：固定 01H
读取加减速误差	34H	指令数据 1：固定 01H
读取实际进给速度	36H	不需要指令数据
读取驱动器状态	37H	不需要指令数据
读取驱动器报警	38H	指令数据 1：3、6、9 分别输出 1、2、3 个报警号
读取软件版本	3FH	不需要指令数据
连续读取数据	41H	指令数据 1：连续读取的数据数量（1～4） 指令数据 2～5：数据代码。"0000" 数据结束；"0101" 工件坐标绝对位置；"0102" 机床坐标位置；"0103" 位置跟随误差；"0104" 加减速位置跟随误差；"0105" 实际进给速度；"0106" 驱动器状态；"010D" 实际电流；"010E" 转矩给定值；"010F" 实际转速
读取实际电流	95H	指令数据 1：固定 01H
读取转矩给定	96H	指令数据 1：固定 01H
读取实际转速	97H	指令数据 1：固定 01H
自动回参考点（AUTO）	60H	指令数据 1："08H" 输出执行完成信号 ECF；"00H" 不输出 指令数据 2：固定 01H 回参考点方式、方向由 Power Mate 管理器参数设定
绝对进给（AUTO）	61H	指令数据 1："09H" 输出执行完成信号 ECF；01H：不输出 指令数据 2：按照位设定，bit0 固定 1，其他位作用如下 bit5（SMZX）："1" 切削进给到位检查；"0" 不检查 bit6（RPD）："1" 快速定位；"0" 切削进给 bit7（SKIP）：1：跳步切削；0：无效 指令数据 3、4：进给速度 指令数据 5～8：终点位置
增量进给（AUTO）	62H	
暂停（AUTO）	63H	指令数据 1："08H" 输出执行完成信号 ECF；"00H" 不输出 指令数据 2：固定 01H 指令数据 3～6：现行位置在工件坐标系的坐标值
工件坐标系设定	64H	
驱动器 FIN	66H	不需要指令数据。驱动器执行命令后，进入等待（FIN）状态
FIN 解除	67H	指令数据 1：固定 01H；解除驱动器等待（FIN）状态
速度控制	6FH	指令数据 1、2：固定 01H 指令数据 3：驱动器启停控制，"1" 启动（转矩限制无效）；"2" 启动（转矩限制有效）；"3" 停止 指令数据 4、5：速度值 指令数据 6、7：转矩限制值
驱动器等待	90H	指令数据 1：固定 00H 指令数据 2：ID 代码

3. 执行结果输出

直接命令控制模式的执行结果可从 PMC 接口 Xx＋6 的低 4 位中，以代码形式读取，代码所代表的含义如下：

0：指令正常执行结束。

1：指令执行错误。

2：控制命令的指令数据长度错误。

3：控制命令的指令数据数量错误。

4：控制命令中的指令数据格式错误。

7：驱动器参数禁止写入。

8：存储器溢出。

9：驱动器参数设定错误。

10：数据缓冲控制出错。

12：操作方式选择不正确。

14：驱动器处于复位或急停中。

15：控制命令正在执行中。

4. 响应数据

直接命令控制方式的响应数据为 9 字节，响应数据的内容根据控制命令的不同而不同，具体见表 7.7-6。

表 7.7-6　直接命令控制的响应数据一览表

控制命令	功能代码	响应数据及说明
转矩限制	0CH	无响应数据
转矩限制设定	91H	无响应数据
驱动器参数读取	20H	响应数据 1：参数长度（字节数）；响应数据 2～5：参数值
驱动器参数写入	21H	无响应数据
读取工件坐标位置	30H	响应数据 1～4：工件坐标系位置
读取机床坐标位置	31H	响应数据 1～4：机床坐标系位置
读取跳步切削位置	32H	响应数据 1～4：跳步切削位置
读取位置跟随误差	33H	响应数据 1～4：位置跟随误差
读取加减速误差	34H	响应数据 1～4：加减速位置跟随误差
读取实际进给速度	36H	响应数据 1～4：实际进给速度
读取驱动器状态	37H	响应数据 1 低 4 位：操作方式，1：AUTO；4：HAND；5：JOG 响应数据 1 高 4 位：驱动器状态，0：复位；1：停止；3：启动 响应数据 2 低 4 位：轴运动状态，1：移动；2：暂停 响应数据 3 低 4 位：轴急停状态，1：急停；2：复位 响应数据 3 高 4 位：报警状态，1：驱动器报警；2：电池电压低
读取驱动器报警	38H	报警号 1：响应数据 1 为 0；响应数据 2、3 为报警号 报警号 2：响应数据 4 为 0；响应数据 5、6 为报警号 报警号 3：响应数据 7 为 0；响应数据 8、9 为报警号 无后续报警时响应数据 4、7 为 FFH
读取软件版本	3FH	第 1 次输出：响应数据 5～8：软件系列；响应数据 9：版本（低 1 字节） 第 2 次输出：软件版本（高 3 字节）

（续）

控制命令	功能代码	响应数据及说明
连续读取数据	41H	响应数据1~9：连续数据输出
读取实际电流	95H	响应数据1~4：电动机电流
读取转矩给定	96H	响应数据1~4：转矩给定
读取实际转速	97H	响应数据1~4：实际转速
自动回参考点（AUTO）	60H	无响应数据
绝对进给（AUTO）	61H	无响应数据
增量进给（AUTO）	62H	无响应数据
暂停（AUTO）	63H	无响应数据
工件坐标系设定	64H	无响应数据
驱动器 FIN	66H	响应数据1："01" 驱动器 FIN 等待状态
FIN 解除	67H	无响应数据
速度控制	6FH	无响应数据
驱动器等待	90H	响应数据3：ID 码

5. 控制命令发送

直接控制模式的控制命令的发送通过 PMC 的输出 EBUF、ECNT 和输入 EBSY 进行，信号的作用和意义如下。

EBUF：命令发送完成。当 PMC 已经将控制命令发送到接口 Yy+5~Yy+15 时，信号 EBUF（Yy+4.7）的状态将发生变化。

ECNT：控制命令发送中。ECNT 为"1"，表示 PMC 需要连续发送控制命令；状态"0"代表控制命令发送结束。

EBSY：控制命令已接收。EBSY 状态发生变化时，代表驱动器已接收到控制命令，且已经保存到驱动器存储器上。

驱动器的控制命令发送过程如图 7.7-8 所示。

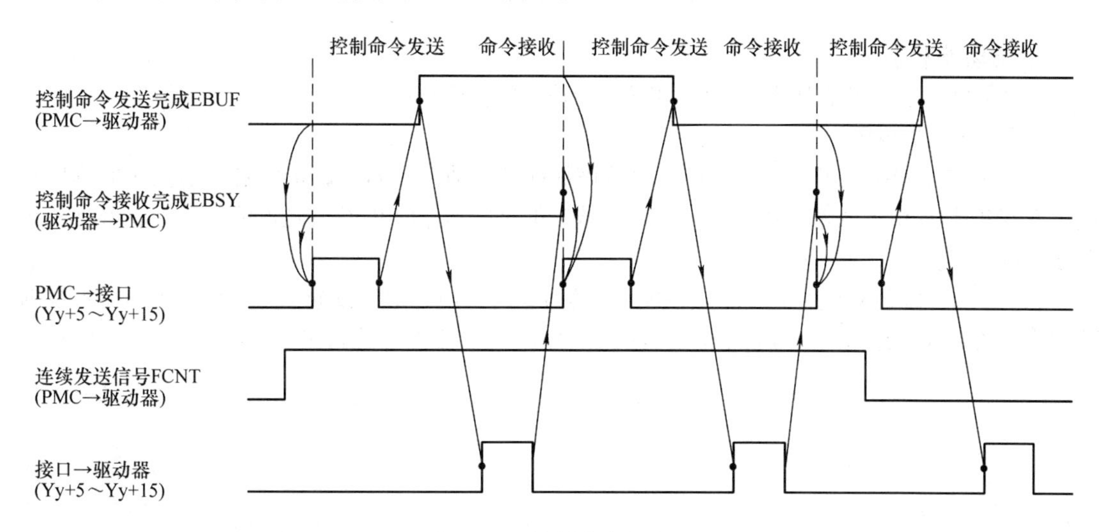

图 7.7-8　控制命令的发送

6. 响应数据读入

响应数据的读入控制通过 PMC 的输出 EOREND 和输入 ECONT、EOPC、EOSTB 信号进行，信号的作用和意义如下：

EOSTB：EOSTB 状态变化时，代表驱动器响应数据已将响应数据传送到了接口 Xx＋7～Xx＋15 上。

ECONT：响应数据发送完成中。状态“1”代表驱动器需要连续发送响应数据；状态“0”代表控制命令发送结束。

EOPC：状态“1”，允许驱动器连续发送响应数据。

EOREND：响应数据接收完成，信号状态变化时，代表 PMC 已读入响应数据。

响应数据的读入过程如图 7.7-9 所示。

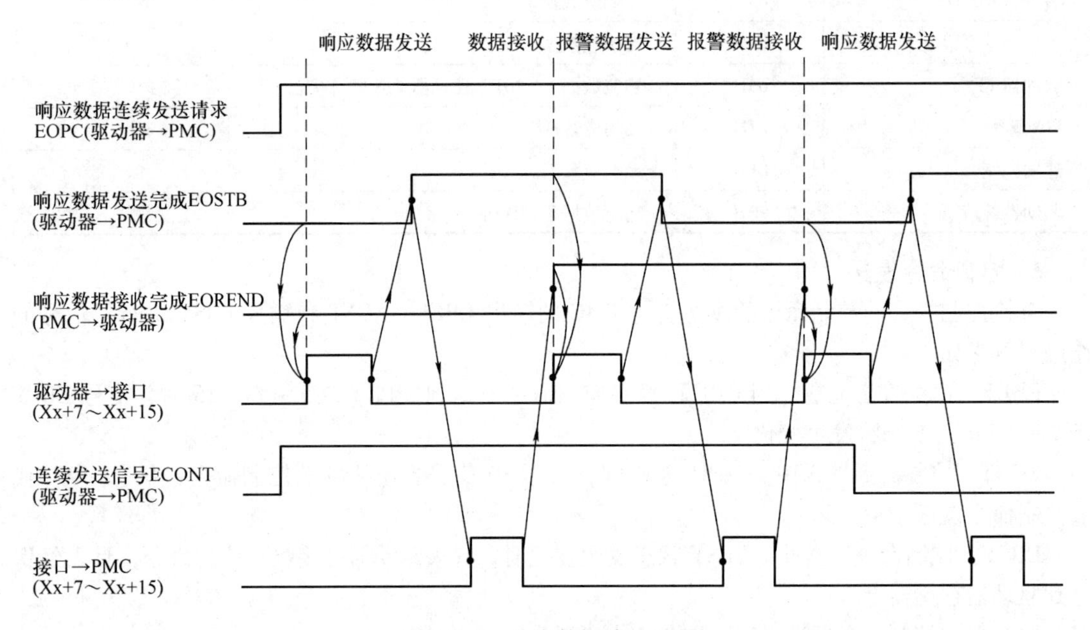

图 7.7-9　响应数据读入过程

7. 驱动器状态

驱动器状态信息包括 DAL、USR1 和 ECF，信号的作用和意义如下：

DAL：驱动器报警。

USR1：响应数据类型。状态“1”，表示该数据是驱动器向 Power Mate 管理器发送的响应数据，在 PMC 程序中可忽略；状态“0”，表示该数据是驱动器向 PMC 发送的响应数据，需要 PMC 程序予以处理。

ECF：运动命令执行完成。驱动器执行运动命令时，如果指令数据 1 为 08H，驱动器可根据控制命令的要求，在轴到位后利用本信号通知 PMC，运动命令已执行完成。

第 8 章　FS - 0iD 故障与诊断

8.1　CNC 工作状态显示

8.1.1　状态显示行

1. CNC 故障及处理

当 CNC 发生故障时，数控机床将无法正常工作，有时会导致机床动作错误甚至损坏机床。因此，必须查明故障发生的原因，并通过 CNC 或机床的调整、故障器件的更换或维修等，使之恢复工作。分析、判断故障部位和原因的过程称为故障诊断，它是数控机床维修的前提，本章将对此进行介绍。

数控机床是一种典型的机电一体化设备，总体而言，其故障原因和常用的诊断、维修方法有如下 3 类。

1）工作条件未满足而导致的停机。例如，由于所选的 CNC 操作方式不正确，操作面板的按钮、开关或机床侧的检测开关的信号不正确等原因，所引起的动作无法进行。此类故障一般不会引起 CNC 报警，只要工作条件具备仍可正常工作，故其故障诊断可通过 CNC 的工作状态检查和诊断、PMC - I/O 信号监控或动态梯形图检查等方法判定原因，在此基础上，通过正确的操作或进行相关部件的调整加以解决。

2）加工程序不正确、CNC 参数设定不当、PMC 程序设计不合理或电气、机械、气动、液压系统调整不当引起的停机。发生此类故障时，一般可通过 CNC 的故障自诊断功能，在 LCD 上显示报警，其故障诊断和维修处理可以根据 CNC 的报警显示、PMC 程序监控等分析故障原因，然后通过修改加工程序、调整参数、检查电气连接、PMC 程序修改、调整机械部件等措施排除故障。

3）系统组成部件损坏引起的故障。此类故障必须通过更换部件解决。对于 CNC 或驱动器部件故障，故障发生时往往伴随有 CNC 报警，故障诊断可以根据 CNC 报警提示进行；如果是机床的电气、机械、液压、驱动元器件故障，则可通过 PMC 的 I/O 信号状态诊断、动态梯形图检查等方法判定原因，并通过调整、更换、维修器件排除故障。

本章将介绍 FS - 0iD 故障诊断的一般方法，有关 CNC、伺服及机床故障维修及日常维护的内容将在第 10 章进行阐述。

2. 工作状态显示

如果 CNC 的操作系统工作正常，在任何操作模式下，FS - 0iD 都可以在 LCD 上显示 CNC 的基本工作状态信息。FS - 0iD 的状态显示行在 LCD 上的位置如图 8.1-1a 所示，状态显示行分图 8.1-1b 所示的 7 个区域，每一区域都可显示不同的工作状态信息（见下述）；如 CNC 处于急停或复位状态，显示区 3 和 4 将合并显示“—EMG - - ”或“RESET”。

3. 状态显示行

图 8.1-1 所示的 FS - 0iD 状态行显示区 1 ~ 7 可显示的信息及含义如下：

1）CNC 操作方式显示。该区域显示 CNC 当前有效的操作方式，显示内容 MEM/MDI/ RMT/

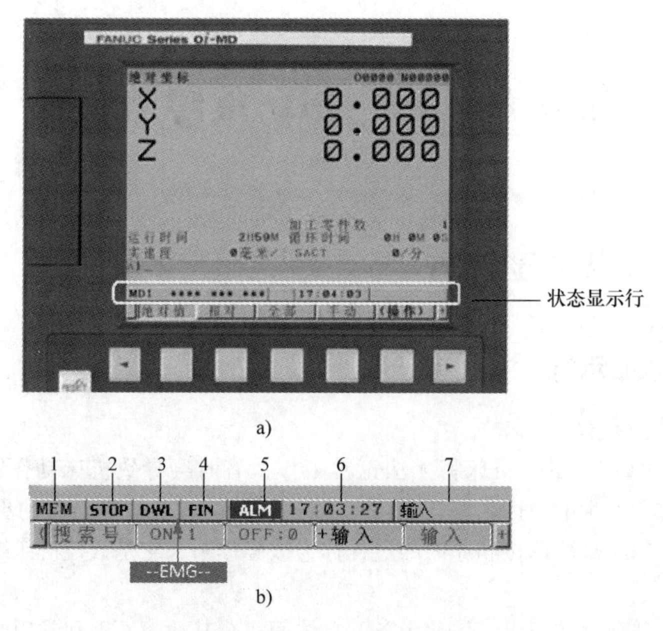

图 8.1-1　FS－0iD 的状态显示

a）状态行显示　b）状态显示区

编辑/JOG/INC/HND/REF，分别为存储器运行/MDI 运行/DNC 运行/程序编辑/手动连续进给/增量进给/手轮进给/手动回参考点操作方式；如 CNC 为其他操作方式，则显示“＊＊＊”。

2）自动运行状态显示。该区域显示 CNC 当前所处的自动运行状态，显示内容 STRT/HOLD/STOP，分别代表 CNC 处于自动运行/进给保持/自动运行停止状态；当程序执行完成或程序执行被终止时，则显示“＊＊＊”。

3）轴运动状态显示。该区域显示 CNC 基本坐标轴的运动状态，显示内容 MTN/ DWL，分别表示坐标轴为运动中/程序暂停状态；对于其他状态，则显示为“＊＊＊”。

4）辅助功能执行状态显示。该区域显示 CNC 当前所执行的辅助功能情况，显示 FIN 代表辅助功能正在执行中，等待 PMC 的辅助功能执行完成信号 FIN；显示“＊＊＊”代表辅助功能执行完成或其他状态。

如果 CNC 处于急停或复位状态，以上显示区 3）和 4）将合并，并显示“—EMG—”或“RESET”信息。

5）报警显示区。该区域显示 CNC 目前存在的报警，显示内容 ALM/BAT/APC/FAN，分别代表 CNC 报警/CNC 电池报警/绝对编码器电池报警/风机报警；当 CNC 正常工作时，该区域无显示。

6）时间显示。该区域显示 CNC 时钟，时间的显示格式为“时：分：秒”。

7）程序编辑和运行状态显示。该区域显示 CNC 加工程序的编辑或运行状态，显示输入/输出/查找/编辑/LSK/再启动/比较/偏置/AICC/AIAPC/APC/WSFT/RVRS/RTRY/RVED，分别代表加工程序处于输入/输出/查找/编辑/标记跳转/重新启动/程序比较/刀具偏置数据写入/AI 轮廓控制/AI 前瞻控制/前瞻控制/坐标系偏置写入/坐标轴反向回退/坐标轴正向回退/回退结束状态；对于其他状态，该区域无显示。

以上为 CNC 工作状态的一般显示，详细的工作状态信息可通过 8.2 节介绍的 CNC 诊断参数进行显示。

8.1.2　系统配置显示

1. 系统配置的显示操作

FS－0iD的CNC硬件和软件配置、伺服和主轴驱动配置等信息，可通过选择FS－0iD的系统显示模式，在CNC系统配置信息显示页面显示。但是，由于系统配置需要有相应的硬件、软件支持，因此，普通的维修人员一般不能对其进行修改。

CNC系统配置信息显示的基本操作步骤如下：

1）按MDI面板的功能键【SYSTEM】，选择系统显示模式。

2）按软功能键【系统】，LCD可显示图8.1-2所示的系统配置信息显示页面。

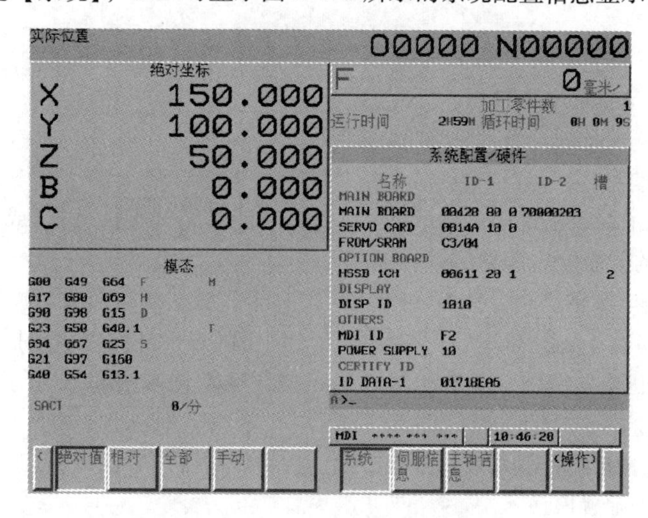

图8.1-2　系统配置信息显示页面

在系统配置信息显示页面上，维修人员可通过软功能键进行如下操作。

【系统】：可显示CNC所安装的硬件模块、ID号、安装位置（插槽）等硬件配置信息及CNC所安装的软件名称、系列和版本等软件配置信息。

【伺服信息】（或【伺服】）：可显示CNC当前所连接的伺服驱动器（包括伺服模块、电源模块）、伺服电动机及编码器的规格和型号。

【主轴信息】（或【主轴】）：可显示当前CNC所连接的串行主轴驱动器（包括伺服模块、电源模块）、主轴电动机的规格和型号等。

2. 系统信息显示

按图8.1-2系统配置信息页上的软功能键【系统】，LCD可显示图8.1-3所示的系统硬件、软件信息。

图8.1-3a上的系统硬件显示页内容如下：

MAIN BOARD栏：显示主板以及主板上所安装的轴卡、存储卡等硬件的ID号。

OPTION BOARD栏：显示扩展插槽上所安装的附加功能板的ID号和插槽位置。

DISPLAY栏：显示LCD的ID号。

OTHERS栏：显示CNC的MDI单元、电源模块等的ID号。

图8.1-3b上的软件显示页上，则可显示CNC当前所安装的软件名称、种类、系列和版本等信息。

CNC的硬件、软件配置显示一般有多页，显示页面可通过MDI面板的选页键【PAGE↑】、

系统配置/硬件			
名称	ID-1	ID-2	槽
MAIN BOARD			
MAIN BOARD	00428 80 0	70000203	
SERVO CARD	0014A 10 0		
FROM/SRAM	C3/04		
OPTION BOARD			
HSSB 1CH	00611 20 1		2
DISPLAY			
DISP ID	1010		
OTHERS			
MDI ID	F2		
POWER SUPPLY	10		
CERTIFY ID			
ID DATA-1	01718EA6		

a)

系统配置/软件		
系统	系列	版本
CNC(BASIC)	XXM1	99.X
CNC(OPT A1)	XXM1	99.X
CNC(OPT A2)	XXM1	99.X
CNC(OPT A3)	XXM1	99.X
CNC(MSG ENG)	XXM1	99.X
CNC(MSG JPN)	XXM1	99.X
CNC(MSG DEU)	XXM1	99.X
CNC(MSG FRA)	XXM1	99.X
CNC(MSG CHT)	XXM1	99.X
CNC(MSG ITA)	XXM1	99.X
CNC(MSG KOR)	XXM1	99.X
CNC(MSG ESP)	XXM1	99.X
CNC(MSG NLD)	XXM1	99.X

b)

图 8.1-3　系统信息显示

a）硬件显示　b）软件显示

【PAGE↓】切换。

3. 伺服与主轴信息

在图 8.1-2 所示的系统配置信息显示页上，按软功能键【伺服信息】（或【伺服】），LCD 可显示图 8.1-4a 所示的伺服配置信息。

伺服配置信息按坐标轴显示，在多轴控制的 CNC 上，其显示有多页，操作者可通过 MDI 面板上的选页键【PAGE↑】、【PAGE↓】切换页面。伺服配置信息的内容包括电动机规格（订货号）和 SN 号、电动机内置编码器规格和 S/N 号、伺服驱动器规格和 S/N 号、电源模块规格和 S/N 号等。

在 8.1-2 所示的系统配置信息显示页上，如按软功能键【主轴信息】（或【主轴】），可显示图 8.1-4b 所示的主轴配置信息。

主轴配置信息仅在使用 FANUC 串行主轴的系统上显示，信息按主轴显示，在多主轴控制的 CNC（如车削中心等），主轴配置信息显示有多页，不同主轴的显示可通过 MDI 面板上的选页键【PAGE↑】、【PAGE↓】切换页面。主轴配置显示的内容包括主电动机规格（订货号）和 SN 号、主轴驱动器规格和 S/N 号、电源模块规格和 S/N 号等。

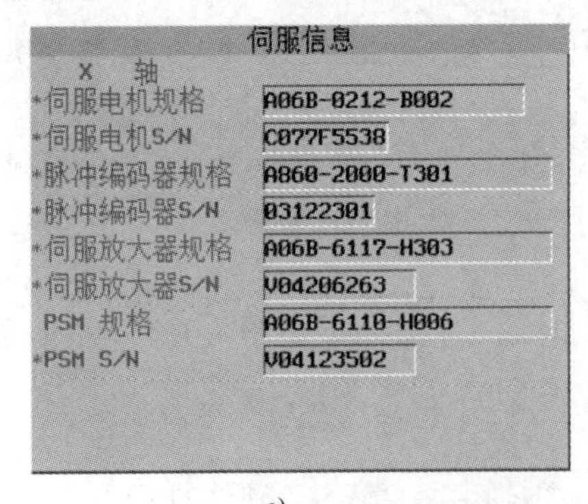

a)

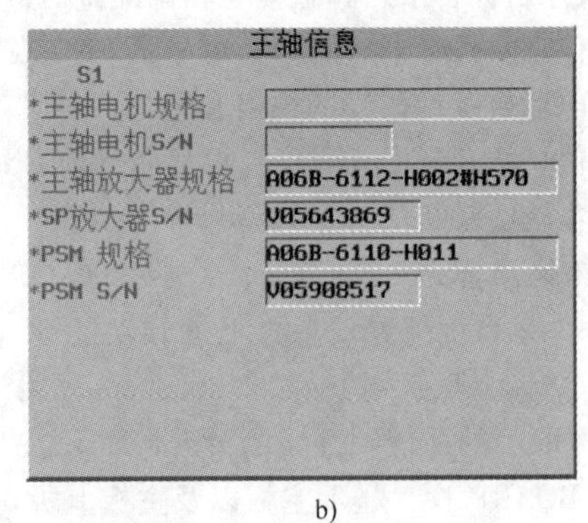

b)

图 8.1-4　伺服与主轴信息显示

a）伺服配置信息　b）主轴配置信息

8.1.3　操作履历显示

1. 基本说明

如果 CNC 的故障是由于操作不当所引起，FS－0iD 可通过操作履历显示，检查 CNC 的操作记录。FS－0iD 的履历信息记录了 CNC 操作履历和报警履历两部分内容，操作履历上记录了 MDI 键盘的操作、PMC－DI/DO 信号（X/Y/F/G）的变化及刀具偏置、坐标系原点偏置、CNC 参数、用户宏程序变量的变更情况；CNC 报警履历上记录了 CNC 报警和外部操作信息，报警履历可通过 MDI 面板的功能键【MESSAGE】，选择 CNC 信息显示模式后进行详细显示，有关内容将在 8.4 节介绍。

FS－0iD 的操作履历显示包括 MDI 键盘操作情况、PMC－DI/DO 信号 X/Y/F/G 的变化情况等内容，但它也记录了 CNC 报警的发生情况。操作履历存储器可记录约 8000 次 MDI 面板操作；当记录内容超过存储器容量时，将按照时间次序，自动删除早期记录、保留最近信息。

CNC 的刀具偏置、坐标系原点偏置、用户宏程序变量的详细变更情况及完整的履历信息不能在 LCD 上显示，但可通过 CNC 的输入/输出接口，以文本的形式输出到外部设备上，有关内容可参见本书作者编写、机械工业出版社出版的《FANUC－0iD 编程与操作》一书。

CNC 操作履历的记录、显示内容与 CNC 参数的设定有关，相关参数如下。

PRM3106.4：功能选择。设定“0”，不显示操作履历；设定“1”，显示操作履历。

PRM3122：时标。操作履历显示的时标，设定范围为 0～1440 分钟，设定 0 为 10 分钟。

PRM3195.5：MDI 面板操作记录设定。设定“0”，记录 MDI 操作历史；设定“1”，不记录。

PRM3195.6：DI/DO 信号状态变化记录设定。设定“0”，记录 DI/DO 信号状态变化历史；设定“1”，不记录。

PRM3195.7：操作履历总清软功能键显示设定。设定“0”，不显示操作履历总清软功能键【全清】；设定“1”，显示。

PRM3196.0：刀具偏置变更记录设定。设定“0”，不记录刀具偏置变更情况；设定“1”，记录偏置变更情况。

PRM3196.1：工件坐标系偏置变更记录设定。设定“0”，不记录工件坐标系偏置变更情况；设定“1”，记录偏置变更情况。

PRM3196.2：CNC 参数变更记录设定。设定“0”，不记录 CNC 参数变更情况；设定“1”，记录参数变更情况。

PRM3196.3：用户宏程序变量变更记录设定。设定“0”，不记录用户宏程序变量变更情况；设定“1”，记录变量变更情况。

PRM3196.7：在履历信息中添加报警附加信息，例如，报警时的模态 G 代码、绝对位置值、外部操作信息和用户宏程序报警文本等。设定“0”，添加；设定“1”，不添加。

PRM12990～12999：添加在履历信息中的模态 G 代码组选择，CNC 参数 PRM3196.7 设定为“0”时，指定组的模态 G 代码可以作为附加信息添加到履历信息中。

2. DI/DO 信号选择

如需要，FS0iD 可在操作履历显示页上显示 DI/DO 信号的状态变化情况。FS0iD 最多可选择 60 个 PMC 的 DI/DO 信号，在操作履历上显示与记录其变化历史。需要记录的 DI/DO 信号地址可通过以下操作选定：

1）按 MDI 面板的功能键【SYSTEM】，选择系统显示模式。

2）按软功能扩展键，显示软功能键【操作履历】（或【操作历】），LCD 将显示【操作履历】（或【操作历】）和【信号选择】软功能键。

3）按【信号选择】软功能键，LCD 可显示图 8.1-5 所示的 DI/DO 信号地址选择页。

4）按软功能键【（操作）】，并用光标移动键【↑】、【↓】，选择需要设定的位置。

5）通过 MDI 面板输入信号地址，如 G0004、X0010 等，并按编辑键【INPUT】输入后，选

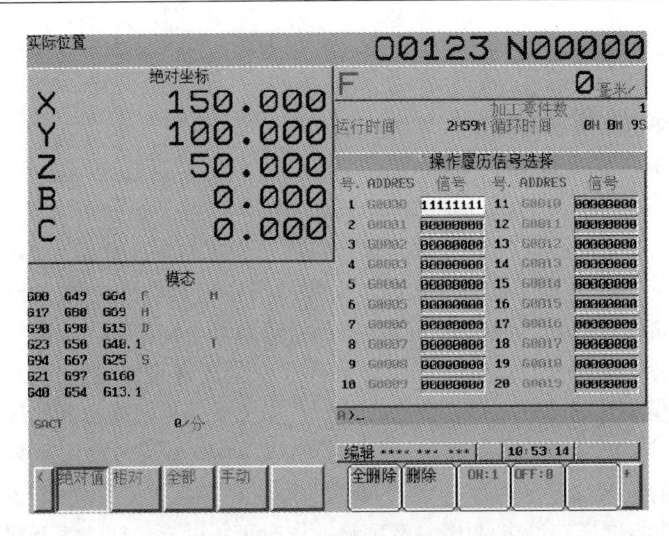

图 8.1-5 DI/DO 信号地址设定显示

定位置的“地址（ADDRES）”栏显示便成为所输入的地址值，对应的“信号”栏将成为初始设定值“00000000”。需要注意的是：FS－0iD 的操作履历只能显示和记录来自机床的 I/O 信号（地址 X＊/Y＊）和来自 CNC 的 I/O 信号（地址 G＊/F＊），PMC 程序中所使用的内部继电器 R＊、数据寄存器 D＊等不能在操作履历上记录。

6）用光标移动键【←】、【→】选择需要记录的信号位，按软功能键【ON：1】，该位显示变成“1”后，即成为履历记录信号；如需要将该地址下的全部信号位均作为履历记录信号，可在光标涵盖所有位时，直接按软功能键【ON：1】，一次性将该地址的信号栏状态设定为“11111111”。

7）如需要删除信号，可在光标选定信号位后，按软功能键【删除】、再按【执行】，该信号的履历记录功能将被删除。如选择【全删除】、再按【执行】，所有 DI/DO 信号的履历记录功能将一次性删除。

3. 履历显示操作

CNC 的操作履历可在 CNC 的系统显示模式下显示，其操作步骤如下：

1）按 MDI 面板的功能键【SYSTEM】，选择系统显示模式。

2）按软功能扩展键，显示软功能键【操作履历】（或【操作历】），LCD 将显示【操作履历】（或【操作历】）和【信号选择】软功能键。

3）选择【操作履历】软功能键，LCD 可显示图 8.1-6 所示的操作履历。

4）操作履历有多页，可通过 MDI 面板上的选页键【PAGE↑】、【PAGE↓】和光标移动键【↑】、【↓】，选择所需要的页面查看。此外，还可通过软功能键【（操作）】，利用如下的操作软功能，选择检查内容。

【顶部】/【底部】：直接查找履历顶部/最后，查看最早/最近的操作记录。

【搜索号码】：通过输入履历序号，查看指定的操作记录。

5）可根据需要，对操作履历进行总清操作。按软功能键【（操作）】、并选择软功能键【全清】，接着按【执行】，可清除全部操作履历。

4. 履历显示

操作履历显示页面的显示内容含义如下：

号：操作履历的序号，序号越小、操作时间越早。

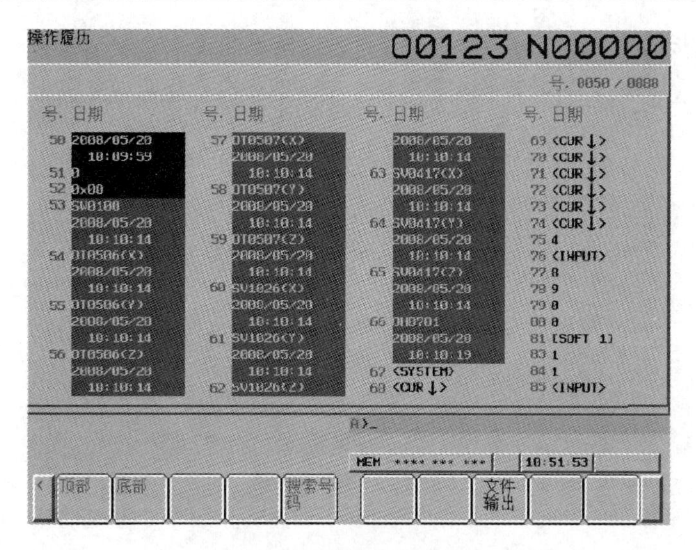

图 8.1-6　操作履历显示

操作和日期：显示 MDI 面板操作记录以及发生报警的日期与时间。

MDI 面板操作记录的显示方式如下：

1）数字/字母键操作：直接以按键名称（黑字）显示其操作，如 0、1、+、X 等。

2）功能键/编辑键/光标操作：以加“< >”的形式显示操作，如 <SYSTEM>、<RESET>、<PAGE↑>、<CUR↓>等；多通道控制时，以前缀“01_ ”、“02_ ”表示通道，如 01_ <RESET>等。

3）软功能键操作：以［SOFT 1］～［SOFT 10］及［LEFT F］、［RIGHT F］表示软功能键 1～10 和返回键、扩展键的操作；多通道控制时，以前缀“01_ ”、“02_ ”表示通道。

4）电源通/断操作：电源接通的时间及接通时的按键操作，以绿底白字显示；电源断开的时间以绿字显示。

5）DI/DO 信号状态变化：以地址和“↑”、“↓”符号表示信号的变化情况，例如，G0002↑表示信号 G0002 从状态“0”变为状态“1”等；但宽度小于 8ms 的高速 DI/DO 信号不能显示。当同一时刻、同一信号地址下的多个位同时变化时，其状态记录在同一条履历信息上。

6）CNC 报警：可在操作履历上显示报警号和发生时刻，例如，SW0100 2008/05/20 10：10：14 等，报警显示为红底、白字（见图 8.1-6）。多通道控制时，以前缀“01_ ”、“02_ ”表示通道。

8.2　CNC 诊断参数显示

8.2.1　工作状态诊断

1. 诊断参数显示操作

CNC 的诊断参数是故障诊断和维修的重要数据，它不仅包含了大量 CNC 工作状态信息，而且还能够指示、检查故障发生的原因。CNC 的诊断参数可在系统显示模式下，通过选择软功能键【诊断】予以显示，其操作步骤如下：

1）按 MDI 面板的功能键【SYSTEM】，选择系统显示模式。

2）按软功能【诊断】，LCD 将显示图 8. 2-1 所示的诊断参数显示页面。

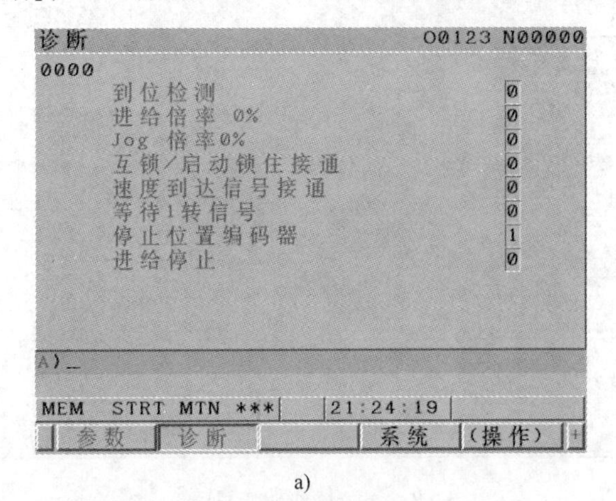

a)

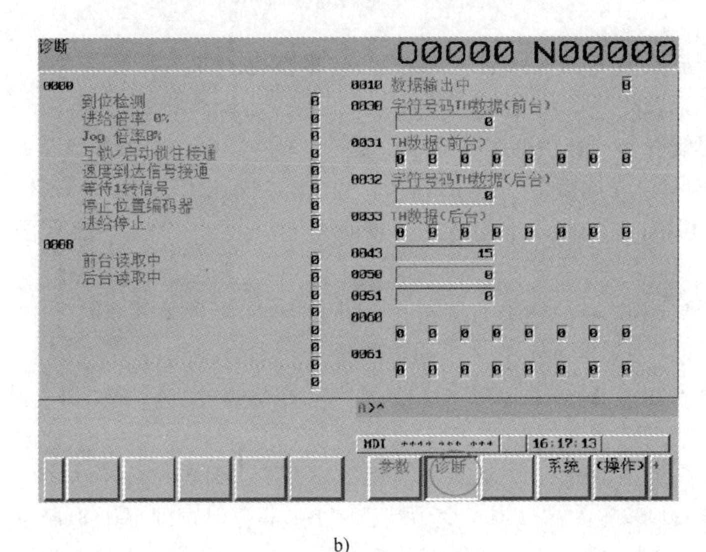

b)

图 8. 2-1　CNC 诊断显示

a）8. 4in 显示　b）10. 4in 显示

3）诊断参数按诊断参数号排列，其显示有多页，可通过 MDI 面板的选页键【PAGE↑】、【PAGE↓】，选择所需的显示页面；或按软功能键【（操作）】后，利用 MDI 面板输入诊断参数号、选择操作软功能键【No. 检索】，直接显示指定的诊断参数。

2. 运行停止原因显示

当 CNC 在自动工作方式下，出现 CNC 无报警、但却不能运动（死机）故障时，可以通过 CNC 内部状态的检查，确定故障原因。FS0iD 的诊断参数 DGN0000、DGN1010、DGN1011 可指示坐标轴的运动情况及自动运行停止的原因，其显示内容如下。

1）DGN0000：坐标轴停止运动的原因指示。DGN0000 的内容见图 8. 2-1，各显示位状态为“1”的含义如下。

到位检测：CNC 指令脉冲分配完成，但机床仍在运动中，指令的位置尚未到达。

进给倍率 0%：操作面板的进给倍率开关的位置为 0%，坐标轴不能移动。

JOG 倍率 0%：操作面板的 JOG 倍率开关的位置为 0%，坐标轴不能移动。
互锁/启动锁住接通：CNC 的坐标轴互锁、启动互锁信号生效，坐标轴不能运动。
速度到达信号接通：CNC 在等待主轴转速到达信号，切削进给不能启动。
等待 1 转信号：CNC 在等待主轴编码器的零脉冲信号，螺纹切削进给不能启动。
停止位置编码器：CNC 在等待主轴编码器的零脉冲信号，主轴每转进给不能启动。
进给停止：操作面板的进给停止、进给保持信号有效，进给停止等。

2）DGN1010：与 CNC 复位有关的信号状态显示，各显示位为“1”的含义如下：
bit0（ESP）：CNC 的急停输入信号 * ESP 有效。
bit1（RRW）：CNC 的倒带输入信号 RRW 有效。
bit2（ERS）：CNC 的外部复位输入信号 ERS 有效。
bit3（RST）：MDI 面板的【RESET】键被按下。

3）DGN1011：指示 CNC 自动运行停止的原因，各显示位为“1”的含义如下：
bit0（ESP）：CNC 急停信号 * ESP 引起的运行停止。
bit1（RRW）：CNC 倒带信号 RRW 引起的运行停止。
bit2（ERS）：CNC 外部复位信号 ERS 引起的运行停止。
bit3（RST）：MDI 面板【RESET】键引起的运行停止。
bit4（ALM）：CNC 报警引起的运行停止。
bit5（MOD）：改变 CNC 操作方式引起的运行停止。
bit6（STP）：单程序段引起的运行停止。
bit7（HLD）：进给保持引起的运行停止。

3. 其他状态显示

FS－0iD 的诊断参数还可用于其他 CNC 内部状态指示，常用的诊断参数及其作用和意义见表 8.2-1。

表 8.2-1　CNC 诊断参数的作用与意义一览表

诊断参数	位（bit）	代号	作用与意义
DGN0008	—	—	CNC 数据读入中
DGN0010	—	—	CNC 数据输出中
DGN0030	—	—	TH 报警指示 1，发生奇偶校验错误的字符位置
DGN0031	—	—	TH 报警代码 1，奇偶校验错误的字符代码
DGN0032	—	—	TH 报警指示 2，发生错误的字符位置（后台编辑）
DGN0033	—	—	TH 报警代码 2，发生错误的字符代码（后台编辑）
DGN0043	—	—	指示 CNC 当前的显示语言。常用语言为：“0”英语；“1”日语；“2”德语；“4”繁体中文；“15”简体中文。
DGN0520	—	—	小孔排屑加工循环 G83 中总的切削回退次数
DGN0521	—	—	小孔排屑加工循环 G83 中过载回退次数
DGN0522	—	—	小孔排屑加工循环 G83 中开始回退点的坐标值
DGN0523	—	—	小孔排屑加工循环 G83 中相邻两次回退点的坐标差

（续）

诊断参数	位（bit）	代号	作用与意义
DGN0560	—	—	FS-0iTD 执行手动刀具补偿后的状态显示： 0：手动刀具补偿动作正常结束； 1：T 代码超过允许范围； 2：刀具偏置值超过允许范围； 3：刀具偏置号超过允许范围； 4：CNC 自动运行中或轴移动中； 5：刀尖半径补偿有效； 6：操作方式不为 JOG、INC、MPG（HND）方式； 7：CNC 参数设定错误
DGN1016	7	ANG	自动数据备份出错
	6	ACM	自动数据备份完成
	3	DT3	自动数据备份更新 3
	2	DT3	自动数据备份更新 2
	1	DT3	自动数据备份更新 1
	0	AEX	自动数据备份中

8.2.2 伺服与主轴诊断

1. 伺服诊断参数

FS-0iD 的伺服诊断参数可以指示伺服驱动系统故障的具体原因，相关诊断参数及所代表的含义见表 8.2-2。

表 8.2-2　伺服驱动诊断参数一览表

诊断参数	位（bit）	代　号	作用与意义
DGN0200	7	OVL	驱动器过载
	6	LV	驱动器输入电压过低
	5	OVC	驱动器过电流
	4	HCA	驱动器电流异常
	3	HVA	驱动器过电压
	2	DCA	驱动器放电回路故障
	1	FBA	编码器连接不良
	0	OFA	计数器溢出
DGN0201	7	ALD	电动机过热或编码器连接不良
	6	PCR	已检测到编码器零脉冲，手动回参考点允许
	4	EXP	分离型位置编码器连接不良
DGN0202	6	CSA	编码器硬件故障
	5	BLA	电池电压过低警示
	4	PHA	编码器计数信号不正确，编码器或反馈连接不良
	3	RCA	编码器速度反馈信号不良，零脉冲信号故障
	2	BZA	编码器电池电压为 0
	1	CKA	编码器无信号输出
	0	SPH	编码器计数信号不良，编码器或反馈连接不良

（续）

诊断参数	位（bit）	代　号	作用与意义
DGN0203	7	DTE	编码器通信不良，无应答信号
	6	CRC	编码器通信不良，数据校验出错
	5	STB	编码器通信不良，停止位出错
	4	PRM	驱动器参数设定错误，见DGN0352
DGN0204	6	OFS	驱动器电流A-D转换出错
	5	MCC	驱动器主接触器不能正常断开
	4	LDA	编码器光源不良
	3	PMS	编码器故障或反馈连接不良
DGN0205	7	OHA	分离型编码器过热
	6	LDA	分离型编码器光源不良
	5	BLA	分离型编码器电池电压过低
	4	PHA	分离型编码器反馈电缆故障或编码器故障
	3	CMA	分离型编码器计数信号不良
	2	BZA	分离型编码器电池电压为0
	1	PMA	分离型编码器故障或连接不良
	0	SPH	分离型编码器计数信号不良
DGN0206	7	DTE	分离型编码器通信不良，无应答信号
	6	CRC	分离型编码器通信不良，数据校验出错
	5	STB	分离型编码器通信不良，停止位出错
DGN0280	4	DIR	电动机转向设定错误（PRM2022）
	3	PLS	电动机每转反馈脉冲数设定错误（PRM2024）
	2	PLC	电动机速度反馈脉冲数设定错误（PRM2023）
	0	MOT	电动机代码设定错误（PRM2020）
DGN0300	—	—	位置跟随误差（检测单位）
DGN0301	—	—	相对于参考点的实际位置值（最小移动单位）
DGN0302	—	—	从减速开关放开位置到第1个零脉冲的距离
DGN0304	—	—	参考计数器容量（检测单位）
DGN0306	—	—	倾斜轴的笛卡儿坐标位置
DGN0307	—	—	正交轴的笛卡儿坐标位置
DGN0308	—	—	伺服电动机实际温度（℃）
DGN0309	—	—	编码器温度（℃）
DGN0310	6	DTH	轴脱开状态
	5	ALP	回参考点距离不足
	4	NOF	编码器数据通信出错
	3	BZ2	分离型绝对编码器电池电压为0
	2	BZ1	绝对编码器电池电压为0
	1	PR2	参数PRM8303.1被改变
	0	PR1	编码器参数被改变

（续）

诊断参数	位（bit）	代　号	作用与意义
DGN0311	6	DUA	半闭环和全闭环的位置偏差过大
	5	XBZ	分离型编码器的电池电压为 0 或计数脉冲出错
	4	GSG	断线报警取消信号由 1 变成了 0
	3	AL4	绝对编码器零位脉冲不良
	2	AL3	绝对编码器电池电压为 0
	1	AL2	编码器测量反馈线连接不良
	0	AL1	SV301～305 伺服报警
DGN0352	—	—	伺服参数设定错误号显示
DGN0358（1 字）	14	SRDY	驱动器软件准备好信号
	13	DRDY	驱动器硬件准备好
	12	INTL	驱动器直流母线（DB）准备好
	10	CRDY	驱动器转换电路准备好
	6	*ESP	驱动的 CX4 急停信号输入状态
DGN0360	—	—	CNC 电源接通后累计的指令脉冲数
DGN0361	—	—	CNC 电源接通后累计的补偿脉冲数（反向间隙与螺距误差补偿）
DGN0362	—	—	CNC 电源接通后驱动器累计接收的全部脉冲数
DGN0363	—	—	电源接通后驱动器累计接收的全部反馈脉冲数
DGN3545	—	—	带绝对零点参考标记光栅尺测量值 1
DGN3546	—	—	带绝对零点参考标记光栅尺测量值 2
DGN3547	—	—	带绝对零点参考标记光栅尺测量值 3
DGN3548	—	—	带绝对零点参考标记光栅尺测量值 4
DGN3549	—	—	带绝对零点参考标记光栅尺状态显示
DGN3550	—	—	带绝对零点参考标记光栅尺刻度显示（低 9 位）
DGN3551	—	—	带绝对零点参考标记光栅尺刻度显示（高 3 位）

2. 主轴诊断参数

FS－0iD 的主轴诊断参数可以指示串行主轴驱动系统故障的具体原因，相关诊断参数及所代表的含义见表 8.2-3。

表 8.2-3　串行主轴诊断参数一览表

诊断参数	位（bit）	代号	作用与意义
DGN0400	7	LNK	串行主轴 I/O－Link 通信已经建立
DGN0403	—	—	第 1 串行主轴电动机温度（℃）
DGN0408	7	SSA	主轴驱动器报警
	5	SCA	串行主轴通信错误
	4	CME	串行主轴通信无应答
	3	CER	串行主轴数据接收错误
	2	SNE	串行主轴数据接收/发送错误
	1	FRE	串行主轴通信错误（帧错误）
	0	CRE	串行主轴通信错误（CRC 校验出错）

（续）

诊断参数	位（bit）	代号	作用与意义
DGN0410	—	—	串行主轴负载显示（%）
DGN0411	—	—	串行主轴转速显示（r/min）
DGN0417	—	—	串行主轴位置编码器信息
DGN0418	—	—	串行主轴位置误差
DGN0425	—	—	串行主轴同步偏差
DGN0445	—	—	串行主轴位置
DGN0450	—	—	刚性攻螺纹时的主轴位置误差
DGN0451	—	—	刚性攻螺纹时的位置指令
DGN0452	—	—	刚性攻螺纹时的主轴和进给轴的瞬时位置误差
DGN0453	—	—	刚性攻螺纹时的主轴和进给轴的最大位置误差
DGN0454	—	—	刚性攻螺纹时的位置指令累计值
DGN0455	—	—	刚性攻螺纹时的位置误差瞬时值累计
DGN0456	—	—	刚性攻螺纹时的位置误差瞬时值（换算后）
DGN0457	—	—	刚性攻螺纹时的允许的位置同步误差
DGN0458	—	—	刚性攻螺纹时的进给轴指令累计值
DGN0459	—	—	刚性攻螺纹时的主轴号
DGN0460	—	—	刚性攻螺纹时的位置误差最大值（换算后）
DGN0461	—	—	刚性攻螺纹时的位置误差瞬时值（机械位置）
DGN0462	—	—	刚性攻螺纹时的位置误差最大值（机械位置）
DGN0710	—	—	串行主轴驱动器报警
DGN0712	—	—	串行主轴驱动器错误

8.3　PMC 监控

8.3.1　I/O 信号监控

1. 基本说明

CNC 的手动操作、自动运行、辅助机能的处理、机床动作控制等都需要由 PMC 程序进行控制。操作按钮、检测开关等是 CNC 执行相关操作的条件，辅助机能代码、CNC 工作状态是机床动作控制的前提。因此，如果 CNC 不能正常运行或机床动作不能正常执行，可通过 PMC 的 I/O 信号状态或 PMC 程序的监控，来确认故障原因。

I/O 信号状态监控可在选择 CNC 系统显示模式后，通过 PMC 维修（PMCMNT）、PMC 梯形图（PMCLAD）软功能键进行检查。其中，PMC 维修主要用于 I/O 信号的状态监控、PMC 报警显示、PMC 参数显示和设定等；PMC 梯形图则用于 PMC 程序的动态监控和编辑，它可以直接检查程序的执行过程，或对 PMC 程序进行必要的修改。

在 I/O 信号状态监控模式下，操作者可对 CNC、机床的全部 I/O 信号及 PMC 程序中所使用的内部继电器、数据寄存器、定时器、计数器等的状态进行全面检查，它不但可检查 I/O 信号的连接状态，且也可通过手动发信等方式，判别 I/O 器件是否故障。

PMC 维修操作一旦选择，便可显示表 8.3-1 所示的软功能键，选择所需的操作。

表 8.3-1　PMC 维修操作软功能键一览表

项　目	软功能键		可进行的操作
	英文	中文（8.4in）	
【PMCMNT】	【STATUS】	【信号】	PMC 信号状态显示
	【I/OLNK】	【I/OLNK】	I/O-Link 网络链接显示
	【ALARM】	【报警】	PMC 报警显示
	【I/O】	【I/O】	PMC 数据的输入/输出
	【TIMER】	【定时】	定时器的设定和显示
	【COUNTR】	【计数器】	计数器的设定和显示
	【KEEPRL】	【K 参数】	保持型继电器的设定和显示
	【DATA】	【数据】	数据寄存器的设定和显示
	【TRACE】	【跟踪】	信号时序图跟踪显示
	【TRPRM】	【TRCPRM】	信号时序图跟踪参数设定
	【I/ODGN】	【I/O 诊断】	I/O 信号综合显示和诊断

表中的软功能键【信号】、【I/O 诊断】是数控机床维修时，用于 I/O 状态诊断的常用操作键。软功能键【定时】、【计数器】、【K 参数】、【数据】可用于 PMC 定时器、计数器、保持型继电器、数据寄存器的设定；如功能键【跟踪】、【I/O】，通常用于 PMC 程序调试时的时序检查和 PMC 数据输入/输出操作，有关内容可参见本书作者编写、机械工业出版社出版的《FANUC-0iD 编程与操作》一书。

2. I/O 状态监控

I/O 信号状态监控的操作步骤如下：

1）按 MDI 面板的功能键【SYSTEM】，选择 CNC 系统显示模式。

2）按软功能扩展键，使 LCD 显示图 8.3-1 所示的、显示【PMC 维护】（或【PMCMNT】）、【PMC 梯图】（或【PMCLAD】）、【PMC 配置】（或【PMCCNF】）等 PMC 功能选择软功能键的 PMC 基本显示页面。

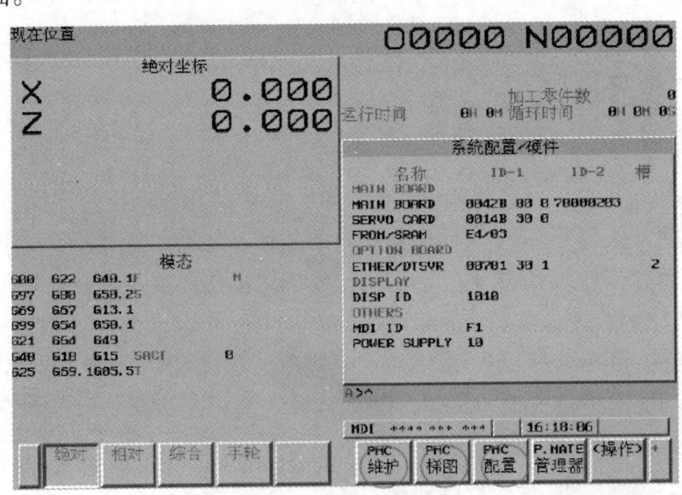

图 8.3-1　PMC 基本显示页面

3）在 PMC 基本显示页面上，按软功能键【PMC 维护】（或【PMCMNT】），选择 PMC 维修操作。

4）按软功能键【信号】或【信号状态】，LCD 可显示图 8.3-2 所示的 I/O 信号状态显示页面。

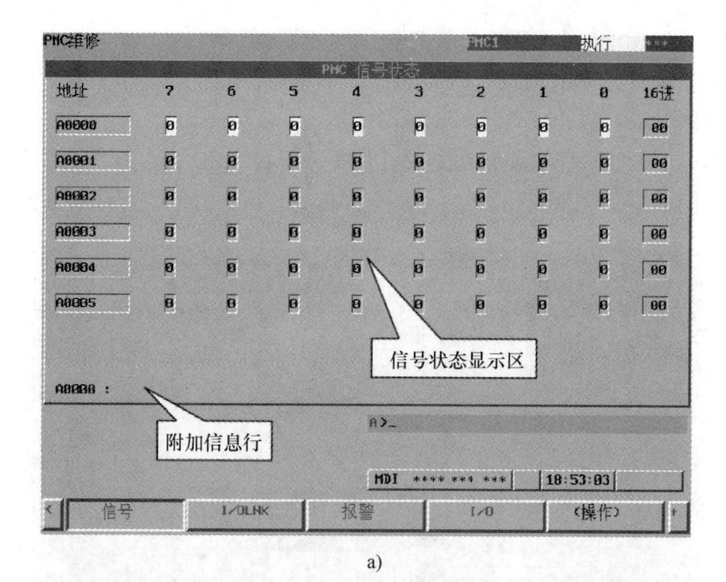

a)

b)

图 8.3-2　信号状态显示
a）8.4in 显示　b）10.4in 显示

I/O 信号状态显示页的信号按 PMC 的存储器地址（绝对地址）排列，信号以字节为单位显示，并可同时显示二进制位的状态和十六进制或十进制数值。在使用符号地址的 PMC 上，还可在附加信息行上，显示光标选定信号的符号地址及其注释。对于强制设定了输入/输出状态的 DI/DO 信号，在其状态前显示有“ > ”标记。

5）I/O 信号状态显示页面可在按【（操作）】软功能键后，通过以下操作软功能键，选择所需的操作。

【搜索】：在 MDI 面板输入信号地址后，按此键可直接搜索指定地址的信号，并在 LCD 上显示。

【10 进】：数值栏以十进制格式显示 DI/DO 信号状态。

【16 进】：数值栏以十六进制格式显示 DI/DO 信号状态。

【强制】：切换到 PMC 的 DI/DO 信号状态强制设定页面。

【次 PMC】：切换到从站 PMC 显示。

3. I/O 综合诊断

在 PMC 维修菜单下，如选择扩展软功能键【I/O 诊断】，LCD 可显示图 8.3-3 所示的 I/O 信号综合诊断页面，该页面可进一步显示 I/O 信号的全部信息。I/O 信号综合诊断页各栏的含义如下：

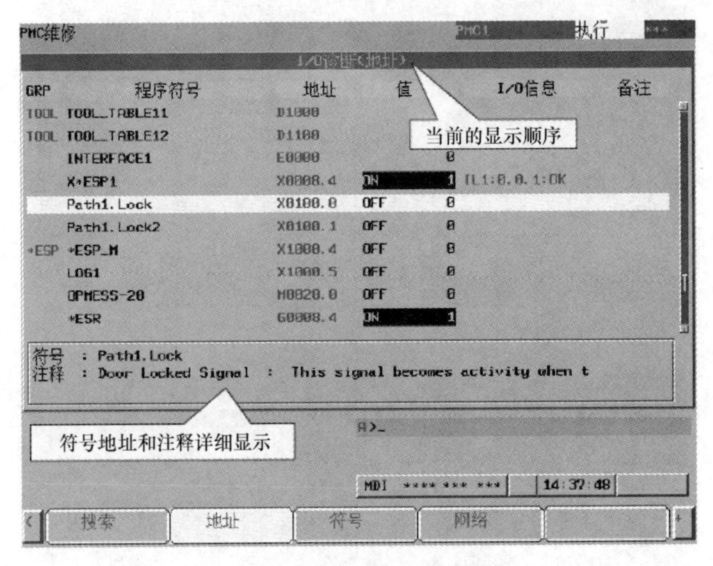

图 8.3-3　I/O 综合诊断显示

GRP：PMC 符号地址的分组名，通过扩展软功能键【组】或【全组】，可选择符号地址组或显示所有组的信号。

程序符号：显示信号在 PMC 程序中所使用的符号地址。

地址：显示信号的 PMC 存储器地址（绝对地址）。

值：信号的状态或 10 进制数值。

I/O 信息：显示信号的 I/O 单元连接情况。显示值的首字母代表模块类型，“I”为输入模块、“O”为输出模块、“*”为其他模块；第 2、3 位是 I/O 单元的类型，I/O－Link 从站以“Ln”表示（n 为 PMC 通道号）；PROFIBUS 从站显示为“P”；第 4～6 位为 I/O 单元的从站地址，对于常用的 I/O－Link 从站，其地址以“组·基座号·插槽号”的形式显示，“组”、基座、插槽的含义可参见第 4 章、4.5 节；最后的位置为网络通信状态显示，显示 OK 代表通信正常。

例如，如急停信号 X0008.4（*ESP）的 I/O 信息显示为“IL1：0·0·1：OK”，代表*ESP 信号 X0008.4 连接在输入模块上，该模块连接在 I/O－Link 总线的 PMC 通道 1 上，模块安装于离 PMC 最近的位置，其通信正常等。

在图 8.3-3 所示的显示页，还可通过软功能键扩展，显示如下操作软功能键：

【搜索】：在 MDI 面板输入地址后，按此键可直接搜索指定地址的信号，并使之在 LCD 上显示。

【地址】：按照存储器地址依次显示 I/O 信号。

【符号】：按照符号地址依次显示 I/O 信号。

【网络】：按照网络链接次序依次显示 I/O 信号。

【组】：显示指定符号地址组的 I/O 信号。

【全组】：显示所有符号地址组的 I/O 信号。

【设定】：设定显示内容。

8.3.2　梯形图监控

FS－0iD 具有动态梯形图显示和编辑功能，故可直接通过动态梯形图监控机床动作，或利用 MDI 面板进行 PMC 程序的输入与编辑。

PMC 程序梯形图的显示和监控操作，可在选择 CNC 系统显示模式后，通过扩展软功能键【PMCLAD】选择。梯形图监控可选择【列表】、【梯形图】、【双层圈】三种操作，软功能键【双层圈】用于梯形图编辑时的重复线圈的、检查，软功能键【列表】和【梯形图】可用于 PMC 梯形图显示与监控，其功能如下。

1. 列表显示

在图 8.3-1 所示的 PMC 基本显示页上，按【PMC 梯图】（或【PMCLAD】）后，选择【列表】，LCD 可显示图 8.3-4 所示的 PMC 程序一览表显示页面。

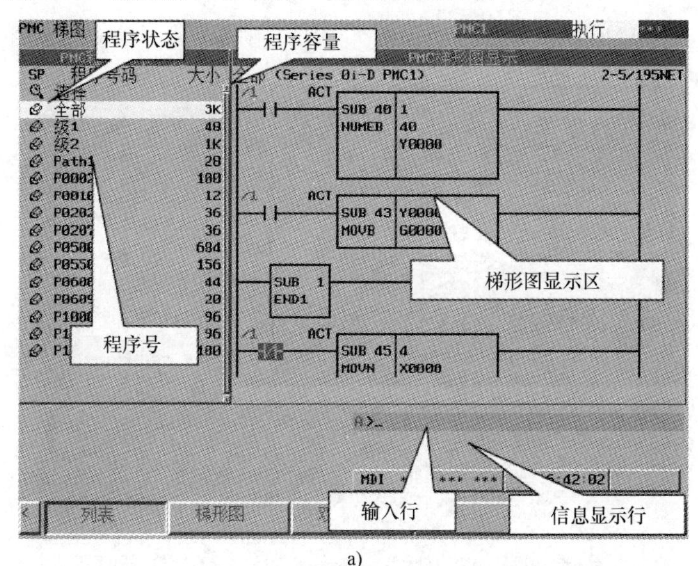

a)

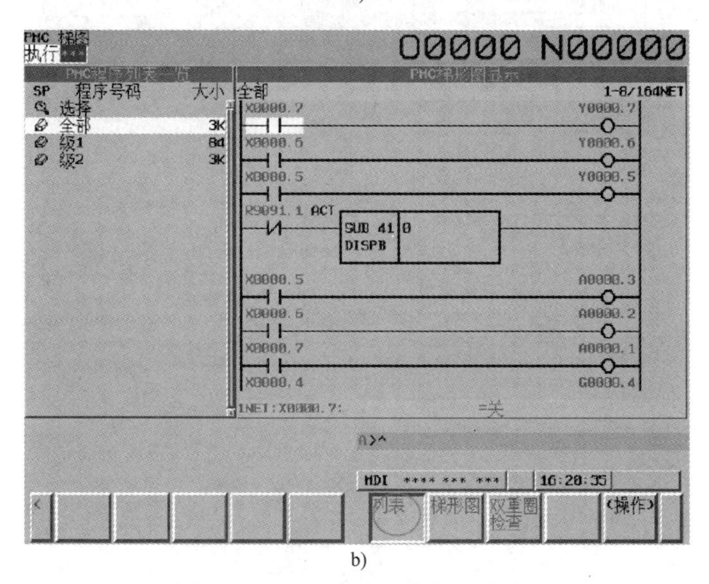

b)

图 8.3-4　PMC 程序一览表显示页面

a）8.4in 显示　b）10.4in 显示

程序一览表显示页有“PMC 程序列表一览”和“PMC 梯形图显示”两个显示区域，梯形图显示可显示所选的程序块梯形图；程序列表一览的各栏意义如下。

SP：程序状态显示，如显示为“锁”，表示该程序不能显示和编辑；显示为“放大镜”，代表该程序可显示、但不能编辑；如显示为“铅笔”，表示该程序可显示、可编辑。

程序号码：显示和选择需要进行监控的 PMC 程序块。如在程序号码栏选定“选择”，可进行后述的梯形图选择性监控；如选定“全部”，可显示所有梯形图；如选定“级 n”，可显示指定级的梯形图程序块；如选定“Pm”，可显示指定的 PMC 子程序。

大小：显示程序块的容量，单位为字节。

当需要进行梯形图动态监控时，可通过 MDI 面板的光标移动键，在程序号码栏选定需要进行监控的 PMC 程序块后，便可显示指定的程序；如按软功能键【缩放】，切换到指定的梯形图监控页面。

2. 梯形图监控

在图 8.3-1 所示的 PMC 基本显示页上，按【PMC 梯图】（或【PMCLAD】）后，如选择如功能键【梯形图】，LCD 可显示图 8.3-5 所示的 PMC 程序梯形图显示和监控页面。

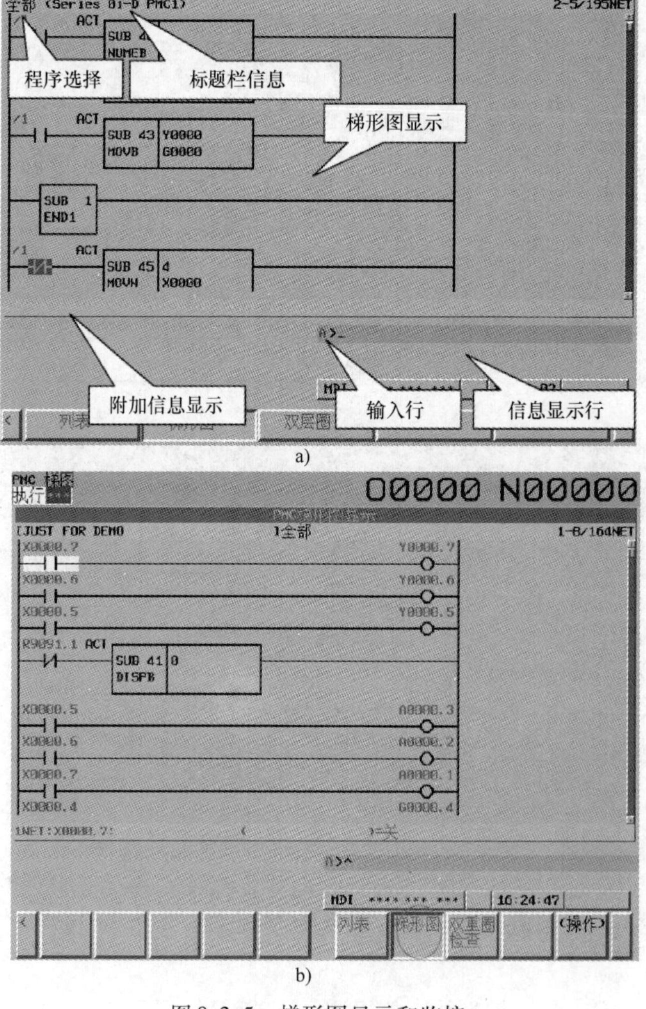

图 8.3-5 梯形图显示和监控

a）8.4in 显示 b）10.4in 显示

在PMC程序梯形图显示和监控页面上，通过图8.3-6所示的扩展操作软功能键，可选择所需的操作。

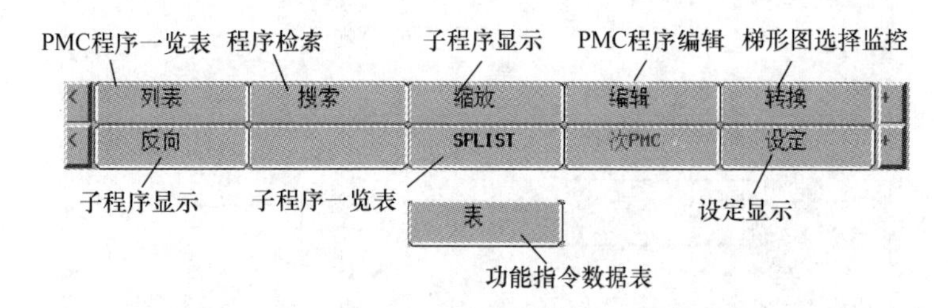

图8.3-6　扩展软功能键显示

如选择图8.3-6上的软功能键【搜索】，LCD可进一步显示图8.3-7所示的搜索软功能键。操作者可根据需要，利用MDI面板输入程序网络的序号或编程元件地址、功能指令号等，然后按指定的搜索软功能键，显示和监控指定的梯形图程序。

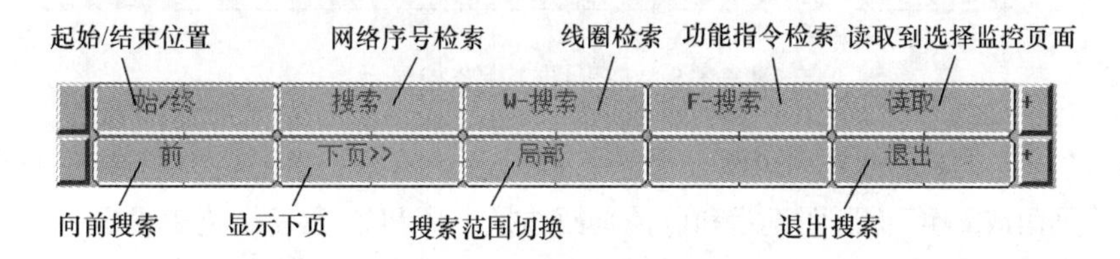

图8.3-7　程序搜索软功能键显示

如按图8.3-6上的软功能键【编辑】，则可显示图8.3-8所示的梯形图编辑页面，在此页面上，可进行PMC程序梯形图的输入、修改、删除等编辑操作（参见第4章）。

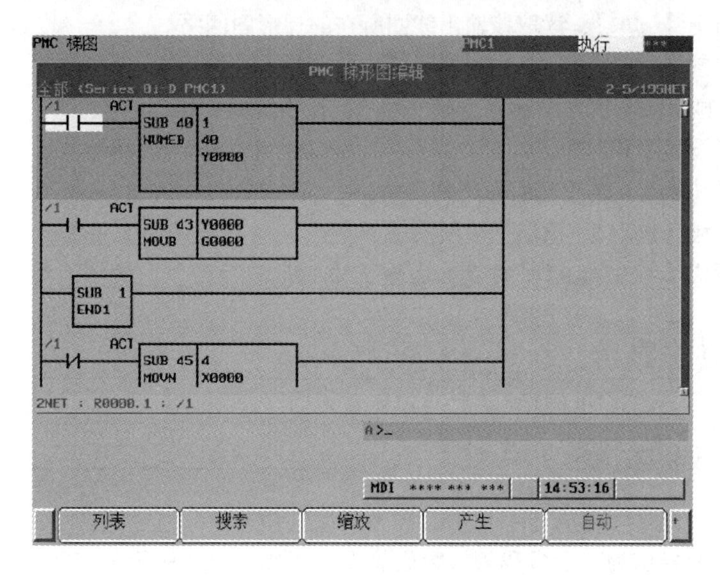

图8.3-8　PMC程序编辑页面显示

3. 梯形图选择监控

通过梯形图选择监控功能，可将PMC程序中所需要监控的梯形图重新组合成图8.3-9所示的合成显示页，以方便检查。

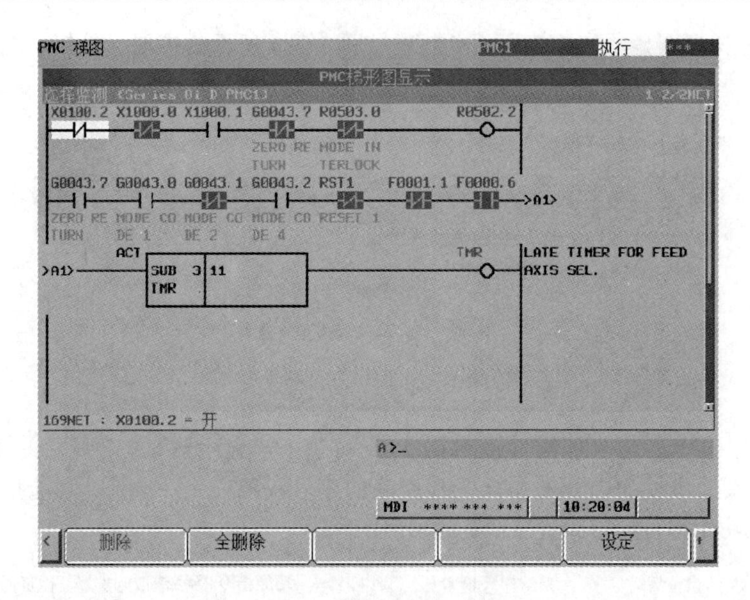

图 8.3-9 梯形图选择监控显示

FS - 0iD 的合成显示页面最多可组合 128 个 PMC 程序网络，需要监控的梯形图可从 PMC 程序一览表显示页面或 PMC 梯形图显示和监控页面选择。从 PMC 程序一览表显示页面选择监控内容的操作步骤如下：

1）将 PMC 程序一览表显示页面的光标定位到程序号码栏的“选择”位置。

2）通过输入 PMC 线圈的地址、指定该线圈所在的网络，或利用光标选定梯形图上的输出线圈。

3）按软功能键【读取】，读取该输出线圈所在的梯形图网络。

4）按软功能键【缩放】，LCD 便可显示相应的选择监控页面。

从 PMC 程序显示和监控页面选择监控内容的操作步骤如下：

1）显示梯形图显示和监控页面。

2）利用搜索功能选定需要进行监控的网络。

3）按软功能键【读取】，读取梯形图网络。

4）按软功能键【转换】，LCD 将显示选择监控页面。

8.4 CNC 报警显示

8.4.1 主板状态指示

1. 主板指示

FS - 0iD 的主板指示为 7 段数码管，数码管安装于图 8.4-1 所示的 CNC 背面，它用来指示 CNC 的电源接通至 LCD 出现正常显示阶段的 CNC 启动过程或主板故障。

一般而言，如果 CNC 的主板、显示器等主要硬件以及操作系统、自诊断软件工作正常，CNC 便可在 LCD 上显示报警，操作者可根据 CNC 的报警，进行相关的维修处理。但是，如 CNC 的主板或与显示相关的软、硬件出现问题，LCD 将无法进行正常的显示，此时，需要通过 CNC 主板上安装的状态指示灯来检查故障原因，并进行相应的维修处理。

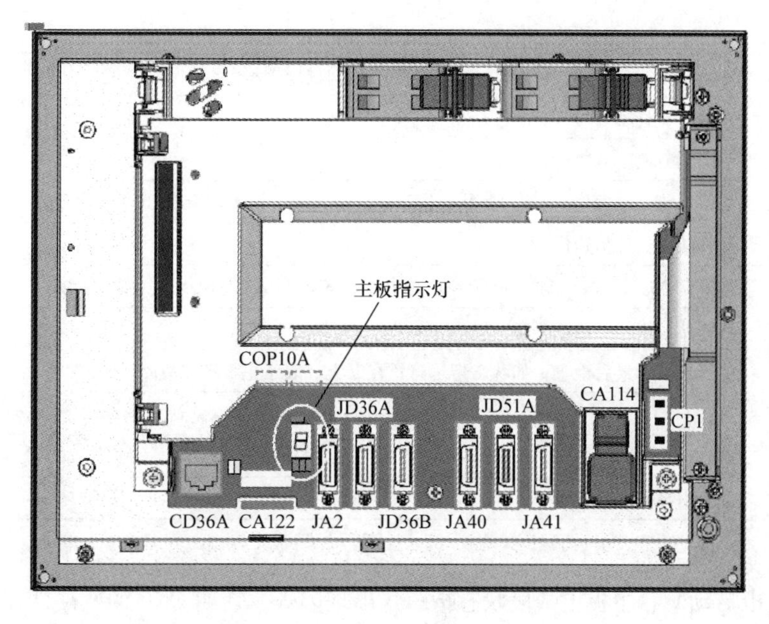

图 8.4-1　CNC 主板指示灯安装

在 CNC 通电启动时，维修者可利用 CNC 主板上的 7 段数码管显示，了解 CNC 的内部启动过程；如主板上的 7 段状态指示出现闪烁，则表明 CNC 的软硬件存在问题，维修者可通过显示内容，大致了解故障的原因。

2. CNC 启动指示

当 CNC 通电启动时，主板上 7 段状态指示将显示表 8.4-1 所示的数字，指示 CNC 的启动过程。

表 8.4-1　CNC 启动过程指示

数码管显示	启动过程指示
无显示	CNC 电源未接通
0	CNC 启动过程结束，正常工作状态
1	电源接通，进入引导系统（BOOT）操作
2	CNC 启动，执行组件初始化操作；如状态指示停止在 2 上，表示主板或显示器故障
3	CPU 执行 CNC 功能初始化操作
4	CPU 执行任务初始化操作
5	检查 CNC 配置参数和选择功能模块
6	安装驱动程序，进行文件初始化操作
7	执行 ROM 测试操作
8	引导系统（BOOT）操作中；如状态指示停止在 8 上，表示主板故障
9	引导系统操作完成，CNC 系统工作；如状态指示停止在 9 上，表示主板故障
A	开始 FROM 初始化操作
B	安装 CNC 基本软件
b	安装 CNC 内置软件
C	安装 CNC 选择功能软件

（续）

数码管显示	启动过程指示
c	执行 IPL 监控
d	DRAM 测试出错
E	引导系统（BOOT）出错；如状态指示停止在 E 上，表示主板或 CPU 故障
F	选择功能文件初始化
H	加载 BASIC 软件；如状态指示停止在 H 上，表示 SRAM/FROM 模块存在故障
J	选择功能模块初始化等待
L	执行启动的最后检查；如状态指示停止在 L 上，表示主板存在故障
P	进行 LCD 的初始化操作；如状态指示停止在 H 上，表示主板或 LCD 存在故障
U	FROM 初始化中
u	执行引导系统监控操作

3. CNC 故障指示

当 CNC 通电启动时，主板上 7 段状态指示将出现闪烁，表明 CNC 的软硬件存在问题，不同数字闪烁所代表的含义见表 8.4-2。

表 8.4-2 CNC 启动出错指示

数码管闪烁	故障原因及处理
0	ROM 校验出错，SRAM/FROM 模块存在故障
2	FROM 程序存储器不能创建，确认 FROM 容量，进行 FROM 整理操作
3	CNC 软件出错，确认软件安装和 DRAM 容量
4	DRAM/SRAM/FROM 的 ID 号不正确，确认 SRAM/FROM 模块安装
5	轴卡检测超时，确认轴卡安装
6	软件安装错误，确认 FROM 的软件安装
7	LCD 不能识别，LCD 存在故障
8	CNC 硬件出错
9	选择功能软件安装出错，确认 FROM 软件安装
A	选择功能模块出错，检查选择功能模块安装
b	BOOT 系统安装 FROM 更新，重新启动 CNC
c	LCD 的 ID 号出错，检查 LCD 安装
d	DRAM 测试出错，检查主板
u	CNC 基本软件和硬件 ID 号不一致，确认 BASIC 软件和硬件

8.4.2 CNC 报警显示

1. CNC 报警显示

一般而言，当 CNC 发生报警时，LCD 可自动切换到报警显示页面，操作者可根据 CNC 报警号和内容，检查、分析故障原因，并进行相应的维修操作。但如果 FS－0iD 的参数 PRM3111.7 设定为“1”，CNC 发生报警时，只能在 LCD 的状态行显示“ALM”标记，在这种情况下，操作者需要选择 CNC 的信息显示模式，显示 CNC 报警的详细内容。选择 CNC 的信息显示模式后，操作者还可通过相关软功能键，进一步显示机床生产厂家设定的外部操作信息、报警履历等内容。

CNC 的信息显示模式可通过 MDI 面板的功能键【MESSAGE】选择，其显示页面如图 8.4-2 所示。

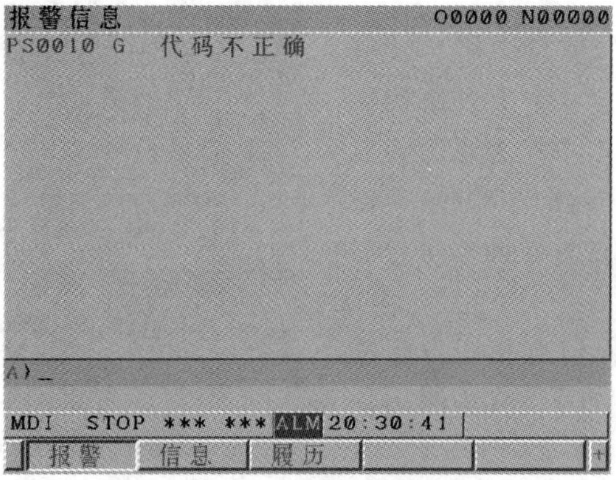

图 8.4-2　CNC 信息显示页面

在该显示页上，可通过表 8.4-3 所示软功能键，进行显示切换和设定操作。

表 8.4-3　CNC 信息显示页操作一览表

软功能键		显示内容	显示和操作
英文	中文（8.4in）		
【ALM】	【报警】	CNC 报警	显示 CNC 报警信息
【MESSAGE】	【信息】	操作信息	显示机床生产厂家设置的外部操作信息
【HISTRY】	【履历】	CNC 报警履历	显示 CNC 报警的历史记录

FS－0iD 的报警显示含报警号、报警文本两部分，当多个报警同时发生时，操作者可通过 MDI 面板的选页键【PAGE↑】、【PAGE↓】显示其他报警。

当 CNC 参数 PRM3112.2 设定“1”时，可通过图 8.4-2 上的软功能键【信息】，在 LCD 上显示外部操作信息。外部操作信息是机床生产厂家通过 PMC 程序设计的机床报警，它同样由报警号和报警内容（文本）两部分，但其内容决定于机床生产厂家的设计，因此，维修时需要按照机床使用说明书进行。

如果机床使用了用户宏程序报警功能，用户还可通过用户宏程序来编制报警文本，并作为 CNC 报警显示。在使用以太网功能的 CNC 上，还可以通过扩展软功能【内嵌板日志】、【PCM 日志】、【板日志】等软功能键显示以太网卡的出错信息。

有关用户宏程序报警、以太网卡的出错信息显示的相关内容可参见本书作者编写、机械工业出版社出版的《FANUC－0iD 编程与操作》一书。

当 CNC 或机床的故障排除后，按 MDI 面板上的【RESET】键，清除 CNC 报警和外部操作信息，然后，通过 MDI 面板的功能键【MESSAGE】，重新切换到正常的显示页面。

2. 报警履历显示

FS－0iD 最多可记录最近发生的 50 次报警，报警记录可通过 CNC 的报警履历进行显示。在图 8.4-2 所示的显示页面，如按软功能键【履历】，LCD 可显示页面如图 8.4-3 所示的报警履历页面。

如果机床生产厂家使用了外部操作信息显示功能，同样可以记录外部操作信息历史（履历）。外部操作信息履历可在图 8.4-3 所示的显示页面，通过软功能键扩展，选择【MSGHIS】进行显示。

FS－0iD 的报警履历内容与 CNC 参数的设定有关，具体如下：

PRM3112.3：外部操作信息和用户宏程序报警文本记录设定。设定“0”，外部操作信息和用户宏程序报警文本不作为履历信息记录；设定“1”，如 CNC 参数 PRM3196.7 设定为“0”，履历信息中记录外部操作信息和用户宏程序报警文本。

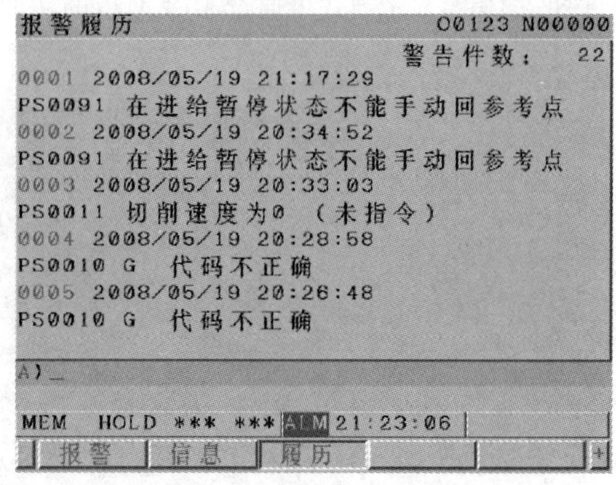

图 8.4-3　CNC 报警履历页面

PRM3196.6：外部操作信息和用户宏程序报警的履历设定，设定“0”，作为履历信息记录；设定“1”，不记录。

PRM3196.7：在履历信息中添加报警时的附加信息，例如，报警时的模态 G 代码、绝对位置值、外部操作信息和用户宏程序报警文本等。设定“0”，添加；设定“1”，不添加。

PRM3113.0：外部操作信息的删除，设定“0”，不能删除；设定“1”，可以删除。

PRM3113.7/3113.6：外部操作信息履历记录的次数和字符数设定选择。

PRM12990～12999：添加在履历信息中的模态 G 代码组选择，CNC 参数 PRM3196.7 设定为“0”时，指定组的模态 G 代码可以作为附加信息添加到履历信息中。

8.5　驱动器系统诊断

8.5.1　αi 电源模块

1. 模块指示灯

FANUC－αi 系列驱动器采用的是模块式结构，主轴和伺服驱动共用电源模块。驱动器电源模块的正面安装有电源（PIL）、报警（ALM）两只状态指示灯和一只 7 段数码管，用来显示电源模块的工作状态或报警号。

指示灯 PIL 为电源模块的 DC 控制电源指示。模块正常工作时 PIL 灯亮，代表模块内部的 DC5V 电压正常；PIL 不亮，表明电源模块控制电源回路存在不良。当机床起动后，PIL 不亮，其可能的原因如下：

1）电源模块连接器 CX1A 的 AC200V 控制电源未加入，或 CX1A 的连接错误、安装或插接不良。

2）电源模块内部的熔断器 F1、F2 熔断。电源模块熔断器的安装位置和更换方法可以参见第 9 章。

3）驱动器 DC24V 存在短路。此时应检查驱动器控制总线 CXA2A、CXA2B 及急停输入 CX4 的 DC24V 连接。

4）电源模块控制电路内部故障，或伺服、主轴模块的 DC24V 电源回路故障。

指示灯 ALM 为电源模块报警指示，ALM 灯亮，代表电源模块存在故障，故障原因可以通过下述的模块 7 段数码管进行显示。

2. 模块状态指示

电源模块的 7 段数码管及小数点用来指示模块的工作状态，显示所代表的含义及常见的原因见表 8.5-1。

表 8.5-1　电源模块状态显示表

数码管显示	含　义	原　因
—	电源模块未准备好	模块主电源未加入，模块 CX4 的紧停输入触头断开
—（闪烁）	控制电源短路	驱动器控制总线 CXA2A/CXA2B、急停输入 CX4 的 DC24V 存在短路，或模块不良
0	电源模块已准备好	模块主电源接通（MCC ON），电源模块正常工作状态
1	主回路故障	1. 电源模块的 IPM、IGBT 模块不良或模块过电流 2. 电抗器规格不正确 3. 主电源输入电压过低、断相或三相不平衡
2	风机故障	驱动器风机不良或连接不正确，风机的检查与更换见第 9 章
2.	驱动器警示	驱动器存在报警，但可继续工作一定时间
3	电源模块过热	1. 风机不良、环境温度过高或模块污染导致散热不良 2. 电源模块容量过小或长时间过载 3. 模块温度传感器不良
4	直流母线电压过低	1. 输入电压过低或主回路断相 2. 输入电压瞬间中断或断路器断开、急停输入动作
5	主直流母线充电故障	1. 电源模块容量不足 2. 直流母线存在局部短路 3. 直流母线上的充电限流电阻、电容器不良
6	控制电压过低	1. 控制电压过低或电源缺相 2. CX1A 连接不良
7	直流母线过电压	1. 制动能量太大，电源模块容量不足 2. 主电源输入阻抗过高，电源波动大于 7% 3. 模块制动电路故障
8	再生制动过载	1. 制动能量太大，制动电阻容量过小 2. 模块制动电路故障
A	风机故障	1. 驱动器风机不良 2. 风机安装或连接不良，风机的检查与安装见第 9 章
E	输入主电源断相	主电源断相
H	制动电阻过热	1. 制动电阻过热触头或风机连接不良 2. 制动电阻容量不足 3. 制动能量太大或制动过于频繁 4. 制动电阻温度传感器不良

3. 主接触器不能接通

电源模块的主接触器在控制回路工作正常、CNC 发出 MCON 信号后，通过模块 CX3 上输出的触头接通。当主接触器无法正常接通时，可能的原因如下：

1）模块的急停输入 CX4 触头断开，需要外部解除急停输入；或者，CX4 连接错误、插头插接不良。

2）驱动器控制总线 CXA2A/CXA2B 的连接不良。

3）CX3 连接不良、连接错误或未加入主接触器外部控制电源。

4）电源模块内部的主接触器接通触点损坏或继电器不良。

5）驱动器主电源接通接触器的强电控制回路存在问题等。

8.5.2 αi 伺服模块

1. 状态指示

αi 系列驱动器的伺服模块安装有一只 7 段数码管，用于伺服模块的报警和工作状态显示。如伺服驱动模块在通电后无任何显示，表明模块控制电源存在故障，可能的原因如下：

1）驱动器控制总线 CXA2A/CXA2B 连接错误或未连接；CXA2A/CXA2B 连接线断或插接不良。

2）伺服模块内部熔断器 F1 熔断。伺服模块熔断器的安装位置和更换方法可以参见第 9 章。

3）伺服模的内部控制电路故障。

伺服模块数码管显示所代表的含义及常见的原因见表 8.5-2。

表 8.5-2 伺服模块状态显示表

数码管显示	含义	原因
—	伺服模块未准备好	电源模块的主电源未接通，或电源模块 CX4 上的紧停输入触头断开
—（闪烁）	控制电源异常	1. 电动机反馈连接错误或不良 2. 控制总线连接不良 3. 伺服模块或伺服电动机不良
0	伺服模块准备好	伺服模块处于正常工作状态，逆变管开放
1	风机报警	1. 风机不良或风机连接不良，风机检查与更换见第 9 章 2. 伺服模块不良
2	DC24V 电压过低	1. 控制总线 CXA2A/CXA2B 连接不良 2. 电源控制电压过低或 CX1A 连接、安装不良 3. 伺服模块不良
5	直流母线电压过低	1. 模块直流母线连接不良 2. 主电源输入电压过低、断相或瞬间中断 3. 伺服模块不良
6	伺服模块过热	1. 风机不良、环境温度过高或模块污染导致的散热不良 2. 模块容量过小 3. 长时间过载工作或加减速过于频繁 4. 温度传感器或伺服模块不良
F	风机故障	1. 驱动器风机不良 2. 风机安装或连接不良，风机的检查与安装见第 9 章
P	模块内部通信出错	1. 控制总线 CXA2A/CXA2B 连接不良 2. 伺服模块不良

（续）

数码管显示	含　义	原　因
8	直流母线过电流	1. 伺服电动机不良、电枢对地短路或相间短路 2. 电枢连接相序错误 3. 功率模块不良或控制板不良
b	*L* 轴电动机过电流	1. 对应轴伺服电动机不良、电枢对地短路或相间短路 2. 电枢连接相序错误 3. 功率模块或控制板不良 4. 电动机代码、伺服参数设定错误
C	*M* 轴电动机过电流	
d	*N* 轴电动机过电流	
8	*L* 轴的 IPM 模块过热	1. 对应轴伺服电动机不良、电枢对地短路或相间短路 2. 电枢连接相序错误 3. 功率模块或控制板不良 4. 电动机过载、加减速过于频繁 5. 环境温度过高或模块散热不良
9	*M* 轴的 IPM 模块过热	
A	*N* 轴的 IPM 模块过热	
U	FSSB 总线 COP10B 通信出错	1. FSSB 光缆 COP10B 连接不良 2. 伺服模块或 CNC、上一模块光缆接口不良
L	FSSB 总线 COP10A 通信出错	1. FSSB 光缆 COP10A 连接不良 2. 伺服模块或下一模块光缆接口不良

2. 伺服调整页面诊断

当 CNC 发生伺服报警或驱动器故障时，除了利用以上模块状态指示进行故障诊断外，还可通过 CNC 的伺服调整页面进行故障诊断，其方法如下：

1）按 MDI 面板的功能键【SYSTEM】选择系统显示模式。

2）按软功能扩展键，使得 LCD 显示软功能键【伺服设定】（或【SV 设定】）。

3）按软功能键【伺服设定】（或【SV 设定】）选择伺服调整和设定页面。

4）按【伺服调整】（或【SV 调整】）软功能键，LCD 将显示图 8.5-1 所示的伺服调整页面。

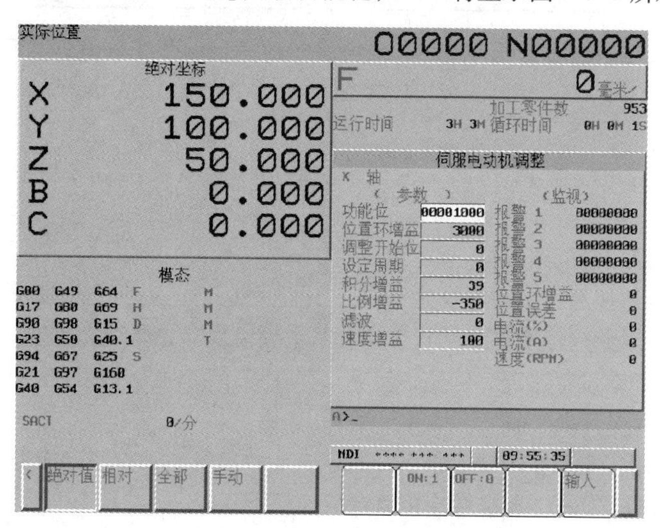

图 8.5-1　伺服调整页面

伺服调整显示页面分为伺服参数（参数）和监控信息（监视）显示两个区域。伺服参数区用于伺服功能位、位置环增益等重要伺服参数的设定和显示；监控信息区为伺服报警、实际位置环增益、位置跟随误差、实际电流、实际速度等的监控显示。

FS-0iD 的伺服报警显示为 5 字节，每一个二进制位均代表了不同的伺服故障。伺服调整显示页的报警 1～报警 5 显示的含义和 CNC 诊断参数 DGN0200～DGN0204 完全相同，两者一一对应，有关内容可参见 8.2 节表 8.2-2。

8.5.3 αi 主轴模块

1. 模块指示

αi 主轴模块正面安装有 ALM 和 ERR 2 个指示灯和 2 只 7 段数码管。指示灯 ALM 亮代表主轴模块报警；ERR 亮为主轴参数设定或操作出错警示；2 只 7 段数码管用于报警号、出错号显示。

主轴模块指示灯和数码管显示的一般含义见表 8.5-3。

表 8.5-3 主轴模块的基本显示表

指示灯状态		数码管显示	含 义
ALM	ERR		
暗	暗	暗	模块控制电源未加入
暗	暗	5 0	控制电源接通约 1s 后，显示软件系列的后 2 位，如 9D50 为“50”等
暗	暗	0 4	软件系列显示约 1s 后，显示软件版本，版本 A、B、C…的显示分别为 01、02、03…
暗	暗	- -（闪烁）	等待 CNC 建立 I/O-Link 总线通信
暗	暗	- -	模块准备好，但逆变管未开放，主电动机无励磁
暗	暗	0 0	模块准备好，但转速指定为 0，模块无输出
亮	—	报警号	模块报警，报警号代表的意义见下述
—	亮	出错号	模块出错，出错号代表的意义见下述

如伺服驱动模块在通电后无任何显示，表明模块控制电源存在故障，可能的原因如下：

1）驱动器控制总线 CXA2A/CXA2B 连接错误或未连接；CXA2A/CXA2B 连接线断或插接不良。

2）主轴模块内部熔断器 F1 熔断。主轴模块的熔断器安装位置和更换方法可以参见第 9 章所述。

3）主轴模的内部控制电路故障。

当主轴模块在电源接通后，数码管显示“- -”并闪烁，表明主轴模块正在等待 CNC 装载主轴驱动参数。若显示始终停留在这一状态，表明主轴模块存在错误，可能原因如下：

1）驱动器基本参数设定错误，例如，实际只存在一个主轴驱动模块时，设定了两个主轴驱动模块等。

2）串行主轴控制等主要参数设定错误，例如未生效串行主轴控制功能等。

3）CNC 与主轴的 I/O-Link 总线连接错误或连接不良。

2. 报警显示

当主轴驱动系统出现报警时，红色报警灯 ALM 亮、数码管显示报警号。报警号的含义和故障的一般原因见表 8.5-4。

表 8.5-4　αi 主轴模块报警显示表

<table>
<tr><th>报警号</th><th>含　义</th><th>原　因</th></tr>
<tr><td>A、A1、A2</td><td>驱动器软件报警</td><td>1. ROM/ RAM 安装不良或软件版本不正确
2. 模块控制板不良
3. 串行主轴需要进行初始化操作</td></tr>
<tr><td>b0</td><td>驱动器通信故障</td><td>1. 驱动器控制总线 CXA2A/CXA2B 连接不良
2. 伺服、电源模块故障或模块控制板不良</td></tr>
<tr><td>C0、C1、C2</td><td>主轴与 CNC 通信故障</td><td>1. 主轴模块控制板或 CNC 主板不良
2. I/O－Link 电缆连接不良或屏蔽、接地不良</td></tr>
<tr><td>C3</td><td>Y/△切换状态不正确</td><td>1. Y/△切换电路故障
2. PMC 控制程序不正确</td></tr>
<tr><td>01</td><td>电动机过热</td><td>1. 主轴电动机风机不良、污染或冷却系统不良
2. 主电动机长时间过载或加减速过于频繁
3. 电动机绕组局部短路或断相、相序错误
4. 温度检测开关不良、检测电路故障或连接故障</td></tr>
<tr><td>02</td><td>实际转速与指令不符</td><td>1. 负载过重或加减速时间设定不正确
2. 电动机绕组局部短路或断相、相序错误
3. 速度反馈连接不良或参数设定错误
4. 逆变模块（IGBT 或 IPM）不良</td></tr>
<tr><td>03</td><td>直流母线熔断器熔断</td><td>1. 直流母线短路或 IGBT、IPM 模块不良
2. 电动机绕组短路或断相、相序错误</td></tr>
<tr><td>06</td><td>温度测量传感器故障</td><td>1. 温度检测开关不良或连接故障
2. 主轴参数设定不正确
3. 温度检测电路故障</td></tr>
<tr><td>07</td><td>转速超过最大值</td><td>1. 参数设定或调整不当
2. 驱动器控制板或编码器故障</td></tr>
<tr><td>09</td><td>模块过热</td><td>1. 环境温度过高、风机不良或污染
2. 负载过重或加减速过于频繁
3. 温度检测开关或检测电路不良</td></tr>
<tr><td rowspan="2">12</td><td>直流母线过电流（αi 系列）</td><td>1. 直流母线或功率模块（IGBT 或 IPM）不良
2. 电动机绕组短路或断相、相序错误
3. 驱动器控制板不良或模块规格选择、设定错误</td></tr>
<tr><td>主电动机过电流（αCi 系列）</td><td>1. 负载过重或加减速过于频繁
2. 电动机绕组短路或缺相、相序错误
3. 功率模块（IGBT 或 IPM）不良
4. 驱动器控制板不良或模块规格选择、设定错误</td></tr>
<tr><td>15</td><td>Y/△切换报警</td><td>1. Y/△切换电路故障或电路连接不良
2. PMC 程序设计错误</td></tr>
<tr><td>18</td><td>数据校验出错</td><td>驱动器控制板不良</td></tr>
</table>

（续）

报警号	含　义	原　因
19	U 相电流检测出错	1. 控制板不良 2. 功率模块（IGBT 或 IPM）不良
20	V 相电流检测出错	
21	位置传感器极性错误	1. 参数 PRM4001.4 设定错误 2. 位置传感器设定、反馈连接错误
24	串行通信出错	1. 模块控制板或 CNC 主板不良 2. I/O－Link 总线连接不良或干扰太大
27	位置编码器断线	1. 编码器不良或反馈电缆连接不良 2. 驱动器控制板不良，检测回路故障 3. 反馈信号太弱或电缆屏蔽不良 4. 主轴参数设定错误
29	过载报警	1. 负载过重、传动系统不良或加减速过于频繁 2. 电动机绕组局部短路或断相、相序错误 3. 主轴参数设定和调整不当 4. 机械传动系统不良 5. 电动机动力线、反馈线连接不良
31	实际速度过低	
32	串行通信出错	主轴模块控制板或 CNC 控制板不良
34	参数超过允许范围	参数设定不正确。
35	主轴转速不正确（αCi 系列）	1. 主轴配置参数、传动级设定参数不正确 2. 传动级交换信号不正确 3. 负载过重或机械传动系统不良
36	位置跟随超差	1. 传动级交换、位置增益等参数设定不当 2. 刚性攻螺纹、Cs 轴控制、同步控制的 PMC 程序设计错误
37	急停动作出错	加减速时间等主轴参数设定错误
41	编码器“零脉冲”不良	1. 编码器不良或连接不良 2. 反馈电缆屏蔽不良、接地不良或零脉冲号太弱 3. 主轴参数设定不正确 4. 主轴模块控制板或 CNC 主板不良
42	无编码器“零脉冲”	
46	螺纹加工时“零脉冲”出错	
47	编码器计数信号出错	1. 编码器不良或连接不良 2. 反馈电缆屏蔽不良、接地不良或零脉冲号太弱 3. 主轴参数设定不正确 4. 主轴模块控制板不良
50	主轴同步误差超过最大值	1. 位置增益、传动级等参数设定不正确 2. 主轴模块控制板不良 3. 机械传动系统故障
52、53	主轴同步 ITP 信号出错	CNC 或主轴模块的接口电路故障
54	电动机长时间过载	1. 机械负载过重或加/减速过于频繁 2. 机械传动系统不良
55	Y/△切换控制出错	1. Y/△切换控制电路故障 2. Y/△切换控制信号次序或参数设定错误

（续）

报警号	含　义	原　因
56	模块风机报警	模块风机不良
66	JX4 通信故障	模块 JX4 电缆连接不良
69～72	主轴冗余控制报警	主轴冗余（Dual check safety）控制不正确
73	电动机编码器断线	1. 编码器不良或连接不良 2. 反馈电缆屏蔽不良、接地不良或零脉冲号太弱 3. 主轴参数设定不正确 4. 主轴模块控制板不良
74～79	主轴冗余控制报警	主轴冗余（Dual check safety）控制不正确
81	内置编码器零脉冲出错	1. 主轴电动机内置编码器不良或连接不良 2. 反馈电缆屏蔽不良、接地不良或零脉冲号太弱 3. 主轴参数设定不正确 4. 主轴模块控制板不良
82	内置编码器无“零脉冲”	
83	内置位置编码器计数信号出错	
84	内置编码器断线报警	
85	主轴编码器“零脉冲”出错	1. 主轴编码器不良或连接不良 2. 反馈电缆屏蔽不良、接地不良或零脉冲号太弱 3. 主轴参数设定不正确 4. 主轴模块控制板不良
86	主轴编码器无“零脉冲”	
87	主轴编码器计数信号出错	
88	风机报警	风机不良或连接不良

3. 错误显示

当主轴模块的控制信号、参数设定错误时，黄色错误指示灯 ERR 亮、数码管显示出错号，出错号的含义和故障的一般原因见表 8.5-5。

表 8.5-5　主轴模块的错误显示

出错号	含　义	原　因
01	主轴正反转指令不正确	PMC 程序错误，在主轴急停或机床未准备好时，加入了正反转信号
03	Cs 轴控制出错	1. 主轴配置参数设定错误 2. PMC 程序设计不正确 3. CNC 功能或功能参数设定不正确
04	刚性攻螺纹、定位、同步等位置控制出错	
05	主轴定向准停控制出错	
06	Y/△切换控制出错	
07	Cs 轴控制时未指定转向	PMC 程序设计错误
08	刚性攻螺纹、主轴定位时未指定转向	
09	同步控制时未指定转向	
10	Cs 轴控制期间，输入了其他位置控制指令	PMC 程序错误
11	刚性攻螺纹、主轴定位时，输入了其他位置控制指令	PMC 程序错误
12	同步控制有效期间，输入了其他位置控制指令	PMC 程序错误
13	主轴定位有效期间，输入了其他位置控制指令	PMC 程序错误
14	转向信号 SFR/SRV 同时有效	PMC 程序错误
16	差速控制出错	参数 PRM4000.5 或 PMC 程序错误

（续）

出错号	含　义	原　因
17	速度检测错误	参数 PRM4011.0 ~ PRM4011.2 设定错误
18	主轴定位位置编码器设定错误	参数 PRM4002.0 ~ PRM4002.3 设定错误
19	主轴定向期间，输入了其他位置控制指令	PMC 程序错误
24	增量定位期间，输入了绝对位置定位指令	PMC 程序错误
29	高速定位设定错误	参数 PRM4018.6、PRM4320 ~ 4323 错误
31	平滑加减速（FAD）控制出错	1. 主轴配置参数设定错误 2. PMC 程序设计不正确 3. CNC 功能或功能参数设定不正确
33	电子齿轮箱（EGB）控制出错	
34	FAD、EGB 功能被同时指定	

8.5.4 βi 驱动器

βi 系列驱动器有伺服驱动器和伺服/主轴集成驱动器两类，驱动器的故障诊断与处理方法与 αi 系列驱动器类似，简介如下。

1. 伺服驱动器

βiSV 系列伺服驱动器安装有电源（POWER）、报警（ALM）、总线通信（LINK）三个状态指示灯，ALM 灯亮代表驱动器故障，其常见原因见表 8.5-6。

表 8.5-6　βiSV 系列伺服报警原因一览表

序号	含　义	备　注
1	控制电源异常或连接错误	1. 电动机连接错误或连接不良 2. 伺服模块或伺服电动机损坏
2	驱动器过热	1. 驱动器风机不良、风机连接不良 2. 伺服控制板不良
3	DC24V 电压过低	1. CXA19A/CXA19B 连接不良 2. 外部 DC24V 输入电压过低 3. 伺服控制板不良
4	直流母线电压过低或过高	1. 电抗器选择不当或连接不良 2. 主电源输入电压过低、断相或过高 3. 主电源输入瞬间中断 4. 伺服控制板不良
5	驱动器输出或直流母线过电流	1. 负载过重、传动系统不良或加减速过于频繁 2. 电动机绕组局部短路或断相、相序错误 3. 伺服参数设定和调整不当 4. 机械传动系统不良 5. 电动机动力线、反馈线连接不良
6	FSSB 通信出错	1. FSSB 光缆连接或接口电路不良 2. 模块控制板不良或上级 FSSB 接口电路故障

伺服驱动器报警的原因，同样可通过 CNC 的诊断参数 DGN0385、DGN0200 ~ 0204 或伺服调整页面的 ALM1 ~ ALM5 显示，有关内容可参见前述的 αi 驱动器说明。

2. 主轴/伺服集成驱动器

βi 系列伺服/主轴集成驱动器 βiSVSP 的正面安装有图 8.5-2 所示的 STATUS1、STATUS2 两个状态指示区。

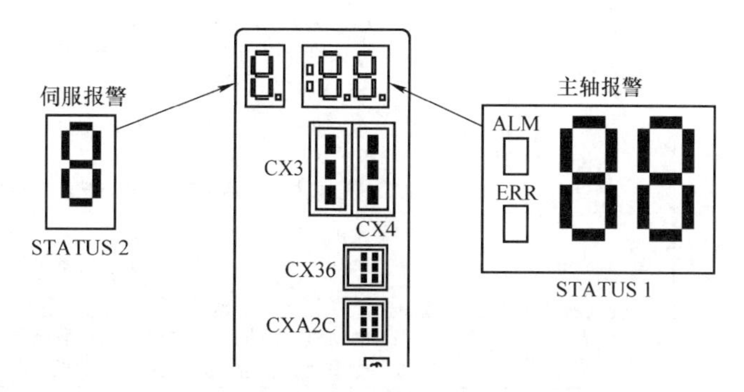

图 8.5-2　βi 伺服/主轴集成驱动器的故障显示

STATUS1：主轴报警显示区，显示区安装有报警（ALM）、错误（ERR）两个指示灯和 2 个 7 段数码管，指示灯和数码管的作用、显示内容、故障原因均与 αi 系列主轴模块相同，可参见前述的说明。

STATUS2：伺服报警显示区，显示区安装有 1 个 7 段数码管，用于伺服报警显示。数码管的作用、显示内容、故障原因均与 αi 系列伺服模块相同，可以参见前述的说明。

8.5.5　编码器及电动机

1. 电动机常规检查

FS－0iD 驱动器配套的伺服、主轴电动机都属于交流电动机，原则上说，它无易损零件，可长时间连续使用而无需维修，但是，由于数控机床的驱动电动机安装环境通常较恶劣，易受到冷却液、润滑油、铁屑等的侵入和飞溅；此外，电动机内置的编码器属于精密零件，在电动机受到冲击、碰撞等情况下容易引起损坏，因此，安装、维护时需要进行如下检查：

1）伺服电动机、主轴电动机的防护等级一般不高，切削液、润滑油容易渗入，并引起绝缘性能降低或绕组短路，使用时应注意电动机的防护。

2）当电动机安装在齿轮箱上时，加注润滑油应注意油面高度应低于电动机轴，以防止润滑油渗入电动机。

3）电动机联轴器、齿轮、同步皮带等连接件固定时，作用在电动机上的力不能超过电动机容许的径向、轴向载荷。

4）电动机的电气连接必须正确，错误的连接可能引起电动机的失控或振荡，并导致电动机或机械不见损坏。

在机床维修、维护时，需要对电动机进行如下常规检查：

1）检查电动机是否受到任何机械损伤，是否在潮湿、有灰尘。

2）检查机械传动部件及电动机的转动是否平稳、轻松；电动机安装是否有松动或间隙。

3）具有制动器的电动机，应检查制动器动作是否正常、可靠等。

2. 电动机故障检查

当 CNC 出现伺服或主轴报警驱动报警时，无论这些报警是否与电动机直接相关，建议也对电动机进行表 8.5-7 所示的检查。

表 8.5-7　伺服/主轴电动机的基本检查

序号	现　象	检查项目	基 本 检 查
1	机床运动时发出异常声或出现较大的振动	基本检查	1. 确认电动机安装正确、固定可靠 2. 确认电动机轴与丝杠或主轴的轴线同轴 3. 分离电动机与机械传动部件，如果异常声与振动消失，进入第 2 项；否则进入第 3 项
2		机械传动系统检查	1. 在松开制动器、脱开机械连接的情况下，检查电动机转子转动是否灵活 2. 进行机械传动系统的检查与维修，更换轴承
3	风机异常声或振动	风机检查	1. 风机有铁屑、油污等杂物 2. 风叶与外壳有干涉、转子旋转不灵活 3. 风机固定不可靠
4	电动机异常声或振动	电动机外部检查	1. 电动机表面是否有铁屑、油污等杂物 2. 冷却液、润滑油是否侵入电动机内部
		电动机绝缘检查	用 DC500V 兆欧表测量绕组与外壳间的绝缘电阻，判断电动机绝缘性能 ≥100MΩ：性能良好，可以正常使用 10～100MΩ：性能下降，可使用，建议进行维护 1～10MΩ：性能严重下降，可短时使用，必须尽快维护 <1MΩ：不可再使用，必须维修或更换
		驱动器检查	检查驱动器设定，重新调整驱动器

3. 编码器检查

编码器一般需要通过示波器检查输出波形，对于脉冲输出的编码器可以直接在编码器连接线上，测量 A/B/Z 相脉冲信号；对于正弦波输出的 Mi、MZi、BZi、CZi 等编码器，编码器的检测信号应为图 8.5-3 所示的正弦波。

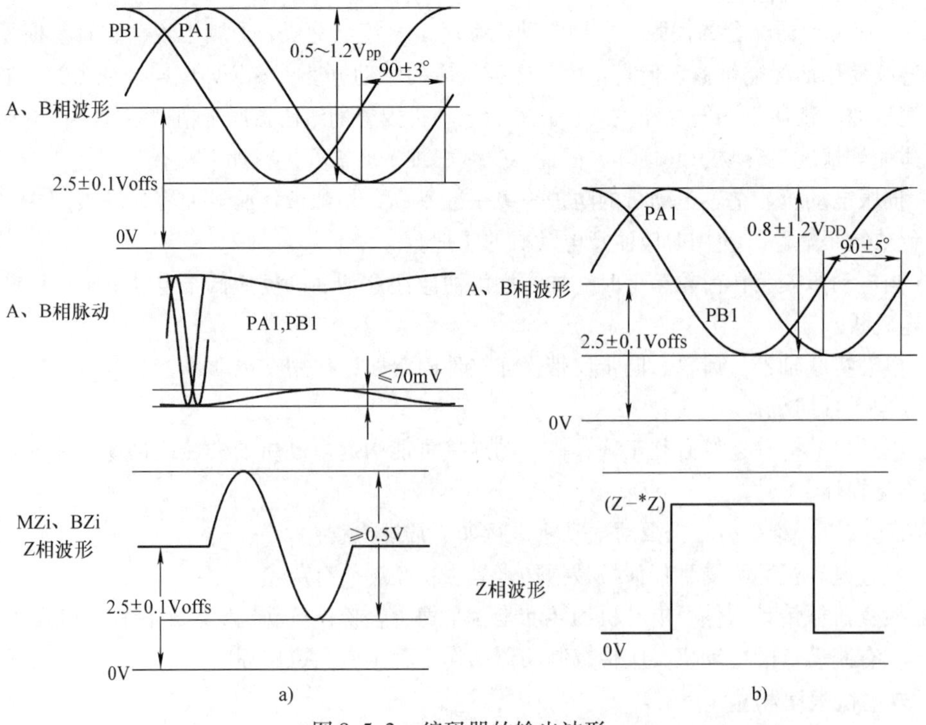

图 8.5-3　编码器的输出波形

a）Mi、MZi、BZi 型编码器　b）αS 编码器

第9章　FS－0iD维护与维修

9.1　FS－0iD日常维护

9.1.1　CNC主板及易损件更换

CNC、驱动器、I/O单元等均属于微电子控制装置，由于其工作环境较为恶劣，系统部件很容易受冷却液、铁屑、粉尘的污染。对于长时间使用的数控机床，CNC、驱动器、I/O单元的内部电子器件及印制电路板表面，也容易吸附灰尘和污染物，从而导致系统工作不正常、甚至导致器件损坏。因此，CNC系统的日常维护与保养、易损件的及时更换等都是预防CNC系统发生故障的重要措施。

1. 主板的装卸

进行CNC主板清理或更换时，需要按照如下步骤打开CNC后盖、装卸CNC主板。

1）取下CNC上的全部连接电缆，并将CNC单元从操纵台取下后，拧下图9.1-1所示的后盖板安装螺钉。

2）松开图9.1-1所示的后盖板卡爪，将CNC后盖板向外拉出后取下。

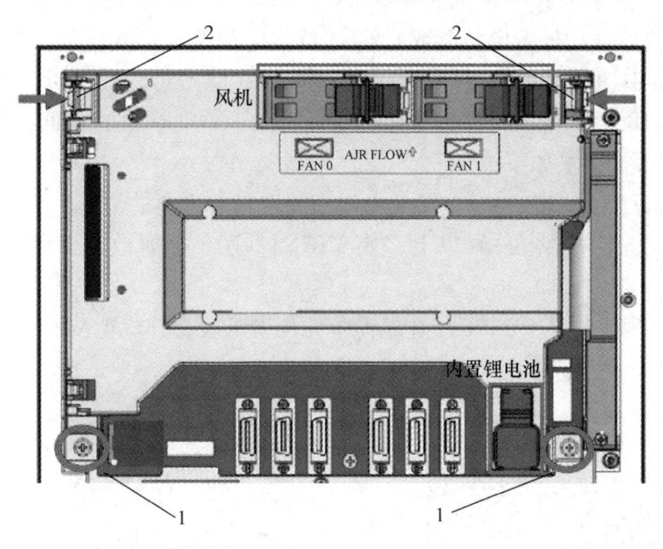

图9.1-1　CNC后盖的装卸

1—安装螺钉　2—卡爪

3）取下图9.1-2所示主板上的连接器CA79A、CA88A及CA122，使得存储卡接口、LCD、软操作面板和主板分离。

4）松开图9.1-2所示的3个主板安装螺钉，向下取下主板，使电源模块和主板间的连接器CA121分离后，取出主板。

主板的安装步骤与上述步骤相反。

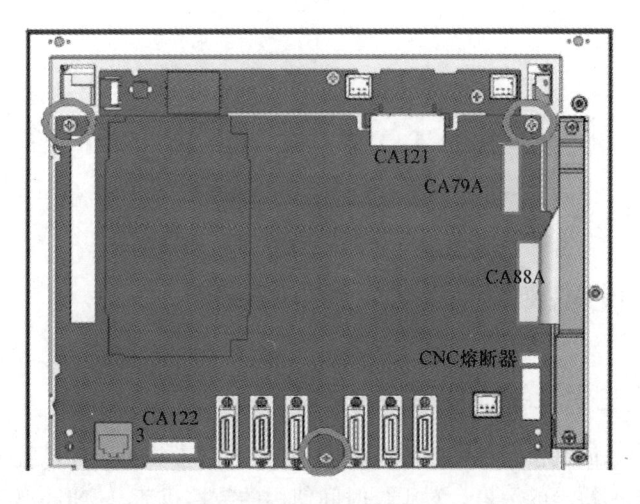

图 9. 1-2　主板的更换

5）如需要，可以在打开 CNC 后盖后，进行 CNC 电源 DC24V 输入熔断器的更换，该熔断器为 DC24V/5A 专用熔断器，FANUC 订货号为 A02B－0236－K100。

2. 电池更换

FS－0iD 的 CNC 参数、加工程序等均保存在 SRAM 中，SRAM 的数据保存需要由 CNC 的电池单元支持。当电池电压下降时，CNC 将显示 BAT 警示信息，并向 PMC 输出电池报警信号 BAT（F0001. 2）；如电池电压进一步下降，CNC 的数据将丢失，需要重新装载 CNC 数据。为此，FANUC 建议用户能够定期更换 CNC 后备电池。

CNC 后备电池可以使用外置电池盒或 CNC 内置锂电池两种形式。外置电池盒可直接使用市售的 1 号碱性电池，其更换可以直接打开电池盒进行，在此不再进行说明。FS－0iD 的内置锂电池盒的订货号为 A02B－0309－K102，该电池盒安装于 CNC 单元的背面，其安装位置参如图 9. 1-3所示，电池的更换方法如下：

1）打开电柜或操纵台，使 CNC 单元的电池盒处于容易更换的位置。

2）接通 CNC 电源，并保持 30s 以上，使 CNC 内部用于短时数据保存的断电维持电容器充满电。

3）断开 CNC 电源，按图 9. 1-3a 压住电池单元的卡爪、将锂电池从 CNC 取出。

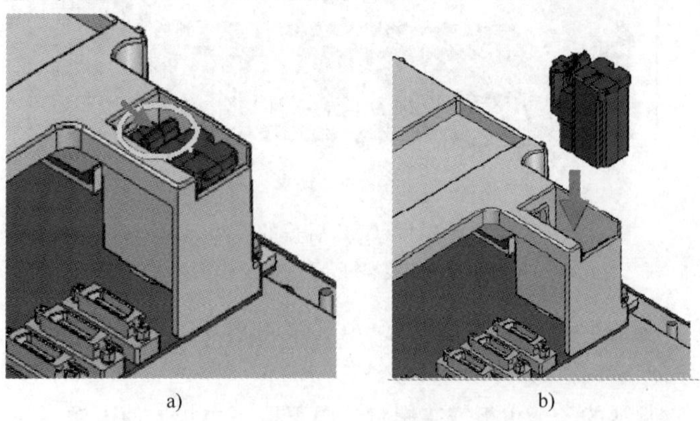

图 9. 1-3　锂电池的更换

a）取出　b）安装

4）按图9.1-3b压住卡爪，将新的锂电池插入到CNC单元，压紧电池盒、确保电池盒上的卡爪和CNC后盖板完全啮合。

3. 风机更换

风机用于CNC的散热，只要CNC电源接通，风机始终处于运行状态，它是CNC的易损部件之一，因此，即使是能够正常使用的CNC，也需要进行定期检查与更换风机。

CNC的风机安装于CNC单元背面，其安装位置可参见图9.1-4，对于无扩展插槽的CNC，风机单元的订货号为A02B－0309－K120（2只）；对于带2个扩展插槽的CNC，左右风机的订货号分别为A02B－0309－K121和A02B－0309－K120。CNC风机的更换方法如下：

1）打开电柜或操纵台，使CNC风机处于容易更换的位置。

2）断开CNC电源，并按图9.1-4a压住风机卡爪、将风机从CNC上取下。

3）按图9.1-4b压住风机卡爪，将新的风机插入CNC单元，压紧风机、确保风机上的卡爪和CNC后盖板完全啮合。

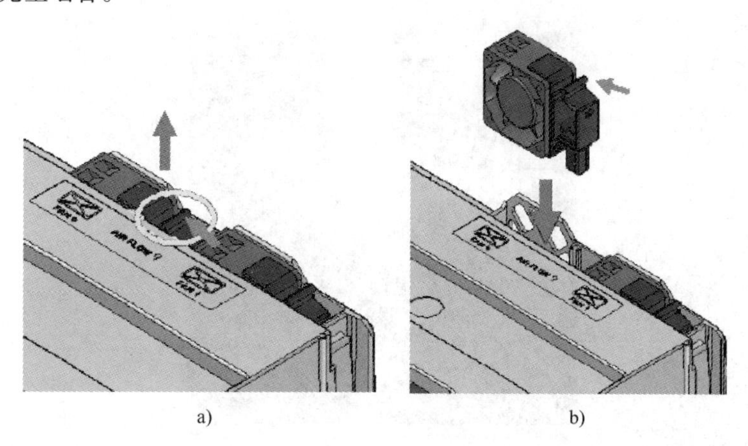

a)　　b)

图9.1-4　风机的更换

a）取出　b）安装

9.1.2　驱动器易损件更换

1. αi电源模块

（1）风机检查与更换

驱动器风机处于长时间连续运行状态，其工作环境较差，特别在电气柜密封不良时，很容易收灰尘的污染，它是驱动器的易损部件之一。

当FS－0iD显示伺服报警SV0443、SV0606及αi系列驱动器的电源模块显示报警2、3或A时，故障通常与模块的风机不良有关，报警时需要进行风机的连接检查或维护、更换。

风机安装于电源模块的控制板上，更换风机时需要将控制板从电源模块中取出。取出控制板时，应按图9.1-5a所示抓住控制板的上下吊钩、压下卡爪，将其从模块中取下，此时可在图9.1-5b所示的位置找到图9.1-5c所示的风机。风机更换或检查完成后，应将控制板重新插入模块，并保证控制板和模块的完全啮合、插接可靠。

（2）熔断器检查与更换

如果αi系列驱动器的电源模块在控制电源接通后，无任何显示，同时，确认CX1A上的控制电源输入正常、CX1A连接正确、安装可靠，模块的DC24V输出无短路时，故障一般与电源模块的内部的熔断器熔断有关。电源模块的熔断器安装在模块控制板上，其规格和安装位置可参见

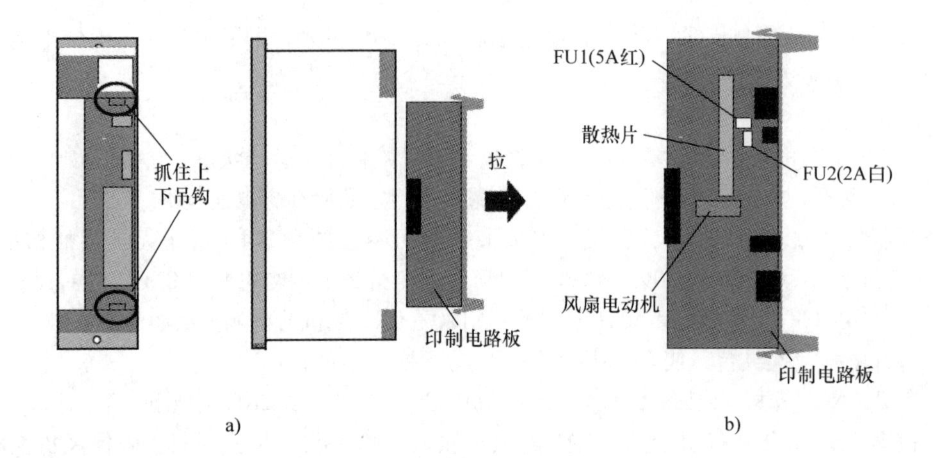

c)

图9.1-5 电源模块熔断器的检查与更换

a）控制板的安装 b）风机和熔断器位置 c）风机安装

图9.1-5b所示。熔断器更换或检查完成后，应将控制板重新插入模块，并保证控制板和模块的完全啮合、插接可靠。

2. αi伺服模块

（1）风机检查与更换

当FS－0iD显示伺服报警SV0602、SV0603及αi系列驱动器伺服模块的报警1、6或F时，故障通常与模块的风机有关，此时，需要进行风机的更换或连接检查。伺服模块的风机安装于模块上部，风机的更换方法如图9.1-6a所示，取出风机时，可利用风机上的卡爪将风机从模块上取下；安装时，应将风机压入模块，保证两者的完全啮合。风机的连接如图9.1-6b所示，其电源线必须连接正确，插头应连接可靠。

（2）熔断器检查与更换

如果伺服模块开机后无任何显示，但是，电源模块显示正常、驱动器控制总线CXA2A、CXA2B连接正确，这时，模块无显示的原因通常与伺服模块的熔断器熔断有关。

伺服模块的熔断器同样安装于模块控制板上，控制板可按电源模块同样的方法从模块上取下。对于不同规格的伺服模块，其熔断器的安装有图9.1-7a和图9.1-7b所示的两种，熔断器更换和检查完成后，必须将控制板可靠插入到模块中。

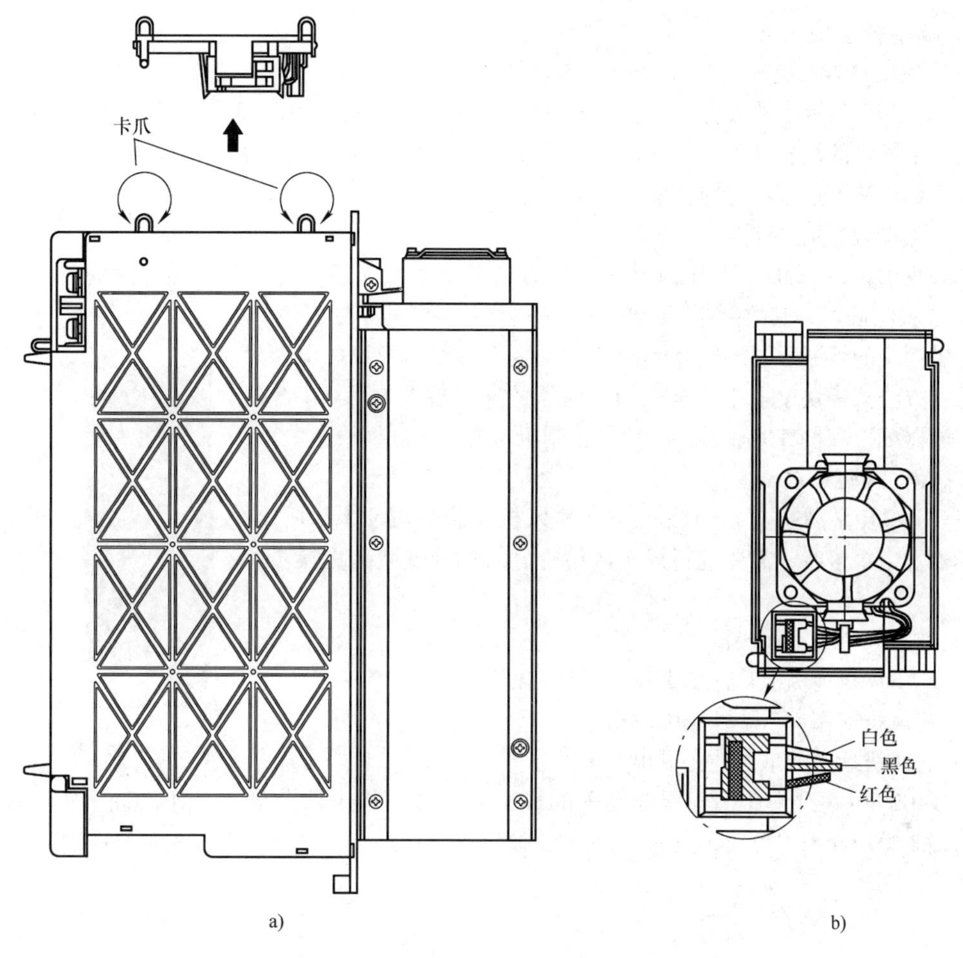

图9.1-6　风机的更换与检查
a）更换　b）连接检查

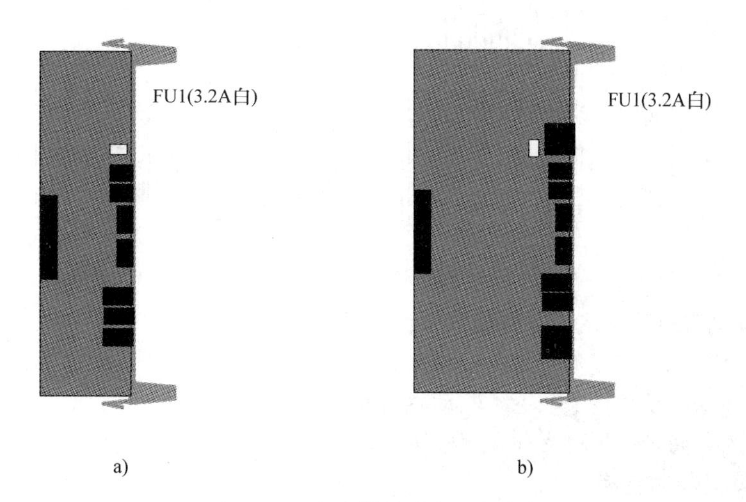

图9.1-7　伺服模块熔断器的安装
a）A20B-2100-074＊印制电路板　b）A20B-2100-083＊印制电路板

3. αi 主轴模块

（1）风机检查与更换

当 FS－0iD 显示主轴报警 SP9009、SP9056 及 αi 系列驱动器主轴模块的报警 9、56 时，故障通常与主轴模块的风机有关，此时，需要进行风机的更换或连接检查。主轴模块的风机同样安装在模块上部，其更换方法与伺服模块相同，可参见前述的说明。

（2）熔断器检查与更换

如果主轴模块开机后无任何显示，但是，电源模块显示正常、驱动器控制总线 CXA2A、CXA2B 连接正确时，其故障原因通常与主轴模块的熔断器熔断有关。

主轴模块的熔断器同样安装于模块控制板上，控制板可按电源模块同样的方法从模块中取下。模块的熔断器的安装位置如图 9.1-8 所示，熔断器更换和检查完成后，必须将控制板可靠插入到模块中。

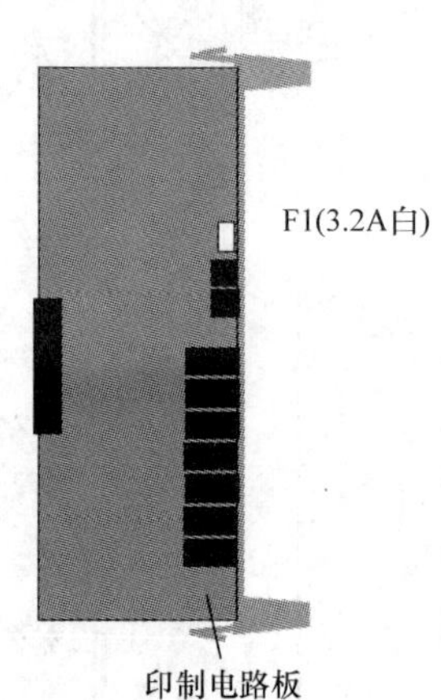

图 9.1-8　主轴模块熔断器的安装位置

4. βi 伺服驱动器

βiSV4i/20i 系列小功率伺服驱动器的风机安装如图 9.1-9 所示，当驱动器发生报警时，需要进行风机的检查。风机的安装和更换步骤如下：

1）取下风机电源连接器。

2）压下风机前侧卡爪，使得风机卡爪和模块分离。

3）将风机前侧卡爪从外壳中取出。

4）将风机后侧卡爪从外壳取出。

βiSV40i/80i 系列中功率伺服驱动器的风机安装和更换方法与 αi 驱动器伺服模块相同，可以参见 αi 系列伺服模块说明。

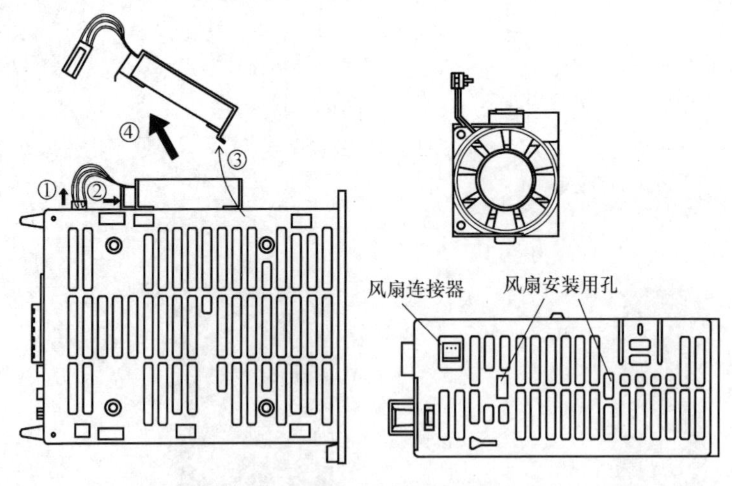

图 9.1-9　βi 伺服驱动的风机更换

同样，当 βi 伺服驱动器在外部控制电源输入正常，连接器 CXA19A、CXA19B 连接正确时，如果驱动器无任何显示，其故障原因一般与控制板的熔断器熔断有关。驱动器控制板可按 αi 系列驱动器同样的方法，从模块上取下，驱动器熔断器的安装位置如图 9.1-10 所示，熔断器更换和检查完成后，必须将控制板可靠插入到模块中。

5. 电动机编码器的更换

伺服电动机内置编码器安装于电动机尾部，编码器与电动机外壳通过 4－M4 螺钉连接，编码器轴与电动机轴间通过十字联轴节连接，编码器更换应按图 9.1-11 所示的步骤进行。

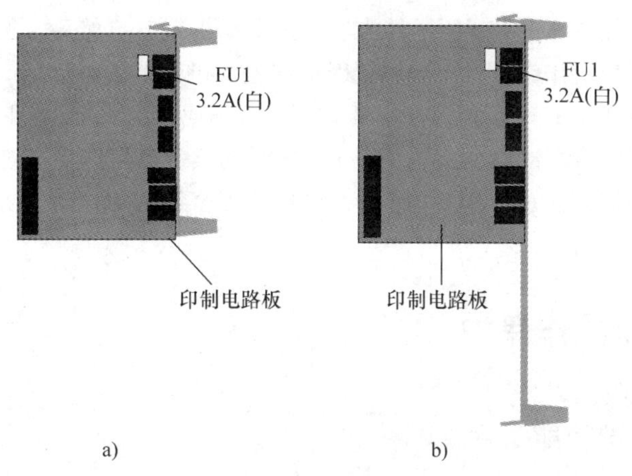

图9.1-10　βi伺服驱动器的熔断器安装

a）4i/20i　b）40i/80i

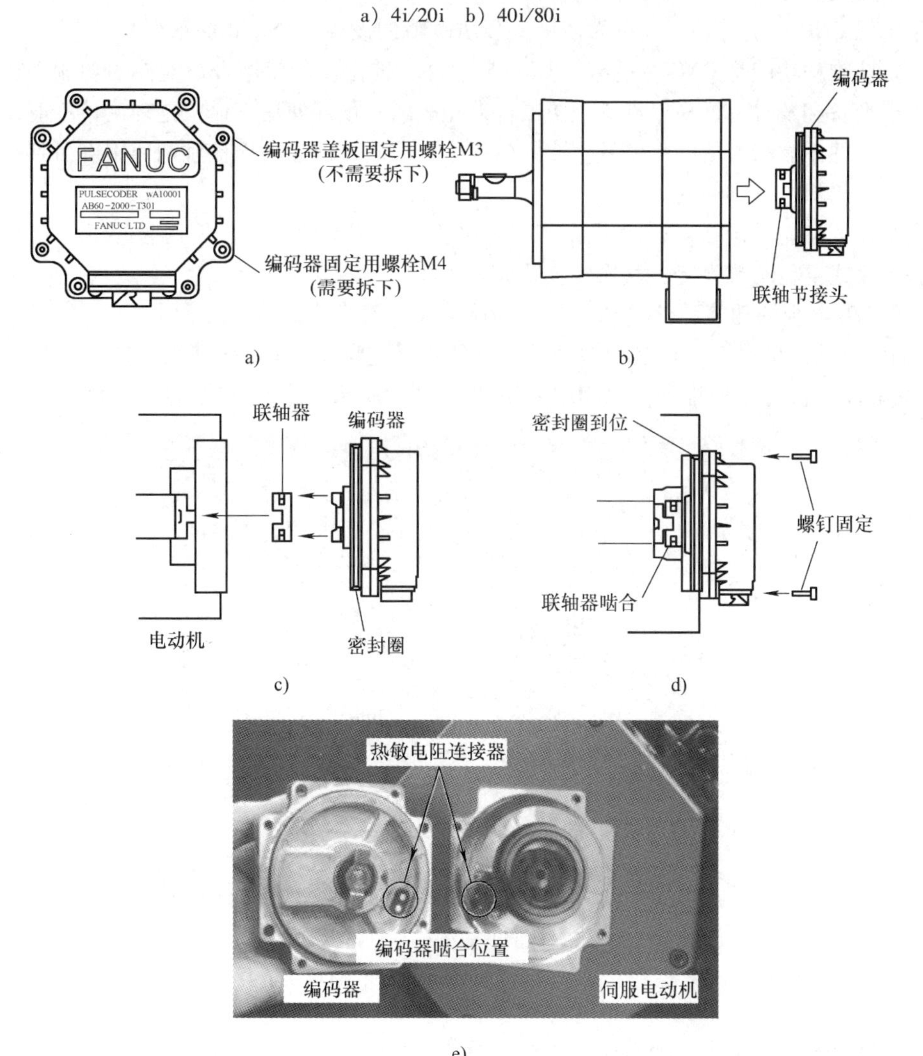

图9.1-11　编码器的更换

a）松开编码器安装螺钉　b）取下编码器　c）对准联轴器

d）密封与固定　e）热敏电阻连接

取出编码器时，应按图 9.1-11a 所示的方法松开电动机后盖，然后，按图 9.1-11b 取下编码器，为了防止电极转子位置出错，拆下编码器时应在电动机轴上做好标记。

编码器的安装如图 9.1-11c 所示，安装时需要注意编码器轴与电动机轴间的十字联轴节方向，确保两者能够准确啮合；同时要将图 9.1-11e 所示的热敏电阻连接器对准。

编码器固定时，还需要注意图 9.1-11d 所示的编码器密封圈的安装，防止密封圈脱落或安装不良。

9.2 定期维护和操作保护

9.2.1 定期维护功能

1. 功能概述

为了确保 CNC 系统的长时间可靠使用，预防故障的发生，FS－0iD 系列 CNC 设计有定期维护功能。定期维护功能是 CNC 对机床及 CNC 易损件，进行预期使用寿命监控的功能，它可提示操作者提前准备和及时更换易损件，预防器件老化故障。预期使用寿命只是理论计算值，定期维护的提示信息并不意味着故障将要发生或必然发生；因此，即便易损件预期使用寿命到达，只要元器件良好，仍然可继续使用。

定期维护信息显示包括 CNC 和机床易损件名称、使用寿命、剩余使用时间等，它可在 CNC 的系统显示模式下显示或设定，其操作步骤如下：

1）按 MDI 面板的功能键【SYSTEM】，选择系统显示模式。

2）通过软功能扩展键，直至 LCD 显示软功能键【定期维护】（或【维修】）。

3）按软功能键【定期维护】，LCD 将显示图 9.2-1 所示的定期维护信息显示页面。

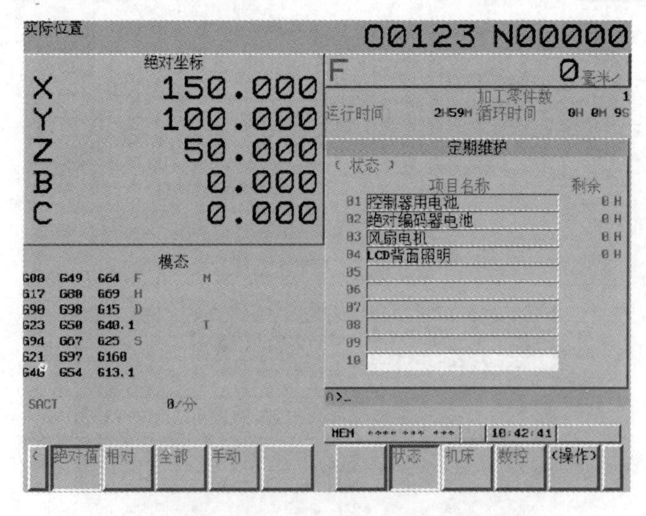

图 9.2-1 定期维护信息显示

显示页各栏的含义如下。

编号：状态显示的第 1 栏为易损件编号和寿命计数状态显示。如编号无前缀，表示寿命计数停止；编号有前缀“@”，表示寿命计数正在进行中；编号有前缀“＊”，表示预期的使用寿命已到达。

项目名称：显示易损件名称。如果需要，名称可通过 MDI 面板输入或修改。

剩余：显示预计的剩余使用时间。当剩余使用时间到达 CNC 参数 PRM8911 设定值以下时，该栏显示成为红色，但计时仍将继续。

在定期维护信息显示页面，可通过软功能选择如下操作。

【状态】：可显示易损件的名称、预计的剩余寿命，并进行易损件名称、使用寿命、剩余使用时间等参数的设定。

【机床】：机床易损件清单，可进行机床易损件的输入、添加和删除等操作。

【数控】：CNC 易损件清单，可显示 FANUC 设定的 CNC 易损件清单，但不能进行易损件的添加和删除操作。

2. 创建易损件清单

CNC 易损件清单由 FANUC 公司编写，用户只能进行显示，而不能对其进行输入添加、修改和删除操作。CNC 易损件清单可在图 9.2-1 所示的定期维护信息显示页面上，选择软功能键【数控】后显示，其显示如图 9.2-2 所示。

机床易损件清单用于机床易损件的登录，以显示定期维护信息。机床易损件清单可由机床生产厂家或机床使用者编写，其显示和输入操作步骤如下。

1）在图 9.2-1 所示的定期维护信息显示页面上，选择软功能键【机床】，LCD 将显示图 9.2-3 所示的机床易损件清单。

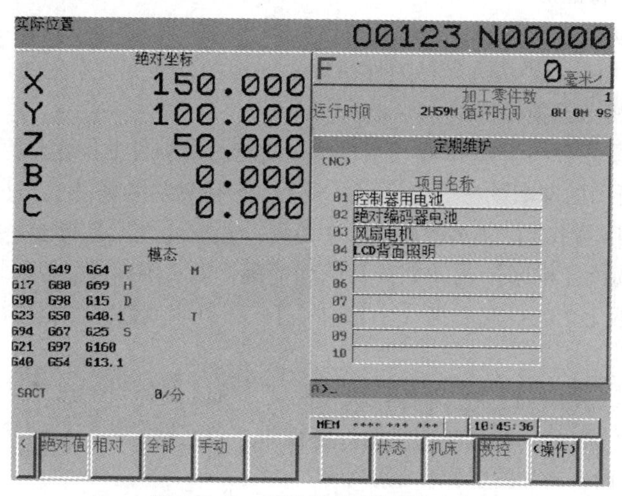

图 9.2-2　CNC 易损件清单显示

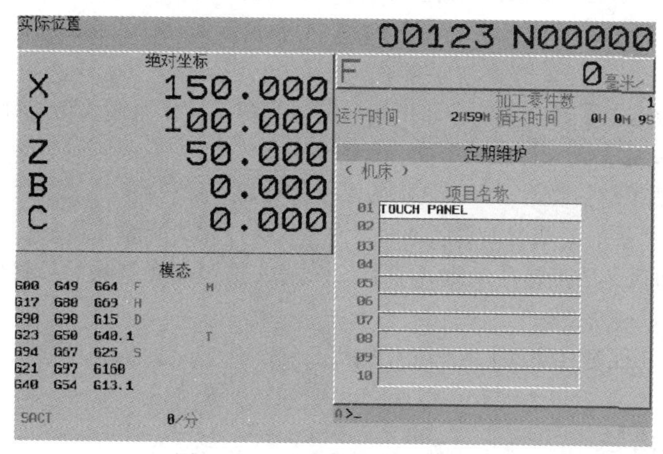

图 9.2-3　机床易损件清单显示

2）通过 MDI 面板上的光标移动键【↑】、【↓】，选定需要输入或需要修改的位置后，按软功能键【(操作)】。

3）用 MDI 面板输入易损件名称，并用编辑键【INPUT】或操作软功能键【输入】，添加易损件名称；或通过按【+输入】键，对已有的名称修改。易损件名称最多为 24 个英文字母、字符，或 12 个汉字、日文假名，长度超过时将显示“数据超限”报警。

易损件清单中的英文字母、字符可直接通过 MDI 键盘输入，汉字、假名需要根据 FANUC 字符代码表，用 2 字节十六进制代码代替，代码应带“*”前缀和后缀。例如，汉字“电”、“源”、“断”、“路”、“器”的 FANUC 字符代码分别为 033E、0340、0326、043E、03C4，因此，MDI 输入时，应依次输入“*033E03400326034C*”等。

易损件可以在选择操作软功能键【删除】后，按【执行】键删除。

机床易损件清单还可通过以下程序指令输入：

G10 L61 Px [n]

指令中的 x 用来指定易损件编号，n 为易损件名称，其格式要求与 MDI 输入相同。例如，如果要在图 9.2-3 所示的第 2 栏输入易损件名称“电源断路器”，其指令为 G10 P2 [*033E03400326034C*] 等。

3. 易损件的添加和删除

需要显示定期维护信息的易损件，可从机床易损件清单或 CNC 易损件清单中选择，也可直接从 MDI 面板输入。如果需要从机床易损件清单中的添加，则需要事先通过前述的机床易损件清单编辑操作，创建机床易损件清单。

从已创建的机床易损件清单或 CNC 易损件清单中选择易损件的操作步骤如下：

1）在图 9.2-1 所示的定期维护信息显示页面上，选择软功能键【状态】。

2）按软功能键【(操作)】显示的操作软功能键，并按【进入】键选择添加操作。

3）根据需要，选择【机床】或【数控】软功能键，显示机床或数控易损件清单。

4）通过 MDI 面板上的光标移动键【↑】、【↓】，在机床或数控易损件清单选择需要添加的易损件。

5）按软功能键【(操作)】显示的操作软功能键，按【选择】键选定易损件。

6）按软功能键【执行】，所选择的易损件将被添加到定期维护信息的状态显示页面。

直接从 MDI 面板输入添加的操作步骤如下：

1）在图 9.2-1 所示的定期维护信息显示页面上，选择软功能键【状态】。

2）通过 MDI 面板上的光标移动键【↑】、【↓】，选定需要输入或需要修改的位置后，按软功能键【(操作)】。

3）用 MDI 面板输入易损件名称，并用编辑键【INPUT】或操作软功能键【输入】，添加易损件名称；或通过按【+输入】键，修改已有的名称。

将易损件从定期维护信息显示页面删除的操作步骤如下：

1）在图 9.2-1 所示的定期维护信息显示页面上，选择软功能键【状态】。

2）通过 MDI 面板上的光标移动键【↑】、【↓】，选定需要删除的易损件后，按软功能键【(操作)】。

3）选择操作软功能键【删除】、并按【执行】键，所选定的易损件将从定期维护信息显示页面上删除。

4. 使用寿命的设定

设定易损件的使用寿命的操作步骤如下：

1）在图 9.2-1 所示的定期维护信息显示页面上，选择软功能键【状态】。

2）按软功能键【（操作）】显示的操作软功能键，并按【改变】键选择使用寿命设定操作，LCD 将显示图 9.2-4 所示的显示页面。

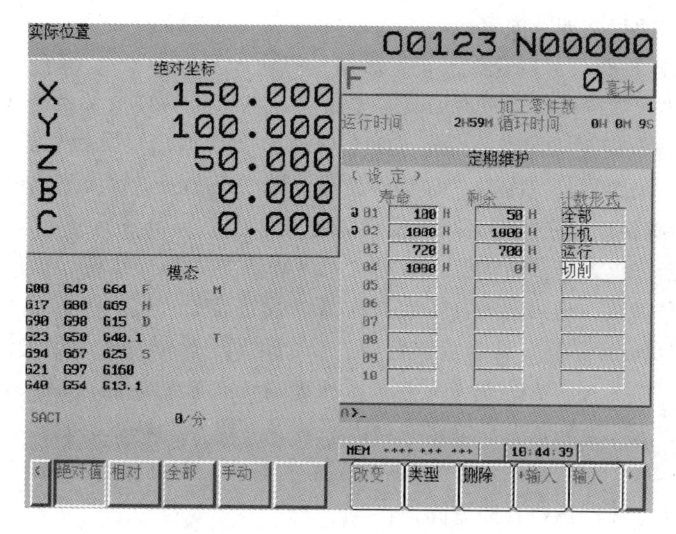

图 9.2-4　使用寿命设定显示页面

3）通过 MDI 面板上的光标移动键【↑】、【↓】，选定数据输入框。

4）根据不同栏的数据输入要求，用 MDI 面板的数字键、编辑键【INPUT】或操作软功能键【输入】、【+输入】，输入或增量输入数据，进行使用寿命、剩余时间的设定；或者，通过选择软功能键【类型】，进行计数形式的设定。当执行不允许的设定操作时，LCD 将显示出错信息“不允许编辑”；当输入超过允许设定值时，LCD 将显示出错信息“数据超限”。

显示页上不同显示栏数据的含义和设定要求如下。

寿命：设定易损件的预计使用寿命，设定范围为 0～65535 小时。寿命栏输入数据后，“剩余”栏的数据将自动修改为和寿命栏同样的值，“计数形式”栏成为“——”（无效）。本栏不能用软功能键【类型】、【删除】选择寿命计算方式或删除数据。

剩余：设定易损件的预计剩余时间，设定范围为 0～寿命栏设定值。本栏不能用软功能键【类型】选择寿命计算方式；但可以通过按软功能键【删除】、并选择【执行】，删除已经使用的时间，将剩余栏设定为寿命栏同样的时间值。

计数形式：设定易损件使用寿命的计算方式，本栏设定需要按软功能键【类型】后，通过以下软功能键选择 CNC 规定的计算方式。

【无效】：不进行寿命计算，显示为“——”。

【全部】：按时钟计算寿命，包括 CNC 电源未接通的停机时间。

【开机】：按 CNC 电源接通后的开机时间计算寿命。

【运行】：按自动运行时间计算寿命，不包括自动运行时的中间停止和进给保持时间。

【切削】：按执行 G01/02/03 等切削加工指令的时间计算寿命，不包括快速定位、辅助指令执行时间。

寿命计算方式选定后，按软功能键【执行】，完成计数形式栏数据输入。

9.2.2　操作保护功能

操作保护是 FS-0iD 新增的功能，它可以预防操作者因操作、设定错误而引起的故障，提高系统可靠性。操作保护包括数据设定保护和程序执行保护两方面内容，其使用方法和操作步骤分别如下。

1. 数据设定保护

数据设定保护功能包括如下内容：

1）输入数据范围检查。可以通过对设定数据允许输入范围的设定，防止由于误操作引起的数据超范围输入。输入数据范围检查对刀具补偿值、工件坐标系零点偏移的 MDI 设定及 G10 指令输入有效。当 MDI 设定超过允许范围时，CNC 将显示“数据超限”操作出错信息，并阻止数据输入；当 G10 输入超过允许范围时，CNC 将显示报警“PS0334：输入值超出有效范围”。

2）增量输入再确认。可在操作者选择软功能键【+输入】增量数据输入时，显示再确认信息，以防止绝对数据被作为增量值输入。增量输入再确认对刀具补偿值、工件坐标系零点偏移、基本设定数据、CNC 参数、螺距误差补偿数据的 MDI 设定有效。

3）绝对输入软功能键禁止。可以禁止利用软功能键【(操作)】、【输入】所进行的绝对数据输入操作，防止增量输入软功能键【+输入】和绝对输入软功能键【输入】混淆。绝对输入禁止对刀具补偿值、工件坐标系零点偏移的 MDI 设定及 G10 指令输入有效。

4）程序删除再确认。可在操作者选择程序删除操作时，显示提示信息“程序是否删除?”，并需要通过再次确认，才能执行程序删除操作。

5）全部数据删除再确认。可在操作者选择所有数据删除操作时，显示提示信息“将所有数据清除为 0 吗?”，并需要通过再次确认，才能执行所有数据删除操作。全部数据删除再确认对刀具补偿值的删除操作有效。

6）数据更新再确认。可以在操作者利用 MDI 设定数据后，显示数据更新确认软功能键【取消】、【执行】，通过【取消】可撤销输入，利用【执行】可以更新数据。

2. 程序执行保护

程序执行保护功能包括如下内容：

1）模态代码更新显示。可在模态信息显示项中，突出显示被加工程序指令或 RESET 操作所更新的模态代码，防止误操作。

2）程序段执行检测。如果 PMC→CNC 的信号 STCHK（G0408.0）为“1”，程序自动运行时，可在程序段执行之前，先显示模态代码和剩余移动量，程序段的执行需要按循环启动键才能实现。

3）坐标轴状态显示。可以在显示位置的坐标轴名前，增加轴工作状态标记，这些标记包括：轴撤销“D”、轴互锁“I”、机床锁住“L”、伺服关闭“S”、轴运动中“*”、镜像加工“M”等。

4）中途启动再确认。可以对光标定位在加工程序中间段的自动运行启动操作，显示提示信息“从程序中间位置开始（开始/复位）”，并通过再确认操作，启动自动运行。防止误操作引起的中间程序段启动。

5）执行数据范围检查。可检查程序执行时涉及的补偿、偏置值范围，防止数据错误所引起的加工不正确。当程序执行数据超过允许范围时，CNC 将显示报警“PS0334：输入值超出有效范围”。执行数据范围检查对刀具补偿值、工件坐标系零点偏移有效。

6）最大增量值检查。可通过程序指令 G91.1 X□□□（或 Y、Z 等），规定加工程序中的增量指令最大值，当增量值超过最大值时，CNC 显示报警“PS0337：超过最大增量值”。如指令 G91.1 X0（或 Y、Z 等），则功能无效。

7）运行时的复位警示。当 CNC 参数 PRM3402.6 设定为“0”时，如果在程序自动时进行了复位操作或按了 MDI 面板上的编辑键【CAN】，模态指令将恢复到程序执行前的状态。如 CNC

参数PRM10334.0设定为“1”，本功能可在执行以上操作时，使CNC显示操作提示信息“程序段中断导致模式改变”。

3. 保护功能的选择

选择误操作保护功能的操作步骤如下：

1）选择MDI操作方式、按MDI面板的功能键【OFS/SET】选择偏置/设定显示。

2）按软功能扩展键、显示软功能键【误操作】，按该键显示图9.2-5所示的误操作保护功能设定页面。

3）用MDI面板的光标移动键【→】、【←】，选择需要设定的功能选项，光标定位在选择框上。

4）按软功能键【(操作)】，显示操作软功能键【ON：1】、【OFF：0】，如需要生效功能，按软功能键【ON：1】，使选择框显示为☑；如需要撤销功能，则按软功能键【OFF：0】，选择框显示为□。

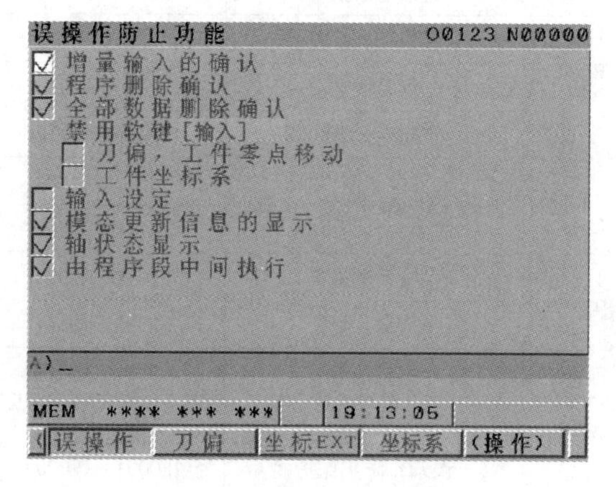

图9.2-5　误操作防止功能设定

如选择图9.2-5中的软功能键【刀偏】、【坐标EXT】、【坐标系】，便可进行输入数据范围检查、执行数据范围检查等保护功能的设定操作，有关内容可参见本书作者编写、机械工业出版社配套出版的《FANUC-0iD编程与操作》一书。

9.3　CNC报警及处理

9.3.1　常见报警及处理

在绝大多数情况下，当数控机床发生故障时，CNC均能在LCD上显示报警信息。根据CNC报警显示进行故障的维修处理，在数控机床维修过程中使用最广，这是维修人员必须掌握的最基本方法之一。

1. CNC报警分类

根据报警部位的不同，FS-0iD的报警可分CNC报警和机床报警（含操作者信息、宏程序报警）两大类，前者为FANUC公司设计，对所有的FS-0iD均有效；后者为机床生产厂家所设计，它只能够用于特定的机床。由于机床报警无普遍意义，因此，操作者只能根据机床生产厂家所提供的使用说明书进行维修与处理，本书不再对此进行介绍。

根据故障部位与原因，FS-0iD的CNC报警可分为表9.3-1中的几类，报警内容可参见附录C、FS-0iD报警一览表。此外，当CNC进行PMC程序编辑、数据输入/输出操作时，还可在提示行实时显示操作出错信息。

2. 操作编程报警

在CNC报警中，以程序编制错误与操作不当引起的报警，通常在编程人员或操作人员不熟悉CNC与机床，或试制新产品、开发新功能时发生。此类报警的处理通常比较简单，只需要通过修改加工程序或进行正确的操作即可排除故障，无需进行部件更换、调整和维修。FS-0iD最常见的操作编程报警有以下几种。

表 9.3-1　FS－0iD CNC 报警分类表

序号	报警分类	报警号	备　注
1	程序错误或操作报警	PS0000～5448	CNC 程序错误或操作出错报警
2	后台编辑报警	BG0000～5448	报警号、内容和“程序错误或操作报警”同
3	通信出错报警	SR0000～5448	报警号、内容和“程序错误或操作报警”同
4	参数写入报警	SW0100	CNC 参数写入保护被取消
5	伺服报警	SV0400～5197	与伺服驱动系统相关的报警
6	超程报警	OT 0500～0511	坐标轴软件超程、硬件超程和禁区保护报警
7	文件存储器报警	IO1001～1104	CNC 文件系统报警
8	需要关机的报警	PW0000～5046	需要 CNC 重启清除的报警
9	主轴系统报警	SP0740～1999	与主轴驱动相关的报警
10	串行主轴报警	SP9001～9141	FANUC 串行主轴报警
11	过热报警	OT0700～0704	CNC、主轴过热报警
12	其他报警	DS0001～5340	其他与 CNC 相关的报警
13	误动作防止保护	IE0001～IE0009	与误动作防止功能相关的报警
14	PMC 报警	ER01～ER97	PMC 配置错误报警
15	PMC 出错	WN02～67	PMC 程序错误或操作出错报警
16	PMC 系统错误	PC004～PC501	PMC－CPU、存储器等系统硬件、软件错误
17	CNC 系统报警	SYS ALM114～503	CNC 系统硬件/软件/电源及总线报警，见 9.6 节
18	机床操作者信息	2000～2999	决定于机床生产厂家的设计
19	用户宏程序报警	3000～3999	来自用户宏程序，决定于宏程序设计
20	PMC 程序出错提示	—	用户程序编辑、检查时出现
21	数据输入/输出错误提示	—	数据输入/输出时出现

PS0010：G 代码出错报警。这大都是由于 CNC 没有配备的相应的选择功能，而在程序中使用了需要选择功能支持的 G 代码而产生的报警；或者是指令的 G 代码在 CNC 中不能使用。出现此类报警时，应根据 FANUC 操作和编程的要求，修改程序或调整功能参数或位参数的设定。

PS0011：切削速度为 0 报警。这是因为切削程序段（G01、G02/03 等指令）中未指定进给速度 F，或指令的进给速度不正确而发生的报警。应检查程序编制确认 F 代码的输入，或检查与进给速度相关的 CNC 参数设定。

PS0015：同时控制轴过多报警。这是因为程序中指令的联动轴数超过了 CNC 功能允许的联动轴数所发生的报警，例如，在只能实现 3 轴联动的 CNC 上，指令了需要 4 轴联动实现的加工程序等。

PS0020：圆弧插补终点不正确。这是由于圆弧插补指令中的圆心或半径或终点计算不正确而发生的报警，CNC 按照程序指令的要求实现圆弧加工。

PS0033：刀具半径补偿指令错误。这是因为刀具半径补偿编程错误、CNC 无法生成刀具半径补偿矢量而产生的报警。例如，在刀具半径补偿指令有效期间，加工程序中出现了连续多条“非补偿平面”运动的指令，如单独的 M/T/S 代码指令、G04 暂停指令、Z 轴运动指令等。报警时应检查、修改加工程序，尽可能保证刀具半径补偿有效期间的加工程序段，均为连续的补偿平面运动指令。

PS0034：刀补的生效或撤销在圆弧插补段进行。这是由于 G02/03 与 G40/41/42 指令在同一程序段中编程所产生的报警，例如，在加工程序中使用了“G02G42X100Y200F100”或“G02G40X100Y200F100”等指令。

PS0070：加工程序存储器容量不足报警。当 CNC 存储的加工程序超过 CNC 存储器容量时，将引起存储器的溢出，并发生 PS0070 号报警。该报警产生时，必须删除已有的加工程序，才能继续存储新的程序。

PS0072：加工程序数量过多报警。这是由于 CNC 所存储的加工程序数量超过了 CNC 允许范围所产生的报警。CNC 存储加工程序时，不仅需要有保存程序数据的存储区，而且还需要有程序管理用的存储区，因此，CNC 不但对加工程序的实际容量有限制，而且对程序的数量也有限制。一般而言，FS - 0iD 允许存储的加工程序为 200 个，程序数量超过时，将发生 PS0072 号报警。

PS0075：程序编辑不允许。这是操作者试图对被保护的加工程序进行编辑所产生的报警。数控机床的部分控制程序可能涉及机床的特殊动作，如自动换刀、工作台交换等，这种程序一般由生产厂家以用户宏程序的形式编制，为了防止程序修改引起的机床故障，生产厂家通常需要对其进行保护，如果操作者试图编辑此类程序，CNC 将发生 PS0075 报警。原则上说，操作者不应对机床生产厂家所保护的程序进行修改，但如维修需要，可通过如下 CNC 参数的设定，使得被保护程序的编程成为允许。

PRM3202.0 = 0：程序 O8000 ~ O8999 的编辑允许。

PRM3202.4 = 0：程序 O9000 ~ O9999 的编辑允许。

PRM3210 = ＊＊＊＊：程序 O9000 ~ O9999 的保护密码。

PRM3211 = ＊＊＊＊：程序 O9000 ~ O9999 的密码输入。

程序 O9000 ~ O9999 的保护密码由编程人员设定在参数 PRM3210 中，进行 O9000 ~ O9999 编辑时，必须在参数 PRM3211 上输入和 PRM3210 相同的值，才允许改变参数 PRM3202.4 的设定值。

3. 超程报警

一般来说，数控机床的直线运动轴都需要安装正/负方向的超程保护开关，进行硬件超程保护，这样，即使出现 CNC 参数设定错误或其他导致 CNC 的软件限位保护失效原因，坐标轴仍然可通过硬件保护开关停止。

当机床硬件超程保护开关动作时，CNC 将显示 OT0506（正向硬件超极限）、OT0507（负向硬件超极限）报警，如 CNC 为自动运行模式，所有的坐标轴都将停止运动；如果 CNC 为手动操作模式，发生报警的坐标轴停止运动。

FS - 0iD 发生硬件超程报警的原因如下：

1）机床参考点或软件限位参数设定错误，导致坐标轴在软件限位保护失效的情况下到达了硬件极限位置。

2）手动回参考点时，回参考点的起始位置选择不当，导致了坐标轴的超程。

3）未进行手动回参考点操作，导致坐标轴在无软件限位保护的情况下运行，出现了坐标轴的超程。

CNC 发生硬件超程报警时，可通过手动操作反方向退出超程位置，然后利用 MDI 面板上的【RESET】键清除报警。

直线运动轴的软件限位保护可通过 CNC 参数进行设定，软件保护应先于硬件保护动作。当坐标轴到达软件限位位置时，CNC 将显示 OT0500（正向软件限位）、OT0501（负向软件限位）

报警。软件限位报警时，如果 CNC 处于自动运行模式，所有的坐标轴都将停止运动；如果处于在手动操作模式，发生报警的坐标轴停止运动。

软件限位报警一般是由于参数设定错误或回参考点起始位置选择不当所引起的，软件限位报警同样可通过手动操作反方向退出超程位置，然后利用 MDI 面板上的【RESET】键清除报警。

4. 急停报警

在数控机床特别是高速数控机床上，坐标轴的超程可能直接导致机床机械部件的损坏，甚至危及操作者安全，因此，坐标轴除了需要有软件限位、硬件限位保护外，还需要有超程急停的紧急分断电路，以保证坐标轴越过软件、硬件限位时，控制系统能够通过紧急分断电路，直接切断驱动器主电源，强制关闭驱动器、紧急制动电动机。

超程急停一般由电气控制系统的紧急分断电路实现，由于它将直接切断驱动器主电源，故 CNC 将进入急停状态，并显示“未准备好（NOT READY）”报警。

发生超程急停报警时，正确的处理方法应是在切断机床电源的情况下，通过纯机械手动操作，使坐标轴退出保护区，然后彻底查明故障原因、消除安全隐患后，重新启动机床。超程急停属于严重故障，除非万不得已，否则，应禁止通过短接紧急分断安全电路、取消超程开关等非正常手段，进行机床的重新启动；更不允许通过伺服电动机的强制运动，使坐标轴退出保护区域。

9.3.2 回参考点报警

1. 回参考点基本要求

在使用增量式编码器的机床上，CNC 开机后必须通过手动回参考点操作建立起机床坐标系。虽然，FS－0iD 可根据需要选择多种回参考点方式，但是，减速开关回参考点是数控机床传统的、也是最常用的回参考点方式。减速开关回参考点的基本要求如下，如果回参考点条件不满足，CNC 将产生 PS0090 报警。

1）回参考点开始时的坐标轴位置必须正确。减速开关回参考点的运动方向由 CNC 参数 PRM1006.5 设定，因此，为了保证回参考点时能够正常执行减速动作，在执行手动回参考点操作前，必须保证减速开关处于回参考点的运动方向上。

2）参考点减速的行程必须足够。在回参考点减速区内，应保证坐标轴的运动速度能够从回参考点开始时的快速，减速到 CNC 参数 PRM1425 所设定的参考点减速速度；并保证减速区内 CNC 至少能够检测到 1 个编码器的零脉冲输入。

3）编码器的零脉冲信号必须可靠。编码器不良、编码器电源电压过低、反馈电缆连接不良、电缆屏蔽和接地不良等都可能导致零脉冲信号的不良，影响参考点定位。

4）CNC 检测到零脉冲后，必须有足够的定位距离，以保证参考点定位的正确。FS－0iD 减速开关回参考点时，要求在检测到零脉冲时，坐标轴的位置跟随误差必须大于 CNC 参数 PRM1836 设定的值（通常为 128μm）。

2. 回参考点动作确认

根据 FS－0iD 的要求，采用减速开关回参考点的机床，正确的手动回参考点动作如图 9.3-1 所示，其动作过程如下。

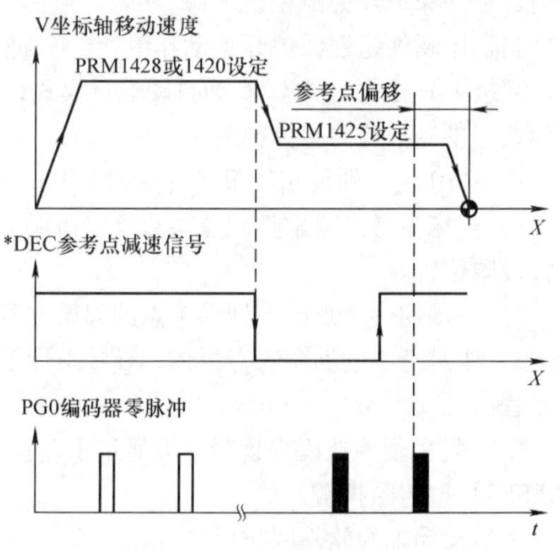

图 9.3-1 手动回参考点动作过程

1）将坐标轴手动移动到正确的回参考点起始位置，保证减速开关处于回参考点的运动方向上。

2）在选择手动连续进给（JOG）操作方式下，失效回参考点操作。

3）按坐标轴的手动方向键，坐标轴以 CNC 参数 PRM1428（或 PRM1420）设定的回参考点快速、向参数 PRM1006.5 设定的方向快速移动。

4）压上参考点减速挡块，参考点减速信号 *DECn 生效，坐标轴减速至参数 PRM1425 设定的参考点减速速度，继续向回参考点方向移动，并检测零脉冲。

5）参考点减速挡块放开，*DECn 信号恢复，坐标轴继续以参考点减速速度运动。

6）编码器的零脉冲再次被检测，如参考点偏移量设定为0，坐标轴停止运动；如参考点偏移设定不为0，坐标轴继续移动参考点偏移量后停止。

7）CNC 输出参考点到达信号，回参考点运动结束。

3. 基本检查

FS-0iD 出现手动回参考点不能进行或 PS0090 回参考点报警时，需要通过 PMC 的 I/O 状态监控，检查和确认表9.3-2 所示的 PMC 信号。

表9.3-2 回参考点信号一览表

信号名称	代号	PMC 地址	信号状态
操作方式选择	MD1/2/4	G043.0～G043.2	必须为101
回参考点选择	ZRN	G043.7	必须为1
回参考点方式有效	MREF	F004.5	必须为1
回参考点启动键	+Jn/-Jn	G100.0～G100.4/G102.0～G102.4	指定轴/方向为1
参考点减速信号	*DECn	X0009.0～X0009.4	按图9.3-1 要求变化

检测到零脉冲时的位置跟随误差与坐标轴位置环增益、回参考点减速速度等有关，其计算式为：

$$e_{ss} = \frac{16.67 \times F}{K_v}$$

式中 e_{ss}——位置跟随误差（μm）；

F——CNC 参数 PRM1425 设定的回参考点减速速度（mm/min）；

K_v——CNC 参数 PRM1825 设定的坐标轴位置环增益。

利用上式计算得到的位置跟随误差 e_{ss}，应大于 CNC 参数 PRM1836 设定值（128μm），否则，需要重新设定正确的回参考点减速速度或位置环增益参数。

4. PS0090 报警处理

FS-0iD 发生 PS0090 报警的主要原因、检查步骤及措施见表9.3-3。

表9.3-3 PS0090 报警处理一览表

项目	故障原因	检查步骤	措施
1	位置跟随误差过小	在相同条件下，再次执行手动回参考点操作，并通过 CNC 诊断参数 DGN0300 检查实际位置跟随误差	1. 参考点减速前，DGN0300 小于 128μm，进行第2项 2. 参考点减速后，DGN0300 小于 128μm，进行第6项 3. DGN0300 大于 128μm，进行第8项

（续）

项目	故障原因	检 查 步 骤	措　　施
2	快进速度设定过低	检查 CNC 参数 PRM1420 或 PRM1428 的设定	设定正确的快进速度参数
3	位置环增益过大	检查 CNC 参数 PRM1825 的设定	设定正确的位置环增益，保证位置跟随误差计算值大于 128μm
4	伺服参数设定错误	检查柔性齿轮比、速度反馈脉冲数、位置反馈脉冲数、参考计数器容量等参数设定	设定正确的参数
5	快速倍率信号错误	检查快速倍率开关的位置和倍率设定参数	保证以下 PMC 信号与参数正确： 快速倍率 ROV1/ ROV2：G0014.0/ G0014.1 PRM1421：倍率为 F0 时的快进速度
6	参考点减速信号或减速速度设定错误	检查参考点减速信号状态，确认减速速度设定	1. 确认减速信号 X0009.0 ~ X0009.4 正常 2. 检查参数 PRM1425、PRM1825 的设定，保证位置跟随误差计算值大于 128μm
7	外部减速信号错误	检查外部减速信号的状态	检查回参考点时信号 G0118.0 ~ G0118.4、G0120.0 ~ G0120.4 的状态
8	起始位置选择不当	检查回参考点起始位置	保证回参考点起始位置正确
9	减速行程不足	检查减速挡块长度	保证参考点减速行程大于电动机 2 转移动量
10	零脉冲不良	利用示波器测量电动机侧的编码器零脉冲信号	1. 零脉冲信号正常，进入 11 项 2. 零脉冲信号不良，进入 15 项
11	编码器电源电压过低	确认编码器输入电源电压大于 4.75V	检查电源连接、增加电源连接线，确保编码器的 DC5V 输入电压大于 4.75V
12	伺服参数设定错误	检查柔性齿轮比、速度反馈脉冲数、位置反馈脉冲数、参考计数器容量等参数设定	设定正确的参数
13	CNC 轴卡不良	确认驱动系统正常	更换 CNC 轴卡
14	CNC 主板不良	确认驱动系统、轴卡正常	更换 CNC 主板
15	零脉冲干扰	检查屏蔽、接地连接	进行正确的屏蔽与接地
16	编码器不良	确认连接正确	更换脉冲编码器

5. 参考点定位不准的处理

FS－0iD 的手动回参考点，除了以上回参考点动作不能正常执行的报警外，在实际数控机床上，还经常出现手动回参考点动作正常、但参考点定位位置不正确，从而导致机床运动或零件加工出错的常见故障。其中，参考点位置发生整螺距的偏离、参考点位置偶然发生偏离、参考点位置出现微小偏离，是数控机床实际使用过程最常见的故障，维修时需要根据实际故障现象，按以下方法进行故障的分析与处理。

（1）参考点出现整螺距的偏离

参考点位置出现整螺距偏离的常见原因是：机床手动回参考点时，减速开关放开点位置正好处于编码器零脉冲的附近，这样，只要减速开关放开的动作稍有延时，就将导致了第 1 个零脉冲的遗留，从而使得参考点位置后移一个螺距。此外，减速挡块固定不可靠、长度不足、参考计数器容量及位置编码器脉冲数等参数的设定错误，有时也会导致本故障。故障的检查与处理方法见表 9. 3-4。

表 9. 3-4　参考点整螺距偏离的故障分析与处理表

项目	故障原因	检 查 步 骤	措　施
1	减速挡块位置调整不当	1. 记录参考点坐标值，选择 JOG 或手轮操作 2. 将坐标轴从回参考点的反方向、慢速退出；并通过 PMC 的 I/O 信号监控，观察参考点减速信号状态 3. 当参考点减速信号状态变化时，立即停止坐标轴运动，该点即为回参考点减速挡块放开的位置 4. 根据 CNC 的位置显示，计算出从参考点到减速挡块放开点的距离	1. 调整减速挡块位置，使减速挡块放开点与参考点的距离在电动机每转移动量的 1/2 左右 2. 固定参考点减速挡块 3. 如需要，可进行多次调整，以满足以上要求
2	减速信号不良	1. 检查参考点减速挡块固定是否可靠 2. 检查参考点减速挡块上是否有铁屑等 3. 检查参考点减速开关动作是否可靠	保证减速信号正常
3	减速挡块长度不足	1. 记录参考点坐标值，选择 JOG 或手轮操作 2. 在参考点附近，手动慢速移动坐标轴，并通过 PMC 的 I/O 信号监控，观察参考点减速信号状态 3. 根据 CNC 的位置显示，计算参考点减速信号状态变化到信号恢复的移动距离	参考点减速挡块的长度应为电动机每转移动量的 3 ~4 倍，必要时更换参考点减速挡块
4	伺服参数设定错误	检查柔性齿轮比、速度反馈脉冲数、位置反馈脉冲数、参考计数器容量等参数设定	设定正确的参数

（2）参考点位置出现偶然偏离

手动回参考点时，偶然出现停止位置少量偏移的故障，大都是由于零脉冲干扰、联轴器或同步带打滑等原因所引起；如果停止位置出现整螺距偏移，则故障原因和处理方法同（1）。本故障可按表 9. 3-5 进行分析与处理。

表 9. 3-5　参考点位置偶然偏离的故障分析与处理表

项目	故障原因	检 查 步 骤	措　施
1	零脉冲信号干扰	检查反馈电缆是否为双绞屏蔽线、屏蔽连接是否正确、接地是否良好、电缆布置是否合理等	按照规定使用和连接反馈电缆
2	编码器 DC5V 电压太低	测量电动机侧的编码器 DC5V 电源电压，电压应大于 4. 75V	增加电源连接线，保证编码器 DC5V 电源电压大于 4. 75V
3	电动机和丝杠连接不良	在电动机轴、丝杠上做上标记，正反向快速移动坐标轴多次，检查联轴器、同步皮带是否存在打滑	可靠连接联轴器、同步皮带
4	编码器不良	用示波器检查编码器的输出脉冲，确认反馈信号输出正常	更换编码器

（续）

项目	故障原因	检 查 步 骤	措 施
5	减速挡块位置调整不当	同“参考点出现整螺距的偏离”故障，检查减速开关放开位置	调整减速挡块位置，使减速挡块放开点与参考点的距离在电动机每转移动量的1/2左右
6	减速信号不良	1. 检查参考点减速挡块固定是否可靠； 2. 检查减速挡块上是否有铁屑等； 3. 检查参考点减速开关动作是否可靠	保证减速信号正常
7	伺服参数设定错误	检查柔性齿轮比、速度反馈脉冲数、位置反馈脉冲数、参考计数器容量等参数设定	设定正确的参数
8	CNC不良	检查CNC的轴卡、主板	必要时更换轴卡、主板

（3）参考点位置发生微小偏离

手动回参考点时，发生参考点停止位置微小偏离的故障，大多是由于零脉冲干扰、联轴器或同步带打滑等原因引起，故障可以按表9.3-6进行分析与处理。

表9.3-6 参考点微小偏离的故障分析与处理表

项目	故障原因	检 查 步 骤	措 施
1	零脉冲信号干扰	检查反馈电缆是否为双绞屏蔽线、屏蔽连接是否正确、接地是否良好、电缆布置是否合理等	按照规定使用和连接反馈电缆
2	DC5V电压波动	检查CNC输入电压，确认输入电压符合CNC的要求	确保输入电压正确
3	机械传动机构不良	检查电动机与丝杆、同步带轮、同步带及工作台的机械连接	调整机械传动机构
4	伺服参数设定错误	检查柔性齿轮比、速度反馈脉冲数、位置反馈脉冲数、参考计数器容量等参数设定	设定正确的参数
5	CNC不良	检查CNC的轴卡、主板	必要时更换轴卡、主板

9.4 驱动器报警及处理

9.4.1 编码器与通信报警

FS－0iD是采用了网络技术的先进系统，驱动器与编码器、驱动器与CNC间都通过网络总线连接，因此，总线连接错误、CNC网络配置错误、编码器或接口电路的故障等，都将导致编码器数据传输或FSSB通信、串行主轴I/O－Link通信的中断，并在CNC上产生报警。

FS－0iD常见的编码器与总线通信报警及一般处理方法如下。

1. 绝对编码器报警

FS－0iD的伺服报警SV0300～0309为绝对编码器（APC）报警，其一般处理方法如下：

1）SV0300：参考点位置出错。在使用绝对编码器的坐标轴上，当参考点建立后，如果电动机、驱动器上的编码器连接电缆插头被错误拔下，将会因为后备电池中断，导致参考点位置的丢失，从而出现SV0300报警。SV0300报警可通过绝对编码器的回参考点操作解除。

如果在SV0300报警的同时，CNC还发生了其他报警，使坐标轴无法进行绝对编码器回参考点操作，此时，应通过设定CNC参数PRM1815.5=0，先取消绝对编码器功能，在排除其他报警后，再进行绝对编码器的回参考点操作。

在采用无减速挡块回参考点的机床上，为了不影响机床原有加工程序的正常执行，并确保原有的CNC参数、机床动作的正确，在回参考点后，必须重新调整参考点偏移，使得新的参考点与原有的参考点位置一致。

2）SV0301~0304：绝对编码器通信出错。出现绝对编码器通信出错报警的原因，多为编码器反馈电缆连接不良，应重点检查驱动器和伺服电动机间的反馈电缆连接，应按照要求使用双绞屏蔽线、进行正确的屏蔽和接地、合理布置电缆等。如果确认编码器存在故障，则需要更换编码器。

3）SV0305~SV0307：绝对编码器位置出错。绝对编码器位置出错的原因，多为后备电池电压不足、连接不良或反馈电缆被错误断开所引起的报警，出现报警时应确认后备电池连接正确、电压正常，必要时需要更换绝对编码器的后备电池。故障排除后，还应该按照SV0300报警处理同样的方法，重新进行绝对编码器的回参考点操作、调整参考点偏移，使得新的参考点与原有的参考点位置一致。

2. 串行编码器报警

FS-0iD的伺服报警SV0360~0387为串行编码器报警，其一般处理方法如下：

1）SV0360~0369：串行编码器通信错误。出现串行编码器通信出错报警的原因，除了编码器本身不良外，多为编码器反馈电缆连接不良而出现的报警，应仔细检查驱动器到伺服电动机的反馈电缆连接，并按要求使用双绞屏蔽线、进行正确的屏蔽和接地、合理布置电缆等。

2）SV0380~0389：分离型检测单元通信错误。报警仅在使用分离型检测单元的全闭环系统上出现，发生报警时应首先确认光栅的型号、规格是否符合要求，CNC的FSSB网络配置参数设定正确。如果光栅、编码器等检测装置器本身故障的原因被排除，则应重点检查检测装置和分离型检测单元间的连接电缆，并按要求使用双绞屏蔽线、进行正确的屏蔽和接地、合理布置电缆等。此外，分离型检测单元和CNC间的FSSB光缆连接不良，也是导致分离型检测单元通信报警的常见原因。

3. FSSB通信和配置报警

在FS-0iD上，伺服驱动器和CNC的连接使用的是FSSB总线，两者的数据传输通过FSSB光缆总线进行，CNC正常工作时，CNC和驱动器间需要通过通信应答，确认数据能够正确发送与接收。

如果CNC与伺服驱动器间的FSSB通信无法正常进行，CNC显示SV0460（FSSB通信中断）报警；如CNC（主站）所发送的数据在驱动器上不能正常接收，则CNC将显示SV0462（CNC数据传送错误）报警；反之，当驱动器（从站）发送的数据在CNC上不能正常接收时，则CNC将发出SV0463（送从属器数据失败）报警。

FSSB总线通信出错多与FSSB光缆的连接有关，当光缆连接错误或由于扭曲等原因影响数据正常传输时，将发生通信报警。如果光缆连接无误，但故障依然存在，则通常需要更换驱动器控制板或CNC轴卡。

SV1067/5134/5136/5137/5139为FSSB网络配置错误报警，故障通常与FSSB网络配置参数的设定有关。

SV1067为FSSB网络配置参数出错报警；SV5136、SV5137为实际安装的驱动器（FSSB从站）数量与控制轴数、FSSB 网络设定不符报警，需要重新配置驱动器或者改变轴数量；SV5134 为 FSSB 网络初始化出错报警；SV5139 为 FSSB 网络初始化不能正常完成报警；SV5197 为通信超时（开机超时）报警。

CNC 与驱动器之间建立 FSSB 通信的步骤如下：

1）CNC 进行驱动器的初始化；

2）驱动器初始化完成后返回“初始化完成”信号；

3）CNC 进入通信中断（ITP 中断）状态；

4）CNC 等待驱动器返回 FSSB 总线准备好信号；

5）CNC 检测 FSSB 总线从站配置信息；

6）如果 FSSB 总线配置正确时，CNC 与驱动器开始建立 FSSB 通信；

7）驱动器再次返回 FSSB 通信准备好信号，FSSB 网络通信开始。

当进入到第 4 步时，驱动器没有在规定时间内返回 FSSB 总线准备好信号，CNC 发出 PS5134 报警；当进入到第 5 步，CNC 检测到 FSSB 总线配置出错，CNC 发出 PS5137 报警；当进入到第 6 步，如果 FSSB 通信建立不能在规定时间内完成，CNC 发出 PS5197 报警。

FSSB 网络配置错误报警一般在调试时发生，故障通常可以通过正确的 FSSB 网络配置操作解决，有关内容可参见本书第 4 章。

4. 串行主轴报警

串行主轴报警 SP1225 ~ 1229、SP1245/1246/1247、SP1976 ~ 1987 等诸多报警多与 CNC 与串行主轴间的 I/O - Link 总线通信有关。发生以上主轴报警时，通常在驱动器的主轴模块上可以显示 24、A、A1、A2 及 C0、C1、C2 等报警。

串行主轴通信报警一般都是由于 CNC 与主轴驱动间的 I/O - Link 总线电缆、JA7A 连接不良等因素有关，故障常见的原因如下：

1）I/O - Link 总线电缆 JA7A 连接不良，导致数据传输不能正常进行，此时，驱动器的主轴模块将显示报警 24。

2）主轴模块的 ROM 故障，使得主轴模块与 CNC 之间的总线通信无法正常建立，此时，主轴模块一般可显示报警 A、A1、A2。

3）主轴模块的串行通信接口电路或 CNC 的串行主轴通信接口电路硬件故障，使得主轴模块与 CNC 之间的总线通信无法正常建立，此时，驱动器的主轴模块一般可显示报警 C0、C1、C2。

对于原因 1），除需要检查 JA7A 的连接线外，还需要注意电缆线的规格（应使用双绞屏蔽线）、屏蔽与接地连接、电缆线的布置等多方面容易引起干扰的情况。对于原因 2）和 3），一般需要更换主轴模块控制板或 CNC 主板。

9.4.2　伺服驱动系统报警

伺服驱动系统报警是数控机床最常见的报警，其原因既有驱动器、电动机本身的问题，也可能为伺服参数设定或调整不当、切削加工过载、机械传动系统故障等所致，因此，出现伺服驱动系统报警时，需要根据故障现象，结合 CNC 显示、CNC 诊断参数和驱动器状态指示，仔细检查和分析原因，确认故障部位并进行相关处理。FS - 0iD 常见的伺服驱动系统报警及一般处理方法如下。

1. SV0401 报警

伺服报警 SV0401 为驱动器未准备好报警，当 CNC 位置控制系统正常，但驱动器输出到 CNC 的驱动器准备好信号 VRDY 为 0 时，CNC 将显示该报警。

驱动器准备好信号 VRDY 为 0 的原因很多，只要驱动器发生故障、主电源被断开，VRDY 信号都将成为“0”。因此，当 CNC 出现 SV0401 报警时，应首先排除其他报警，然后再进行 SV0401 的处理。一般而言，如果驱动器本身无故障，当其他报警排除后，通过重启驱动器，SV0401 报警也将自动取消。

伺服驱动器的报警可通过 CNC 诊断参数 DGN0200 检查原因，DGN0200 对应位为“1”所代表的含义见表 9.4-1。

表 9.4-1 诊断参数 DGN0200 的含义表

诊断参数	位（bit）	代号	作用与意义
DGN 0200	7	OVL	驱动器过载
	6	LV	驱动器输入电压过低
	5	OVC	驱动器过电流
	4	HCA	驱动器电流异常
	3	HVA	驱动器过电压
	2	DCA	驱动器放电回路故障
	1	FBA	编码器连接不良
	0	OFA	计数器溢出

如驱动器无其他报警，原则上只要接通驱动器主电源，准备好信号 VRDY 即为 1，因而，如果驱动器只有 SV0401 报警，应进行的检查如下：

1）确认驱动器的主电源、控制电源的电压与连接正确。

2）确认驱动器电源模块的急停输入信号已解除。

3）确认驱动器的主电源已经接通，电源模块已正常工作。

4）确认驱动器电源模块、伺服模块无报警等。

驱动器未准备好的原因，还可通过 CNC 诊断参数 DGN0358 检查，DGN0358 对应位为“1”所代表的含义见表 9.4-2。

表 9.4-2 诊断参数 DGN0358 的含义表

诊断参数	位（bit）	代号	作用与意义
DGN0358（1 字）	14	SRDY	驱动器软件准备好信号
	13	VRDY	驱动器硬件准备好
	12	INTL	驱动器直流母线（DB）准备好
	10	CRDY	驱动器转换电路准备好
	6	*ESP	驱动的 CX4 急停信号输入状态

当以上检查无误后，如故障仍然存在，则需要更换驱动器控制板或 CNC 的轴卡。

2. SV0404 报警

伺服报警 SV0404 为驱动器准备好信号 VRDY 不能按照要求正常断开的报警。例如，当驱动器主电源尚未接通或主接触器输出触点已断开的情况下，如驱动器准备好信号 VRDY 仍然为“1”，CNC 将发生该报警。

SV0404 报警多与外部器件或外部电路故障有关。如主接触器发生触头熔焊而无法断开，驱动器主电源通断未使用驱动器主接触器控制信号控制等。

必须注意的是：数控机床电气控制系统设计时，需要保证驱动器的主电源接通只能在 CNC 位置控制正常工作后才能加入，否则，就可能导致驱动系统的位置环成为开环工作状态，而导致坐标轴的失控，因此，机床电气控制系统设计和维修时，必须将驱动器的主接触器控制信号串联到主接触器控制回路中，以避免发生 SV0404 报警。

如果以上检查无误，而故障仍然存在，则可能是驱动器控制板或 CNC 轴卡接口电路故障，需要更换控制板或 CNC 轴卡。

3. SV0410/SV0411 报警

伺服报警 SV0410 和 SV0411 为位置跟随误差超差报警，前者在坐标轴运动停止时发生，后者在坐标轴运动时发生。闭环控制系统的输出变化总是滞后于指令变化，故数控机床坐标轴的运动和 CNC 指令输出间必然存在位置跟随误差。位置跟随误差过大不但会影响系统的响应速度，而且还会导致轮廓加工的误差，因此，CNC 需要对其监控。

在 FS－0iD 上，CNC 参数 PRM1829 可设定坐标轴停止时所允许的最大位置跟随误差值。当坐标轴处于静止状态或完成定位后，如受到机械撞击、重力平衡系统故障等外力的作用，就可能导致停止位置偏离 CNC 指令位置而产生跟随误差。当坐标轴停止时，如果位置跟随误差超过参数 PRM1829 设定的监控值，CNC 将发生 SV0410 报警。

CNC 参数 PRM1828 可设定坐标轴移动时所允许的最大位置跟随误差值。当坐标轴运动时，如果出现机械传动系统故障、制动器未松开、运动部件存在干涉、切削加工负载过大、加减速时间设定过短、驱动系统加减速转矩不足等情况，都可能导致坐标轴运动时的位置跟随误差超过参数 PRM1828 设定的监控值，使 CNC 产生 SV0411 报警。

位置跟随超差报警是数控机床最常见的报警，它可能在 CNC 开机、手动移动坐标轴、坐标轴快速定位、切削加工等情况下发生，故障原因很多。此外，如果驱动器发生了反馈电缆连接故障、电动机相序连接错误、电枢连接断线、电动机绕组短路、驱动器不良、编码器不良等故障，CNC 也将发生 SV0410、SV0411 报警，因此，维修时应仔细分析故障原因，并进行相关处理。

FS－0iD 发生伺服报警 SV0410、SV0411 的常见原因、检查步骤及故障处理方法见表 9.4-3。

表 9.4-3 SV0410/0411 报警的分析与处理表

项目	故障原因	检查步骤	处理方法
1	参数设定不当	检查参数 PRM1825、PRM1420、PRM1829、PRM1828 等的设定	设定正确的 CNC 参数，如提高位置环增益、降低快速或增加位置跟随允差等
2	连接不良	检查电动机动力线、反馈线连接	确保电动机相序正确、反馈电缆连接良好
3	机械负载过大	检查机械传动系统及负载	1. 确认制动器、重力平衡系统工作正常 2. 保证导轨润滑良好，防护罩等部件无干涉，机械传动系统无故障 3. 减轻负载，改善工作条件
4	切削力过大	检查切削加工情况	改变切削参数，减轻切削负载
5	加减速转矩不足或负载过大	1. 检查机械传动系统 2. 检查伺服电动机加减速转矩 3. 检查 CNC 参数设定	1. 检查机械传动系统，减轻负载 2. 延长加减速时间或改变加减速方式 3. 降低快速运动速度
6	输入电压过低	检查主电源电压和输入连接	保证输入电压正确
7	电动机不良	检查电动机是否存在局部短路	更换、维修电动机
8	驱动器不良	检查驱动器是否存在报警	排除驱动器故障

4. SV0417报警

伺服报警SV0417是伺服系统参数设定错误报警，故障通常发生于机床调试阶段或更换驱动器后。CNC的伺服参数较多，对于重要的参数，可通过CNC诊断参数DGN0280进行检查，DGN0280对应位为“1”所代表的含义见表9.4-4。

表9.4-4　诊断参数DGN0280的含义表

诊断参数	位（bit）	代号	作用与意义
DGN0280	4	DIR	电动机转向设定错误（PRM2022）
	3	PLS	电动机每转反馈脉冲数设定错误（PRM2024）
	2	PLC	电动机速度反馈脉冲数设定错误（PRM2023）
	0	MOT	电动机代码设定错误（PRM2020）

对于其他参数的错误，发生报警时可直接通过驱动器的伺服设定引导操作，重新装载伺服参数予以排除。有关伺服设定引导操作的方法，可参见本书第5章5.1节所述。

5. SV0430报警

伺服报警SV0430是CNC检测到电动机过热信号所引起的报警，电动机的实际温度可通过CNC诊断参数DGN0308、DGN0309监控。伺服电动机过热一般是因为环境温度过高、长时间过载、制动器干涉等原因所引起，故障的检查及处理方法见表9.4-5。

表9.4-5　SV0430报警的分析与处理表

项目	故障原因	检查步骤	处理方法
1	电动机长时间过载或加减速过于频繁	1. 检查电动机外表温度 2. 利用CNC诊断参数DGN0308、DGN0309检查电动机检测温度	1. 减轻切削负载，改善工作条件 2. 确认机械传动系统无故障 3. 清理电动机表面，保证散热良好 4. 确认环境温度符合规定要求
2	参数设定不当	检查参数位置环增益、速度环增益、积分时间等参数的设定	设定正确的CNC参数，如降低位置环、速度增益等
3	制动器或重力平衡系统不良	1. 对制动器进行独立试验，确认制动器能够完全松开 2. 检查重力平衡系统工作正常	1. 维修或更换制动器 2. 确保重力平衡系统工作正常
4	机械传动系统故障	检查机械传动和润滑系统	1. 确认机械传动系统无故障、防护罩等部件无干涉 2. 确认导轨润滑良好
5	电动机输出转矩不足	检查电动机实际工作电流	1. 改善工作条件，减轻负载 2. 必要时更换电动机和驱动器
6	电动机绝缘不良或短路	检查电枢绕组、连接线的绝缘	重新连接或更换、维修电动机
7	风机不良	检查风机、滤网	更换风机，清洁滤网
8	电动机温度传感器不良或连接不良	1. 检查温度传感器连接 2. 测量温度传感器在正常情况下的电阻	1. 确保连接正确 2. 必要时更换温度传感器

9.5 故障综合分析与处理

9.5.1 手动操作不能进行

手动连续进给（JOG）、手轮进给（HND）、增量进给（INC）是 FS－0iD 最基本的操作，如果坐标轴无法在手动操作方式下运动，手动回参考点、程序自动运行等其他操作也将不能进行。

当 FS－0iD 选择手动操作方式后，如果 CNC 无报警，但机床不能产生实际运动，应首先参照本书第 5 章，检查坐标轴运动的基本条件、PMC 控制信号及 CNC 参数设定，以满足坐标轴手动运行的外部条件，在此基础上，可以根据不同的操作方式，进行如下检查。

1. JOG 操作

当 FS－0iD 选择 JOG 操作方式后，按下对应轴的方向键，坐标轴不能正常运动，可按表 9.5-1 进行逐项检查，综合分析故障原因并进行相关处理。

表 9.5-1 JOG 操作不能进行的故障分析与处理表

项目	故障原因	检查步骤	处理方法
1	故障分析	检查 CNC 位置显示和机床的实际运动	1. 显示变化、机床不动，进行第 2 项 2. 显示无变化，进行第 5 项
2	机床锁住	确认机床锁住信号 MLK（G0044.1）和坐标轴锁住信号 MLKn（G0108.0～G0108.3）的输入状态为 0	解除机床锁住信号
3	伺服关闭	确认伺服关闭 SVF1～4（G0126.0～G0126.3）的输入状态为 0	解除伺服断开信号
4	机械传动系统连接不良	检查电动机与联轴器、同步带轮、丝杠，丝杠与工作台间的机械传动系统连接	保证机械传动系统连接可靠
5	轴互锁	1. 确认机床互锁信号 *IT（G008.0）状态为 1 2. 确认坐标轴独立互锁信号 *ITn（G0130.0～G0130.3）的输入状态为 1 3. 确认轴指定方向互锁信号 ±MITn 的状态为 0（G0132.0 ～ G0132.3/G0134.0 ～ G0134. 或 X0004.2～X0004.5/X0013.2～X0013.5）	解除互锁信号
6	操作方式错误	确认 CNC 的操作方式选择信号 MD4/2/1（G0043.2～G0043.0）输入状态为 101（JOG）	生效 JOG 操作
7	方向未选择	1. 确认坐标轴运动方向信号 +Jn/－Jn（G0100.0～G0100.3/G0102.0～G0102.3）中，对应坐标轴的方向信号状态为 1 2. 确认运动方向信号 +Jn/－Jn 是在 JOG 方式选择后才成为 1 状态	生效运动方向键
8	速度为 0	1. 检查 CNC 参数 PRM1423 的设定不为 0 2. 确认 CNC 的手动进给倍率信号 *JV0～*JV15（G0010/G0011）的输入状态不为 0000 0000 或 1111 1111	1. 修改 CNC 参数 2. 保证手动进给速度倍率不为 0

（续）

项目	故障原因	检 查 步 骤	处 理 方 法
9	外部复位	确认输入信号 ERS/RRW（G0008.7/G0008.6）的输入状态不为 1	取消外部复位
10	CNC 复位	确认 CNC 的复位状态输出信号 RST（F0001.1）的状态为 0	取消 CNC 复位
11	CNC 不良	检查 CNC 轴卡和主板	更换 CNC 轴卡或主板

2. 手轮操作

当 FS－0iD 在手轮操作方式下，无法通过手轮移动坐标轴时，可以按表 9.5-2 进行故障的综合分析与处理。

表 9.5-2　手轮操作不能进行的故障分析与处理表

项目	故障原因	检 查 步 骤	处 理 方 法
1～5	同 JOG 操作	同 JOG 操作	同 JOG 操作
6	手轮功能未选择	1. 确认 CNC 参数 PRM8131.0 的设定为 1 2. 确认 CNC 参数 PRM7110 的设定不为 0	修改参数
7	操作方式错误	确认 CNC 的操作方式选择信号 MD4/2/1（G0043.2～G0043.0）的输入状态为 100（HND/INC）	生效 HND/INC 操作
8	手轮轴未选定	确认手轮进给轴选择信号 HSn（G0018/G0019）的对应轴输入状态为 1	选择手轮进给轴
9	移动量未指定	1. 检查手轮每格移动量选择信号 MP1/MP2（G0019.4/G0019.5）的输入状态 2. 检查 CNC 参数 PRM7113/PRM7114 的每格移动量设定	指定手轮每格移动量
10	外部复位	确认输入信号 ERS/RRW（G0008.7/G0008.6）的输入状态不为 1	取消外部复位
11	CNC 复位	确认 CNC 的复位输出信号 RST（F0001.1）的状态为 0	取消 CNC 复位
12	手轮连接不良	确认手轮与 I/O 单元的连接	按要求连接手轮
13	手轮不良	检查手轮脉冲信号的输出	更换手轮
14	CNC 不良	检查 CNC 主板和 I/O 模块	更换主板或 I/O 模块

3. 增量进给

当 FS－0iD 在增量进给 INC 操作方式下，按下对应轴的方向键，坐标轴不能正常运动，可按表 9.5-3 进行故障的综合分析与处理。

表 9.5-3　INC 操作不能进行的故障分析与处理表

项目	故障原因	检 查 步 骤	处 理 方 法
1～5	同 JOG 操作	同 JOG 操作	同 JOG 操作
6	操作方式错误	确认 CNC 的操作方式选择信号 MD4/2/1（G0043.2～G0043.0）输入状态为 100（HND/INC）	生效 HND/INC 操作

（续）

项目	故障原因	检 查 步 骤	处 理 方 法
7	方向未选择	1. 确认坐标轴运动方向信号＋Jn/－Jn（G0100.0～G0100.3/G0102.0～G0102.3）中，对应坐标轴的方向信号状态为1 2. 确认运动方向信号＋Jn/－Jn是在JOG方式选择后才成为1状态	生效运动方向键
8	增量距离未选择	1. 检查增量进给移动量选择信号MP1/MP2（G0019.4/G0019.5）的输入状态 2. 检查CNC参数PRM7113/PRM7114的移动增量设定	指定增量进给移动量
9	外部复位	确认输入信号ERS/RRW（G0008.7/G0008.6）的输入状态不为1	取消外部复位
10	CNC复位	确认CNC的复位输出信号RST（F0001.1）的状态为0	取消CNC复位
11	CNC不良	检查CNC轴卡和主板	更换CNC轴卡或主板

9.5.2 自动运行不能进行

1. 自动运行不能启动

如果FS－0iD的手动操作全部正常，但自动运行无法正常启动时，应首先参照本书第5章的要求，检查自动运行的基本条件、相关的PMC控制信号及CNC参数设定，以满足自动运行的外部条件。在此基础上，可按表9.5-4进行逐项检查，综合分析故障原因并进行相关处理。

表9.5-4 自动不能进行的故障分析与处理表

项目	故障原因	检 查 步 骤	处 理 方 法
1	故障的分析	检查CNC的循环启动信号STL（F0000.5）的状态	1. 信号STL不为1，进行第2项 2. 信号STL为1，但坐标轴不能运动，进行第5项
2	操作方式错误	确认CNC的操作方式选择信号MD4/2/1（G0043.2～G0043.0）输入状态为000（MDI）或001（MEM/DNC）	生效自动运行操作
3	自动运行未起动	确认CNC的循环起动信号ST（G0007.2）有下降沿输入	生效循环起动信号
4	进给保持	确认CNC的进给保持信号＊SP（G0008.5）的输入状态为1	取消进给保持
5	自动运行未完成	通过诊断参数DGN0000检查确认 1. 进给倍率不为0% 2. 轴互锁信号未接通 3. 坐标轴不在到位检测中 4. 程序暂停指令未生效 5. 辅助功能指令M/S/T已经执行完成 6. 切削进给时主轴转速已经到达 7. CNC的数据输入/输出已经结束	根据DNG0000进行相关处理

（续）

项目	故障原因	检查步骤	处理方法
6	启动互锁	确认 CNC 的启动互锁信号 STLK（G0007.1）的状态为0	取消启动互锁信号
7	切削进给互锁	确认 CNC 的切削进给启动互锁信号 * CSL（G0008.1）的输入状态为1	取消切削进给互锁信号
8	程序段启动禁止	确认 CNC 的程序段启动禁止信号 * BSL（G0008.3）的输入状态为1	取消程序段启动禁止

2. 驱动器过电流

当数控机床自动加工过程中发生驱动器过电流报警，CNC 诊断参数 DGN0200.5 显示 OVC 报警时，故障可能的原因及分析、处理的方法见表9.5-5。

表9.5-5　驱动器过电流的故障分析与处理表

项目	故障原因	检查步骤	处理方法
1	CNC 参数设定错误	检查伺服参数 PRM2040/2041/2042 及 PRM2056/2057 的设定	设定正确的参数
2	过载或控制板不良	检查驱动器实际电流，如输出电流超过电动机额定电流的1.4倍，进行第3项；如小于1.4倍，进行第13项	
3	负载过大或参数设定不合理	检查驱动器过电流时的实际运动状态	在快速运动时出现，进行第4项 在切削加工时出现，进行第5项 在加减速时出现，进行第6项
4	负载过大	1. 确认制动器已可靠松开 2. 确认机械传动系统运动灵活 3. 确认运动润滑系统工作正常 4. 确认重力平衡系统正常 5. 确认运动部件无干涉现象 6. 检查机械传动部件无故障	根据实际检查情况，进行机械部件调整或维修
5	切削参数不合理	检查加工工艺、切削参数和加工程序	改善切削条件
6	加减速设定不合理	检查加减速时间的设定	设定正确的加减速参数
7	运动阻力过大	同第4项	同第4项
9	运动部件质量过大	检查工作台载重	减轻工作台载重
10	电动机不良	检查电动机绕组是否存在短路、局部短路和断相，绝缘是否良好	更换、维修电动机
11	连接不良	检查驱动器和电动机、编码器连接	进行正确的连接
12	驱动器不良	检查驱动器逆变功率管等关键部件	更换驱动器
13	CNC 轴卡不良	检查轴卡	更换轴卡

当驱动器发生的是电流异常报警时，CNC 诊断参数 DGN0200.4 将显示 HCA 报警，故障可能的原因及分析、处理的方法见表9.5-6。

表 9.5-6 驱动器电流异常的故障分析与处理表

项目	故障原因	检 查 步 骤	处 理 方 法
1	CNC 参数设定错误	检查伺服参数 PRM2040/2041/2042 及 PRM2056/2057 的设定	设定正确的参数
2	驱动器输出短路	检查驱动器输出 U/V/W 的对地电阻	短路或有电阻，进行第 3 项 否则，进行第 6 项
3	电动机或线路短路	检查电动机进线 U/V/W 的对地电阻	短路或有电阻，进行第 4 项 否则，见第 5 项
4	电动机绕组短路	检查电动机	维修或者更换电动机
5	线路短路	检查驱动器与电动机间的连接线	重新连接
6	驱动器输出短路	测量驱动器逆变主回路，确认不良部件	维修或者更换驱动器
7	电动机存在局部短路	测量电动机绝缘，确认短路部位	维修或者更换电动机

3. 驱动器电压报警

当数控机床自动加工过程中发生驱动器过电压报警，CNC 诊断参数 DGN0200.3 显示 HVA 报警时，故障可能的原因以及分析、处理的方法见表 9.5-7。

表 9.5-7 驱动器过电压的故障分析与处理表

项目	故障原因	检 查 步 骤	处 理 方 法
1	输入电压过高	测量驱动器输入电压，确认电压值为 AC170～264V	输入电压不正确，进行第 2 项 输入电压正确，进行第 5 项
2	电源电压过高	检查电源变压器输入电压是否过高	输入过高，进行第 3 项 输入正常，进行第 4 项
3	变压器连接错误	检查伺服变压器连接	改变变压器变比
4	伺服变压器不良	检查伺服变压器	变压器更换或维修
5	加减速设定不合理	检查加减速设定参数	设定正确的 CNC 参数
6	重力平衡系统不良	检查重力平衡系统	保证机械平衡系统正常
7	运动部件惯量过大	检查运动部件惯量	减轻载重
8	制动电路不良	检查驱动器制动电路和制动电阻	更换驱动器或制动电阻
9	电动机选择过小	确认电动机输出转矩	更换电动机以及驱动器
11	电动机或驱动器不良	检查电动机与驱动器	更换电动机或驱动器

如果驱动器发生的是直流母线过电压报警，诊断参数 DGN0200.2 显示 DCA 报警，故障可能的原因以及分析、处理的方法见表 9.5-8。

表 9.5-8 直流母线过电压的故障分析与处理表

项目	故障原因	检 查 步 骤	处 理 方 法
1	伺服参数设定不合理	检查伺服参数或进行驱动器初始化	设定正确的参数
2	驱动器制动电路不良	检查驱动器制动电路和制动电阻	更换驱动器或制动电阻
3	加减速过于频繁	检查实际工作状态	减少加减速次数
4	制动电阻过小	检查制动电阻规格	更换制动电阻
5	驱动器不良	检查驱动器	更换驱动器

当驱动器发生的是电压过低报警时，诊断参数 DGN0200.6 将显示 LV 报警，故障可能的原因以及分析、处理的方法见表 9.5-9。

表 9.5-9 驱动器电压过低的故障分析与处理表

项目	故障原因	检查步骤	处理方法
1	主电源断相	检查驱动器的主电源是否存在断相	排除断相原因
2	主电源电压过低	测量驱动器主电源输入电压，确认电压值为 AC170～264V	电压不正确，进行第 3 项 电压正常，进行第 6 项
3	电源电压过低	检查电源变压器输入电压	电压过低，进行第 4 项 电压正常，进行第 5 项
4	变压器连接不正确	检查变压器连接	改变变压器变比
5	变压器不良	检查变压器	更换伺服变压器
6	驱动器不良	检查驱动器	更换驱动器

9.6 系统报警及处理

9.6.1 报警显示与处理

1. 报警显示与原因

当 CNC 发生无法正常显示和运行的系统报警 SYS ALM＊＊＊时，CNC 将出现如图 9.6-1 所示的显示，同时断开驱动器的主电源输入、中断 I/O－Link 的总线通信。

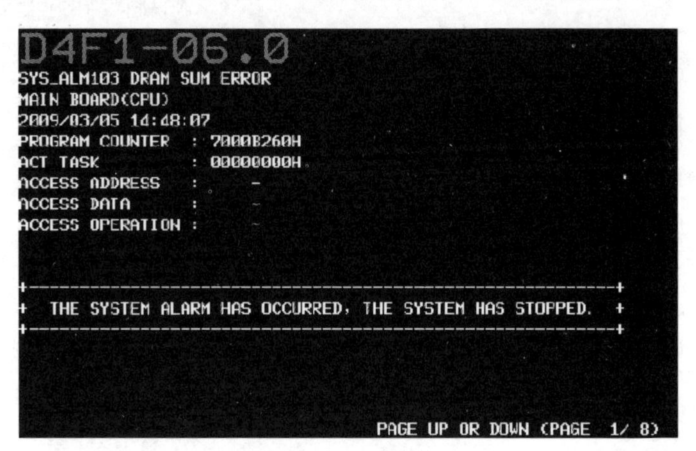

图 9.6-1 系统报警的显示

系统报警的显示可能有多页，显示可通过 MDI 面板的选页键进行切换。当系统报警显示时，如按 MDI 面板的【RESET】，可以使得 CNC 进入 IPL（Information Processing Language）监控操作（见后述）。

FS－0iD 发生系统报警的常见原因有以下 3 种：

1）系统软件出错。例如，CNC 监控软件出错、DRAM 数据校验出错、堆栈溢出、基本数据超过允许范围等。

2）系统硬件故障。例如，DRAM/SRAM/FROM 奇偶校验出错、CNC 内部总线出错、CNC 电源报警、FSSB 通信故障等。

3）其他重要硬件或软件故障。例如，伺服控制软件出错、PMC 控制软件出错、CNC 其他软件出错等。

CNC 系统报警多在以下情况发生：

1）机床的使用环境恶劣。例如，在电网电压不稳定、接地系统不良、CNC 的 DC24V 输入不稳定的情况下使用 CNC。

2）CNC 长时间未使用，导致了后备电池失效，重新更换电池后，在 CNC 首次开机时出现的系统报警。

3）经常有人非法修改系统文件、CNC 参数、PMC 程序等重要数据的培训、学习、实验设备。

4）来自调剂市场的二手设备和转让设备，或非正规机床生产厂家设计、制造的简易机床或实验设备。

5）更换了 CNC 主板、CNC 模块等重要部件后的 CNC 首次开机。

6）正常使用设备的偶发性故障等。

2. 系统报警及处理

FS－0iD 的系统报警包括系统软件、硬件、CNC 电源、FSSB 网络通信、I/O－Link 网络通信等，报警内容与常见原因见表 9.6-1。

表 9.6-1 CNC 系统报警一览表

报警号	报警内容	常见原因
SYS ALM 114	CNC 不能向第 1 轴伺服驱动器发送数据	1. FSSB 总线连接不良 2. CNC 轴卡或伺服控制板不良
SYS ALM 115	CNC 不能向第 1 分离型检测单元发送数据	1. FSSB 总线连接不良 2. 分离型检测单元不良
SYS ALM 116	第 n 轴伺服驱动器不能向第 m 轴伺服驱动器发送数据	1. FSSB 总线连接不良 2. 伺服控制板不良
SYS ALM 117	第 n 轴伺服驱动器不能向第 m 分离型检测单元发送数据	1. FSSB 总线连接不良 2. 伺服控制板或分离型检测单元不良
SYS ALM 118	第 n 分离型检测单元不能向第 m 轴伺服驱动器发送数据	1. FSSB 总线连接不良 2. 伺服控制板或分离型检测单元不良
SYS ALM 119	第 1 分离型检测单元不能向第 2 分离型检测单元发送数据	1. FSSB 总线连接不良 2. 分离型检测单元不良
SYS ALM 120	CNC 不能接收第 1 轴伺服驱动器数据	1. FSSB 总线连接不良 2. CNC 轴卡或伺服控制板不良
SYS ALM 121	CNC 不能接收第 1 分离型检测单元数据	1. FSSB 总线连接不良 2. 分离型检测单元不良
SYS ALM 122	第 n 轴伺服驱动器不能接收第 m 轴伺服驱动器数据	1. FSSB 总线连接不良 2. 伺服控制板不良
SYS ALM 123	第 n 轴伺服驱动器不能接收第 m 分离型检测单元数据	1. FSSB 总线连接不良 2. 伺服控制板或分离型检测单元不良

（续）

报警号	报 警 内 容	常 见 原 因
SYS ALM 124	第 n 分离型检测单元不能接收第 m 轴伺服驱动器数据	1. FSSB 总线连接不良 2. 伺服控制板或分离型检测单元不良
SYS ALM 125	第 1 分离型检测单元不能接收第 2 分离型检测单元数据	1. FSSB 总线连接不良 2. 分离型检测单元不良
SYS ALM 126	第 n 轴伺服驱动器不能发送数据	1. FSSB 总线连接不良 2. 伺服控制板不良
SYS ALM 127	第 n 轴伺服驱动器不能接收数据	
SYS ALM 129	第 n 轴伺服驱动器电源不良	1. 驱动器电源故障 2. 伺服控制板不良
SYS ALM 130	第 n 分离型检测单元电源不良	1. 分离型检测单元电源故障 2. 分离型检测单元不良
SYS ALM 134	CNC 接收到来自第 n 轴伺服的异常数据	1. 系统接地不良或干扰 2. 伺服控制板或轴卡不良
SYS ALM 135	CNC 接收到来自第 n 分离型检测单元的异常数据	1. 系统接地不良或干扰 2. 分离型检测单元不良
SYS ALM 197	PMC 的 I/O－Link 通信出错	1. PMC－CPU 不良 2. PMC－RAM 数据校验错误
SYS ALM 401	外部总线地址非法	CNC 接地不良或外部干扰
SYS ALM 403	总线存取超时	CNC 主板不良或外部干扰
SYS ALM 404	数据 ECC 出错	CNC 接地不良或外部干扰
SYS ALM 500	SRAM 出错	1. FROM/SRAM 模块安装不良 2. FROM/SRAM 模块或 CNC 主板不良
SYS ALM 502	CNC 电源干扰或瞬间中断	1. CNC 电源模块安装不良 2. CNC 电源模块或 CNC 主板不良 3. SRAM 数据出错
SYS ALM 503	CNC 电源异常	

实际维修表明，FANUC－0iD 系列 CNC 的硬件可靠性非常高，因此，CNC 系统故障多属于软件问题，例如，由于 CNC 内部数据的混乱，导致了存储器内部数据的奇偶校验出错等。但是，由于系统故障的确切原因通常很难准确判断，因此，一般无法通过常规的维修方法来排除故障。

当 CNC 出现系统报警时，习惯的做法是直接对 CNC 的存储器进行格式化操作，或者，通过 IPL 监控操作进行存储器清除。在此基础上，再进行 CNC 参数、PMC 程序等系统文件和数据的输入；如果维修者有 CNC 数据备份存储器卡，则可直接通过 FS－0iD 的引导系统操作，重新装载系统文件、CNC 参数、PMC 程序、加工程序等全部数据。通常而言，只要 CNC 的硬件无故障，通过以上操作，就能够排除故障，使 CNC 恢复正常运行。

3. CNC 存储器格式化

CNC 存储器格式化可以排除原因不明的系统报警，但是，这一操作将无条件清除全部 CNC 参数，因此，对于通常的故障维修，不应轻易进行 CNC 存储器格式化操作。在 FS－0iD 上，存储器格式化需同时按住 MDI 面板上的【RESET】和【DELETE】键、并接通 CNC 电源，CNC 启动后将清除存储器的全部数据。

CNC 执行存储器格式化操作后，通常将显示如下报警：

1）SW0100：“PARAMETER WRITE ENABLE”参数写入保护被取消。

2）OT0506：“OVER TRAVEL ＋X（或 Y、Z）”*X*（或 *Y*、*Z*）轴正向超程。

3）OT0507：“OVER TRAVEL －X（或 Y、Z）”*X*（或 *Y*、*Z*）轴负向超程。

4）SV0417：“SERVO ALARM 1（或2、3、4）－TH AXIS PARAMETER INCORRECT”*X*（或 *Y*、*Z*、4）轴参数错误；

5）SV5136：“FSSB：NUMBER OF AMPS IS SMALL”FSSB 从站设定错误。

以上都是存储器数据清除后的正常显示，报警的原因及处理方法如下。

1）SW0100：CNC 参数写入保护取消，报警不需要处理，当 CNC 参数设定完成后，重生效参数保护便可。

2）OT0506/0507：这是由于 PMC 程序被清除，CNC 的正/负向硬件超程信号未能够输入到 CNC 出现的报警，报警只需要重新安装正确的 PMC 程序便可以消除，无需进行其他处理，对于未安装硬件超程保护开关的坐标轴（如回转轴等），只需要将 CNC 参数 PRM3004.5（OTH）设定为“1”，便可取消 CNC 的硬件超程报警。

3）SV0417/5136：可通过正确的 FSSB 设定和伺服设定引导操作清除。

9.6.2 IPL 监控操作

1. IPL 监控操作

FS－0iD 的 IPL（Information Processing Language）监控操作，可以有选择地清除 CNC 存储器数据或向存储器卡输出数据等。IPL 监控是为专业维修人员的特殊操作，一般维修人员原则上不应使用。

IPL 监控操作可在图 9.6-1 所示的 CNC 系统报警显示页面，通过按 MDI 面板的【RESET】键进入；或者，在任何情况下，同时按住 MDI 面板上的“.”和“－”键、直接启动 CNC 电源后进入。IPL 监控操作启动后，LCD 将显示图 9.6-2 所示的 IPL 操作菜单。

图 9.6-2 IPL 操作菜单

IPL 监控操作主菜单在不同版本的 CNC 上有较大的不同，但功能类似，常用的主菜单选项的作用如下：

0. END IPL：结束 IPL；

1. DUMP MEMORY：格式化存储器；

2. DUMP FILE：文件格式化；
3. CLEAR FILE：文件清除；
4. MEMORY CARD UTILITY：存储卡操作；
5. SYSTEM ALARM UTILITY：系统报警；
6. FILE SRAM CHECK UTILITY：SRAM校验；
7. MACRO COMPILER UTILITY：宏编辑；
8. SYSTEM SETTING UTILITY：系统设定；
9. CERTIFICATION UTILITY：验证操作；
11. OPTION RESTORE：选择恢复。

以上选项中，格式化存储器（DUMP MEMORY）、清除文件（CLEAR FILE）和系统报警（SYSTEM ALARM UTILITY）是维修时较为常用的操作，简介如下。

2. 存储器格式化

当CNC显示图9.6-2所示的IPL监控操作主菜单时，按数字键“1”，便可进入存储器格式化子菜单，进行存储器的格式化操作。

存储器格式化的第1级子菜单，用于存储器选择，常用的选项如下：

0. 退出存储器格式化操作（CANCEL）；
1. 格式化全部存储器（ALL MEMORY）；
2. 格式化CNC参数和偏置存储器（PARAMETER AND OFFSET）；
3. 格式化加工程序存储器（ALL PROGRAM）；
5. 格式化PMC存储器（PMC）。

按MDI面板上的数字键，选定需要格式化的存储器后，CNC可显示第2级子菜单。例如，在选择格式化PMC存储器后，可以显示如下选项：

0. 退出格式化操作（CANCEL）；
1. 格式化PMC参数（PARAMETER）；
2. 格式化PMC程序（PROGRAM）等。

操作者可根据需要，选择需要格式化的存储区域。

按MDI面板上的数字键，选定需要格式化的存储区域后，CNC还可显示第3级子菜单。例如，选择PMC → PARAMETER后，将显示如下选项：

0. 退出格式化操作（CANCEL）；
1. 格式化CNC（CNC）；
2. 装载程序（LOADER）等。

3. 文件清除

当CNC显示图9.6-2所示的IPL监控操作主菜单时，按数字键“3”，便可进入文件清除子菜单，有选择地清除CNC的数据文件，它是FS－0iD存储器清除的常用操作。

进入文件清除子菜单后，CNC可以显示文件列表，其常用选项如下：

1. 清除CNC参数（CNC PARA. DAT）；
2. 清除螺距补偿数据（PITCH. DAT）；
5. 清除PMC参数（PMC PARA. DAT）；
6. 清除程序目录（PROG－DIR. DAT）；
7. 清除程序加工程序（PROG. DAT）等。

根据需要，按MDI面板的数字键选定文件后，CNC将显示提示信息“CLEAR FILE OK ?

(NO = 0，YES =1)”。如确认需要进行文件清除，输入“1”，执行清除操作；如需要退出文件清除操作，则输入“0”，结束文件清除操作。

4. 系统报警

当 CNC 显示图 9.6-2 所示的 IPL 监控操作主菜单时，按数字键“5”，便可进入系统报警操作，显示报警详情或报输出警文件等。

进入系统报警操作子菜单后，CNC 可以显示如下常用选项：

0. 结束系统报警操作（END）；

1. 报警详情显示（DISPLAY SYSTEM ALARM）；

2. 报警文件输出（OUTPUT SYSTEM ALARM FILE）。

如果需要将 CNC 的报警文件输出到存储器卡上，可以选择选项 2，此时，LCD 将显示第 2 级子菜单，通过相应选项选择需要输出的报警文件。第 2 级子菜单的选项如下（参见图 9.6-3）：

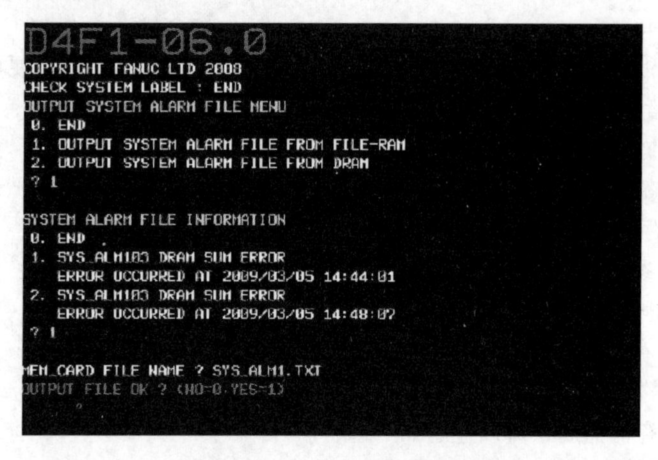

图 9.6-3　报警输出操作

0. 结束报警文件输出操作（END）；

1. 输出报警履历文件（OUTPUT SYSTEM ALARM FILE FROM FILE－RAM）；

2. 输出 DRAM 存储器上的报警（OUTPUT SYSTEM ALARM FILE FROM DRAM）。

如果需要将 CNC 报警履历输出到存储器卡上，可选择选项“1”，此时，LCD 将显示系统的报警履历文件列表（SYSTEM ALARM FILE INFORMATION，参见图 9.6-3）。利用 MDI 面板数字键选定报警文件后，CNC 将提示操作者输入存储器卡文件名“MEM－CARD FILE NAME ?”（参见图 9.6-3），操作者便可输入存储器卡上的文件名（如 SYS. ALM TXT 等），然后，在 CNC 显示图 9.6-3 所示的提示信息“OUTPUT FILE OK?（NO = 0，YES = 1）”后，选择 1，便可执行报警输出。

以上是 FS－0iC/D 常用的 IPL 监控操作，使用时必须注意不同系列、不同版本 CNC 的菜单可能有所区别，操作需要按菜单提示进行，且一般维修人员原则上不应使用。

附　　录

附录 A　FS－0iD 参数总表

附表 A　FS－0iD 参数总表

参数号	代号	参数名称与作用	设定范围	CNC 系列	
				M	T
0000. 0	TVC	数据输入/输出奇偶校验："0" 无效/"1" 有效	0/1	●	●
0000. 1	ISO	数据输入/输出代码："0" EIA/"1" ISO 或 ASCⅡ	0/1	●	●
0000. 2	INI	CNC 输入单位："0" 公制/"1" 英制	0/1	●	●
0000. 6	SEQ	自动程序段号插入："0" 无效/"1" 有效	0/1	●	●
0001. 1	FCV	程序段格式："0" FS－0/"1" FS10/11	0/1	●	●
0002. 7	SJZ	PRM1005. 3＝1 时的手动回参考点操作："0" 参考点已建立时为快速运动/"1" 参考点减速始终有效	0/1	●	●
0010. 0	PZS	程序号 O 的前 0 输出："0" 输出/"1" 省略	0/1	●	●
0010. 1	PRM	数值为 0 的参数输出："0" 输出/"1" 不输出	0/1	●	●
0010. 2	PEC	数值为 0 的螺补输出："0" 输出/"1" 不输出	0/1	●	●
0012. 0	MIRn	坐标轴镜像加工："0" 关闭/"1" 开启	0/1	●	●
0012. 7	RMVn	PRM1005. 7＝1 时的轴脱开："0" 无效/"1" 脱开	0/1	●	●
0020	—	数据输入/输出设备选择，或前台输入设备选择	0～9	●	●
0021	—	前台数据输出设备选择	0～9	●	●
0022	—	后台数据输入设备选择	0～9	●	●
0023	—	后台数据输出设备选择	0～9	●	●
0024	—	PMC 编程软件通信接口选择	0～255	●	●
0100. 1	CTV	注释段的奇偶校验："0" 有效/"1" 无效	0/1	●	●
0100. 2	CRF	ISO 程序段结束输出："0" 可设定；"1" CR/LF	0/1	●	●
0100. 3	NCR	ISO 程序段结束输出："0" LF/CR/CR；"1" LF	0/1	●	●
0100. 6	IOP	复位时的数据输入/输出："0" 停止/"1" 继续	0/1	●	●
0100. 7	ENS	EIA 代码的空格输入："0" 报警/"1" 忽略	0/1	●	●
0101. 0	SB2	I/O 接口 0 停止位："0" 1 位/"1" 2 位	0/1	●	●
0101. 3	ASI	I/O 接口 0 代码格式："0" EIA/ISO/"1" ASCⅡ	0/1	●	●
0101. 7	NFD	I/O 接口 0 同步孔输出："0" 输出/"1" 忽略	0/1	●	●
0102	—	I/O 接口 0 设备代号	0～6	●	●
0103	—	I/O 接口 0 通信波特率	1～12	●	●
0110. 0	IO4	I/O 设备选择："0" PRM020 设定/"1" PRM020～023 有效	0/1	●	●
0111. 0	SB2	I/O 接口 1 停止位："0" 1 位/"1" 2 位	0/1	●	●
0111. 3	ASI	I/O 接口 1 代码格式："0" EIA/ISO/"1" ASCⅡ	0/1	●	●
0111. 7	NFD	I/O 接口 1 同步孔输出："0" 输出/"1" 忽略	0/1	●	●

（续）

参数号	代号	参数名称与作用	设定范围	CNC 系列	
				M	T
0112	—	I/O 接口 1 设备代号	0~6	●	●
0113	—	I/O 接口 1 通信波特率	1~12	●	●
0121.0	SB2	I/O 接口 2 停止位：“0” 1 位/“1” 2 位	0/1	●	●
0121.3	ASI	I/O 接口 2 代码格式：“0” EIA/ISO/“1” ASCⅡ	0/1	●	●
0121.7	NFD	I/O 接口 2 同步孔输出：“0” 输出/“1” 忽略	0/1	●	●
0122	—	I/O 接口 2 设备代号	0~6	●	●
0123	—	I/O 接口 2 通信波特率	1~12	●	●
0138.0	MDP	通道号输入/输出：“0” 添加扩展名/“1” 无效	0/1	×	●
0138.5	SCH	调度运行：“0” 无效/“1” 有效	0/1	●	●
0138.7	MNC	存储卡运行：“0” 无效/“1” 有效	0/1	●	●
0139.0	ISO	存储卡输入/输出代码：“0” ASCⅡ/“1” ISO	0/1	●	●
0300.0	PCM	画面显示接口：“0” CNC 侧/“1” 电脑侧	0/1	●	●
0901.1	EFT	以太网 FTP 文件传输：“0” 无效/“1” 有效	0/1	●	●
0904.3	DIE	DHCP 端口设定：“0” Focas2/“1” Simplicity-iCell	0/1	●	●
0904.4	UNM	CNC 主站功能：“0” 无效/“1” 有效	0/1	●	●
0904.5	DNS	DNS 客户机功能：“0” 无效/“1” 有效	0/1	●	●
0904.6	DHC	DHCP 客户机功能：“0” 无效/“1” 有效	0/1	●	●
0904.7	LCH	List-Get 重复文件检查：“0” 有效/“1” 无效	0/1	●	●
0905.0	DNE	Focas2-DNC 运行等待：“0” 有效/“1” 无效	0/1	●	●
0905.1	PCH	FTP 服务器确认：“0” 有效/“1” 无效	0/1	●	●
0905.3	DSF	存储卡程序登录优先：“0” 文件名/“1” 程序名	0/1	●	●
0905.4	UNS	CNC 主站对结束命令处理：“0” 拒绝/“1” 允许	0/1	●	●
0908.0	ISO	数据服务器代码格式：“0” ASCⅡ/“1” ISO	0/1	●	●
0921	—	主机 1 连接的操作系统地址 OS	0~2	●	●
0922	—	主机 2 连接的操作系统地址 OS	0~2	●	●
0923	—	主机 3 连接的操作系统地址 OS	0~2	●	●
0924	—	Focas2 通信等待时间	0~32767	●	●
0929	—	FTP 文件属性选择	0~2	●	●
0930	—	存储卡文件容量选择	0、10~15	●	●
0960.1	MD1	Power Mate 从站参数输入/输出地址：“00” 程序存储器/“01” 存储卡	0/1	●	●
0960.2	MD2		0/1	●	●
0960.3	PMN	Power Mate 管理器功能：“0” 有效/“1” 无效	0/1	●	●
0960.4	PPE	Power Mate 参数保护：“0” 无效/“1” 主机 PWE	0/1	●	●
0961.3	PMO	I/O-Link 伺服参数程序号 O：“0” 组+通道/“1” 组	0/1	●	●
0980	—	多通道控制的机械组号	0/1	×	●
0981	—	坐标轴的通道号	1/2	×	●
0982	—	主轴的通道号	1/2	×	●
0983	—	通道控制类型：“0” 0iTD/“1” 0iMD	0/1	×	●
1001.0	INM	直线轴移动单位：“0” 公制/“1” 英制	0/1	●	●
1002.0	JAX	JOG 同时操作轴数：“0” 1/“1” 3	0/1	●	●

（续）

参数号	代号	参数名称与作用	设定范围	CNC 系列	
				M	T
1002.1	DLZ	无挡块回参考点功能："0" 无效/"1" 有效	0/1	●	●
1002.3	AZR	参考点未建立时的 G28："0" 回参考点/"1" 报警	0/1	●	●
1002.4	XIK	定位运动轴的互锁："0" 无效/"1" 有效	0/1	●	●
1002.7	IDG	无挡块回参考点重复设定："0" 无效/"1" 有效	0/1	●	●
1004.7	IPR	最小设定和移动单位倍率："0" 1/"1" 10	0/1	●	●
1005.0	ZRNn	参考点未建立时的自动运行："0" 报警/"1" 运行	0/1	●	●
1005.1	DLZn	各轴无挡块回参考点功能："0" 无效/"1" 有效	0/1	●	●
1005.3	HJZn	参考点建立后的手动回参考点操作："0" 执行/"1" 由 PRM0002.7 设定	0/1	●	●
1005.4	EDPn	外部正向减速对切削进给："0" 无效/"1" 有效	0/1	●	●
1005.5	EDMn	外部负向减速对切削进给："0" 无效/"1" 有效	0/1	●	●
1005.6	MCCn	脱开轴的 MCC 信号："0" 无效/"1" 有效	0/1	●	●
1005.7	RMBn	脱开控制功能："0" 无效/"1" 有效	0/1	●	●
1006.0	ROTn	坐标轴类型："00" 直线轴；"01" 360°循环显示 A 型	0/1	●	●
1006.1	ROSn	回转轴；"11" 非 360°循环显示 B 型回转轴	0/1	●	●
1006.3	DIAn	直径编程功能："0" 无效/"1" 有效	0/1	×	●
1006.5	ZMIn	手动回参考点方向："0" 正向/"1" 负向	0/1	●	●
1007.0	RTLn	回转轴回参考点："0" 独立设定/"1" 同直线轴	0/1	●	●
1007.1	ALZn	参考点建立后的 G28 运动："0" 快速/"1" 减速	0/1	●	●
1007.4	GRDn	绝对编码器无挡块回参考点："0" 无效/"1" 有效	0/1	●	●
1008.0	ROAn	回转轴 360°循环显示："0" 无效/"1" 有效	0/1	●	●
1008.1	RABn	回转轴绝对编程捷径选择："0" 有效/"1" 无效	0/1	●	●
1008.2	RRLn	回转轴相对坐标 360°显示："0" 无效/"1" 有效	0/1	●	●
1008.4	SFDn	回参考点偏移方式："0" 零脉冲/"1" 位置	0/1	●	●
1008.5	RMCn	G53 的回转轴定位："0" 通常/"1" 1008.1 选择	0/1	●	●
1012.0	IDGn	无挡块参考点重复设定："0" 允许/"1" 报警	0/1	●	●
1013.0	ISAn	1：IS－A 单位 0.01mm/0.001in/0.01°	0/1	●	●
1013.1	ISCn	1：IS－C 单位 0.0001mm/0.00001in/0.0001°	0/1	●	●
1013.7	IESPn	1：IS－C 单位时速度、加速度设定参数扩大 10 倍	0/1	●	●
1014.7	CDMn	1：Cs 轴作为假想轴	0/1	●	●
1015.4	ZRL	G53/G28/G30 定位方式："0" 非直线/"1" 直线	0/1	●	●
1015.6	WIC	工件原点偏置测量值直接输入处理方式			
		"0" 不考虑外部原点偏置/"1" 考虑	0/1	●	×
		"0" 所选工件坐标系有效/"1" 全部坐标系有效	0/1	×	●
1015.7	DWT	G04 暂停 P 单位："0" 与设定单位同/"1" ms	0/1	●	●
1020	—	坐标轴名称	字符码	●	●
1022	—	坐标轴性质	0～7	●	●
1023	—	伺服轴号	0～7	●	●
1031	—	轴通用参数单位选择（基准轴号）	1～8	●	●

（续）

参数号	代号	参数名称与作用	设定范围	CNC系列	
				M	T
1201.0	ZPR	回参考点时的坐标系设定："0"手动/"1"自动	0/1	●	●
1201.2	ZCL	回参考点时的局部坐标系："0"保留/"1"撤销	0/1	●	●
1201.6	NWS	工件坐标系偏置显示："0"显示/"1"不显示	0/1	×	●
1201.7	WZR	CNC复位时的14组G代码："0"复位/"1"保留	0/1	●	●
1202.0	EWD	外部坐标系偏置方向："0"不改变/"1"取反	0/1	●	●
1202.1	EWS	外部坐标系偏置功能："0"有效/"1"无效	0/1	×	●
1202.2	G92	选择G54～59时的G92/G50："0"执行/"1"报警	0/1	●	●
1202.3	RLC	CNC复位时的局部坐标系："0"保留/"1"撤销	0/1	●	●
1203.0	EMS	扩展外部机械原点偏移："0"无效/"1"有效	0/1	●	●
1205.4	R1O	参考点位置信号输出："0"无效/"1"有效	0/1	●	●
1205.5	R2O	第2参考点位置信号输出："0"无效/"1"有效	0/1	●	●
1205.7	WTC	预置工件坐标系时长度补偿："0"撤销/"1"保留	0/1	●	×
1206.1	HZP	高速回参考点坐标系设定："0"有效/"1"无效	0/1	●	●
1207.0	WOL	计算原点偏置测量输入时的长度补偿方式："0"和基准刀具之差/"1"刀具实际长度	0/1	●	×
1220	—	外部工件原点偏置值	－999999999～+999999999	●	●
1221～1226		G54～G59工件原点偏置值		●	●
1240～1243		第1～4参考点的机床坐标值		●	●
1250	—	回参考点自动设定的相对坐标值		●	●
1260	—	回转轴循环显示值		●	●
1280	—	扩展外部机械原点偏移输入信号R的起始地址	0～32767	●	●
1290	—	镜像刀架间的距离	$0 \sim 10^{10}-1$	×	●
1300.0	OUT	存储行程检查2的禁止区："0"内侧/"1"外侧	0/1	●	●
1300.1	NAL	手动进入软件限位："0"停止并报警/"1"停止	0/1	●	●
1300.2	LMS	软件限位切换信号EXLM："0"无效/"1"有效	0/1	●	●
1301.3	OTA	开机时处于保护区的报警：1：移动时；0：立即	0/1	●	●
1300.5	RL3	存储行程检查3的撤销信号"0"无效/"1"有效	0/1	●	●
1300.6	LZR	手动回参考点前的软件限位"0"有效/"1"无效	0/1	●	●
1300.7	BFA	进入保护区的停止："0"进入后/"1"进入前	0/1	●	●
1301.0	DLM	软件限位切换信号±EXLn："0"无效/"1"有效	0/1	●	●
1301.2	NPC	运动前禁区检查对G31/G37："0"有效/"1"无效	0/1	●	●
1301.4	OF1	软件限位退出报警解除："0"复位信号/"1"自动	0/1	●	●
1301.6	OTS	软件限位的PMC信号输出："0"无效/"1"有效	0/1	●	●
1301.7	PLC	运动前的禁区检查功能："0"无效/"1"有效	0/1	●	●
1310.0	OT2n	存储行程检查2功能选择："0"无效/"1"有效	0/1	●	●
1310.1	OT3n	存储行程检查3功能选择："0"无效/"1"有效	0/1	●	●
1311.0	DOTn	开机时的存储行程检查："0"无效/"1"有效	0/1	●	●

（续）

参数号	代号	参数名称与作用	设定范围	CNC 系列	
				M	T
1320	—	正向软件限位位置Ⅰ（EXLM 为 0 时）	-999999999～+999999999	●	●
1321	—	负向软件限位位置 1（EXLM 为 0 时）		●	●
1322	—	正向存储行程检查 2 位置		●	●
1323	—	负向存储行程检查 2 位置		●	●
1324	—	正向存储行程检查 3 位置		●	●
1325	—	负向存储行程检查 3 位置		●	●
1326	—	正向软件限位位置Ⅱ（EXLM 为 1 时）		●	●
1327	—	负向软件限位位置Ⅱ（EXLM 为 1 时）		●	●
1330	—	卡盘形状：“0”内卡/“1”外卡	0/1	×	●
1331	—	卡盘尺寸 L	-999999999～+999999999	×	●
1332	—	卡盘尺寸 W		×	●
1333	—	卡盘尺寸 L1		×	●
1334	—	卡盘尺寸 W1		×	●
1335	—	卡盘尺寸 CX		×	●
1336	—	卡盘尺寸 CZ		×	●
1341	—	尾架尺寸 L		×	●
1342	—	尾架尺寸 D		×	●
1343	—	尾架尺寸 L1		×	●
1344	—	尾架尺寸 D1		×	●
1345	—	尾架尺寸 L2		×	●
1346	—	尾架尺寸 D2		×	●
1347	—	尾架尺寸 D3		×	●
1348	—	尾架尺寸 TZ		×	●
1401.0	RPD	回参考点前的手动快速：“0”无效/“1”有效	0/1	●	●
1401.1	LRP	G00 定位方式：“0”非直线/“1”直线	0/1	●	●
1401.2	JZR	手动回参考点速度：“0”快速/“1”JOG 速度	0/1	●	●
1401.4	RF0	进给倍率 0% 对快速：“0”有效/“1”无效	0/1	●	●
1401.5	TDR	空运行对攻螺纹进给：“0”有效/“1”无效	0/1	●	●
1401.6	TDR	空运行对快速运动：“0”无效/“1”有效	0/1	●	●
1402.0	NPC	无编码器主轴每转进给：“0”无效/“1”有效	0/1	●	●
1402.1	JOV	JOG 倍率：“0”有效/“1”无效（固定 100%）	0/1	●	●
1402.4	JRV	JOG/INC 主轴每转进给：“0”无效/“1”有效	0/1	●	●
1403.4	ROC	G92/G76 退出后快速倍率：“0”有效/“1”无效	0/1	×	●
1403.5	HTC	螺旋线插补速度：“0”圆弧/“1”合成速度	0/1	●	●
1403.7	RTV	G92/G76 退出快速倍率：“0”有效/“1”无效	0/1	×	●
1404.1	DLF	参考点建立后的手动回参考点速度：“0”G00 快速/“1”手动快速	0/1	●	●
1404.2	FM3	每分进给的 F 单位：“0”mm/“1”0.001mm	0/1	×	●
1404.7	FC0	F 为 0 时的进给运动：“0”报警/“1”停止	0/1	●	●
1405.1	FR3	主轴每转进给 F 单位：“0”0.01mm/“1”0.001mm	0/1	●	×

（续）

参数号	代号	参数名称与作用	设定范围	CNC 系列	
				M	T
1405.2	PCL	无编码器线速度恒定控制：“0”无效/“1”有效	0/1	●	●
1405.5	EDR	直线型定位的外部减速速度：“0”PRM1426/“1”PRM1427	0/1	●	●
1406.0	EX2	第 2 外部减速功能：“0”无效/“1”有效	0/1	●	●
1406.1	EX3	第 3 外部减速功能：“0”无效/“1”有效	0/1	●	●
1406.7	F1O	F 倍率对 F1 位数进给 1～9：“0”无效/“1”有效	0/1	●	×
1408.0	RFDn	旋转轴进给：“0”通常速度/“1”假想圆速度	0/1	●	●
1408.3	IRCn	PRM1430/1432 单位：“0”1/“1”10	0/1	●	●
1410	—	空运行速度		●	●
1411	—	未指令 F 时的切削进给速度		×	●
1420	—	快速运动速度（倍率为 100% 时）		●	●
1421	—	快速倍率 F0 对应的速度		●	●
1423	—	JOG 速度（倍率为 100% 时）		●	●
1424	—	手动快速速度（倍率为 100% 时）		●	●
1425	—	参考点减速速度		●	●
1426	—	切削进给时的外部减速速度		●	●
1427	—	快速运动时的外部减速速度		●	●
1428	—	参考点建立前的快速运动速度	0～999000	●	●
1430	—	切削速度上限		●	●
1432	—	插补前加减速的切削速度上限		●	●
1434	—	手轮进给速度上限		●	●
1440	—	切削进给时的第 2 外部减速速度		●	●
1441	—	快速运动时的第 2 外部减速速度		●	●
1442	—	第 2 手轮进给速度上限		●	●
1443	—	切削进给时的第 3 外部减速速度		●	●
1444	—	快速运动时的第 3 外部减速速度		●	●
1445	—	第 3 手轮进给速度上限		●	●
1450	—	F1 位数进给的手轮每格速度变化量	1～127	●	×
1450～1459		F1 位数进给 F1～F9 速度		●	×
1460	—	F1 位数进给 F1～F4 速度上限	0～999000	●	×
1461	—	F1 位数进给 F5～F9 速度上限		●	×
1465	—	旋转轴进给的假想圆半径	0～1010－1	●	●
1466	—	G92/G76 回退速度	0～999000	×	●
1601.4	RTO	快速运动段间的连续移动：“0”无效/“1”有效	0/1	●	●
1601.5	NCI	到位判断方式：“0”位置允差/“1”速度为 0	0/1	●	●
1602.3	BS2	AI 控制 S 型加减速：“0”无效/“1”有效	0/1	●	●
1602.4	CSD	拐角减速判断方式：“0”夹角/“1”速度差	0/1	●	×
1602.6	LS2	非 S 型加减速方式选择：“0”指数/“1”直线	0/1	●	●
1603.4	PRT	直线型定位加减速方式：“0”a 恒定/“1”t 恒定	0/1	●	●
1606.0	MNJn	加减速对手轮中断 JOG：“0”无效/“1”有效	0/1	●	●
1610.0	CTLn	非 S 型空运行/切削加减速：“0”指数/“1”直线	0/1	●	●

（续）

参数号	代号	参数名称与作用	设定范围	CNC 系列	
				M	T
1610.1	CTBn	空运行/切削 S 型加减速："0" 无效/"1" 有效	0/1	●	●
1610.4	JGLn	JOG 加减速："0" 指数/"1" 同切削进给	0/1	●	●
1610.5	JGLn	螺纹加工加减速："0" 指数/"1" 同切削进给	0/1	×	●
1611.0	CFR	G92/G76 回退加减速："0" 可设定/"1" 同快速	0/1	×	●
1611.2	AOFF	前馈控制："0" 有效/"1" 无效	0/1	●	●
1612.1	AIR	快速运动前馈控制："0" 无效/"1" 有效	0/1	●	●
1620	—	快速运动直线加减速时间 T 或 S 型加减速时间 T1	0~4000	●	●
1621	—	快速运动 S 型加减速时间 T2	0~4000	●	●
1622	—	切削进给加减速时间常数	0~4000	●	●
1623	—	切削进给插补后加减速的 FL 速度	0~999000	●	●
1624	—	JOG 加减速时间常数	0~4000	●	●
1625	—	JOG 加减速的 FL 速度	0~999000	●	●
1626	—	螺纹加工加减速时间常数	0~4000	×	●
1627	—	螺纹加工加减速的 FL 速度	0~999000	×	●
1660	—	插补前加减速最大加速度	0~10000	●	●
1671	—	插补前直线加/减速最大加速度	0~10000	●	●
1672	—	插补前 S 型加/减速最大加速度	0~10000	●	●
1710	—	拐角自动减速、圆弧内侧切削速度最小减速倍率	0~100	●	×
1711	—	拐角自动减速、圆弧内侧判定角度	2~178	●	×
1712	—	拐角自动减速、圆弧内侧切削速度倍率	0~100	●	×
1713	—	拐角自动减速、切削减速开始距离	-999999999~	●	×
1714	—	拐角自动减速、切削减速结束距离	+999999999	●	×
1722	—	连续快速移动段重叠处的速度减速倍率	0~100	●	●
1732	—	圆弧插补加速度减速的下限速度	0~999000	●	●
1735	—	圆弧插补加速度减速时，允许的最大加速度	0~10000	●	●
1737	—	AI 轮廓控制加速度减速时，允许的最大加速度	0~10000	●	×
1738	—	AI 轮廓控制加速度减速时的下限速度	0~999000	●	×
1763	—	插补前加减速方式，切削进给时的 FL 速度	0~999000	●	●
1769	—	插补前加减速方式，切削进给时的加减速时间	0~4000	●	●
1772	—	插补前加减速方式，S 型加减速的加速度变化时间	0~200	●	×
1783	——	拐角减速时允许的速度差	0~999000	●	●
1800.1	CVR	VRDY 先于 PRDY 信号："0" 报警/"1" 无报警	0/1	●	●
1800.3	FFR	快速移动时的前馈控制："0" 无效/"1" 有效	0/1	●	●
1800.4	RBK	切削/快速间隙分别补偿："0" 无效/"1" 有效	0/1	●	●
1801.4	CCI	切削到位允差："0" 同快速/"1" PRM1827 设定	0/1	●	●
1801.5	CIN	切削进给到位允差 PRM1827："0" 下一程序段为切削进给时有效/"1" 与下一程序无关	0/1	●	●
1802.0	CTSn	伺服电动机主轴控制："0" 无效/"1" 有效	0/1	●	●
1802.1	DC4n	计算绝对零点的参考标记数量："0" 3/"1" 4	0/1	●	●
1802.2	DC2n	计算绝对零点的参考标记数量："0" 3 或 4/"1" 2	0/1	●	●

（续）

参数号	代号	参数名称与作用	设定范围	CNC 系列	
				M	T
1802.4	BKL15n	反向间隙补偿方向："0" 不考虑螺补/"1" 考虑	0/1	●	●
1803.0	TQI	转矩限制时的到位检测："0" 有效/"1" 无效	0/1	●	●
1803.1	TQA	转矩限制时的跟随超差检查："0" 有效/"1" 无效	0/1	●	●
1803.4	TQF	PMC 轴转矩控制位置跟踪："0" 无效/"1" 有效	0/1	●	●
1804.4	IVO	VRDY 信号 OFF 时的急停："0" 保持/"1" 解除	0/1	●	●
1804.5	ANA	异常负载停止时："0" SV 报警/"1" 轴互锁	0/1	●	●
1804.6	SAK	IGNVRY 信号 ON 时的 SA："0" 撤销/"1" 保持	0/1	●	●
1805.1	TRE	PMC 轴转矩控制位置误差："0" 更新/"1" 保持	0/1	●	●
1805.3	TSA	进给停止异常负载检测："0" 同快速/"1" 同进给	0/1	●	●
1805.4	TSM	JOG 异常负载检测："0" 同快速/"1" 同进给	0/1	●	●
1814.7	ALGn	Cs 轮廓控制增益和伺服增益："0" 不同/"1" 一致	0/1	●	●
1815.0	RVSn	B 型回转轴速度数据保存："0" 否/"1" 可	0/1	●	●
1815.1	OPTn	分离型检测单元选择："0" 无/"1" 有	0/1	●	●
1815.2	DCLn	绝对式光栅尺选择："0" 无/"1" 有	0/1	●	●
1815.3	RVSn	绝对式检测装置类型："0" 光栅尺/"1" 编码器	0/1	●	●
1815.4	APZn	绝对编码器参考点："0" 未建立/"1" 已建立	0/1	●	●
1815.5	APCn	绝对编码器选择："0" 无效/"1" 有效	0/1	●	●
1815.6	RONn	B 型回转轴的绝对编码器："0" 无效/"1" 有效	0/1	●	●
1816.4	DM1n	未设定柔性齿轮比时，分离型检测器件检测倍乘率 DMR 设定："000" 0.5/"001" 1/"010" 1.5/"011" 2/"100" 2.5/"101" 3/"110" 3.5/"111" 4	0/1	●	●
1816.5	DM2n		0/1	●	●
1816.6	DM3n		0/1	●	●
1817.2	SBLn	平滑型反向间隙补偿："0" 无效/"1" 有效	0/1	●	●
1817.3	SCRn	B 型回转轴显示值转换："0" 否/"1" 是	0/1	●	●
1817.4	SCPn	参考点位于绝对零点："0" 正向/"1" 负向	0/1	●	●
1818.0	RFSn	绝对零点未建立时的 G28 指令："0" 回参考点/"1" 不移动	0/1	●	●
1818.1	RF2n	绝对零点已建立时的 G28 指令："0" 回参考点/"1" 不移动	0/1	●	●
1818.2	DG0n	绝对光栅 G00/JOG 回参考点："0" 无效/"1" 有效	0/1	●	●
1818.3	SDCn	带绝对零点参考标记的光栅尺："0" 否/"1" 是	0/1	●	●
1819.0	FUPn	伺服关闭时的位置跟踪："0" 有效/"1" 无效	0/1	●	●
1819.1	CRFn	伺服报警绝对编码器参考点："0" 保持/"1" 撤销	0/1	●	●
1819.2	DATn	绝对光栅参考点设定："0" 手动/"1" 自动	0/1	●	●
1819.7	NAHn	前瞻控制时的前馈："0" 有效/"1" 无效	0/1	●	●
1820	—	指令倍乘率 CMR	1～127	●	●
1821	—	参考计数器容量	$0 \sim 10^{10}-1$	●	●
1825	—	位置环增益	1～9999	●	●
1826	—	到位允差	$0 \sim 10^{9}-1$	●	●
1827	—	切削进给到位允差	$0 \sim 10^{9}-1$	●	●
1828	—	运动时的极限允差	$0 \sim 10^{9}-1$	●	●
1829	—	停止时的极限允差	$0 \sim 10^{9}-1$	●	●
1830	—	伺服关闭时的极限允差	$0 \sim 10^{9}-1$	●	●

（续）

参数号	代号	参数名称与作用	设定范围	CNC 系列	
				M	T
1836	—	回参考点时的下限跟随误差	0 ~ 32767	●	●
1844	—	参考点位置偏移	-999999999 ~ +999999999	●	●
1846	—	平滑反向间隙补偿的第 2 级补偿开始距离	$0 \sim 10^{10}-1$	●	●
1847	—	平滑反向间隙补偿的第 2 级补偿结束距离	$0 \sim 10^{10}-1$	●	●
1848	—	平滑反向间隙补偿的第 1 级补偿值	-9999 ~ 9999	●	●
1850	—	参考点零脉冲偏移	-999999999 ~ +999999999	●	●
1851	—	切削或手动进给反向间隙补偿值	-9999 ~ 9999	●	●
1852	—	快速运动时的反向间隙补偿值	-9999 ~ 9999	●	●
1868	—	B 型回转轴显示值转换	$0 \sim 10^{10}-1$	●	●
1869	—	B 型回转轴每转移动量	$0 \sim 10^{10}-1$	●	●
1874	—	内置编码器柔性齿轮比 *N*（全闭环用）	1 ~ 32767	●	●
1875	—	内置编码器柔性齿轮比 *M*（全闭环用）	1 ~ 32767	●	●
1880	—	异常负载报警延时	1 ~ 32767	●	●
1881	—	异常负载检测停止的坐标轴分组号	1 ~ 32767	●	●
1882	—	绝对光栅参考点标记间隔	$0 \sim 10^{10}-1$	●	●
1883	—	参考点到假想零点的距离 1	-999999999 ~ +999999999	●	●
1884	—	参考点到假想零点的距离 2		●	●
1885	—	PMC 轴转矩控制时允许的最大跟随误差	0 ~ 32767	●	●
1886	—	PMC 轴转矩控制撤销时允许的跟随误差	0 ~ 32767	●	●
1895	—	驱动铣削主轴的伺服轴号	1 ~ 8	●	●
1898	—	驱动铣削主轴的伺服轴电机侧齿轮齿数	1 ~ 9999	●	●
1899	—	驱动铣削主轴的伺服轴铣轴侧齿轮齿数	1 ~ 9999	●	●
1902.0	FMD	FSSB 配置方式："0" 伺服设定/ "1" 手动	0/1	●	●
1902.1	ASE	FSSB 自动设定："0" 进行中/ "1" 完成	0/1	●	●
1904.0	DSPn	显示轴设定："0" 普通轴/ "1" 显示轴	0/1	●	●
1905.0	FSLn	伺服接口类型："0" 快速/ "1" 慢速	0/1	●	●
1905.6	PM1n	使用第 1 个分离型检测单元："0" 否/ "1" 是	0/1	●	●
1905.7	PM2n	使用第 2 个分离型检测单元："0" 否/ "1" 是	0/1	●	●
1910	—	依次为 FSSB 从站 1 ~ 10 配置设定：伺服驱动器为 1 ~ 10；第 1、2 分离型检测单元 1 为 16、48；不使用的驱动器为 40	0 ~ 48	●	●
……	—		……	●	●
1919	—		0 ~ 48	●	●
1936	—	使用第 1 分离型检测单元时的接口号	0 ~ 7	●	●
1937	—	使用第 2 分离型检测单元时的接口号	0 ~ 7	●	●
2000 ~ 2456		伺服参数，见伺服参数说明	—	●	●
3001.2	RWM	程序复位时的 RWD 信号输出："0" 否/ "1" 是	0/1	●	●
3001.7	MHI	辅助机能处理方式："0" 普通/ "1" 高速	0/1	●	●
3002.2	MFD	高速辅助机能的 DEN 输出："0" 延时/ "1" 同时	0/1	●	●
3002.4	IOV	倍率信号输入极性："0" 按默认/ "1" 取反	0/1	●	●

（续）

参数号	代号	参数名称与作用	设定范围	CNC 系列	
				M	T
3003.0	ITL	轴公用互锁信号："0" 有效/"1" 无效	0/1	●	●
3003.2	ITX	轴独立互锁信号："0" 有效/"1" 无效	0/1	●	●
3003.3	DIT	轴方向互锁信号："0" 有效/"1" 无效	0/1	●	●
3003.4	DAU	自动时的轴方向互锁信号："0" 无效/"1" 有效	0/1	×	●
3003.5	DEC	*DEC 信号极性："0" 常闭/"1" 常开	0/1	●	●
3003.7	MVG	图形模拟时的轴移动信号："0" 不输出/"1" 输出	0/1	×	●
3004.0	BSL	*BSL/*CSL 信号选择："0" 无效/"1" 有效	0/1	●	●
3004.1	BCY	*BSL 对固定循环："0" 仅起始段有效/"1" 有效	0/1	●	●
3004.5	OTH	硬件超程信号："0" 有效/"1" 无效	0/1	●	●
3006.0	GDC	*DEC 信号输入地址："0" X9.n/"1" G196.n	0/1	●	●
3006.1	EPN	外部工件号检索："0" PN1~6/"1" EPN0~13	0/1	●	●
3006.2	EPN	外部工件号检索启动信号："0" ST/"1" EPNS	0/1	●	●
3006.6	WPS	工件坐标系预置信号："0" 无效/"1" 有效	0/1	●	●
3008.2	XSG	高速输入信号地址："0" 固定/"1" 可设定	0/1	●	●
3010	—	MF/SF/TF/BF 输出延时	0~32767	●	●
3011	—	FIN 信号宽度	0~32767	●	●
3012	—	PRM 3008.2=1 时的 SKIP 信号地址	0~327	●	●
3013	—	PRM 3008.2=1 时的*DEC 信号输入地址（字节）	0~327	●	●
3014	—	PRM 3008.2=1 时的*DEC 信号输入地址（位）	0~7	●	●
3017	—	RESET 信号输出时间	0~255	●	●
3019	—	PRM 3008.2=1 时的 ESKIP、XAE 信号输入地址	0~327	●	●
3030	—	M 代码允许位数	1~8	●	●
3031	—	S 代码允许位数	1~8	●	●
3032	—	T 代码允许位数	1~8	●	●
3033	—	B 代码允许位数	1~8	●	●
3100.1	CEM	文本中的 CE 标记显示："0" 字母/"1" 符号	0/1	●	●
3101.1	KBF	转换显示的输入缓冲存储器："0" 清除/"1" 保留	0/1	●	●
3101.7	SBA	2 通道位置的显示："0" 依次/"1" 逆序	0/1	×	●
3103.1	DIP	2 通道位置显示："0" 同时/"1" 由 HEAD 切换	0/1	×	●
3104.0	MCN	机械位置公英制显示："0" 与输入无关/"1" 有关	0/1	●	●
3104.3	PPD	相对位置显示预置："0" 无效/"1" 有效	0/1	●	●
3104.4	DRL	相对位置显示："0" 带长度补偿/"1" 无补偿	0/1	●	×
3104.5	DRC	相对位置显示："0" 带半径补偿/"1" 无补偿	0/1	●	●
3104.6	DAL	绝对位置显示："0" 带长度补偿/"1" 无补偿	0/1	●	×
3104.7	DAC	绝对位置显示："0" 带半径补偿/"1" 无补偿	0/1	●	●
3105.0	DPF	实际速度显示："0" 无效/"1" 有效	0/1	●	●
3105.1	PCF	PMC 轴控制实际速度显示："0" 有效/"1" 无效	0/1	●	●
3105.2	DPS	实际主轴速度、T 代码显示："0" 无效/"1" 有效	0/1	●	●
3106.4	OPH	操作履历显示："0" 无效/"1" 有效	0/1	●	●
3106.5	SOV	主轴倍率显示："0" 无效/"1" 有效	0/1	●	●

（续）

参数号	代号	参数名称与作用	设定范围	CNC 系列	
				M	T
3107.3	GSC	进给速度显示单位：“0” mm/“1” 可设定	0/1	●	●
3107.4	SOR	程序一览表显示：“0” 按登录次序/“1” 按名称	0/1	●	●
3108.2	PCT	程序检查页面下一T代码显示：“0” 无/“1” 可	0/1	●	●
3108.4	WCI	工件计数输入：“0” 无效/“1” 有效	0/1	●	●
3108.6	SLM	主轴负载表显示：“0” 无效/“1” 有效	0/1	●	●
3108.7	JSP	JOG/空运行速度显示：“0” 无效/“1” 有效	0/1	●	●
3109.1	DWT	磨损/形状后缀 G/W 显示：“0” 有效/“1” 取消	0/1	●	●
3109.2	IKY	偏置设定的软功能键 INPUT：“0” 有效/“1” 无效	0/1	●	●
3111.0	SVS	伺服设定页面显示：“0” 无效/“1” 有效	0/1	●	●
3111.1	SPS	主轴设定页面显示：“0” 无效/“1” 有效	0/1	●	●
3111.2	SVP	主轴调整页同步误差显示：“0” 瞬时值/“1” 峰值	0/1	●	●
3111.5	OPM	操作监视显示：“0” 无效/“1” 有效	0/1	●	●
3111.6	SVS	操作监视主轴转速显示：“0” 电动机/“1” 主轴	0/1	●	●
3111.7	NPA	报警/操作信息显示：“0” 自动/“1” 按键切换	0/1	●	●
3112.2	OMH	操作履历显示：“0” 无效/“1” 有效	0/1	●	●
3112.3	EAH	宏程序报警履历显示：“0” 无效/“1” 有效	0/1	●	●
3113.0	MHC	操作信息清除：“0” 无效/“1” 有效	0/1	●	●
3113.5	DCL	触摸屏校准：“0” 无效/“1” 有效	0/1	●	●
3113.6	MS0	操作信息显示：“00” 8 个/255 字；“01” 18 个/100 字；“10” 10 个/200 字；“11” 32 个、50 字	0/1	●	●
3113.7	MS1		0/1	●	●
3114.0	IPO	POS 键显示切换：“0” 有效/“1” 无效	0/1	●	●
3114.1	IPR	PROG 键显示切换：“0” 有效/“1” 无效	0/1	●	●
3114.2	IOF	OFS/SET 键显示切换：“0” 有效/“1” 无效	0/1	●	●
3114.3	ISY	SYSTEM 键显示切换：“0” 有效/“1” 无效	0/1	●	●
3114.4	IMS	MESSAGE 键显示切换：“0” 有效/“1” 无效	0/1	●	●
3114.5	IGR	GRAPH 键显示切换：“0” 有效/“1” 无效	0/1	●	●
3114.6	ICU	CUSTOM 键显示切换：“0” 有效/“1” 无效	0/1	●	●
3115.0	NDPn	当前位置显示：“0” 有效/“1” 无效	0/1	●	●
3115.1	NDAn	当前位置/剩余行程显示：“0” 有效/“1” 无效	0/1	●	●
3115.3	NDFn	轴实际速度显示：“0” 有效/“1” 无效	0/1	●	●
3116.2	PWR	SW100 解除：“0” CAN + RESET/“1” RESET	0/1	●	●
3116.6	T8D	T 代码显示：“0” 4 位/“1” 8 位	0/1	●	●
3116.7	MDC	维修信息的一次性清除：“0” 无效/“1” 有效	0/1	●	●
3117.0	SMS	主轴负载/转速表显示：“0” 无效/“1” 有效	0/1	●	●
3117.1	SPP	DGN445 的零脉冲显示：“0” 无效/“1” 有效	0/1	●	●
3119.2	DDS	触摸屏功能：“0” 有效/“1” 无效	0/1	●	●
3119.3	TPA	外部触摸屏接口：“0” 有效/“1” 无效	0/1	●	●
3122	—	操作履历记录周期	0 ~ 1440	●	●
3123	—	屏幕保护启动时间	0 ~ 127	●	●

（续）

参数号	代号	参数名称与作用	设定范围	CNC 系列	
				M	T
3124.0	D01	依次为程序检查页面显示的 G 代码组 1～32："0" 显示该组 G 代码/"0" 不显示	0/1	●	●
……	……		0/1	●	●
3127.7	D32		0/1	●	●
3128	—	恢复被删除的报警履历的时间范围	0～255	●	●
3129.0	DRP	相对位置显示："0" 带刀偏/"1" 不带刀偏	0/1	×	●
3129.1	DAP	绝对位置显示："0" 带刀偏/"1" 不带刀偏	0/1	×	●
3129.2	MRE	镜像时相对显示基准："0" 机械/"1" 绝对	0/1	●	●
3130	—	位置显示次序	0～7	●	●
3131	—	轴名称下标	0～90	●	●
3132	—	绝对坐标显示的轴名称	0～255	●	●
3133	—	相对坐标显示的轴名称	0～255	●	●
3134	—	工件坐标显示次序	0～7	●	●
3135	—	实际进给速度显示的小数位数	0～3	●	●
3141～3147		通道名称的第 1～7 字符	字符码	×	●
3160	—	MDI 单元类别	0～4	●	●
3191.2	WSI	工件偏置的软功能键 INPUT："0" 有效/"1" 无效	0/1	●	×
3191.3	SSF	数据设定的软功能键确认："0" 无效/"1" 有效	0/1	●	●
3191.4	FSS	每分/每转进给显示："0" 自动切换/"1" 固定	0/1	●	●
3192.2	T2P	触摸屏同时按下："0" 取重心/"1" 取第 1 点	0/1	●	●
3192.3	TRA	触摸屏同时按下："0" 取重心/"1" 取第 1 点	0/1	●	●
3192.7	PLD	10.4" LCD 负载/转速表显示："0" 无效/"1" 有效	0/1	×	●
3193.2	DOP	双通道信息显示："0" 有效/"1" 无效	0/1	×	●
3195.2	CPR	参数快捷设定功能："0" 有效/"1" 无效	0/1	●	●
3195.5	HKE	操作按键履历记录："0" 有效/"1" 无效	0/1	●	●
3195.6	HDE	DI/DO 信号履历记录："0" 有效/"1" 无效	0/1	●	●
3195.7	EKE	操作履历总清软功能键："0" 无效/"1" 有效	0/1	●	●
3196.0	HTO	刀补修改履历记录："0" 无效/"1" 有效	0/1	●	●
3196.1	HWO	扩展刀补修改履历记录："0" 无效/"1" 有效	0/1	●	●
3196.2	HPM	参数变更履历记录："0" 无效/"1" 有效	0/1	●	●
3196.3	HMV	宏程序变量变更履历记录："0" 无效/"1" 有效	0/1	●	●
3196.6	HOM	宏程序操作信息履历记录："0" 有效/"1" 无效	0/1	●	●
3196.7	HAL	报警履历附加信息显示："0" 有效/"1" 无效	0/1	●	●
3197	—	触摸屏按键允许连续按住的时间	0～255	●	●
3201.0	RDL	外部程序输入删除："0" 同名程序/"1" 所有程序	0/1	●	●
3201.1	RAL	外部程序输入："0" 所有程序/"1" 指定程序	0/1	●	●
3201.2	REP	外部同名程序输入："0" 报警/"1" 直接替换	0/1	●	●
3201.5	N99	外部程序 M99 输入："0" 结束输入/"1" 继续	0/1	●	●
3201.6	NPE	外部程序 M02/30 输入："0" 结束输入/"1" 继续	0/1	●	●
3202.0	NE8	程序 O8000～8999 编辑："0" 允许/"1" 禁止	0/1	●	●
3202.3	OSR	未输入程序号 O 的检索："0" 下一程序/"1" 无效	0/1	●	●

（续）

参数号	代号	参数名称与作用	设定范围	CNC 系列	
				M	T
3202.4	NE9	程序 O9000～9999 编辑："0" 允许/"1" 禁止	0/1	●	●
3202.6	PSR	被保护的程序检索："0" 禁止/"1" 允许	0/1	●	●
3203.5	MZE	MDI 运行程序编辑："0" 允许/"1" 禁止	0/1	●	●
3203.6	MER	MDI 运行结束时的程序清除："0" 无效/"1" 有效	0/1	●	●
3203.7	MCL	MDI 程序的 RESET 清除："0" 无效/"1" 有效	0/1	●	●
3204.0	PAR	"[、]" 键输入："0" 允许/"1" 变为 "(、)"	0/1	●	●
3204.6	MKR	MDI 程序的 M02/30 清除："0" 有效/"1" 无效	0/1	●	●
3205.2	TOK	输入缓冲器字符复制："0" 无效/"1" 有效	0/1	●	●
3205.3	PNS	利用光标键的程序检索："0" 有效/"1" 无效	0/1	●	●
3205.4	OSC	刀偏清除软功能键："0" 有效/"1" 无效	0/1	●	●
3206.1	MIF	定期维护信息编辑："0" 允许/"1" 禁止	0/1	●	●
3206.5	S2K	双重 CNC 画面切换："0" DI 信号/"1" 触摸屏操作	0/1	●	●
3206.7	NS2	双重 CNC 画面显示功能："0" 无效/"1" 有效	0/1	●	●
3207.5	VRN	#500～549 变量名显示："0" 无效/"1" 有效	0/1	●	●
3207.6	TPP	虚拟 MDI 的 TPPRS 信号输出："0" 有效/"1" 无效	0/1	●	●
3208.0	SKY	SYSTEM 功能键："0" 有效/"1" 禁止	0/1	●	●
3208.5	PSC	通道切换时的显示切换："0" 有效/"1" 无效	0/1	●	●
3210	—	O9000～9999 保护密码	0～99999999	●	●
3211	—	O9000～9999 保护输入	0～99999999	●	●
3216	—	程序号自动插入的 N 号增量值	0～9999	●	●
3241～3247		AI 控制时的第 1～7 闪烁字符	字符码	●	×
3251～3257		前瞻控制时的第 1～7 闪烁字符	字符码	×	●
3280.0	NLC	语言动态切换功能："0" 无效/"1" 有效	0/1	●	●
3281	—	语言选择："0" 英、"1" 日、…… "15" 中文	0～17	●	●
3290.0	WOF	磨损量的 INPUT 键输入："0" 有效/"1" 无效	0/1	●	●
3290.1	GOF	刀具形状的 INPUT 键输入："0" 有效/"1" 无效	0/1	●	●
3290.3	WZO	零点偏置的 INPUT 键输入："0" 有效/"1" 无效	0/1	●	●
3290.4	IWZ	自动运行停止时零偏输入："0" 有效/"1" 无效	0/1	●	●
3290.6	MCM	非 MDI 方式宏程序变量输入："0" 有效/"1" 无效	0/1	●	●
3290.7	KEY	存储器保护信号 KEY2～4："0" 有效/"1" 无效	0/1	●	●
3291.0	WPT	刀具磨损量输入 KEY 保护："0" 有效/"1" 无效	0/1	●	●
3294	—	禁止 MDI 输入的起始刀偏号	0～400	●	●
3295	—	禁止 MDI 输入的刀偏数量	0～400	●	●
3299.0	PKY	参数写入保护："0" PWE 设定/"1" 信号 KEYP	0/1	●	●
3301.0	H16	画面复制的颜色："0" 256 色/"1" 16 色	0/1	●	●
3301.7	HDC	画面复制功能："0" 无效/"1" 有效	0/1	●	●
3400.4	UVW	B/C 体系 U/V/W/H 增量编程："0" 无效/"1" 有效	0/1	×	●
3400.6	SMX	G92 S 的主轴最高转速限制："0" 有效/"1" 无效	0/1	●	●
3401.0	DPI	省略小数点时的单位："0" 0.001mm/"1" mm	0/1	●	●
3401.4	MAB	MDI 程序的 G90/91："0" 有效/"1" 无效	0/1	●	●

（续）

参数号	代号	参数名称与作用	设定范围	CNC 系列	
				M	T
3401.5	MAB	G90/91 无效时的 MDI 运行："0" 增量/"1" 绝对	0/1	●	●
3401.6	GSB	G 代码体系 B："0" 无效/"1" 有效	0/1	×	●
3401.7	GSC	G 代码体系 C："0" 无效/"1" 有效	0/1	×	●
3402.0	G01	CNC 复位时的 G00 定位："0" 快速/"1" 直线	0/1	●	●
3402.1	G18	CNC 复位时的 G18 选择："0" 无效/"1" 有效	0/1	●	×
3402.2	G19	CNC 复位时的 G19 选择："0" 无效/"1" 有效	0/1	●	×
3402.3	G91	CNC 复位时的 G90/91 选择："0" G90/"1" G91	0/1	●	●
3402.4	FPM	CNC 复位时的 G99/98 选择："0" G99/"1" G98	0/1	×	●
3402.5	G70	公/英选择指令："0" G20/21；"1" G70/71	0/1	●	×
3402.6	CLR	RESET 信号功能："0" 复位/"1" CNC 清除	0/1	●	●
3402.7	G23	CNC 复位时的 G22/23 选择："0" G22/"1" G23	0/1	●	●
3403.5	CIR	G02/03 未指令半径时："0" 报警/"1" 视为直线	0/1	●	●
3404.0	NOB	只有 O、N 号或 EOB 的段："0" 有效/"1" 忽略	0/1	●	●
3404.2	SHP	M198 地址 P：格式 "0" 文件号/"1" 程序号	0/1	●	●
3404.4	M30	M30 复位："0" 输出 M30 并复位/"1" 仅输出 M30	0/1	●	●
3404.5	M02	M02 复位："0" 输出 M02 并复位/"1" 仅输出 M02	0/1	●	●
3404.7	M3B	程序段允许的 M 代码："0" 1 个/"1" 3 个	0/1	●	●
3405.0	AUX	第 2 辅助机能英制单位："0" 与公制同/"1" 10 倍	0/1	●	●
3405.1	DWL	G04 每转暂停功能："0" 无效/"1" 有效	0/1	●	●
3405.4	CCR	倒角地址："0" I/J/K 和，C/，R/，A；"1" C、R、A	0/1	×	●
3405.5	DDP	蓝图编程补角编程："0" 无效/"1" 有效	0/1	×	●
3406.1	C01	当 PRM3402.6 = 1 时，C01 ~ 30、CFH 依次为 01 ~ 30 组 G 代码、F/H/D/T 代码，在 CNC 复位时的自动设定功能："0" 有效/"1" 无效	0/1	●	●
…	…		0/1	●	●
3409.6	C30		0/1	●	●
3409.7	CFH		0/1	●	●
3410	—	圆弧插补半径极限允差	$0 \sim 10^{10}-1$	●	●
3411 ~ 3420		禁止缓冲存储器读入的 M 代码 1 ~ 10	3 ~ 99999999	●	●
3421/3422	—	禁止缓冲存储器读入的第 1 组 M 代码起/止值		●	●
…	…			●	●
3431/3432	—	禁止缓冲存储器读入的第 6 组 M 代码起/止值		●	●
3450.0	AUP	第 2 辅助机能小数点输入："0" 无效/"1" 有效	0/1	●	●
3450.7	BDX	第 2 辅助机能的 ASCII 代码子程序调用："0" 改变输入单位/"1" 不改变	0/1	●	●
3451.0	GQS	螺纹切削角度偏移 Q："0" 无效/"1" 有效	0/1	●	×
3451.4	NBN	只有 N 号的程序段："0" 忽略/"1" 有效	0/1	●	●
3452.7	EAP	宏程序计算机小数点输入："0" 有效/"1" 无效	0/1	●	●
3453.0	CRD	倒角和蓝图同时编程时为："0" 倒角/"1" 蓝图	0/1	×	●
3455.0	AXDn	省略小数点时的输入单位："0" 0.001mm/"1" mm	0/1	●	●
3460	—	第 2 辅助机能地址	字符码	●	●
3601.1	EPC	从动 Cs 轴螺补："0" 同主动轴/"1" 独立设定	0/1	●	×

（续）

参数号	代号	参数名称与作用	设定范围	CNC 系列	
				M	T
3605.0	BDPn	双向螺补功能：“0”无效/“1”有效	0/1	●	●
3620	—	参考点的螺补号	0~1023	●	●
3621	—	负向终点的螺补号	0~1023	●	●
3622	—	正向终点的螺补号	0~1023	●	●
3623	—	螺距补偿值倍率	0~100	●	●
3624	—	螺距补偿间隔	$0 \sim 10^{10}-1$	●	●
3625	—	回转轴循环螺距补偿的角度	$0 \sim 10^{10}-1$	●	●
3626	—	双向补偿、负向运动时的负向终点螺补号	0~1023	●	●
3627	—	反向到达参考点的参考点螺补值	$-2^{15} \sim 2^{15}-1$	●	●
3661	—	从动 Cs 轴的参考点螺补号	0~1023	●	×
3666	—	从动 Cs 轴的负向终点螺补号	0~1023	●	×
3671	—	从动 Cs 轴的正向终点螺补号	0~1023	●	×
3676	—	双向补偿、从动 Cs 轴的负向终点螺补号	0~1023	●	×
3681	—	从动 Cs 轴反向到达参考点的参考点螺补值	$-2^{15} \sim 2^{15}-1$	●	×
3700.1	NRF	切换 Cs 轴首次 G00：“0”回参考点/“1”直接定位	0/1	●	●
3701.1	ISI	多通道串行主轴控制：“0”有效/“1”无效	0/1	×	●
3701.4	SS2	通道内串行主轴数：“0”1/“1”2	0/1	×	●
3702.1	EMS	多主轴控制功能：“0”有效/“1”无效	0/1	×	●
3703.1	2P2	第 2 通道主轴配置功能：“0”无效/“1”有效	0/1	×	●
3703.3	MPP	PMC 主轴选择信号：“0”无效/“1”有效	0/1	●	●
3703.4	SPR	第 2 通道主轴刚性攻螺纹：“0”无效/“1”有效	0/1	×	●
3704.4	SSS	任意主-从同步控制组合：“0”无效/“1”有效	0/1	●	●
3704.5	SSY	简易同步控制主-从任意组合：“0”无效/“1”有效	0/1	●	×
3704.7	CSS	第 2 主轴 Cs 轴控制：“0”无效/“1”有效	0/1	●	●
3705.0	ESF	线速度恒定控制 S 代码输出：“0”有效/“1”无效	0/1	●	●
3705.1	GST	SOR 信号作用：“0”定向准停/“1”主轴抖动	0/1	●	×
3705.2	SGB	B 型传动级交换方式：“0”无效/“1”有效	0/1	●	×
3705.3	SGT	攻螺纹传动级交换方式：“0”无效/“1”有效	0/1	●	×
3705.4	EVS	S 代码、SF 信号输出：“0”无效/“1”有效	0/1	×	●
3705.5	NSF	T 型传动级交换 SF 输出：“0”有效/“1”无效	0/1	●	×
3705.6	SFA	不交换传动级时的 SF 输出：“0”无效/“1”有效	0/1	●	●
3706.2	MPA	多主轴未用 P 指定时：“0”报警/“1”自动选择	0/1	●	●
3706.3	PCS	双通道、多主轴反馈选择：“0”有效/“1”无效	0/1	×	●
3706.4	GTT	传动级交换方式选择：“0”M 型/“1”T 型	0/1	●	×
3706.5	ORM	定向准停电压输出极性：“0”正/“1”负	0/1	●	●
3706.6	CWM	主轴模拟量输出极性：“00”均为正；“01”均为负；“10”M03 正/M04 负；“11”M03 负/M04 正	0/1	●	●
3706.7	TCW		0/1	●	●
3708.0	SAR	主轴转速到达检查：“0”无效/“1”有效	0/1	●	●
3708.1	SAT	螺纹切削主轴转速强制检查：“0”无效/“1”有效	0/1	×	●
3708.5	SOC	倍率后的主轴最高转速限制：“0”无效/“1”有效	0/1	●	●

（续）

参数号	代号	参数名称与作用	设定范围	CNC 系列	
				M	T
3708.6	TSO	螺纹、攻螺纹加工时主轴倍率："0" 无效/ "1" 有效	0/1	●	●
3709.0	SAM	计算主轴平均转速的采样次数："0" 4/ "1" 1	0/1	●	●
3709.1	RSC	线速度恒定对 G00 移动过程："0" 无效/ "1" 有效	0/1	●	●
3709.2	TSO	多主轴独立 SIND 信号："0" 无效/ "1" 有效	0/1	●	●
3709.3	MRS	多主轴独立 S 代码输出："0" 无效/ "1" 有效	0/1	●	●
3712.2	CSF	Cs 轴工件坐标系设定："0" 无效/ "1" 有效	0/1	●	●
3713.3	MSC	多主轴 C 型控制："0" 无效/ "1" 有效	0/1	●	●
3713.4	EOV	多主轴独立倍率控制："0" 无效/ "1" 有效	0/1	●	●
3713.6	MSC	多主轴编码器自动切换："0" 无效/ "1" 有效	0/1	●	●
3715.0	NSAn	轴移动时主轴转速到达检查："0" 有效/ "1" 无效	0/1	●	●
3716.0	A/Sn	主轴控制形式："0" 模拟/ "1" 串行	0/1	●	●
3717	—	主轴驱动器号	0～3	●	●
3718	—	主轴下标显示	字符码	●	●
3720	—	主轴编码器脉冲数	1～32767	●	●
3721	—	编码器侧齿轮齿数	1～9999	●	●
3722	—	主轴侧齿轮齿数	1～9999	●	●
3729.0	ORTn	定向准停位置外部设定："0" 有效/ "1" 无效	0/1	●	●
3729.1	FPRn	无编码器每转进给："0" 无效/ "1" 有效	0/1	●	●
3729.2	CSNn	Cs 控制关闭时的到位检查："0" 有效/ "1" 无效	0/1	●	●
3729.3	NCSn	主轴关闭时的 Cs 轴切换："0" 无效/ "1" 有效	0/1	●	●
3729.4	CSCn	Cs 轴单位："0" 0.001/ "1" 0.0001	0/1	●	●
3730	—	主轴模拟量输出增益	700～1250	●	●
3731	—	主轴模拟量输出偏移	－1024～1024	●	●
3732	—	主轴定向或主轴抖动时的电机转速	0～20000	●	●
3735	—	主轴最低转速限制	0～4095	●	×
3736	—	主轴最高转速限制	0～4095	●	×
3740	—	主轴转速到达信号检测延时	0～32767	●	●
3741～3744		传动级 1～4 主轴最高转速	0～99999999	●	●
3751	—	传动级交换 B，传动级 2 切换转速	0～99999999	●	●
3752	—	传动级交换 B，传动级 3 切换转速	0～99999999	●	●
3761	—	攻螺纹传动级交换，传动级 2 切换转速	0～99999999	●	●
3762	—	攻螺纹传动级交换，传动级 3 切换转速	0～99999999	●	●
3770	—	计算线速度的基准轴	0～7	●	●
3771	—	线速度恒定控制时的转速下限	0～32767	●	●
3772	—	主轴转速上限	0～99999999	●	●
3775	—	多主轴控制时的 P 代码默认值	0～32767	●	●
3781	—	多主轴控制时的选择主轴的 P 代码	0～32767	●	●
3798.0	ALM	全部主轴报警显示："0" 有效/ "1" 忽略	0/1	●	●
3799.0	NALn	主轴驱动器报警显示："0" 有效/ "1" 忽略	0/1	●	●
3799.1	NDPn	模拟主轴编码器断线检测："0" 有效/ "1" 忽略	0/1	●	●

（续）

参数号	代号	参数名称与作用	设定范围	CNC 系列	
				M	T
3799.2	ASDn	串行主轴速度显示：“0”编码器/“1”速度监视器	0/1	●	●
3799.3	SVPn	主轴同步误差显示：“0”监视值/“1”峰值	0/1	●	●
3799.5	SSHn	主轴诊断页面显示：“0”无效/“1”有效	0/1	●	●
3900～4799		串行主轴参数，见主轴参数说明	—	●	●
4800.4	SYM	主-从同步最高转速：“0”主控轴/“1”两者小者	0/1	●	●
4800.5	SCB	跨通道主-从组合：“0”无效/“1”有效	0/1	●	●
4800.6	EPZ	简易同步 Cs 轴切换参考点：“0”保持/“1”撤销	0/1	●	×
4801.0	SNDn	同步控制主轴转向：“0”不变/“1”相反	0/1	●	●
4810	—	主轴相位同步允差	0～255	●	●
4811	—	主轴同步控制允差	0～32767	●	●
4821	—	简易同步主-从设定：“0”主控轴/“1”从控轴	0/1	●	×
4826	—	简易同步控制允差	0～32767	●	×
4831	—	同步控制主-从设定：“0”主控轴/“1”从控轴	0/1	●	●
4832	—	同步控制系统公共主控轴设定	0～3	●	●
4900.0	FLRn	主轴速度波动参数设定单位：“0”1%/“1”0.1%	0/1	×	●
4911	—	主轴转速到达转速允差	1～100	×	●
4912	—	主轴转速波动变化率允差	1～100	×	●
4913	—	主轴转速波动幅值允差	1～100	×	●
4914	—	主轴转速波动检测延时	0～999999	×	●
4950.0	IORn	主轴定位的 CNC 复位解除：“0”无效/“1”有效	0/1	×	●
4950.1	IDMn	M 代码定位方向：“0”正/“1”负	0/1	×	●
4950.2	ISZn	主轴旋转时的直接定位：“0”有效/“1”无效	0/1	×	●
4950.5	TRVn	模拟主轴定位方向变换：“0”不变/“1”反向	0/1	×	●
4950.6	ESIn	主轴定位快速：“0”正常/“1”增加到 10 倍	0/1	×	●
4950.7	IMBn	M 代码主轴定位方式：“0”分步/“1”连续	0/1	×	●
4959.0	DMDn	主轴定位显示单位：“0”度/“1”脉冲	0/1	×	●
4960	—	指令主轴定向准停的 M 代码	6～97	×	●
4961	—	解除主轴定位的 M 代码	6～97	×	●
4962	—	指定主轴定位角度的起始 M 代码	6～97	×	●
4963	—	M 代码主轴定位的增量角度	0～60	×	●
4964	—	指定主轴定位角度的 M 代码数量	0～255	×	●
4970	—	模拟主轴定位位置环增益	0～9999	×	●
4971～4974		传动级 1～4 的模拟主轴定位位置环增益倍率	0～32767	×	●
5000.0	SBK	内部半径补偿段单段停止：“0”无效/“1”有效	0/1	●	●
5000.1	MOF	长度补偿变更：“0”立即生效/“1”重新指令	0/1	●	×
5001.0	TLC	长度补偿方式 C：“0”无效/“1”有效	0/1	●	×
5001.1	TLB	长度补偿方式 B：“0”无效/“1”有效	0/1	●	×
5001.2	OFH	指定半径补偿号的地址：“0”D/“1”H	0/1	●	×
5001.3	TAL	长度补偿 C 编程出错报警：“0”有效/“1”无效	0/1	●	×
5001.4	EVR	半径补偿变更：“0”重新指令/“1”立即生效	0/1	●	×

（续）

参数号	代号	参数名称与作用	设定范围	CNC 系列	
				M	T
5001.5	TPH	刀具半径偏置补偿号的地址："0" D/ "1" H	0/1	●	×
5001.6	EVO	长度补偿 A/B 变更："0" 重新指令/ "1" 立即生效	0/1	●	×
5002.0	LD1	指定刀偏号的 T 代码位数："0" 2/ "1" 1	0/1	×	●
5002.1	LGN	刀具偏置选择方式："0" 偏置号/ "1" T 代码	0/1	×	●
5002.2	LWT	磨损补偿方式："0" 改变移动量/ "1" 偏移坐标系	0/1	×	●
5002.4	LGT	形状补偿方式："0" 偏移坐标系/ "1" 改变移动量	0/1	×	●
5002.5	LGC	偏置号 0 取消形状补偿："0" 无效/ "1" 有效	0/1	×	●
5002.6	LWM	刀偏生效方式："0" 指令 T 时/ "1" 轴移动时	0/1	×	●
5002.7	WNP	刀尖方向指定方式："0" 形状号/ "1" 磨损号	0/1	×	●
5003.0	SUP	半径补偿方式 B："0" 无效/ "1" 有效	0/1	●	●
5003.1	SUV	半径补偿方式 C："0" 无效/ "1" 有效	0/1	●	●
5003.6	LVK	刀具偏置的复位取消："0" 有效/ "1" 无效	0/1	●	●
5003.7	TGC	刀补坐标偏移的复位取消："0" 有效/ "1" 无效	0/1	×	●
5004.1	ORC	刀具偏置值的指定方式："0" 半径/ "1" 直径	0/1	×	●
5004.2	ODI	刀具半径补偿的形式："0" 半径/ "1" 直径	0/1	●	×
5004.3	TS1	刀偏输入 B 接触检测点："0" 4 点/ "1" 1 点	0/1	×	●
5005.0	CNI	刀偏页面 C 输入软功能键："0" 有效/ "1" 无效	0/1	×	●
5005.2	PRC	刀偏/工件零点输入 PRC 信号："0" 有效/ "1" 无效	0/1	×	●
5005.5	QNI	刀具测量补偿号选择："0" MDI/ "1" PMC 信号	0/1	●	●
5006.1	TGC	G50/04/10 段指令 T："0" 不报警/ "1" 报警	0/1	×	●
5006.3	LVC	磨损偏置的复位取消："0" 无效/ "1" 有效	0/1	×	●
5004.6	TOS	长度补偿方式："0" 改变移动量/ "1" 偏移坐标系	0/1	●	×
5008.1	CNC	半径补偿干涉检测："0" 方向和圆弧/ "1" 仅圆弧	0/1	●	●
5008.3	CNV	半径补偿干涉检测功能："0" 有效/ "1" 无效	0/1	●	●
5008.4	MCR	MDI 指令 G41/42："0" 无报警/ "1" 报警	0/1	●	●
5008.6	GCS	G40/G49 同段编程长度撤销："0" 下段/ "1" 本段	0/1	●	×
5009.0	GSC	刀具测量输入："0" 高速信号/ "1" PMC 信号	0/1	×	●
5009.4	TSD	刀具测量输入运动方向判别："0" 无效/ "1" 有效	0/1	×	●
5009.5	TIP	使用刀尖方向的半径补偿："0" 无效/ "1" 有效	0/1	●	×
5010	—	可以忽略的半径补偿引起的最小移动量	999999999	●	●
5013	—	刀具磨损补偿最大值	0～9999999	●	●
5014	—	刀具磨损补偿增量输入的最大值	0～9999999	●	●
5015	—	4 点传感器的 +X 接触面坐标	－999999999～999999999	×	●
5016	—	4 点传感器的 －X 接触面坐标		×	●
5017	—	4 点传感器的 +Z 接触面坐标		×	●
5018	—	4 点传感器的 －Z 接触面坐标		×	●
5020	—	刀具测量输入 B 的刀具偏置号	0～400	×	●
5021	—	刀具单点测量的脉冲插补周期	0～8	×	●
5024	—	实际使用的刀具补偿点数	0～400	●	●
5028	—	T 指令中用来指定刀具偏置号的位数	0～3	×	●

（续）

参数号	代号	参数名称与作用	设定范围	CNC 系列	
				M	T
5029	—	2 通道共用的刀具偏置点数	0 ~ 400	×	●
5040. 0	OWD	半径指定刀偏时的磨损量："0" 半径/ "1" 直径	0/1	×	●
5042. 0	OFA	刀补值的输入范围："00" ±9999. 999；"01" ±9999. 99；"10" ±9999. 9999	0/1	●	●
5042. 1	OFC		0/1	●	●
5043	—	使用 Y 轴刀偏的轴号	0 ~ 7	×	●
5101. 0	FXY	孔加工循环进给轴："0" Z 轴/ "1" 程序指定	0/1	●	●
5101. 1	EXC	G81 外部动作指令："0" 无效/ "1" 有效	0/1	●	●
5101. 2	ETR	G83/87 的高速深孔加工："0" 有效/ "1" 无效	0/1	×	●
5101. 4	RD1	G76/87 让刀方向："0" 正/ "1" 负（0iD 见 5145）	0/1	●	×
5101. 5	RD2	G76/87 让刀轴："0" 第 1/ "1" 第 2（0iD 见 5145）	0/1	●	×
5101. 7	M5B	G76/87 定向前 M05 输出："0" 有效/ "1" 无效	0/1	●	×
5102. 2	QSR	G70 ~ 73Q 段的执行前检查："0" 无效/ "1" 有效	0/1	×	●
5102. 3	F0C	固定循环格式："0" FS10/11/ "1" FS0	0/1	×	●
5102. 6	RAB	FS10/11 格式 R 平面为："0" 增量/ "1" 绝对	0/1	×	●
5102. 7	RDI	FS10/11 格式 R 值为："0" 半径/ "1" 决定于轴	0/1	×	●
5103. 0	SLJ	FS10/11 格式 G76/87 偏移地址："0" Q/ "1" I/J/K	0/1	●	×
5103. 2	DCY	垂直定位平面的其他轴为："0" 钻轴/ "1" 定位轴	0/1	●	●
5103. 3	PNA	FS10/11 格式平面选择错误："0" 报警/ "1" 不报警	0/1	×	●
5103. 6	TCZ	攻螺纹循环积累误差检查："0" 无效/ "1" 有效	0/1	●	●
5104. 2	FCK	G71/72 的形状检查："0" 无效/ "1" 有效	0/1	×	●
5104. 6	PCT	攻螺纹循环的 Q 指令："0" 无效/ "1" 有效	0/1	●	●
5105. 0	SBC	固定循环和倒角的单段停止："0" 无效/ "1" 有效	0/1	●	●
5105. 1	RF1	G71/72 类型 I 的粗精加工："0" 有效/ "1" 无效	0/1	×	●
5105. 2	RF2	G71/72 类型 II 的粗精加工："0" 有效/ "1" 无效	0/1	×	●
5105. 3	M5T	G74/84 反转前的 M05 输出："0" 有效/ "1" 无效	0/1	●	●
5105. 4	K0D	K 指定为 0 时的循环："0" 无效/ "1" 视为 1 次	0/1	×	●
5106. 0	GFX	G71 ~ 74 磨削循环："0" 无效/ "1" 有效	0/1	×	●
5110	—	钻孔循环加工用于 C 轴夹紧的 M 代码	0 ~ 99999998	×	●
5111	—	钻孔循环 C 轴松开延时	0 ~ 32767	×	●
5112	—	钻孔循环加工用于刀具正转的 M 代码	0 ~ 99999998	×	●
5113	—	钻孔循环加工用于刀具反转的 M 代码	0 ~ 99999998	×	●
5114	—	高速深孔加工返回量 d 值	999999999	●	●
5115	—	深孔加工进给空程 d 值	999999999	●	●
5130	—	G92/76 倒角量	0 ~ 127	×	●
5131	—	G92/76 切削角度	0 ~ 89	×	●
5132	—	G71/72 的切削量	999999999	×	●
5133	—	G71/72 的回退量	999999999	×	●
5134	—	G71/72 的进给空程量（半径指定）	999999999	×	●
5135	—	G73 的第 2 轴回退量	-999999999 ~ 999999999	×	●
5136	—	G73 的第 1 轴回退量		×	●

（续）

参数号	代号	参数名称与作用	设定范围	CNC 系列	
				M	T
5137	—	G73 的分割次数	999999999	×	●
5139	—	G74/75 的回退量	999999999	×	●
5140	—	G76 的最小切削量	999999999	×	●
5141	—	G76 的精切量	999999999	×	●
5142	—	G76 的精切次数	999999999	×	●
5143	—	G76 的刀尖角度	0~80	×	●
5145	—	G71/72 的允许量 1	999999999	×	●
5146	—	G71/72 的允许量 2	999999999	×	●
5145	—	G76/87 的让刀方向（带符号的轴号）	-5~5	●	×
5149	—	G85/89 的回退倍率	0~2000	●	●
5160.1	OLS	深孔转矩过载时的自动调整："0" 无效/"1" 有效	0/1	●	×
5160.2	NOL	正常深孔加工时的自动调整："0" 无效/"1" 有效	0/1	●	×
5160.3	CYM	循环中调用子程序："0" 忽略/"1" 报警	0/1	●	●
5160.4	TSG	转矩过载使用跳过切削信号 "0"：是/"1" 否	0/1	●	×
5163	—	小孔深孔加工循环指令的 M 代码	1~99999999	●	×
5164	—	转矩过载自动调整时的转速变化率	1~255	●	×
5165	—	正常自动调整时的转速变化率	1~255	●	×
5166	—	转矩过载自动调整时的进给变化率	1~255	●	×
5167	—	正常自动调整时的进给变化率	1~255	●	×
5168	—	自动调整时的切削速度变化率下限	1~255	●	×
5170	—	记录回退次数的宏程序变量号	100~149	●	×
5171	—	记录转矩过载回退次数的宏程序变量号	100~149	●	×
5172	—	没有指令 I 时默认的回退速度	0~999000	●	×
5173	—	没有指令 I 时默认的进给速度	0~999000	●	×
5174	—	小孔、深孔加工空程值	999999999	●	×
5176~5183		磨削循环参数，见 FANUC 手册			
5200.0	G84	刚性攻螺纹循环的 M 指令："0" 需要/"1" 不需要	0/1	●	●
5200.2	CRG	刚性攻螺纹解除："0" RGTAP 信号/"1" G 代码撤销	0/1	●	●
5200.3	SIG	刚性攻螺纹 SIND 换挡："0" 无效/"1" 有效	0/1	●	●
5200.4	DOV	刚性攻螺纹退出倍率调节："0" 无效/"1" 有效	0/1	●	●
5200.5	PCP	刚性攻螺纹指令 Q："0" 高速深孔/"1" 深孔	0/1	●	●
5200.6	FHD	刚性攻螺纹的单段、进给保持："0" 无效/"1" 有效	0/1	●	●
5200.7	SRS	刚性攻螺纹主轴选择信号："0" SWSn/"1" RGTSPn	0/1	●	●
5201.2	TDR	刚性攻螺纹进/退独立加减速："0" 无效/"1" 有效	0/1	●	●
5201.3	OVU	刚性攻螺纹退出倍率单位："0" 1%/"1" 10%	0/1	●	●
5201.4	OV3	刚性攻螺纹退出时的主轴倍率："0" 无效/"1" 有效	0/1	●	●
5202.0	ORI	刚性攻螺纹开始时的定向："0" 不进行/"1" 进行	0/1	●	●
5202.1	RG3	刚性攻螺纹返回方式："0" 信号 RTNT/"1" G30	0/1	●	×
5202.4	IRR	刚性攻螺纹 R 平面定位允差："0" 独立/"1" 公共	0/1	●	●
5202.6	OVE	刚性攻螺纹退出倍率范围："0" 200% "1" 2000%	0/1	●	●

（续）

参数号	代号	参数名称与作用	设定范围	CNC 系列	
				M	T
5203.2	RFF	刚性攻螺纹前馈控制："0" 无效/ "1" 有效	0/1	●	●
5203.4	OVS	刚性攻螺纹进给倍率调节："0" 无效/ "1" 有效	0/1	●	●
5203.5	RBL	刚性攻螺纹加减速方式："0" 直线/ "1" S 形	0/1	●	×
5209.0	RTX	刚性攻螺纹进给轴选择："0" G17 ~ 19/ "1" G84/88	0/1	×	●
5209.1	RIP	刚性攻螺纹 R 到位检查："0" PRM1601.5/ "1" 有效	0/1	●	●
5210	—	指令刚性攻螺纹的 M 代码	0 ~ 65535	●	●
5211	—	刚性攻螺纹退出倍率	0 ~ 200	●	●
5213	—	深孔刚性攻螺纹的空程或返回量 d	999999999	●	●
5214	—	双主轴刚性攻螺纹同步允差	99999999	●	●
5221 ~ 5224		第 1 主轴传动级 1 ~ 4 刚性攻螺纹主轴侧齿轮齿数	0 ~ 32767	●	●
5231 ~ 5234		第 1 主轴传动级 1 ~ 4 刚性攻螺纹编码器侧齿轮齿数	0 ~ 32767	●	●
5241 ~ 5244		第 1 主轴传动级 1 ~ 4 刚性攻螺纹主轴最高转速	0 ~ 9999	●	●
5261 ~ 5264		第 1 主轴传动级 1 ~ 4 刚性攻螺纹加减速时间常数	0 ~ 4000	●	●
5271 ~ 5274		第 1 主轴传动级 1 ~ 4 刚性攻螺纹退出加减速时间常数	0 ~ 4000	●	●
5280	—	刚性攻螺纹位置环增益（传动级通用）	0 ~ 9999	●	●
5281 ~ 5284		传动级 1 ~ 4 刚性攻螺纹位置环增益	0 ~ 9999	●	●
5291 ~ 5294		传动级 1 ~ 4 刚性攻螺纹主轴位置环增益倍率	0 ~ 32767	●	●
5300	—	第 1 主轴刚性攻螺纹进给轴到位允差	0 ~ 32767	●	●
5301	—	第 1 主轴刚性攻螺纹主轴到位允差	0 ~ 32767	●	●
5302	—	第 2 主轴刚性攻螺纹进给轴到位允差	0 ~ 32767	●	●
5303	—	第 2 主轴刚性攻螺纹主轴到位允差	0 ~ 32767	●	●
5310	—	第 1 主轴刚性攻螺纹进给轴运动时的最大跟随允差	99999999	●	●
5311	—	刚性攻螺纹主轴运动时的最大跟随允差	99999999	●	●
5312	—	第 1 主轴刚性攻螺纹进给轴停止时的最大跟随允差	0 ~ 32767	●	●
5313	—	刚性攻螺纹主轴停止时的最大跟随允差	0 ~ 32767	●	●
5321 ~ 5324		传动级 1 ~ 4 刚性攻螺纹主轴反向间隙	±9999	●	●
5350	—	第 2 主轴刚性攻螺纹进给轴运动时的最大跟随允差	99999999	●	●
5352	—	第 2 主轴刚性攻螺纹进给轴停止时的最大跟随允差	0 ~ 32767	●	●
5365 ~ 5368		传动级 1 ~ 4 刚性攻螺纹 S 形加减速时间常数	0 ~ 512	●	×
5381	—	刚性攻螺纹回退倍率	0 ~ 200	●	×
5382	—	刚性攻螺纹回退行程	999999999	●	×
5400.0	RIN	G68 角度编程方式："0" 绝对/ "1" G90/91 旋转	0/1	●	×
5400.6	XSC	轴独立的缩放功能："0" 无效/ "1" 有效	0/1	●	×
5400.7	SCR	G51 缩放倍率单位："0" 0.00001/ "1" 0.001	0/1	●	×
5401.0	SCLn	轴缩放功能："0" 无效/ "1" 有效	0/1	●	×
5410	—	未指令旋转角度时的默认角度	±360000	●	×
5411	—	未指令缩放倍率时的默认倍率	$10^{10}-1$	●	×
5421	—	未指令缩放倍率时的各轴独立的默认倍率	$10^{10}-1$	●	×
5431.0	MDL	G60 指令性质："0" 非模态/ "1" 01 组模态	0/1	●	×

（续）

参数号	代号	参数名称与作用	设定范围	CNC 系列	
				M	T
5431.1	PDI	G60 暂停时的到位检查："0" 无效/"1" 有效	0/1	●	×
5440	—	G60 定位方向及行程	$\pm 10^{10}-1$	●	×
5450.0	PDI	极坐标插补第 2 轴编程："0" 半径/"1" 直径	0/1	×	●
5450.2	PLS	极坐标插补工件零点偏置："0" 无效/"1" 有效	0/1	×	●
5460	—	极坐标插补的直线轴指定	1~8	×	●
5461	—	极坐标插补的旋转轴指定	1~8	×	●
5463	—	极坐标插补旋转轴的进给倍率	0~100	×	●
5464	—	极坐标插补的假想轴偏移	$0\pm 10^{10}-1$	×	●
5480	—	法线控制轴号	0~4	●	×
5481	—	法线控制轴的摆动速度	0~999000	●	×
5482	—	法线控制轴的最小摆动角	999999999	●	×
5483	—	不摆动法线控制轴的最大移动距离	999999999	●	×
5500.0	DDP	分度轴位置单位："0" 0.001/"1" 0.0001	0/1	●	×
5500.1	REL	分度轴相对位置四舍五入："0" 无效/"1" 有效	0/1	●	×
5500.2	ABS	分度轴绝对位置四舍五入："0" 无效/"1" 有效	0/1	●	×
5500.3	INC	分度轴 G90 捷径旋转："0" 无效/"1" 有效	0/1	●	×
5500.4	G90	分度轴位置编程："0" G90/91 决定/"1" 绝对	0/1	●	×
5500.6	SIM	分度轴和其他轴同时指令："0" 报警/"1" 执行	0/1	●	×
5501.0	ITI	分度轴功能："0" 有效/"1" 无效	0/1	●	×
5501.1	ISP	分度轴夹紧时伺服关闭控制："0" CNC/"1" PMC	0/1	●	×
5502.0	ITI	分度轴同时指令报警："0" 有效/"1" 无效	0/1	●	×
5510	—	分度轴号	0~4	●	×
5511	—	指令负向分度的 M 代码	99999999	●	×
5512	—	分度轴分度单位	99999999	●	×
5711	—	直线度补偿的运动轴 1 的轴号	0~4	●	×
5721	—	直线度补偿的补偿轴 1 的轴号	0~4	●	×
5731~5734		直线度补偿的运动轴 1 的补偿点 a~d	0~1023	●	×
5761~5764		直线度补偿的运动轴 1 的补偿点 a~d 的补偿值	±32767	●	×
5861~5864		倾斜度补偿的补偿点 a~d	0~1023	●	×
5871~5874		倾斜度补偿的补偿点 a~d 的补偿值	±32767	●	×
6000.0	G67	G66 方式指令 G67："0" 报警/"1" 忽略指令	0/1	●	●
6000.1	MGO	20 段 GOTO 高速跳转："0" 无效/"1" 有效	0/1	●	●
6000.3	V10	刀具偏置变量格式："0" FS0/"1" FS10/11	0/1	●	×
6000.4	HGO	30 段 GOTO 高速跳转："0" 无效/"1" 有效	0/1	●	●
6000.5	SBM	宏程序单段控制："0" #3003/"1" 信号 SBK	0/1	●	●
6000.7	SBV	#3003 单段控制："0" 无效/"1" 有效	0/1	●	●
6001.0	MIF	宏程序 I/O 点："0" 标准/"1" 扩展	0/1	●	●

（续）

参数号	代号	参数名称与作用	设定范围	CNC 系列	
				M	T
6001.1	PRT	DPRNT 前 0 输出：“0”空格/“1”不输出	0/1	●	●
6001.3	PV5	#100～199 公共变量输出：“0”无效/“1”有效	0/1	●	●
6001.4	CRO	DPRNT、BPRNT 结束 CR 输出：“0”无/“1”带	0/1	●	●
6001.5	TCS	T 代码宏程序调用：“0”无效/“1”有效	0/1	●	●
6001.6	CCV	#100～199 断电清除：“0”清除/“1”不清除	0/1	●	●
6003.1	MSK	跳步切削位置记录：“0”无效/“1”有效	0/1	●	●
6003.2	MIN	宏程序中断类型：“0”类型Ⅰ/“1”类型Ⅱ	0/1	●	●
6003.3	TSE	中断信号 UINT 类型：“0”上升沿/“1”状态	0/1	●	●
6003.4	MPR	中断控制 M 代码：“0”M96/97/“1”可设定	0/1	●	●
6003.5	MSB	中断局部变量：“0”独立/“1”公共	0/1	●	●
6003.7	MUS	宏程序中断功能：“0”无效/“1”有效	0/1	●	●
6004.0	NAT	ATAN 结果输出：“0”0～360°/“1”－180°～180°	0/1	●	●
6004.2	VHD	#5121～5125 内容：“0”刀偏/“1”手轮中断移动量	0/1	×	●
6004.5	D10	#2401～2800 内容：“0”无效/“1”半径补偿	0/1	●	×
6005.0	SQC	顺序号子程序调用：“0”无效/“1”有效	0/1	●	●
6007.4	CVA	自变量小数点转换：“0”无效/“1”有效	0/1	●	●
6008.0	F0C	宏程序运算精度：“0”FS－0iD/“1”同 FS－0iC	0/1	●	●
6008.1	MCA	#3000 报警号范围：“0”0～200/“1”0～4095	0/1	●	●
6008.2	DSM	系统变量的 MDI 设定：“0”无效/“1”有效	0/1	●	●
6008.3	KOP	复位时的 POPEN 通信：“0”继续/“1”停止	0/1	●	●
6008.4	ISO	宏程序输入键格式：“0”EIA/“1”ISO/ASCⅡ	0/1	●	●
6008.5	ADD	超过 DPRNT 指令的整数位：“0”忽略/“1”报警	0/1	●	●
6008.6	GMP	宏程序的 M/T/特定 G 调用：“0”无效/“1”有效	0/1	●	●
6008.7	IJK	自变量 I/J/K 类型：“0”Ⅰ、Ⅱ自动判别/“1”Ⅰ类	0/1	●	●
6010.0～6010.7		宏程序字符的 MDI 输入键“＊”～“_”设定	0/1	●	●
……			0/1	●	●
6018.0～6018.7			0/1	●	●
6019.0	MCO	变量的实数值输出：“0”无效/“1”有效	0/1	●	●
6019.2	MCO	无小数点时自变量 D 的单位：“0”1/“1”0.001	0/1	×	●
6030	—	执行外部子程序调用的 M 代码	99999999	●	●
6031	—	写入保护起始的宏程序变量号	500～999	●	●
6032	—	写入保护结束的宏程序变量号	500～999	●	●
6033	—	宏程序中断 M 代码	99999999	●	●
6034	—	撤销宏程序中断 M 代码	99999999	●	●
6036	—	公共变量#100～199 通道共用的数量	0～100	●	●
6037	—	公共变量#500～999 通道共用的数量	0～500	●	●
6038	—	调用宏程序的 G 代码起始值	0～9999	●	●
6039	—	G 代码调用宏程序的起始号	1～9999	●	●
6040	—	调用宏程序的 G 代码数量	0～255	●	●
6044	—	调用宏程序的 M 代码起始值 1	3～99999999	●	●

（续）

参数号	代号	参数名称与作用	设定范围	CNC 系列	
				M	T
6045	—	M 代码调用宏程序的起始号 1	1～9999	●	●
6046	—	调用宏程序的 M 代码数量 1	0～32767	●	●
6047	—	调用宏程序的 M 代码起始值 2	3～99999999	●	●
6048	—	M 代码调用宏程序的起始号 2	1～9999	●	●
6049	—	调用宏程序的 M 代码数量 2	0～32767	●	●
6050～6059		调用宏程序 O9010～9019 的 G 代码	0～9999	●	●
6071～6079		调用宏程序 O9001～9009 的 M 代码	3～99999999	●	●
6080～6089		调用宏程序 O9020～9029 的 M 代码	3～99999999	●	●
6090	—	调用宏程序 O9004 的字符代码	字符码	●	●
6091	—	调用宏程序 O9005 的字符代码	字符码	●	●
6095	—	快捷调用宏程序的 MCST 信号数量	0～16	●	●
6096	—	MCST 信号调用的宏程序起始号	1～9999	●	●
6101～6110		用户模型编程菜单 1～10 中的起始宏程序变量号	100～999	●	●
6200.0	GSK	跳步切削信号 SKIPP："0" 无效/"1" 有效	0/1	●	●
6200.1	SK0	跳步切削信号 SKIP 极性："0" 常闭/"1" 常开	0/1	●	●
6200.4	HSS	高速跳步切削功能："0" 无效/"1" 有效	0/1	●	●
6200.5	SLS	高速多步跳步切削功能："0" 无效/"1" 有效	0/1	●	●
6200.6	SRE	高速跳步切削信号极性："0" 上升沿/"1" 下降沿	0/1	●	●
6200.7	SKF	G31 进给倍率/加减速/空运行："0" 无效/"1" 有效	0/1	●	●
6201.1	SEB	用于刀具测量的跟随误差："0" 不考虑/"1" 考虑	0/1	●	●
6201.2	TSE	#5061～5065 跟随误差："0" 考虑/"1" 不考虑	0/1	●	●
6201.4	IGX	高速跳步时所有 SIKP 信号："0" 有效/"1" 无效	0/1	●	●
6201.7	SPE	跳步切削信号 SKIP："0" 有效/"1" 无效	0/1	●	●
6202.0	1S1	G31/G31P1/G04Q1、G31P2/G04Q2～G31P4/G04Q4 跳步信号选择，bit0～7 对应 SKIP、SHIP2～8，"1" 有效/"0" 无效	0/1	●	●
……			0/1	●	●
6205.7	4S8		0/1	●	●
6206.0	DS1	G04 跳步信号选择，bit0～7 对应 SKIP、SHIP2～8，"1" 有效/"0" 无效	0/1	●	●
……			0/1	●	●
6206.7	DS8		0/1	●	●
6207.1	SFP	G31 进给速度："0" F 指令/"1" PRM6281 设定	0/1	●	●
6207.2	SFN	高速/多步跳步进给速度："0" F 指令/"1" 参数	0/1	●	●
6210.3	ASL	跳步切削直线加减速："0" 无效/"1" 有效	0/1	●	●
6210.4	ASB	跳步切削 S 型加减速："0" 无效/"1" 有效	0/1	●	●
6210.6	MDC	刀具测量输入和偏置值："0" 相加/"1" 相减	0/1	●	●
6215.0	CSTn	Cs 轴转矩过载跳步："0" 无效/"1" 有效	0/1	●	●
6221	—	转矩过载跳步延时	0～65535	●	●
6240.0	AE0	XAEn 信号极性："0" 0 有效/"1" 1 有效	0/1	●	●
6240.7	IGA	刀补自动测量功能："0" 有效/"1" 无效	0/1	●	●

（续）

参数号	代号	参数名称与作用	设定范围	CNC 系列	
				M	T
6241～6243		XAE1/GAE1～XAE3/GAE3 刀具测量减速速度	-999999999～999999999	●	●
6251～6253		XAE1/GAE1～XAE3/GAE3 刀具测量位置 γ		●	●
6254～6256		XAE1/GAE1～XAE3/GAE3 刀具测量位置 ε		●	●
6280	—	跳步切削加减速时间常数	0～512	●	●
6281～6285		G31 及 G31P1～G31P4 跳步进给速度	999000	●	●
6286.0	TQOn	转矩限制倍率：“0” 无效/“1” 有效	0/1	●	●
6287	—	转矩限制跳步最大位置跟随允差	0～327670	●	●
6300.3	ESC	外部程序检索时的复位：“0” 无效/“1” 有效	0/1	●	●
6300.4	ESR	外部程序检索功能：“0” 无效/“1” 有效	0/1	●	●
6300.7	EEX	外部程序检索扩展功能：“0” 无效/“1” 有效	0/1	●	●
6301.0	EXA	操作者信息号范围：“0” 0～999/“1” 0～4095	0/1	●	●
6301.1	EXM	操作者信息显示：“0” 0～999/“1” 0～4095	0/1	●	●
6301.2	NNO	操作者信息输入：“0” 换行/“1” 不换行	0/1	●	●
6301.3	EED	外部扩展数据输入：“0” 无效/“1” 有效	0/1	●	●
6310	—	显示文本的操作者信息范围	0～4095	●	●
6400.0	RPO	手轮回退倍率：“0” 10%/“1” 100%	0/1	●	●
6400.1	FWD	反向运动时的手轮回退：“0” 允许/“1” 不能	0/1	●	●
6400.2	MC5	手轮回退时的 M 代码输出分组设定：“00” 4×16；“01” 5×16；“10” 8×16；	0/1	●	●
6400.3	MC8		0/1	●	●
6400.4	HMP	通道反向运动的手轮回退：“0” 允许/“1” 不能	0/1	×	●
6400.5	RVN	分组外 M 代码的手轮回退：“0” 允许/“1” 不能	0/1	●	●
6400.6	MGO	手轮回退时手轮倍率 “0” 有效/“1” 无效	0/1	●	●
6400.7	MG4	手轮回退时跳步切削反向：“0” 允许/“1” 禁止	0/1	●	●
6401.2	CHS	手轮回退 STL、MCHK 信号：“0” 无效/“1” 有效	0/1	●	●
6401.6	HST	手轮回退的时钟显示：“0” 无效/“1” 有效	0/1	●	●
6401.7	STO	手轮回退反向运动 S/T 输出：“0” 有效/“1” 无效	0/1	●	●
6402.5	MWR	手轮回退的手轮反转：“0” 无效/“1” 有效	0/1	●	●
6405	—	手轮回退时的快速倍率	0～100	●	●
6410	—	手轮每格移动量倍乘系数	0～100	●	●
6411～6414		手轮回退 A 组 M 代码 1～4	0～9999	●	●
……		……	0～9999	●	●
6487～6490		手轮回退 T 组 M 代码 1～4	0～9999	●	●
6500.1	SPC	2 通道控制图形显示的主轴数：“0” 2/“1” 1	0/1	×	●
6500.3	DPA	图形显示的位置：“0” 带刀补/“1” 编程值	0/1	×	●
6501.0	ORG	动态刀具轨迹的坐标系变更：“0” 无效/“1” 有效	0/1	●	×
6501.3	3PL	动态刀具轨迹的显示：“0” 3 视图/“1” 主视图	0/1	●	×
6501.5	CSR	动态轨迹显示的刀具指示：“0” 四方/“1” 十字线	0/1	●	●
6509	—	2 通道、1 主轴的图形显示绘图坐标系选择	0～19	×	●
6510	—	图形显示绘图坐标系选择	0～8	●	●
6515	—	图形显示截面位置变化增量	0～10	●	×

（续）

参数号	代号	参数名称与作用	设定范围	CNC 系列	
				M	T
6581～6595		显示颜色设定 1～15	0～151515	●	●
6700.0	PCM	M02/M30 的工件计数："0" 有效/ "1" 无效	0/1	●	●
6700.1	PRT	计数到达信号的复位清除："0" 有效/ "1" 无效	0/1	●	●
6710	—	用于工件计数的 M 代码	99999999	●	●
6711	—	自动计算的工件计数值	99999999	●	●
6712	—	总的加工工件数	99999999	●	●
6713	—	所需要的加工零件数	99999999	●	●
6750	—	累计通电时间	99999999	●	●
6751	—	自动运行时间 1	59999	●	●
6752	—	自动运行时间 2	999999999	●	●
6753	—	切削加工时间 1	59999	●	●
6754	—	切削加工时间 2	999999999	●	●
6755	—	TMRON 信号 ON 的时间累计值 1	59999	●	●
6756	—	TMRON 信号 ON 的时间累计值 2	999999999	●	●
6757	—	一次自动时间的累计值 1	59999	●	●
6758	—	一次自动时间的累计值 2	999999999	●	●
6800.0	GS1	寿命管理每组的最大刀具数量："00" 16；"01" 8；"10" 4；"11" 2	0/1	●	●
6800.1	GS2		0/1	●	●
6800.2	LTM	刀具寿命计数方式："0" 次数/ "1" 时间	0/1	●	●
6800.3	SIG	刀具跳过时的组号输入："0" 无效/ "1" 有效	0/1	●	●
6800.4	GRS	TLRST 数据清除："0" 寿命结束组/ "1" 所有组	0/1	●	●
6800.5	SNG	TLSKP 的指定组跳过："0" 有效/ "1" 无效	0/1	●	●
6800.6	IGI	刀具号失效号忽略："0" 无效/ "1" 有效	0/1	●	●
6800.7	M6T	M06 的 T 代码作用："0" 失效号/ "1" 刀具号	0/1	●	●
6801.1	TSM	刀具计数方式："0" 按刀号/ "1" 按刀具	0/1	●	●
6801.2	LVF	刀具时间计数时的倍率："0" 无效/ "1" 有效	0/1	●	●
6801.3	EMD	寿命尽标记 * 显示时刻："0" 下次选刀/ "1" 立即	0/1	●	●
6801.7	M6E	M06 的 T 代码寿命计数："0" 无效/ "1" 有效	0/1	●	●
6802.0	T99	M99 寿命尽刀具的换刀信号："0" 无效/ "1" 有效	0/1	●	●
6802.1	TCO	使用刀具 FOCAS2/PMC 窗口写入："0" 可/ "1" 否	0/1	●	●
6802.2	E17	使用刀具 FOCAS2/PMC 窗口清除："0" 否/ "1" 可	0/1	●	●
6802.6	TSK	最后刀具跳过时的时间计数变更："0" 可/ "1" 否	0/1	●	●
6802.7	RMT	TLCHB 信号 ON 条件："0" 小于等于/ "1" 等于	0/1	●	●
6804.1	TCI	自动运行时的寿命编辑："0" 无效/ "1" 有效	0/1	●	●
6804.2	ETE	寿命尽刀具的标记："0" 可设定/ "1" * 标记	0/1	●	●
6804.6	LFT	所选刀具的寿命计数："0" 有效/ "1" LFCIV 切换	0/1	●	●
6805.0	FCO	寿命时间计数单位："0" 1s/ "1" 0.1s	0/1	●	●
6805.1	FGL	G10 寿命计数输入单位："0" 1min/ "1" 0.1min	0/1	●	●
6805.5	TRS	自动运行暂停时的 TLRST："0" 无效/ "1" 有效	0/1	●	●
6805.6	TRU	小于计数单位的时间："0" 忽略/ "1" 进位	0/1	●	●

（续）

参数号	代号	参数名称与作用	设定范围	CNC 系列	
				M	T
6805.7	TAD	M06 寿命计数无 T 时报警：“0”有效/“1”无效	0/1	●	●
6810	—	不需要进行寿命管理的刀具组号	99999999	●	●
6811	—	寿命计数重新启动用的 M 代码	0～127	●	●
6813	—	刀具寿命管理的刀具组数	0～128	●	●
6844	—	剩余寿命 CNC 计算值（使用次数）	—	●	●
6845	—	剩余寿命 CNC 计算值（使用时间）	—	●	●
6846	—	TLAL 信号输出的剩余数量	0～127	●	×
6901.1	EPW	位置开关的数量：“0”10/“1”16	0/1	●	●
6901.2	PSA	位置开关的跟随误差：“0”忽略/“1”考虑	0/1	●	●
6910～6925		位置开关 1～16 的轴号	0～7	●	●
6930～6945		位置开关 1～16 动作的正向终点	-999999999～999999999	●	●
6950～6965		位置开关 1～16 动作的负向终点		●	●
7001.0	MIT	自动运行的手轮叠加：“0”无效/“1”有效	0/1	●	●
7001.1	ABS	不同通道的手动绝对：“0”有效/“1”无效	0/1	×	●
7055.0	BCG	AI 控制 S 型加减速变更：“0”无效/“1”有效	0/1	●	×
7066	—	AI 控制 S 型加减速变更的速度	999000	●	×
7100.0	JHD	HANDLE 方式的 INC 进给：“0”无效/“1”有效	0/1	●	●
7100.1	THD	示教方式的手轮进给：“0”无效/“1”有效	0/1	●	●
7100.3	HCL	手轮中断的取消软功能键：“0”无效/“1”有效	0/1	●	●
7100.4	HPF	手轮超速时的多余脉冲：“0”放弃/“1”有效	0/1	●	●
7100.5	MPX	手轮每格移动量独立选择：“0”无效/“1”有效	0/1	●	●
7102.0	HNGn	手轮运动方向变换：“0”无效/“1”有效	0/1	●	●
7102.1	HNAn	各轴独立的手轮方向变换：“0”不变/“1”反向	0/1	●	●
7103.1	RTH	手轮中断量的复位取消：“0”不变/“1”反向	0/1	●	●
7103.2	HNT	手轮/增量进给每格移动量倍率：“0”1/“1”10	0/1	●	●
7103.3	HIT	手轮中断移动每格移动量倍率：“0”1/“1”10	0/1	●	●
7103.4	IBH	I/O－Link 手轮进给：“0”无效/“1”有效	0/1	●	●
7103.5	HIE	手轮中断的加减速方式：“0”同自动/“1”同手动	0/1	●	●
7105.1	HDX	手轮的连接地址：“0”默认/“1”可设定	0/1	●	●
7105.5	LBH	βi 驱动器的手轮连接：“0”无效/“1”有效	0/1	●	●
7110	—	CNC 手轮数量	0～3	●	●
7113	—	手轮 1，信号 MP2/1 为 10 时的每格移动量 *m*	1～2000	●	●
7114	—	手轮 1，信号 MP2/1 为 11 时的每格移动量 *n*	1～2000	●	●
7117	—	手轮速度超过快速时允许保留的移动量	999999999	●	●
7131	—	手轮 2，信号 MP2/1 为 10 时的每格移动量 *m*2	1～2000	●	●
7132	—	手轮 2，信号 MP2/1 为 11 时的每格移动量 *n*2	1～2000	●	●
7133	—	手轮 3，信号 MP2/1 为 10 时的每格移动量 *m*3	1～2000	●	●
7134	—	手轮 3，信号 MP2/1 为 11 时的每格移动量 *n*3	1～2000	●	●
7181	—	碰撞式回参考点第 1 次返回距离	-999999999～999999999	●	●
7182	—	碰撞式回参考点第 2 次返回距离		●	●

（续）

参数号	代号	参数名称与作用	设定范围	CNC 系列	
				M	T
7183	—	碰撞式回参考点第 1 次碰撞速度	0～999000	●	●
7184	—	碰撞式回参考点第 2 次碰撞速度		●	●
7185	—	碰撞式回参考点的返回速度		●	●
7186	—	碰撞式回参考点的转矩限制值（39%以下）	0～100	●	●
7187	—	碰撞式回参考点的转矩限制值（39%以上）	0～255	●	●
7200～7399		MDI 面板的机床操作功能（软式面板）设定	见手册	●	●
7300.6	MOA	程序重启 M/S/T/B 输出选择：“0”全部/“1”最后	0/1	●	●
7300.7	MOU	程序重启 M/S/T/B 输出功能：“0”无效/“1”有效	0/1	●	●
7301.0	ROF	程序重启位置显示：“0”带刀补/“1”按正常设定	0/1	●	●
7310	—	程序重启的坐标轴移动次序	0～7	●	●
7600.0	PFF	多边形车削刀具轴前馈：“0”无效/“1”有效	0/1	×	●
7600.7	PLZ	多边形车削 G28 回参考点：“0”同手动/“1”快速	0/1	×	●
7602.0	MNG	多边形车削主轴转向：“0”正常/“1”交换	0/1	×	●
7602.1	SNG	多边形车削刀具轴转向：“0”正常/“1”交换	0/1	×	●
7602.2	HDR	多边形车削相位偏移方向：“0”正常/“1”交换	0/1	×	●
7602.3	HSL	多边形车削相位偏移轴：“0”刀具/“1”主轴	0/1	×	●
7602.4	HST	多边形车削相位偏移时主轴暂停：“0”否/“1”是	0/1	×	●
7602.5	COF	多边形车削相位偏移功能：“0”有效/“1”无效	0/1	×	●
7603.0	RPL	复位解除多边形车削：“0”是/“1”否	0/1	×	●
7603.1	QDR	多边形车削刀具轴转向：“0”Q 定义/“1”同主轴	0/1	×	●
7603.2	SBR	多边形车削指令速比控制：“0”否/“1”是	0/1	×	●
7603.3	PLR	多边形车削刀具轴循环值：“0”可设定/“1”360°	0/1	×	●
7603.5	RDG	多边形车削诊断显示：“0”指令值/“1”同步误差	0/1	×	●
7603.7	PST	多边形车削信号 * PLSST：“0”无效/“1”有效	0/1	×	●
7610	—	多边形车削刀具轴号	1～7	×	●
7620	—	多边形车削刀具轴循环值	999999999	×	●
7621	—	多边形车削刀具轴转速上限	999999999	×	●
7631	—	多边形车削主轴转速允差	999999999	×	●
7632	—	多边形车削同步等待时间	999999999	×	●
7635	—	多边形车削主轴和刀具轴的固定速比	1～9	×	●
7636	—	主－从主轴多边形车削的从控主轴转速上限	999999999	×	●
7640	—	主－从主轴多边形车削的主控主轴	1～4	×	●
7641	—	主－从主轴多边形车削的从控主轴	1～4	×	●
7642	—	主－从主轴多边形车削的公共主控主轴	1～4	×	●
7643	—	主－从主轴多边形车削的公共从控主轴	1～4	×	●
7700～7773		滚齿机控制用电子齿轮箱（EGB）功能参数	见手册	●	×
8001～8032		PMC 轴控制参数 1		●	●
8100.0	RST	复位键有效通道：“0”全部/“1”所选通道	0/1	×	●
8100.1	IAL	通道报警互锁：“0”有效/“1”无效	0/1	×	●
8100.6	DSB	单段执行有效通道：“0”指定通道/“1”全部	0/1	×	●

（续）

参数号	代号	参数名称与作用	设定范围	CNC 系列	
				M	T
8103.0	MWT	通道独立 M 代码等待："0" 有效/"1" 无效	0/1	×	●
8110	—	需要等待的 M 代码起始号	100 ~ 99999999	×	●
8111	—	需要等待的 M 代码结束号		×	●
8130	—	控制轴数	1 ~ 8	●	●
8131.0	HPG	手轮功能："0" 无效/"1" 有效	0/1	●	●
8131.1	F1D	F1 位数进给功能："0" 无效/"1" 有效	0/1	●	×
8131.2	EDC	外部减速功能："0" 无效/"1" 有效	0/1	●	●
8131.3	AOV	拐角减速功能："0" 无效/"1" 有效	0/1	●	×
8131.4	NLV	8 级数据保护功能："0" 无效/"1" 有效	0/1	●	●
8132.0	TLF	刀具寿命管理功能："0" 无效/"1" 有效	0/1	●	●
8132.1	YOF	*Y* 轴刀具偏置功能："0" 无效/"1" 有效	0/1	×	●
8132.2	BCD	第 2 辅助机能："0" 无效/"1" 有效	0/1	●	●
8132.3	IXC	分度轴控制机能："0" 无效/"1" 有效	0/1	●	×
8132.4	SPK	小孔加工循环："0" 无效/"1" 有效	0/1	●	×
8132.5	SCL	变量缩放功能："0" 无效/"1" 有效	0/1	●	×
8133.0	SSC	线速度恒定控制功能："0" 无效/"1" 有效	0/1	●	●
8133.1	AXC	主轴定向准停功能："0" 无效/"1" 有效	0/1	×	●
8133.2	SCS	串行主轴位置控制功能："0" 无效/"1" 有效	0/1	●	●
8133.3	MSP	多主轴控制功能："0" 无效/"1" 有效	0/1	●	●
8133.4	SYC	主轴同步控制功能："0" 无效/"1" 有效	0/1	●	●
8133.5	SSN	串行主轴控制功能："0" 有效/"1" 无效	0/1	●	●
8134.0	LAP	图形对话编程："0" 无效/"1" 有效	0/1	●	●
8134.1	BAR	禁区保护功能："0" 无效/"1" 有效	0/1	●	●
8134.2	CCR	倒角、拐角 R 编程功能："0" 无效/"1" 有效	0/1	●	●
8134.3	NGR	图形显示功能："0" 有效/"1" 无效	0/1	●	●
8134.6	NBG	后台编辑功能："0" 有效/"1" 无效	0/1	●	●
8134.7	NCT	工件计数功能："0" 有效/"1" 无效	0/1	●	●
8135.0	NPF	螺距误差补偿功能："0" 有效/"1" 无效	0/1	●	●
8135.1	NHI	手轮中断功能："0" 有效/"1" 无效	0/1	●	●
8135.2	NSQ	程序重新启动功能："0" 有效/"1" 无效	0/1	●	●
8135.3	NRG	刚性攻螺纹功能："0" 有效/"1" 无效	0/1	●	●
8135.4	NOR	串行主轴主轴定向功能："0" 有效/"1" 无效	0/1	●	●
8135.5	NMC	用户宏程序功能："0" 有效/"1" 无效	0/1	●	●
8135.6	NCV	宏程序变量扩展："0" 有效/"1" 无效	0/1	●	●
8135.7	NPD	模型编程功能："0" 有效/"1" 无效	0/1	●	●
8136.0	NWZ	工件坐标系编程功能："0" 有效/"1" 无效	0/1	●	●
8136.1	NWC	工件坐标系设定功能："0" 有效/"1" 无效	0/1	●	●
8136.2	NWN	附加工件坐标系设定功能："0" 有效/"1" 无效	0/1	●	●
8136.3	NOP	MDI 机床操作面板功能："0" 有效/"1" 无效	0/1	●	●
8136.4	NWZ	MDI 通用机床操作键："0" 有效/"1" 无效	0/1	●	●

（续）

参数号	代号	参数名称与作用	设定范围	CNC 系列	
				M	T
8136.5	NDO	附加刀补："0" 有效/"1" 无效	0/1	●	●
8136.6	NGW	刀补补偿功能 C："0" 有效/"1" 无效	0/1	●	●
8136.7	NWZ	长度测量和刀尖半径补偿："0" 有效/"1" 无效	0/1	●	●
8137.0	NVC	均衡切削控制功能："0" 有效/"1" 无效	0/1	●	●
8140～8194		FS－0iTD 双通道控制参数	见手册	×	●
8200.0	AAC	倾斜轴控制功能："0" 有效/"1" 无效	0/1	●	●
8200.2	AZR	倾斜轴回参考点对正交轴："0" 有效/"1" 无效	0/1	●	●
8201.0	AOT	倾斜轴软件限位坐标系："0" 倾斜/"1" 笛卡儿	0/1	●	●
8201.1	AO2	倾斜轴行程极限 2 坐标系："0" 倾斜/"1" 笛卡儿	0/1	●	●
8201.2	AO3	倾斜轴行程极限 3 坐标系："0" 倾斜/"1" 笛卡儿	0/1	●	●
8201.7	ADG	倾斜轴诊断参数次序："0" 正常/"1" 交换	0/1	●	●
8209.0	ARF	倾斜轴 G28/30 运动："0" 倾斜/"1" 笛卡儿	0/1	●	●
8210	—	倾斜轴角度	±180000	●	●
8211	—	倾斜轴轴号	±180000	●	●
8212	—	正交轴轴号	±180000	●	●
8301～8338		主－从同步控制功能参数	见手册	●	●
8341	—	需要进行比较停止的程序号	1～9999	●	●
8342	—	需要比较停止的程序段号	1～9999	●	●
8459.3	OVR	速度倍率对 AI 控制速度："0" 无效/"1" 有效	0/1	●	●
8465	—	AI 控制上限速度	999000	●	●
8466	—	AI 控制上限速度（旋转轴）	999000	●	●
8650～8813		C 语言执行器、PowerMate 管理器参数	见手册	●	●
8900.0	PWE	外部设备、MDI 的设定："0" 禁止/"1" 允许	0/1	●	●
8901.7	MEN	定期维修页面显示："0" 有效/"1" 无效	0/1	●	●
8911	—	显示警示信息的剩余寿命	0～99%	●	●
8940～8949		CNC 通电初始页面显示字符 1～10	字符码	●	●
8950.0	MEM	存储器内容显示："0" 无效/"1" 有效	0/1	●	●
10000～10019		第 1 保护组 1～20 的 X 偏置或长度偏置输入下限	999999999	●	●
10020～10039		第 1 保护组 1～20 的 X 偏置或长度偏置输入上限	999999999	●	●
10040～10059		第 1 保护组 1～20 的 Z 偏置或半径补偿输入下限	999999999	●	●
10060～10079		第 1 保护组 1～20 的 Z 偏置或半径补偿输入上限	999999999	●	●
10080～10099		第 1 保护组 1～20 的刀尖半径补偿输入下限	999999999	×	●
10100～10119		第 1 保护组 1～20 的刀尖半径补偿输入上限	999999999	×	●
10120～10139		第 1 保护组 1～20 的 X 或长度磨损输入下限	999999999	●	●
10140～10159		第 1 保护组 1～20 的 X 或长度磨损输入上限	999999999	●	●
10160～10179		第 1 保护组 1～20 的 Z 或半径磨损输入下限	999999999	●	●
10180～10199		第 1 保护组 1～20 的 Z 或半径磨损输入上限	999999999	●	●
10200～10219		第 1 保护组 1～20 的刀尖半径磨损输入下限	999999999	×	●
10220～10239		第 1 保护组 1～20 的刀尖半径磨损输入上限	999999999	×	●
10240～10259		第 1 保护组 1～20 的起始偏置号	999999999	●	●

（续）

参数号	代号	参数名称与作用	设定范围	CNC 系列	
				M	T
10260～10279		第 1 保护组 1～20 的结束偏置号	999999999	●	●
10280～10283		第 2 保护组 1～4 的 *Y* 偏置输入下限	999999999	×	●
10284～10287		第 2 保护组 1～4 的 *Y* 偏置输入上限	999999999	×	●
10288～10291		第 2 保护组 1～4 的 *Y* 磨损输入下限	999999999	×	●
10292～10295		第 2 保护组 1～4 的 *Y* 磨损输入上限	999999999	×	●
10296～10299		第 2 保护组 1～4 的起始偏置号	999999999	●	●
10300～10303		第 2 保护组 1～4 的结束偏置号	999999999	●	●
10304～10309		第 1 保护组 1～6 的工件坐标系零点输入下限	999999999	●	●
10310～10315		第 1 保护组 1～6 的工件坐标系零点输入上限	999999999	●	●
10316～10321		第 1 保护组 1～6 的工件坐标系起始偏置号	999999999	●	●
10322～10327		第 1 保护组 1～6 的工件坐标系结束偏置号	999999999	●	●
10328	—	各轴工件坐标系偏移设定下限	999999999	×	●
10329	—	各轴工件坐标系偏移设定上限	999999999	×	●
10330.0	ⅡC	增量输入确认：“0”有效/“1”无效	0/1	●	●
10330.1	PDC	程序删除确认：“0”有效/“1”无效	0/1	●	●
10330.2	ADC	输入数据清除确认：“0”有效/“1”无效	0/1	●	●
10330.3	HSC	程序中途启动确认：“0”有效/“1”无效	0/1	●	●
10330.4	MID	模态信息更新突出显示：“0”有效/“1”无效	0/1	●	●
10330.5	PDC	程序数据“和”校验：“0”无效/“1”有效	0/1	●	●
10330.6	ASD	坐标轴状态显示：“0”有效/“1”无效	0/1	●	●
10331	—	外部工件坐标系偏移下限	999999999	●	●
10332	—	外部工件坐标系偏移上限	999999999	●	●
10334.0	MDW	自动运行复位警示：“0”有效/“1”无效	0/1	●	●
10340.0	ABP	通电数据自动备份：“0”无效/“1”有效	0/1	●	●
10340.1	ABI	禁止写入的数据自动备份：“0”无效/“1”有效	0/1	●	●
10340.2	AAP	FROM 的 CNC 程序备份：“0”无效/“1”有效	0/1	●	●
10340.6	EIB	通电禁止写入数据的更新：“0”无效/“1”有效	0/1	●	●
10340.7	EEB	急停数据自动备份：“0”无效/“1”有效	0/1	●	●
10341	—	自动数据备份间隔时间（天）	0～365	●	●
10342	—	自动数据备份的数量	0～3	●	●
10421～10475		显示颜色设定	0～151515	●	●
10600～10719		波形诊断数据（只能通过操作页面设定）	—	●	●
11000.7	SRVn	指定伺服轴的主轴控制：“0”无效/“1”有效	0/1	●	●
11001.0	SRBn	伺服主轴刚性攻螺纹加减速：“0”直线/“1”S 形	0/1	●	●
11001.1	TCRn	伺服主轴速度控制插补后加减速时间设定参数：“0”PRM1622/“1”PRM11016	0/1	●	●
11005.0	SIC	伺服主轴分度坐标系：“0”绝对/“1”机械	0/1	●	●
11006.0	PCE	伺服轴的主轴控制功能：“0”无效/“1”有效	0/1	●	●
11010	—	伺服主轴控制的主轴号	0～3	●	●
11011	—	伺服主轴每转移动量	999999999	●	●

（续）

参数号	代号	参数名称与作用	设定范围	CNC 系列	
				M	T
11012	—	伺服主轴的分度速度	999999999	●	●
11013	—	伺服主轴运动时的位置跟随极限允差	99999999	●	●
11014	—	伺服主轴停止时的位置跟随极限允差	99999999	●	●
11015	—	伺服主轴最高转速	99999999	●	●
11016	—	伺服主轴速度控制的插补后加减速时间	99999999	●	●
11017	—	伺服主轴速度控制的插补后加减速的 FL 速度	999000	●	●
11020/11021		伺服主轴加减速切换转速 1/2	99999999	●	●
11030～11032		伺服主轴的加减速切换区间 1～3	0～100000	●	●
11050	—	伺服主轴刚性攻螺纹最大加速度	0～100000	●	●
11051	—	伺服主轴刚性攻螺纹 S 形加减速时间	0～100000	●	●
11052	—	伺服主轴切削进给加减速时间	0～4000	●	●
11060～11063		伺服主轴传动级 1～4 刚性攻螺纹加减速时间	0～4000	×	●
11065～11068		伺服主轴传动级 1～4 刚性攻螺纹回退加减速时间	0～4000	×	●
11090	—	执行主轴旋转指令的通道号	0～2	×	●
11222.0	NIM	G20/21 坐标系自动变换：“0” 无效/ “1” 有效	0/1	●	●
11222.1	CIM	坐标系偏移时的 G20/21 变换：“0” 报警/ “1” 清除	0/1	●	●
11223.1	TRS	螺纹切削退出时的 THRD 信号：“0” 为 0/ “1” 为 1	0/1	×	●
11223.2	OPS	程序检索时的 OP 信号：“0” 为 0/ “1” 为 1	0/1	●	●
11240.1	AMP	AI 控制 G53/G28 插补后加减速：“0” 是/ “1” 否	0/1	●	●
11275	—	工件坐标系预置的起始 M 代码	99999999	●	●
11276	—	工件坐标系预置的 M 代码数量	99999999	●	●
11277.0	WPA	坐标系预置 M 代码不能执行报警：“0” 是/ “1” 否	0/1	●	●
11300.3	ASH	实际速度输出更新周期：“0” 32ms/ “1” 高速	0/1	●	●
11300.5	MPH	机械位置输出更新周期：“0” 32ms/ “1” 高速	0/1	●	●
11300.6	ATH	负载转矩输出更新周期：“0” 32ms/ “1” 高速	0/1	●	●
11300.7	MUC	模态数据输出更新周期：“0” 32ms/ “1” 高速	0/1	●	●
11302.0	SPG	初始程序页面显示：“0” 全屏/ “1” 小画面	0/1	●	●
11302.1	SPR	初始参数页面显示：“0” 全屏/ “1” 小画面	0/1	●	●
11302.2	SDG	初始诊断页面显示：“0” 全屏/ “1” 小画面	0/1	●	●
11302.3	SMD	初始 MDI 页面显示：“0” 可选择/ “1” 小画面	0/1	●	●
11302.4	ADC	报警清除后页面自动恢复：“0” 无效/ “1” 有效	0/1	●	●
11302.5	PES	一览表程序检索的页面切换：“0” 无效/ “1” 有效	0/1	●	●
11302.7	CPS	按操作方式的程序显示切换：“0” 无效/ “1” 有效	0/1	●	●
11303.0	LDP	负载表和位置同步显示：“0” 有效/ “1” 无效	0/1	●	●
11303.3	BDP	单段/程序检查页面已执行段显示：“0” 否/ “1” 是	0/1	●	●
11303.4	DPM	MDI 的宏程序调用显示：“0” 否/ “1” 是	0/1	●	●
11303.5	ISQ	MDI 方式的段号自动插入：“0” 否/ “1” 是	0/1	●	●
11304.1	GGD	G 代码引导编程显示：“0” 否/ “1” 是	0/1	●	●
11307	—	位置综合显示页面显示次序设定	0～5	●	●
11308.0	DOP	其他通道报警时的页面自动切换：“0” 否/ “1” 是	0/1	×	●

（续）

参数号	代号	参数名称与作用	设定范围	CNC 系列	
				M	T
11308.1	COW	存储卡文件覆盖："0"报警/"1"允许	0/1	●	●
11308.3	FDP	程序检查页面已执行段显示："0"否/"1"是	0/1	●	●
11308.4	PGS	省略O号的程序检索："0"不能/"1"允许	0/1	●	●
11308.5	SPH	主轴转速输出更新周期："0"32ms/"1"高速	0/1	●	●
11308.6	ABH	绝对位置输出更新周期："0"32ms/"1"高速	0/1	●	●
11308.7	DGH	剩余行程输出更新周期："0"32ms/"1"高速	0/1	●	●
11309	—	模型编程页面的菜单号	-128~127	●	●
11318.1	MLD	程序一览表分割显示："0"无效/"1"有效	0/1	●	●
11318.6	RTC	程序一览表的文件重复复制："0"有效/"1"无效	0/1	●	●
11320.0	DHN	程序检查时的刀具名显示："0"无效/"1"有效	0/1	●	●
11321~11324		主轴上的刀具名	字符码	●	●
11325~11328		下一把刀具名	字符码	●	●
11329.1	DPC	动态轨迹的当前位置坐标系："0"工件/"1"机床	0/1	●	×
11329.2	GTL	动态轨迹的长度补偿："0"无效/"1"有效	0/1	●	×
11329.3	BGM	动态轨迹的坐标系："0"工件/"1"机床	0/1	●	×
11329.4	GTF	动态轨迹的半径补偿："0"无效/"1"有效	0/1	●	×
11329.5	AER	动态轨迹的自动擦除："0"无效/"1"有效	0/1	●	×
11329.6	ACT	动态轨迹的颜色自动变更："0"无效/"1"有效	0/1	●	×
11329.7	GST	无法显示的动态轨迹："0"忽略/"1"停止显示	0/1	●	×
11330	—	动态轨迹显示的倍率	1~10000	●	×
11331	—	动态轨迹显示的中心位置	999999999	●	×
11332	—	动态轨迹显示的区域（最大位置）	999999999	●	×
11333	—	动态轨迹显示的区域（最小位置）	999999999	●	×
11334	—	动态轨迹显示的垂直旋转角度	-360~360	●	×
11335	—	动态轨迹显示的水平旋转角度	-360~360	●	×
11336	—	动态轨迹显示的轨迹颜色	0~6	●	×
11337	—	动态轨迹显示的光标颜色	0~6	●	×
11339	—	动态轨迹显示的起始段号	99999999	●	×
11340	—	动态轨迹显示的结束段号	99999999	●	×
11341	—	动态轨迹显示的工件颜色	0~6	●	×
11342	—	动态轨迹显示的中心旋转角度	-360~360	●	×
11343	—	动态轨迹显示的工件形状	0~1	●	×
11344	—	动态轨迹显示的工件参考位置	999999999	●	×
11345~11347		动态轨迹显示的工件尺寸I/J/K	999999999	●	×
11338	—	动态轨迹显示的刀具颜色	0~6	●	×
11349.1	ABC	镗孔让刀的动态轨迹显示："0"无效/"1"有效	0/1	●	×
11349.2	GSP	动态轨迹显示起点："0"起始段终点/"1"当前	0/1	●	×
11349.7	PDM	加工模式变量名和注释显示："0"选择/"1"有效	0/1	●	●
11350.4	9DE	单页显示的坐标轴数："0"4轴/"1"5轴	0/1	●	●
11353.0	SEK	程序段号断电记忆："0"无效/"1"有效	0/1	●	●

（续）

参数号	代号	参数名称与作用	设定范围	CNC 系列	
				M	T
11363	—	动态轨迹显示的刀具形状（半径）	999999999	●	×
11400.0	M8D	指定刀具补偿的 T 代码位数："0" 4/ "1" 8	0/1	×	●
11420.0	RAU	刚性攻螺纹最佳加减速："0" 无效/ "1" 有效	0/1	●	●
11421～11424		传动级 1～4 的刚性攻螺纹最大加速度	10000	×	●
11425～11427		传动级 1～3 的刚性攻螺纹 S 型加速时间	10000	●	×
11429～11437		传动级 1～3 的最佳刚性攻螺纹加减速主轴转速 1～3	100	●	●
11438～11440		传动级 4 的最佳刚性攻螺纹加减速主轴转速 1～3	100	×	●
11441～11455		传动级 1～3 最佳刚性攻螺纹加速允许的加速度 0～4	100	●	●
11456～11460		传动级 4 最佳刚性攻螺纹加速允许的加速度 0～4	100	×	●
11461～11475		传动级 1～3 最佳刚性攻螺纹减速允许的加速度 0～4	100	●	●
11476～11480		传动级 4 最佳刚性攻螺纹减速允许的加速度 0～4	100	×	●
11630.0	FRD	坐标旋转最小单位："0" 0.001°/ "1" 0.0001°	0/1	●	×
11630.1	MDE	外设子程序调用指令 M198："0" 无效/ "1" 有效	0/1	●	●
11850.0	CMI	PMC 控制轴快速单位："0" 公制/ "1" 可设定	0/1	●	●
11931.1	M16	操作者信息的外部输入显示："0" 4 个/ "1" 16 个	0/1	●	●
12255	—	伺服电机最高转速	999000	●	●
12256	—	伺服电机最大加速度	10000	●	●
12300～12302		手轮 1～3 的 PMC 从站地址 *X*	0～327	●	●
12330～12333		βi 驱动器手轮信号传输："0" 有效/ "1" 无效	0/1	●	●
12350		轴独立的手轮进给倍率 m	0～2000	●	●
12351		轴独立的手轮进给倍率 n	0～2000	●	●
12600		同步/混合/重叠控制轴的 P、Q 号	0～32767	×	●
12730.0	PTC	PMC 控制轴扩展加减速控制："0" 无效/ "1" 有效	0/1	●	●
12731～12734		PMC 控制轴加减速扩展直线加减速时间 2～5	0～32767	●	●
12735～12738		PMC 控制轴加减速扩展、加减速切换速度 1～4	0～32767	●	●
12800～12999		FS－0iC 操作信息履历设定	—	●	●
13101.1	TPB	触摸屏信号传输波特率："0" 19.2k/ "1" 同 I/O－2	0/1	●	●
13101.5	CSC	单色 LCD 显示："0" 黑色白字/ "1" 灰色黑字	0/1	●	●
13102.0	TAD	坐标轴显示位置自动调整："0" 无效/ "1" 有效	0/1	●	●
13102.5	BGD	程序编辑页面后台编辑："0" 有效/ "1" 无效	0/1	●	●
13102.6	BGI	程序一览表页面的后台编辑："0" 有效/ "1" 无效	0/1	●	●
13102.7	EDT	MEM 运行程序的编辑："0" 有效/ "1" 禁止	0/1	●	●
13112.0	IDW	伺服、主轴信息页面编辑："0" 无效/ "1" 有效	0/1	●	●
13112.1	SVI	伺服信息显示："0" 有效/ "1" 无效	0/1	●	●
13112.2	SPI	主轴信息显示："0" 有效/ "1" 无效	0/1	●	●
13115.4	SI1	特殊字符的输入软功能键 1："0" 无效/ "1" 有效	0/1	●	●
13115.5	SI2	特殊字符的输入软功能键 2："0" 无效/ "1" 有效	0/1	●	●
13115.6	KBC	括号的输入变换："0" 无效/ "1" 有效	0/1	●	●
13117.2	SVO	0iD 伺服设定扩展显示："0" 有效/ "1" 无效	0/1	●	●
13118.2	SPO	0iD 主轴设定扩展显示："0" 有效/ "1" 无效	0/1	●	●

（续）

参数号	代号	参数名称与作用	设定范围	CNC 系列	
				M	T
13131	—	多通道同时显示："0" 无效/ "1" 有效	0/1	×	●
13132	—	多通道同时显示的显示次序	1~2	×	●
13140/13141		负载表显示的主轴名称 1/2	字符码	×	●
13221		启动刀具寿命计数的 M 代码	0~255	●	●
13265		刀具寿命管理生效长度补偿的 H 代码	0~9999	●	●
13266		刀具寿命管理生效半径补偿的 D 代码	0~9999	●	●
13600.0	MCR	加工调整时圆弧插补加速度："0" 变更/ "1" 不变	0/1	●	●
13600.7	MCR	加工调整时 S 型加减速 2："0" 无效/ "0" 有效	0/1	●	×
13601.0	MPR	加工调整页面显示："0" 是/ "1" 否	0/1	●	●
13610		加工调整、精度等级 LV1 的加速度	0~100000	●	●
13611		加工调整、精度等级 LV10 的加速度	0~100000	●	●
13612		加工调整、精度等级 LV1 的 S 形加速时间	0~127	●	●
13613		加工调整、精度等级 LV10 的 S 形加速时间	0~127	●	●
13620		加工调整、精度等级 LV1 的最大加速度	0~127	●	●
13621		加工调整、精度等级 LV10 的最大加速度	0~127	●	●
13622		加工调整、精度等级 LV1 的加减速时间	0~512	●	●
13623		加工调整、精度等级 LV10 的加减速时间	0~512	●	●
13624		加工调整、精度等级 LV1 的拐角速度差	999000	●	●
13625		加工调整、精度等级 LV10 的拐角速度差	999000	●	●
13626		加工调整、精度等级 LV1 的最大进给速度	999000	●	●
13627		加工调整、精度等级 LV10 的最大进给速度	999000	●	●
13628		加工调整、任意项目 1 的自定义参数号	0~65535	●	●
13629		加工调整、任意项目 2 的自定义参数号	0~65535	●	●
13630		加工调整、任意项目 1 精度等级 LV1 的设定值	0~65535	●	●
13631		加工调整、任意项目 2 精度等级 LV1 的设定值	0~65535	●	●
13632		加工调整、任意项目 1 精度等级 LV10 的设定值	0~65535	●	●
13633		加工调整、任意项目 2 精度等级 LV10 的设定值	0~65535	●	●
13634		加工调整当前精度等级	1~10	●	●
13662		加工调整、精度等级 LV1 的 S 型加减速时间 2	0~200	●	●
13663		加工调整、精度等级 LV10 的 S 型加减速时间 2	0~200	●	●
13730.0	CKS	通电时的参数 "和" 校验："0" 无效/ "1" 有效	0/1	●	●
13730.7	CSR	和校验报警清除："0" CAN+RESET/ "1" RESET	0/1	●	●
13731~13750		不需要和校验的参数号 1~20	0~65535	●	●
13751~13770		不需要和校验的参数组 1~10 的起始/结束参数号	0~65535	●	●
14000.2	IRFn	参考点的 G20/G21 切换："0" 无效/ "1" 有效	0/1	●	●
14000.3	IMAn	不在参考点时指令 G20/G21："0" 报警/ "1" 忽略	0/1	●	●
14010	—	带绝对零点参考标记的光栅回参考点最大移动量	999999999	●	●
14340~14349		FSSB 从站 ATR 地址	0~64	●	●
14376~14391		分离型检测单元 1、2 接口 1~8 的 ATR 地址	0~32	●	●
14476.0	DFS	FSSB 网络属性："0" 0iD 专用/ "1" 0iC 兼容	0/1	●	●

（续）

参数号	代号	参数名称与作用	设定范围	CNC 系列	
				M	T
14713	—	动态轨迹显示的缩放倍率单位	0～255	●	×
14714	—	动态轨迹显示的水平移动单位	0～255	●	×
14715	—	动态轨迹显示的垂直移动单位	0～255	●	×
14716	—	动态轨迹显示的旋转移动单位	0～255	●	×
14717	—	MANUAL GUIDEi 的 C 轴模拟轴号	0～7	●	●
14880.0	ETH	内置/PCMCIA 以太网卡："0"有效/"1"无效	0/1	●	●
14880.1	PCH	内置网卡 FTP 服务器确认："0"是/"1"否	0/1	●	●
14880.3	DIE	DHCP 通信默认："0"FOCAS2/"1"CIMPLICITY	0/1	●	●
14880.5	DNS	DNS 客户机功能："0"无效/"1"有效	0/1	●	●
14880.6	DHC	DHCP 客户机功能："0"无效/"1"有效	0/1	●	●
14890～14892		主机 1～3 使用的计算机操作系统	0～2	●	●
18060		禁止不输出 M 代码手轮回退运动的 M 代码	1～999	●	●
18065/18066		禁止输出 M 代码手轮回退运动的 M 代码 1/2	1～999	●	●
19500.6	FNW	独立 AI 减速控制："0"无效/"1"有效	0/1	●	●
19500.7	FCC	加速时间大于 1s 轴的速度预读："0"否/"1"可	0/1	●	●
19501.5	FRP	AI 控制直线型快进加速："0"插补后/"1"插补前	0/1	●	●
19515.0	BEX	G63 固定循环的预读："0"无效/"1"有效	0/1	●	●
19607.2	CCC	半径补偿外拐角连接："0"直线/"1"圆弧	0/1	●	●
19607.5	CAV	刀补发生过切的处理："0"报警/"1"改变轨迹	0/1	●	●
19607.6	NAA	回避干涉出现危险时："0"报警/"1"继续	0/1	●	●
19607.7	NAG	回避干涉矢量长度为 0 时："0"回避/"1"无效	0/1	●	●
19609.1	CCT	G49.1 取消 08 组指令："0"无效/"1"有效	0/1	●	●
19625	—	半径补偿预读程序段	3～8	●	●

附录 B CNC/PMC 接口信号表

附表 B-1 FS－0iD 高速输入信号一览表

地 址	信 号 名 称	信 号 代 号	
		FS－0iTD	FS－0iMD
X0004.0	*X* 轴测量位置到达或多级跳步信号 7	XAE/SKIP7	XAE
X0004.1	*Z* 轴测量位置到达或多级跳步信号 8	ZAE/SKIP8	—
	Y 轴测量位置到达	—	YAE
X0004.2	刀具偏置值写入或多级跳步信号 2	+MIT1/SKIP2	—
	Z 轴测量位置到达	—	ZAE
X0004.3	刀具偏置值写入或多级跳步信号 3	－MIT1/SKIP3	—
X0004.4	刀具偏置值写入或多级跳步信号 4	+MIT2/SKIP4	—
X0004.5	刀具偏置值写入或多级跳步信号 5	－MIT2/SKIP5	—
X0004.6	PMC 控制轴跳步信号或多级跳步信号 6	ESKIP/SKIP6	ESKIP
X0004.7	跳步信号	SKIP	SKIP
X0008.4	急停信号	*ESP	*ESP
X0009.0～009.3	回参考点减速信号	*DEC1～*DEC4	*DEC1～*DEC4

附表 B-2　PMC→CNC 信号一览表

地　址	信号名称	信号代号	CNC 系列	
			0iTD	0iMD
G0000/G0001	外部数据输入（数据信号）	ED0 ~ ED15	○	○
G0002.0 ~ G0002.6	外部数据输入（地址）	EA0 ~ EA6	○	○
G0002.7	外部数据输入（读取）	ESTB	○	○
G0004.3	辅助功能执行完成信号	FIN	○	○
G0004.4	M 代码完成信号 2	MFIN2	○	○
G0004.5	M 代码完成信号 3	MFIN3	○	○
G0005.0	M 代码完成信号	MFIN	○	○
G0005.1	外部数据输入完成信号	EFIN	—	○
G0005.2	S 代码完成信号	SFIN	○	○
G0005.3	T 代码完成信号	TFIN	○	○
G0005.4	B 代码完成信号	BFIN	○	—
G0005.6	辅助功能锁住信号	AFL	○	○
G0005.7	B 代码完成信号	BFIN	—	○
G0006.0	程序重新启动信号	SRN	○	○
G0006.2	手动绝对值信号	* ABSM	○	○
G0006.4	倍率取消信号	OVC	○	○
G0006.6	跳步信号	SKIPP	○	—
G0007.1	启动互锁信号	STLK	○	—
G0007.2	循环启动信号	ST	○	○
G0007.4	存储型行程极限 3 撤销信号	RLSOT3	○	—
G0007.5	跟随控制信号	* FLWU	○	○
G0007.6	存储型行程极限选择信号	EXLM	○	○
G0007.7	存储型行程极限撤销信号	RLSOT	—	○
G0008.0	互锁信号	* IT	○	○
G0008.1	切削程序段启动互锁信号	* CSL	—	○
G0008.3	程序段启动互锁信号	* BSL	○	○
G0008.4	急停信号	* ESP	○	○
G0008.5	进给保持信号	* SP	○	○
G0008.6	复位和倒带信号	RRW	○	○
G0008.7	外部复位信号	ERS	○	○
G0009.0 ~ G0009.4	工件号检索信号	PN1/2/4/8/16	○	○
G0010/G0011	手动倍率信号	* JV0 ~ * JV15	○	○
G0012	进给倍率信号	* FV0 ~ * FV7	○	○
G0014.0/G0014.1	快进倍率信号	ROV1/ROV2	○	○
G0016.7	F1 位进给选择信号	F1D	—	○

（续）

地　址	信 号 名 称	信号代号	CNC 系列	
			0iTD	0iMD
G0018.0～G0018.3	第1手轮进给轴选择信号	HS1A～HS1D	○	○
G0018.4～G0018.7	第2手轮进给轴选择信号	HS2A～HS2D	○	○
G0019.0～G0019.3	第3手轮进给轴选择信号	HS3A～HS3D	○	○
G0019.4/G0019.5	手轮或增量进给量选择信号	MP1/MP2	○	○
G0019.7	手动快进信号	RT	○	○
G0023.5	到位检测无效信号	NOINPS	○	○
G0024.0～G0025.5	扩展工件号检索信号	EPN0～EPN13	○	○
G0025.7	扩展工件号检索启动信号	EPNS	○	○
G0027.0～G0027.2	第1、2、3主轴选择信号	SWS1/2/3	○	○
G0027.3～G0027.5	第1、2、3主轴停止信号	*SSTP1/2/3	○	○
G0027.7	Cs轴切换信号	CON	○	○
G0028.1/G0028.2	实际传动级信号	GR1/GR2	○	○
G0028.4	主轴松开完成信号	*SUCPF	○	—
G0028.5	主轴夹紧完成信号	*SCPF	○	—
G0028.6	主轴停止完成信号	SPSTP	○	—
G0028.7	第2位置编码器选择信号	PC2SLC	○	—
G0029.0	齿轮挡位选择信号	GR21	○	○
G0029.4	主轴速度到达信号	SAR	○	○
G0029.5	主轴定向信号	SOR	○	○
G0029.6	主轴停止信号	*SSTP	○	○
G0030	主轴速度倍率信号	SOV0～SOV7	○	○
G0032.0～G0033.3	主轴速度指令输入信号	R01I～R12I	○	○
G0033.5	主轴速度指令极性选择信号	SGN	○	○
G0033.6		SSIN	○	○
G0033.7	PMC主轴速度输出控制信号	SIND	○	○
G0034.0～G0035.3	第2主轴速度指令信号	R01I2～R12I2	○	○
G0035.5	第2主轴速度指令极性选择信号	SGN2	○	○
G0035.6		SSIN2	○	○
G0035.7	第2主轴速度PMC控制信号	SIND2	○	○
G0036.0～G0037.3	第3主轴速度指令信号	R01I3～R12I3	○	○
G0037.5	第3主轴速度指令极性选择信号	SGN3	○	○
G0037.6		SSIN3	○	○
G0037.7	第3主轴速度PMC控制信号	SIND3	○	○
G0038.2	主轴同步控制信号	SPSYC	○	○
G0038.3	主轴相位同步控制信号	SPPHS	○	○

（续）

地　址	信号名称	信号代号	CNC 系列	
			0iTD	0iMD
G0038.6	B 轴松开完成信号	*BECUP	—	
G0038.7	B 轴夹紧完成信号	*BECLP	—	
G0039.0 ~ G0039.5	刀具偏置号选择信号	OFN0 ~ OFN5	○	—
G0039.6	工件坐标系偏置写入选择信号	WOQSM	○	—
G0039.7	刀具偏置值写入选择信号	GOQSM	○	—
G0040.5	主轴测量选择信号	S2TLS	○	—
G0040.6	位置记录信号	PRC	○	—
G0040.7	工件坐标系偏置写入信号	WOSET	○	—
G0041.0 ~ G0041.3	第 1 手轮中断轴选择信号	HS1IA ~ HS1ID	○	○
G0041.4 ~ G0041.7	第 2 手轮中断轴选择信号	HS2IA ~ HS2ID	○	○
G0042.0 ~ G0042.3	第 3 手轮中断轴选择信号	HS3IA ~ HS3ID	—	○
G0042.7	直接运行选择信号	DMMC	○	○
G0043.0 ~ G0043.2	CNC 操作方式选择信号	MD1/MD2/MD4	○	○
G0043.5	DNC 运行选择信号	DNCI	○	○
G0043.7	手动回参考点选择信号	ZRN	○	○
G0044.0、G0045	跳过任选程序段信号	BDT1、BDT2 ~ 9	○	○
G0044.1	机床锁住信号	MLK	○	○
G0046.1	单程序段信号	SBK	○	○
G0046.3 ~ G0046.6	存储器保护信号	KEY1 ~ KEY4	○	○
G0046.7	空运行信号	DRN	○	○
G0047.0 ~ G0047.6	刀具组号选择信号	TL01 ~ TL64	○	—
G0047.0 ~ G0048.0		TL01 ~ TL256	—	○
G0048.5	刀具跳过信号	TLSKP	○	○
G0048.6	刀具更换复位信号	TLRSTI	—	○
G0048.7	刀具更换复位信号	TLRST	○	○
G0049.0 ~ G0050.1	刀具寿命管理信号	*TLV0 ~ *TLV9	—	○
G0053.0	累计计数器启动信号	TMR ON	○	○
G0053.3	用户宏程序中断信号	UINT	○	○
G0053.6	误差检测信号	SMZ	○	—
G0053.7	倒角信号	CDZ	○	—
G0054、G0055	用户宏程序输入信号	UI000 ~ UI015	○	○
G0058.0	程序输入外部启动信号	MINP	○	○
G0058.1	外部阅读启动信号	EXRD	○	○
G0058.2	外部阅读/输出停止信号	EXSTP	○	○
G0058.3	外部输出启动信号	EXWT	○	○

（续）

地　址	信号名称	信号代号	CNC 系列	
			0iTD	0iMD
G0060.7	尾架保护信号	＊TSB	○	—
G0061.0	刚性攻螺纹信号	RGTAP	○	○
G0061.4、G0061.5	刚性攻螺纹主轴选择信号	RGTSP1	○	—
G0062.1	LCD 自动关闭功能取消信号	＊CRTOF	○	○
G0062.6	刚性攻螺纹回退启动信号	RTNT	—	○
G0063.5	倾斜轴控制撤销信号	NOZAGC	○	○
G0066.0	VRDY OFF 报警取消信号	IGNVRY	○	○
G0066.1	外部操作键输入选择信号	ENBKY	○	○
G0066.4	回退信号	RTRCT	○	○
G0066.7	操作键代码读取信号	EKSET	○	○
G0067.6	硬拷贝停止请求信号	HCABT	○	○
G0067.7	硬拷贝请求信号	HCREQ	○	○
G0070.0	中/低速挡转矩限制信号（串行主轴）	TLMLA	○	○
G0070.1	高/准高速挡转矩限制信号（串行主轴）	TLMHA	○	○
G0070.3/G0070.2	实际传动级信号（串行主轴）	CTH1A/CTH2A	○	○
G0070.4	主轴正转信号（串行主轴）	SRVA	○	○
G0070.5	主轴反转信号（串行主轴）	SFRA	○	○
G0070.6	定向准停信号（串行主轴）	ORCMA	○	○
G0070.7	机床准备好信号（串行主轴）	MRDYA	○	○
G0071.0	报警复位信号（串行主轴）	ARSTA	○	○
G0071.1	急停信号（串行主轴）	＊ESPA	○	○
G0071.2	主轴选择信号（串行主轴）	SPSLA	○	○
G0071.3	Y/△切换完成信号（串行主轴）	MCFNA	○	○
G0071.4	软启动取消信号（串行主轴）	SOCAN	○	○
G0071.5	速度环积分调节信号（串行主轴）	INTGA	○	○
G0071.6	输出Y/△切换请求信号（串行主轴）	RSLA	○	○
G0071.7	Y/△切换状态检测信号（串行主轴）	RCHA	○	○
G0072.0	定位启动信号（串行主轴）	INDXA	○	○
G0072.1	定位方向指令信号（串行主轴）	ROTAA	○	○
G0072.2	捷径定位控制信号（串行主轴）	NRROA	○	○
G0072.3	差分控制指令信号（串行主轴）	DEFMDA	○	○
G0072.4	模拟倍率控制信号（串行主轴）	OVRA	○	○
G0072.5	外部增量定位信号（串行主轴）	INCMDA	○	○
G0072.6	Y/△切换 MCC 状态信号（串行主轴）	MFNHGA	○	○
G0072.7	主轴定向 MCC 状态信号（串行主轴）	RCHHGA	○	○

（续）

地　址	信号名称	信号代号	CNC 系列	
			0iTD	0iMD
G0073.0	磁传感器定向指令（串行主轴）	MORCMA	○	○
G0073.1	从动轴运行信号（串行主轴）	SLVA	○	○
G0073.2	电枢关断信号（串行主轴）	MPOFA	○	○
G0073.4	断线检测撤销信号	DSCNA	○	○
G0074.0	中/低速挡转矩限制信号（第 2 主轴）	TLMLB	○	○
G0074.1	高/准高速转矩限制指令信号（第 2 主轴）	TLMHB	○	○
G0074.3/G0074.2	实际传动级信号（第 2 主轴）	CTH1B/CTH2B	○	○
G0074.4	CCW 指令信号（第 2 主轴）	SRVB	○	○
G0074.5	CW 指令信号（第 2 主轴）	SFRB	○	○
G0074.6	定向准停信号（第 2 主轴）	ORCMB	○	○
G0074.7	机床准备好信号（第 2 主轴）	MRDYB	○	○
G0075.0	报警复位信号（第 2 主轴）	ARSTB	○	○
G0075.1	急停信号（第 2 主轴）	*ESPB	○	○
G0075.2	主轴选择信号（第 2 主轴）	SPSLB	○	○
G0075.3	Y/△切换完成信号（第 2 主轴）	MCFNB	○	○
G0075.4	软启动取消信号（第 2 主轴）	SOCNB	○	○
G0075.5	速度积分控制信号（第 2 主轴）	INTGB	○	○
G0075.6	Y/△切换请求信号（第 2 主轴）	RSLB	○	○
G0075.7	Y/△切换状态检测信号（第 2 主轴）	RCHB	○	○
G0076.0	定位启动信号（第 2 主轴）	INDXB	○	○
G0076.1	定位方向指令信号（第 2 主轴）	ROTAB	○	○
G0076.2	捷径定位控制信号（第 2 主轴）	NRROB	○	○
G0076.3	差分控制指令信号（第 2 主轴）	DEFMDB	○	○
G0076.4	模拟倍率指令信号（第 2 主轴）	OVRB	○	○
G0076.5	外部增量定位信号（第 2 主轴）	INCMDB	○	○
G0076.6	Y/△切换 MCC 状态信号（第 2 主轴）	MFNHGB	○	○
G0076.7	主轴定向 MCC 状态信号（第 2 主轴）	RCHHGB	○	○
G0077.0	磁传感器主轴定向指令（第 2 主轴）	MORCMB	○	○
G0077.1	从动运行指令信号（第 2 主轴）	SLVB	○	○
G0077.2	电枢关断信号（第 2 主轴）	MPOFB	○	○
G0077.4	断线检测撤销信号（第 2 主轴）	DSCNB	○	○
G0078.0 ~ G0079.3	主轴停止位置指令信号	SHA00 ~ SHA11	○	○
G0080.0 ~ G0081.3		SHB00 ~ SHB11	○	○
G0091.0 ~ G0091.3	组号指定	SRLNI0 ~ SRLNI3	○	○
G0092.0	I/O－Link 确认信号	IOLACK	○	○

（续）

地　　址	信 号 名 称	信号代号	CNC 系列	
			0iTD	0iMD
G0092.1	I/O－Link 指定信号	IOLS	○	○
G0092.2	Power Mate 读/写进行中信号	BGION	○	○
G0092.3	Power Mate 读/写报警信号	BGIALM	○	○
G0092.4	Power Mate 后台忙信号	BGEN	○	○
G0096.0～G0096.6	快速进给倍率信号	*HROV0～*HROV6	○	○
G0096.7	快速进给倍率选择信号	HROV	○	○
G0098	操作键代码信号	EKC0～EKC7	○	○
G0100	手动进给轴及方向选择信号	+J1～+J4	○	○
G0101.0～G0101.3	外部减速信号 2	*+ED21～*+ED24	○	○
G0102	手动进给轴及方向选择信号	－J1～－J4	○	○
G0103.0～G0103.3	外部减速信号 2	*－ED21～*－ED24	○	○
G0104	存储型行程限位信号	+EXL1～+EXL4	○	○
G0105		－EXL1～－EXL4	○	○
G0106	镜像信号	MI1～MI4	○	○
G0107.0～G0107.3	外部减速信号 3	*+ED31～*+ED34	○	○
G0108	独立的机床锁住信号	MLK1～MLK4	○	○
G0109.0～G0109.3	外部减速信号 3	*－ED31～*－ED34	○	○
G0110	行程极限外部设定信号	+LM1～+LM4	—	○
G0112		－LM1～－LM4	—	○
G0114	超程信号	*+L1～*+L4	○	○
G0116		*－L1～*－L4	○	○
G0118	外部减速信号	*+ED1～*+ED4	○	○
G0120		*－ED1～*－ED4	○	○
G0124.0～G0124.3	轴脱开控制信号	DTCH1～DTCH4	○	○
G0125	异常负载检测取消信号	IUDD1～IUDD4	○	○
G0126	伺服关闭信号	SVF1～SVF4	○	○
G0127.0～G0127.3	Cs 轴精细加/减速功能撤销信号	CDF1～CDF4	○	○
G0130	独立的互锁信号	*IT1～*IT4	○	○
G0132.0～G0132.3	独立的方向互锁信号	+MIT1～+MIT4	—	○
G0134.0～G0134.3		－MIT1～－MIT4	—	○
G0136	PMC 轴控制选择信号	EAX1～EAX4	○	○
G0138	简单同步轴选择信号	SYNC1～SYNC4	○	○
G0140	简单同步手动进给轴选择信号	SYNCJ1～SYNCJ4	—	○
G0142.0	辅助功能结束信号（PMC 控制轴通道 1）	EFINA	○	○
G0142.1	累积零位检测信号（PMC 控制轴通道 1）	ELCKZA	○	○

（续）

地　址	信号名称	信号代号	CNC 系列	
			0iTD	0iMD
G0142.2	缓冲禁止信号（PMC 控制轴通道 1）	EMBUFA	○	○
G0142.3	程序段停信号（PMC 控制轴通道 1）	ESBKA	○	○
G0142.4	伺服关断信号（PMC 控制轴通道 1）	ESOFA	○	○
G0142.5	轴控制指令读取信号（PMC 控制轴通道 1）	ESTPA	○	○
G0142.6	复位信号（PMC 控制轴通道 1）	ECLRA	○	○
G0142.7	轴控制指令读取信号（PMC 控制轴通道 1）	EBUFA	○	○
G0143.0 ~ G0143.6	轴控制指令信号（PMC 控制轴通道 1）	EC0A ~ EC6A	○	○
G0143.7	程序段停禁止信号（PMC 控制轴通道 1）	EMSBKA	○	○
G0144、G0145	轴控制进给速度信号（PMC 控制轴通道 1）	EIF0A ~ EIF15A	○	○
G0146 ~ G0149	轴控制数据信号（PMC 控制轴通道 1）	EID0A ~ EID31A	○	○
G0150.0、G0150.1	PMC 控制轴快速进给倍率信号	ROV1E ~ ROV2E	○	○
G0150.5	PMC 控制轴倍率取消信号	OVCE	○	○
G0150.6	PMC 控制轴手动快速进给选择信号	RTE	○	○
G0150.7	PMC 控制轴空运行信号	DRNE	○	○
G0151	PMC 控制轴进给速度倍率信号	* FV0E ~ * FV7E	○	○
G0154.0	辅助功能结束信号（PMC 控制轴通道 2）	EFINB	○	○
G0154.1	累积零检测信号（PMC 控制轴通道 2）	ELCKZB	○	○
G0154.2	缓冲禁止信号（PMC 控制轴通道 2）	EMBUFB	○	○
G0154.3	程序段停信号（PMC 控制轴通道 2）	ESBKB	○	○
G0154.4	伺服关闭信号（PMC 控制轴通道 2）	ESOFB	○	○
G0154.5	轴控制暂停信号（PMC 控制轴通道 2）	ESTPB	○	○
G0154.6	复位信号（PMC 控制轴通道 2）	ECLRB	○	○
G0154.7	轴控制指令读取信号（PMC 控制轴通道 2）	EBUFB	○	○
G0155.0 ~ G0155.6	轴控制指令信号（PMC 控制轴通道 2）	EC0B ~ EC6B	○	○
G0155.7	程序段停信号（PMC 控制轴通道 2）	EMSBKB	○	○
G0156、G0157	轴控制进给速度信号（PMC 控制轴通道 2）	EIF0B ~ EIF15B	○	○
G0158 ~ G0161	轴控制数据信号（PMC 控制轴通道 2）	EID0B ~ EID31B	○	○
G0166.0	辅助功能结束信号（PMC 控制轴通道 3）	EFINC	○	○
G0166.1	累积零位检测信号（PMC 控制轴通道 3）	ELCKZC	○	○
G0166.2	缓冲禁止信号（PMC 控制轴通道 3）	EMBUFC	○	○
G0166.3	程序段停信号（PMC 控制轴通道 3）	ESBKC	○	○
G0166.4	伺服关断信号（PMC 控制轴通道 3）	ESOFC	○	○
G0166.5	轴控制暂停信号（PMC 控制轴通道 3）	ESTPC	○	○
G0166.6	复位信号（PMC 控制轴通道 3）	ECLRC	○	○
G0166.7	轴控制指令读取信号（PMC 控制轴通道 3）	EBUFC	○	○

（续）

地址	信号名称	信号代号	CNC 系列	
			0iTD	0iMD
G0167.0～G0167.6	轴控制指令信号（PMC 控制轴通道 3）	EC0C～EC6C	○	○
G0167.7	程序段停禁止信号（PMC 控制轴通道 3）	EMSBKC	○	○
G0168、G0169	轴控制进给速度信号（PMC 控制轴通道 3）	EIF0C～EIF15C	○	○
G0170～G0173	轴控制数据信号（PMC 控制轴通道 3）	EID0C～EID31C	○	○
G0178.0	辅助功能结束信号（PMC 控制轴通道 4）	EFIND	○	○
G0178.1	累积零检测信号（PMC 控制轴通道 4）	ELCKZD	○	○
G0178.2	缓冲禁止信号（PMC 控制轴通道 4）	EMBUFD	○	○
G0178.3	程序段停信号（PMC 控制轴通道 4）	ESBKD	○	○
G0178.4	伺服关闭信号（PMC 控制轴通道 4）	ESOFD	○	○
G0178.5	轴控制暂停信号（PMC 控制轴通道 4）	ESTBD	○	○
G0178.6	复位信号（PMC 控制轴通道 4）	ECLRD	○	○
G0178.7	轴控制指令读取信号（PMC 控制轴通道 4）	EBUFD	○	○
G0179.0～G0179.6	轴控制指令信号（PMC 控制轴通道 4）	EC0D～EC6D	○	○
G0179.7	程序段停禁止信号（PMC 控制轴通道 4）	EMSBKD	○	○
G0180、G0181	轴控制进给速度信号（PMC 控制轴通道 4）	EIF0D～EIF15D	○	○
G0182～G0185	轴控制数据信号（PMC 控制轴通道 4）	EID0D～EID31D	○	○
G0192	VRDY OFF 报警忽略信号（PMC 轴 1～4）	IGVRY1～IGVRY4	○	○
G0198	位置显示忽略信号（PMC 控制轴 1～4）	NPOS1～NPOS4	○	○
G0199.0	手轮 2 选择信号	IOLBH2	○	○
G0199.1	手轮 3 选择信号	IOLBH3	○	○
G0200	轴控制高级指令信号	EASIP1～EASIP4	○	○
G0274.4	Cs 轴坐标系建立请求信号	CSFI1	○	○
G0349.0～G0349.3	伺服转速检测有效信号	SVSCK1～SVSCK4	○	○
G0359.0～G0359.3	各轴到位检测无效信号	NOINP1～NOINP4	○	○

附表 B-3　CNC→PMC 信号一览表

地址	信号名称	信号代号	CNC 系列	
			0iTD	0iMD
F0000.0	倒带信号	RWD	○	
F0000.4	进给暂停报警信号	SPL	○	○
F0000.5	循环启动报警信号	STL	○	○
F0000.6	伺服准备就绪信号	SA	○	○
F0000.7	自动运行信号	OP	○	○
F0001.0	报警信号	AL	○	○
F0001.1	复位信号	RST	○	○

（续）

地　址	信号名称	信号代号	CNC 系列	
			0iTD	0iMD
F0001.2	电池报警信号	BAL	○	○
F0001.3	分配结束信号	DEN	○	○
F0001.4	主轴使能信号	ENB	○	○
F0001.5	攻螺纹信号	TAP	○	○
F0001.7	CNC 信号	MA	○	○
F0002.0	英制输入信号	INCH	○	○
F0002.1	快速进给信号	RPDO	○	○
F0002.2	线速度恒定控制信号	CSS	○	○
F0002.3	螺纹切削信号	THRD	○	○
F0002.4	程序启动信号	SRNMV	○	○
F0002.6	切削进给信号	CUT	○	○
F0002.7	空运行方式确认信号	MDRN	○	○
F0003.0	增量进给方式确认信号	MINC	○	○
F0003.1	手轮进给方式确认信号	MH	○	○
F0003.2	JOG 进给方式确认信号	MJ	○	○
F0003.3	MDI 方式确认信号	MMDI	○	○
F0003.4	DNC 方式确认信号	MRMT	○	○
F0003.5	MEM 方式确认信号	MMEM	○	○
F0003.6	EDIT 方式确认信号	MEDT	○	○
F0003.7	示教方式确认信号	MTCHIN	○	○
F0004.0、F0005	跳过任选程序段确认信号	MBDT1、MBDT2～9	○	○
F0004.1	所有轴机床锁住信号	MMLK	○	○
F0004.2	手动绝对值信号	MABSM	○	○
F0004.3	单程序段信号	MSBK	○	○
F0004.4	辅助功能锁住信号	MAFL	○	○
F0004.5	手动返回参考点信号	MREF	○	○
F0007.0	M 代码选通信号	MF	○	○
F0007.1	高速接口外部运行信号	EFD	—	○
F0007.2	S 代码选通信号	SF	○	○
F0007.3	T 代码选通信号	TF	○	○
F0007.4	B 代码选通信号	BF	○	—
F0007.7			—	○
F0008.0	外部运行信号	EF	—	○
F0008.4	M 代码选通信号 2	MF2	○	○

（续）

地　址	信号名称	信号代号	CNC 系列	
			0iTD	0iMD
F0008.5	M 代码选通信号 3	MF3	○	○
F0009.4	M 译码输出信号	DM30	○	○
F0009.5		DM02	○	○
F0009.6		DM01	○	○
F0009.7		DM00	○	○
F0010～F0013	M 代码输出信号 1	M00～M31	○	○
F0014～F0015	M 代码输出信号 2	M200～M215	○	○
F0016～F0017	M 代码输出信号 3	M300～M315	○	○
F0022～F0025	S 代码输出信号	S00～S31	○	○
F0026～F0029	T 代码输出信号	T00～T31	○	○
F0030～F0033	B 代码输出信号	B00～B31	○	○
F0034.0～F0034.2	自动传动级选择信号	GR1O/2O/3O	—	○
F0035.0	主轴报警信号	SPAL	○	○
F0036.0～F0037.3	12 位 S 代码信号	R01O～R02O	○	○
F0038.0	主轴夹紧信号	SCLP	○	—
F0038.1	主轴松开信号	SUCLP	○	—
F0038.2	主轴使能信号	ENB2	○	○
F0038.3		ENB3	○	○
F0040、F0041	实际主轴速度信号	AR0～AR15	○	—
F0044.1	Cs 轴切换完成信号	FSCSL	○	○
F0044.2	主轴同步控制完成信号	FSPSY	○	○
F0044.3	主轴相位同步控制完成信号	FSPPH	○	○
F0044.4	主轴同步报警信号	SYCAL	○	○
F0045.0	报警信号（第 1 串行主轴）	ALMA	○	○
F0045.1	零速度信号（第 1 串行主轴）	SSTA	○	○
F0045.2	速度检测信号（第 1 串行主轴）	SDTA	○	○
F0045.3	速度到达信号（第 1 串行主轴）	SARA	○	○
F0045.4	负载检测信号 1（第 1 串行主轴）	LDT1A	○	○
F0045.5	负载检测信号 2（第 1 串行主轴）	LDT2A	○	○
F0045.6	转矩限制信号（第 1 串行主轴）	TLMA	○	○
F0045.7	定向结束信号（第 1 串行主轴）	ORARA	○	○
F0046.0	Y/△切换信号（第 1 串行主轴）	CHPA	○	○
F0046.1	主轴Y/△切换结束信号（第 1 主轴）	CFINA	○	○
F0046.2	输出Y/△切换信号（第 1 主轴）	RCHPA	○	○
F0046.3	输出Y/△切换结束信号（第 1 主轴）	RCFNA	○	○

（续）

地　址	信号名称	信号代号	CNC 系列	
			0iTD	0iMD
F0046.4	从动轴运动状态信号（第1主轴）	SLVSA	○	○
F0046.5	主轴定向完成信号1（第1主轴）	PORA2A	○	○
F0046.6	主轴定向完成信号2（第1主轴）	MORA1A	○	○
F0046.7	主轴定向完成信号3（第1主轴）	MORA2A	○	○
F0047.0	位置编码零位信号（第1主轴）	PC1DTA	○	○
F0047.1	增量定位信号（第1主轴）	INCSTA	○	○
F0047.4	电枢关断信号（第1主轴）	EXOFA	○	○
F0048.4	Cs轴坐标系建立信号（第1主轴）	CSPENA	○	○
F0049.0	报警信号（第2主轴）	ALMB	○	○
F0049.1	零速度信号（第2主轴）	SSTB	○	○
F0049.2	速度检测信号（第2主轴）	SDTB	○	○
F0049.3	速度到达信号（第2主轴）	SARB	○	○
F0049.4	负载检测信号1（第2主轴）	LDT1B	○	○
F0049.5	负载检测信号2（第2主轴）	LDT2B	○	○
F0049.6	转矩限制信号（第2主轴）	TLMB	○	○
F0049.7	定向完成信号（第2主轴）	ORARB	○	○
F0050.0	Y/△切换信号（第2主轴）	CHPB	○	○
F0050.1	Y/△切换结束信号（第2主轴）	CFINB	○	○
F0050.2	Y/△切换信号（第2主轴）	RCHPB	○	○
F0050.3	Y/△切换结束信号（第2主轴）	RCFNB	○	○
F0050.4	从动轴运动信号（第2主轴）	SLVSB	○	○
F0050.5	主轴定向完成信号1（第2主轴）	PORA2B	○	○
F0050.6	主轴定向完成信号2（第2主轴）	MORA1B	○	○
F0050.7	主轴定向完成信号3（第2主轴）	MORA2B	○	○
F0051.0	编码器零位信号（第2主轴）	PC1DTB	○	○
F0051.1	增量定位信号（第2主轴）	INCSTB	○	○
F0051.4	电枢关断状态信号（第2主轴）	EXOFB	○	○
F0053.0	操作键输入禁止信号	INHKY	○	○
F0053.1	程序屏蔽显示方式信号	PRGDPL	○	○
F0053.2	阅读/输出处理中信号	RPBSY	○	○
F0053.3	阅读/输出报警信号	RPALM	○	○
F0053.4	后台忙信号	BGEACT	○	○
F0053.7	键代码读取结束信号	EKENB	○	○
F0054、F0055	用户宏程序输出信号	UO000 ~ UO015	○	○
F0056 ~ F0059		UO100 ~ UO131	○	○

（续）

地　　址	信 号 名 称	信号代号	CNC 系列	
			0iTD	0iMD
F0060.0	外部数据输入读取结束信号	EREND	○	○
F0060.1	外部数据输入检索结束信号	ESEND	○	○
F0060.2	外部数据输入检索取消信号	ESCAN	○	○
F0061.0	*B* 轴松开信号	BUCLP	—	○
F0061.1	*B* 轴夹紧信号	BCLP	—	○
F0061.2	硬拷贝停止请求接受确认	HCAB2	○	○
F0061.3	硬拷贝进行中信号	HCEXE	○	○
F0062.0	AI 前瞻控制方式信号	AICC	—	○
F0062.3	主轴 1 测量中信号	S1MES	○	—
F0062.4	主轴 2 测量中信号	S2MES	○	—
F0062.7	零件计数达到信号	PRTSF	○	○
F0063.7	多边形同步信号	PSYN	○	—
F0064.0	更换刀具信号	TLCH	○	○
F0064.1	新刀具选择信号	TLNW	○	○
F0064.2	刀具切换信号	TLCHI	—	○
F0064.3	刀具寿命到达信号	TLCHB	—	○
F0065.0	主轴的转向信号	RGSPP	—	○
F0065.1		RGSPM	—	○
F0065.4	回退完成信号	RTRCTF	○	○
F0066.0	前瞻控制方式信号	G08MD	○	○
F0066.1	刚性攻螺纹回退结束信号	RTPT	—	○
F0066.5	小孔排屑循环处理中信号	PECK2	—	○
F0070.0 ~ F0071	位置开关信号	PSW01 ~ PSW16	○	○
F0072	软操作面板通用开关信号	OUT0 ~ OUT7	○	○
F0073.0	软操作面板信号（MD1）	MD1O	○	○
F0073.1	软操作面板信号（MD2）	MD2O	○	○
F0073.2	软操作面板信号（MD4）	MD4O	○	○
F0073.4	软操作面板信号（ZRN）	ZRNO	○	○
F0075.2	软操作面板信号（BDT）	BDTO	○	○
F0075.3	软操作面板信号（SBK）	SBKO	○	○
F0075.4	软操作面板信号（MLK）	MLKO	○	○
F0075.5	软操作面板信号（DRN）	DRNO	○	○
F0075.6	软操作面板信号（KEY1 ~ KEY4）	KEYO	○	○
F0075.7	软操作面板信号（ * SP）	SPO	○	○
F0076.0	软操作面板信号（MP1）	MP1O	○	○

（续）

地　址	信号名称	信号代号	CNC 系列	
			0iTD	0iMD
F0076.1	软操作面板信号（MP2）	MP2O	○	○
F0076.3	刚性攻螺纹方式信号	RTAP	○	○
F0076.4	软操作面板信号（ROV1）	ROV1O	○	○
F0076.5	软操作面板信号（ROV2）	ROV2O	○	○
F0077.0	软操作面板信号（HS1A）	HS1AO	○	○
F0077.1	软操作面板信号（HS1B）	HS1BO	○	○
F0077.2	软操作面板信号（HS1C）	HS1CO	○	○
F0077.3	软操作面板信号（HS1D）	HS1DO	○	○
F0077.6	软操作面板信号（RT）	RTO	○	○
F0078	软操作面板信号（*FV0~*FV7）	*FV0O~*FV7O	○	○
F0079、F0080	软操作面板信号（*JV0~*JV15）	*JV0O~*JV15O	○	○
F0081.0/2/4/6	软操作面板信号（+J1~+J4）	+J1O~+J4O	○	○
F0081.1/3/5/7	软操作面板信号（-J1~-J4）	-J1O~-J4O	○	○
F0090.0	伺服轴异常负载检测信号	ABTQSV	○	○
F0090.1	第1主轴异常负载检测信号	ABTSP1	○	○
F0090.2	第2主轴异常负载检测信号	ABTSP2	○	○
F0094	返回参考点结束信号	ZP1~ZP4	○	○
F0096	返回第2参考位置结束信号	ZP21~ZP24	○	○
F0098	返回第3参考位置结束信号	ZP31~ZP34	○	○
F0100	返回第4参考位置结束信号	ZP41~ZP44	○	○
F0102	轴移动信号	MV1~MV4	○	○
F0104	到位信号	INP1~INP4	○	○
F0106	轴运动方向信号	MVD1~MVD4	○	○
F0108	镜像检测信号	MMI1~MMI4	○	○
F0110.0~F0110.3	轴脱开状态信号	MDTCH1~4	○	○
F0112	分配结束信号（PMC轴控制）	EADEN1~4	○	○
F0114	转矩极限到达信号	TRQL1~TRQL4	○	—
F0120	参考点建立信号	ZRF1~ZRF4	○	○
F0122.0	高速跳转状态信号	HDO0	○	○
F0124	行程限位到达信号	+OT1~+OT4	—	○
F0124.0~F0124.3	超程报警中信号	OTP!~OTP4	○	○
F0126	行程限位到达信号	-OT1~-OT4	—	○
F0129.5	PMC控制轴0%倍率信号	EOV0	○	○
F0129.7	PMC控制轴选择状态信号	*EAXSL	○	○
F0130.0	到位信号（PMC轴通道1）	EINPA	○	○

（续）

地　址	信 号 名 称	信号代号	CNC 系列	
			0iTD	0iMD
F0130.1	跟随误差检测信号（PMC 轴通道 1）	ECKZA	○	○
F0130.2	报警信号（PMC 轴通道 1）	EIALA	○	○
F0130.3	辅助功能执行信号（PMC 轴通道 1）	EDENA	○	○
F0130.4	轴移动信号（PMC 轴通道 1）	EGENA	○	○
F0130.5	正向超程信号（PMC 轴通道 1）	EOTPA	○	○
F0130.6	负向超程信号（PMC 轴通道 1）	EOTNA	○	○
F0130.7	命令读取结束信号（PMC 轴通道 1）	EBSYA	○	○
F0131.0	辅助功能选通信号（PMC 轴通道 1）	EMFA	○	○
F0131.1	缓冲器满信号（PMC 轴通道 1）	EABUFA	○	○
F0132、F0142	辅助功能代码信号（PMC 轴通道 1）	EM11A～EM48A	○	○
F0133.0	到位信号（PMC 轴通道 2）	EINPB	○	○
F0133.1	跟随误差检测信号（PMC 轴通道 2）	ECKZB	○	○
F0133.2	报警信号（PMC 轴通道 2）	EIALB	○	○
F0133.3	辅助功能执行信号（PMC 轴通道 2）	EDENB	○	○
F0133.4	轴移动信号（PMC 轴通道 2）	EGENB	○	○
F0133.5	正向超程信号（PMC 轴通道 2）	EOTPB	○	○
F0133.6	负向超程信号（PMC 轴通道 2）	EOTNB	○	○
F0133.7	命令读取结束信号（PMC 轴通道 2）	BSYB	○	○
F0134.0	辅助功能选通信号（PMC 轴通道 2）	EMFB	○	○
F0134.1	缓冲器满信号（PMC 轴通道 2）	EABUFB	○	○
F0135、F0145	辅助功能代码信号（PMC 轴通道 2）	EM11B～EM48B	○	○
F0136.0	到位信号（PMC 轴通道 3）	EINPC	○	○
F0136.1	跟随误差检测信号（PMC 轴通道 3）	ECKZC	○	○
F0136.2	报警信号（PMC 轴通道 3）	EIALC	○	○
F0136.3	辅助功能执行信号（PMC 轴通道 3）	EDENC	○	○
F0136.4	轴移动信号（PMC 轴通道 3）	EGENC	○	○
F0136.5	正向超程信号（PMC 轴通道 3）	EOTPC	○	○
F0136.6	负向超程信号（PMC 轴通道 3）	EOTNC	○	○
F0136.7	命令读取结束信号（PMC 轴通道 3）	EBSYC	○	○
F0137.0	辅助功能选通信号（PMC 轴通道 3）	EMFC	○	○
F0137.1	缓冲器满信号（PMC 轴通道 3）	EABUFC	○	○
F0138、F0148	辅助功能代码信号（PMC 轴通道 3）	EM11C～EM48C	○	○
F0139.0	到位信号（PMC 轴通道 4）	EINPD	○	○
F0139.1	零跟随误差检测信号（PMC 轴通道 4）	ECKZD	○	○
F0139.2	报警信号（PMC 轴通道 4）	EIALD	○	○

（续）

地　址	信 号 名 称	信号代号	CNC 系列	
			0iTD	0iMD
F0139.3	辅助功能执行信号（PMC 轴通道 4）	EDEND	○	○
F0139.4	轴移动信号（PMC 轴通道 4）	EGEND	○	○
F0139.5	正向超程信号（PMC 轴通道 4）	EOTPD	○	○
F0139.6	负向超程信号（PMC 轴通道 4）	EOTND	○	○
F0139.7	命令读取结束信号（PMC 轴通道 4）	EBSYD	○	○
F0140.0	辅助功能选通信号（PMC 轴通道 4）	EMFD	○	○
F0140.1	缓冲器满信号（PMC 轴通道 4）	EABUFD	○	○
F0141、F0151	辅助功能代码信号（PMC 轴通道 4）	EM11D ~ EM48D	○	○
F0172.6	绝对编码器电池电压为零报警信号	PBATZ	○	○
F0172.7	绝对编码器电池电压值低报警信号	PBATL	○	○
F0177.0	I/O Link 从站选择信号	IOLNK	○	○
F0177.1	从站外部读取开始信号	ERDIO	○	○
F0177.2	从站读/写停止信号	ESTPIO	○	○
F0177.3	从站外部写开始信号	EWTIO	○	○
F0177.4	从站程序选择信号	EPRG	○	○
F0177.5	从站宏变量选择信号	EVAR	○	○
F0177.6	从站参数选择信号	EPARM	○	○
F0177.7	从站诊断选择信号	EDGN	○	○
F0178.0 ~ F0178.3	组号输出信号	SRLN00 ~ SRLN03	○	○
F0180.0 ~ F0180.3	冲撞式回参考点矩极限到达信号	CLRCH1 ~ CLRCH4	○	○
F0182.0 ~ F0182.3	控制信号（PMC 轴控制）	EACNT1 ~ EACNT4	○	○
F0274.4	Cs 轴坐标系报警信号	CSF01	○	○
F0298.9 ~ 298.3	报警预测信号	TDFSV1 ~ TDFSV4	○	○
F0349.0 ~ F0349.3	伺服转速低报警信号	TSA1 ~ TSA4	○	○

附录 C　FS－0iD 报警一览表

附表 C-1　操作/编程报警一览表（PS/BG/SR/SW 报警）

报警号	报 警 显 示	内　　容
001	TH 错误	TH 报警，修正程序或输入数据格式
002	TV 校验错误	TV 报警，修正程序或输入数据格式
003	位数太多	输入了超过允许的数值
004	未找到地址	程序段号错误，数值或符号“－”不可以作为程序段号
005	地址后无数据	地址后没有操作数，接着输入了地址、EOB 代码
006	符号使用非法	负号输入错误

（续）

报警号	报警显示	内　容
007	小数点使用非法	小数点输入错误
009	NC 地址不对	地址输入错误
010	G 代码不正确	指定了一个不能用的 G 代码（CNC 无此功能）
011	切削速度为 0	进给速度不正确或未输入
015	同时控制轴数太多	同时移动的坐标轴数超过了联动轴数
020	半径值超差	G02/G03 指令的圆弧终点不正确
021	非法平面选择	G02/G03 指令了不在插补平面的轴
022	未发现 *R* 或 *I*、*J*、*K* 指令	G02/G03 指令未指定半径 *R* 或坐标值 *I*、*J*、*K*
023	圆弧半径 *R* 命令中有错误	G02/G03 的半径 *R* 指定错误
025	在快速移动方式圆弧切削	在 G02/G03 指令中，使用了 F0 指定进给速度
027	G43/G44 中没有轴指令	G43/G44 程序段的补偿轴选择错误
028	非法的平面选择	在平面选择指令中，同一方向指定了两个以上的坐标轴
029	刀偏值非法	用 H 代码、T 代码选择的偏置值超过允许范围
030	刀偏号非法	D/H、T 偏置号或用 P 指令的附加工件坐标系号过大
031	G10 中的 P 指令非法	G10 指令中的 P 值超过允许范围或者没有指定
032	G10 中的刀偏值非法	G10 指令中的偏置值超过允许范围
033	G41/G42 无交点	刀具半径补偿不存在交点
034	在起刀/退刀段不允许切圆弧	在 G02/G03 方式下进行了刀具补偿 C 的起动或取消
035	不能指令 G31	刀具补偿方式中，指令了跳步切削（G31）
037	G41/G42 中不能改变平面	刀具补偿中进行了平面转换
038	圆弧段有干涉	在刀具补偿 C 中，圆弧插步产生过切
039	刀具补偿中不允许倒角/倒圆	在刀尖半径补偿起动或取消段指令了倒角或拐角造成过切
041	G41/G42 中发生干涉	刀具半径补偿中使用了两个以上的非运动程序段
042	CRC 中不允许 G45/G48	在刀具半径补偿方式中指令了 G45～G48
044	固定循环中不允许 G27－G30	在固定循环中指令了 G27～G30
045	在（G73/G83）中未找到地址 Q	G73/G83 循环没有指令切深 Q
046	第 2，3，4 参考点返回指令非法	回第 2，3，4 参考点指令中的 P 代码错误
050	在第 3 段不允许倒角/拐角	在螺纹切削程序段中指令了“倒角”或“拐角”
051	倒角/倒圆后无移动	“倒角”或“拐角”程序段的不能与下一程序段连接
052	倒角/倒圆后不是 G01	倒角或拐角的下一个程序段不为 G01/G02/G03
053	地址指令太多	指令了 2 个以上的 I/K/R 或指令“，□”格式错误
054	倒角/倒圆后不允许棒形加工	“倒角”或“拐角”程序段指定了锥度
055	倒角/倒圆后无移动值	“倒角”或“拐角”程序段中的移动量太小
056	倒角/倒圆中无终点或角度值	蓝图编程中没有指定终点和角度或倒角、拐角指令错误
057	不能计算出程序终点	蓝图编程中的终点指定错误
058	找不到终点	蓝图编程中的终点指定错误
060	找不到顺序号	程序段号搜索中未找到要求的程序段
061	多重循环程序段中未指令 P 或 Q	在 G70～G73 指令中未输入 P 或 Q
062	粗车循环中切削量无效	G71～G76 指令格式错误
063	未找到指定顺序号的程序段	在 G70～G73 指令的 P 程序段不存在
064	精车形状不是单调变化	循环 G71/G72 的轮廓错误

（续）

报警号	报警显示	内　容
065	形状程序的第1段不是G00/G01	G71～G73指令格式错误
066	多重循环程序段有不允许的指令	在G71～G73有效的程序段间，使用了不允许的G代码
067	多重循环指令不在零件程序存储区	在MDI方式，指令了G70～G73
069	形状程序的最后程序段是无效指令	G70～G73指令的最后移动段为倒角或拐角段
070	存储器无程序空间	存储器的存储容量
071	数据未找到	没有发现需要检索的数据
072	程序太多	程序数量超过
073	程序号已使用	使用了重复程序号
074	程序号非法	程序号超过了允许范围
075	保护	程序号被保护
076	程序未找到	在包括宏程序调用指令没有指定程序号
077	子程序、宏程序嵌套太多	嵌套超过了5重
078	顺序号未找到	调用指令或跳转指令的目标程序段不存在
079	存储卡和内存中程序不一致	存储器卡与程序校对中的程序不一致
080	G37测量位置到达信号输入错误	刀具长度自动测量在设定区域内未检测到位置到达信号
081	G37中H代码未指定	G37中H代码未指定
082	G37与H代码在同一段指令	刀具自动测量指令格式错误
083	G37轴指令不正确	刀具自动测量轴指定错误
085	通信错误	外部数据输入错误
086	DR信号关闭	外部数据输入的准备信号（DR）断开
087	缓冲器溢出	外部数据输入停止错误
090	未完成回参考点	回参考点错误
091	在进给暂停状态不能手动回参考点	自动运行中不能进行手动返回参考点
092	回零检查错误	在G27回参考点检测的轴不在参考点
094	不允许用P型（COORD CHG）	不能指令P型程序再起动
095	不允许用P型（EXT OFS CHG）	程序再起动不允许（中断后变更了外部工件坐标系偏置）
096	不允许用P型（WRK OFS CHG）	程序再起动不允许（中断后变更了工件坐标系偏置）
097	不允许用P型（AUTO EXEC）	程序再起动不允许（CNC复位未进行自动运行）
099	检索后不允许用MDI执行	程序再起动不允许（插入了MDI操作）
SW100	参数写入保护取消	参数写入保护PWE（参数可写入）被取消
109	G08格式错误	G08的P值错误
110	溢出：整数	固定小数点数据的值超过了允许范围
111	溢出：浮点	宏程序命令的运算结果超出允许范围
112	被0除	除数为“0”（包括tan90°）
113	指令不对	指令了用户宏程序不能使用的功能
114	宏程序表达式非法	函数运算格式错误
115	变量号超限	用户宏程序或高速循环加工中指定了没定义的变量
116	变量写保护	变量赋值禁止
118	括号重数太多	括号超过了5重
119	变量值超限	在不允许使用负数的运算中使用了负数
122	宏程序调用重数太多	宏程序模态调用超过了5重

（续）

报警号	报警显示	内　容
123	GOTO/WHILE/DO 的使用方式非法	在 DNC 运转中使用了宏程序控制指令
124	没有 END 语句	DO－END 没有配对使用
125	宏程序语句格式错误	运算式存在错误
126	IDO 非法循环数	DOn 未满足 $1\leqslant n\leqslant 3$
127	NC，MACRO 语句重复	NC 指令与宏程序指令混用
128	非法的宏程序顺序号	在转移命令的程序号不存在
129	用 G 作为变量	指令了 <自变量> 中不允许的地址
130	NC 和 PMC 的轴控指令发生竞争	PMC 对 CNC 轴或 CNC 对 PMC 轴发出轴控制指令
137	M 代码和运动指令在同一段	在主轴分度 M 代码的程序段指令了其他轴移动指令
139	不能改变 PMC 控制轴	PMC 轴控制中指令了轴选择
142	非法缩放比	比例缩放倍率值超过了允许范围
143	指令数据溢出	比例缩放的结果超过了允许范围
144	平面选择非法	坐标旋转平面与圆弧或刀具补偿 C 的平面不一致
145	非法使用 G12.1/G13.1	极坐标插补开始或取消的条件不正确
146	非法使用 G 代码	极坐标插补使用了不能指令的 G 代码
148	设定数据有误	自动拐角减速倍率及判定角度超过允许设定值的范围
149	G10L3 格式错误	G10L3 格式错误
150	刀具寿命组号非法	刀具组号超出允许的最大值
151	未找到该组刀具寿命数据	在加工程序中没有设定刀具的组号
152	超过最大刀具数量	一组内的刀具数超过了允许范围
153	未找到 T 代码	在刀具寿命数据登录时，没有指定 T 代码。
154	未使用寿命组中的刀具	在没有指令刀具组时指令了 H99 或 D99
155	M06 中的 T 代码非法	M06 程序段的 T 代码与正在使用的组不对应
156	未发现 P/L 指令	在设定刀具组的程序中没有指令 P/L
157	刀具组数太多	设定的刀具组数超过了允许的最大值
158	非法的刀具寿命数据	设定的寿命值太大
159	刀具寿命数据错误	在执行设定程序期间出现了电源断电
160	等待 M 代码不匹配	M 代码格式错误
163	G68/G69 中非法指令	G68、G69 指令格式错误
169	非法刀具几何形状数据	刀具几何形状数据错误
175	G07.1 插补轴错	圆柱插补启动或撤销的条件不正确
176	G 代码使用错误（G07.1）	圆柱插补方式中，指令了不能指令的 G 代码
190	轴选择非法	恒定线速度切削控制的轴指定错误
194	在主轴同步方式中指令了其他主轴指令	串行主轴同步控制方式中，指令了其他位置控制指令
197	在主轴转速控制中指令了 C 轴控制	CON 信号为 OFF 时，指令了 Cs 轴的移动指令
199	宏指令字未定义	使用了未定义的宏语句
200	非法的 S 代码指令	刚性攻螺纹中的 S 值超出允许范围或没指令
201	在刚性攻螺纹中未指令进给速度	刚性攻螺纹中没有指令 F
202	位置 LSI 溢出	刚性攻螺纹中主轴分配错误
203	刚性攻螺纹指令错误	刚性攻螺纹中 M 代码（M29）或 S 指令不正确
204	非法的轴运行	在刚性攻螺纹 M 代码和攻螺纹循环中指令了轴移动

（续）

报警号	报警显示	内　容
205	刚性攻螺纹方式 DI 信号关闭	在刚性攻螺纹执行程序段时刚性方式选择信号被撤销
206	不能改变平面（刚性攻螺纹）	刚性攻螺纹方式中进行了平面转换
207	攻螺纹数据不对	刚性攻螺纹方式指令的距离太短或太长
210	不能指令 M198/M199	在程序运行过程中执行了 M198，M199
213	同步方式指令非法	同步（简易同步控制）功能出错
214	同步方式指令非法	同步控制中执行了坐标系设定或刀具补偿
217	G51.2 指令重复	G51.2/G251 指令重复
218	未发现 P/Q 指令	在 G51.2/G251 的程序段设有指令 P/Q，或指令值错误
219	不是单一指令程序段	G51.2/G251，G50.2/G250 与其他指令同在一程序段
220	同步方式中的指令非法	同步运行中 CNC 或 PMC 给同步轴指定了移动指令
221	同步方式指令非法	同时指令了多边形加工、同步运行和 Cs 轴控制
222	不允许在背景编辑中执行 DNC	在后台编辑状态进行了数据输入/输出
224	回零未结束	自动运行开始以前没有返回参考点
230	未找到 R 代码	在 G161 程序段没有给出进给量 *R* 或 *R* 为负值（磨床）
231	G10 或 L52 格式错误	在 G10 指令格式错误
232	螺旋轴指令太多	在螺旋线插补时指定了三个以上的轴
233	设备忙	RS232C 接口设备正在使用中
245	本段不允许 T 代码	T 代码程序段中指令了不允许指令的 G 代码
247	数据输出代码发现错误	保护程序输出时代码被设为 EIA
250	换刀的 *Z* 轴指令错误	在换刀指令（M06T_ ）程序段中指定了 *Z* 轴移动指令
251	换刀的 T 指令错误	换刀指令（M06T_ ）发生报警
300	比例缩放指令非法	指令了比例缩放中不允许的 G 代码
301	禁止重新设定回参考点	无挡块回参考点时执行了手动回参考点操作
302	不能用无挡块会参考点方式	轴运动方向错误，无挡块回参考点不能完成
304	未建立零点即指令 G28	在未建立零点时执行了 G28 指令
305	中间点未指令	在未指令 G28、G30 时指令了 G29
306	倒角/倒圆指令轴不符	倒角/倒圆程序段的运动轴和 *I*、*J*、*K* 不符
307	不能用机械挡块设定参考点	对无挡块回参考点的轴进行了机械碰撞回参考点操作
310	文件未找到	找不到子程序、宏程序调用的文件
311	格式错误	基于文件名的子程序/宏程序调用的格式非法
312	图纸尺寸直接输入指令非法	蓝图编程时使用了非法指令
313	零件指令非法	在可变螺距螺纹加工指令中的 *K* 值不正确
314	非法设定多面体轴	多边形加工指令不正确
315	螺纹切削循环刀尖角度指令错误	螺纹切削循环 G76 刀尖角度指令错误
316	螺纹切削循环的切削量错误	螺纹切削循环 G76 的切削量错误
317	螺纹切削循环螺纹指令错误	螺纹切削循环 G76 的牙高或切削量错误
318	钻孔循环的空刀量不对	G74、G75 指令的 Δd 不正确
319	钻孔循环的终点指令错误	G74、G75 指令的 Δi、Δk 和 *U*、*W* 不匹配
320	钻孔循环的移动量/切削量错误	G74、G75 指令的 Δi、Δk 不正确
321	重复循环次数错误	G73 指令的重复次数错误
322	精车形状超过起始点	G71、G72 循环参数不正确

（续）

报警号	报 警 显 示	内　　容
323	形状程序的第 1 段为 2 型指令	G71、G72 的形状程序段指令不正确
324	在复合循环中指令了中断型宏程序	在复合循环 G70～G73 中指令了中断型宏程序
325	不能用于形状程序的指令	在复合循环 G70～G73 中指令了不允许的指令
326	形状程序段的最后段是直接图纸尺寸编程	复合循环 G70～G73 的形状程序段为蓝图编程程序段
327	复合循环不能模态	在不允许的模态指令下说用了复合循环指令
328	刀尖半径补偿工作位置不对	G71、G72 的 G41、G42 指令使用不当
329	精车形状不是单调变化	循环 G71/G72 的轮廓错误
330	车削固定循环中角度指令错误	G90、G92、G94 固定循环中指定了平面以外的运动轴
334	输入值超出有效范围	误操作防止功能有效时，偏置数据输入错误
336	刀具补偿指令多于 2 轴	刀具补偿指令编程错误
337	超过最大增量值	误操作防止功能有效时，偏置数据输入错误
338	执行顺序检查异常	误操作防止功能有效时，发现程序检查代码出错
345	换刀的 *Z* 轴位置错误	换刀的 *Z* 轴位置错误
346	换刀的刀具号错误	换刀的刀具号错误
347	换刀指令错误	换刀指令编程出错
348	换刀的 *Z* 轴位置未建立	换刀的 *Z* 轴位置未建立
349	换刀时主轴未停止	换刀时主轴未停止
350	同时控制轴号参数设定错误	参数 PRM8180 设定错误
351	由于轴在移动，不能开始/解除控制	在同步轴运动时，输入了同步开始/解除命令
352	同步控制构成错误	所指定的轴不能用于同步控制
353	指令了不能移动的轴	参数 PRM8163.7 设定为“1”的轴不能使用移动指令
354	在同步控制方式参考点未确定时指令 G28	同步控制时参考点未建立，不能使用 G28 指令
355	混合控制轴号参数设定错误	参数 PRM8183 设定错误
356	由于轴在移动，混合控制不能使用	在混合控制轴运动时，输入了混合控制开始/解除命令
357	混合控制轴构成错误	所指定的轴不能用于混合控制
359	在混合控制方式参考点未确定时指令 G28	混合控制时参考点未建立，不能使用 G28 指令
361	由于轴在移动，重叠控制不能使用	在重叠控制轴运动时，输入了重叠控制开始/解除命令
362	重叠控制轴构成错误	所指定的轴不能用于重叠控制
363	对重叠控制的从属轴指令了 G28	从属轴不能使用 G28 指令
364	对重叠控制的从属轴指令了 G28	主动轴在运动中，从属轴不能使用 G53 指令
365	各轨迹的伺服轴/主轴数太多	通道控制轴配置错误
369	G31 格式错误	转矩限制时的 G31 编程错误
370	G31P/G04Q 不正确	G31 指令编程错误
372	未完成回参考点	倾斜轴控制时回参考点操作出错
373	高速跳跃信号选择不正确	G31、G04 指令编程错误
375	无法进行倾斜轴控制	倾斜轴参数设定错误
376	原点光栅：参数不正确	外置编码器参数或绝对编码器参数设定错误
412	使用非法 G 代码	说用了不允许的 G 代码
445	轴进给命令不正确	在旋转控制方式下指定了定位指令
446	不是单程序段	G96.1～G96.4 指令编程出错
447	设定数据有误	伺服电动机用于主轴控制时，主轴控制参数设定不正确

（续）

报警号	报警显示	内　容
601	对伺服电动机主轴发出了进给指令	伺服电动机用于主轴控制时，指令了进给运动
1001	轴控制方式非法	轴控制方式设定错误
1013	程序号位置错误	地址 O、N 编程错误
1014	程序号格式错误	地址 O、N 后没有编号
1016	没有 EOB	MDI 执行的程序段结束处未输入 EOB
1077	程序在使用	执行中的程序不能进行后台编辑
1079	未找到程序文件	所指定的程序在外部设备上不存在
1080	外设子程序调用重复	在外设子程序中再次使用了外设子程序调用指令
1081	外设子程序调用方式错误	外设子程序调用指令不能使用
1091	子程序调用字重复	同一程序段使用了 2 次以上子程序调用指令
1092	宏程序调用重复	同一程序段使用了 2 次以上宏程序调用指令
1093	NC 字/M99 重复	M99 程序段使用了不允许的地址
1095	2 型变量太多	宏程序变量定义指令中使用的 *I*、*J*、*K* 组数超过 10 组
1096	非法变量名称	使用了不允许的变量名称
1097	变量名太长	指令的变量名称超过字符数
1098	没有变量名称	变量名称尚未登录
1099	[ ] 中的后缀非法	变量的后缀使用错误
1100	取消错误（无模态调用）	不在 G66 调用方式，使用了 G67 编程
1101	非法 CNC 语句分割	宏程序中断指令编程错误
1115	读取被保护的变量	宏程序变量使用错误
1120	非法变量格式	变量编程格式错误
1124	没有 DO 语句	END、DO 指令编程错误
1125	宏程序表达式格式非法	宏程序表达式编程错误
1128	顺序号超限	GOTO 指令目标编程错误
1131	没有开括号	括号“[ ]”没有成对使用
1132	没有闭括号	括号“[ ]”没有成对使用
1133	没有“=”	“=”使用不正确
1134	没有“,”	“,”使用不正确
1137	如果文件格式错误	IF 指令编程不正确
1138	WHILE 语句格式错误	WHILE 指令编程错误
1139	SETVN 语句格式错误	SETVN 指令编程错误
1141	变量名中非法字符	SETVN 指令中的变量名使用了不允许的字符
1142	变量名太长（SETVN）	SETVN 指令中的变量名超过 8 个字符
1143	BPRNT/DPRINT 语句格式错误	BPRNT/DPRINT 指令编程错误
1160	指令数据溢出	CNC 内部数据溢出
1180	所有平行轴处于驻留状态	平行控制轴处于驻留状态
1196	钻孔轴的选择非法	固定循环指令编程错误
1200	脉冲编码器非法回零	参考点减速区域没有检测到零脉冲信号，或回参考点时的位置跟随误差过小
1202	G93 中未指令 F	G93 指令的 F 代码必须单独编程
1223	主轴细则错误	主轴参数设定错误

（续）

报警号	报 警 显 示	内 容
1298	公/英制转换非法	使用了不允许的公/英制转换指令
1300	非法地址	外部输入、螺距误差补偿数据输入或 G10 指令输入的数据格式错误
1301	地址丢失	外部输入、螺距误差补偿数据输入或 G10 指令输入的数据格式错误
1302	非法数据号	外部输入、螺距误差补偿数据输入或 G10 指令输入的数据格式错误
1303	非法轴号	外部输入、螺距误差补偿数据输入或 G10 指令输入的数据格式错误
1304	位数太多	外部输入、螺距误差补偿数据输入或 G10 指令输入的数据格式错误
1305	数据超限	外部输入、螺距误差补偿数据输入或 G10 指令输入的数据格式错误
1306	轴号丢失	外部输入数据格式错误
1307	负号使用非法	外部输入、螺距误差补偿数据输入或 G10 指令输入的数据格式错误
1308	数据丢失	外部输入、螺距误差补偿数据输入或 G10 指令输入的数据格式错误
1329	非法机械组号	外部输入或 G10 指令输入的通道控制 CNC 参数错误
1330	非法主轴号	外部输入或 G10 指令输入的通道控制 CNC 参数错误
1331	轨迹号不对	外部输入或 G10 指令输入的通道控制 CNC 参数错误
1333	数据写入错误	外部数据输入不允许
1470	G40.1～G42.1 参数丢失	法线控制的 CNC 参数设定错误
1508	M 代码重复（分度台反向）	分度 M 代码设定错误
1509	M 代码重复（主轴位置定向）	主轴定向准停 M 代码设定错误
1510	M 代码重复（主轴定位）	主轴位 M 代码设定错误
1511	M 代码重复（主轴定位方式解除）	解除主轴定位的 M 代码设定错误
1533	地址 F 未溢出（G95）	每转进给时，计算得到的进给速度过低
1534	地址 F 溢出（G95）	每转进给时，计算得到的进给速度过高
1537	地址 F 未溢出（倍率）	F 倍率过低
1538	地址 F 溢出（倍率）	F 倍率过高
1541	S 指令为 0	S 指令为 0
1543	齿轮比设定错误	主轴定位的齿轮比设定不正确或编码器脉冲数设定错误
1544	S 指令过大	S 指令超过主轴最高转速设定
1548	控制轴方式不对	在旋转控制时指令了定位或 Cs 轴控制

（续）

报警号	报警显示	内　容
1561	非法分度角	分度角度不为分度单位的整数倍
1564	分度台轴与其他轴同时指令	分度轴和其他轴在同一程序段编程
1567	分度轴指令重复	对运动中的轴重复指令了分度指令
1590	TH 错误	外部输入数据 TH 校验错误
1591	TV 错误	外部输入数据 TV 校验错误
1592	记录结束	外部数据输入时，程序段的中间使用了 EOB 指令或程序重新启动时找不到指定的程序段
1593	EGB 参数设定错误	EGB 控制轴参数设定错误
1594	EGB 格式错误	EGB 控制轴编程错误
1595	EGB 方式指令错误	EGB 控制轴使用了不允许的指令
1596	EGB 溢出	EGB 控制轴同步系数计算溢出
1805	输入/输出 I/F 指令非法	输入/输出设备的指定非法，或 G30 回参考点的 P 地址错误，或每转暂停指令中的主轴转速为 0
1806	设备形式不符	指令不能用于指定的输入/输出设备
1807	输入/输出参数设定错误	指定了无效的输入/输出接口或通信参数设定错误
1808	有 2 个设备打开	对数据输入/输出中的设备，执行了打开操作
1820	信号状态不正确	对运动中的坐标轴进行了工件坐标系预置
1823	数据格式错误（1）	未检测到接口 1 输入数据的停止位
1830	DR 信号关闭（2）	未检测到接口 2 的 DR 信号
1832	通信错误（2）	接口 2 的数据输入/输出出错
1833	数据格式错误（2）	未检测到接口 2 输入数据的停止位
1834	缓冲器溢出（2）	接口 2 的数据缓冲器溢出
1960	存取错误（存储卡）	对存储卡进行了非法存取
1961	未就绪（存储卡）	存储卡未准备好
1962	卡已满（存储卡）	存储卡空间不足
1963	卡被保护（存储卡）	存储卡的写入被禁止
1964	卡未安装（存储卡）	存储卡安装不良或规格错误
1965	目录已满（存储卡）	存储卡目录已满
1966	文件未找到（存储卡）	存储卡没有需要的文件
1967	文件被保护（存储卡）	存储卡上的文件被保护，禁止写入
1968	非法文件名（存储卡）	存储卡的文件名非法
1969	格式化不对（存储卡）	存储卡格式化不正确
1970	卡型不对（存储卡）	存储卡不能使用
1971	擦除错误（存储卡）	存储卡擦除时发生错误
1972	电池电压低（存储卡）	存储卡的电池不足
1973	文件已经存在（存储卡）	存储卡已经有同名文件

（续）

报警号	报警显示	内容
2032	嵌入以太网/数据服务器错误	内置以太网、数据服务器错误
2051	#200－#499 P代码公共宏变量输入错误	输入了系统不存在的宏程序公共变量#200－#499
2052	#500－#549 P代码公共宏变量选择错误（不能用SETVN）	不能对宏程序公共变量#500－#549定义变量名
2053	P－CODE变量号码在范围外	输入了系统不存在的P－CODE专用变量
2054	扩展P－CODE变量号码在范围外	输入了系统不存在的扩展P－CODE专用变量
4010	输出缓冲器实数值非法	输出缓冲器实数值指定错误
5006	一段中的字数太多	1个程序段中的字符数量超过允许范围
5007	距离太长	由于半径补偿、交点计算等，使坐标值超过了允许范围
5009	进给速度为0（空运行速度）	CNC参数PRM1410或PRM1430的设定值为0
5010	记录结束	程序段的中间存在EOB字符
5011	进给速度为0（最大切削速度）	CNC参数PRM1430的设定值为0
5014	未找到跟踪数据	没有轨迹数据
5016	M代码组合非法	一个程序段中指令了属于同一组的M代码
5018	多边形切削主轴速度错误	G51.2方式中，主轴转速或多边形同步轴的速度超出了允许范围
5020	程序再启动参数错误	程序再起动的参数设定错误
5046	非法参数（平直度补偿）	直线轴螺距补偿的参数错误
5064	平面上指令轴的设定单位不同	圆弧插补时同一平面内的轴含有不同位置测量单位
5065	指令轴设定单位不同	不同位置测量单位的轴被指定在PMC轴的同一DI/DO组，参数PRM8010设定错误
5073	没有小数点	应该指令小数点的地址上没有输入小数点
5074	地址重复	在同一个程序段内，指令了两次以上的相同地址或同一组的G代码
5110	不合适的G代码	AI控制方式中指定了一个非法G代码或分度指令
5131	NC指令不兼容	同时指定了PMC轴控制和极坐标插补
5195	未找到方向	刀具测量值输入功能B中，单触点传感器的脉冲方向不固定
5220	参考点调整方式	自动设定的参考点参数被设定
5257	MDI方式不允许G41/G42	MDI方式指令了G41/G42
5303	触摸板错误	触摸屏面板发生错误
5305	主轴选择P指令错	多主轴控制时的地址*P*指定错误
5306	方式转换错误	在宏程序调用中，方式转换不正确
5329	M98和NC指令在同一段	固定循环中指定了子程序调用
5339	程序进行的同步/混合/重叠控制中命令格式错误	G51.4/G50.4/G51.5/G50.5/G51.6/G50.6指令中的*P*、*Q*、*L*值不正确

（续）

报警号	报警显示	内　容
5346	请进行参考点回归	Cs 轴坐标系尚未建立，需要进行回参考点操作
5362	请在原点处进行英寸/公制的切换	公英制转换没有在参考点上进行
5391	G92 不能指令	G92 指令编程错误
5395	Cs 轴数过多	Cs 轴数超过了系统允许的最大轴数
5445	G39 中不能指令移动命令	G39 指令格式错误
5446	G41/G42 中无避免干涉让刀	刀补干涉检测功能中，不存在干涉回避矢量而不能执行
5447	G41/G42 干涉让刀危险	刀补干涉检测功能中，发现回避操作将导致危险
5448	G41/G42 让刀发生干涉	刀补干涉检测功能中，执行回避矢量将发生另一个干涉

附表 C-2　误操作防止/超程/过热报警一览表（IE/OT/OH 报警）

报警号	报警显示	内　容
IE001	正向超程（软限位 1）	轴误操作防止功能，正向存储行程检查Ⅰ（软件限位）报警
IE002	正向超程（软限位 1）	轴误操作防止功能，负向存储行程检查Ⅰ（软件限位）报警
IE003	正向超程（软限位 2）	轴误操作防止功能，正向存储行程检查Ⅱ报警
IE004	正向超程（软限位 2）	轴误操作防止功能，负向存储行程检查Ⅱ报警
IE005	正向超程（软限位 3）	轴误操作防止功能，正向存储行程检查Ⅲ报警
IE006	正向超程（软限位 3）	轴误操作防止功能，负向存储行程检查Ⅲ报警
IE007	超过最大旋转数值	轴误操作防止功能，最高转速超过
IE008	非法加速/减速	轴误操作防止功能，加减速不正确
IE009	非法机械坐标位置	轴误操作防止功能，机械坐标位置偏移
OT500	正向超程（软限位 1）	正向存储行程检查Ⅰ（软件限位）报警
OT501	正向超程（软限位 1）	负向存储行程检查Ⅰ（软件限位）报警
OT502	正向超程（软限位 2）	正向存储行程检查Ⅱ报警
OT503	正向超程（软限位 2）	负向存储行程检查Ⅱ报警
OT504	正向超程（软限位 3）	正向存储行程检查Ⅲ报警
OT505	正向超程（软限位 3）	负向存储行程检查Ⅲ报警
OT506	正向超程（硬限位）	正向硬件限位 OT 报警
OT507	正向超程（硬限位）	负向硬件限位 OT 报警
OT508	+干涉	正向刀具干涉
OT509	-干涉	负向刀具干涉
OT510	正向超程（预检查）	程序段终点在 n 轴正向行程禁止范围
OT511	正向超程（预检查）	程序段终点在 n 轴负向行程禁止范围
OH700	控制器过热	CNC 过热
OH701	风扇电动机停转	CNC 风扇电机过热
OH704	过热	主轴过热

附表 C-3 参数设定/数据输入输出/其他报警一览表（PW/IO/DS 报警）

报警号	报警显示	内容
PW0000	必须关断电源	设定了需要关闭电源生效的 CNC 参数
PW0001	未定义 X 地址	参考点减速＊DEC 信号地址设定参数 PRM3013 错误
PW0002	PMC 地址不对（轴）	轴信号地址设定参数 PRM3021 错误
PW0003	PMC 地址不对（主轴）	主轴信号地址设定参数 PRM3022 错误
PW0006	须关闭电源（防止误操作功能）	设定了需要关闭电源生效的防止误操作 CNC 参数
PW0007	无法定义 X 地址（跳跃）	跳步切削信号地址设定参数 PRM3012、PRM3019 错误
PW1102	参数非法（I 补偿）	倾斜轴补偿参数设定错误
PW1111	主轴号码不正确（伺服电机主轴）	伺服主轴设定参数 PRM11010、PRM3717 设定错误
PW5046	非法参数（平直度补偿）	平直度补偿参数设定错误
IO1001	文件存取错误	CNC 文件异常，不能进行存取操作
IO1002	文件系统错误	CNC 文件异常，不能进行存取操作
IO1030	程序检查代码和错误	存储器“和校验”出错
IO1104	刀具寿命管理超过最大组数	参数 PRM6813 设定错误
DS0001	同步误差过大（位置偏差）	主－从同步控制从动轴转矩超过参数 PRM8323 设定
DS0003	进给同步控制调整方式	进给轴同步控制处于调整方式
DS0004	超过最高速度	误操作防止功能检测到超过最高速度的指令
DS0005	超过最大加速度	误操作防止功能检测到超过最大加速度的指令
DS0006	执行顺序不对	误操作防止功能检测到非法的执行顺序
DS0007	执行顺序不对	误操作防止功能检测到非法的执行顺序
DS0008	执行顺序不对	误操作防止功能检测到非法的执行顺序
DS0009	执行顺序不对	误操作防止功能检测到非法的执行顺序
DS0010	非法参考区域	误操作防止功能检测到非法的参考区域
DS0011	非法参考区域	误操作防止功能检测到非法的参考区域
DS0012	非法参考区域	误操作防止功能检测到非法的参考区域
DS0013	非法参考区域	误操作防止功能检测到非法的参考区域
DS0014	刀具更换检查出机床锁住	机床锁住，换刀时 Z 轴无法运动
DS0015	刀具更换检查出镜像	镜像有效，换刀时 Z 轴无法运动
DS0016	串行 DCL：位置跟踪错误	绝对位置编码光栅参数 PRM1883、1884 设定错误
DS0017	串行 DCL：参考点建立错误	回参考点减速速度 FL 超过参数 PRM14010 设定
DS0018	带原点的光栅尺：进给轴同步误设定	主－从同步控制的同步选择信号设定错误
DS0020	未完成回参考点	倾斜轴控制未执行手动回参考点操作
DS0021	启动错误（一个接触式宏）	＊SP 信号 OFF 或 CNC 报警、SRN 信号 ON，无法执行宏程序
DS0023	非法参数（I－COMP 值）	倾斜度补偿参数设定错误
DS0024	UINT 信号非法输入	试运行速度运动，无法启动宏程序中断
DS0025	不能执行 G60	方向不正确，单向定位无法进行
DS0026	角度轴不匹配（D. C. S）	倾斜轴的光栅配置不正确
DS0027	同步轴不匹配（D. C. S）	主－从轴的光栅配置不正确

（续）

报警号	报警显示	内 容
DS0059	指定程序号未找到	外部数据输入、外部工件号检索找不到对应程序
DS0131	外部信息量太大	操作者信息显示过多
DS0132	信息号未找到	没有对应的外部操作信息时，没有对应的信息号
DS0133	信息号太大	操作信息的编号超出了允许范围
DS0300	APC 报警：须回参考点	需要通过回参考点操作设定绝对编码器零点
DS0306	APC 报警：电池电压 0	绝对编码器电池电压为 0
DS0307	APC 报警：电池电压低 1	绝对编码器电池电压低，需要更换
DS0308	APC 报警：电池电压低 2	绝对编码器电池电压低，需要更换
DS0309	APC 报警：不能返回参考点	未执行回参考点操作，不能进行绝对零点设定操作
DS0405	未回到参考点上	轴定位完成后不在参考点上
DS1120	未指定地址（高位）	指定了 EIA4 ~ EIA7 未定义的地址
DS1121	未指定地址（低位）	指定了 EIA0 ~ EIA3 未定义的地址
DS1124	输出请求错误	外部数据输出时输出请求信号发送错误
DS1128	外部数据超限（低位）	外部数据输入信号 ED0 ~ ED31 超过了允许范围
DS1130	查找顺序不对	方式不正确或 CNC 未复位，程序/顺序号检索不能进行
DS1131	外部数据错误（其他）	G10 指令编程错误
DS1150	A－D 变换报警	A/D 转换器不良
DS1184	转矩控制参数错误	转矩控制参数设定不正确
DS1448	参数非法（D. C. S）	绝对位置编码光栅参数设定错误
DS1449	参数设置参考点间隔不一致	绝对位置编码光栅参数 PRM1821、PRM1822 设定错误
DS1450	回零未结束	电源接通后未进行回参考点操作
DS1451	PMC 轴控制指令错误	当前状态不能进行 PMC 轴控制
DS1512	超速	极坐标插补的直线轴速度过大
DS1933	须回参考点（同步、混合、重叠）	同步、混合、重叠控制时，需要进行回参考点操作
DS2003	伺服主轴参数设定错误（PMC 轴控制）	伺服控制的主轴被设定为 PMC 控制轴
DS2005	速度增益自动调整中	速度增益自动调整中，无法执行自动运行
DS5340	参数总数检查错误	参数“和校验”出错

附表 C-4 伺服报警一览表（SV 报警）

报警号	报警显示	内 容
001	同步校准错误	同步控制时的补偿量超过参数 PRM8325 的设定
002	同步误差过大报警 2	同步控制时，同步误差超过参数 PRM8332 的设定
003	同步/混合/重叠控制方式不能连续	由于伺服报警，使得同步/混合/重叠控制不能继续
004	G31 误差过大	G31 执行时的跟随误差超过了参数 PRM6287 的设定
005	同步误差过大（机械坐标）	同步控制的主/从轴误差超过了参数 PRM8314 设定
006	双电机驱动不正确	在串联控制的从属轴中进行了绝对位置检测的设定
007	其他系统中伺服告警（多轴放大器）	多通道控制时，模块的其他通道驱动器发生报警

（续）

报警号	报 警 显 示	内 容
301	APC 报警：通信错误	绝对编码器通信出错
302	APC 报警：超时错误	绝对编码器数据传送超时
303	APC 报警：数据格式错误	绝对编码器数据帧格式错误
304	APC 报警：奇偶性错误	绝对编码器数据奇偶校验错误
305	APC 报警：脉冲错误	绝对编码器位置脉冲错误
306	APC 报警：溢出报警	绝对编码器数据溢出
307	APC 报警：轴移动超差	机床运动量过大，绝对位置检测出错
360	脉冲编码器代码检查和错误（内嵌）	内置脉冲编码器发生和校验错误
361	脉冲编码器相位异常（内装）	内置脉冲编码器发生相位数据错误
362	REV. 数据异常（INT）	内置脉冲编码器回转数计数错误
363	时钟异常（内装）	内置脉冲编码器发生时钟错误
364	软相位报警（内装）	数字伺服软件检测到内置脉冲编码器的无效数据
365	LED 异常（内装）	内置脉冲编码器 LED 发生错误
366	脉冲丢失（内装）	内置脉冲编码器发生脉冲丢失错误
367	计数值丢失（内装）	内置脉冲编码器发生计数错误
368	串行数据错误（内装）	内置脉冲编码器发出的数据无法接收
369	数据传送错误（内装）	从内置脉冲编码器数据发生 CRC 或停止位错误
380	LED 异常（外置）	分离型检测器的 LED 错误
381	编码器相位异常（外置）	分离型光栅发生相位数据错误
382	计数值丢失（外置）	分离型检测器发生计数错误
383	脉冲丢失（外置）	分离型检测器发生脉冲丢失错误
384	软相位报警（外置）	数字伺服软件检测到分离型检测器的无效数据
385	串行数据错误（外置）	分离型检测器发出的数据无法接收
386	数据传送错误（外置）	从分离型检测器接收的数据发生 CRC 或停止位错误
387	编码器异常（外置）	分离型检测器发生错误
401	伺服 V－就绪信号关闭	伺服驱动器的准备好信号 DRDY 为 OFF
403	硬件/软件不匹配	轴控制卡与伺服软件的不匹配
404	伺服 V－就绪信号通	CNC 的 MCON 为 0 时驱动准备好信号 DRDY 为 1
407	误差过大	同步控制中同步轴之间的位置偏差量超过了允许范围
409	检测的转矩异常	伺服电动机、Cs 轴出现了异常负载
410	停止时误差太大	轴停止时的位置跟随误差或同步补偿量超过允许范围
411	运动时误差太大	移动中的位置跟随误差超过了允许范围
413	轴 LSI 溢出	位置跟随误差超过了 $\pm 2^{31}$
415	移动量过大	轴指令了大于允许范围的速度
417	伺服非法 DGTL 参数	伺服参数设定错误
420	同步转矩太大	同步控制中扭矩指令差超过了允许范围

（续）

报警号	报警显示	内　容
421	超差（半闭环）	双重反馈时半闭环误差与全闭环误差相差过大
422	转矩控制超速	PMC 轴转矩控制方式的速度超出了允许范围
423	转矩控制误差太大	PMC 轴转矩控制方式超过了允许的误差
430	伺服电动机过热	伺服电动机过热
431	变频器回路过载	驱动器电源模块或伺服模块过热
432	变频器控制电压低	电源模块控制电压过低
433	变频器 DCLINK 电压低	电源模块直流母线电压过低
434	逆变器控制电压低	伺服模块控制电压过低
435	逆变器 DCLINK 电压低	伺服模块直流母线电压过低
436	软过热继电器（OVC）	驱动器发生过电流
437	变频器输入回路过电流	电源模块输入过电流
438	逆变器电流异常	伺服模块过电流
439	变频器 DCLINK 过电压	电源模块直流母线电压过高
440	变频器减速功率太大	再生放电能量过大
441	异常电流偏移	驱动器电流偏移过大
442	变频器 DCLINK 充电异常	电源模块备用放电回路异常
443	变频器冷却风机故障	电源模块风扇不转
444	逆变器冷却风机故障	伺服模块风扇不转
445	软断线报警	软件检测脉冲编码器断线报警
446	硬断线报警	硬件检测到内置脉冲编码器断线
447	硬断线（外置）	硬件检测到分离型编码器断线
448	反馈不一致报警	内置脉冲编码器与分离型编码器的反馈方向不符
449	逆变器 IPM 报警	逆变主回路 IPM 模块报警
453	串行编码器软断线报警	α 脉冲编码器软件断线报警
454	非法的转子位置检测	转子位置检测信号异常
456	非法的电流回路	电流控制参数设定不正确
458	电流回路错误	电流控制周期设定与实际不一致
459	高速 HRV 设定错误	双轴驱动器不能同时使用高速 HRV 控制
460	FSSB 断线	FSSB 网络通信中断
462	CNC 数据传送错误	通讯错误，FSSB 从站不能接收正确数据
463	送从属器数据失败	通讯错误，FSSB 主站不能发送正确数据
465	读 ID 数据失败	驱动器初始 ID 信息不能被读取
466	电动机/放大器组合不对	驱动器与电动机不匹配
468	高速 HRV 设定错误（AMP）	不支持高速 HRV 的驱动器指定了高速 HRV 功能
600	逆变器 DCLINK 过流	伺服模块直流母线过电流
601	逆变器散热风扇故障	外部散热风扇不转

（续）

报警号	报警显示	内　容
602	逆变器过热	伺服模块过热
603	逆变器 IPM 报警（过热）	伺服模块逆变主回路 IPM 模块过热
604	放大器通信错误	电源模块与伺服模块通信故障
605	变频器再生放电功率太大	电源模块再生能量过大
606	变频器散热风扇停转	电源模块散热风扇不转
607	变频器主电源缺相	电源模块输入电源断相
646	模拟信号异常（外置）	外置编码器的正弦波输入不正确
1025	V－READY 通异常（初始化）	伺服通电时 VRDY 信号已经 ON
1026	轴的分配非法	伺服轴号设定错误
1055	双电动机驱动不正确	参数 PRM1023 设定错误
1056	双电动机驱动轴对设定不正确	参数 PRM1817.6 设定错误
1067	FSSB：配置错误（软件）	FSSB 配置参数错误
1100	平直度补偿值溢出	平直度补偿值超过允许范围
5134	FSSB：开机超时	FSSB 初始化错误
5136	FSSB：放大器数不足	轴数设定和驱动器连接不一致
5137	FSSB：配置错误	实际放大器和 FSSB 设定不一致
5139	FSSB：错误	FSSB 总线通信出错，初始化不能正常结束
5197	FSSB：开机超时	FSSB 通信故障

附表 C-5　主轴报警一览表（SP 报警）

报警号	报警显示	内　容
740	刚性攻螺纹报警：超差	刚性攻螺纹主轴停止时的位置跟随误差过大
741	刚性攻螺纹报警：超差	刚性攻螺纹主轴运行时的位置跟随误差过大
742	刚性攻螺纹报警：LSI 溢出	刚性攻螺纹主轴的 LSI 溢出。
752	主轴方式切换错误	主轴位置控制中，不能进行切换控制方式
754	异常负载检出	主轴负载异常
1202	主轴选择错误	多主轴控制时的主轴选择错误
1220	无放大器主轴	主轴串行通信未建立
1221	主轴电动机号非法	主轴号和电动机号不一致
1224	主轴－位置编码器间齿轮比错误	编码器齿轮比参数设定错误
1225	CRC 错误（串行主轴）	串行通信 CRC 校验出错
1226	格式错误（串行主轴）	串行通信数据格式错误
1227	接收错误（串行主轴）	串行通信数据接收错误
1228	通信错误（串行主轴）	串行通信错误
1229	串行主轴放大器通信错误	串行主轴驱动器间的通信出错
1231	主轴超差（运动时）	主轴运动时的位置跟随误差超过允许值
1232	主轴超差（停止时）	主轴停止时的位置跟随误差超过允许值

（续）

报警号	报警显示	内　容
1233	位置编码器溢出	位置误差计数器溢出
1234	栅格偏移量溢出	栅格偏移量溢出
1240	位置编码器断线	模拟主轴的位置编码器连接不良
1241	D－A 变换器异常	模拟主轴的 D－A 转换器故障
1243	主轴参数设定错误（增益）	主轴位置增益参数设定错误
1244	移动量过大	主轴的移动量过大
1245	通信数据错误	CNC 检测到串行通信故障
1246	通信数据错误	CNC 检测到串行通信故障
1247	通信数据错误	CNC 检测到串行通信故障
1969	主轴控制错误	主轴控制软件出错
1970	主轴控制错误	主轴初始化出错
1971	主轴控制错误	主轴控制软件出错
1972	主轴控制错误	主轴控制软件出错
1974	模拟主轴控制错误	主轴控制软件出错
1975	模拟主轴控制错误	模拟主轴位置编码器异常
1976	串行主轴通信错误	主轴驱动器号设定错误
1977	串行主轴通信错误	主轴控制软件错误
1978	串行主轴通信错误	主轴通信超时
1979	串行主轴通信错误	主轴通信时序错误
1980	串行主轴放大器错误	主轴驱动器不良
1981	串行主轴放大器错误	主轴驱动器数据写入出错
1982	串行主轴放大器错误	主轴驱动器数据读出出错
1983	串行主轴放大器错误	主轴驱动器故障无法清除
1984	串行主轴放大器错误	主轴驱动器无法初始化
1985	串行主轴控制错误	主轴驱动器参数无法自动设定
1986	串行主轴控制错误	主轴驱动软件出错
1987	串行主轴控制错误	CNC 接口不良
1988	主轴控制错误	主轴驱动软件出错
1989	主轴控制错误	主轴驱动软件出错
1996	主轴参数设定错误	主轴参数 PRM3701 或 PRM3716、PRM3717 设定错误
1998	主轴控制错误	主轴驱动软件出错
1999	主轴控制错误	主轴驱动软件出错
9001～9136	SSPA：01～SSPA：d6	来自主轴驱动器的报警，报警含义与驱动器显示 01～d6 相同，有关内容可参见《FANUC 调试与维修》一书

检
39